工程材料

主　编　刘　红
副主编　王　杰

北京理工大学出版社
BEIJING INSTITUTE OF TECHNOLOGY PRESS

内容简介

本书依据“工程材料”课程教学大纲和教学基本要求编写，对工程材料基础理论知识做了全面系统的阐述。本书共分十二章，主要内容包括金属材料的使用性能和成形方法，金属的晶体结构，合金的相结构与相图，热处理原理与工艺，合金强韧化理论及方法，工程上常用金属材料的成分特点、工艺路线及应用情况，选材原则及典型零件选材，非金属材料的介绍，新材料新工艺介绍等。

图书在版编目（CIP）数据

工程材料/刘红主编. —北京：北京理工大学出版社，2019.4（2021.9重印）
ISBN 978-7-5682-6989-6

Ⅰ.①工…　Ⅱ.①刘…　Ⅲ.①工程材料　Ⅳ.①TB3

中国版本图书馆CIP数据核字（2019）第080188号

出版发行／北京理工大学出版社有限责任公司
社　　址／北京市海淀区中关村南大街5号
邮　　编／100081
电　　话／（010）68914775（总编室）
　　　　　（010）82562903（教材售后服务热线）
　　　　　（010）68944723（其他图书服务热线）
网　　址／http：//www.bitpress.com.cn
经　　销／全国各地新华书店
印　　刷／北京国马印刷厂
开　　本／787毫米×1092毫米　1/16
印　　张／25.5
字　　数／568千字
版　　次／2019年4月第1版　2021年9月第3次印刷
定　　价／58.00元

责任编辑／张鑫星
文案编辑／张鑫星
责任校对／杜　枝
责任印制／李志强

图书出现印装质量问题，请拨打售后服务热线，本社负责调换

前　　言

工程材料是工科院校机械类和近机类专业必修的大类学科基础课。工程材料课程的设置目的是为工程设计人员进行工程结构、机器装备、仪器仪表以及工模具等产品或零部件的设计、制造、使用和维护等提供材料方面的知识，为如何选材、选择加工方法以及制定工艺方案等提供理论依据和指导。

各行业产品的设计和使用安全性要求越来越高，这对材料的使用提出了更高的要求，同时也促使现代材料科学与技术的发展日新月异。例如，机床行业的自动化程度和加工精度要求不断提高，要求床身的减振效果更好、刀具的切削精度更高，机床的使用寿命更长；汽车行业提出的节能减排需求以及更高的安全性需求，要求汽车车身轻量化，使得高强钢，铝、镁合金等轻金属材料在汽车相应零部件上采用；飞行器追求高速度，长行程性能，这要求发动机材料具有更优的耐高温能力，要求机身重量减轻，使得钛合金、铝合金，甚至先进复合材料大量采用，等等。在新材料层出不穷的同时，新技术也快速发展，使得传统材料在新的加工工艺下焕发出新的光彩。这些内容在本书的编写过程中都融入各个章节中。

书中内容以金属材料为主，介绍了工程材料的基础知识、加工方法，常用金属材料的种类、特点、应用范围及其选用原则，章节安排基本符合产品的诞生过程。本书还介绍了高分子材料、陶瓷材料以及其他新型工程材料，既满足了机械类专业对工程材料知识的掌握需求，又兼顾了航空宇航类等近机类专业对工程材料知识的需求。

本书的主线是：性能—组织结构—成分与工艺—工程材料与应用。首先了解构成产品的零部件在使用过程中需要哪些性能支撑，再引出为何零部件会有这些优良性能的内在本质，(即材料的微观结构)，然后介绍工程材料在工作时能够保证安全寿命的理论基础，以及获得强韧化的途径。在此基础上本书还介绍了工程材料的加工方法、常用工程材料以及零件材料与加工处理方法的选择。

工程材料课程基本概念多、理论多、微观知识多，且实践性强。对于没有工程实践经验的学习者来说学起来会有困难。本书尽量做到深入浅出的介绍，并配合许多实验研究成果和生产实例，力求将枯燥的内容具体化、形象化，易于学习者接受。书的厚度有限，课程的学时有限，但知识无限，学无止境。本书的编写除了为适应教学需要外，更重要的是为学习者提供自学的载体，也可以为工程技术人员进行产品设计提供相关参考。

本书内容共分 12 章，其中的绪论、第 2 章 ~ 第 5 章、第 8 章、第 10 章和第 12 章由刘红编写，第 1 章、第 9 章和第 11 章由王杰编写，第 6 章和第 7 章由刘红与王赫男合作编写。本书由刘红担任主编并统稿。

参加本书编写并做出贡献的还有张瑜、傅霄云、陆锐宇、盖业辉、吴耀国、余士杰、张旭等。

本书的编写过程中参考了有关教材和相关文献，引用了一些单位及作者的资料和图片，谨致衷心的谢意。

由于编者水平有限，教材的不足和疏漏在所难免，为了今后的改进，恳请读者批评和指正。

编　者
2018 年 7 月

目 录

绪　论

一、材料的重要性

材料是指具有特定性质，能用于制造各种有用器件的物质，是人类生存和发展所必需的物质基础。历史学家根据人类所使用的材料来划分时代，如旧石器时代、新石器时代、青铜器时代、铁器时代等，可见材料的重要性。材料的发展水平和利用程度已成为人类文明进步的标志。

20 世纪 70 年代，人们把材料、信息和能源誉为当代文明的三大支柱，而信息、能源的发展又依赖于材料的发展。材料研究的突破往往带动许多科学技术的快速发展。例如，有了低成本钢铁及相关材料，汽车工业就得到了迅猛发展；有了由半导体等材料制成的各类电子元器件，各类电子电器消费品才会不断出新；有了低消耗的光导纤维，才发展起来现代的光纤通信；各种高强度和超高强度材料的发展，才使发展大型结构件、提高零部件强度级别、减轻设备自重成为可能；各种新材料、新工艺的研发对国防工业、航空航天与武器装备等方面的发展更是起着决定性的作用。材料科学在社会上占有举足轻重的地位，材料的品种、数量和质量是衡量一个国家科学技术和国民经济水平及国防实力的重要标志之一。

以航空发动机叶片产品为例，涡轮叶片由于处于温度最高、应力最复杂、环境最恶劣的部位而被列为第一关键件，并被誉为“王冠上的明珠”。涡轮叶片的性能水平，特别是承温能力，成为一种型号发动机先进程度的重要标志，在一定意义上，也是一个国家航空工业水平的显著标志。涡轮进口温度每提高 100 ℃，航空发动机的推重比能够提高 10% 左右。据估算，燃气涡轮发动机效率与性能的提高，约 50% 归功于材料的改进。

20 世纪 50 年代研制成功的高温合金使第一代航空喷气式涡轮发动机的涡轮叶片的使用温度达到了 800 ℃水平，掀起了涡轮叶片用材料的第一次革命。20 世纪 60 年代以来，由于真空冶炼水平的提高和加工工艺的发展，铸造高温合金逐渐开始成为涡轮叶片的主选材料。定向凝固高温合金通过控制结晶生长速度，使晶粒按主承力方向择优生长，改善了合金的强度和塑性，提高了合金的热疲劳性能，并且基本消除了垂直于主应力轴的横向晶界，进一步减少了铸造疏松、合金偏析和晶界碳化物等缺陷，从而使使用温度达到了 1 000 ℃水平。单晶合金涡轮叶片定向凝固技术的进一步发展，使单晶合金的耐温能力、蠕变度、热疲劳强度、抗氧化性能和抗腐蚀特性较定向凝固柱晶合金有了显著提高，很快得到了航空燃气涡轮发动机界的普遍认可，几乎所有先进航空发动机都采用了单晶合金用作涡轮叶片，成为 20 世纪 80 年代以来航空发动机的重大技术之一，掀起了涡轮叶片用材料的第二次革命。

涡轮叶片用材料的第三次革命还需等待，在未来的一段时间内，先进单晶合金仍然是高性能航空燃气涡轮发动机涡轮叶片的主导材料。国外现役最先进的第四代推重比为10的一级发动机的涡轮进口平均温度已经达到了1 600 ℃左右，预计未来新一代战斗机发动机的涡轮进口温度有望达到1 800 ℃左右。

二、工程材料的分类

工程材料主要是指用于机械、车辆、船舶、建筑、化工、能源、仪器仪表、航空航天等工程领域中的材料，用来制造工程构件和机械零件；也包括一些用于制造工具的材料和具有特殊性能（如耐蚀、耐高温等）的材料。工程材料的分类方法很多，下面介绍几种常见的分类方法。

1. 按结合键的性质分类

工程材料可分为金属材料、高分子材料、陶瓷材料、复合材料。

（1）金属材料包括钢铁材料和非铁金属材料，具有良好的导电性、导热性、高强度、高塑性和金属光泽等金属特性，还具有比高分子材料高得多的强度和刚度，比陶瓷材料高得多的塑韧度。因具有其他种类材料不可替代的独特性质和使用性能，以及成熟的加工工艺，金属材料仍然是目前应用最广泛的工程材料。金属材料的研究一方面采用新技术和新工艺开发具有高性能的新金属材料，如非晶态金属、纳米金属、智能金属和储氢合金等，另一方面则不断开发金属与非金属相互渗透的新型复合材料。金属材料虽然走过了最辉煌的时代，但其发展仍未停止。

（2）高分子材料是以高分子化合物为主要成分的材料。按材料来源，高分子材料可分为天然高分子材料和人工合成高分子材料两大类；按特性和用途可分为塑料、合成橡胶、合成纤维、黏结剂和涂料等几类。被称为现代高分子三大合成材料的塑料、合成橡胶和合成纤维已成为工程建设和人们日常生活中必不可少的重要材料。塑料、合成橡胶和合成纤维具有相对密度小、可加工性好、耐蚀性强、自润滑性好、绝缘和减振性好，以及成本低等优点，在机械、车辆、电气、化工、交通运输等工程领域中得到广泛应用；其缺点是耐热性差，易软化和老化，强度低，尺寸稳定性差等。高分子材料的发展主要聚焦在通过聚合物的改性提高其使用性能，开发环境友好型材料以及废弃物的高效利用等方面。

（3）陶瓷材料是指硅酸盐、金属与非金属的化合物，因其不具备金属的性质，又称为无机非金属材料。陶瓷材料的主要结合键是离子键，同时还存在一定数量的共价键。陶瓷材料可分为三大类：一是普通陶瓷，主要原料是硅酸盐矿物，常用于日用瓷器和建筑材料；二是特种陶瓷，主要成分是人工合成化合物，如碳化物、氮化物和氧化物等，用于工程领域耐高温、耐腐蚀、耐磨损的零件；三是金属陶瓷，即金属粉末和特种陶瓷粉末的烧结材料，主要用于切削刀具、模具和耐热零件等。陶瓷材料因具有高熔点、高硬度、耐磨、耐腐蚀、质量轻、弹性模量大等一系列优良特性，得到越来越广泛的应用，特别在耐磨材料、高温结构材料、磁性材料、介电材料、半导体材料和光学材料等方面占据了重要地位。陶瓷的发展主要围绕解决其易发生脆性破坏、塑性变形能力差、粉体制备和陶瓷加工工艺复杂、成本高等问题展开，还包括在新型结构陶瓷、生物陶瓷和其他功能陶瓷材料方面的开发研究。

（4）复合材料是指由两种或两种以上不同成分、不同性质的材料组合而成的材料。复合材料的性能通常兼有组成材料的各项优点，还可以产生原来单一材料本身所不具备的优良性能，是一类特殊的工程材料，具有广阔的发展前景。复合材料的组成物可分为基体材料和增强材料两类。基体材料有金属、塑料、橡胶和陶瓷等，增强材料有各种纤维和无机化合物颗粒等。复合材料已经应用到航空航天、武器装备、机械工程、能源工程、海洋工程，乃至民用建筑、交通运输、文体和日常用品等领域。在现代工业中，树脂基复合材料的应用已相对成熟，金属基和陶瓷基复合材料仍处于发展阶段。现代复合材料的新发展主要集中在复合增强理论的研究、复合材料制造工艺的发展以及高性能、低成本的复合材料研究开发等方面。

2. 按材料的功能和用途分类

工程材料可分为结构材料和功能材料。

结构材料是以其力学性能为基础，制造受力构件所用的一类材料。功能材料则主要是利用物质独特的物理、化学性质或生物功能等而形成的一类材料。一种材料往往既是结构材料又是功能材料，如铁、铜、铝等。本书主要介绍工程结构材料。

结构材料是指以力学性能为主要性能指标的工程材料的统称。它主要用于制造工程构件和机械装备中的支撑件、连接件、传动件、紧固件、弹性件以及工具、模具等。这些结构零构件都在受力状态下服役，因此力学性能（强度、硬度、塑性、韧性等）是其主要性能指标，在许多使用条件下还需要考虑特殊的环境条件，如高温环境、低温环境、腐蚀介质环境、放射性辐射环境等。结构件均有一定的形状配合精度要求，因此结构材料还需有优良的可加工性能，如铸造性、冷热成形性、可焊性、切削加工性等。不同的使用条件要求材料具有不同的性能，如桥梁构件除具有一定的强度和韧性外，还需耐大气腐蚀和具有良好的焊接性；传动轴需要有良好的耐疲劳性能；飞机构件要求有高的比强度、比刚度；发动机叶片需要有良好的高温强度和抗蠕变特性；切削刀具需有良好的红硬性；化工反应釜需能抵抗化学介质的强烈腐蚀等。

3. 按材料的发展程度分类

工程材料可分为传统材料和新型材料。

传统材料是指那些已经发展成熟且在工业中已批量生产并大量应用的材料，如钢铁、塑料等。这类材料由于用量大、产值高、涉及面广，又是很多支柱产业的基础，所以又称为基础材料。新型材料（先进材料）是指那些具有优异性能和应用前景，且正在发展中的一类材料。新型材料与传统材料之间并没有明显的界限。传统材料通过采用新技术，提高性能，增加附加值可以成为新型材料；新型材料发展成熟且在工业中批量生产并大量应用之后也就成了传统材料。传统材料是发展新型材料和高技术的基础，而新型材料又往往能推动传统材料的进一步发展。

此外，若从化学角度分类，工程材料可分为无机材料和有机材料；若按结晶状态进行分类，工程材料可分为单晶体、多晶体、非晶体、准晶体和液晶等；若从应用角度出发可分为结构材料、电子材料、航空航天材料、汽车材料、建筑材料、能源材料、信息材料等。

三、工程材料的知识架构

1. 对工程材料的认识

早期人类只能被动地利用天然材料（如木材、石头、动物骨骼、皮毛和黏土等）。火的应用使人类掌握了材料的制备方法，获得比天然材料性能更好的制品（如陶器、青铜器、铁器等）。人类又进一步发现通过热处理、添加其他物质等方法可以改善材料的性能。这段时期人们对材料内在关系还缺乏本质认识和规律性认识，材料的制造生产基本上依靠工匠、艺人的经验。直到1863年光学显微镜首次应用于材料微观组织的研究领域，使人们能够将材料的宏观性能与微观组织联系起来，因而诞生了金相学。1912年，人们发现了X－射线对晶体的作用，X－射线随后被用于晶体衍射分析，使人们对固体材料的微观结构有了科学认识。1932年，电子显微镜的发明以及后来各种新分析仪器的问世，把人们带到了微观世界的更深层次（10^{-7}m）。

由此看来，人们对材料的认识是从经验性认识到规律性认识，由宏观现象测试到微观本质探讨的过程。

2. 材料科学与工程的定义

20世纪60年代初，人们提出了“材料科学”这个名词，它的提出是源于1957年，苏联人造卫星率先上天，震惊了美国，美国人认为自己落后的主要原因之一是先进材料落后，于是在一些大学相继成立了十余个材料研究中心，采用先进的科学理论与实验方法对材料进行深入研究。从此，“材料科学”这个名词便开始流行。

材料科学的核心内容一方面是研究材料的组织结构与性能之间的关系，具有“研究为什么”的性质；另一方面又是面向实际，为经济建设服务。它是一门应用学科，研究和发展材料的目的在于应用，需要通过合理的工艺流程制备出具有实用价值的材料，通过批量生产才能使之成为工程材料。所以，在“材料科学”这个名词出现后不久，人们就提出了“材料工程”和“材料科学与工程”。材料工程研究的是材料在制备、处理和加工过程中的工艺和各种工程问题，具有“解决怎样做”的性质。1986年，英国Pergamon公司出版的《材料科学与工程百科全书》中对材料科学与工程的定义为：材料科学与工程研究的是有关材料组成、结构、制备工艺流程与材料性能和用途的关系及其应用。换言之，材料科学与工程是研究材料组成、结构、生产过程、材料性能与使用效能以及它们之间关系的学科。

3. 工程材料四要素

材料的组成、结构与组织、合成与加工、性能（或使用性能）称为材料科学与工程的四要素，它们之间的关系可用四面体来表示，如图绪论－1所示。

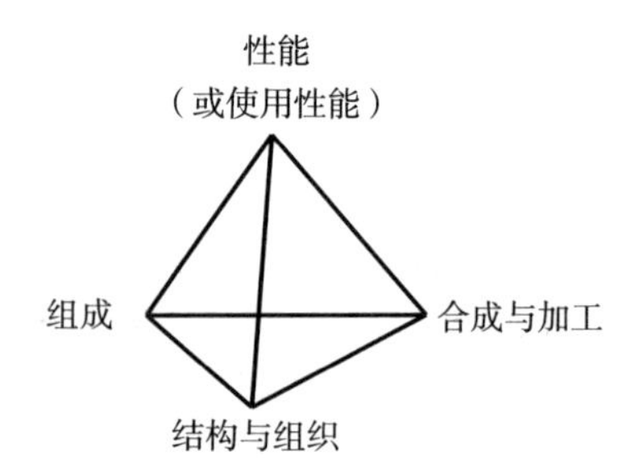

图绪论－1　工程材料四要素

1）组成

组成是构成材料的最基本要素，一提到组成应该想到两个概念：一是组元（component，constituent），二是成分（composition）。前者指组成合金的元素，有时也将稳定的化合物看成是组元；后者指合金中组元的含量。当选择一种材料或分析表征某种材料的结构和性能时，必须考虑：为什么要采用这种成分，合金的结构和性能与组元的哪些因素相关，每种组元的存在形态是什么，对合金的结构有什么影响，对合金的性能有什么影响等问题。

2）结构与组织

材料的结构是指材料的组元及其排列和运动方式。材料的结构层次分为：亚原子层次（可分为原子核和电子两个部分），原子或分子层次（包括核外电子结构、键合结构、晶体结构等)，显微层次和宏观层次。其中的显微层次和宏观层次又称为组织结构。工程材料中组织是指固体材料中的相（包括相的种类、数量、大小、形状与分布等）；晶粒（大小和形状）；缺陷（种类、密度和分布）以及织构的总和。用肉眼和低倍显微镜可观察到的称为宏观组织，用高倍显微镜可观察到的称为显微组织。当微观尺度小于 100 nm 时称为纳米结构。不同尺度的结构层次都会对性能产生影响。

3）合成与加工

合成与加工是指建立原子、分子与分子聚集体的新排列，在原子尺度到宏观尺度上对结构进行控制以及高效而有竞争力地制造材料和零件的演变过程。合成（制备）通常是指原子和分子组合在一起制造新材料所采用的物理和化学方法。加工（工艺，这里指成形加工）除了为生产有用材料对原子、分子进行控制外，还包括在尺度上的较大改变，有时也包括材料制造等工程方面的问题。材料加工涉及许多学科，是科学、工程以及经验的综合，是制造技术的一部分，也是整个技术发展的关键一步。必须指出，现在合成与加工间的界限已经变得越来越模糊，这是因为选择各种合成反应往往必须考虑由此得到的材料是否适合进一步加工。

材料的种类不同，合成与加工的方法对性能的影响也不同。研究表明，材料的固有性能和使用性能取决于它的组成和各个层次上的结构，后者又取决于合成与加工。因此，材料科学家与工程师们的任务就是研究这四种要素以及它们之间的相互关系，并在此基础上创造新材料，以满足社会需要，推动社会发展。

4）性质、性能、功能与使用性能

性质泛指材料所固有的特性，或说是本性，如密度、导电性等。性能（或称效能）是指材料对外界刺激（外力、热、电、磁、化学刺激等）的反应或抵抗（被动的响应)，又称为“行为”“表现”，如强度、电阻（电导）、耐热性、耐蚀性等。功能是指材料对应于某种输入信号时所发生的质或量的变化，或其中有某些变化会产生其他性能的输出（即能感生出另一种效应)，如光电效应、热效应、压电效应等。使用性能（或称使用效能、使用特性）是材料在使用条件下应用性能的度量，或者说是材料在使用条件下的表现，如使用环境、受力状态等因素对材料性能和寿命会产生影响。使用性能是材料固有性质、产品设计、工程应用能力的综合反映，也是决定材料能否得到发展和大量使用的关键。使用性能的度量指标有可靠性、有效寿命、安全性和成本等综合因素，利用材料的物理性能时，使用性能还包括能量转换率、灵敏度等。使用性能取决于材料的基本性能。

4. 工程材料四要素之间的关系

材料四要素模型试图在材料的组成、合成与加工、结构与组织、性能或使用性能之间建立一个整体关系。为了对四要素之间的关系有更直观和更深刻的印象，建立起初步的认知，现列举几个例子进一步说明。

（1）材料的成分对其性能有着重要的影响。例如铁碳合金，其性能与碳含量密切相关：如果不含碳，就是纯铁，性软、延性极好；当碳含量不超过 2.11% 时，称为钢，随着碳含量增加，钢的强度、硬度上升，但塑性、韧性急剧下降，工艺性能也变差；碳含量超过 2.11% 后，工业上称之为铸铁，由于这时的碳往往以石墨的形式存在，因此石墨的形态、尺度、分布对铸铁性能具有很大影响，铸铁虽然强度较低，但有良好的切削、减磨、消振性能，加上生产简便，成本低廉，因此也得到了广泛的应用。

（2）结构也是导致材料性能差异的重要因素。金刚石和石墨都是由碳元素构成的，然而两者内部结构不同（也就是碳原子的排列方式不同），造成了彼此性能上很大的差异。金刚石是自然界中最硬的一种物质，绝缘、透明、折射光的能力极强，把它磨成一定的形状就成为钻石。工业上，绝大多数的金刚石正在发挥它“硬”的性能：在钻探机钻头上的金刚石，可以穿透十分坚硬的岩层；用金刚石做成刀具，可以加工最硬的金属。石墨与金刚石正好相反，它很软，颜色深灰，也不透明，铅笔芯就是用石墨做成的。石墨是电的良好导体，常用它做电极、电刷。石墨有良好的润滑作用，常被用作固体润滑剂。

（3）工艺因素对材料性能的影响至关重要。例如，在材料的制备过程中，冷却速率的变化会改变材料内部结构。随着冷却速率的提高，材料内部结构从平衡态过渡到亚平衡态、甚至成为非平衡态，材料性能因此显著改变。快冷非平衡凝固技术为新型金属材料的发展开辟了新途径。通过快冷非平衡凝固技术，人们发现了准晶，由此改变了晶体学的传统观念；发明了金属玻璃，成倍提高了金属材料的强度、硬度；快速凝固细化晶粒，获得超细晶甚至纳米晶材料。

图绪论 -2 所示为碳含量 0.4% 的钢的工艺、组织结构与性能之间的相互关系。

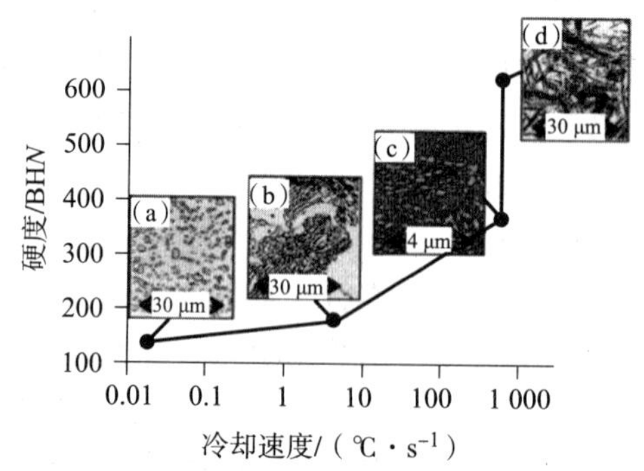

图绪论 -2　碳含量 0.4% 的钢的工艺、组织结构与性能之间的相互关系

以高温合金制造发动机叶片为例说明工艺对材料组织结构的改变大幅度提升材料性能的重要性：采用真空冶炼技术的铸造高温合金使用温度比变形高温合金提高了 30 ℃以上；利用定向凝固技术制备的定向柱晶合金，消除了有害横向晶界，比常规铸造高温合金的承温能力提高 20～30 ℃，疲劳强度可提高 8 倍，持久寿命可提高 2 倍；没有晶界的单晶高温合金比定向凝固柱晶高温合金的承温能力进一步提高 25～30 ℃。20 世纪 80～90 年代，单晶高温合金相继发展了第二代和第三代，每代单晶叶片的承温能力都比上一代提高 25～30 ℃，寿命提高 3 倍，燃油效率提高 30%。第三代单晶叶片使用温度比定向柱晶提高近 90 ℃，达到 1 060 ℃。波音 777 飞机使用的第二代单晶高温合金 ReneN5 制造的 GE90 发动机是目前世界上推力最大的发动机。第四代战斗机 F－22 上使用的第三代单晶高温合金制造的 F119 发动机，其推重比达到 10。

当然，材料性能的发挥与材料的服役环境条件也是密不可分的。例如，碳石墨材料在真空或惰性气体环境中，是难得的加热材料和隔热材料，可以应用在 2 000 ℃的真空炉中；而一旦处于氧化环境中，碳石墨材料将被烧蚀，故无法在普通加热炉中应用。由于碳石墨材料具有良好的隔热性质，在高温真空或惰性气体环境中不会被烧蚀、熔化、解体，可应用在航天器前端，防止高速运动时高热对航天器的损害。

从以上叙述可知，材料的性能取决于其内部结构，只有改变了材料的内部结构才能达到改变和控制材料性能的目的，而材料的合成和加工工艺常常对材料的结构起决定性作用。从材料的产生到进入使用过程，直至损耗，四大要素存在着逻辑上的因果关系，如图绪论 -3 所示。

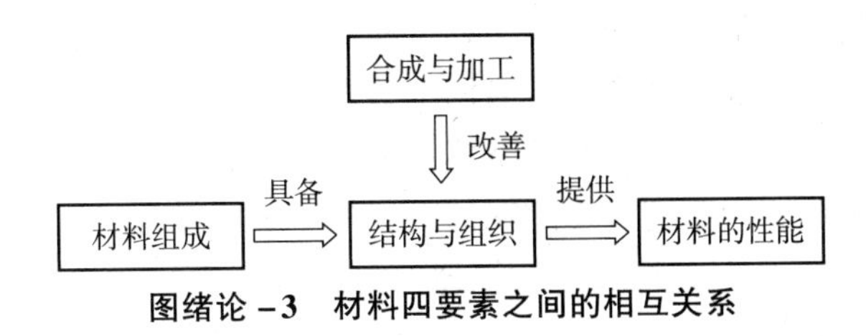

图绪论 -3　材料四要素之间的相互关系

总之，无论是为制造某种产品选择合适材料及最佳的加工工艺，正确地使用材料，还是改善现有材料或者研制新材料，都需要工程技术人员具有材料内部结构与性能方面的知识，都需要材料科学的理论指导。

四、工程材料课程的性质与任务

合理地选择和使用材料是所有工程领域及其设计部门的任务，它建立在相关工作人员对材料的总体把握和正确认识的基础上，这就要求所有工程领域的专业人员都要对材料有比较全面且正确的了解。

工程技术人员除了具备优良的设计和制造能力外，还必须具备三方面的知识基础：

（1）熟悉各种材料的力学性能、加工特性和改性方法以及应用范围，以改善材料性能，合理应用材料；

（2）熟悉产品设计、制造与材料性能之间的关系，能够根据每个零部件不同的服役条件（如受力、温度、环境介质等）进行材料和加工处理方法的合理选择，获得在使用状态下所需要的显微组织，保证其在规定的寿命期限内正常工作，以合理选择材料和使用材料；

（3）从材料学的角度，根据零部件承受载荷的类型和外界条件分析其失效形式，对零部件材料的主要性能指标提出要求，并制定合理的加工工艺。“工程材料”课程就是为了适应这些要求而设置的。

本课程从工程材料应用的角度出发，阐明工程材料组成、结构与组织、加工工艺与使用性能之间关系的基本理论，介绍常用工程材料及其应用的基本知识。旨在使学习者通过学习本课程能正确地理解常用工程材料的组成、结构与组织、加工工艺与使用性能之间的关系及其变化规律，能具有根据零件的使用条件、性能要求和失效形式进行合理选材及正确制定零件加工工艺和加工路线的初步能力，并为学习后续相关课程打下基础。

五、工程材料课程的主要内容

工程材料课程的主要内容如下：

（1）工程材料的理论基础。

讨论材料的结构与性能、金属材料的凝固、成形工艺对金属组织与性能的影响。

（2）热处理与表面工程技术。

讨论钢的整体热处理、表面热处理及表面改性技术。

（3）常用工程材料。

讨论钢铁材料、非铁金属材料、高分子材料、陶瓷材料、复合材料的组成特点及其应用。

（4）工程材料的选择与应用。

讨论机械零部件的失效形式、选材及工程材料的应用。

本课程的理论性强，涉及的概念多、名词术语多，学习者在学习过程中要注意材料的成分、工艺、组织、性能是一个不可分割的整体：不仅材料成分的变化会引起其组织性能的变化，对于同一材料，采用不同工艺制造的零部件，其组织性能也可能出现很大的差异。学习者要注重理解和分析材料性能变化的内在规律，深刻认识影响材料性能的因素及其强化机制，熟悉具有什么成分的材料、通过什么工艺方法加工可以达到工程应用的性能要求。

本课程的实践性和应用性也很强，学习者在学习过程中除了掌握材料学基本理论和基本知识之外，还必须重视实践，必须与工程训练或金工实习紧密联系，对产品生产全过程有一定的了解。学习者要特别注意联系生产实际，注重分析、理解前后知识的整体结构和综合应用。

第1章　金属材料的性能

金属材料具有许多良好的性能，因此被广泛地用于制造各种构件、机械零件、工具和日常生活用具。金属材料的性能包含使用性能和工艺性能两方面。使用性能是指金属材料在使用条件下所表现出来的性能，它包括力学性能、物理和化学性能；工艺性能是指制造过程中材料适应加工的性能，它包括铸造性能、锻造性能、焊接性能、切削加工性能和热处理性能；此外，有些机件需要在高温条件下长期服役（如在发动机叶片、燃烧室中等），这些机件的材料需要具有良好的高温性能。

1.1　金属材料的力学性能

金属材料的力学性能是指金属材料在受外力作用时表现出的性能，包括强度、塑性、硬度、韧性及疲劳强度等。外力即载荷，其形式如图1－1所示。

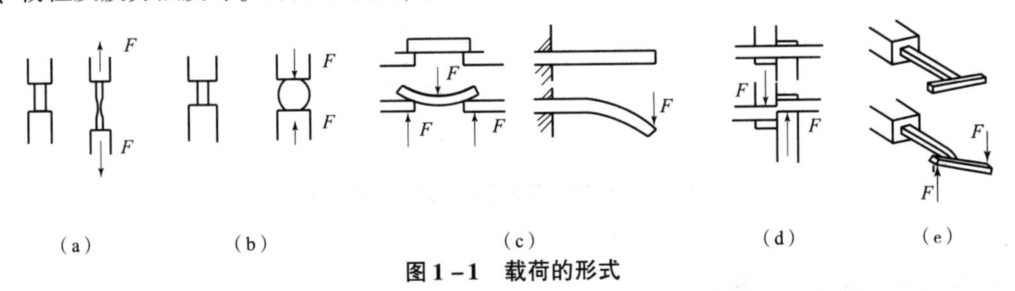

图1－1　载荷的形式

(a) 拉伸载荷；(b) 压缩载荷；(c) 弯曲载荷；(d) 剪切载荷；(e) 扭转载荷

1.1.1　强度

金属材料抵抗塑性变形或断裂的能力称为强度。根据载荷的不同，可分为抗拉强度（R_m）、抗压强度（R_{mc}）、抗弯强度（σ_{bb}）、抗剪强度（τ_b）和抗扭强度（τ_m）等几种。

抗拉强度通过拉伸试验测定。将一截面为圆形的低碳钢拉伸试样（图1－2）在材料试验机上进行拉伸，测得应力－应变曲线，如图1－3（a）所示。

图1－3中，σ为应力，ε为应变。

$$\sigma=\frac{F}{S_0} \tag{1-1}$$

$$\varepsilon=\frac{\Delta l}{l_0}=\frac{l-l_0}{l_0}\times 100\% \tag{1-2}$$

式中：F为所加载荷（N）；S_0为试样原始截面积（mm^2）；l_0为试样的原始标距长度（mm）；l为试样变形后的标距长度（mm）；Δl为伸长量（mm）。

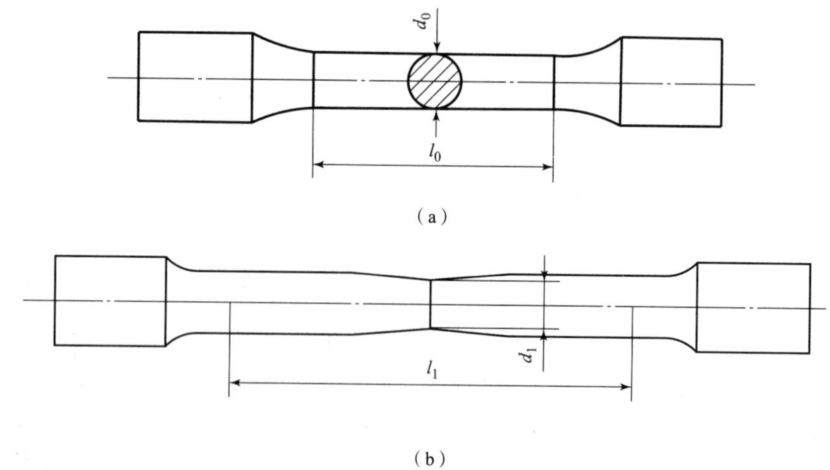

图 1-2　圆形拉伸试样

(a) 拉伸前；(b) 拉伸后

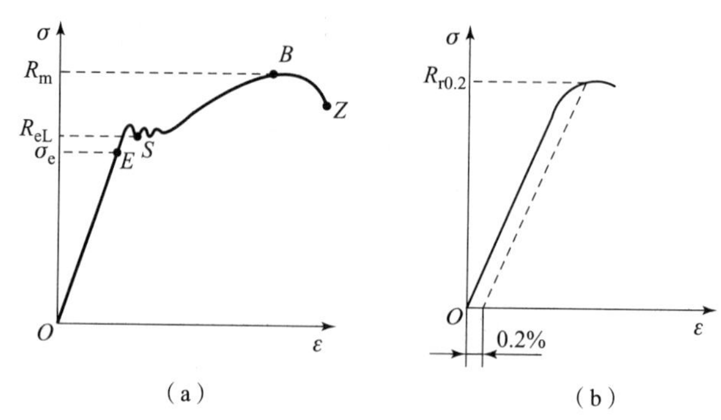

图 1-3　低碳钢和铸铁的应力-应变曲线

(a) 低碳钢；(b) 铸铁

1. 应力-应变曲线分析

(1) *OE* 为弹性变形阶段，试样的变形量与外加载荷成正比，载荷卸掉后，试样恢复到原来的尺寸。

(2) *ES* 为屈服阶段，此时不仅有弹性变形，还发生了塑性变形。即载荷卸掉后，一部分变形恢复，还有一部分变形不能恢复，形变不能恢复的变形称为塑性变形。

(3) *SB* 为强化阶段，为使试样继续变形，载荷必须不断增加，随着塑性变形增大，材料变形抗力也逐渐增加。

(4) *BZ* 为缩颈阶段，当载荷达到最大值时，试样的直径发生局部收缩，称为“缩颈”，此时变形所需的载荷逐渐降低。

(5) *Z* 点试样发生断裂。

2. 金属材料的强度指标

(1) 弹性极限 (σ_e)，表示材料保持弹性变形，不产生永久变形的最大应力，是弹性零件的设计依据。

(2) 屈服强度 (R_{eL})，表示金属开始发生明显塑性变形的抗力，有些材料（如铸铁）没有明显的屈服现象［图 1-3 (b)］，则用条件屈服极限来表示：产生 0.2% 残余应变时的应力值，用 $R_{r0.2}$表示。

（3）抗拉强度（R_m），表示金属受拉时所能承受的最大应力。

R_{eL}、$R_{r0.2}$及 R_m 是机械零件和构件设计和选材的主要依据。

下面介绍几个相关概念：

①弹性模量：反映了材料内部原子种类及其结合力的大小。表示为：$E=\sigma/\varepsilon$（单位：GPa）。

②刚度：材料在受力时，抵抗弹性变形的能力。

工程上将弹性模量称为刚度。刚度的大小主要取决于材料的本性，除随温度升高而逐渐降低外，其他强化材料的手段如热处理、冷热加工、合金化等对弹性模量的影响很小。可以通过增加横截面积或改变截面形状来提高零件的刚度。

③屈强比：屈服强度与抗拉强度的比值称为屈强比。

屈强比小，工程构件的可靠性高，说明即使外载荷或某些意外因素使金属变形，也不至于立即断裂。但若屈强比过小，则材料强度的有效利用率太低。

1.1.2　塑性

断裂前金属材料产生永久变形的能力称为塑性，用断后伸长率和断面收缩率来表示。

1. 断后伸长率

在拉伸试验中，试样拉断后，标距的伸长与原始标距的百分比称为断后伸长率，用符号 A 表示。

$$A=\frac{\Delta l}{l_0}=\frac{l_1-l_0}{l_0}\times 100\% \tag{1-3}$$

式中：l_1 为试样拉断后的标距（mm）；l_0为试样的原始标距（mm）；Δl 为最大伸长量（mm）。

同一材料的试样长短不同，测得的断后伸长率略有不同。长试样（$l_0=10d_0$，d_0为试样原始直径）和短试样（$l_0=5d_0$）测得的断后伸长率分别记作 $A_{11.3}$和 A。

2. 断面收缩率

试样拉断后，缩颈处截面积的最大缩减量与原横断面积的百分比称为断面收缩率，用符号 Z 表示。

$$Z=\frac{\Delta S}{S_0}=\frac{S_0-S_1}{l_0}\times 100\% \tag{1-4}$$

式中：S_1为试样拉断后缩颈处最小横截面积（mm^2）；S_0为试样的原始横断面积（mm^2）；ΔS 为试样缩颈处截面积的最大缩减量（mm^2）。

金属材料的断后伸长率（A）和断面收缩率（Z）数值越大，表示材料的塑性越好。塑性好的金属可以发生大量塑性变形而不破坏，便于通过各种压力加工获得复杂形状的零件。铜、铝、铁的塑性很好，如工业纯铁的 A 可达 50%，Z 可达 80%，可以拉成细丝，轧成薄板，进行深冲成形。铸铁塑性很差，A 和 Z 几乎为 0，不能进行塑性变形加工。塑性好的材料，在受力过大时，由于首先产生塑性变形而不致发生突然断裂，因此比较安全。

目前，金属材料室温拉伸实验方法采用最新标准 GB/T 228.1—2010，但是由于现在原有各有关手册和有关工厂企业所使用的金属力学性能数据均是按照国家标准 GB/T 228—1987《金属拉伸试验方法》的规定测定和标注，因此本书为了方便读者阅读，列出了新、旧标准关于金属材料强度与塑性有关指标的名词术语及符号对照表，见表 1－1。

表 1-1 金属材料强度与塑性有关指标的名词术语及符号新、旧标准对照表

GB/T 228.1—2010		GB/T 228—1987	
名词术语	符号	名词术语	符号
屈服强度	—	屈服点	σ_s
上屈服强度	R_{eH}	上屈服点	σ_{sU}
下屈服强度	R_{eL}	下屈服点	σ_{sL}
规定残余伸长强度	R_r，如 $R_{r0.2}$	规定残余伸长应力	σ_r，如 $\sigma_{r0.2}$
抗拉强度	R_m	抗拉强度	σ_b
断后伸长率	A 和 $A_{11.3}$	断后伸长率	δ_5 和 δ_{10}
断面收缩率	Z	断面收缩率	ψ

注：本书以后各章述及屈服强度有关问题时，不计测定方法，一般采用 R_{eL}、$R_{r0.2}$ 表示材料的屈服强度。

1.1.3 硬度

材料抵抗另一硬物体压入其内的能力叫硬度，即受压时抵抗局部塑性变形的能力。

1. 布氏硬度

图 1-4 所示为布氏硬度测试原理。一定直径 D(mm) 的硬质合金球在一定载荷 F(N) 作用下压入试样表面，保持一定时间 t(s) 后卸除载荷，测量其平均压痕直径，计算得到布氏硬度值。布氏硬度值用球面压痕单位表面积上所承受的平均压力来表示，用符号 HBW 来表示。

$$\text{HBW}=0.102\frac{2F}{\pi D(D-\sqrt{D^2-d^2})} \tag{1-5}$$

式中：F 为荷载（N）；D 为球体直径（mm）；d 为压痕平均直径（mm）。

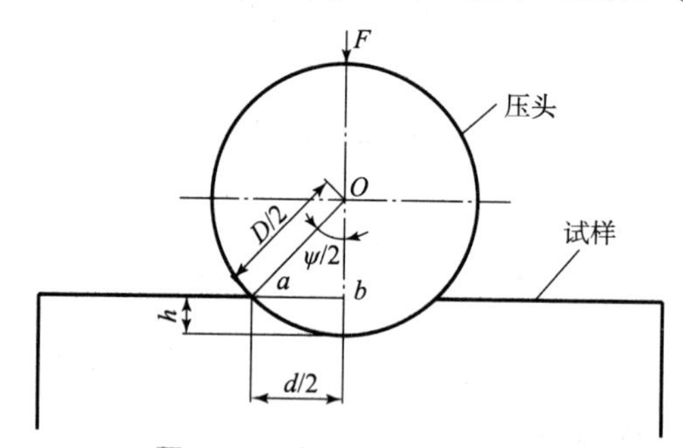

图 1-4 布氏硬度测试原理

实际测量时，可由相应的压痕直径与布氏硬度对照表查得硬度值。

布氏硬度记为 200 HBW10/1 000/30，表示用直径为 10 mm 的硬质合金球，在 9 800 N（1 000 kgf）的载荷下保持 30 s 时测得布氏硬度值为 200。如果硬质合金球直径为 10 mm，载荷为 29 400 N（3 000 kgf），保持 10 s，硬度值为 200，可简单表示为 200 HBW。在此需注意的是，新的金属材料布氏硬度国标 GB/T 231.1—2009 中，试验的单位是牛（N），而在布氏硬度表示方法中，其单位是千克力（kgf），两者的换算关系为 1 kgf = 9.806 65 N。

布氏硬度主要用于各种退火状态下的钢材、铸铁、有色金属等，也用于调质处理的机械零件。

2. 洛氏硬度

图1－5所示为洛氏硬度测试原理。将金刚石压头（或钢球压头），在先后施加两个载荷（预载荷 F_0 和主载荷 F_1）的条件下压入金属表面。总载荷 F 为预载荷 F_0 和主载荷 F_1 之和。卸去主载荷 F_1 后，测量其残余压入深度 h_1 与 h_0 之差 h 来计算洛氏硬度值。h 越大，表示材料硬度越低，实际测量时硬度可直接从洛氏硬度计表盘上读得。根据压头的种类和总载荷的大小洛氏硬度常用的表示方式有HRA、HRB、HRC，如表1－2所示。如62 HRC，表示用金刚石圆锥压头，总载荷为1 470 N测得的洛氏硬度值。

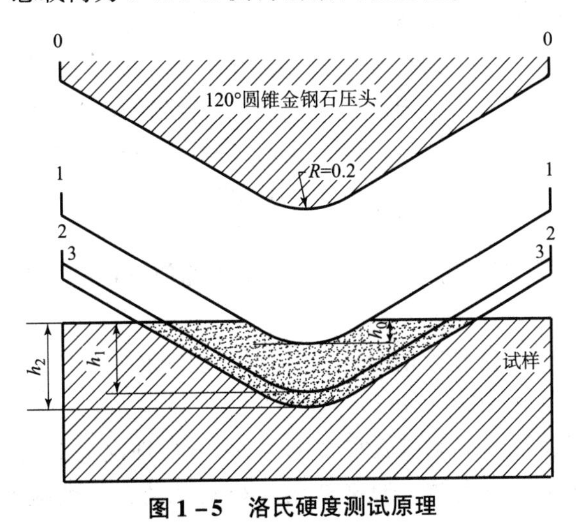

图1－5 洛氏硬度测试原理

表1－2 常用洛氏硬度值的符号、试验条件与应用

标度符号	压头	总载荷/N	表盘上刻度颜色	常用硬度示值范围	应用举例
HRA	金刚石圆锥	588	黑线	70～85	碳化物、硬质合金、表面硬化工件等
HRB	$\frac{1}{16}$钢球	980	红线	25～100	软钢、退火钢、铜合金等
HRC	金刚石圆锥	1 470	黑线	20～67	淬火钢、调质钢等

洛氏硬度试验压痕小、可直接读数，操作方便，可测低硬度、高硬度材料，应用最广泛。洛氏硬度用于各种钢铁原材料、有色金属、经淬火后工件、表面热处理工件及硬质合金等。

3. 维氏硬度

布氏硬度在满足 F/D^2 为定值时可使其硬度值统一，但为了避免硬质合金球产生永久变形，常规布氏硬度试验一般只可用于测定硬度小于650 HBW的材料，而洛氏硬度虽可用来测试各种材料的硬度，但不同标尺的硬度值不能统一，彼此没有联系，无法直接换算。针对以上不足，为了使从软到硬的各种材料有连续一致的硬度标度，因而制定了维氏硬度试验法。

1）试验原理

维氏硬度的测定原理基本与布氏硬度相同，也是采用压痕单位陷入面积上的载荷来计量硬度值，如图1－6所示。

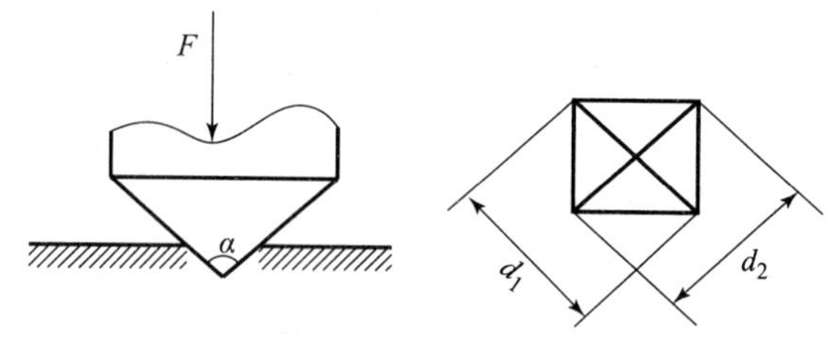

图1-6　维氏硬度试验原理

维氏硬度试验采用硬度极高的形状为正四棱锥的金刚石压头。为了使维氏硬度值与布氏硬度值有最佳配合（即在较低硬度范围内硬度值相等或相近），压头的两个相对面间的夹角 $\alpha=136°$。测量试验时，载荷变化，压入角却不变，若维氏硬度试验时载荷为 F，正四棱锥金刚石压头的压痕面积则为 $A=d^2/2\sin 68°=d^2/1.8544$，则相应的维氏硬度值为

$$\mathrm{HV}=\frac{F}{A}=\frac{0.1891}{d^2}F \tag{1-6}$$

式中：d 为压痕对角线的长度，可取 d_1、d_2 的算术平均值（mm）；F 为试验力（N）。

2）维氏硬度的表示

例如，640HV30/20（维氏硬度值 HV 试验载荷/加载时间）。

3）维氏硬度的特点及应用

（1）维氏硬度的载荷范围很宽，通常为 49～980 N，理论上不限制。

（2）测试薄件或涂层的硬度时，通常选用较小的载荷，一般应使试件或涂层的厚度大于 1.5 d。

（3）压痕轮廓清晰，采用对角线长度计量，精确可靠。

（4）操作不如洛氏硬度简便，不适宜成批生产的质量检验。

1.1.4　冲击韧性

许多机械零件和工具在工作中，往往要受到冲击载荷的作用，如活塞销、锤杆、冲模和锻模等。材料抵抗冲击载荷作用的能力称为韧性，常用一次摆锤冲击弯曲试验来测定。冲击韧性是指材料在冲击载荷作用下吸收塑性变形功和断裂功的能力，常用标准试样的冲击吸收能量 K 表示。夏比缺口试样冲击弯曲试验原理如图 1-7 所示。

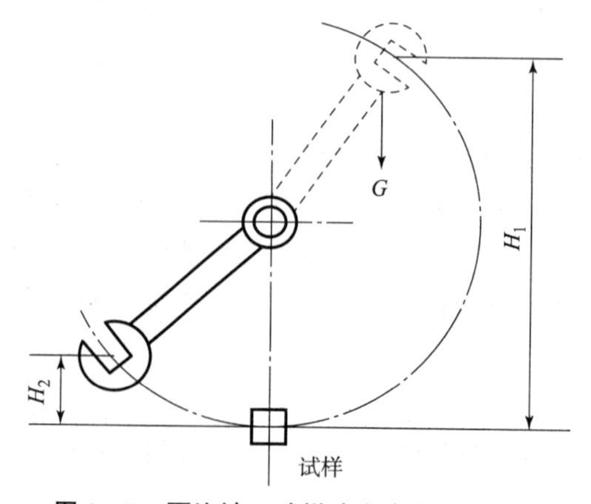

图1-7　夏比缺口试样冲击弯曲试验原理

试验在摆锤式冲击试验机上进行。将试样水平放在试验机支座上，缺口位于与摆锤冲击相反方向。试验时，先将具有一定质量 m 的摆锤抬起至一定高度 H_1，使其获得一定的势能 mgH_1，然后将摆锤放下，在摆锤下落至最低位置处将试样冲断，摆锤的剩余能量为 mgH_2，差即为试样变形和断裂所消耗的能量，称为冲击吸收能量，以 K 表示，单位为 J。

$$K = mg(H_1 - H_2) \tag{1-7}$$

夏比冲击弯曲试验标准试样是 U 形缺口或 V 形缺口，分别称为夏比 U 形缺口试样和夏比 V 形缺口试样，如图 1-8 所示。用不同缺口试样测得的冲击吸收能量分别标记为 KU 和 KV，并用下标数字 2 或 8 表示摆锤刀刃半径，如 KU_2、KV_2、KU_8、KV_8。

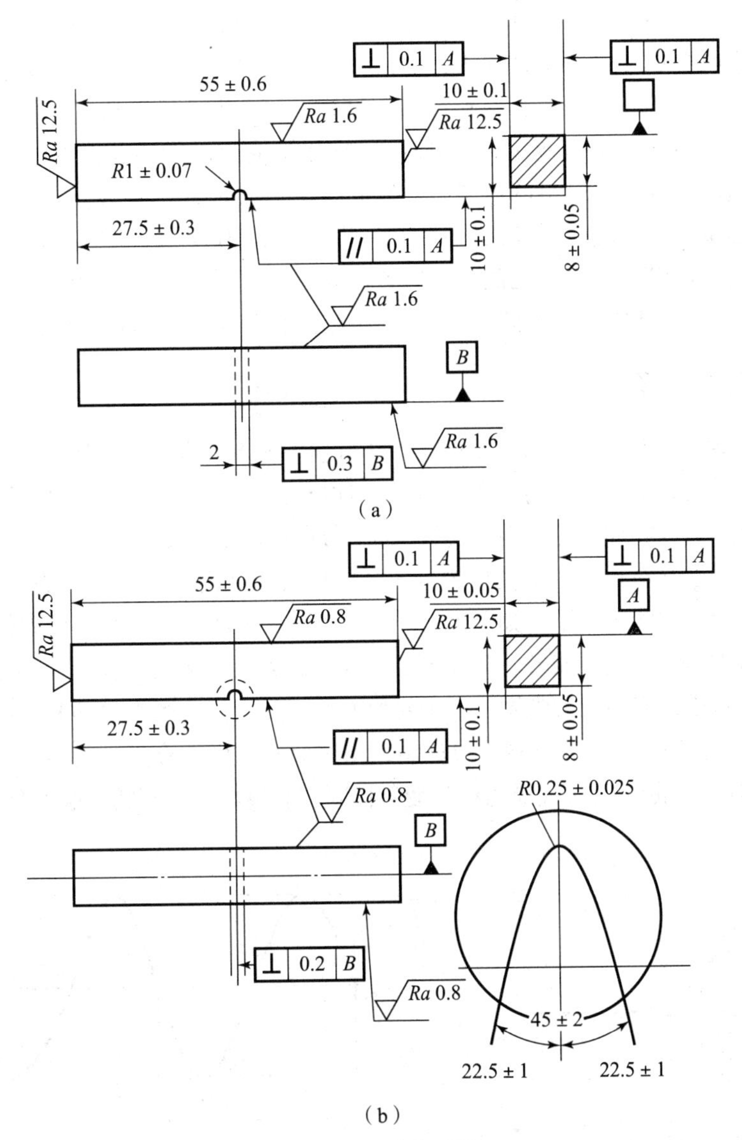

图 1-8　冲击试样

(a) U 形缺口试样；(b) V 形缺口试样

测量球铁或工具钢等脆性材料的冲击吸收能量，常采用 10 mm × 10 mm × 55 mm 的无缺口冲击试样。

冲击吸收能量 K 的大小并不能真正反映材料的韧脆程度，因为缺口试样冲击吸收的能量并非完全用于试样的变形和断裂，其中一部分能量消耗于试样掷出、机身振动、空气阻力以及轴承与测量机构中的摩擦消耗等。金属材料在一般摆锤冲击试验机上试验时，这些能量是忽略不计的。但当摆锤轴线与缺口中心线不一致时，上述损耗比较大。所以，在不同试验机上测得的 K 值彼此可能相差 10% ~30%。

虽然冲击吸收能量不能真正代表材料的韧脆程度，但由于它们对材料内部组织变化十分敏感，而且冲击弯曲试验方法简便易行，所以仍被广泛采用。冲击弯曲试验的主要用途有以下两点：

（1）控制原材料的冶金质量和热加工后的产品质量，即将 K 值作为质量控制指标使用。通过测量冲击吸收能量和对冲击试验进行断口分析，可揭示原材料中的夹渣、气泡、严重分层、偏析以及夹杂物等冶金缺陷；检查过热、过烧、回火脆性等锻造或热处理缺陷。

（2）根据系列冲击试验（低温冲击试验）可得 K 值与温度的关系曲线，测定材料的韧脆转变温度。据此可以评定材料的低温脆性倾向，供选材时参考或用于抗脆断设计。

需要说明的是，在金属材料夏比摆锤冲击试验方法 GB/T 229—2007 国标之前的冲击韧性常用冲击吸收功除以试样缺口处截面积的方式表示，符号为 a_k（已停用，单位为 J/cm^2），现存文献多以 a_k 表示材料的冲击韧性，因此本书在引用文献数据时仍然会用到 a_k。

1.1.5 疲劳强度

轴、齿轮、轴承、叶片、弹簧等零件在工作过程中各点的应力随时间做周期性的变化，这种随时间做周期性变化的应力称为交变应力（也称循环应力）。在交变应力作用下，虽然零件所承受的应力低于材料的屈服点，但经过较长时间的工作而产生裂纹或突然发生完全断裂的过程称为金属的疲劳。材料承受的交变应力（σ）与材料断裂前承受交变应力的循环次数（N）之间的关系可用疲劳曲线来表示，如图 1－9（a）所示。金属承受的交变应力越大，则断裂时应力循环次数 N 越少。当应力低于一定值时，试样可以经受无限周期循环而不破坏，此应力值称为材料的疲劳极限，亦称疲劳强度。对于对称循环交变应力［图 1－9（b），t 为时间］疲劳强度用 σ_{-1} 表示。实际上，金属材料不可能做无限次交变载荷试验。对于黑色金属，一般规定应力循环 10^7 周次而不断裂的最大应力称为疲劳极限，有色金属、不锈钢取 10^8 周次。

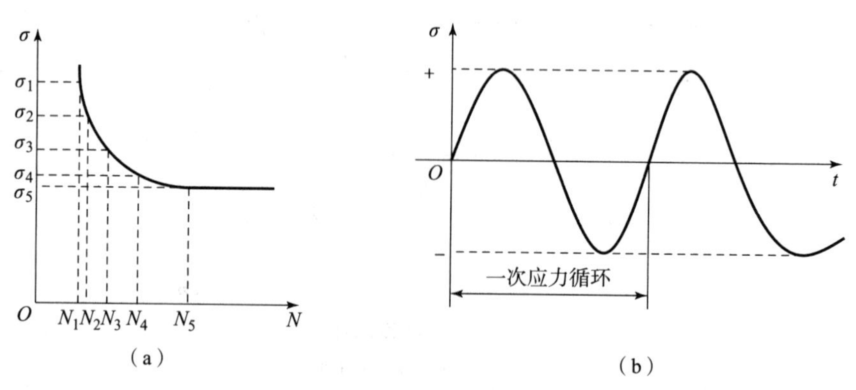

图 1－9　疲劳曲线和对称循环交变应力图

（a）疲劳曲线；（b）对称循环交变应力

金属的疲劳极限受到很多因素的影响，主要有工作条件、表面状态、材质、残余内应力等。改善零件的结构形状、降低零件表面粗糙度以及采取各种方法进行表面强化，都能提高零件的疲劳极限。

1.1.6　断裂韧性

桥梁、船舶、大型轧辊、转子等有时会发生低应力脆断，这种断裂的名义断裂应力低于材料的屈服强度。尽管在设计时保证了构件或零件足够的延伸率、韧性和屈服强度，但仍不免破坏。导致破坏的原因是构件或零件内部存在着或大或小、或多或少的裂纹和类似裂纹的缺陷。裂纹在应力作用下因失稳而扩展，导致构件或零件破断。材料抵抗裂纹失稳扩展断裂的能力称为断裂韧性。

设有一很大的板件，内有一长为 $2a$ 的贯通裂纹，受垂直于裂纹面的外力拉伸时（图 1－10），按线弹性断裂力学的分析，裂纹尖端的应力场大小可用应力场强度因子 K_{I} 来描述。

$$K_{\mathrm{I}} = Y\sigma\sqrt{a} \tag{1-8}$$

式中：Y 是与裂纹形状、加载方式及试样几何尺寸有关的量，可查手册得到（本例情况下 $Y=\pi$）；σ 为外加名义应力（MPa）；a 为裂纹的半长（m）。

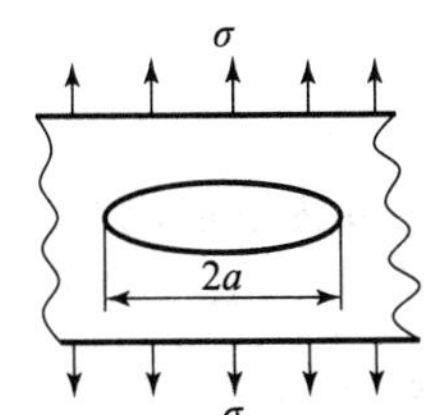

图 1－10　含中心穿透裂纹的无限大板的拉伸

在裂纹尖端的延长线上（即 x 轴上，裂纹尖端为坐标轴原点）某点垂直于裂纹面的应力 σ_y 与其坐标 x 的关系为

$$\sigma_y = \frac{K_{\mathrm{I}}}{Y\sqrt{2x}} \tag{1-9}$$

由式（1－9）可知，与裂纹尖端越近的点，其应力值越大，如图 1－11 所示。同时应力场强度因子 K_{I}越大，则 σ_y 越大。拉伸时，随着外应力 σ 的增大，应力场强度因子 K_{I} 不断增大，裂纹前沿的内应力 σ_y 也随之增大。当 K_{I}增大到某一临界值时，就能使裂纹前沿某一区域内的内应力 σ_y 大到足以使材料分离，导致裂纹扩展，从而使试样断裂。裂纹扩展的临界状态所对应的应力场强度因子称为临界应力场强度因子，用 K_{IC}表示，单位为 MPa/$\mathrm{m}^{1/2}$，它代表了材料的断裂韧性。

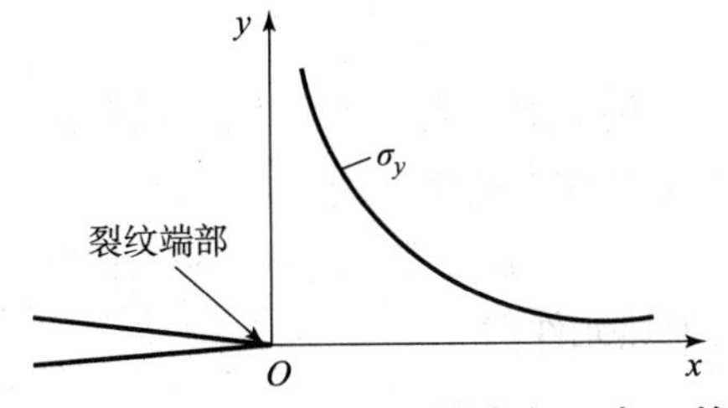

图 1－11　裂纹尖端延长线上的应力 σ_y 与 x 的关系

断裂韧性 K_{IC}是材料本身的特性，由材料的成分、组织状态决定，与裂纹的尺寸、形状以及外加应力的大小无关。而应力场强度因子 K_{I}则与外应力大小有关，也同裂纹尺寸有关。当 $K_{\mathrm{I}} > K_{\mathrm{IC}}$时，裂纹失稳扩展，可导致断裂发生。由此可知，当裂纹尺寸 $2a$ 一定时，外应力

$\sigma > \frac{K_{IC}}{Y\sqrt{a}}$时，裂纹将失稳扩展。当外应力 σ 一定时，则裂纹半长 $a > \frac{K_{IC}^2}{Y\sigma}$时，裂纹将失稳扩展。

1.2 金属材料的理化性能

1.2.1 金属的物理性能

1. 密度

单位体积物质的质量称为该物质的密度，即

$$\rho = \frac{m}{V} \tag{1-10}$$

式中：ρ 为物质的密度（kg/m^3）；m 为物质的质量（kg）；V 为物质的体积（m^3）。

密度小于 $5\times10^3 kg/m^3$ 的金属称为轻金属，如铝、镁、钛及它们的合金。密度大于 $5\times10^3 kg/m^3$ 的金属称为重金属，如铁、铅、钨等。金属材料的密度直接关系到所制构件或零件的质量或紧凑程度，这点对于要求机件自重的航空和宇航工业有着特别重要的意义。轻金属多用于航天航空器上。

2. 熔点

金属从固态向液态转变时的温度称为熔点，纯金属都有固定的熔点。熔点高的金属称为难熔金属，如钨、钼、钒等，可以用来制造耐高温零件，在火箭、导弹、燃气轮机和喷气飞机等方面得到广泛应用。熔点低的金属称为易熔金属，如锡、铅等，可用于制造熔断丝和防火安全阀零件等。

3. 导热性

导热性通常用热导率来衡量。热导率的符号是 λ，单位是 W/(m·K)。材料的热导率越大，其导热性越好。金属的导热性以银为最好，铜、铝次之。合金的导热性比纯金属差。在热加工和热处理时，必须考虑金属材料的导热性，防止材料在加热或冷却过程中形成过大的内应力，以免零件变形或开裂。导热性好的金属散热也好，在制造散热器、热交换器与活塞等零件时，要选用导热性好的金属材料。

4. 导电性

传导电流的能力称导电性，用电阻率来衡量，电阻率的单位是 Ω·m。电阻率越小，金属材料导电性越好，金属导电性以银为最好，铜、铝次之。合金的导电性比纯金属差。

电阻率小的金属（纯铜、纯铝）适于制造导电零件和电线。电阻率大的金属或合金（如钨、钼、铁、铬）适于做电热元件。

5. 热膨胀性

金属材料随着温度变化而膨胀、收缩的特性称为热膨胀性。一般来说，金属受热时膨胀体积增大，冷却时收缩体积缩小。热膨胀性用线胀系数 α_l 和体胀系数 α_V 来表示。

$$\alpha_V = 3\alpha_l = 3\,\frac{L_2 - L_1}{L_1 \Delta t} \tag{1-11}$$

式中：α_l 为线胀系数（1/K 或 1/℃）；L_1 为膨胀前长度（m）；L_2 为膨胀后长度（m）；Δt

为温度变化量（K 或℃）。

用膨胀系数大的材料制造零件，在温度变化时，尺寸和形状变化较大。轴和轴瓦之间要根据其膨胀系数来控制其间隙尺寸；在热加工和热处理时也要考虑材料的热膨胀性的影响，以减少工件的变形和开裂。

6. 磁性

金属材料可分为铁磁性材料（在外磁场中能强烈地被磁化，如铁、钴等），顺磁性材料（在外磁场中只能微弱地被磁化，如锰、铬等）和抗磁性材料（能抗拒或削弱外磁场对材料本身的磁化作用，如铜、锌等）。铁磁性材料可用于制造变压器、电动机、测量仪表等。抗磁性材料则用于要求避免电磁场干扰的零件和结构件，如航海罗盘。

铁磁性材料当温度升高到一定数值时，磁畴被破坏，变为顺磁体，这个转变温度称为居里点，如铁的居里点是 770 ℃。

一些金属的物理性能见表 1 – 3。

表 1 – 3　一些金属的物理性能

金属	铝	铜	镁	镍	铁	钛	铅	锡	锑
元素符号	Al	Cu	Mg	Ni	Fe	Ti	Pb	Sn	Sb
密度 ρ/($\times 10^3$ kg · m^{-3})	2.70	8.94	1.74	8.9	7.86	4.51	11.34	7.3	6.69
熔点/℃	660	1 083	650	1 455	1 538	1 660	327	232	631
线膨胀系数 α_l/($\times 10^{-6} K^{-1}$)	23.1	16.6	25.7	13.5	11.7	9.0	29	23	11.4
导热系数 λ/(w/m · k)	231	407	158	90	80	0.17	34.8	67	24
磁化率 κ	21	抗磁	12	铁磁	铁磁	182	抗磁	2	
弹性模量 E/MPa	72 400	130 000	43 600	210 000	200 000	112 500	—	—	—
抗拉强度 R_m/MPa	80 ~ 110	200 ~ 240	200	400 ~ 500	250 ~ 330	250 ~ 300	18	20	4 ~ 10
断后伸长率 A/%	32 ~ 40	45 ~ 50	11.5	35 ~ 40	25 ~ 55	50 ~ 70	45	40	0
断面收缩率 Z/%	70 ~ 90	65 ~ 75	12.5	60 ~ 70	70 ~ 85	76 ~ 88	90	90	0
布氏硬度/HBW	20	40	36	80	65	100	4	5	30
色泽	银白	玫瑰红	银白	白	灰白	暗灰	苍灰	银白	银白

1.2.2　金属的化学性能

1. 耐腐蚀性

金属材料在常温下抵抗氧、水蒸气及其他化学介质腐蚀破坏作用的能力称为耐腐蚀性，碳钢、铸铁的耐腐蚀性较差；钛及其合金、不锈钢的耐腐蚀性好，在食品、制药、化工工业中不锈钢是重要的应用材料。铝合金和铜合金有较好的耐腐蚀性。

2. 抗氧化性

金属材料在受热时抵抗氧化作用的能力称抗氧化性。加入 Cr、Si 等合金元素，可提高钢的抗氧化性。如合金钢 4Cr9Si2 中含有质量分数为 9% 的 Cr 和质量分数为 2% 的 Si，可在高温下使用，用于制造内燃机排气阀及加热炉炉底板、料盘等。

金属材料的耐腐蚀性和抗氧化性统称化学稳定性，在高温下的化学稳定性称为热稳定性。在高温条件下工作的设备，如锅炉、汽轮机、喷气发动机等的部件和零件应选择热稳定性好的材料来制造。

1.3 金属材料的工艺性能

金属材料的一般加工过程如图 1-12 所示。

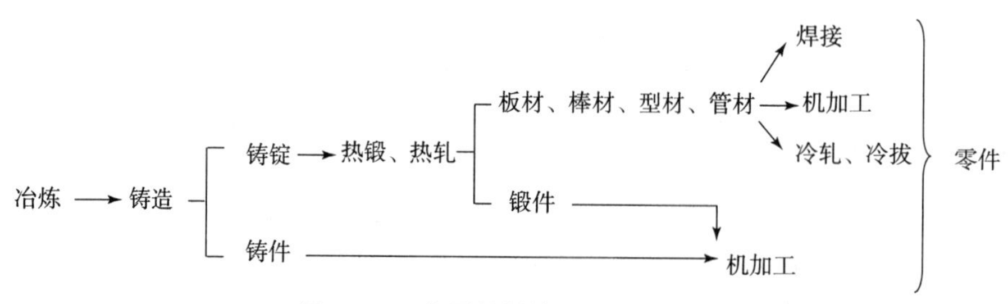

图 1-12 金属材料的一般加工过程

在铸造、锻压、焊接、机加工等加工过程前后，一般还要进行不同类型的热处理，因此，一个由金属材料制得的零件的加工过程是十分复杂的。工艺性能直接影响零件加工后的质量，是选材和制定零件加工工艺路线时应当考虑的因素之一。

1.3.1 铸造性能

金属材料铸造成形获得优良铸件的能力称为铸造性能，可用流动性、收缩性和偏析倾向来衡量。

1. 流动性

熔融金属的流动能力称为流动性。流动性好的金属容易充满铸型，从而获得外形完整、尺寸精确、轮廓清晰的铸件。

2. 收缩性

铸件在凝固和冷却过程中，其体积和尺寸减小的现象称为收缩。铸件收缩不仅影响尺寸，还会使铸件产生缩孔、疏松、内应力、变形和开裂等缺陷，故铸造用金属材料的收缩率越小越好。

3. 偏析

金属凝固后，铸锭或铸件化学成分和组织的不均匀现象称为偏析。偏析过大会使铸件各部分的力学性能有很大的差异，降低铸件的质量。

表 1-4 所示为几种金属材料的铸造性能的比较。

表1-4 几种金属材料的铸造性能的比较

材料	流动性	收缩性		偏析倾向	其他
		体收缩	线收缩		
灰口铸铁	好	小	小	小	铸造内应力小
球墨铸铁	稍差	大	小	小	易形成缩孔、缩松，白口化倾向小
铸钢	差	大	大	大	导热性差，易发生冷裂
铸造黄铜	好	小	较小	较小	易形成集中缩孔
铸造铝合金	尚好	小	小	较大	易吸气，易氧化

1.3.2 锻造性能

金属材料对锻压加工方法成形的适应能力称为锻造性。锻造性能主要取决于金属材料的塑性和变形抗力。塑性越好，变形抗力越小，金属的锻造性能越好。铜合金和铝合金在室温状态下就有良好的锻造性能。碳钢在加热状态下锻造性能较好，其中：低碳钢最好，中碳钢次之，高碳钢较差。低合金钢的锻造性能接近于中碳钢，高合金钢的较差。铸铁锻造性能差，不能锻造。

1.3.3 焊接性能

金属材料对焊接加工的适应性称为焊接性，也就是在一定的焊接工艺条件下，获得优质焊接接头的难易程度。在机械工业中，焊接的主要对象是钢材。碳质量分数是决定焊接性好坏的主要因素。低碳钢和碳质量分数低于0.18%的合金钢有较好的焊接性能，碳质量分数大于0.45%的碳钢和碳质量分数大于0.35%的合金钢的焊接性能较差。碳质量分数和合金元素质量分数越高，焊接性能越差。铜合金和铝合金的焊接性能都较差。灰口铸铁的焊接性很差。

1.3.4 切削加工性能

切削加工性能一般用切削后的表面质量（以表面粗糙度高低衡量）和刀具寿命来表示。影响切削加工性能的因素很多，主要有材料的化学成分、组织、硬度、韧性、导热性和形变硬化等。金属材料具有适当的硬度（170～230HBW）和足够的脆性时切削性能良好。改变钢的化学成分（如加入少量铅、磷等元素）和进行适当的热处理（如低碳钢进行正火，高碳钢进行球化退火）可提高钢的切削加工性能。表1-5所示为几种金属材料的切削加工性能比较。

表1-5 几种金属材料的切削加工性能的比较

等级	金属材料	切削加工性能
1	铝、镁合金	很容易加工
2	易切削钢	易加工
3	30钢正火	易加工

续表

等级	金属材料	切削加工性能
4	45 钢、灰口铸铁	一般
5	85 钢（轧材）、2Cr13 钢调质	一般
6	65Mn 钢调质、易切削不锈钢	难加工
7	1Cr18Ni9Ti、W18Cr4V 钢	难加工
8	耐热合金、钴合金	难加工

1.3.5 热处理工艺性能

钢的热处理工艺性能主要考虑其淬透性，即钢接受淬火的能力。含 Mn、Cr、Ni 等合金元素的合金钢淬透性比较好，碳钢的淬透性较差。铝合金的热处理要求较严，进行固熔处理时加热温度离熔点很近，温度的波动必须保持在 ±5 ℃以内。铜合金只有几种可以用热处理进行强化。

1.4 金属材料的高温性能

在航空航天、交通运输、能源化工等领域，大量机件是在高温条件下长期服役的，这些行业对材料的高温力学性能提出了越来越高的要求。例如，航空发动机不断向着大推力、低能耗、高推重比和长使用寿命的方向发展，其途径是通过提高压气机增压比和涡轮前的进口温度等措施来实现，因此，涡轮盘、燃烧室、高温叶片等材料的耐热性能都必须不断提高。正确地设计、合理地使用材料，同时研究新型耐高温材料，成为上述领域工业发展和材料科学研究的主要任务之一。

所谓的高温是指材料工作温度对其熔点的比值大于 0.3 的温度。在这种温度下，材料显然也有拉伸、弯曲等静载力学性能，但更重要的是材料在持续加载条件下产生与时间相关的塑性变形，即蠕变变形及其抗力问题。

1.4.1 材料的蠕变

1. 蠕变现象

金属在长时间的恒温、恒应力作用下发生的随时间而增长的塑性变形称为蠕变。由于蠕变变形造成材料表面或内部裂纹扩展、材料截面积收缩、形成粗大组织、材料强度下降等现象，而最后导致的材料断裂称为蠕变断裂。

温度是材料蠕变的最关键因素。在承载载荷的情况下，材料在任何温度都会发生蠕变，只是在温度较低时，材料的蠕变过程十分缓慢，因此可以忽略。随着温度的提高，材料的蠕变程度迅速提高。不同材料出现明显蠕变的温度不同，例如，碳素钢要超过 300 ~ 350 ℃、合金钢要超过 350 ~ 400 ℃、钨要超过 1 000 ℃才发生明显蠕变，高熔点的陶瓷材料在 1 100 ℃以上也不发生明显蠕变；而低熔点金属（铅、锡等）和高聚物在室温下就会产生明显蠕变。因此，产生明显蠕变的温度与材料的熔点有关，一般二者之比在 0.3 ~ 0.7。通常，

工程上把 $T \geqslant 0.3T_m$ 的温度确定为明显蠕变的温度。

2. 典型的蠕变曲线

在恒温、恒应力作用下，应变与时间的关系曲线称为蠕变曲线。对大多数金属材料而言，典型的蠕变曲线可分为 3 个阶段，如图 1－13 所示。

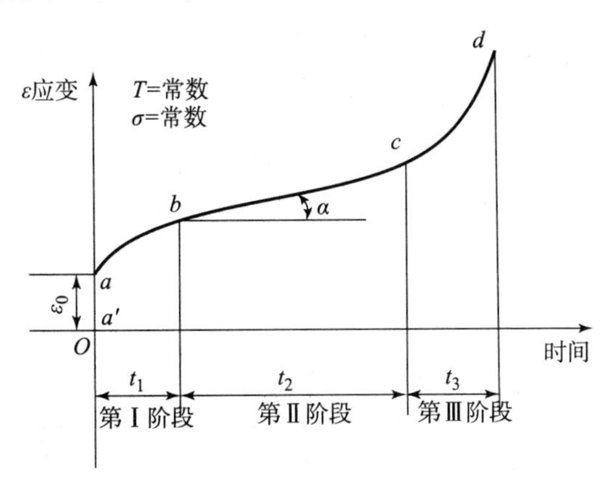

图 1－13　典型的蠕变曲线

图 1－13 中：第Ⅰ阶段（t_1）称为减速蠕变阶段（ab 段），这一阶段开始时的蠕变速度很大，随着时间延长，蠕变速度逐渐减小；第Ⅱ阶段（t_2）称为恒速蠕变阶段（bc 段），这一阶段的蠕变速度几乎不变，也称为稳态蠕变阶段；第Ⅲ阶段（t_3）称为加速蠕变阶段（cd 段），这一阶段的蠕变速度随时间延长迅速增大，直至 d 点产生蠕变断裂。要注意的是，图 1－13 中 $a'a$ 线段是试样加载后的瞬时应变 ε_0，它不是蠕变应变，从 a 点开始后的应变才是蠕变应变。因此，图 1－13 中 $abcd$ 曲线为蠕变曲线。

3. 应力和温度对蠕变曲线的影响

不同金属材料在不同条件下的蠕变曲线是不同的，同一种材料的蠕变曲线也随应力和温度的变化而不同。在恒温下改变应力或在恒定应力下改变温度，蠕变曲线的变化如图 1－14 所示。

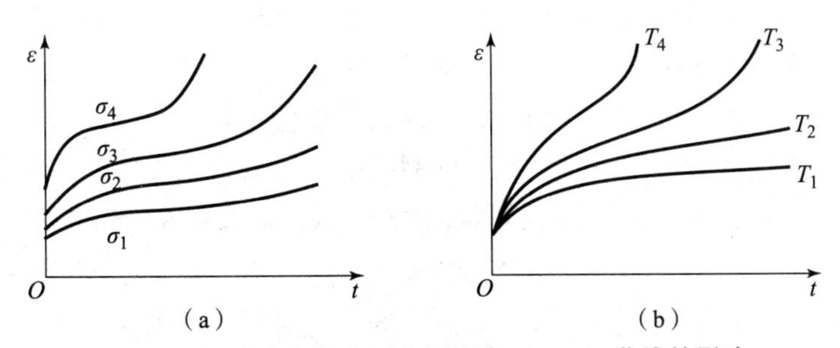

图 1－14　应力和温度对金属蠕变（$\varepsilon-t$）曲线的影响

（a）恒温下改变应力（$\sigma_4>\sigma_3>\sigma_2>\sigma_1$）；（b）恒应力下改变温度（$T_4>T_3>T_2>T_1$）

由图 1－14 可见，当应力较小或温度较低时，稳态蠕变阶段的持续时间很长，甚至无加速蠕变阶段；反之，当应力较大或温度较高时，稳态蠕变阶段持续时间缩短，甚至完全消失，试样在很短时间内进入加速蠕变阶段而断裂。

此外，有许多经验表达式描述蠕变曲线，常用的简单形式为

$$\varepsilon=\varepsilon_0+\beta t^n+kt \tag{1-12}$$

式中：第一项表示瞬时应变；第二项表示减速蠕变；第三项表示恒速蠕变。

若对上式求导，则有

$$\dot{\varepsilon}=\beta n t^{n-1}+k \tag{1-13}$$

式中：n 一般为小于 1 的正数。

可以看出，当 t 很小即开始蠕变时，右边第一项起决定性作用，随 t 的增大，$\dot{\varepsilon}$ 逐渐减小，此为第Ⅰ阶段蠕变；当时间继续增大时，第二项开始起主导作用，此时 $\dot{\varepsilon}$ 趋于恒定，即为第Ⅱ阶段蠕变。

1.4.2 蠕变极限与持久强度

1. 蠕变极限

金属材料在高温下发生软化，受到载荷后很容易发生变形。为了保证高温、长期载荷作用下的构件不致产生过量变形，要求材料具有一定的高温强度，即蠕变极限。与常温下的 $R_{r0.2}$ 相似，蠕变极限是高温、长期载荷作用下材料对塑性变形的抗力指标。蠕变极限常用以下两种表示方法：

一是在给定温度 T（℃）下，使试样产生规定的第Ⅱ阶段蠕变速率 $\dot{\varepsilon}$（%/h）的应力值，以符号 σ_{ε}^{T}（MPa）表示。例如电站蒸汽锅炉用材料的蠕变极限 $\sigma_{1\times10^{-5}}^{600}=60$ MPa，表示在 600 ℃规定蠕变速率 $\dot{\varepsilon}=1\times10^{-5}$%/h 的应力值为 60 MPa；二是在给定温度 T（℃）和规定时间 t（h）内，使试样产生一定蠕变应变量（%）的应力值，以符号 $\sigma_{\varepsilon/t}{}^{T}$（MPa）表示。例如 $\sigma_{1/10^5}^{500}=100$ MPa 表示材料在 500 ℃、1×10^5 h 后产生蠕变应变量 $\varepsilon=1\%$ 的应力值为100 MPa。

需要说明的是，测定材料蠕变极限时所用的温度、时间和应变量的取值一般应按该材料制作的零件的实际服役条件和要求来确定。具体的试样形状、尺寸及制备方法、实验程序和要求等应按相关国家标准规定执行。

2. 持久强度

如前所述，蠕变极限是以蠕变变形来规定的，该指标适用于在高温运行中要求严格控制变形的零件，如涡轮叶片。但是对锅炉、管道等零件在服役中基本上不考虑变形，原则上只要求保证在规定条件下不破坏即可。因此，对这类零件的设计需要能反映出其蠕变断裂抗力的指标。在高温、长期载荷作用下材料抵抗断裂的能力称为持久强度。持久强度的表示方法是，在给定温度 T（℃）下，使材料经规定时间 t（h）后发生断裂的应力值，以符号 $\sigma_{t}{}^{T}$（MPa）表示。如 $\sigma_{1\times10^3}^{700}=30$ MPa 表示材料在700 ℃时，经 1 000 h 后的断裂应力为 30 MPa。

由上述定义可知，持久强度是难以直接测定的，一般要通过内插或外推方法确定，加之实际高温构件所要求的持久强度一般要求几千到几万小时，较长者可达几万到几十万小时。所以，在多数情况下，实际的持久强度值是利用短时寿命（如几十或几百，最多是几千小时）数据来外推估计的。

一般认为，在给定温度下，持久强度与断裂寿命的关系为

$$t=A\sigma^{-\beta} \tag{1-14}$$

式中：A、β 为与实验温度和材料有关的常数。

显然，在双对数坐标中，断裂时间 t 与应力值 σ 呈线性关系。为保证一定的测试精度，

通常要求实测数据应多于 4 个，且要有适当的寿命分布。此外，测定蠕变极限、持久强度的试验装置本质上是杠杆式静加载系统，在安装试样的一端配置控制温度的加热炉。而且，为测定蠕变曲线以确定蠕变极限，还需要配置高精度的变形测量仪器和相应的高温引伸计，使试样在高温下的变形被引申到炉外并进行精确地测量。装置还需配有加载系统，通常是采用一定质量的砝码，由砝码的质量来确定施加于试样上的应力。

3. 影响蠕变极限和持久强度的主要因素

由前述蠕变变形和蠕变断裂的机制分析可见，要降低蠕变速度、提高蠕变极限，必须控制位错攀移的速度；要提高断裂抗力，即提高持久强度，必须抑制晶界滑动、强化晶界，即要控制晶内和晶界的扩散过程。影响蠕变极限和持久强度的主要因素有以下几个：

（1）合金化学成分及其晶体结构。

耐热钢及合金的基体材料一般都选用高熔点金属及合金。这是因为在一定温度下，金属的熔点越高，原子结合力越强，自扩散激活能越大，自扩散越慢，位错攀移阻力越大，这对降低蠕变速率是极为有利的。

在基体中加入 Cr、Mo、V、Nb 等元素形成单相固溶体，除产生固溶强化作用外，这些合金元素还可降低基体金属层错能和增大扩散激活能，从而易形成扩展位错并增大位错攀移阻力，提高蠕变极限。

在合金中添加能增加晶界扩散激活能的元素（如 B、Re 等），则既能阻碍晶界滑动、迁移，又能增大晶界裂纹的表面能，对提高蠕变极限和持久强度（特别是后者）是十分有效的。

此外，不同晶体结构中原子间的结合力不同，对晶体的自扩散系数有较大影响。通常，体心立方晶体的自扩散系数最大，面心立方晶体次之，金刚石型结构则最小。因此，多数面心立方晶体结构的金属比体心立方晶体结构的金属高温强度高，而金刚石型结构的陶瓷更有极好的高温蠕变抗力。正因为如此，采用陶瓷材料作为航空发动机热端构件材料的研究是目前提高飞机性能的重要课题。

（2）晶粒度和晶界结构。

在高温短时载荷作用下，金属材料的塑性增加，但在高温长时载荷作用下，其塑性却显著降低，往往出现脆性断裂现象。图 1－15 所示为试验温度对长时载荷作用下金属断裂路径的影响。随着试验温度升高，金属的断裂形式由常温下常见的穿晶断裂过渡到沿晶断裂。这是因为温度升高时，晶粒度和晶界强度都要降低，但是晶界强度下降较快所致。晶粒与晶界强度相等的温度称为等强温度，用 T_E 表示。

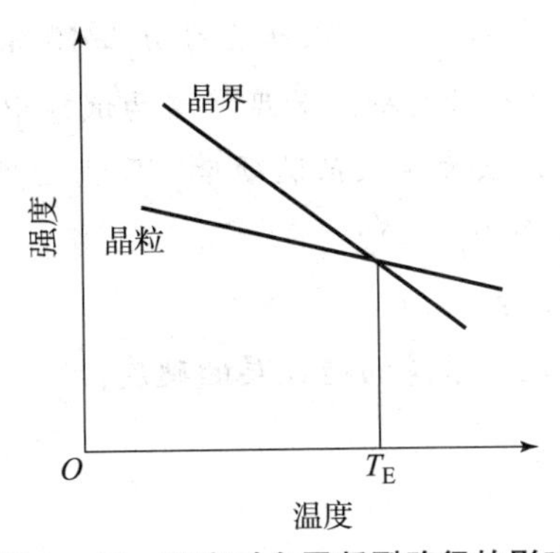

图 1－15　温度对金属断裂路径的影响

由于一般耐热合金的正常使用温度大致都在等强温度以上，所以晶界滑动对蠕变的贡献占主导地位。因此，晶粒大小对材料高温蠕变性能影响很大。当使用温度低于等强温度时，细晶粒钢有较高的强度；当使用温度高于等强温度时，粗晶粒钢及合金有较高的蠕变极限和持久强度。但是晶粒过大会使材料在高温下的塑性和韧性降低。对于耐热钢及耐热合金的高温性能来说，其在某一晶粒度范围最佳。例如，奥氏体耐热钢及镍基合金的高温性能，一般在2~4级晶粒度的范围内较好。因此，进行热处理时应考虑采用适当的加热温度，以满足晶粒度的要求。在耐热钢及耐热合金中，晶粒度不均匀会显著降低其高温性能，这是由于在大小晶粒交界处容易产生应力集中而形成裂纹。

高温合金对杂质元素和气体含量的要求也十分严格。除常存杂质硫、磷外，铅、锡、砷、锑、铋等的含量若大于0.001%，就会产生晶界偏聚而引起晶界弱化，导致合金的持久强度和塑性急剧降低。因此，耐热合金多采用真空熔炼工艺并进行纯化处理以改善高温性能。

(3) 热处理。

不同耐热合金需经过不同的热处理工艺，以改善组织、提高高温性能。

珠光体耐热钢一般采用正火+高温回火工艺。正火温度应较高，以促使碳化物较充分、均匀地溶于奥氏体中，回火温度应在100~150 ℃以上，以提高其在使用温度下的组织稳定性。

奥氏体耐热钢一般进行固溶和时效处理，使之得到适当的晶粒度，并使碳化物沿晶界呈断续链状析出，以提高持久强度和塑性。此外，采用形变热处理改变晶粒的晶界形状（如形成锯齿状），并在晶内造成多边化亚晶，可进一步使合金强化。

习题与思考题

1. 金属材料的力学性能指什么？金属材料的力学性能包含哪些方面？

2. 强度指什么？在拉伸试验中衡量金属强度的主要指标有哪些？在工程应用上有什么意义？

3. 塑性指什么？在拉伸试验中衡量金属塑性的指标有哪些？

4. 硬度指什么？指出测定金属硬度的常用方法和各自的优缺点。

5. 现有标准圆形长、短试样各一个，原始直径 $d_0 = 10$ mm，经拉伸试验测得其伸长率 A_5、$A_{11.3}$ 均为25%，求两试样拉断时的标距长度。这两试样中哪一个塑性较好？为什么？

6. 在下面几种情况下该用什么方法来试验硬度，写出硬度符号。

(1) 检查锉刀、钻头成品硬度；

(2) 检查材料库中钢材硬度；

(3) 检查薄壁工件或工件表面很薄的硬化层的硬度；

(4) 黄铜轴套；

(5) 硬质合金刀片。

7. 试说明 K、KV_2、KV_8 和 KU_2 等力学性能指标的意义。

8. 为什么疲劳断裂对机械零件有着很大的潜在危险性？疲劳应力与重复应力有什么区别？这两种应力中哪个平均应力大？

9. 零件使用中所承受的交变应力是否一定要低于疲劳强度？有无零件交变应力高于疲劳强度的情况？

10. 什么是蠕变现象？如何表征蠕变现象？

第 2 章　金属材料的微观结构

自然界已知的化学元素中，大约有 3/4 是金属元素，而以金属元素为基础设计的具有各种不同成分及性能的合金材料已有数万种。这些金属材料是工业、农业、军事及各种科学技术领域中不可缺少的物质基础。

科学实践证明，金属材料的性能主要取决于其内部的微观构造，即其内部结构和组织状态，它是理解许多材料相关问题的关键。物质的微观构造是物质在一定外界条件下，其内部数以亿万计的原子或分子运动的综合表现。本章主要介绍金属材料的微观结构。

2.1　金属的晶体结构

金属在固态下通常都是晶体。要了解金属材料内部的组织结构，首先必须了解晶体学的一些基础知识、典型金属晶体结构以及实际晶体中的各种缺陷。

2.1.1　晶体学基础知识

1. 晶体的概念

固体物质按其粒子（原子、分子、离子或原子集团）的聚集状态特征可分为两大类：晶体与非晶体。所谓晶体是粒子在三维空间做有规则的周期性重复排列所形成的物质。而非晶体的粒子是无规律地堆聚在一起。晶体与非晶体相比较具有如下特点：

（1）晶体一般具有规则的外形。但晶体的外形不一定都是规则的，这与晶体的形成条件有关，如果条件不具备，其外形也就变得不规则。所以不能仅从外观来判断，而应从其内部粒子排列情况来确定某物质是不是晶体。

（2）晶体有固定的熔点。例如，铁（Fe）的熔点为 1 538 ℃；铜（Cu）的熔点为 1 083 ℃；铝（Al）的熔点为 660.4 ℃。非晶体没有明显的熔点，但存在一个软化温度范围。

（3）晶体具有各向异性。所谓各向异性，就是在同一晶体的不同方向上，具有不同的性能；而非晶体却为各向同性。

2. 金属的特性

金属一般属于晶体。金属原子通常会将它们的价电子贡献出来，为整个集体所公有，这些公有化的电子称为自由电子，自由电子形成电子云。贡献出电子的原子变成正离子，它们依靠运动与其间公有化自由电子的静电作用结合起来，这种结合叫金属键，它无饱和性和方向性，如图 2－1 所示。

金属具有一系列物理特性，主要表现为：具有金属光泽和可塑性，具有优良的导热性和导电性，同时具有正的电阻温度系数。

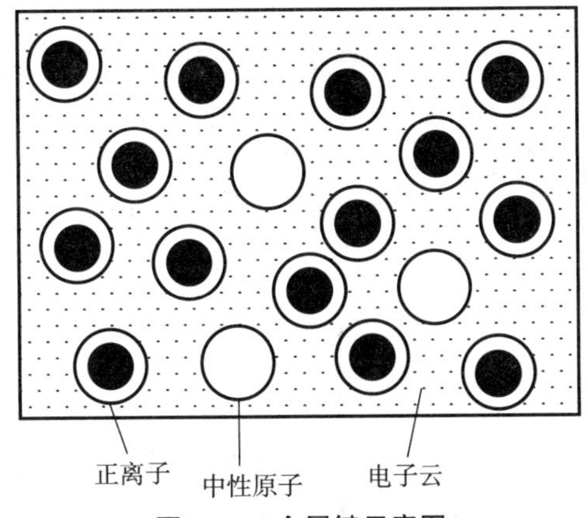

图 2-1　金属键示意图

3. 晶格与晶胞

金属晶体中原子的排列都有规律，但对于不同的金属，原子可能按照不同的规律排列。研究金属的晶体结构就是研究金属晶体中原子是如何排列的。金属晶体中原子排列的周期性可用其基本几何单元体“晶胞”来描述。

1）刚球模型

金属晶体里的原子都在它的平衡位置不停地振动，但为了便于研究金属的晶体结构，通常将组成金属晶体的原子假想为固定的刚性小球，那么晶体即由这些刚性小球按一定几何规则在空间紧密堆积而成，如图 2-2 所示。

图 2-2　晶体中原子排列的刚球模型

2）晶格

为形象地表示原子在晶体中排列的规律性，将原子抽象地视为一个点，这个点代表原子振动的中心，这样原子在空间紧密堆积的刚球模型就成了一个规则排列的点阵。人为地将点阵用直线连接起来形成空间格子，这种表示原子在晶体中排列规律的空间格架称为晶格，如图 2-3（a）所示。晶格中的每个点称为结点。

3）晶胞

由于晶体中原子的规律排列具有周期性，通常从晶格中选取一个能够完全代表晶格特征的最小几何单元来分析原子排列规律的特点，这个最小的几何单元称为晶胞，如图 2-3（b）所示。显然，整个晶格就是所有晶胞在空间重复堆积而成的。

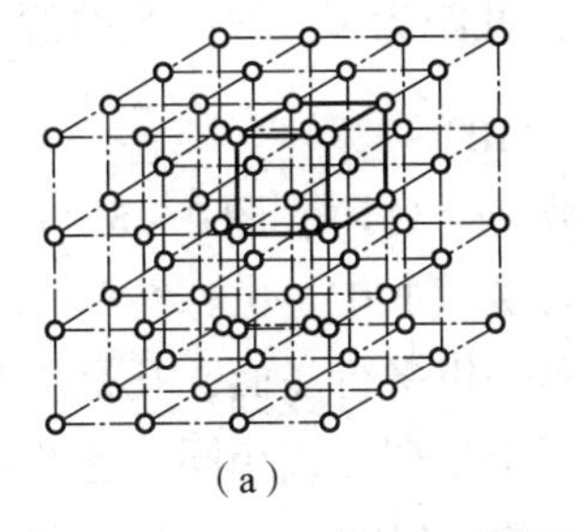

（a）

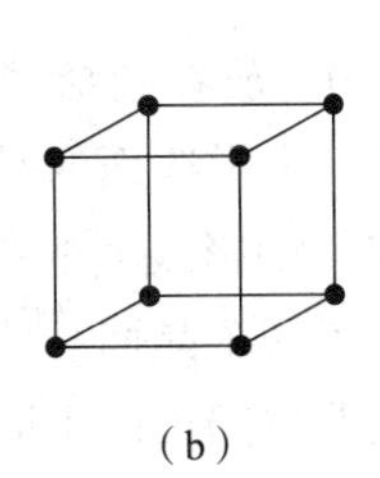

（b）

图 2-3　金属的晶格与晶胞

（a）晶格；（b）晶胞

4）晶格常数

不同金属元素的原子半径大小不同，在组成晶胞后，晶胞的大小也不同。晶胞的大小和形状用3条棱边长度 a、b、c 及3条棱边夹角 α、β、γ 表示，如图2-4所示。其中 a、b、c 称为晶格常数，单位是nm。图2-4中通过晶胞角上某一结点沿其3条棱边作3个坐标轴 x、y、z，称为晶轴。α、β、γ 又称为晶轴间夹角。习惯上，以原点 O 的前、右、上方为对应晶轴的正方向。

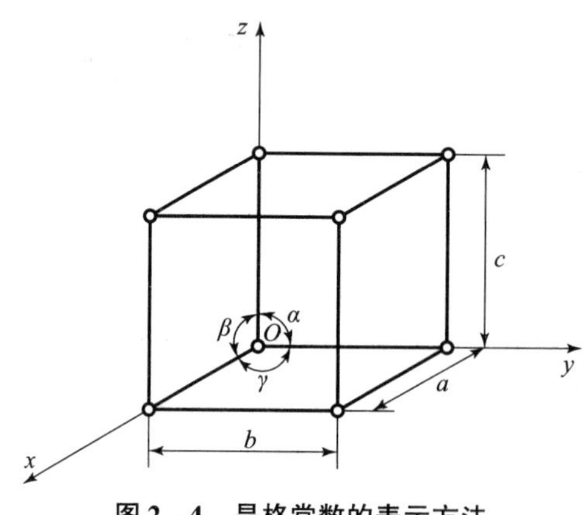

图2-4　晶格常数的表示方法

5）晶面与晶向的表示方法

在晶体中，由一系列原子构成的平面称为晶面。两个以上原子中心连线所指的方向称为晶向。为了分析方便，通常用一些晶体学指数来表示晶面和晶向，分别称为晶面指数和晶向指数。

以立方晶格为例说明晶面指数的确定步骤：

（1）设坐标，沿立方晶胞互相垂直的3条棱边设立参考坐标轴 x、y、z，坐标原点 O 应位于待定晶面的外面，以免出现零截距。

（2）求截距，以立方晶胞的棱边长度为单位，确定晶面在各坐标轴上的截距。

（3）取倒数，将各截距的值取倒数。

（4）化整数，将上述3个倒数化为最小的整数。

（5）列括号，将上述所得的整数依次列入圆括号内，便得到晶面指数。晶面指数一般表示形式为（hkl）。

例如，图2-5（a）中影线面所示的晶面，其晶面指数求法如下：该晶面在 x、y、z 坐标轴上与 x 轴、y 轴的截距为1，与 z 轴平行，截距为∞；取截距的倒数为 $\frac{1}{1}$、$\frac{1}{1}$、$\frac{1}{\infty}$，将其化为最小整数为1、1、0，放在圆括号内为（110）。

同理，图2-5（b）中影线面的晶面指数为（111），图2-5（c）中影线面的晶面指数为（112），图2-5（d）中影线面的晶面指数为（120）。

晶面指数并非仅表示一个晶面，而是表示一组平行晶面，凡是相互平行的晶面，都有同一的晶面指数。有的虽然空间位向不同，但原子排列方式相同，这些晶面归为一族，用大括号｛hkl｝表示。例如在立方晶格中｛100｝代表（100）、（010）和（001）；｛110｝代表（110）、（101）、（011）、（$\bar{1}$10）、（$\bar{1}$01）和（0$\bar{1}$1）。

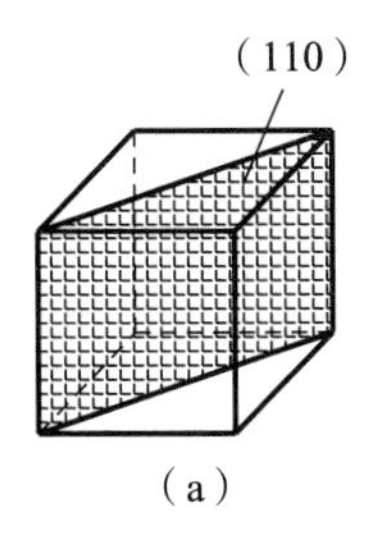

(a)

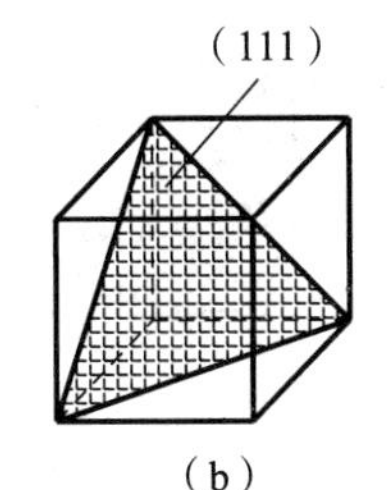

(b)

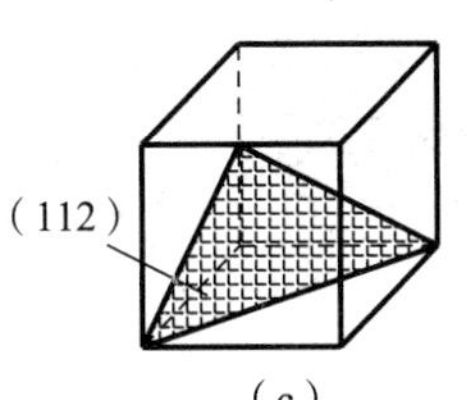

(c)

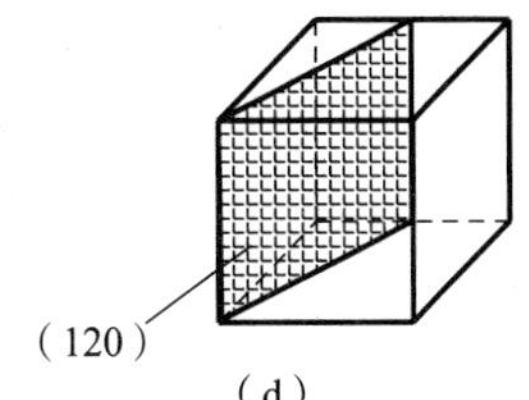

(d)

图 2-5　确定晶面指数示意图

以立方晶格为例说明晶向指数的确定步骤:

(1) 设坐标，坐标系 x、y、z 的坐标原点 O 应位于待定晶向的直线上。

(2) 求坐标，以晶格常数为单位，在待定的晶向直线上任选一点，求出该点在 x、y、z 轴上的坐标值。

(3) 化整数，将上述 3 个坐标值化为最小的整数。

(4) 列括号，将上述所得的整数依次列入方括号内，便得到晶向指数。晶向指数一般表示形式为 [uvw]。

例如，图 2-6 中 OC 晶向指数求法如下：OC 对所设坐标系 x、y、z 中，在 x 轴上的坐标值为 1，在 y 轴的坐标值也为 1，在 z 轴上的坐标值也为 1，化为最小简单整数均为 1，将其依次放在方括号内为：[111]。

同理，OA 的晶向指数为 [100]，OB 的晶向指数为 [110]。

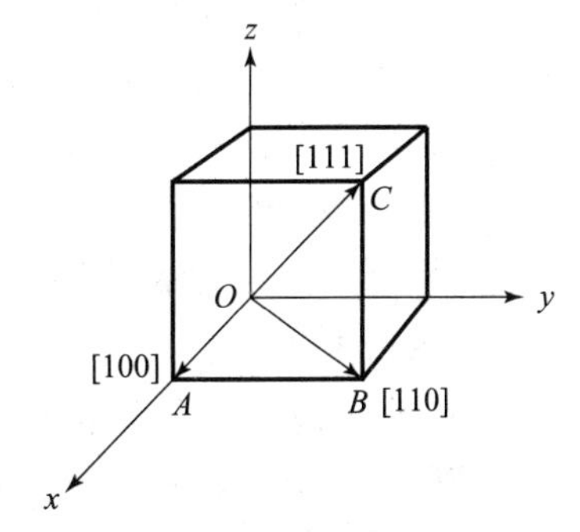

图 2-6　确定晶向指数示意图

所有平行的晶向，其晶向指数相同，所以某一晶向指数实际上代表了一组在空间相互平行的晶向。有些晶向虽然在空间位向不同，但其原子排列情况相同，这些晶向组成一个晶向族，用 <uvw> 表示。

例如，在立方晶格中 <100> 代表 [100]、[010]、[001]、$[\bar{1}00]$、$[0\bar{1}0]$ 和 $[00\bar{1}]$；<110> 代表 [110]、[101]、[011]、$[\bar{1}10]$、$[\bar{1}01]$、$[01\bar{1}]$、$[\bar{1}\bar{1}0]$、$[\bar{1}0\bar{1}]$、$[0\bar{1}\bar{1}]$、$[1\bar{1}0]$、$[10\bar{1}]$ 和 $[0\bar{1}1]$。

2.1.2　典型金属晶体结构

由于金属原子趋向于紧密排列，所以在工业上使用的金属中，除了少数金属具有复杂的晶体结构外，绝大多数金属具有体心立方 (bcc)、面心立方 (fcc) 和密排六方 (hcp) 3 种典型的晶体结构。

1. 体心立方晶格 (Body centered cubic lattice)

体心立方晶格的晶胞如图 2-7 所示。其晶胞是一立方体，晶格常数 $a=b=c$，晶轴间夹角 $\alpha=\beta=\gamma=90°$，所以通常用晶格常数 a 来表示。

体心立方晶胞的 8 个角上各有 1 个原子，立方晶胞中心还有 1 个原子，所以称为体心立方晶格。具有体心立方晶体结构的金属有 α-Fe、Cr、W、Mo、V、β-Ti 等约 30 种。它们的区别在于晶格常数 a 不同，原子序数大者，a 也大。

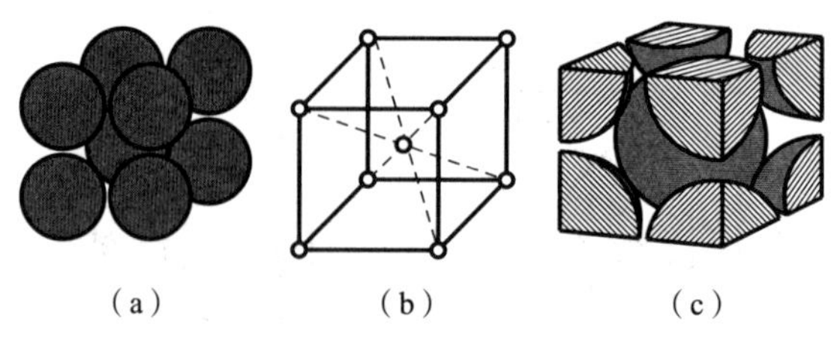

图 2-7　体心立方晶格的晶胞

(a) 刚球模型；(b) 晶胞；(c) 晶胞原子数

1）原子半径

在体心立方晶胞中，原子沿立方体对角线紧密地接触，如图 2-7（a）所示。晶胞的晶格常数为 a，则立方体对角线的长度为$\sqrt{3}a$，等于 4 个原子半径，所以体心立方晶胞中的原子半径 $r=\frac{\sqrt{3}}{4}a$。

2）原子数

体心立方晶胞在顶角上的原子为相邻 8 个晶胞所共有，故每个晶胞只占 1/8，只有立方体中心的那个原子才完全属于该晶胞所独有，如图 2-7（c）所示。实际上每个体心立方晶胞所包含的原子数为：$8\times1/8+1=2$（个）。

3）配位数和致密度

晶胞中原子排列的紧密程度也是反映晶体结构特征的重要因素，通常用两个参数表征：配位数和致密度。

所谓配位数是指晶体结构中与任一原子最近邻、等距离的原子数目。显然，配位数越大，晶体中原子排列就越紧密。在体心立方晶格中，以立方体中心的原子来看，与其最邻近、等距离的原子数有 8 个，所以体心立方晶格的配位数为 8。

若把原子看成刚性圆球，那么原子之间必然有空隙存在，原子排列的紧密程度可用晶胞中原子所占体积与晶胞体积之比表示，称为致密度，可表示为

$$K=\frac{n\,V_1}{V} \tag{2-1}$$

式中：K 为晶体的致密度；n 为一个晶胞中包含的原子数；V_1 为一个原子的体积；V 为晶胞的体积。

体心立方晶格的晶胞中包含有 2 个原子，晶胞的棱边长度为 a，原子半径为 $r=\frac{\sqrt{3}}{4}a$，其致密度为 $K\approx0.68$。此值表示在体心立方晶格中约 68% 的体积为原子所占据，其余约 32% 的体积为间隙。

2. 面心立方晶格（Face centered cubic lattice）

如图 2-8 所示，面心立方晶胞也是一立方体，晶格常数 $a=b=c$，晶轴间夹角 $\alpha=\beta=\gamma=90°$，所以也用晶格常数 a 来表示。

面心立方晶胞的 8 个角上各有 1 个原子，分别属于 8 个相邻晶胞所共有，六面体的 6 个面中心也各有 1 个原子，属于相邻的两个晶胞共有，如图 2-8（c）所示。

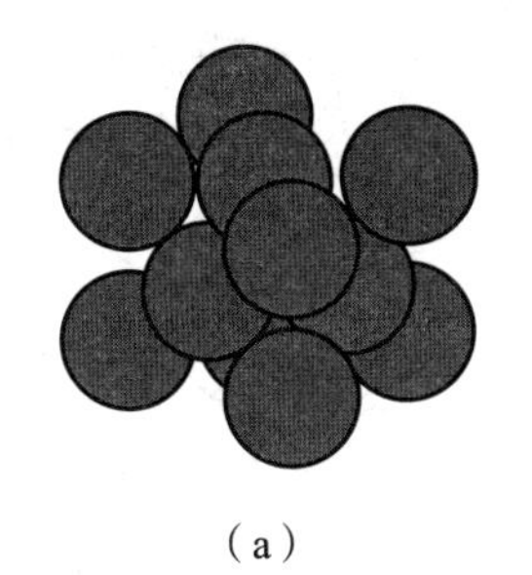
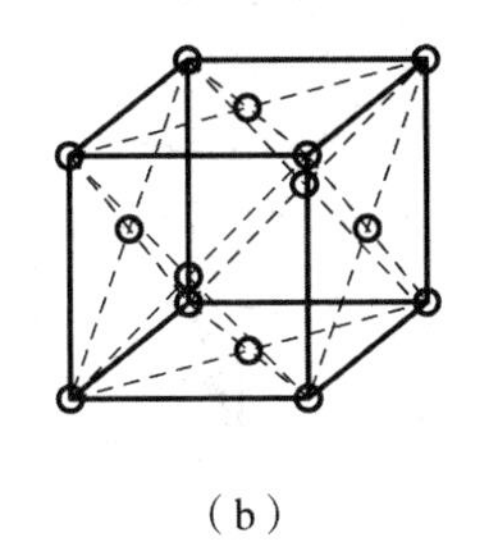
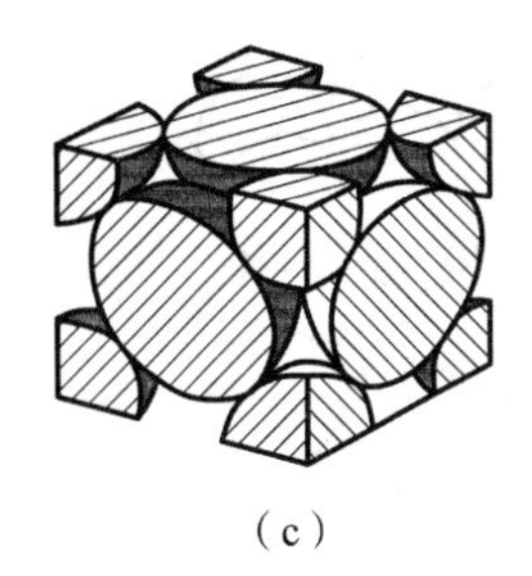

(a)　(b)　(c)

图 2-8　面心立方晶胞

(a) 刚球模型；(b) 晶胞；(c) 晶胞原子数

具有面心立方晶胞的金属有 γ-Fe、Al、Cu、Ag、Au、Pb、Ni 等约 20 种。

1）原子半径

在面心立方晶胞中，原子沿面对角线紧密地接触，如图 2-8（a）所示。晶胞的晶格常数为 a，则面对角线的长度为 $\sqrt{2}a$，等于 4 个原子半径，所以面心立方晶胞中的原子半径 $r=\frac{\sqrt{2}}{4}a$。

2）原子数

面心立方晶胞在顶角上的原子为相邻 8 个晶胞所共有，故每个晶胞只占 1/8，面中心处的原子属于两个晶胞共有，如图 2-8（c）所示。实际上每个面心立方晶胞所包含的原子数为：$8\times1/8+6\times1/2=4$（个）。

3）配位数和致密度

在面心立方晶格中，如图 2-9 所示，以立方体面心的原子来看，与其最邻近、等距离的原子数有 12 个，所以面心立方晶格的配位数为 12。

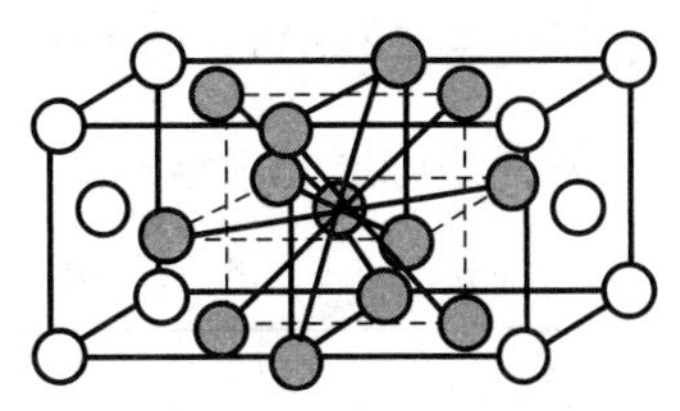

图 2-9　面心立方晶格的配位数示意图

面心立方晶格的晶胞中包含有 4 个原子，晶胞的棱边长度为 a，原子半径 $r=\frac{\sqrt{2}}{4}a$，其致密度为 $K\approx0.74$。此值表示在面心立方晶格中约 74% 的体积为原子所占据，其余约 26% 的体积为间隙。

3. 密排六方晶格（Hexagonal close packed lattice）

如图 2-10 所示，密排六方晶格的晶胞是一六方柱体，高为 c，上、下底面为正六边形，边长为 a，在晶胞的 12 个角上各有 1 个原子，上、下底面中心也有 1 个原子，晶胞中心还有 3 个原子。

具有密排六方晶格的金属有：Mg、Zn、Be、Cd、α-Ti 等。

1）原子半径

在密排六方晶胞中，上、下底面的原子紧密接触，正六边形的边长为 a，密排六方晶胞的原子半径 $r=\frac{a}{2}$。

(a)

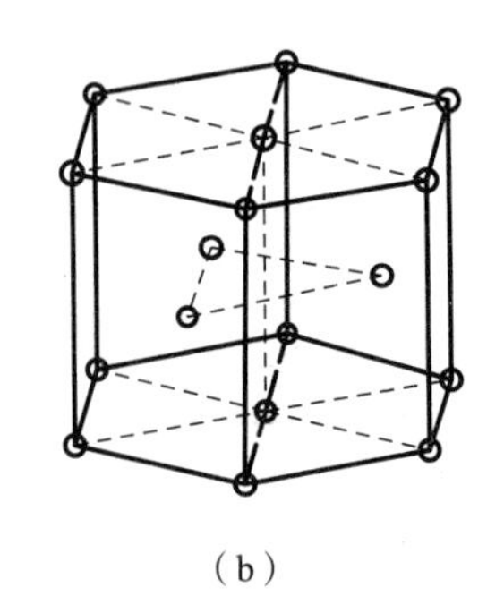

(b)

(c)

图 2-10　密排六方晶胞示意图

(a) 刚球模型；(b) 晶胞；(c) 晶胞原子数

2）原子数

密排六方晶胞每个角上的原子为相邻的 6 个晶胞所共有，上、下底面中心的原子为相邻的两个晶胞所共有，晶胞内的 3 个原子为该晶胞所独有，所以密排六方晶胞的原子数为 $12\times1/6+2\times1/2+3=6$（个）。

3）配位数和致密度

如图 2-11 所示，在密排六方晶胞中，当轴比$\frac{c}{a}=1.633$时，晶胞底面上近邻原子之间及上、下底面近邻原子之间都是相切的，此时的配位数为 12。

密排六方晶格的晶胞中包含有 6 个原子，正六边形的边长为 a，轴比$\frac{c}{a}=1.633$，原子半径$r=\frac{1}{2}a$，其致密度为 $K\approx0.74$。

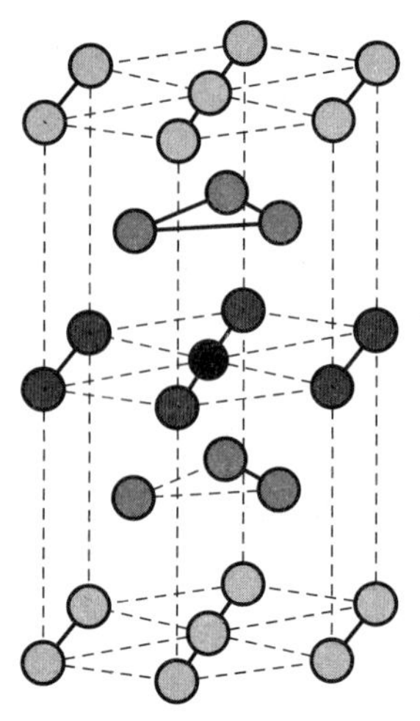

图 2-11　密排六方晶格的配位数示意图

3 种典型金属晶格结构的主要特征如表 2-1 所示。

表 2-1　3 种典型金属晶格结构的主要特征

晶格结构	原子半径	原子数	配位数	致密度
体心立方	$r=\frac{\sqrt{3}}{4}a$	2	8	0.68
面心立方	$r=\frac{\sqrt{2}}{4}a$	4	12	0.74
密排六方	$r=\frac{1}{2}a$	6	12	0.74

2.1.3　实际晶体结构

1. 单晶体与多晶体

晶格位向完全一致的晶体称为单晶体，如图 2-12（a）所示。由于同一晶体的不同晶面和晶向上原子分布的疏密程度不同，所以，单晶体的性能在各个方向上有差异，这种现象称为晶体的各向异性。在工业生产中，只有经过特殊方法制备才能获得单晶体。

实际使用的金属材料，其内部包含许多颗粒状的小晶体，每个晶体内部的晶格位向一致，而各个小晶体彼此间的位向不同，这种外形不规则的小晶体称为晶粒。晶粒与晶粒之间的界面称为晶界。这种由许多晶粒组成的晶体称为多晶体，如图2－12（b）所示。一般金属材料都是多晶体。

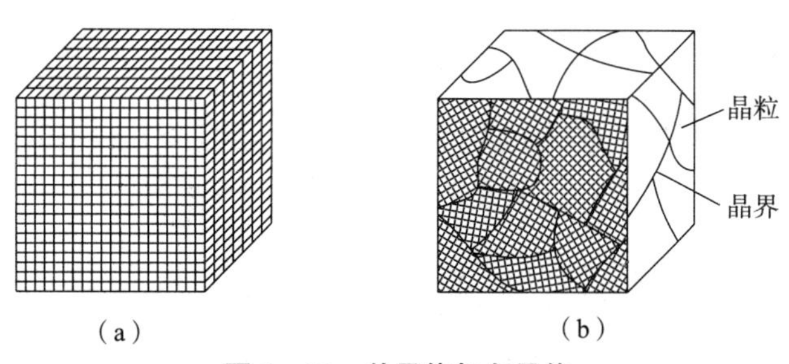

图2－12　单晶体与多晶体

（a）单晶体；（b）多晶体

从金属材料的整体来看，各个晶粒的位向是任意的，这样单晶体的各向异性在多晶体的各个方向上彼此抵消，而显示出多晶体的各向同性。

2. 晶体缺陷

在实际应用的金属材料中，原子排列不可能像理想晶体那样规则和完整，总是不可避免地存在一些原子偏离规则排列的不完整区域，这种原子组合的不规则性统称为晶体缺陷。根据缺陷相对于晶体的尺寸，或其影响范围的大小，可将它们分为点缺陷、线缺陷和面缺陷。

1）点缺陷

点缺陷的特征是3个方向的尺寸都很小，不超过几个原子间距，晶体中的点缺陷主要指空位、间隙原子和置换原子。空位是指在正常的晶格结点上出现原子空缺，如图2－13（a）所示。间隙原子是指在晶格的间隙中存在多余的原子，如图2－13（b）所示。置换原子是指结点上的原子被异类原子所置换，如图2－13（c）、（d）所示。

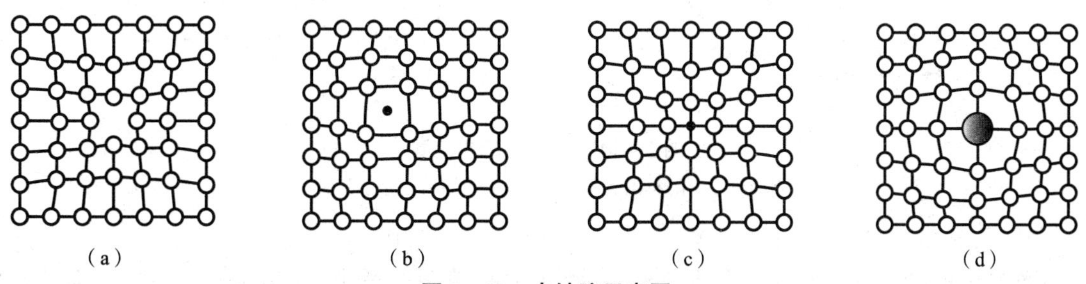

图2－13　点缺陷示意图

（a）空位；（b）间隙原子；（c）小的置换原子；（d）大的置换原子

点缺陷的形成主要是原子在各自的平衡位置上不停地进行热振动的结果。在某一温度下的某一瞬间，总有一些原子具有足够高的能量，以克服周围原子对它的约束，脱离原来的平衡位置迁移到别处，其结果是在原位置上出现了空位。若原子跳到晶格间隙位置则形成间隙原子。若其他异类原子跳到晶格结点位置则形成置换原子。点缺陷的数目随着温度的升高而增加。

产生空位后，其邻近原子由于失去了平衡，都会向着空位做一定程度的松弛，从而在其周围出现一个波及一定范围的畸变区。所以每个空位周围都会产生一个应力场，它与小的置换原子周围出现的应力场相似，只是程度要大。同样，间隙原子周围也会出现一个与大的置换原子相似的应力场，但程度要大得多。总之，无论哪一种点缺陷（空位、间隙原子或置换原子）的出现，都会促使周围原子发生靠拢或撑开的现象，造成晶格畸变，使金属的某些性能发生改变。

2）线缺陷

线缺陷的特征是缺陷在两个方向上的尺寸很小，在第三个方向上的尺寸却很大，甚至可以贯穿整个晶体，属于这一类缺陷的主要是位错。位错的种类很多，这里只介绍最简单的刃形位错。

刃形位错的模型如图 2－14（a）所示，在这个晶体的某一水平晶面以上，多出了一垂直方向的原子面，犹如插入的刀刃一样，使这一平面以上与以下的两部分晶体之间产生了原子错排，因而称为刃形位错。多余原子面的底部 *EF* 线称为刃形位错线，在位错线附近区域发生了晶格畸变。

刃形位错有正负之分，若额外半原子面位于晶体的上半部，则此处的位错线称为正刃形位错，以符号“⊥”表示。反之，若额外半原子面位于晶体的下半部，则称为负刃形位错，以符号“⊤”表示，如图 2－14（b）所示。位错的存在，对金属的强度及其组织转变过程都有很大影响。

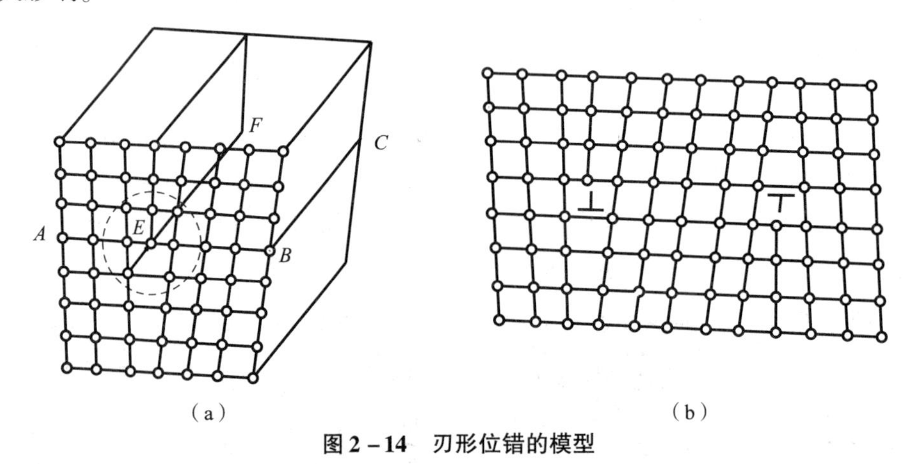

图 2－14　刃形位错的模型

（a）立体示意图；（b）垂直于刃形位错的原子平面

3）面缺陷

面缺陷的特征是缺陷在一个方向上的尺寸很小，在其余两个方向上的尺寸很大，通常指晶界和亚晶界。

金属是多晶体，由许多晶粒组成，晶界处原子处于不平衡位置，无规则排列。晶界是一种位向逐渐转化到另一种位向的过渡层，如图 2－15 所示。晶界的厚度取决于相邻晶粒之间的位向差及金属的纯度，位相差越小，纯度越高，晶界就越薄。金属晶体中多数晶粒间的位相差大于 15°。

晶界处原子排列不规则，偏离了原来的平衡位置，使晶格畸变增大，因此，晶界上原子的平均能量高于晶粒内部原子的平均能量。晶界处原子的排列状态和能量状态对金属的许多性质起着重要的影响。例如，在腐蚀介质中，晶界比晶粒内部更易受腐蚀；温度升高时，晶界先于晶粒内部发生熔化；晶界处原子扩散较快等。

在实际金属晶体中，每个晶粒内部的原子排列只是大体上一致，并不是完全无缺陷。在晶粒内还存在着许多小尺寸和小位向差的晶块（其位向差通常小于 3°），这些小晶块称为亚晶粒或亚结构。两个相邻的亚晶粒间的边界称为亚晶界。最简单的亚晶界实际上是由一系列刃形位错所形成的小角度晶界，如图 2－16 所示。亚晶界处原子排列也不规则，也会产生晶格畸变，亚晶界对金属的性能的影响与晶界相似。

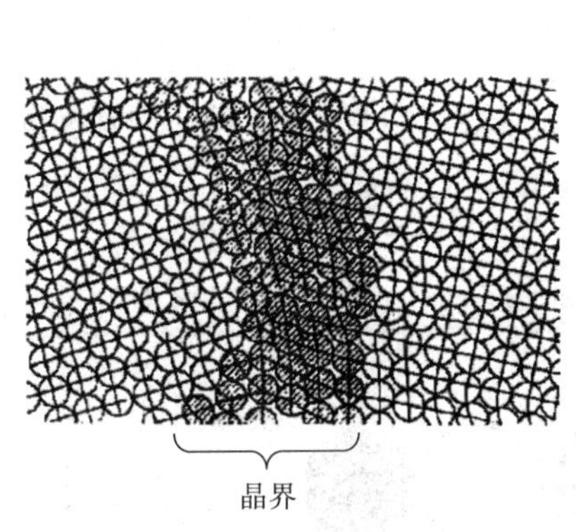

图 2－15　晶界示意图

图 2－16　亚晶界示意图

总之，实际金属中存在着各种缺陷，而且缺陷并不是静止不变的，而是随着温度和加工过程中的各种因素的改变而变化的。这些缺陷可以产生、发展和运动，它们之间可以发生交互作用，能合并、消失。晶体缺陷对金属的许多性能都有很大的影响，尤其是对金属塑性变形、强化、固态相变等。

2.2　合金的相结构

纯金属虽然具有良好的导电性、导热性，在工业上获得一定的应用，但其强度、硬度一般都较低，无法满足人类生产和生活中对金属材料高性能、多品种的要求，因此实际生产中大量使用的不是纯金属而是合金。

2.2.1　概述

1. 合金的概念

合金是指由两种或两种以上的金属元素或金属元素与非金属元素，经熔炼、烧结或其他方法组合而成并具有金属特性的物质。例如，碳钢、铸铁就是铁与碳组成的合金。

组成合金最基本的、独立的物质称为组元。一般来说，组元就是组成合金的元素，有时也可以是稳定的化合物。

2. 相的概念

通常合金的硬度、强度比组成合金的组元高，而且各给定组元可以配制出一系列不同成分的合金，这一系列合金构成一个合金系统，称为合金系。合金系中，具有相同化学成分、相同晶体结构，并以界面相互分开的组成部分称为相。不同的相具有不同的晶体结构，虽然相的种类极为繁多，但根据相的晶体结构特点可以将其分为固溶体和金属化合物两大类。

2.2.2 合金的相结构

1. 固溶体

合金在固态下，组元间仍相互溶解而形成的均匀相称为固溶体。固溶体的晶格类型与其中某一组元的晶格类型相同。能保留晶格形式的组元称为溶剂，其他组元称为溶质。因此，固溶体的晶格与溶剂的晶格相同，而溶质以原子状态分布在溶剂的晶格中。在固溶体中，一般溶剂含量较多，溶质含量较少。

1）固溶体的分类

按照溶质原子在溶剂晶格中分布情况的不同，固溶体可分为两类，即置换固溶体和间隙固溶体。

（1）置换固溶体。

置换固溶体是指溶质原子置换了一部分溶剂原子而占据了溶剂晶格中的某些结点位置而形成的固溶体，如图 2－17 所示。

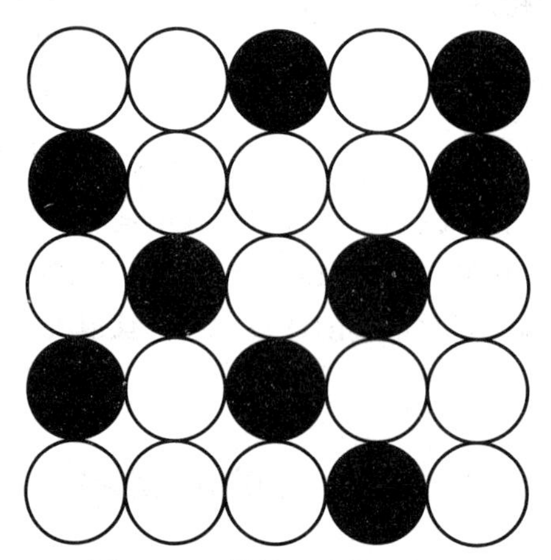

图 2－17 置换固溶体示意图

形成置换固溶体的基本条件是溶剂和溶质原子尺寸相近，电负性相差不大。除了少数原子半径很小的非金属元素之外，绝大多数金属元素之间都能相互溶解，形成置换固溶体。但在不同条件下，固溶体的溶解度不同。一般来说，溶质原子与溶剂原子直径差别越小，则溶解度越大；两者在元素周期表中位置越靠近，则溶解度也越大。如果上述条件能很好地满足，而且溶质与溶剂的晶格类型也相同，那么这些组元往往能无限互溶，即可以以任何比例形成置换固溶体，这种固溶体称为无限固溶体，如 Cu－Ni 系、Ti－Zr 系、Ag－Au 系等均能形成无限固溶体。事实上，这时很难区分溶剂与溶质，两者可以互换，但通常以浓度大于 50% 的组元作为溶剂。反之，如果两组元不能很好地满足上述条件，则溶质在溶剂中的溶解度是有限的，这种固溶体称为有限固溶体，如 Cu－Zn 系、Cu－Sn 系等都形成有限固溶体。有限固溶体的溶解度还与温度有关，温度升高，则溶解度增大。

（2）间隙固溶体。

溶质原子分布于溶剂晶格间隙而形成的固溶体称为间隙固溶体，如图 2－18 所示。能够形成间隙固溶体的溶质原子尺寸都比较小，一般溶质原子与溶剂原子直径之比小于 0.59 时，才能形成间隙固溶体。因此，形成间隙固溶体的溶质元素都是一些原子半径小于 0.1 nm 的非金属元素，如 H(0.046 nm)、B(0.097 nm)、C(0.077 nm)、N(0.071 nm)、O(0.060 nm)等。

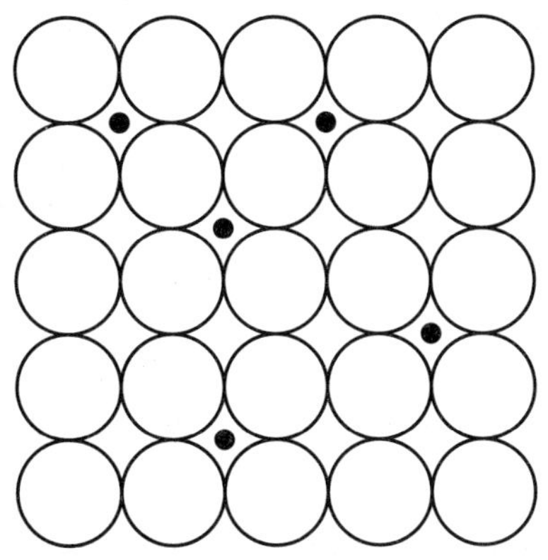

图 2－18　间隙固溶体示意图

在金属材料的相结构中，形成间隙固溶体的例子很多，如碳钢中，碳原子溶入 α－Fe 晶格空隙中形成的间隙固溶体，称为铁素体；碳原子溶入 γ－Fe 晶格空隙中形成的间隙固溶体，称为奥氏体。间隙固溶体的溶质在溶剂中的溶解度一般都是有一定限度的。

2）固溶体的性能

在固溶体中，由于溶质原子的溶入造成固溶体晶格常数变化和晶格畸变，如图 2－19 所示。溶质原子与溶剂原子的直径差别越大，溶入的溶质原子越多，晶格畸变就越严重。晶格畸变使金属塑性变形抗力增大，从而使金属材料的强度、硬度增高。这种通过溶入溶质元素形成固溶体，使金属材料的强度、硬度升高的现象称为固溶强化。固溶强化是提高金属材料力学性能的重要途径之一。实践表明，适当控制固溶体中的溶质含量，可以在显著提高金属材料的强度、硬度的同时，仍能保持相当好的塑性和韧性。因此，对综合力学性能要求较高的结构材料，都是以固溶体为基体的合金。

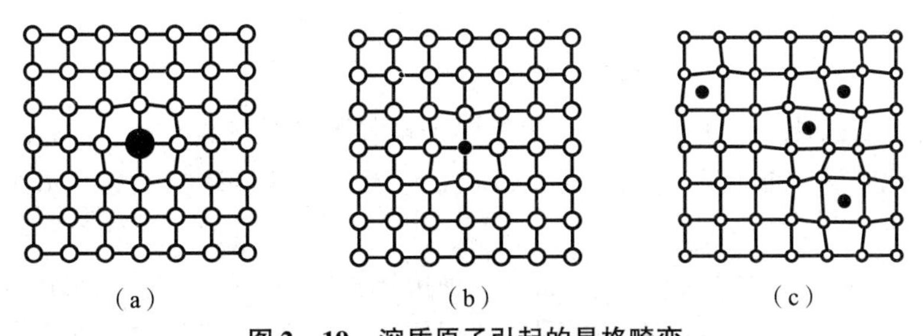

图 2－19　溶质原子引起的晶格畸变

(a) 晶格膨胀；(b) 晶格收缩；(c) 间隙原子使晶格膨胀

2. 金属化合物

构成合金的各组元间除了相互溶解而形成固溶体外，当溶质含量超过固溶体的最大溶解度时，还可能形成新的合金相。这种合金相的作用键有离子键、共价键以及金属键，具有一定的金属性质，称为金属化合物。金属化合物具有完全不同于各组成元素的晶体结构，各组元原子按一定规则在晶格中呈有序排列，这是其与固溶体最重要的区别。金属化合物通常可用化学分子式表示，如碳钢中的 Fe_3C、铝合金中的 $CuAl_2$ 等。

常见的金属化合物的类型主要有 3 类：正常价化合物、电子化合物、间隙化合物。

1）正常价化合物

组成正常价化合物的元素是严格按原子价规律结合的，因而其成分是固定不变的，并可用化学式表示。通常金属性强的元素与非金属或类金属元素能形成这种类型的化合物，如 Mg_2Si、Mg_2Sn 等。

2）电子化合物

电子化合物不遵循原子价规律，而是按照一定的电子浓度比组成一定晶体结构的化合物。所谓电子浓度是指化合物中价电子数与原子数的比值，即电子浓度 $C=\frac{\text{价电子数}}{\text{原子数}}$。

电子化合物的晶体结构取决于合金的电子浓度，例如，电子浓度为3/2时，为体心立方晶格，称为β相；电子浓度为21/13时，为复杂立方晶格，称为γ相；电子浓度为7/4时，为密排六方晶格，称为ε相。

电子化合物可以用化学式表示，但其成分可以在一定的范围内变化，因此可以把它看成是以化合物为基的固溶体，如Cu－Zn合金中的CuZn（β相），其中Zn的含量为36.8%～56.5%。在有色金属材料中，电子化合物是重要的强化相。

3）间隙化合物

间隙化合物一般是由原子直径较大的过渡族金属元素（Fe、Cr、Mo、W、V等）与原子直径较小的非金属元素（H、C、N、B等）所组成。间隙化合物又可分为两类：一类是具有简单晶格形式的间隙化合物，也称为间隙相；另一类是具有复杂晶格形式的间隙化合物。

（1）间隙相。

当非金属元素的原子半径与金属元素的原子半径的比值<0.59时，化合物具有比较简单的晶体结构，称为简单间隙化合物（或间隙相），如WC、VC、TiC等。图2－20所示为间隙相VC的晶体结构示意。

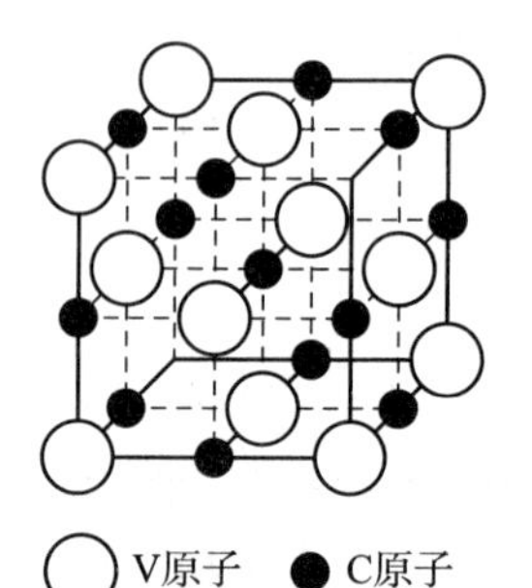

图2－20 间隙相VC的晶体结构示意图

（2）间隙化合物。

当非金属元素的原子半径与金属元素的原子半径的比值>0.59时，化合物结构复杂，称为复杂间隙化合物（或间隙化合物），如 Fe_3C、Cr_7C_3 等。图2－21所示为间隙相 Fe_3C 的晶体结构示意。

除上述几种常见的金属化合物外，还有一种拓扑密堆相。当组成合金的两种原子尺寸不同时，按拓扑学的配合规律形成空间利用率和配位数都很高的复杂结构，由于其结构具有拓扑学特点，称为拓扑密堆相，简称TCP相。TCP相结构的共同特征是半径较小的原子构成密排层，半径较大的原子镶嵌于这些密排层之间，以达到高度密堆。

TCP相的类型主要有：Laves相、σ相、μ相、χ相、P相、R相、M相等。这些相在金属材料中多数是有害的，特别是σ相，当在不锈钢、耐热钢或高温合金等材料中析出时，材料塑性明显降低，脆性大为增加，造成危害。但另一方面，有些TCP相却是重要的超导材料，如 Nb_3Sn。

金属化合物由于结合键和晶格类型的多样性使其具有许多特殊的物理化学性能，如超导性、形状记忆效应等。例如，具有半导体性能的金属化合物GaAs，其性能远远超过了目前

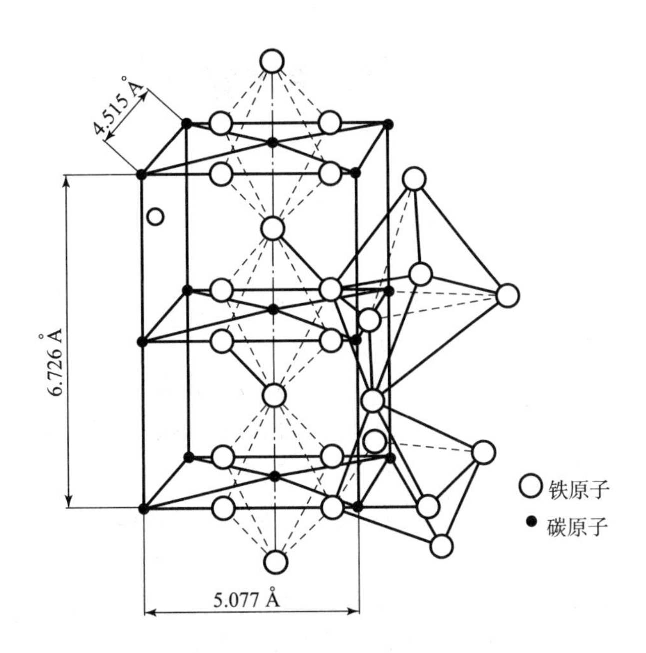

图 2－21　间隙化合物 Fe_3C 的晶体结构示意图

广泛应用的硅半导体材料，已引起了世界的关注，目前正应用在发光二极管的制造上，作为超高速电子计算机的器件；能记住原始形状的记忆合金 NiTi 和 CuZn；具有低热中子俘获截面的核反应堆材料 Zr_3Al 等。

对于工业上应用最广泛的结构材料和工具材料来说，由于金属化合物一般具有较高的熔点和硬度，当它以细小颗粒均匀分布在固溶体基体上时，将使合金的强度、硬度和耐磨性得到明显提高，这一现象称为弥散强化。因此，金属化合物在这些合金中常作为强化相存在，它是许多合金钢、有色金属和硬质合金的重要组成相。表 2－2 所示为钢中常见碳化物的硬度和熔点。

表 2－2　钢中常见碳化物的硬度和熔点

类型	间　隙　相							间隙化合物	
成分	TiC	ZrC	VC	NbC	TaC	WC	MoC	$Cr_{23}C_6$	Fe_3C
硬度/HV	2 850	2 840	2 010	2 050	1 550	1 730	1 480	1 650	~860
熔点/℃	3 410	3 472	3 023	3 770	4 150	2 876	2 960	1 557	1 227

习题与思考题

1. 解释下列名词概念。

晶体、非晶体、晶格、晶胞、晶格常数、晶体缺陷、点缺陷、线缺陷、面缺陷、固溶体、金属化合物。

2. 常见金属的晶体结构有哪几种？它们的原子排列和晶格常数有什么特点？α－Fe、Al、Cu、Cr、V、Mg、Zn 各属于哪种晶格？

3. 已知 Al 的原子半径为 0.286 83 nm，试求其晶格常数。

4. 已知 Cu 的原子直径为 0.256 nm，求 Cu 的晶格常数，并计算 1 mm^3Cu 中的原子数。

5. 金属实际中存在哪些晶体缺陷？晶体缺陷对金属的力学性能有何影响？

6. 固态合金相结构的主要类型是什么？它们在结构和性能上有何不同？在合金组织中各起什么作用？

7. 试比较间隙固溶体、间隙相和间隙化合物的结构和性能特点。

8. 固溶体和金属化合物在成分、结构、性能等方面有什么差异？

第3章 金属材料的塑性变形与强韧化

3.1 金属材料的塑性变形

金属塑性成形是利用金属材料所具有的塑性变形规律，在外力作用下通过塑性变形获得具有一定形状、尺寸和力学性能的零件或毛坯的加工方法。塑性成形加工在机械制造、军工、航空、轻工、家用电器等行业得到广泛应用，例如，飞机上的塑性成形零件约占85%，汽车上的锻件占60% ~80%。常用的金属材料塑性成形工艺如图3-1所示。

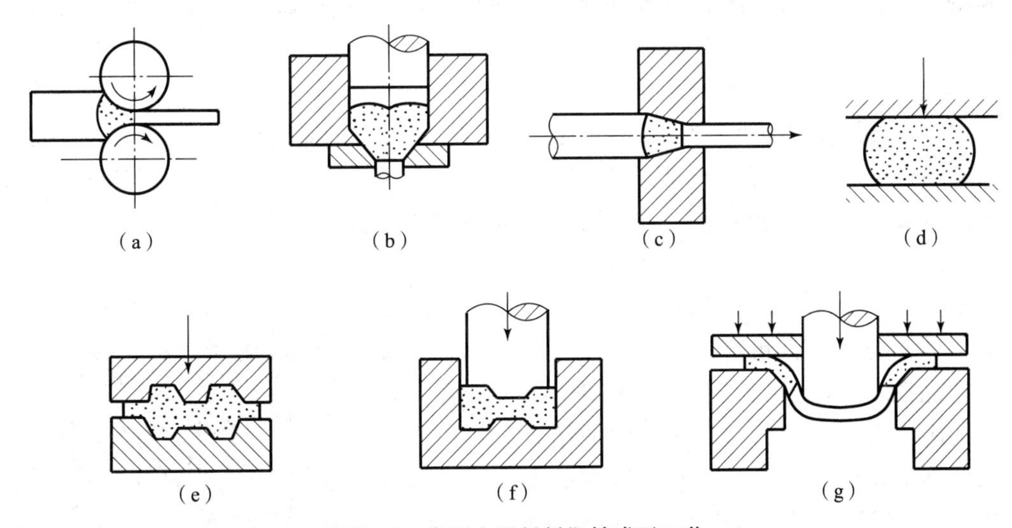

图3-1 常用金属材料塑性成形工艺

(a) 轧制；(b) 挤压；(c) 拉拔；(d) 自由锻（镦粗）；
(e) 开式模锻；(f) 闭式模锻；(g) 拉深

金属在外力作用下产生塑性变形时，其流动方向有一定的规律，并遵守以下几个基本定律：

(1) 剪应力定律，只有当金属内部的剪应力达到一定的数值时，才能发生塑性变形，这个临界数值称为临界剪切应力。临界剪切应力的大小取决于金属材料的种类、内部的组织结构和变形条件等。

(2) 体积不变定律，金属在塑性变形时体积变化量比起整个金属体积来说是微不足道的，可忽略不计，因此，可近似地认为塑性变形的金属，其变形前后的体积不变。

(3) 最小阻力定律，当外力作用于金属时，金属有可能向各个方向变形，但最大变形将发生在阻力最小的方向。

(4) 金属塑性变形时存在弹性变形，塑性变形是金属弹性变形达到一定值后才能发生的。

与其他加工方法（如铸造、焊接、切削加工等）相比，塑性成形的特点如下：

（1）改善了金属的组织和结构，提高了金属的力学性能；

（2）提高了材料的利用率；

（3）具有较高的生产率；

（4）可获得精度较高的毛坯或零件；

（5）不能加工脆性材料、形状特别复杂或体积特别大的零件或毛坯。

3.1.1 晶内变形

金属绝大部分为多晶体，而多晶体是由许多晶格位向不同的晶粒组成的，晶粒之间存在晶界。多晶体的塑性变形包括晶内变形和晶界变形（或称晶间变形），晶内变形主要是晶粒内部的变形，晶界变形主要指不同位向晶粒之间的相互滑动和转动。

晶内变形主要方式为滑移和孪生，其中，滑移变形是主要的，孪生变形是次要的，一般仅起调节作用。但在体心立方金属，特别是密排六方金属中，孪生变形也起着重要作用。

1. 滑移

滑移是指晶体在切应力的作用下，晶体的一部分沿一定的晶面和晶向相对于另一部分发生相对移动或切变，这些晶面和晶向分别称为滑移面和滑移方向。滑移使大量原子逐步地从一个稳定位置移到另一个稳定位置，因而产生宏观的塑性变形。

1）滑移系

一般来说，滑移总是沿着原子密度最大的晶面和晶向（即晶体中的密排面和密排方向）发生。因为原子密度最大的晶面，其原子间距小，原子间的结合力强；而晶面间的距离较大，晶面与晶面之间的结合力较弱，滑移阻力较小。同理可以解释沿原子排列最密集的方向滑移阻力最小，最容易成为滑移方向。滑移面示意如图 3－2 所示。

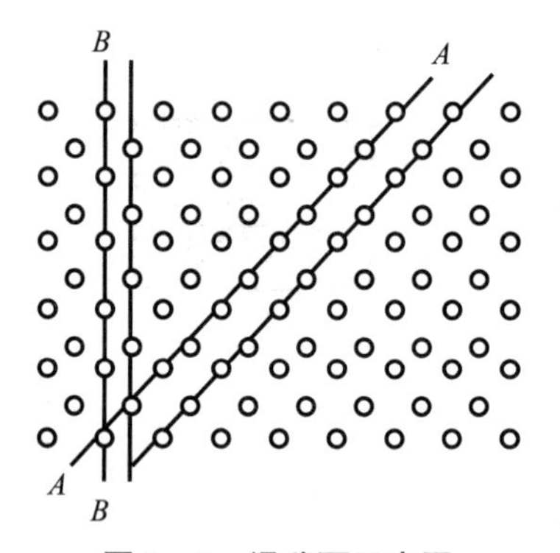

图 3－2　滑移面示意图

通常每一个晶胞上都可能存在多个滑移面，而每个滑移面上又存在多个滑移方向。一个滑移面和其上的一个滑移方向构成一个滑移系。表 3－1 所示为 3 种典型金属晶格的滑移系。滑移系多的金属要比滑移系少的金属变形协调性更好、塑性更高，如面心立方金属比密排六方金属的塑性好。至于体心立方金属和面心立方金属，虽然同样有 12 个滑移系，后者塑性却明显优于前者，这是因为就金属塑性变形能力来说，滑移方向的影响大于滑移面的影响。体心立方金属每个晶胞滑移面上的滑移方向只有 2 个，而面心立方金属却有 3 个，因此，后者的塑性变形能力更好。

2）临界切应力

滑移系的存在只说明金属晶体产生滑移的可能性，要使滑移能够发生，需要沿滑移面的滑移方向作用有一定大小的切应力（临界切应力）。临界切应力的大小取决于金属的类型、纯度、晶体结构的完整性、应变速率和预先变形程度等因素。

表 3-1 3种典型金属晶格的滑移系

晶格	体心立方晶格		面心立方晶格		密排六方晶格	
滑移面	{110}×6	{110} <111>	{111}×4	<110> {111}	六方底面×1	六方底面 底面对角线
滑移方向	{111}×2		{110}×3		底面对角线×3	
滑移系	6×2=12		4×3=12		1×3=3	

当晶体受力时，由于各个滑移系相对于外力的空间位向不同，其上所作用的切应力分量的大小也不同。设某一晶体在拉力 P 的作用下，拉伸应力为 σ，其滑移面的法线方向与拉伸轴的夹角为 ϕ，面上的滑移方向与拉伸轴的夹角为 λ，如图 3-3 所示，由静力学分析可知，在此滑移方向上的切应力分量为

$$\tau=\sigma\cos\phi\cos\lambda \qquad (3-1)$$

令 $\mu=\cos\phi\cos\lambda$，称其为取向因子。由式（3-1）可见，当 σ 为定值时，滑移系上所受的切应力分量取决于 μ。当 $\phi=\lambda=45°$ 时，$\mu_{max}=0.5$，则 $\tau_{max}=\frac{\sigma}{2}$，这意味着该滑移系处于最佳取向，其上的切应力分量最有利于优先达到临界值而发生滑移；当 $\phi=90°$、$\lambda=0°$ 或 $\phi=0°$、$\lambda=90°$ 时，$\tau=0$，此时，无论 σ 多大，此取向的滑移系都不能发生滑移。通常将 $\mu=0.5$ 或接近于 0.5 的取向称为软取向，而将 μ 为 0 或接近于 0 的取向称为硬取向。

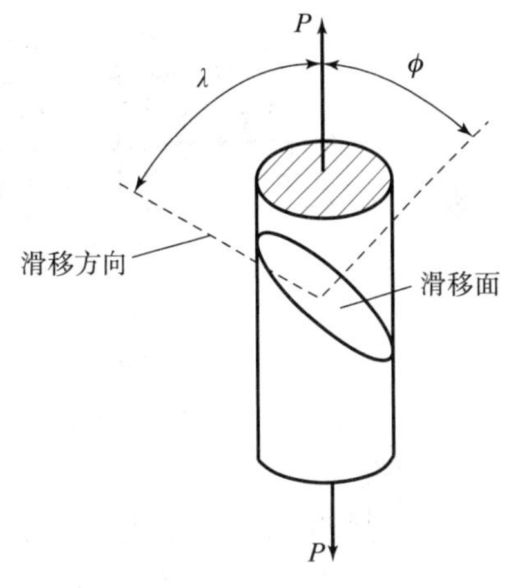

图 3-3 晶体滑移时的应力分析

3）滑移机理

以上是关于滑移变形的宏观描述，下面从微观角度分析滑移过程的实质。最初认为滑移是理想完整的晶体在滑移面上沿着滑移方向发生刚性的相对滑动，但基于此出发点所计算的理论强度值却远远大于实验值，如表 3-2 所示。

表 3-2 部分金属材料的实验屈服强度和理论屈服强度

材料	理论强度/GPa	实验强度/MPa	理论强度/实验强度
Ag	2.64	0.37	7×10^3
Al	2.37	0.78	3×10^3
Cu	4.10	0.49	8×10^3
Ni	6.70	3.20~7.35	2×10^3
Fe	7.10	27.50	3×10^2
Mo	11.33	71.60	2×10^2
Nb	3.48	33.30	1×10^2

1934 年，G. I. 泰勒等人将位错概念引入晶体中，并把它和滑移变形联系起来，使人们对滑移过程的本质有了更明确的认识。滑移过程不是滑移面上所有原子同时沿着滑移方向产生整体移动，而是在滑移面的局部区域首先产生滑移，并逐步发展，直至最后整个滑移面都完成滑移。此局部区域之所以首先产生滑移，是因为该处存在位错，引起很大的应力集中，虽然整个滑移面上作用的应力水平相当低，但在此局部区域的应力却可能已大到足以引起晶体的滑移。当一个位错沿滑移面移动过后，便使晶体产生一个原子间距大小的相对位移。当位错移至晶体表面后便消失，为使塑性变形能不断地进行，就必须有大量新的位错出现，这就是位错增殖。因此可以认为，晶体的滑移过程实质上就是位错的移动和增殖的过程。图 3－4 所示为刃形位错运动引起晶体滑移变形的示意。

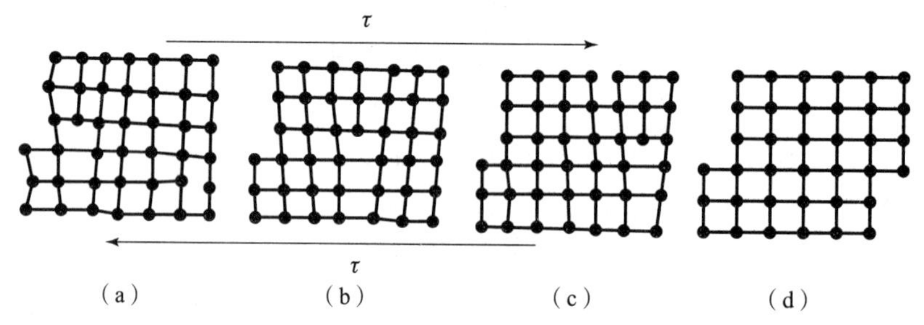

图 3－4　刃形位错运动引起晶体滑移变形的示意图

（a）未变形；（b）弹性变形；（c）弹塑性变形；（d）塑性变形

2. 孪生

孪生是指晶体在切应力作用下，晶体的一部分沿着一定晶面（称为孪生面）和一定的晶向（称为孪生方向）发生均匀切变。孪生变形后，晶体的变形部分与未变形部分构成镜面对称关系，镜面两侧晶体的相对位向发生了改变。这种在变形过程中产生的孪生变形部分称为形变孪晶，如图 3－5 所示。

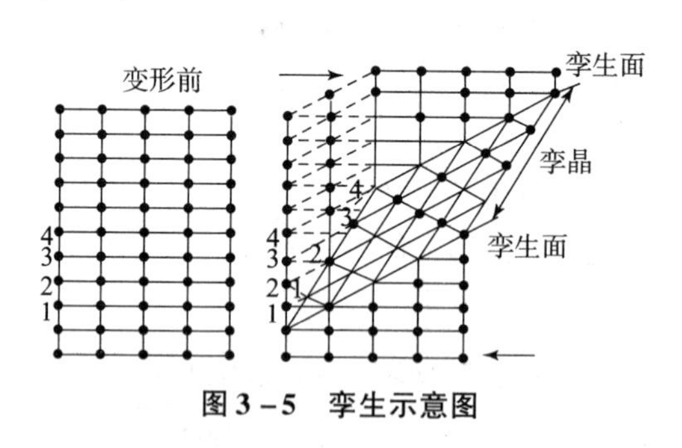

图 3－5　孪生示意图

孪生和滑移相似，也是由位错运动引起的，但是产生孪生的位错，其柏氏矢量要小于一个原子间距，这种位错称为部分位错。孪生是由部分位错横扫孪生面而产生的，如图 3－6 所示。直观看来，自孪生面起向上，每层原子都各需一个部分位错来进行切变，即当一个部分位错横扫孪生面后，紧接着就要有另一个部分位错横扫第二层晶面，以此类推。至于部分位错为何能够如此运动尚有待研究。

与滑移相比，孪生的特点为：①孪生使晶格位向发生改变；②孪生所需切应力比滑移大得多，且变形速度极快，接近声速；③发生孪生时，相邻原子面的相对位移量小于一个原子间距。

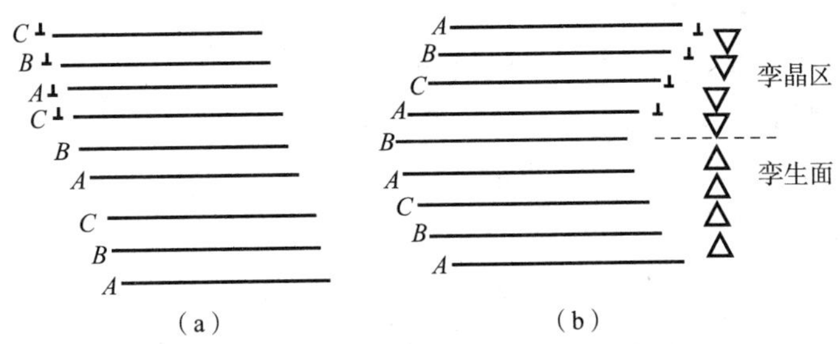

图 3-6　面心立方金属部分位错横扫孪生面产生孪生变形示意图

(a) 变形前；(b) 变形后

金属晶体究竟以哪种方式进行塑性变形，取决于哪种方式变形所需的切应力更低。在常温下，大多数体心立方金属滑移的临界切应力小于孪生的临界切应力，所以滑移是优先的变形方式，只有在很低的温度下，由于孪生的临界切应力低于滑移的临界切应力，这时孪生才能发生。对于面心立方金属，孪生的临界切应力远比滑移的大，因此一般不发生孪生变形，但当金属滑移变形剧烈进行并受到阻碍时，往往在高度应力集中处会诱发孪生变形；孪生变形后由于变形部分位向发生改变，可能变得有利于滑移，于是晶体又开始滑移，二者交替进行。至于密排六方金属，由于滑移系少，滑移变形难以进行，所以这类金属的变形方式主要是孪生。

3.1.2　晶间变形

晶间变形的主要方式是晶粒之间的相互滑动和转动，如图3-7 所示。多晶体受力变形，沿晶界处可能产生切应力，当此切应力足以克服晶粒间相对滑动的阻力时，便发生相对滑动。由于晶界具有一定厚度，当晶粒间产生滑动时，处于它们中间的晶界必然在相当厚度区域内产生切变形。同时，由于各晶粒所处位向不同，产生相对滑动的难易程度也不同，这样在相邻晶粒之间可能产生一对力偶，从而造成晶粒间的相互转动，转动的结果是使原来任意取向的晶粒逐渐趋于一致。

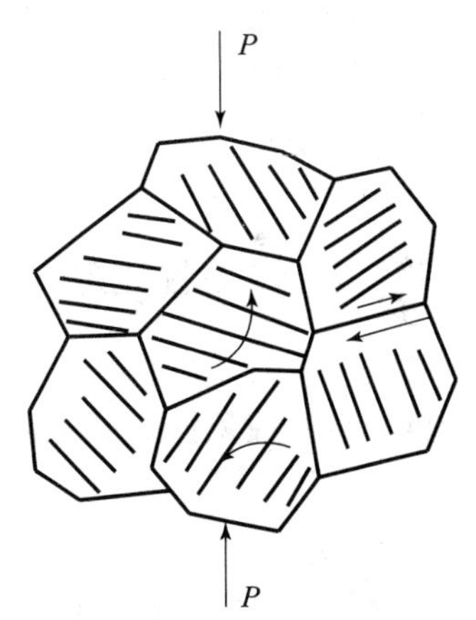

图 3-7　晶粒之间的滑动和转动

1. 晶粒取向对塑性变形的影响

多晶体中各个晶粒的取向不同，在大小和方向一定的外力作用下，各个晶粒中沿一定滑移面和一定滑移方向上的分切应力并不相等。在外力作用下，金属中处于软位向的晶粒中的位错首先发生滑移，但是这些晶粒变形到一定程度就会受到处于硬位向、尚未发生变形的晶粒的阻碍，只有当外力进一步增加，才能使处于硬位向的晶粒也满足滑移的临界应力条件，产生位错运动，从而产生塑性变形。

在多晶体金属中，由于各个晶粒的取向不同，一方面使塑性变形表现出不均匀性，另一方面也会产生强化作用。同时，在多晶体金属中，当各个取向不同的晶粒都满足临界应力条件后，每个晶粒既要沿各自的滑移面和滑移方向滑移，又要保持多晶体金属的结构连续性，所以，实际的滑移变形过程是复杂的。

2. 晶界对塑性变形的影响

在多晶体金属中，晶界原子的排列是不规则的，局部晶格畸变十分严重，还容易产生杂质原子和空位等缺陷的偏聚，因此，当位错运动到晶界附近时会受到晶界的阻碍，造成位错塞积，如图 3－8 所示。

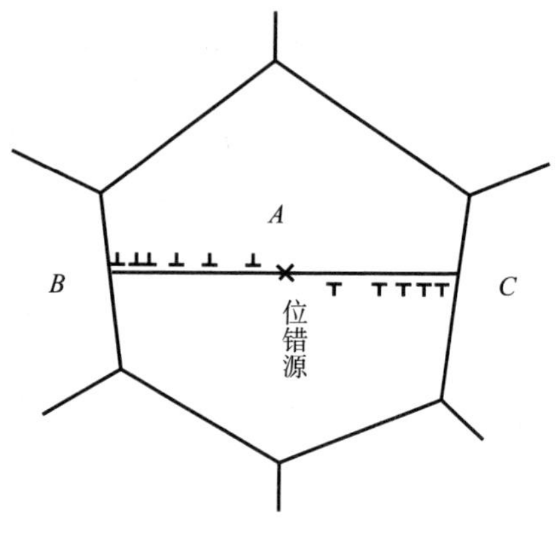

图 3－8 位错塞积示意图

在常温下，多晶体金属受到一定的外力作用时，首先在各个晶粒内部产生位错运动，当位错滑移到晶界处受阻形成塞积时，滑移就不能继续下去，当外力进一步增大后，位错的局部运动才能通过晶界而继续运动，从而出现更大的塑性变形。这表明多晶体的晶界可以起到强化作用。金属晶粒越细，晶界对位错运动的阻碍越大，因此，细化晶粒可以对多晶体金属起到明显的强化作用。同时，在常温和一定外力作用下，当总的塑性变形量一定时，细化晶粒后可以使位错在更多的晶粒中产生运动，这会使塑性变形更均匀。

在冷态变形条件下，多晶体的塑性变形主要是晶内变形，晶间变形只起次要作用，这是因为晶界强度高于晶内强度，其变形比晶内困难；还因为晶粒在生成时各晶粒相互接触形成犬牙交错的状态，造成对晶界滑移的阻碍，如果发生晶界变形，容易引起晶界结构的破坏和裂纹的产生，因此晶间变形量只能是很小的。

综上所述，多晶体塑性变形的特点为：①各晶粒变形的不同时性；②各晶粒变形的相互协调性；③晶粒与晶粒之间和晶粒内部与晶界之间变形的不均匀性。

3.1.3 冷塑性成形对金属组织和性能的影响

金属材料塑性变形不仅可以改变金属材料的外形和尺寸，金属塑性变形后还将发生强度和硬度升高的现象，即形变强化（加工硬化），而金属材料性能的变化源于其内部组织的变化。

1. 内部组织的变化

多晶体金属经冷塑性变形后，除了在晶粒内部出现滑移带和孪生带等组织特征外，还具有下列组织变化：

（1）晶粒形状发生改变。

金属经冷加工变形后，其晶粒形状发生变化，变化趋势大体与金属宏观变形一致。例如轧制和拉拔时，原来的等轴晶粒沿着变形方向伸长，当变形量很大时，则晶粒呈现为纤维状的条纹，称为纤维组织，如图 3－9 所示。

（2）晶粒内产生亚结构。

金属的塑性变形主要是由于位错运动产生的，在塑性变形过程中晶体内的位错不断增殖。由于位错运动及位错交互作用，金属变形后的位错分布是不均匀的，大量位错堆积在局部地区并相互缠结，如果变形量增大，就形成胞状亚结构，如图 3－10 所示。这时变形的晶粒是由许多称为胞的小单元所组成，各个胞之间有微小的取向差，高密度的缠结位错主要集中在胞的周围地带，构成胞壁，而胞内的位错密度甚低。随着变形量进一步增大，胞的数量增多、尺寸减小，胞壁的位错更加稠密，胞间的取向差也增大。

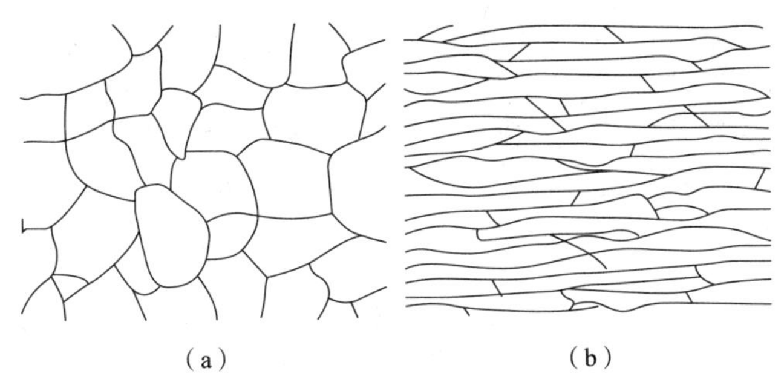

图 3-9　变形前后的晶粒形状

(a) 变形前；(b) 变形后

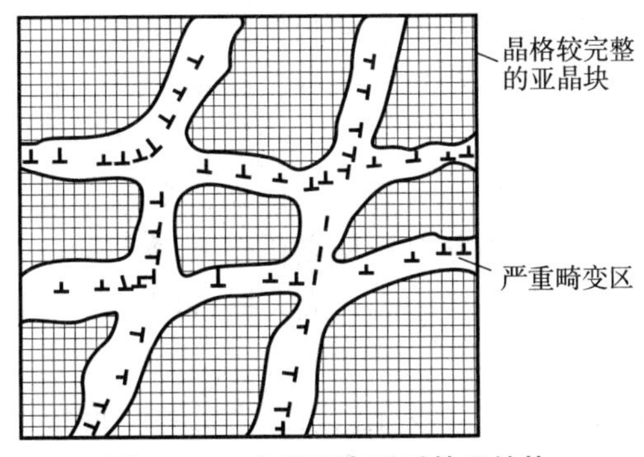

图 3-10　金属经变形后的亚结构

形成胞状亚结构主要是层错能高的金属，层错能较低的金属一般不形成胞状亚结构。

(3) 晶粒位向发生改变。

由于多晶体在塑性变形时伴随有晶粒的转动，当变形量很大时，多晶体中原为任意取向的晶粒，会逐渐调整其取向而趋于一致。这种由于塑性变形而使晶粒具有择优取向的组织，称为变形织构。

金属经拉拔、挤压、轧制后都能产生变形织构，不同的加工方式产生不同类型的织构，通常将变形织构分为丝织构和板织构两种。

拉拔和挤压加工方式会形成丝织构，这种加工是轴对称变形，其主应变是一向拉伸、两向压缩，变形后各个晶粒有一个共同的晶向与最大主应变方向趋于一致，如图 3-11 (a) 所示。丝织构用此晶向表示，例如冷拉铝丝为 [111] 织构，冷拉铁丝为 [110] 织构，而冷拉铜、镍或银丝则为 [111] + [100] 织构。

轧制的板材会形成一种板织构，其特征是各个晶粒的某一晶向趋向于与轧制方向平行，而某一晶面趋向于与轧制平面平行，如图 3-11 (b) 所示。板织构以其晶面和晶向共同表示，例如冷轧黄铜板材具有 (110) [112] 织构，纯铁的轧制织构为 (100) [011] + (112) [110]。

织构不是描述晶粒的形状，而是描述多晶体中晶粒取向的特征。应当指出，使变形金属中的每个晶粒都转到理想的晶面和晶向状态是不太可能的，实际上，变形金属的晶粒只能是趋向于这种取向，一般是随着变形程度的增加，金属中趋向于这种取向的晶粒就越多，金属的织构特征就越明显。

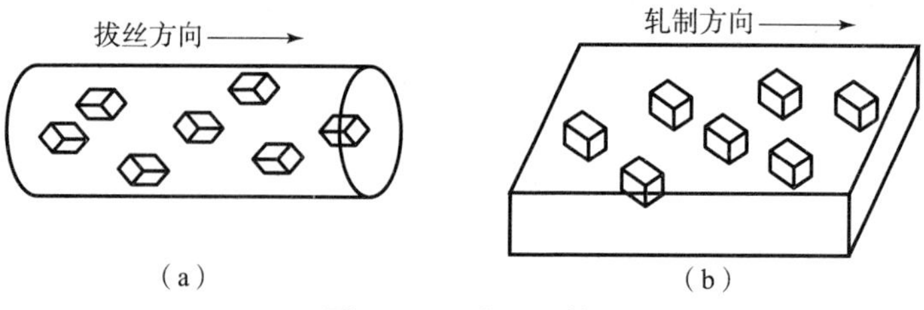

图 3－11　变形织构

(a) 丝织构；(b) 板织构

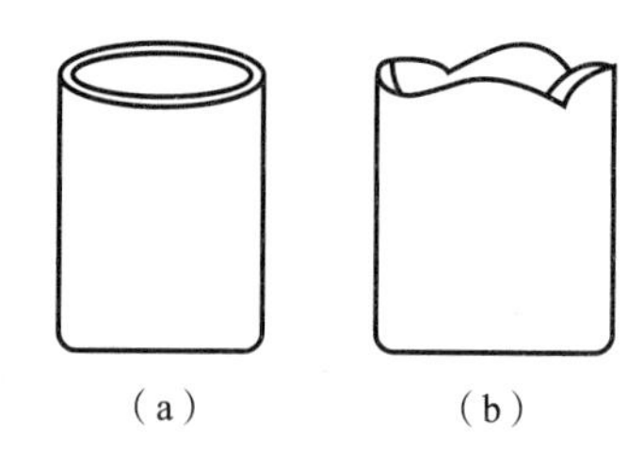

图 3－12　因板织构所造成的制耳现象

(a) 无织构；(b) 有织构

变形织构的形成，使金属材料的性能表现出各向异性。例如，拉伸用的钢板是经过轧制生产的，沿轧制方向表现出很强的织构性，沿不同的方向表现出不同的伸长率，用这种板材拉伸成的筒形件，壁厚不均匀，沿口不平齐，出现所谓制耳现象，如图 3－12 所示。

在某些情况下，织构的各向异性也有好处。例如，制造变压器铁芯的硅钢片，因沿［100］方向最易磁化，采用这种织构可使铁损大大减小，变压器的效率因而大大提高。

2. 性能的变化

由于塑性变形使金属内部组织发生变化，因而金属的性能也会发生相应的改变。其中变化最显著的是金属的力学性能。如图 3－13 所示，45 钢经不同程度的冷拔变形后，其力学性能与变形程度的关系，可见，随着变形程度的增加，金属的强度、硬度增加，而塑性、韧性相应下降，这种现象称为加工硬化。一方面，加工硬化能提高金属的强度；另一方面，加工硬化又增大了变形的困难程度。

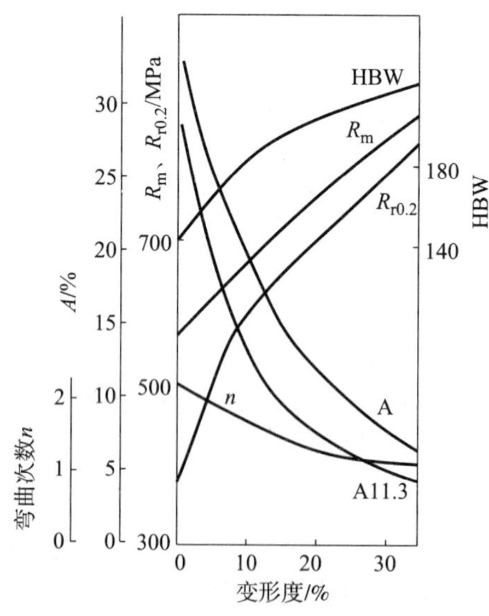

图 3－13　45 钢力学性能与变形程度的关系

金属产生加工硬化的原因，简单地说，是塑性变形引起位错密度增大，导致位错之间交互作用，位错运动阻力增大，从而使金属的塑性变形抗力提高。对于需要多次加工的金属，需要在中间变形阶段进行退火来消除加工硬化。加工硬化也是强化金属的手段，对于不能用热处理工艺强化的金属材料，可以通过冷变形强化来提高其强度。

此外，金属在冷变形加工后，其中会产生残余内应力（即外力去除后残留于金属内部的应力），其中：因金属各部位变形不均匀所造成的内应力为宏观内应力；因晶粒之间或晶内各部分变形不均匀所造成的内应力为微观内应力；因晶体缺陷所造成的内应力为晶格畸变内应力。残余内应力会引起零件的变形、开裂。

3.1.4　回复与再结晶

金属经冷塑性变形后，其组织、结构和性能都发生了相当复杂的变化，从热力学的角度来看，变形引起了金属内能的增加，使金属处于不稳定的高自由能状态，具有向变形前低自由能状态自发恢复的趋势。当加热升温时，金属原子具有相当的扩散能力，使变形后的金属自发地向低自由能状态转变，这一转变过程称为回复和再结晶，转变过程中金属的组织和性能都会发生不同程度的变化，这种变化过程也称为金属的软化过程，如图 3－14 所示。

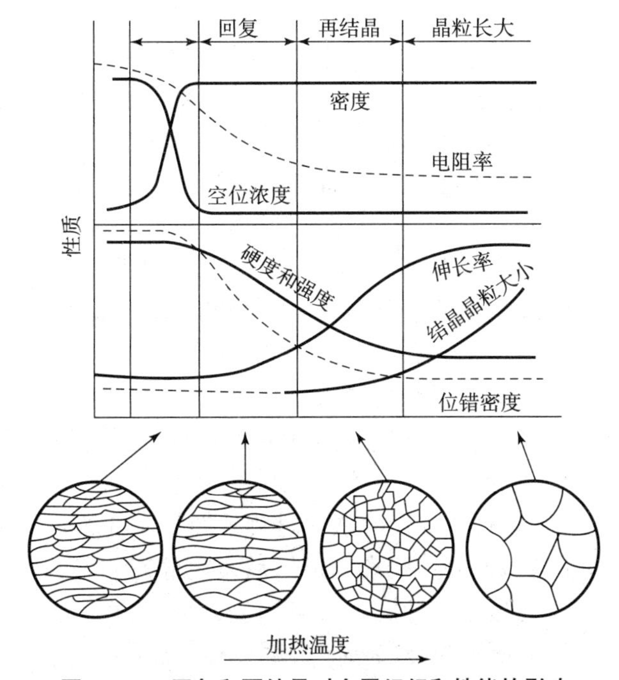

图 3－14　回复和再结晶对金属组织和性能的影响

1. 回复

回复是指在较低温度下，或在较早阶段发生的转变过程。在回复阶段，总的来说，金属的物理性能和微细结构发生变化，强度、硬度有所降低，塑性、韧性有所提高，但显微组织不发生明显的变化。这是因为在回复温度内，原子只在微晶内进行短程扩散，使点缺陷和位错发生运动，从而使晶体内的某些空位和间隙原子合并、位错相消、缺陷数量减少、晶格畸变程度降低、残余内应力部分消失。

去应力退火是回复在金属加工中的应用之一，它既可基本保持金属的加工硬化性能，又可消除残余应力，从而避免工件的畸变或开裂，改善工件的耐蚀性能。

2. 再结晶

冷变形的金属加热至较高温度后，在原来变形的金属中会重新形成新的无畸变的等轴晶，直至完全取代金属的冷变形组织，这个过程称为金属的再结晶。与回复不同，再结晶使金属的显微组织彻底改变，使金属的性能也发生很大变化，如强度、硬度显著降低，塑性大幅提高，加工硬化和内应力完全消除，物理性能得到恢复。这一过程实质上也是一新晶粒的形核和长大的过程，但晶格类型不发生变化，只改变晶粒外形。

需要指出的是，再结晶并不是简单地使金属的组织恢复到变形前的状态的过程，通过控制变形和再结晶条件，可以调整再结晶晶粒的大小和再结晶的体积分数，以此来改善和控制金属的组织和性能。

3. 晶粒长大

再结晶阶段完成后，如果继续升高温度或延长保温时间，晶粒将会因互相吞并而长大。加热温度越高或保温时间越长，晶粒的长大就越显著。因此，要合理地控制加热温度和保温时间，以免形成粗大的晶粒，降低金属的力学性能。

3.1.5 金属的热塑性成形

金属在其再结晶温度以上的变形称为热塑性变形。再结晶温度通常指经大变形量（>70%）变形后的金属，在规定的时间内（通常为 1 h）能完全再结晶的最低温度。一般来说，金属的熔点越高其再结晶温度也越高。实际生产中，为了保证再结晶过程的顺利进行，热塑性变形温度通常远高于再结晶温度。材料成形中广泛采用的热锻、热轧和热挤压等属于热塑性成形加工。

热塑性变形过程中，硬化与软化同时发生，加工硬化不断被回复和再结晶所抵消，金属处于高塑性、低变形抗力的软化状态，从而使变形能够继续下去。

热塑性变形时金属的软化过程比较复杂，它与变形温度、应变速率、变形程度和金属本身的性质有关，主要有动态回复、动态再结晶和静态回复、静态再结晶、亚动态再结晶，其中动态回复和动态再结晶是在热塑性变形过程中发生的，而亚动态再结晶、静态回复、静态再结晶是在热塑性变形停止之后，即在无载荷作用下，利用金属的高温余热进行的。

图 3－15 所示为热轧和热挤压变形的软化过程。图 3－15（a）所示为高层错能金属热轧变形程度较小时发生动态回复，脱离变形区后发生静态回复；图 3－15（b）所示为低层错能金属在热轧变形程度较小时发生动态回复，随后发生静态回复和静态再结晶，使晶粒细化；图 3－15（c）所示为高层错能金属在热挤压变形程度很大时，在变形区发生动态回复，在离开模口后发生静态回复和静态再结晶；图 3－15（d）所示为低层错能金属在热挤压变形程度很大时，发生动态再结晶，在离开变形区后发生亚动态再结晶。

1. 热塑性变形时金属的软化过程

1）动态回复

动态回复是指金属在热塑性变形过程中发生的回复。研究表明，动态回复主要是通过位错的攀移、交滑移等来实现的。如果将发生动态回复的金属在热变形后迅速冷却至室温，可发现金属的显微组织仍为沿变形方向拉长的晶粒。动态回复后金属的位错密度高于相应的冷变形后经静态回复的金属的位错密度。

在动态回复未被认识之前，人们一直错误地认为再结晶是热变形过程中唯一的软化机制。而事实上，金属即使在远高于静态再结晶温度下进行塑性加工时，一般也只发生动态回复，有些金属甚至变形程度已经很大了，也不发生动态再结晶。动态回复是高层错能金属热塑性变形过程中唯一的软化机制。

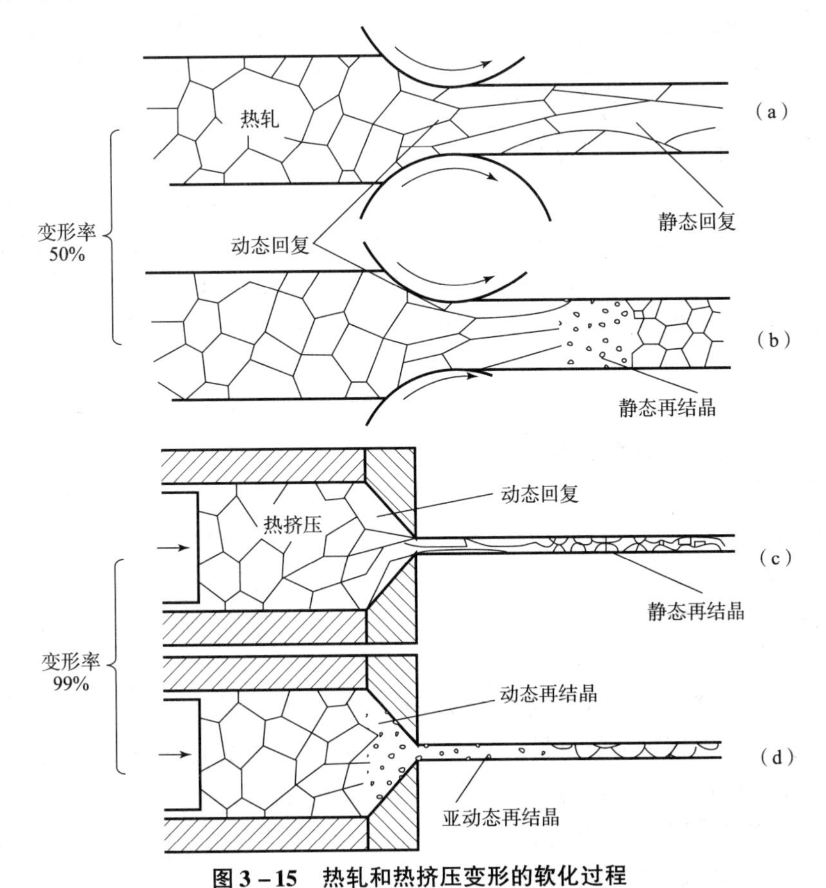

图3－15　热轧和热挤压变形的软化过程

(a) 高层错能金属；(b) 低层错能金属；(c) 高层错能金属；(d) 低层错能金属

2）动态再结晶

动态再结晶是指金属在热塑性变形过程中发生的再结晶。动态再结晶和静态再结晶基本一样，也是通过形核和长大来完成。层错能较低的金属进行热塑性变形，当加工变形量很大时容易发生动态再结晶。金属的层错能低，意味着其不易进行位错的交滑移和攀移，而已知动态回复主要是通过位错的交滑移和攀移来完成的，这就意味着这类材料动态回复的速率和程度都很低，且不充分，有利于再结晶形核；此外，动态再结晶需要一定的驱动力，只有当金属的变形程度远远高于其发生静态再结晶所需的临界变形程度时，动态再结晶才能发生。

在动态再结晶过程中，由于塑性变形还在进行，生长中的再结晶晶粒随即发生变形，而静态再结晶的晶粒却是无应变的，因此，动态再结晶晶粒与同等大小的静态再结晶晶粒相比，具有更高的强度和硬度。

动态再结晶后的晶粒度与变形温度、应变速率和变形程度等因素有关。降低变形温度、提高应变速率和变形程度，会使动态再结晶后的晶粒变小，而细小的晶粒组织具有更高的变形抗力。因此，通过控制热加工变形时的温度、速度和变形量，可以调整成形件的晶粒组织和力学性能。

2. 热塑性变形后的软化过程

在热变形完成之后，由于金属仍处于高温状态，一般会发生以下 3 种软化过程：静态回复、静态再结晶和亚动态再结晶。

金属热变形时内能提高，处于热力学不稳定状态，在变形停止后，若热变形程度不大，将会发生静态回复；若热变形程度较大，且热变形后金属仍保持在再结晶温度以上时，则发生静态再结晶，重新形成无畸变的等轴晶粒。这里所说的静态回复、静态再结晶，其机理与金属冷变形后加热时所发生的回复和再结晶相同。

对于层错能较低的、在热变形时发生动态再结晶的金属，其在热变形后则迅即发生亚动态再结晶。热变形过程中已经形成的、但尚未长大的动态再结晶晶核，以及长大到中途被遗留下来的再结晶晶粒，当变形停止后而温度又足够高时，这些晶核和晶粒会继续长大，这样的软化过程称为亚动态再结晶。由于亚动态再结晶不需要形核时间、没有孕育期，所以在热变形后进行得很迅速。

由此可见，在工业生产条件下要把动态再结晶组织保留下来是很困难的。

3. 热塑性变形对金属组织和性能的影响

（1）改善晶粒组织。

铸锭中粗大的晶粒组织经过热塑性变形及再结晶过程可变成细等轴晶组织。

（2）锻合内部缺陷。

如果铸态金属中有缩松、气孔和微裂纹等缺陷，通过热塑性加工可将其压实，从而提高了其致密度。

（3）破碎并改善碳化物和非金属夹杂物在钢中的分布。

对于高速钢、高铬钢等金属材料，其内部含有大量的碳化物，这些碳化物有的呈粗大的鱼骨状，有的呈网状包围在晶粒的周围。通过锻造或轧制，可使这些碳化物被打碎且均匀分布，从而改善它们对金属基体的削弱作用，并使由这类钢锻制的工件在以后的热处理时硬度分布均匀，提高工件的使用性能和寿命。

4. 形成纤维组织

在热塑性变形过程中，随着变形程度的增大，金属内部粗大的树枝晶逐渐沿主变形方向伸长。与此同时，晶界富集的杂质和非金属夹杂物的走向也逐渐与主变形方向一致，其中：脆性夹杂物被破碎呈链状分布；塑性夹杂物则被拉长呈条带状、线状或薄片状。于是在磨面腐蚀的试样上便可以看到顺着主变形方向的一条条断断续续的细线，称其为流线，具有流线的组织称为纤维组织，如图 3－16 所示。

形成纤维组织的内因是金属中存在杂质或非金属夹杂物，外因是变形沿某一方向达到一定的程度，且变形程度越大、纤维组织越明显。

需要指出，在热塑性加工中，由于再结晶，被拉长的晶粒变成细小的等轴晶，而纤维组织却很稳定地保留下来直至室温。因此，这种纤维组织与冷变形时由于晶粒被拉长而形成的纤维组织是不同的。

纤维组织的形成，使金属的力学性能呈现各向异性，金属沿流线方向较之其垂直于流线方向具有较高的力学性能。这是因为试样承受拉伸时，在顺流线方向上显微空隙不易于扩大和贯穿到整个试样的横截面上，而在垂直于流线方向上，由于显微空隙的排列与纤维组织方向趋于一致，容易导致试样的断裂。

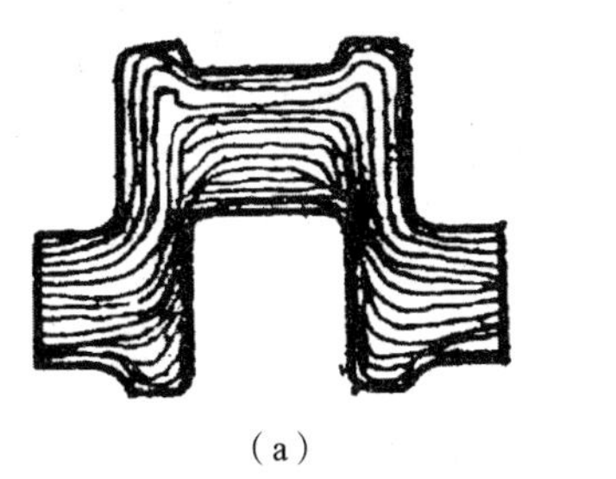
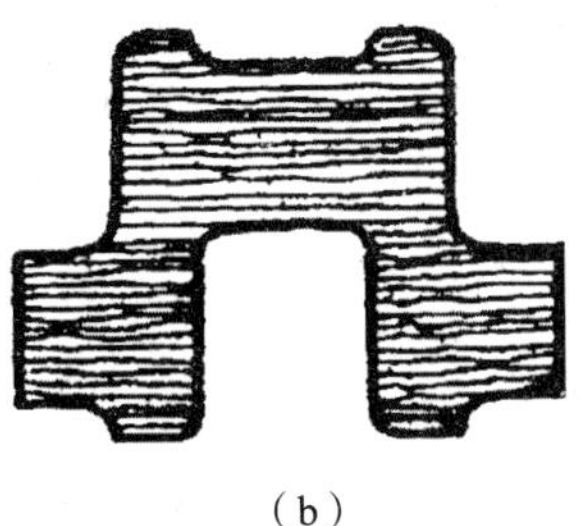

（a）　　　　（b）

图 3－16　锻件剖面上的流线分布示意图

（a）流线分布合理；（b）流线分布不合理

由于纤维组织对金属的性能有着上述影响，因此在制定热成形工艺时，应根据零件的服役条件，正确控制金属的变形流动和流线在锻件中的分布。

5. 改善偏析

热塑性变形能够破碎枝晶和加速扩散，可以在一定程度上改善铸锭组织的偏析，其对枝晶偏析的改善较大，对区域性偏析的改善不明显。

3.1.6　塑性成形件中晶粒的大小

一般情况下，细化晶粒可以提高金属材料的强度、塑性、韧性，降低材料的脆性转变温度，提高变形的均匀性。因此，对于要求强度和硬度高、塑韧性好的结构钢、工模具钢和有色金属，总希望获得细晶粒。对于热加工过程来说，加热温度、变形程度和机械阻碍物是影响晶粒形核速度和长大速度的 3 个基本参数。

1. 加热温度

加热温度包括塑性变形前的加热温度和固溶处理时的加热温度。从热力学条件来看，在一定体积的金属中，晶粒越粗则总的晶界表面积就越小，总的表面能也就越低。由于晶粒粗化可以减少表面能，使金属处于自由能较低的稳定状态，因此，晶粒长大是一种自发的变化趋势。晶粒长大主要通过晶界迁移的方式进行，即大晶粒吞并小晶粒。要实现这种变化过程需要原子有强大的扩散能力，以完成晶粒长大时晶界的迁移运动，而温度对原子的扩散能力有重要的影响。随着加热温度升高，原子（特别是晶界的原子）的移动、扩散能力不断增加，晶粒之间吞并速度加剧，晶粒的长大可以在很短的时间内完成。所以，晶粒随着温度升高而长大是一种必然现象。

2. 变形程度

金属材料经塑性变形后，其内部的晶粒受到不同程度的变形和破碎，随着变形程度的增加，晶粒的变形和破碎程度也越严重。若将经过不同程度冷变形的金属，加热到再结晶温度以上，让其产生再结晶，那么再结晶后所得到的晶粒大小与变形程度之间存在一定关系，如图 3－17 所示。在一定温度下，热变形的晶粒大小与变形程度之间的关系也基本符合这个规律。

由图 3－17 可以看出，随着变形程度的增大，晶粒大小有两个峰值，即出现两个大晶粒区。第一个大晶粒区称为临界变形区，在此临界变形范围内金属容易出现粗晶，不同材料出现临界变形区的值大小也不同。从图3－17中还可以看出，临界变形区处于小变形量范围。当变形量足够大时，出现第二个大晶粒区，该区的粗大晶粒与临界变形时所产生的大晶粒不同，一般认为该区是在变形时先形成变形织构，经再结晶后形成了织构大晶粒所致。

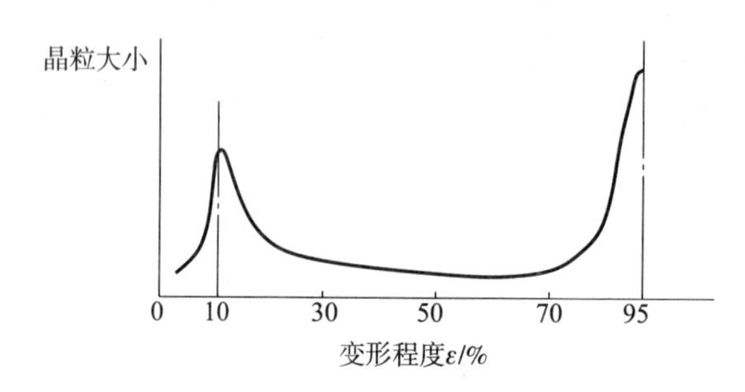

图3－17　再结晶后的晶粒大小与变形程度之间的关系

3. 机械阻碍物

一般来说，金属的晶粒随着温度的升高而不断长大，但有时加热到较高温度时，晶粒仍很细小，并不长大，这是由于金属材料中存在机械阻碍物，对晶界有钉扎作用，阻止晶界迁移。

晶粒度的影响因素，除以上3个基本因素外，还有变形速度、原始晶粒度和化学成分等。

细化晶粒的主要途径：①在冶炼时加入合金元素，当液态金属凝固时，高熔点化合物起结晶核心作用；②采用适当的变形程度和变形温度，既要使变形量大于临界变形程度，又要避免出现因变形程度过大而引起激烈变形。塑性变形时应恰当地控制最高热变形温度，以免发生聚集再结晶，终锻温度一般不宜太高，以免晶粒长大；③锻后采用退火（或正火）等相变重结晶的方法，细化晶粒。

3.1.7　金属的超塑性

1. 超塑性的概念和种类

1）概念

超塑性可以理解为金属或合金具有的超常均匀变形能力，其伸长率能够达到百分之几百，甚至百分之几千，其特点为：大伸长率，无缩颈，低流动应力，易成形且变形过程中基本上无加工硬化。超塑性成形能极大地发挥变形材料的塑性潜力，大幅降低变形抗力，有利于复杂零件的精确成形。超塑性对于难成形的合金材料（如钛合金、镁合金、铝合金以及合金钢等）有着重要意义。

2）种类

对目前已被观察到的超塑性现象，可将其归纳为细晶超塑性和相变超塑性两大类。

（1）细晶超塑性。

细晶超塑性指金属或合金在温度恒定，应变速率和晶粒度都满足要求的条件下所呈现出的超塑性。具体地说，材料的晶粒必须超细化和等轴化，并在成形期间保持稳定，晶粒细化的程度要求小于10 μm，越小越好；恒温条件的下限温度约为0.5T_m（T_m为绝对熔化温度），一般为0.5～0.7T_m；应变速率在10^{-1}～10^{-5}/s范围内。

细晶超塑性是目前应用较多的一种超塑性，其优点是恒温下易于操作；其缺点是晶粒的超细化、等轴化及稳定化要受到材料的限制，并非所有金属或合金都能达到要求。

（2）相变超塑性。

相变超塑性不要求金属或合金具有超细晶粒组织，但要求金属或合金具有相变或同素异晶转变。在一定的外力作用下，使金属或合金在相变温度附近反复加热和冷却，经过一定的循环次数后，就可以获得很大的伸长率。相变超塑性的主要控制因素是温度幅度和温度循环率。相变超塑性的总伸长率与温度循环次数有关，循环次数越多，所得的伸长率越大。如图3-18所示，碳钢和轴承钢在538～816 ℃温度区间内反复加热和冷却时，伸长率和温度循环次数的关系（负荷条件为：σ = 17.6 MPa）。材料在每一温度循环中发生1次$\alpha \underset{冷却}{\overset{加热}{\rightleftharpoons}} \gamma$转变，并获得1次跳跃式的均匀延伸，多次循环后，即可累积很大的延伸变形量。

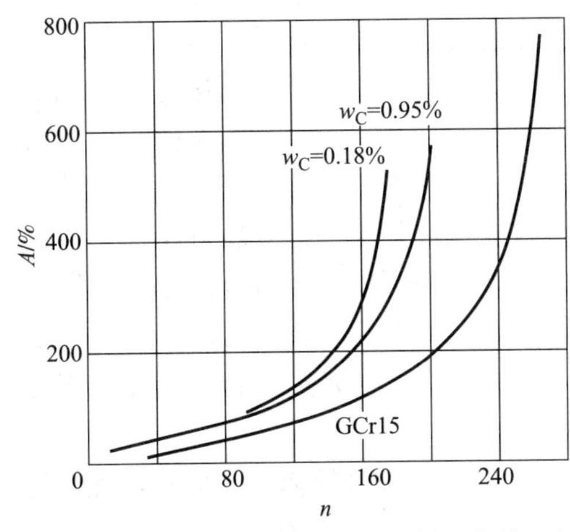

图3-18　碳钢和轴承钢的伸长率 *A* 与温度循环次数 *n* 之间的关系

由于相变超塑性必须在给予动态热循环作用的条件下获得，这就构成操作上的一大缺陷，使其较难应用于超塑性成形加工。

2. 超塑性变形时组织的变化和性能的变化

1）组织的变化

超塑性变形时，晶粒会发生长大，但等轴度基本不变；没有位错运动，不形成亚结构；许多合金在超塑性拉伸变形时会伴生空洞。

2）性能的变化

超塑性变形后零件内无织构，不产生各向异性；没有残余应力；抗应力、腐蚀性能提高；抗疲劳强度提高。

3.2　金属材料的强韧化

强度和韧性是衡量结构材料最重要的力学性能指标。

强度是指材料抵抗变形和断裂的能力，用给定条件下材料所能承受的应力来表示。随试验条件不同，强度有不同的表示方法，如室温静态拉伸试验所测定的屈服强度、抗拉强度、断裂强度，压缩试验中的抗压强度，弯曲试验中的抗弯强度，疲劳试验中的疲劳强度，高温条件静态拉伸所测的持久强度等。每一种强度都有其特殊的物理本质，所以金属的强化不是笼统的概念，而是要具体反映到某个强度指标上。一种手段对提高某一强度指标可能是有效的，而对提高另一强度指标未必有效。影响强度的因素很多，最重要的是材料本身的成分、组织结构和表面状态；其次是受力状态，如加力快慢、加载方式，是简单拉伸还是反复受力，都会使材料表现出不同的强度；此外，试样的几何形状和尺寸及试验介质也都有很大的影响，有时甚至是决定性的，如超高强度钢在氢气中的拉伸强度相对于常规条件可能成倍地下降。这里所指的强化是指光滑的金属材料试样在大气中，并在给定的变形速率、室温条件下，对其拉伸时所能承受应力的提高，屈服强度和抗拉强度是其性能指标。

韧性材料在塑性变形和断裂（裂纹形成和扩展）全过程中吸收能量的能力，是材料的强度与塑性高低的综合反映。韧性与应力－应变曲线下的面积有密切的关系，拉伸条件下应力－应变曲线所包围的面积可作为这种能力的度量，称之为静力韧性。图3－19所示为强度与塑性的配合和静力韧性的关系，图中A、B、C为3种材料的静力韧性的大小。材料A的强度很高，由于塑性低，使其静力韧性不高；材料B刚好相反，结果静力韧性也不高；材料C的情况是强度和塑性兼顾，静力韧性是三者中最高的。工程上用“综合力学性能好”表述静力韧性高的状态。在强度相等的情况下，延展性材料断裂时所需要的能量比脆性材料大得多，因此它的韧性也比脆性材料高。

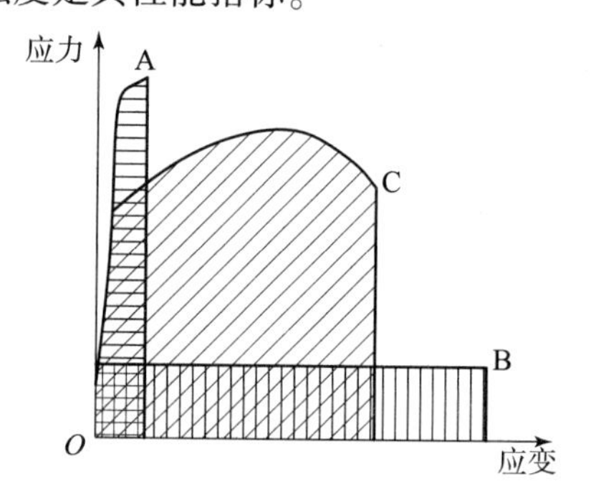

图3－19　强度与塑性的配合和静力韧性的关系

有些结构件的设计，虽然避免了过量的弹性变形和塑性变形，但仍然可能以快速断裂方式造成灾难性的失效。这是由于传统的结构件设计方法是按材料的强度或刚度进行设计的，没有参考材料的韧性。传统设计所依据的是尺寸比较小的光滑试样的力学性能指标，没有考虑实际构件存在缺陷、裂纹的情况。评定材料韧性高低的常用指标有冲击韧性和断裂韧性。

3.2.1　金属的强化

对金属塑性变形机理的研究表明，在原子完全规则排列的完整晶体中，塑性变形按照刚性滑移的方式进行，具有极高的理论强度；而在实际金属晶体中存在位错，塑性变形是通过位错运动实现的，位错的易动性使塑性变形抗力大大降低。但如果设法增加位错移动的阻碍，又能使实际金属的强度增加。位错密度与金属强度的关系是非线性的，呈U形分布。

位错通常在金属的结晶、塑性变形等过程中形成，它对金属的强度、断裂等力学性能和塑性变形过程都会产生重大的影响。晶体中的位错数量常用位错密度来表示。位错密度是指单位体积晶体中所包含位错线的总长度，即

$$\rho = \frac{\sum L}{V} \qquad (3-2)$$

式中：ρ为位错密度；$\sum L$为位错线的总长度；V为晶体的体积。

图3－20所示为金属的强度与位错密度之间的关系，可见单晶体具有极高的强度，当金

属晶体中位错数量极少或没有位错存在时，其强度将达到理论值。而位错的存在，一般情况下会使金属的强度值降低 2 ~3 个数量级。在位错密度较低的情况下，位错数量的增加会使金属的强度持续降低，如金属经退火处理后位错密度一般为 10^3 ~10^4/cm^2，此时强度最低。但当晶体中位错密度大幅增加时，会出现金属的强度不再降低反而回升的现象，这说明获得高密度位错对提高金属的强度是非常有效的。

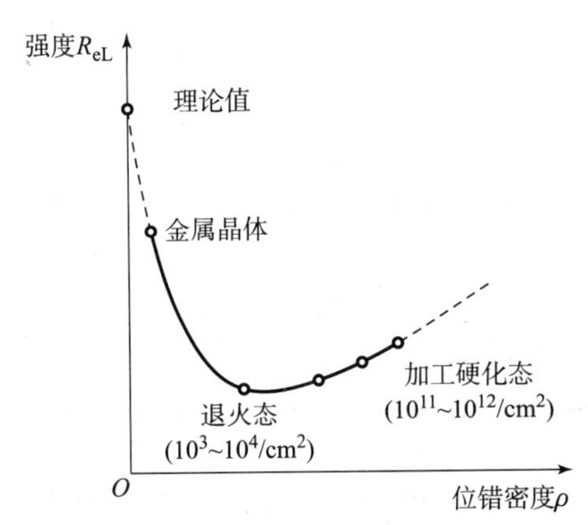

图 3 - 20 金属的强度与位错密度之间的关系

金属强度与位错密度之间的关系，揭示了强化金属材料的两个途径：一是设法减少金属中的位错以致最终得到单晶体，使金属的强度接近理论值，制作单晶体的技术虽然发展很快，但目前仍很难生产出可供工业制造使用的大尺寸的单晶体金属；二是利用一切工艺手段在金属中增加位错密度，造成尽可能多的位错运动障碍，现实生产中强化金属的方法，多数是通过第二种途径来实现的。

金属材料中位错的密度可以通过施加外力使之产生塑性变形来引入，也可以通过相变（如马氏体相变等）来引入。位错的易动性可以通过增加晶体缺陷的数量等办法来改变，也可以在金属材料的基体中通过加入第二相来改变。通过合金化、塑性变形和热处理等手段提高金属强度的方法称为金属强化。金属材料强化的途径主要有固溶强化、细晶强化、形变强化、分散强化等。

1. 固溶强化

固溶强化是指由于晶格内溶入异类原子而使金属强化的现象。溶质原子作为位错运动的障碍增加塑性变形抗力的原因可以归纳为以下几个方面：

（1）溶质原子引起晶格畸变。

溶质原子溶入的数量越多，则晶格畸变越严重，强化效果越明显。溶质原子引起晶格畸变的程度与溶质原子的溶解度、溶质原子和溶剂原子的差异以及溶解方式等有关。一般来说，形成间隙固溶体的溶质元素（如 Fe 中溶入 C、N 等），其强化作用大于形成置换固溶体的溶质元素（如 Fe 中溶入 Mn、Si 等）。对于有限固溶体，溶质元素在溶剂金属中的饱和溶解度越小，其固溶强化作用越大。

（2）溶质原子的存在会提高合金的位错密度。

这是因为溶质原子往往在固溶体中发生偏析，溶质原子偏析区的晶格常数与基体的晶格常数差别较大，此时产生的应力若达到临界值便可引入位错，位错密度的增大将使合金得到强化。

(3) 溶质原子与位错交互作用，使位错处于稳定状态。

溶质原子大都趋向于分布在位错的周围。在置换固溶体中，比溶剂原子小的溶质原子往往扩散到刃形位错上方的受压部位，如图 3－21（a）所示。比溶剂原子大的溶质原子或间隙固溶体中的溶质原子往往扩散到刃形位错下方的受拉部位，如图 3－21（b）、（c）所示。溶质原子的这种分布，仿佛形成一种气团，降低了位错区的能量，使位错处于较稳定的状态。欲使位错运动，则需要增加外力才能挣脱“气团”的束缚，这就增大了位错运动的阻力而使合金得到强化。

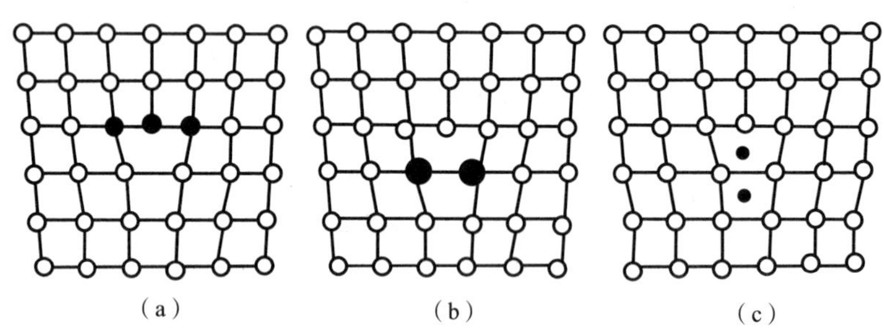

图 3－21　溶质原子在刃型位错附近的分布

(a) 溶质原子小于溶剂原子的置换固溶体；
(b) 溶质原子大于溶剂原子的置换固溶体；(c) 间隙固溶体

在金属材料中，溶质原子的种类与数量对固溶强化有着重要的影响。当溶质原子的固溶量较少时，它与屈服强度的关系为

$$R_{eL} = \sigma_0 + KC^m \tag{3-3}$$

式中：R_{eL} 为金属材料的屈服强度；σ_0 为纯金属的屈服强度；C 为溶质浓度的原子百分数；K、m 为常数，取决于基体与合金元素的性质。

2. 细晶强化

多晶体晶粒中的位错滑移除了要克服晶格阻力、滑移面上杂质原子对位错的阻力外，还要克服晶界的阻力。晶界是原子排列相当紊乱的地区，而且晶界两边晶粒的取向完全不同。晶粒越小，晶界就越多，晶界阻力也越大，为使材料变形所施加的切应力就要增加，从而使材料的屈服强度提高。表 3－3 所示为晶粒大小对纯铁力学性能的影响。

表 3－3　晶粒大小对纯铁力学性能的影响

晶粒的平均直径/mm	抗拉强度/MPa	屈服强度/MPa	伸长率/%
9.70	165	40	28.8
7.00	180	38	30.6
2.50	211	44	39.5
0.20	263	57	48.8
0.16	264	65	50.7
0.10	278	116	50.0

研究表明，金属材料的强度与晶粒平均尺寸之间的关系为

$$R_{eL} = \sigma_i + Kd^{-1/2} \tag{3-4}$$

式中：R_{eL}为金属材料的屈服强度；σ_i 为常数（大体相当于单晶体时的屈服强度）；K 为表征晶界对强度影响程度的常数；d 为晶粒的平均尺寸。

以 R_{eL}和 $d^{-1/2}$作图，得到的图形如图 3－22 所示，可见晶粒越细，金属材料的强度越高，这种利用细化晶粒来提高材料强度的方法称为细晶强化。

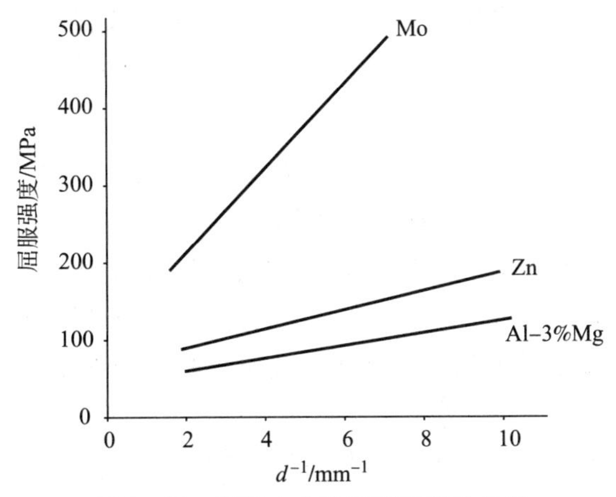

图 3－22　晶粒大小和屈服强度的关系

细化晶粒还能提高金属的塑性和韧性。因为晶粒越细，一定体积内的晶粒数目越多，同样的变形量由较多晶粒来承担，变形比较均匀，不会造成严重的应力集中，因而金属能产生较大的塑性变形而不断裂，表现出良好的塑性。细晶粒的晶界曲折多弯，有利于阻碍裂纹的传播，若裂纹要穿越晶界需要消耗较多的能量，因而使金属的韧性提高。

细化晶粒是工程上应用十分广泛的强韧化手段。在实际生产中，为了得到细晶组织而使金属材料强化的常用方法有以下几种：

（1）循环加热淬火，即将钢快速加热至 α－γ 转变温度，然后急冷，每经过 1 次循环相变，奥氏体晶粒就细化 1 次。经过多次循环相变，即可得到超细化晶粒。例如将 24CrNi9Mo 钢利用中频感应快速加热至 760 ℃后进行淬火，循环 5 次，晶粒由原来的 44. 9 ~ 63. 5 μm 级细化到 2. 8 ~ 4 μm 级，屈服强度由 980 MPa 增加到 1 240 MPa。

（2）利用过饱和固溶体的析出或通过合金化形成稳定的弥散相质点，阻碍基体组织的晶粒长大，以细化晶粒。例如合金钢中弥散分布的碳、氮等合金化合物（如 TiC、VC 等）可以阻碍钢在加热过程中奥氏体晶粒的长大，以得到细晶组织。

（3）将钢加热到刚能奥氏体化的温度，使其转变为奥氏体，然后给以大量变形，变形后短期保温，待其再结晶后立即急冷，这样可以得到 13 ~ 15 级的超细化晶粒。

（4）无固态相变的合金，可以改变其结晶过程的凝固条件，增大冷速，提高形核率以细化晶粒，如采用金属模及加入孕育剂（变质剂）等。

通常情况下，通过细化晶粒可以使金属的强度、硬度、塑性和韧性全面提高，达到强韧化的目的。然而需要指出，细晶粒金属的高温强度会下降，这是因为在高温下晶界强度降低了，特别在变形速度很低的情况下（蠕变），这种效应更为突出。但晶粒太粗，易产生应力集中。因而对于高温条件下工作的金属材料，晶粒过粗、过细都不好。而对用于制造电机和变压器的硅钢片来说，则希望其晶粒越粗大越好。综上所述，控制晶粒大小是改善材料性能的重要措施。

3. 形变强化

金属经过冷态下的塑性变形后，其强度随变形程度的增加而大为提高，其塑性却随之有较大的降低，这种现象称为形变强化，也称加工硬化。金属晶体塑性变形的过程，也是位错运动和增殖的过程。位错运动的阻力，就形变强化过程来说，主要来自位错间的弹性交互作用和位错交截时产生的割界，这些阻力均随形变过程位错密度的增殖而加大，从而使金属材料得到强化。研究表明，临界切应力 τ 和位错密度 ρ 之间关系为

$$\tau = \tau_0 + \alpha G b \sqrt{\rho} \tag{3-5}$$

式中：τ_0 为退火态临界切应力；α 为与晶体结构有关的常数，如铁多晶体 $\alpha = 0.4$，铜多晶体 $\alpha = 0.55$；G 为切变弹性模量；b 为位错的错动距离。

形变强化是金属强化的重要方法之一，它能为金属材料的应用提供安全保证，也是某些金属塑性加工工艺所必须具备的条件。形变强化的意义主要有以下几个方面：

（1）形变强化与塑性变形相配合，保证了金属材料在截面上的均匀变形，可以得到均匀一致的冷变形制品。

（2）形变强化能使金属制件在工作中具有适当的抗偶然过载的能力，保证了机器的安全工作。

（3）形变强化是生产上强化金属的重要工艺手段，与合金化及热处理处于同等地位。特别对那些无相变的材料，无法进行热处理强化，形变强化是其主要强化手段，如1Crl8Ni9Ti 不锈钢，淬火强度不高（$R_m = 588$ MPa，$\sigma_{0.2} = 196$ MPa），但经过40%压下量冷轧后，R_m 增大2倍，$R_{r0.2}$ 增大4～5倍。生产上常用喷丸和冷挤压的方法对工件进行表面形变强化，这是提高工件材料疲劳抗力的有力措施。

（4）形变强化可以降低低碳钢的塑性，改善其切削加工性能。

在实际生产中，经常利用冷加工（冷拔、冷冲等）变形来提高金属的强度。例如高强度冷拔钢丝，经剧烈冷变形后其抗拉强度可达4 000 MPa。但此种强化方法并非可应用于所有材料，例如使用温度较高的制品，易因发生再结晶而软化；某些大型机件也很难采用大量变形的冷加工办法进行强化。另外，利用冷加工办法提高强度的同时，往往会牺牲材料的部分塑性，因此冷加工强化在实际应用时受到一定限制。

在冷加工过程中，除了力学性能的变化外，金属材料的其他性能也有所改变。例如，冷加工后金属的位错密度大增，晶格畸变很大，给自由电子的运动造成一定程度的干扰，从而使金属的电阻有所增大；由于位错密度高，晶体处于高能量状态，金属易与周围介质发生化学反应，致使其抗蚀性降低等。

4. 分散强化

材料通过基体中分布有细小弥散的第二相质点而得到强化的方法，称为分散强化或第二相强化。分散强化的机理是弥散分布的粒子对位错线的通过有阻碍作用。

具有良好的分散强化效果的合金应具备以下特征：基体具有较低硬度和良好塑性；第二相质点具有较高硬度，颗粒圆整、细小且数量多，应均匀弥散分布。常用的第二相质点有碳化物、氮化物、氧化物、金属间化合物或亚稳定中间相等。

工程上，金属材料引入第二相粒子的方法主要有两种：一是过饱和固溶体中析出，利用随温度降低而合金的溶解度下降的特性，沉淀析出细小的第二相粒子。工业上许多有色金属

合金（铝合金、铜合金等）是使用这一强化方法的典型实例，这种第二相强化的方法又称为析出强化或沉淀强化；二是粉末冶金方法，把互不相溶的弥散颗粒（例如氧化物）和金属粉末均匀混合后压实，再在高温下烧结，可得到强化的两相合金，如在 Al 基体上分布 Al_2O_3 细小颗粒，在 Ni 基体上分布 Y_2O_3 小颗粒等，这类两相合金不仅具有高的屈服强度，且在高温下有好的稳定性，这种第二相强化的方法又称为弥散强化。

当第二相质点强度不高且与基体共格时，位错可以切割质点而过，如图 3－23 所示。位错切割质点需要更高的能量，其中包括：形成新界面所增加的界面能；位错与质点周围应力场的交互作用能；由于基体和第二相的弹性模量不同，位错扫过质点时所消耗的能量等。这些能量会使位错运动的阻力增加，使合金得到强化。

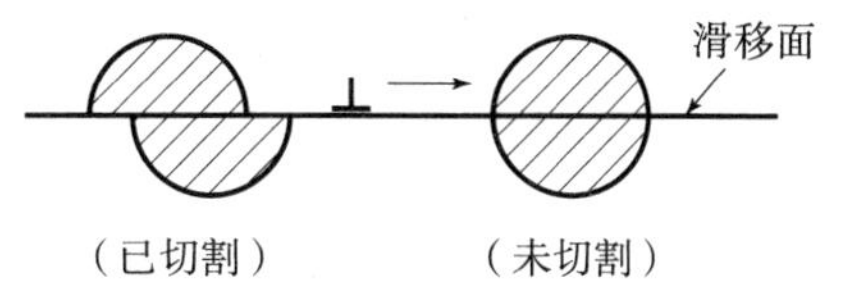

图 3－23　位错切割第二相质点

当第二相质点强度较高且与基体非共格时，位错不能切割质点而只能绕过质点前移，如图 3－24 所示。由图 3－24 可知，位错线自左向右运动，与质点相遇，位错线在质点之处被固定住，而质点之间的位错线段可以弯曲通过，并在质点周围留下位错环。位错环的形成需要做功并存在应力场，这就等于增大了第二相质点的有效半径，使后来的位错线通过时增大了阻力。已经证明，位错绕过质点时切应力的增值 $\Delta\tau$ 与质点间距 l 成反比（$\Delta\tau = Gb/l$，G 为切变模量，b 为柏氏矢量）。质点间距越小、越分散，则阻力越大，强化效果越好。研究表明，质点间距为 25～30 个原子大小时，强化效果最佳。

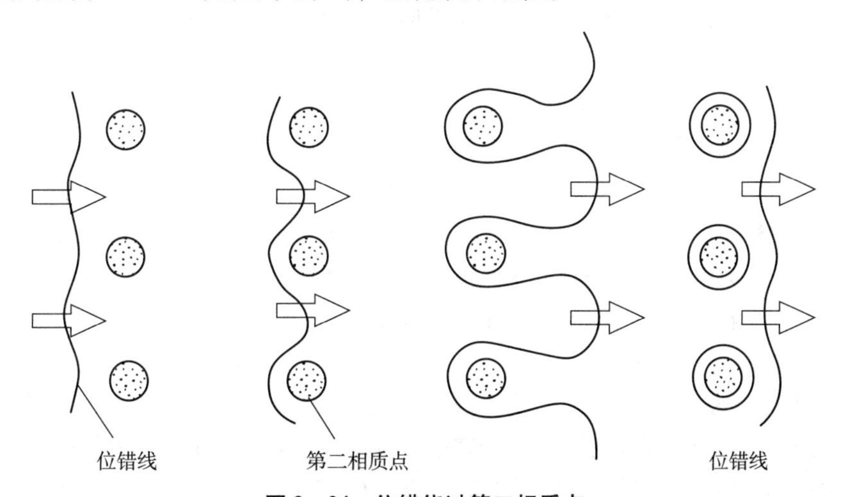

图 3－24　位错绕过第二相质点

5. 其他强化途径

1）两相合金中的第二相强化

除上述弥散分布的第二相质点外，在一些合金中，两相的体积和尺寸相差不大，但结构、成分和性能相差较大，往往以非共格的形式存在，如碳钢中的铁素体和渗碳体等。

在两相合金中用于强化的第二相一般是硬脆相。当硬脆的第二相以连续网状分布在基体相的晶粒边界上时，由于第二相本身无法产生塑性变形，且会对基体相产生割裂作用，引起严重的应力集中，不仅使合金的塑性、韧性降低，对合金的强度也有不利影响，因此不能把第二相视为强化相。例如，在碳含量大于 0.9% 的碳钢中，硬而脆的二次渗碳体呈网状分布在珠光体的周界上，随着碳含量增加，碳钢的强度下降。

要使第二相起到强化作用，应使第二相呈层片状分布，最好呈粒状分布。在单相合金中，屈服强度与晶粒直径 $d^{-1/2}$ 成比例，在第二相呈层片状分布的两相合金中，屈服强度则与层片间的距离 $S^{-1/2}$ 成比例。粒状第二相比层片状第二相的强化作用大，特别是对塑性、韧性的不利影响小，这是因为粒状第二相对基体相的连续性破坏小，应力集中不明显。这说明了碳钢经过淬火－回火后得到的粒状碳化物组织比正火后的片状碳化物组织优异的原因。

2）马氏体的强化

马氏体强化是由于马氏体相变所引起的强化。马氏体相变是在低温时发生比容变化的相变，并且以切变方式进行，使母相及新相中形成大量的位错或孪晶。同时，马氏体中的碳过饱和地间隙式固溶，引起晶格非对称的畸变，严重地阻碍了位错的运动，这些都是马氏体强化的主要原因。热处理过程中的晶粒细化、位错密度增大以及某些合金碳化物在位错线附近析出等，都可使马氏体进一步得到强化，可见马氏体强化是多种强化机制共同作用的结果，因而强化效果显著。

3）晶须的强化

如前所述，金属晶体由于位错的存在，其强度远小于理论值。实验证明，制取不含位错等缺陷的晶体就可以获得高强度。晶须就是特制几乎不包含晶体缺陷的、接近于理论强度的金属晶体。直径 1.6×10^{-6} m 的铁晶须，其抗拉强度可达 13 400 MPa，而一般铁晶体的抗拉强度只有 160～230 MPa。由于目前制出的铜、铁、金、银等金属晶须的尺寸都很小，因而使用受到限制，仅限于在纤维复合材料中作为增强纤维使用。

4）非晶态金属的强化

液态金属通过超高速骤冷，使原来液态原子排列比较杂乱的短程有序结构保留下来，得到不同于固态晶体结构的金属，即为非晶态金属，或称金属玻璃。非晶态金属失去了原子长程有序排列这一晶体特征后，也就不存在晶界、亚晶、孪晶以及位错等晶体缺陷了。这就可以集晶体与非晶体的优点于一体，获得高强度、耐高温以及抗腐蚀等优良性能。例如铁基非晶态金属的抗拉强度可达 3 100 MPa 以上，其耐蚀性要比不锈钢高得多；又如在航天飞机表面铺设非晶态金属瓦，能使飞机经受住几千度高温的考验。

5）纤维复合材料的强化

纤维复合材料一般是指在较软的基体内嵌入某些强度高的并与基体不发生化学反应的纤维的材料，这种材料同时具有高强度和高韧性。纤维复合材料的基体可以是环氧树脂等非金属材料，也可以是铝、钛、镍及其合金等金属材料。高强度纤维通常有玻璃丝、碳丝、硼丝、氧化铝丝以及金属晶须等。这些高强度纤维以一定比例嵌入基体后，基体利用本身的范性流变将载荷分散并转嫁到高强度纤维上，使纤维成为载荷的主要承载者。实验证明，纤维复合材料不仅强度高、比强度好，而且具有良好的抗疲劳、减磨消振和耐高温、抗腐蚀等性能，在飞机、导弹、舰艇以及宇航等方面得到了广泛的应用。

3.2.2 金属的韧化

韧化的目的是防止材料发生脆性断裂，高强度结构材料断裂韧性的提高，对保证构件的安全是很重要的。改善材料的韧性主要从材料的成分、工艺等方面入手改变材料的组织结构，以达到改善材料韧性的目的。下面介绍材料韧化的几种途径。

1. 提高冶金质量

金属材料中的夹杂物和某些未溶的第二相质点（如钢中的氧化物、硫化物，铝合金中未溶的强化相质点）都是一些脆性相，它们的存在不同程度地降低了材料的塑性和断裂韧性。第二相质点的类型和形状对断裂延性有着不同程度的影响，在同一体积分数下，硫化物对断裂延性的负面影响更大，片状第二相比粒状对断裂韧性的负面影响更大。钢中硫含量增加，则硫化物含量增加，因此钢的断裂韧性随钢中硫含量增加而降低。

表 3－4 所示为钢的纯度对其力学性能的影响，结果表明，钢的纯度不影响钢的强度，但随着钢的纯度提高，其塑性和断裂韧性也提高。由此可见，提高冶金质量是提高 K_{IC} 值的重要途径。因此，航空航天器的重要构件用钢需要采用昂贵的冶炼工艺（如电渣重熔、真空或氩气保护熔炼等）以降低钢中气体和有害杂质含量，改善钢的塑性和韧性。

表 3－4　钢的纯度对其力学性能的影响

力学性能	4340 钢		18Ni 马氏体时效钢	
	商用	高纯	商用	高纯
$R_{r0.2}$/MPa	1 406	1 401	1 328	1 303
R_m/MPa	1 519	1 497	1 354	1 362
ε_f	0.287	0.515	0.747	1.005
K_{IC}/（$MPa\cdot m^{1/2}$）	74.8	107.5	124.8	164.6（K_Q）

2. 控制钢的成分和组织

一般的合金结构钢采用碳化物进行强化，钢中碳含量越高，钢的强度越高。在碳含量较低的情况下，经淬火和低温回火后，钢的组织为板条马氏体组织，具有良好的塑性和韧性。而当碳含量增到 0.35% 以上时，经淬火和低温回火后，钢中出现较多的片状马氏体组织，使钢的塑性和韧性降低。如表 3－5 所示，低碳马氏体钢的强度与中碳马氏体钢的强度大体相等，而前者的塑性和韧性均高于后者。

表 3－5　碳含量对马氏体钢性能的影响

材料	处理工艺	$R_{r0.2}$/MPa	R_m/MPa	Z/%	A/%	K_{IC}（$MPa\cdot m^{1/2}$）
20SiMn2MoV	900 ℃淬火 250 ℃回火	1 215	1 480	59	13.4	113
40CrNiMo	850 ℃淬火 430 ℃回火	1 333	1 392	52	12.3	78

通过超高温淬火可以改变 42CrMo 钢的马氏体结构，将片状孪晶马氏体改变为板条状位错马氏体，可以提高钢的断裂韧性 K_{IC} 值，但塑性有所降低，如表 3－6 所示。另一方面，对材料进行超细化晶粒处理也可提高 K_{IC} 值。例如，将 En24 钢的晶粒度由 5～6 级细化到 12～13 级，可使其 K_{IC} 值由 43.8 $MPa\cdot m^{1/2}$ 提高到 82.6 $MPa\cdot m^{1/2}$，这是因为晶粒越细，塑性变形和裂纹扩展要消耗的能量就越多。

表 3-6　马氏体结构对 42CrMo 钢 K_{IC} 的影响

热处理	马氏体结构	$R_{r0.2}$/MPa	R_m/MPa	Z/%	K_{IC}/(MPa·$m^{1/2}$)
850 ℃油淬，200 ℃回火	孪晶马氏体	—	1990	47.5	52.8
1 170 ℃油淬，200 ℃回火	位错马氏体	1 534	2019	26.3	69.3

一般用碳化物强化的高强度钢，想要进一步提高其强度，就必须提高其碳含量，因而使钢中片状孪晶马氏体含量增加，导致其塑性和韧性的降低。因此，人们研制出用金属间化合物强化的、无碳或微碳高强度结构钢，即马氏体时效钢。18Ni 马氏体时效钢是其中的一种，这种钢的特点是具有高的强度，兼有高的塑性和韧性，如表 3-4 所示。

3. 压力加工

钢材在轧制时，如在 A_{r3}（见第五章）以上进行快速、大变形量的低温终轧，就可以获得细晶粒，提高钢材的韧性。实验研究表明，4340 钢经温加工（在比室温度高、比材料再结晶温度低的温度区间内进行的形变加工）后，其 K_{IC} 值比经常规热处理的 K_{IC} 大幅提高，如图 3-25 所示。试件在 1 000 ℃奥氏体化后，于 450 ℃等温 1 周，获得上贝氏体组织。然后在 650 ℃加热15 min，温加工 12 道工序，每道工序后都经 5 min 加热，使温度尽量接近 650 ℃，形变量为 35%，加工后空冷。经温加工后，钢中碳化物被细化且呈球状分布，钢的断裂延性 ε_f 得到提高，K_{IC} 值也得到相应的改善，但抗拉强度有所下降，而屈服强度保持不变。

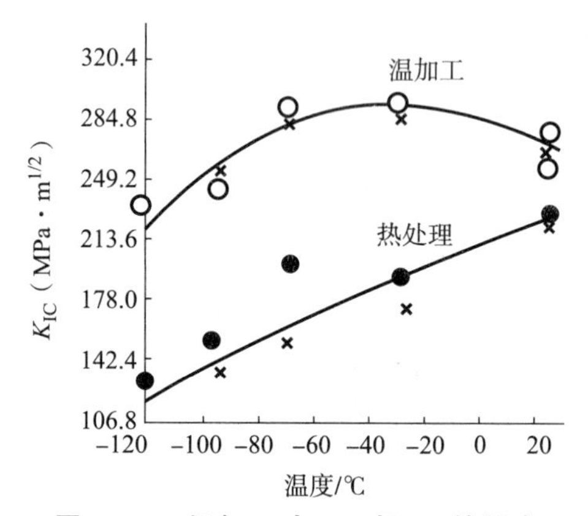

图 3-25　温加工对 4340 钢 K_{IC} 的影响

4. 热处理

常规热处理力求获得细晶的板条马氏体和下贝氏体组织，下面介绍两种新的热处理工艺。

1）亚温淬火

结构钢加热到A_{C1}（见第五章）与 A_{C3}（见第五章）之间淬火、再回火，称为亚临界处理或亚温淬火，它可以提高钢的低温韧性和抑制高温回火脆性。其原因与晶粒细化及杂质元素在 α-γ 晶粒中的分配有关。亚温淬火时形成细小的奥氏体晶粒，α-γ 相界面比常规淬火的奥氏体界面多 10～15 倍。这样，单位界面积杂质偏聚程度减小了，未溶铁素体也较细小且分布均匀，有利于提高韧性。应当指出，只有原始组织处于调质状态，在临界区某一温度范围内加热淬火，韧化效果才显著。

2）形变热处理

综合运用压力加工和热处理技术可以进一步提高钢的断裂韧性。高温形变热处理，形变使钢中位错密度增加，并加速合金元素扩散，促使碳化物沉淀，从而降低了奥氏体中碳和合金元素的含量，使钢在淬火时形成了无孪晶、界面不规则的细马氏体片，回火后片间沉淀物也较细，钢的屈服强度和断裂韧性都得到提高。低温（550～600 ℃）形变热处理可以使钢获得更高的强度，断裂韧性也明显提高，但在低温下钢的形变抗力高，限于轧机负荷，实际应用有一定的困难。

由以上分析可以看出，材料经韧化处理能有效地提高其 K_{IC} 值，但某些技术所付出的代价却很高。因此，要综合考虑韧化技术的技术要求、经济效益，以决定取舍。

3.2.3　强化与韧化的关系

除细晶强化外，其他的强化机理都使材料的塑性、韧性有不同程度的降低，这是一般条件下的普遍规律。从物理本质分析，材料强度高，表示其位错密度大，位错运动阻力大，塑性变形困难，材料具有较高的承载能力。但是，在位错密集的材料中，晶格畸变严重，局部应力集中，容易产生微裂纹，裂纹扩展所需的能量较大，材料脆性增加，容易断裂，故塑性、韧性低。材料要表现出高强度，必须要有足够的韧性储备。因此，在处理强度和韧性的匹配时，要防止以下两种倾向。

（1）盲目追求韧性储备，限制使用强度水平的提高。

机械产品粗大笨重、效率低、成本高，这是材料使用强度水平低的直接后果。传统设计思想认为塑性、韧性是保证产品安全的因素，二者越高越安全，对采用较高的强度水平存在种种疑虑。例如，以前柴油机曲轴用 45 钢经调质处理，要求 a_K 值大于 100 J/cm^2，而球墨铸铁的 a_K 值只有 12～15 J/cm^2，认为不安全。事实上，柴油机曲轴是在小能量多次冲击的条件下工作，而多冲击抗力主要取决于强度。根据断裂力学计算，常见小裂纹前沿的应力强度因子 K_{IC} = 450 N/mm$^{3/2}$，而球墨铸铁的 K_{IC} = 750～1 000 N/mm$^{3/2}$，球墨铸铁是完全可以用于柴油机曲柄的。这个例子说明要防止盲目追求韧性储备。设计人员应该在科学研究的基础上，树立新的设计思想。在实际生产中的一个实例很能说明问题：石油钻机吊卡的制造由材质 35CrMo 改为 20SiMn2MoV（油淬后 250 ℃回火），抗拉强度从 800 MPa 提高到 1 600 MPa，吊卡自重从 126 kg 降为 60 kg，不仅节约了材料，还降低了劳动强度。

（2）盲目追求高强度，忽视韧性储备。

如果设计时只是根据强度计算选择材料（$[\sigma] = R_{eL}/n$），为避免零件发生低应力脆断，保证材料有一定的许用应力，选用的安全系数 n 越大，则要求材料的强度越高。实际上，材料强度越高，其脆性越大，由于缺乏必要的韧性储备，反而容易断裂。因此，为发挥高强度的优势，更应该有足够的韧性储备，除了进行强度计算外，还必须进行断裂韧性校核。

强度和韧性都是对材料结构敏感的性能，可以通过改变成分和进行相应处理，使材料的结构发生变化，达到强韧化的目的。目前主要的强韧化的途径有以下几种。

①减少碳含量或加入 Ni、Mn 等能改善材料韧性的合金元素，采用真空熔炼、电渣重熔等先进熔炼方法，以提高钢的纯净度。

②细化晶粒，如用快速循环加热淬火工艺使奥氏体晶粒超细化，高碳钢经调质处理后进行低温淬火使碳化物超细化。

③低碳和低碳合金钢经淬火后获得低碳马氏体组织。

④高碳钢经等温淬火后获得贝氏体组织。

⑤复合组织的利用，如亚共析钢进行不完全淬火获得马氏体和铁素体组织，利用淬火钢中残余奥氏体来提高其韧性。

⑦形变热处理。

习题与思考题

1. 基本概念及名词术语。

滑移、滑移系、孪生、回复、再结晶、纤维组织、位错密度、形变强化、细晶强化、固溶强化、第二相强化

2. 金属的塑性变形有哪几种方式？在什么条件下会发生滑移变形？说明滑移机理。

3. 多晶体塑性变形的特点？在多晶体中，哪些晶粒最先滑移？

4. 说明下列现象产生的原因。

(1) 为什么滑移面是原子密度最大的晶面，滑移方向是原子密度最大的方向？

(2) 为什么实际测得的晶体滑移所需的临界切应力比理论计算的数值小？

(3) 为什么 Zn、α - Fe、Cu 的塑性不同？

(4) 为什么晶界处的滑移阻力最大？

5. 金属经冷塑性变形后，组织和性能发生了什么变化？

6. 说明冷加工后的金属在回复与再结晶两个阶段中组织及性能变化的特点。

7. 影响再结晶后晶粒大小的因素有哪些？在生产中如何控制再结晶晶粒大小？

8. 冷加工与热加工的主要区别是什么？热加工对金属的组织与性能有何影响？

9. 在冷拔钢丝时，如果总的变形量很大，则中间需穿插几次退火工序，为什么？

10. 为什么室温下金属的晶粒越细，其强度、硬度就越高，其塑性、韧性也越好？

11. 试用生产实例来说明加工硬化现象的利弊。

12. 试比较 α - Fe、Al、Mg 晶体的塑性好坏，并说明原因。

13. 试述金属材料的强度、塑性及韧性的实质以及它们之间的定性关系。

第 4 章　金属的结晶与二元合金相图

4.1　金属的结晶

物质从液态转变为固态形成晶体的过程称为结晶。金属的结晶是铸锭、铸件及焊接件生产中的重要过程，这个过程决定了工件的组织和性能，并直接影响随后的锻压和热处理等工艺性能及零件的使用性能。了解金属由液态向固态转变过程的结晶规律是必要的。

4.1.1　纯金属的结晶条件

纯金属结晶是指纯金属从液态转变为晶体状态的过程。纯金属都有一定的熔点，理想条件下，在熔点温度时液体和固体共存，这时液体中原子结晶到固体上的速度与固体上的原子溶入液体中的速度相等，此状态称为动态平衡。金属的熔点又称为理论结晶温度，但是在实际条件下，液体金属都必须低于该金属的理论结晶温度才能结晶。通常把液体冷却到低于理论结晶温度的现象称为过冷。因此，使液态纯金属能顺利结晶的条件是它必须过冷。理论结晶温度（T_0）与实际结晶温度（T_1）的差值称为过冷度（ΔT），即 $\Delta T = T_0 - T_1$。过冷度的大小可采用热分析法进行测定，纯金属结晶时冷却曲线如图 4－1 所示。

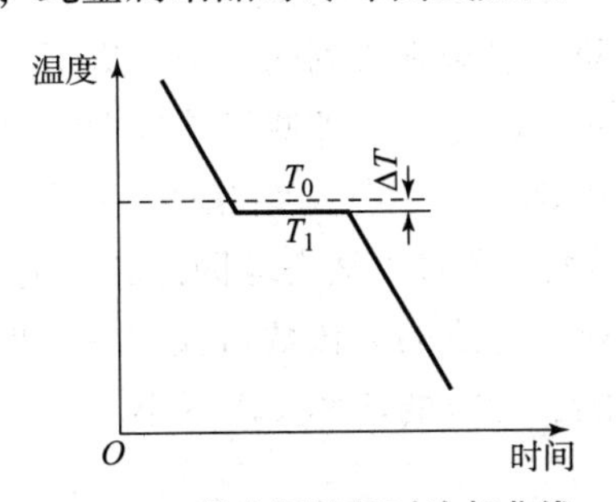

图 4－1　纯金属结晶时冷却曲线

由图 4－1 可见，在结晶之前，冷却曲线连续下降，当液态金属冷却到理论结晶温度 T_0 时，并不开始结晶，而是冷却到 T_0 以下的某个温度 T_1 时，液态金属才开始结晶。金属在结晶过程中放出结晶潜热，补偿了冷却散失的热量，使结晶时的温度保持不变，因而在冷却曲线上出现了水平阶段，此处的温度 T_1 为该金属开始结晶的温度，水平阶段延续的时间就是结晶从开始到终了的时间。结晶终了时，液体金属全部变成固态金属。随后，由于没有结晶潜热放出，固态金属的温度就按原来的冷却速度继续下降。

过冷度与金属本身的性质和液态金属的冷却速度有关。金属的纯度越高，结晶时的过冷度越大；同一金属的冷却速度越快，则金属开始结晶的温度越低，过冷度也越大。总之，金属结晶必须在一定的过冷度下进行，过冷是金属结晶的必要条件。

4.1.2 纯金属结晶的一般过程

液态金属在一定的过冷度的条件下才开始结晶。结晶过程由形核和长大两个基本过程组成，如图4－2所示。结晶开始时，液体中某些部位的原子集团形成微小的晶核，然后晶核按着不同位向长大。同时，剩余液体金属中不断产生新晶核并长大。当成长的晶粒开始互相接触，彼此阻碍成长，液体中可供结晶的空间就逐渐减小，经过一段时间之后，液体全部凝固，结晶结束。因此，一般情况下金属是由许多外形不规则、位向不同的小晶粒组成的多晶体。

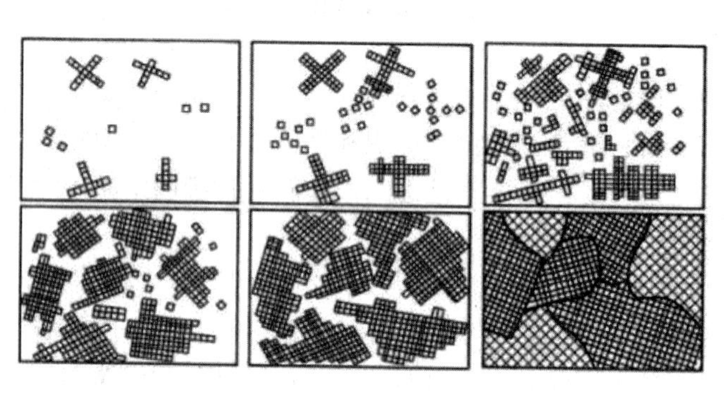

图4－2 金属结晶过程

1. 形核

凝固理论将晶体形核分为均质形核和非均质形核。

1）均质形核

在液态金属内部，由于大量金属原子时刻都处于运动和碰撞之中，因此，必然会出现一些尺寸大小不等、时聚时散、瞬间呈规则排列的原子小集团。当液态金属的温度降低到理论结晶温度以下，过冷度达到一定大小之后，那些尺寸较大的原子小集团就被稳定下来而成为结晶的核心。这种从液态金属内部自发生长出结晶核心的过程被称为均质形核（或自发形核）。结晶温度越低，过冷度越大，金属由液态向固态转变的驱动力就越大，就更有利于尺寸较小的原子团成为稳定的晶核，生成的晶核数目就越多。但当过冷度过大或温度过低时，原子的动能降低而使其扩散受阻，形核的速率反而减小。

2）非均质形核

实际金属往往是不纯净的，内部总存在一些杂质。结晶时有些难溶杂质在液态金属中常常以固体小微粒的形式存在，这些未溶杂质在结晶时常常能充当形核的基底，使液态中的金属原子依附在其表面上形成晶核，这种依靠外来质点而形成晶核的方式称为非均质形核（或非自发形核/异质形核）。

在液态金属中，实际的结晶过程是以非自发形核优先并起主导的作用。工业生产上常采用孕育处理技术，即将孕育剂加入溶体中，直接或间接产生作为异质形核基底的质点，从而促进形核，达到细化晶粒的目的。

2. 晶体生长

晶体生长动力学与物质的固－液界面微观结构类型相关，界面结构不同的物质在凝固过程中的晶体生长方式、速度及形貌具有显著差异。

1）固－液界面微观结构

根据 Jackson 理论，固－液界面处的微观结构可分为两类，即粗糙界面和光滑界面。粗糙界面是指固－液界面固相一侧的点阵位置有一半左右被固相原子所占据，形成凹凸不平的界面结构，如图4－3（a）所示。粗糙界面又称非小平面。光滑界面是指固－液界面固相一侧的点阵位置几乎全部被固相原子所占据，只留下少数空位或台阶，从而形成整体上平整光滑的界面结构，如图4－3（b）所示。光滑界面又称小平面。

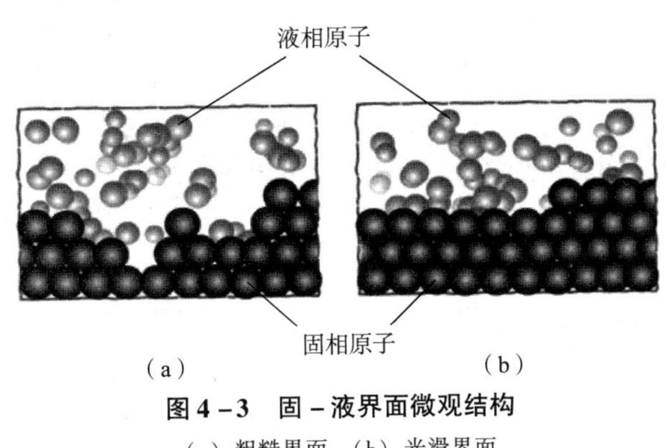

图4－3　固－液界面微观结构

（a）粗糙界面；（b）光滑界面

2）晶体生长方式

（1）粗糙界面的连续生长方式。

粗糙界面结构有许多位置可供原子着落，由液相扩散来的原子很容易被接纳并与晶体结合起来，晶体在生长过程中仍可维持粗糙界面结构，只要原子沉积供应不成问题，晶体生长就可以连续不断地进行。粗糙界面晶体的这种生长方式称为连续生长，其生长方向为界面的法线方向，粗糙界面晶体的连续生长不需要很大的过冷度即可进行。

（2）光滑界面的侧向生长方式。

原子尺度的光滑界面，其单个原子与晶面的结合较弱，容易脱离界面，其依靠在界面上出现台阶，使从液相扩散来的原子沉积在台阶边缘，从而使晶体平行于凝固界面沿侧向延伸而生长，故称为侧向生长。在侧向生长凝固过程中，固－液界面的向前推进是依赖于横向逐层铺展而进行的。光滑界面台阶的形成有3种机制，即二维晶核机制、螺旋位错机制及孪晶机制，如图4－4所示。

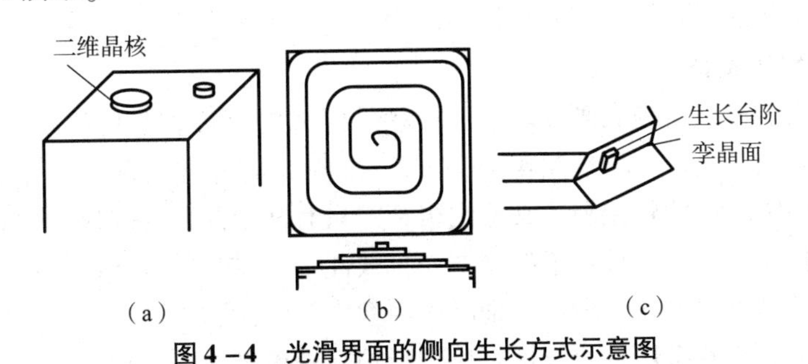

图4－4　光滑界面的侧向生长方式示意图

（a）二维晶核机制；（b）螺旋位错机制；（c）孪晶机制

在小的过冷度下，具有光滑界面结构的物质，其晶体生长方式易按螺旋位错方式进行，而以二维晶核方式进行生长是不可能的；当过冷度很大时，又易按连续方式生长，这时二维晶核生长方式也是不可能的，所以晶体实际生长一般很少按二维晶核机制进行。

3）结晶形貌

在晶核开始成长的初期，其外形大多比较规则，往往呈多面体形状。在随后继续生长的过程中，由于多面体棱边和尖角处的散热条件优于其他部位而使该处容易获得较大的过冷度，该处很快优先成长，如树枝一样长出细长的晶体主干，称为一次晶轴。在一次晶轴伸长和变粗的同时，其侧面又会生长出新的分枝，分枝长大发展成侧枝，称为二次晶轴。随着时间的推移，二次晶轴生长的同时又可在其上长出三次晶轴。如此不断成长和分枝，最终形成如树枝状的骨架，故称其为树枝晶，简称枝晶，如图4－5（a）所示。

实际金属多为树枝晶结构。在结晶过程中，每一个枝晶将长成一个晶粒，当所有的枝晶都严密地对接起来、液相也同时消失时，就分辨不出树枝的形态了，只能看到各个晶粒的边界，如图4－5（b）所示。如果结晶过程中金属凝固收缩而得不到充分的液体补充，最后凝固的枝晶间隙就很难被填满，晶体的树枝状形态就很容易显露出来。例如，在许多金属的铸锭表面常能直接观察到如化石般树枝状的凸纹。

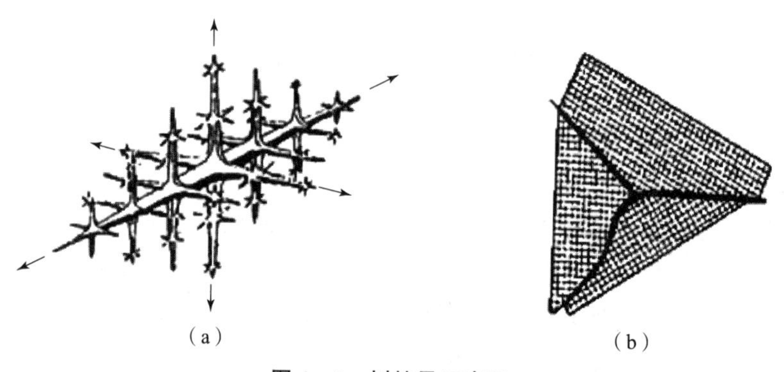

（a）　　　　　　（b）

图4－5　树枝晶示意图

（a）树枝晶；（b）长大后的晶粒

4.1.3　铸件的凝固组织

铸件的凝固组织分为微观和宏观两种状态，铸件的凝固组织由合金的化学成分和铸造条件等决定，通常微观组织体现晶粒内部的结构形态，而宏观组织表征铸件断面上的组织分布、形态及尺寸等状况。本节主要介绍铸件的宏观凝固组织。

1. 铸件宏观组织特征

典型的铸件宏观组织由表面激冷晶区、柱状晶区和内部等轴晶区组成，如图4－6（a）所示。随着条件不同，也可能出现图4－6（b）～（d）等其他宏观组织分布情况。表面激冷晶区是依附于型壁的铸件外壳层，其范围很窄，只有几个晶粒的厚度，由紊乱排列的细小等轴晶组成。柱状晶区由大致垂直于型壁方向且彼此平行排列的柱状晶构成，柱状晶区的晶粒长大方向平行于热流逆方向。内部等轴晶区由粗大等轴晶粒组成。

铸件宏观组织对铸件质量和性能均有显著影响。表面激冷晶区比较薄，通常对铸件的质量和性能影响不大，柱状晶区和内部等轴晶区较厚，它们的比例和晶粒大小对铸件质量和性能起决定性作用。晶界是由于各晶粒长大相遇而形成的，在晶界处特别容易发生溶质、有害杂质元素及非金属夹杂物的聚集，使得晶界处往往是性能最为薄弱的地方。柱状晶比较粗

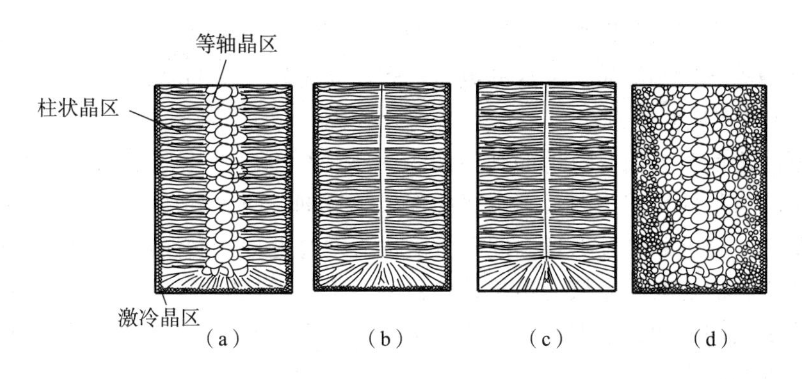

图4-6　铸件宏观组织示意图

(a) 组织1；(b) 组织2；(c) 组织3；(d) 组织4

大，晶界面积小并且位向一致，因而其性能具有明显的方向性；纵向好、横向差。此外，柱状晶凝固界面前方常汇集有较多的杂质，特别是当不同方位的柱状晶区相遇而构成晶界时，大量夹杂物与气体等在该处聚集，导致铸件热裂或者使铸件在以后的塑性加工中产生裂纹。等轴晶区的晶界面积大，杂质和缺陷分布比较分散，且各晶粒之间位向也各不相同，故性能均匀而稳定，没有方向性。等轴晶的缺点是枝晶比较发达，显微缩松较多，凝固后组织不够致密。细化等轴晶能使其中的杂质和缺陷分布更加分散，从而在一定程度上提高铸件的各项性能。一般说来，晶粒越细，其综合性能就越好，抗疲劳性能也越高。所以在一般的工业应用条件下，希望获得细小的等轴晶组织，抑制晶体的柱状晶生长。但是在磁性材料、发动机和螺旋桨叶片等强调要求单方向性能的机件中，柱状晶各向异性的性能更具优势。因此，控制铸件宏观组织各类晶区的形成很重要。

2. 等轴晶组织的获得与细化

1) 增大过冷度

金属的结晶过程包括形核与晶核长大两个基本过程，通常采用形核率和晶核长大速度这两个概念来描述。形核率 N ($cm^{-3} \cdot s^{-1}$) 是指单位时间、单位体积的液态金属中形成晶核的数目；晶核长大速度 G ($cm \cdot s^{-1}$) 是指单位时间内晶核向周围长大的平均线速度。

形核率 N、晶核长大速度 G 与过冷度 ΔT 的关系如图4-7所示。由图4-7可见，随着过冷度的增加，形核率和晶核长大速度都随之增大，但二者在不同的过冷度区间增大的幅度不同。当过冷度较小时，G 增长较快，而 N 增长得较慢，此时形成晶核数量相对较少，而晶核长大的速度较快，因而得到粗大晶粒；当 ΔT 较大时，N 加速增长，而 G 的增长趋于缓慢，金属在此条件下结晶，可形成大量的晶核，将得到细小晶粒。但过冷度过大时，原子的扩散能力将大大降低，金属形核的速率迅速减少甚至不能形核，这时金属的结晶过程将不能进行，金属凝固后得到非晶态物质。

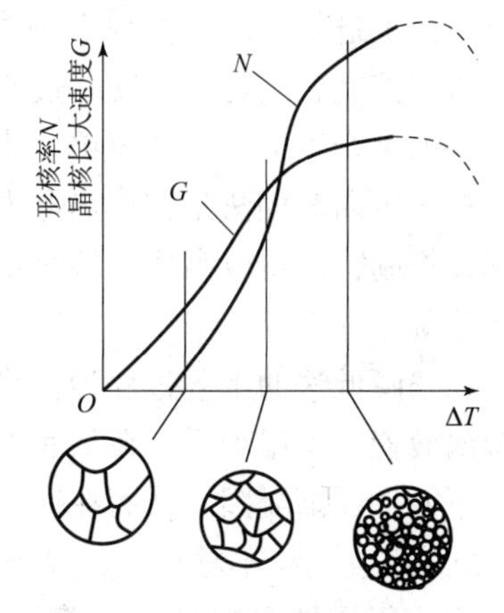

图4-7　N 形核率、G 晶核长大速度与过冷度 ΔT 的关系

生产中增加过冷度主要是通过提高冷却速度来实现

的。如在铸造生产中，为了提高铸件结晶时的过冷度，常采用降低浇注温度、局部加冷铁或金属型替代砂型等方法，使晶核形成的数目增多，获得较细小的晶粒。

2）孕育（或变质）处理

在熔液凝固之前，人们有意地向其中加入一些孕育剂（或变质剂），以细化晶粒、改善组织，从而提高材料的性能。向液态金属中加入孕育剂，使之分散在熔液中作为不均匀形核所需的现成基底，促进非自发形核，此种方法称为孕育处理。而向熔液中加入变质剂，虽不能提供结晶核心，但能改变晶核的生长条件，从而阻碍晶核的长大，或改善组织形态如在铝硅合金中加入变质剂钠盐，钠能在硅表面富集，从而降低硅的晶核长大速度，阻碍粗大的硅晶体形成，达到细化组织的目的。

3）动力学细化

在凝固过程中采用动力学细化方法也能够有效细化等轴晶组织。动力学细化方法主要是采用机械力或电磁力引起固相和液相的相对运动，导致枝晶破碎、游离，从而在液相中形成大量结晶核心，达到细化晶粒的目的。

3. 柱状晶组织的获得

柱状晶包括柱状树枝晶和胞状树枝晶，通常采用定向凝固工艺，使晶体有控制地向着与热流方向相反的方向生长，形成取向平行于主应力轴的晶粒。通过此工艺基本上可消除垂直于应力轴的横向晶界，使合金的高温强度、蠕变强度和热疲劳性能均得到大幅度改善。

获得定向凝固柱状晶的基本条件是合金凝固时热流方向必须是定向的，在固－液界面前沿应有足够高的温度梯度，避免在凝固界面前沿出现成分过冷或外来核心，使柱状晶横向生长受到限制。这些条件需要通过以下几个基本工艺措施来保证：①严格的单向散热；②提高熔体的纯净度，避免界面前方的异质形核；③避免液态金属的对流、搅动和振动，阻止界面前方的晶粒游离。

定向凝固的工艺方法主要有两大类：一类是炉外定向凝固法，另一类是炉内定向凝固法。

炉外定向凝固法是将铸型加热到高温后迅速取出放置在激冷板上，立即进行浇注，在冒口上方盖发热剂，以便在金属液和已凝固金属中建立起一温度由高至低单向的温度场，使铸件自下而上进行结晶，实现定向凝固，如图 4－8 所示。该方法所能获得的温度梯度不大，并且难以控制，当铸件长度超过 50～100 mm 后，便出现等轴晶粒，因此不适用于大型及优质铸件的生产，但其工艺简单、成本低，可用于制造小批量零件。

炉内定向凝固法是在加热器内浇注和冷却铸件，可以通过调节炉内温度梯度并对结晶过程加以控制，获得较高质量的复杂铸件，常用方法有：功率降低法、高速凝固法和液态金属冷却法等。

功率降低法的工艺过程为：将保温炉的加热器分成几组，保温炉是分段加热的，将熔融的金属液置于保温炉后，在从底部对铸件进行冷却的同时，自下而上顺序关闭加热器，金属则自下而上逐渐凝固，从而在铸件中实现定向凝固。此法所获得的柱状晶区较短，一般不超过 180 mm 且组织不够理想，设备复杂能耗大，限制了其应用。

高速凝固法是在功率降低法的基础上发展起来的，其与功率降低法的区别在于铸型加热器始终加热，凝固时将铸件逐步移出铸型（或上移加热器），以加强已凝固部分的散热条件，并在热区底部使用辐射挡板和水冷套，在挡板附近产生较大的温度梯度。

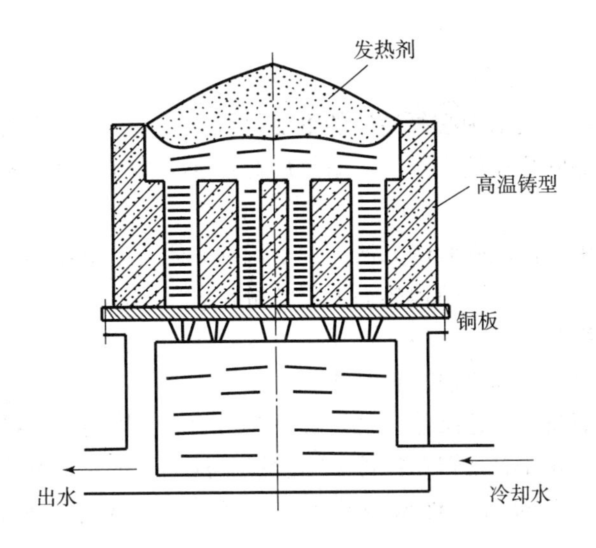

图 4-8 炉外定向凝固法

此法所获得的柱状晶区长度可达 300 mm 以上，柱状晶间距较小，组织较均匀，提高了铸件的性能。高速凝固法的示意如图 4-9 所示。

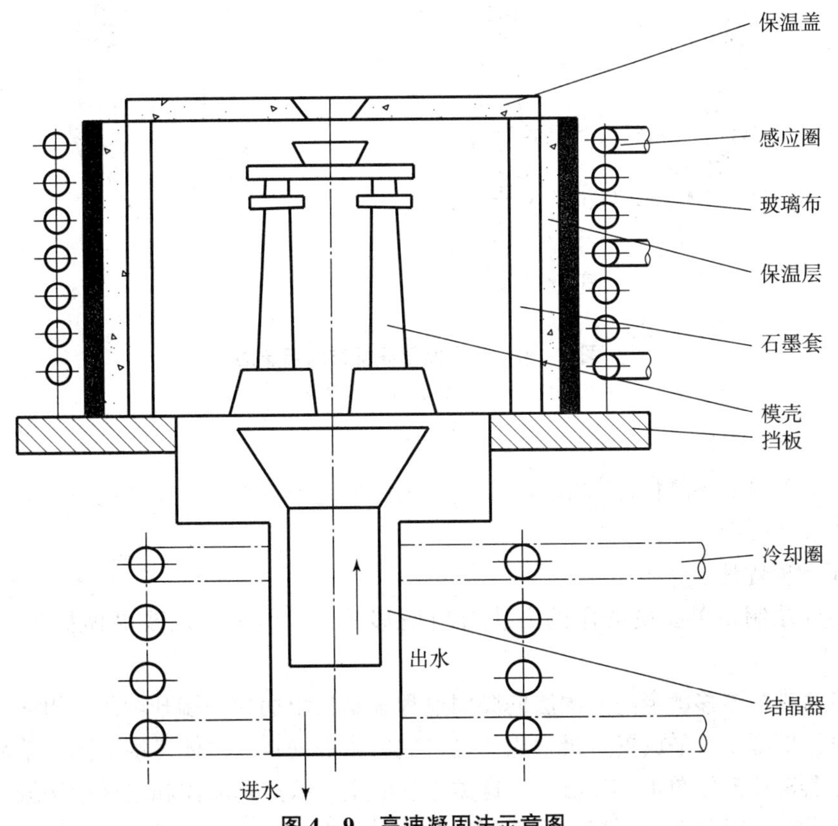

图 4-9 高速凝固法示意图

为了获得更高的温度梯度和生长速度，在高速凝固法的基础上，将抽拉出的铸件部分浸入具有高热导率的高沸点、低熔点、热容量大的液态金属中（如 Sn 液等），利用液态金属的高散热能力使凝固区激冷，这种定向凝固技术被称为液态金属冷却法，该方法已用于航空发动机叶片的生产。

4. 单晶体的制备

单晶体是电子和激光技术中必须使用的重要材料，在金属中也常常用到单晶体，与定向柱状晶叶片相比，单晶叶片在使用温度、耐热疲劳强度、蠕变强度和耐热腐蚀性等方面都具有更为良好的性能。

定向凝固是制备单晶体最有效的方法。为了得到高质量的单晶体，首先要在金属熔体中形成一个单晶核，而后在晶核和熔体界面上不断生长出单晶体。

1）单个晶粒的获得

获得单个晶粒的方法有选晶法及籽晶法。

选晶法在铸件根部前方靠近结晶器处设置一个启动器，以便通过择优生长获得按一定晶向生长的柱状晶组织，并在启动器和铸件之间设置一具有缩颈或拐角等各种形状的晶粒淘汰器，最终只允许 1 个晶粒进入铸件型腔并生长，从而获得单晶体铸件，如图 4－10（a）所示。

籽晶法则利用一小单晶体作为引晶（籽晶），使铸件在引晶上生长而获得单晶体组织，如图 4－10（b）所示。

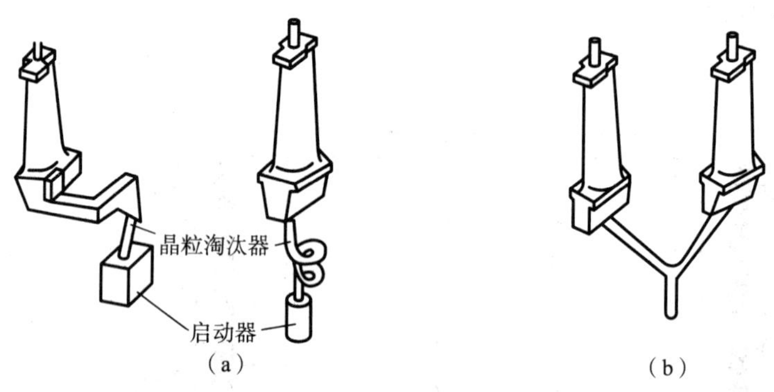

图 4－10　单个晶粒获得方法示意图

（a）选晶法；（b）籽晶法

2）单晶生长方法

除了保证获得单晶晶核外，单晶生长过程的控制也十分关键，常用的方法有：正常凝固法和区熔法。

（1）正常凝固法。

正常凝固法制备单晶最常用的方法有坩埚移动、炉体移动以及晶体提拉等定向凝固方法。

坩埚移动或炉体移动定向凝固法的凝固过程都是从坩埚的一端开始的，坩埚可以垂直放置在炉体内，也可以水平放置。最常用的是将尖底坩埚垂直沿炉体逐渐下降，单晶体从尖底部位缓慢向上生长，如图 4－11 所示。这类方法的主要缺点是晶体和坩埚壁接触，容易产生应力或寄生成核，因此在生产高完整性的单晶体时很少采用。

晶体提拉定向凝固法是常用的晶体生长方法，它能在较短时间内生长出大而无位错的晶体。这种方法的具体操作步骤是将欲生长的材料放在坩埚里熔化，然后将籽晶插入熔体中（在适当温度下，籽晶既不熔掉，也不长大），然后缓慢向上提拉和转动晶杆（旋转一方面是为了获得好的晶体热对称性，另一方面也搅拌熔体）。这样晶核以籽晶为核心不断长大，从而形成单晶体，如图4－12所示。采用这种方法生长高质量的晶体，要求提拉和旋转速度平稳，熔体温度控制精确，全部操作都是在真空或有惰性气体保护的环境中进行的。

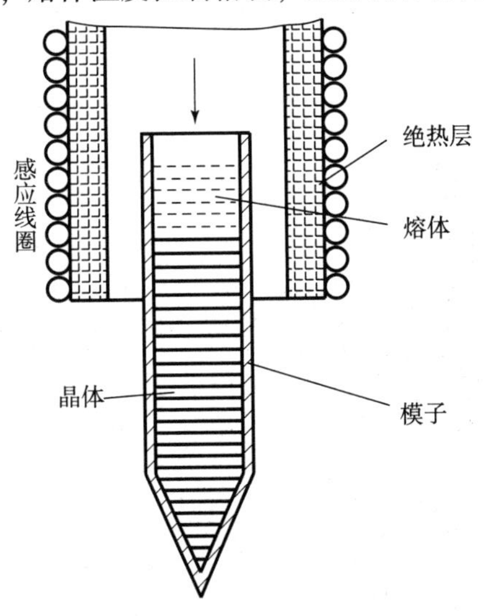

图4－11　尖端形核正常凝固法示意图

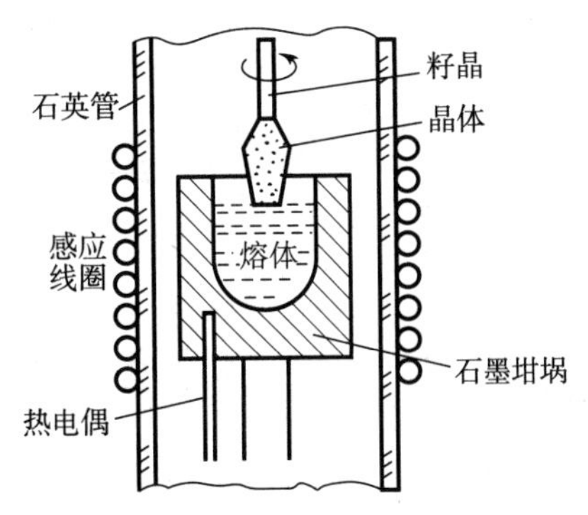

图4－12　晶体提拉定向凝固法示意图

（2）区熔法。

区熔法可分为水平区熔法和悬浮区熔法。水平区熔法制备单晶是将材料置于水平舟内，通过加热器加热水平舟，在舟端放置的籽晶和多晶材料间产生熔区，然后以一定的速度移动熔区，使熔区从一端移至另一端，将多晶材料变为单晶体。水平区熔法主要用于材料的物理提纯，也可用来生产单晶体，如图4－13所示。悬浮区熔法是一种垂直区熔法，它是依靠表面张力支持着正在生长的单晶核多相棒之间的熔区。该法不需要坩埚，避免了坩埚对单晶体的污染。此外由于加热温度不受坩埚熔点的限制，悬浮区熔法可用于制备熔点高的单晶体，如钨单晶等。

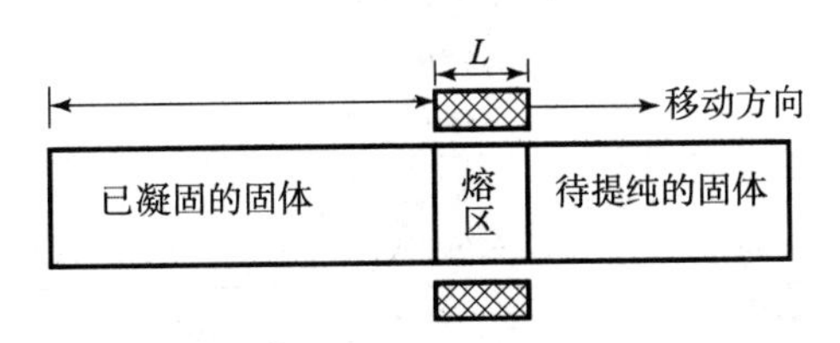

图4－13　区熔法示意图

4.1.4　金属的同素异晶转变

大多数金属从液态结晶成为晶体后，在固态下只有1种晶体结构。但有些金属，如铁、钛、钴、锡、锰等，在固态下存在着两种或两种以上的晶格类型，这类金属在冷却或加热过程中，其晶格形式会发生变化。金属在固态下随着温度的改变，由一种晶格转变为另一种晶格的现象称为同素异晶转变。

图4－14所示为纯铁的冷却曲线，由图可见，纯铁在1 538 ℃时由液态开始结晶，形成具有体心立方晶格的δ－Fe，温度继续下降到1 394 ℃时发生同素异晶转变，δ－Fe转变为

面心立方晶格的 γ - Fe，再冷却到 912 ℃时，又发生同素异晶转变，γ - Fe 转变为体心立方晶格的 α - Fe。912 ℃以下，Fe 的晶体结构不再发生变化。因此，Fe 具有 3 种同素异晶状态，即 δ - Fe、γ - Fe 和 α - Fe。其转变过程可表示为

$$\delta - Fe \xrightleftharpoons{1\ 394\ ^\circ C} \gamma - Fe \xrightleftharpoons{912\ ^\circ C} \alpha - Fe \tag{4-1}$$

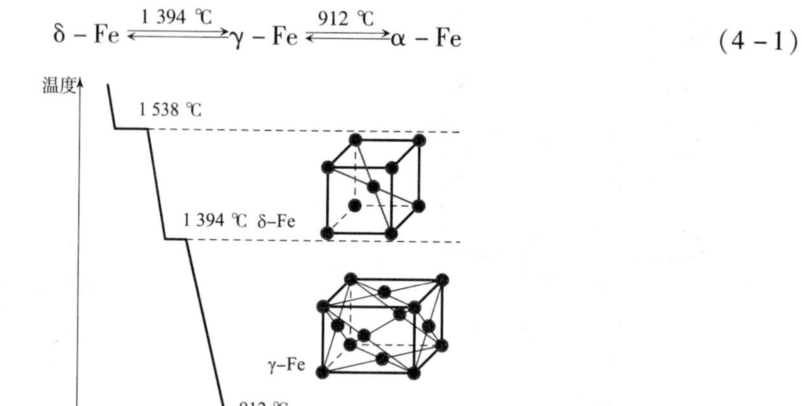

图 4 - 14　纯铁的冷却曲线

在元素周期表中大约有 40 多种元素具有两种或两种以上的晶体结构，即具有多晶型性。这些元素在不同温度或压力范围具有不同的晶体结构。表 4 - 1 所示为金属的同素异晶性，表中的温度表示在此温度下测试金属晶体结构，并非是发生同素异晶转变的温度。从表 4 - 1 中可以看出，很多元素在高温下具有体心立方结构，而在低温下往往具有密排结构（面心立方或密排六方）。

表 4 - 1　金属的同素异晶性

元素	晶体结构	温度/℃
铍 α - Be β - Be	密排六方 体心立方	室温 1 255
铪 α - Hf β - Hf	密排六方 体心立方	24 2 000
锰 α - Mn β - Mn γ - Mn δ - Mn	立方系 立方系 面心立方 体心立方	室温 室温 1 095 1 134
锆 α - Zr β - Zr	密排六方 体心立方	25 862
钛 α - Ti β - Ti	密排六方 体心立方	25 900
铊 α - Tl β - Tl	密排六方 体心立方	18 262

固态下的同素异晶转变与液态结晶一样也是形核与长大的过程，为了与液态结晶相区别，将这种固态下的相变结晶过程称为重结晶。

由于不同晶体结构的致密度和配位数等不同，因此，当金属由一种晶体结构转变为另一种晶体结构时，将会伴随着体积变化和其他一些性质的改变。

4.2　二元合金相图

关于组元、合金系以及相的概念本书前面已经介绍过了，学习者要学好这一节内容还需要掌握下面概念。

1. 平衡的概念

平衡是指在合金中参与结晶或相变过程的各相之间的相对质量和浓度不再改变时的状态。

2. 相图的概念

相图又称为平衡图或状态图，是表示合金在平衡状态下，合金的组成相（或组织状态）与温度、成分之间关系的图解。

相图表明合金系中的各种合金在不同温度下由哪些相构成以及这些相之间的平衡关系。相图是研究合金相变规律的基础，对合金的热加工、热处理等工艺具有重要的指导意义。

3. 组织的概念

组织是材料中的直观形貌，分为宏观组织和显微组织。所谓宏观组织是指通过肉眼或是 30 倍放大镜所能观察到的形貌；所谓显微组织是指通过显微镜观察到的形貌。

组织与相的区别主要表现在：组织是指在结晶过程中形成的，有清晰轮廓，在显微镜下能清楚区别开来的组成部分；而相是指构成显微组织的基本单元，它有确定的成分与结构，但没有形态的概念。

纯金属与合金在液态时一般都为单相液体，纯金属结晶由于无成分因素影响，结晶后往往形成单相组织。而合金在结晶之后，由于存在两种组元之间的相互作用，可能形成单相组织，也可能形成多相组织。因此，要了解合金的组织随成分、温度变化的规律，需要首先了解合金的相图。

4.2.1　相图的建立

合金的结晶过程与纯金属相似，也包括形核和晶核长大的过程，但纯金属的结晶过程总是在某一恒定温度下进行的，而大多数合金是在某一温度范围内进行结晶，在结晶过程中各相的成分还会发生变化，所以合金的结晶过程比纯金属复杂很多，要用相图才能表示清楚。

根据相图定义可知，相图需要用两个坐标来表示平衡时的组织状态，横坐标为成分，通常用质量分数 w_B 表示；纵坐标为温度 T，单位为℃。

二元合金相图一般由实验测定，常用的方法为热分析法。现以 Cu－Ni 二元合金的相图为例介绍建立相图的步骤：

（1）配制一系列不同成分的 Cu－Ni 合金；

（2）将合金熔化后缓慢冷却，分别测定它们的冷却曲线；

（3）根据冷却曲线上的转折点确定各合金的状态变化温度；

（4）将上述数据引入以成分－温度为坐标的图中，与相应的合金成分线相交；

（5）连接意义相同的点作出相应的曲线，标明各区域所存在的相，就得到了 Cu－Ni 合金系的相图，如图 4－15 所示。

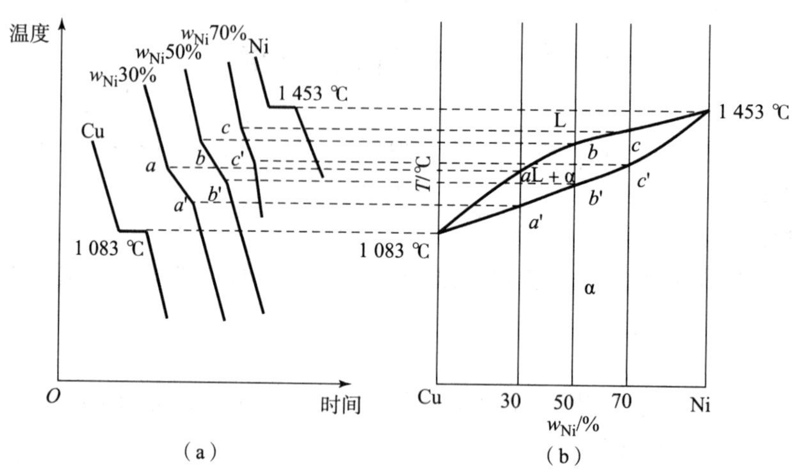

图 4－15　用热分析法测定 Cu－Ni 合金相图

（a）冷却曲线；（b）相图

配制的合金数目越多，所用的金属纯度越高，热分析时冷却速度越慢，测绘出来的相图就越精确。

4.2.2　匀晶相图

两组元在液态和固态下均能无限互溶，冷却时发生匀晶反应的合金系所构成的相图，称为匀晶相图，Cu－Ni、Fe－Cr、Au－Ag 等合金系的相图都属于这类相图。这类合金结晶时，都是从液相结晶出单相固溶体，这种结晶过程称为匀晶转变，其表达式为

$$L \leftrightarrow \alpha \tag{4-2}$$

下面以 Cu－Ni 合金相图为例对匀晶相图进行分析。

1. 相图分析

图 4－16（a）所示为 Cu－Ni 二元合金相图。图 4－16（a）中 *A* 点为纯铜熔点 1 083 ℃；*B* 点为纯镍熔点 1 455 ℃。该相图上面一条是液相线，表示各种成分的 Cu－Ni 合金在冷却过程中开始结晶，或在加热过程中熔化终了的温度；下面一条是固相线，表示各种成分的Cu－Ni 合金在冷却过程中结晶终了，或在加热过程中开始熔化的温度。

液相线和固相线将相图分成 3 个区域，液相线以上为液相区，合金处于液体状态，用“L”表示；固相线以下为固相区，合金处于固体状态，用“α”表示；液相线和固相线之间的区域为液－固两相共存区，即结晶区，用“L＋α”表示。

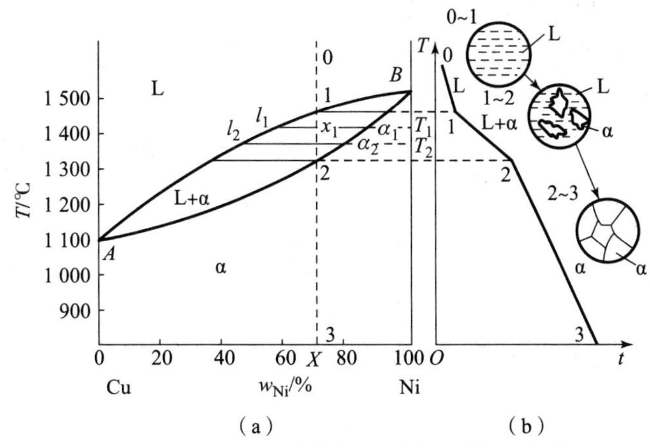

图 4－16　Cu－Ni 合金相图及结晶过程示意图

(a) Cu－Ni 合金匀晶相图；(b) Cu－Ni 合金结晶过程

2. 合金的平衡结晶过程

所谓平衡结晶是指合金在极其缓慢的冷却速度下进行结晶的过程。图 4－16（b）所示为成分为 $w_{Ni}=X\%$ 的 Cu－Ni 合金的冷却曲线及结晶过程示意图，t 为时间。由图 4－16（b）可见，合金在 1 点温度以上为液相 L；合金在 1～2 点温度之间为 L＋α 两相共存；合金在 2 点温度以下固相 α。

分析其结晶过程：当合金自高温液态（0 点）缓慢冷却到与液相线相交的温度（1 点）时，液相中开始结晶出 α 固溶体，随着温度下降，结晶出的固相量不断增多，液相量不断减少，并且结晶出来的固相成分沿固相线变化，剩余的液相成分沿液相线变化。当缓慢冷却到与固相线相交的温度（2 点）时，合金结晶结束，直至冷却到室温（3 点），获得全部单相 α 固溶体。

3. 杠杆定律

通过上述分析可知，合金在单相区内只存在一个相，因此相的成分就是合金的成分，相的质量就是合金的质量。而合金在两相区时，由于合金正处在结晶过程中，随着结晶过程的进行，合金中各相的成分和相对量都在不断发生变化。杠杆定律就是确定两相区内两个组成相的成分和相的相对量的重要法则。图 4－17 所示为杠杆定律。

合金在两相区内的结晶过程中，随着温度的下降，结晶出的固相量及其成分与剩余的液相量及其成分是不断变化的。但在某一温度下，两相的成分是确定的，两相的质量比是一定的。

例如，合金成分为 C_0，当结晶温度达到 T_1时，结晶出的固相的相对量为 Q_α，固相的成分为 C_α；剩余液相的相对量为 Q_L，液相的成分为 C_L。具体确定各相成分及相的相对量的方法如下：

（1）两相区各相成分的确定。

通过成分为 C_0的合金线上相当于温度为 T_1的点 b 作水平线 abc，该水平线与液相线相交于点 a，与固相线相交于点 c，这两个点在成分坐标上的投影为 C_L和 C_α，表示在温度为 T_1时剩余的液相成分和结晶的固相成分，如图 4－17（a）所示。

（2）两相区各相相对量的确定。

设图4－17（a）中成分为C_0的合金总质量为Q，在结晶温度为T_1时，合金剩余液相质量为Q_L，已结晶的固相质量为Q_α，即

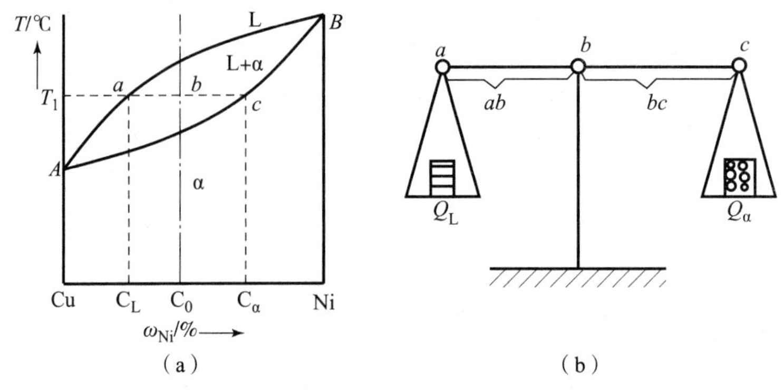

图4－17　杠杆定律

（a）相图中的杠杆定律；（b）杠杆定律的力学原理

$$Q = Q_L + Q_\alpha \tag{4-3}$$

当液－固两相达到平衡时符合杠杆力学原理，如图4－17（b）所示，即合金中液相与固相的质量比和水平线abc被合金线分成两线段的长度成反比，表达式为

$$\frac{Q_L}{Q_\alpha} = \frac{bc}{ab} \tag{4-4}$$

这样，可求得合金中液、固两相的相对量（相质量分数）为

$$Q_L = \frac{bc}{ac} \times 100\% \tag{4-5}$$

$$Q_\alpha = \frac{ab}{ac} \times 100\% \tag{4-6}$$

式中：Q_L为液相的质量；Q_α为固相的质量；ab、bc、ab为线段长度，可用其成分坐标上的数字来度量。

由于上述公式与力学中的杠杆定律相似，其中杠杆的支点为合金的原始成分（合金线），杠杆两端点表示该温度下两相的成分，两相的质量与杠杆臂长成反比，故称为杠杆定律。杠杆定律只适用于确定平衡状态下两相区各相的成分及相对量。

杠杆定律不仅适用于匀晶相图的两相区，其他类型的二元合金相图也同样可用杠杆定律来确定两相区中各相的成分及相对量。

4. 显微偏析

在实际生产过程中，凝固不可能按照平衡相图进行。无论是在微观尺度还是宏观尺度上，铸件或铸锭的不同部位总是表现出化学成分的差异，合金在凝固过程中出现的化学成分不均匀的现象称为成分偏析。根据出现成分偏析的尺寸范围将其分为显微偏析和宏观偏析两大类。显微偏析是指在晶粒级别的尺度范围内所表现出的化学成分不均匀的现象；宏观偏析是指在较大尺度范围内，即在铸件的不同宏观区域所表现出的化学成分不均匀的现象，又称为区域偏析。无论是宏观偏析还是显微偏析都会使铸件各部位的力学性能和物理性能产生很大的差异，由此产生的组织不均匀性会影响产品的使用性能或加工性能，应采取措施以尽量预防或减少成分偏析现象的产生。下面主要介绍显微偏析。

显微偏析可分为晶内偏析和晶界偏析。晶内偏析是指当铸件冷速较快时溶质来不及扩散，凝固所得到的晶粒先结晶部分与后结晶部分的化学成分不同的现象，又因固溶体合金多以树枝晶方式结晶，晶内偏析表现为树枝晶的枝干与分枝、树枝与枝间的成分不均匀，故又称为枝晶偏析，如图4－18所示。晶界偏析是指在结晶过程中晶粒之间的晶界部分最后凝固，晶界处的成分与晶粒内的成分存在差异而形成的偏析。

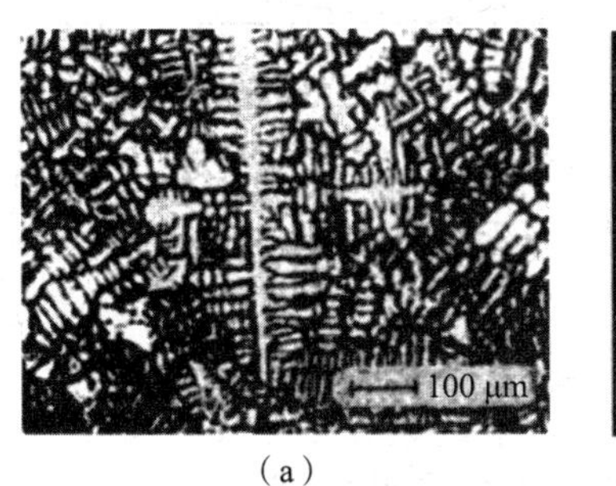

（a）

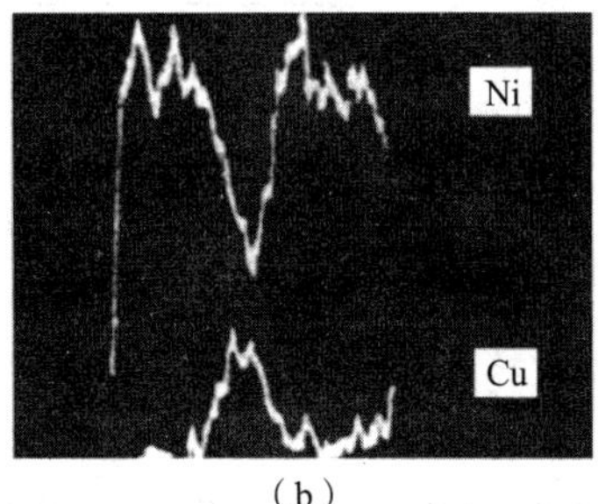

（b）

图4－18　Cu－Ni合金的枝晶偏析

（a）Cu－Ni合金的树枝状结晶；（b）枝干及枝间Cu、Ni含量的能谱曲线

预防与消除显微偏析可以采用均匀化退火和细化晶粒的方法。均匀化退火是将铸件加热到固相线以下100～200 ℃的温度进行长时间保温，促使偏析元素充分扩散，达到成分均匀化的目的。关于细化晶粒的方法可参见上一节的等轴晶组织的获得与细化。

4.2.3　共晶相图

两组元在液态时无限互溶，而在固态时互相有限溶解，并在冷却过程中发生共晶转变的相图，称为共晶相图，Pb－Sn、Ag－Cu、Al－Si等合金系的相图都属于这类相图。下面以Pb－Sn合金相图为例，对共晶相图进行分析。

1. 相图分析

图4－19所示为Pb－Sn合金二元共晶相图，图中*A*点为Pb的熔点327.5 ℃，*B*点为Sn的熔点231.9 ℃。水平线*CED*以上是两个匀晶相图的一部分，左边部分是Sn溶于Pb中形成α固溶体的部分匀晶相图，右边部分是Pb溶于Sn中形成β固溶体的部分匀晶相图。*AE*、*BE*线为液相线，液相冷却到*AE*线开始结晶出α固溶体，液相冷却到*BE*线开始结晶出β固溶体。*AC*、*BD*线分别为α相与β相结晶终了的固相线。由于在固态下，Pb与Sn的相互溶解度随温度降低而逐渐减小，故*CF*、*DG*线分别为Sn溶于Pb、Pb溶于Sn的固态溶解度曲线，也称为固溶线。

*E*点是液相线*AE*、*BE*与固相线*CED*的交点，表示成分为*E*点的液相（L_E），在*E*点所对应的温度（$T_E=183$ ℃）下，将同时结晶出成分为*C*点的α固溶体（α_C）和成分为*D*点的β固溶体（β_D）的复相物。该转变可表示为

$$L_E \leftrightarrow (\alpha_C+\beta_D) \tag{4-7}$$

这种具有一定成分的液相在一定温度下同时结晶出两种特定成分固相的反应称为共晶反应，所生成的产物称为共晶组织（或共晶体）。*E*点称为共晶点，*E*点所对应的温度与成分分别称为共晶温度与共晶成分。通过*E*点的水平线*CED*称为共晶线，液相冷却到共晶线时发生共晶反应。

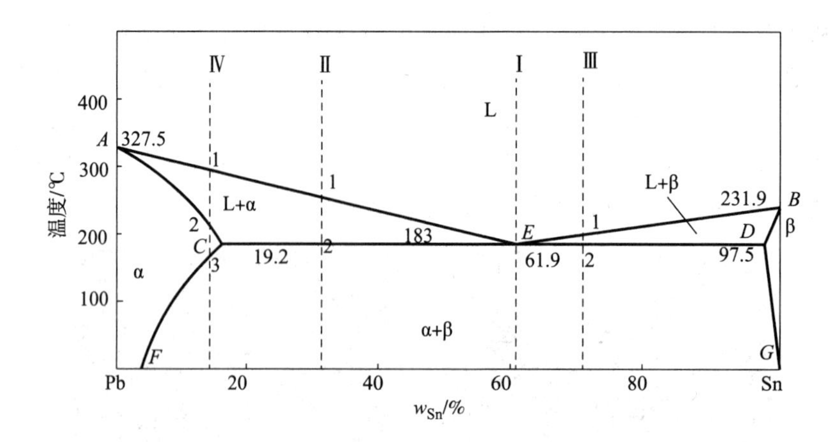

图 4-19　Pb-Sn 合金二元共晶相图

由上述分析可知，共晶相图共有 7 个相区：3 个单相区为 L、α 和 β 相区；3 个两相区为 L+α、L+β 和 α+β 相区；1 个三相区，即共晶线 *CED* 为 L+α+β 三相共存区。

2. 合金的平衡结晶过程分析

下面以图 4-19 中合金线所示的 4 个典型合金为例，分析其结晶过程及其组织。

1）合金Ⅰ（*E* 点的合金）

E 点是共晶点，成分为 *E* 点成分的合金称为共晶合金（本例中 *E* 点成分 $w_{Sn}=61.9\%$），其冷却曲线及结晶过程如图 4-20 所示。

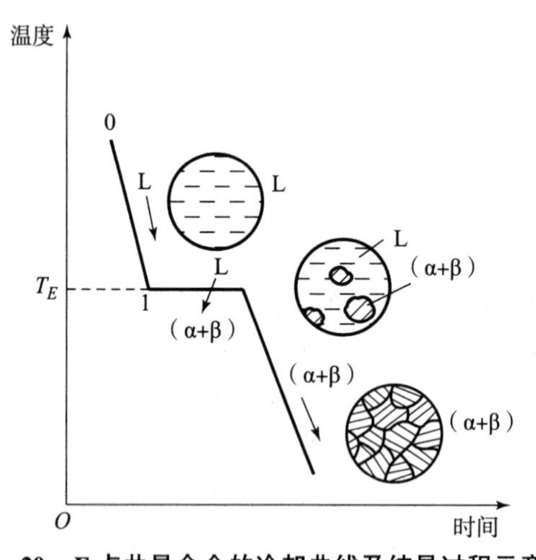

图 4-20　*E* 点共晶合金的冷却曲线及结晶过程示意图

当合金缓慢冷却到 *E* 点（1 点）时，液相同时结晶出 α 和 β 两种固溶体，即发生共晶转变。共晶转变在恒温下进行，直到液相完全消失为止，液相全部转变为共晶体（$\alpha_C+\beta_D$）。此时获得的共晶组织中 α_C 和 β_D 的相对量可以用杠杆定律计算，即

$$Q_{\alpha_C}=\frac{ED}{CD}\times100\%=\frac{97.5-61.9}{97.5-19.2}\times100\%\approx45.5\% \tag{4-8}$$

$$Q_{\beta_D}=\frac{CE}{CD}\times100\%=\frac{61.9-19.2}{97.5-19.2}\times100\%\approx54.5\% \tag{4-9}$$

或

$$Q_{\beta_D}=1-Q_{\alpha_C}\approx 54.5\% \tag{4-10}$$

合金从共晶温度冷却到室温，随着温度下降，α固溶体的溶解度沿着固溶线 CF 变化，多余的Sn以β固溶体的形式从α固溶体中析出，这一过程称为二次结晶。为了区别于从液相中结晶出的β固溶体，通常把从固相中析出的β固溶体称为次生β，并以 β_{II} 表示。同理，β固溶体的溶解度沿着固溶线DG变化，多余的Pb以α固溶体的形式从β固溶体中析出，以 α_{II} 表示。

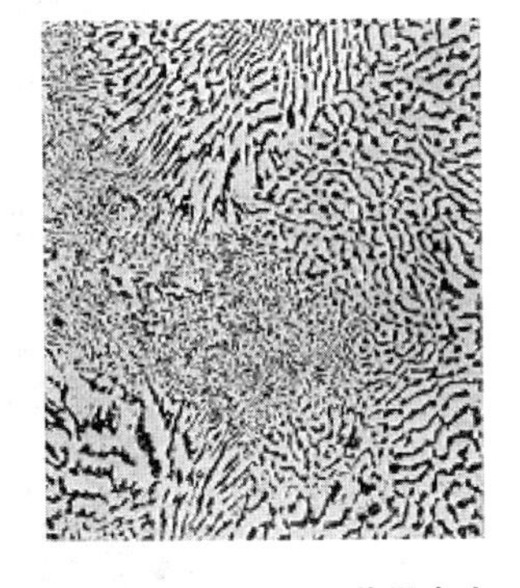

图4-21 Pb-Sn共晶合金组织示意图

因此，随着温度下降，共晶体中的 α_C 和 β_D 均发生二次结晶，从α中析出 β_{II}，从β中析出 α_{II}。α的成分由 C 点变为 F 点，β的成分由 D 点变为 G 点。由于析出的 α_{II} 和 β_{II} 都相应地与α和β相混在一起，在显微镜下很难分辨，而且次生相的析出量又较少，一般不予考虑，故认为共晶合金的室温组织为α+β。图4-21所示为Pb-Sn共晶合金组织示意图。

2）合金Ⅱ（C、E 点间的合金）

成分在 C 点与 E 点之间的合金称为亚共晶合金。其冷却曲线及结晶过程如图4-22所示。

当合金缓慢冷却到1点时，开始从液相中结晶出α固溶体，称为初生α固溶体。随着温度下降，α固溶体量不断增多，剩余液相量不断减少。与此同时，α固溶体的成分沿固相线 AC 向 C 点变化，液相成分沿液相线 AE 向 E 点变化，这一阶段转变属于匀晶转变。当冷却到2点（共晶温度）时，α固溶体的成分为 C 点，而剩余液相成分为 E 点（共晶成分），即发生共晶反应，直到剩余液相完全转变为共晶体（$\alpha_C+\beta_D$）为止。所以，当共晶转变完毕时，亚共晶合金的组织为初生固溶体α+共晶体（$\alpha_C+\beta_D$）。

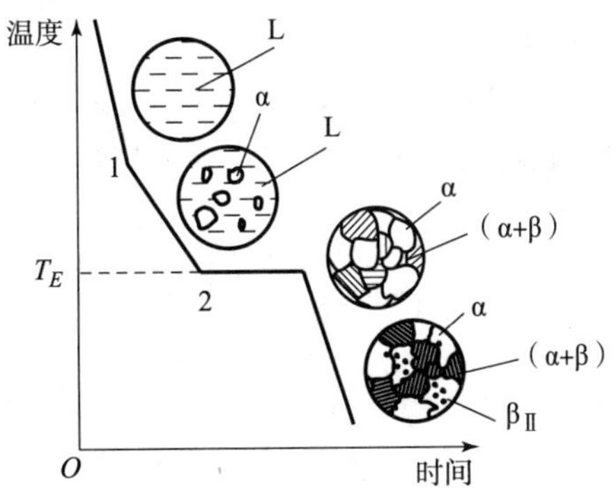

图4-22 Pb-Sn亚共晶合金的冷却曲线及结晶过程

当合金冷却到2点以下时，由于α和β的溶解度分别沿固溶线 CF、DG 变化，从α和β中分别析出 β_{II} 和 α_{II} 两种次生相，共晶体中的次生相不予考虑，而只需要考虑从初晶α中析出的 β_{II}。次生相 β_{II} 和初生相β虽然成分和结构完全相同，但形貌特征完全不同。初生相β晶粒比较粗大，大多长成树枝状晶体、等轴晶粒或具有其他外形特征的晶粒；而次生相 β_{II}，由于形成温度低，原子扩散比较困难，以及晶界上易于形核等原因，大多在α相中或界面上成长为小颗粒，或与共晶β相合在一起。所以，亚共晶合金的室温组织为：α+(α+β)+β_{II}。

所有亚共晶合金的室温组织均为α+(α+β)+β_{II}，只是合金成分越接近共晶成分时，组织中的共晶体（α+β）量越多，初晶α量则越少。

图4-23所示为Pb-Sn亚共晶合金的显微组织，图中暗黑色树枝状晶体、等轴晶粒及

其他形状的晶粒为初生 α 相，之中的白色颗粒以及黑色 α 相外边一圈白色相为 β_{II}，黑白相间分布的为（α + β）共晶体。

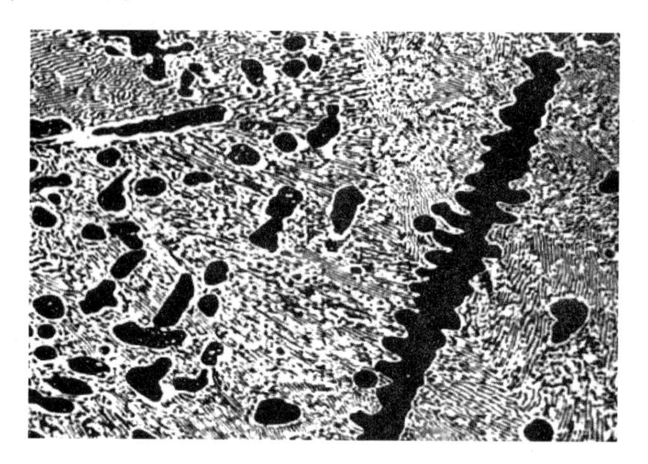

图 4 - 23 Pb - Sn 亚共晶合金的显微组织

3）合金Ⅲ（*E*、*D* 点间的合金）

成分在 *E* 点与 *D* 点之间的合金称为过共晶合金。其结晶过程与亚共晶合金相似，所不同的是初晶为 β 固溶体，二次结晶过程为从 β 中析出 α_{II}，所以过共晶合金的室温组织为 $\beta + (\alpha + \beta) + \alpha_{\mathrm{II}}$。

图 4 - 24 所示为 Pb - Sn 过共晶合金的显微组织，图中白色卵形晶体为初生 β 相，之中的黑色颗粒及白色 β 相外边一圈黑色相为 α_{II}，黑白相间分布的为（α + β）共晶体。

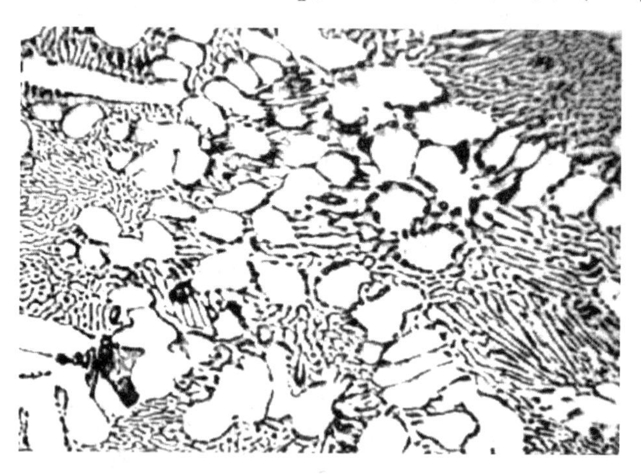

图 4 - 24 Pb - Sn 过共晶合金的显微组织

4）合金Ⅳ（*F*、*C* 点间的合金）

合金Ⅳ的冷却曲线及平衡结晶过程如图 4 - 25 所示。

这类合金在 3 点以上的结晶过程与匀晶相图中的合金结晶过程一样，在缓慢的冷却条件下，结晶结束后获得均匀的 α 固溶体。继续冷却到 3 点以下，从 α 固溶体中析出次生相 β_{II}。所以，合金Ⅳ的室温组织为 $\alpha + \beta_{\mathrm{II}}$，图 4 - 26 所示为合金Ⅳ的组织。

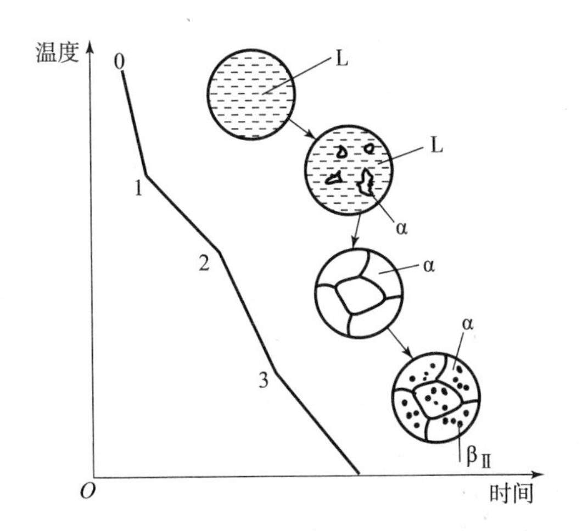

图4－25　合金Ⅳ的冷却曲线及平衡结晶过程

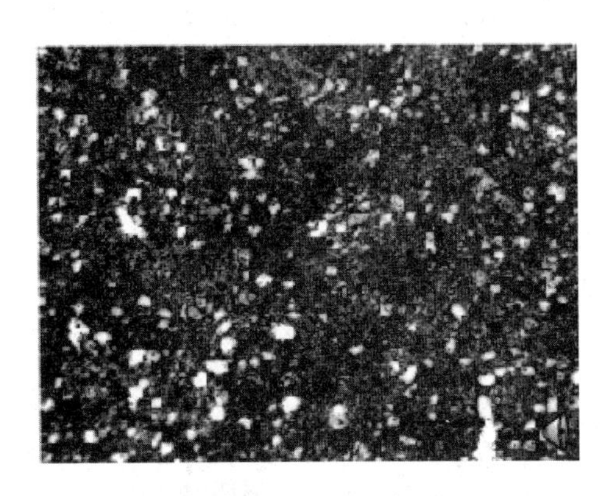

图4－26　合金Ⅳ的组织

成分在 F 点与 C 点之间的所有合金，其室温组织都是由 $\alpha+\beta_{\mathrm{II}}$ 组成，只是两相的相对量不同，合金成分越靠近 C 点，室温组织中的 β_{II} 量越多。

成分位于 D 点与 G 点间的合金，其结晶过程与合金Ⅳ相似，但从液相中先结晶出的是β固溶体，当温度降到合金线与 DG 固溶线的交点时，开始从β固溶体中析出 α_{II}，所以室温组织为 $\beta+\alpha_{\mathrm{II}}$。

上述组织中的α、α_{II}、β、β_{II} 及（α＋β）通常称为合金的“组织组成物”；而上述相中的α、β通常称为合金的“相组成物”。有时在相图上直接填写组织组成物，如图4－27所示。

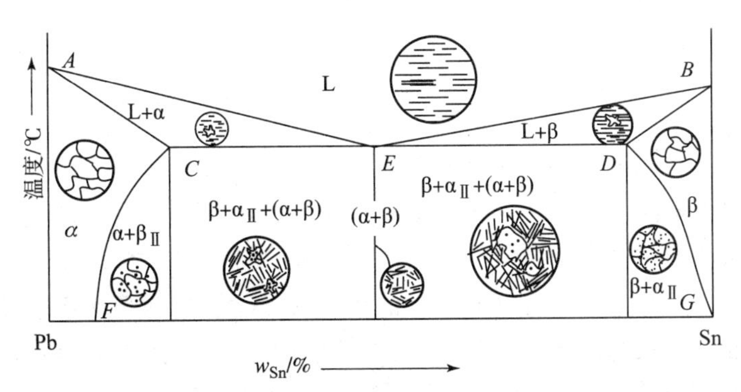

图4－27　按组织组成物绘制的Pb－Sn合金相图

在进行金相分析时，主要还是用组织组成物来表示合金的显微组织。这是因为，在相组成物相同的情况下，由于两个相的相对量以及形态和分布不同，它们的显微组织有很大差别，合金的性能也因此而产生显著不同。为了便于了解合金在任一温度下的组织状态，及其结晶过程中的组织变化，按组织组成物绘制的合金相图比较常用。

3. 共晶合金凝固

共晶合金在生产中占有很大的比重，共晶体由两相组成，可看作是由凝固自然形成的复合材料。共晶凝固组织比单相凝固组织要细小得多，具有更优异的力学性能。

共晶组织的形态多种多样，这与合金的化学成分、组成相的晶体学特性及共晶生长条件等因素有关，一般将共晶组织分为3类：①由粗糙－粗糙界面两相组成的共晶为第一类共晶，通常的金属－金属、金属－金属间化合物的共晶系统属于此类，如 $Al-Al_2Cu$、$Al-Al_3Ni$ 等，此类共晶组织为规则共晶，如图4－28（a）、（b）所示；②由粗糙－光滑界面两相组成的共晶为第二类共晶，金属－非金属、金属－金属间化合物的共晶系统属于此类，如 Al－Si、$Mg-Mg_2Sn$、Fe－G（石墨）等，如图4－28（c）、（d）所示；③由光滑－光滑界面两相组成的共晶为第三类共晶，非金属－非金属共晶系统属于此类。绝大多数第二类及第三类共晶为非规则共晶。

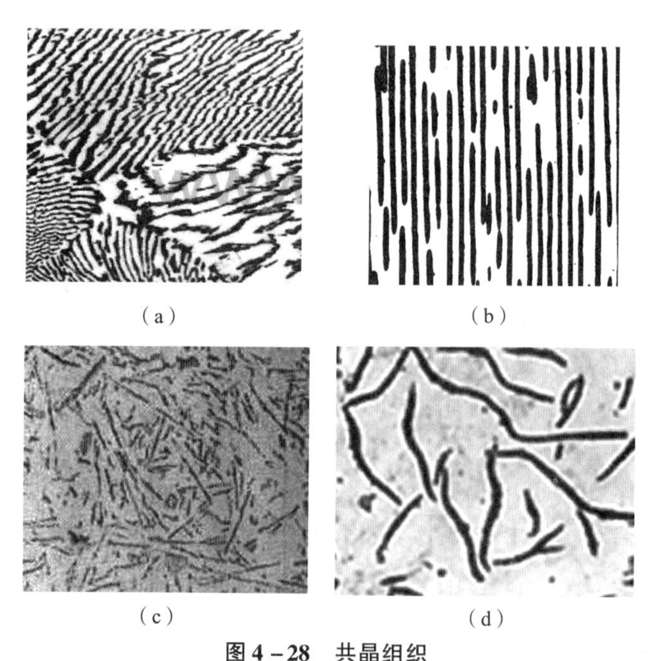

图4－28　共晶组织

（a）Pb－Sn层片状共晶；（b）$Al-Al_3Ni$ 棒状共晶；（c）Al－Si共晶；（d）Fe－G共晶

根据平衡相图，共晶成分的合金凝固后为100%的共晶组织，而偏离共晶成分的合金凝固后都不能获得100%的共晶组织，应为α或β初生相加共晶组织。然而，在实际共晶凝固过程中，由于生长动力学因素的影响，合金不可能完全遵循平衡相图获得相应组织，在不同条件下通常出现以下3种情况：①共晶成分的合金在冷却速度较快时不一定能得到100%的共晶组织，而可能得到亚共晶或过共晶组织；②有些非共晶成分的合金反而得到100%的共晶组织；③有些非共晶成分的合金在一定的冷速下既不出现100%的共晶组织，也不出现初晶＋共晶的情况，而是出现两相相对独立的离异共晶，如图4－29所示。

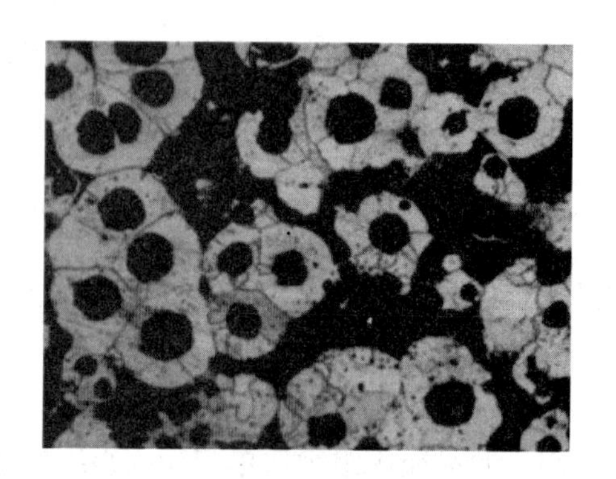

图4－29　球墨铸铁的晕圈型离异共晶组织

在工业生产中，通过向金属液中加入某些微量物质来影响晶体的生长机制，从而达到改变组织形态，提高性能的目的，这种处理工艺称为变质，图4－30所示为采用0.1% Na处理的Al－Si合金组织，可与图4－28（c）比较。变质处理已成为控制铸件结晶组织形态及其力学性能的重要手段。

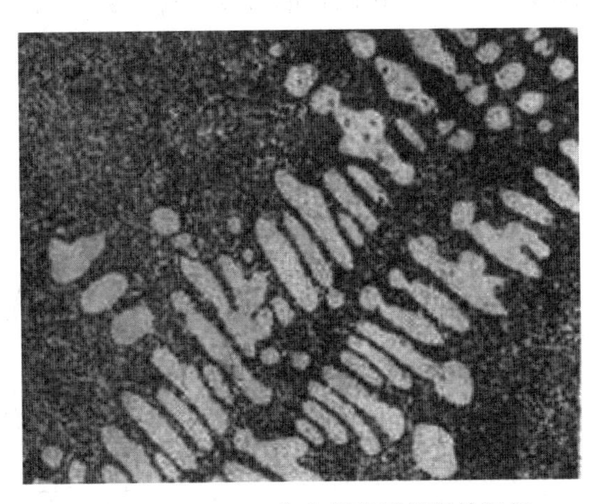

图 4－30　Al－Si 合金经变质处理的组织

4.2.4　包晶相图

两组元在液态下无限互溶，在固态下有限互溶，结晶过程发生包晶转变的二元合金系相图，称为包晶相图。具有包晶转变的二元系合金有 Sn－Sb、Pt－Ag、Cu－Sn、Cu－Zn 等。下面以 Pt－Ag 相图为例进行介绍。

1. 相图分析

图 4－31 所示为 Pt－Ag 合金包晶相图，图中 *A*、*B* 两点分别为 Pt、Ag 的熔点，*ACB* 为液相线，*APDB* 为固相线；*PE*、*DF* 分别为 Ag 在 Pt 中和 Pt 在 Ag 中的溶解度曲线。

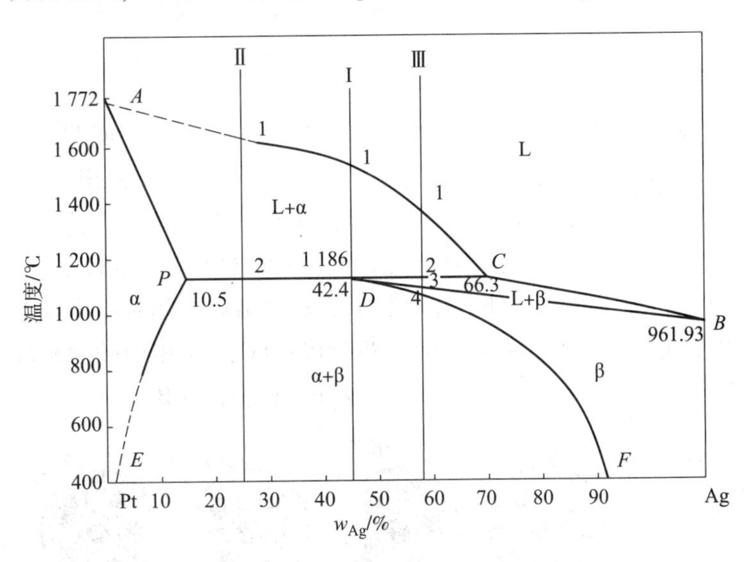

图 4－31　Pt－Ag 合金包晶相图

相图中有 3 个单相区为 L、α 和 β；3 个两相区为 L＋α、L＋β 和 α＋β；1 个三相区，即 *PDC* 线为 L＋α＋β 三相共存区。

D 点为包晶点，*D* 点成分的合金称为包晶合金，*D* 点对应的温度称为包晶温度，*PDC* 水

平线称为包晶线，C、P 点分别为包晶转变时液相、α 相固溶体的成分点，所有成分在 P 和 C 之间的合金在此温度都将发生三相平衡的包晶转变，这种转变的反应式为

$$L_C + \alpha_P \leftrightarrow \beta_D \tag{4-11}$$

这种由一种液相与一种固相在恒温下相互作用而转变为另一种固相的反应称为包晶反应（或包晶转变）。

2. 典型合金的平衡结晶过程

1）合金Ⅰ（D 点的合金）

图 4－32 所示为合金Ⅰ的冷却曲线及平衡结晶过程。当合金自液态缓慢冷却到与液相线相交的 1 点时，开始从液相中结晶出 α 相，随着温度的下降，α 相的量不断增多，液相的量不断减少，α 固溶体的成分沿固相线 AP 变化，液相的成分沿液相线 AC 变化。当温度降低到 T_D时，液相 L 与固相 α 发生包晶转变，析出 β 固溶体。β 相将在初生 α 相的表面形核并长大，在 α 相的表面形成一层 β 相的外壳。此时，α 相的成分为 P 点成分，β 相的成分为 D 点成分，而液相 L 的成分为 C 点成分。由于 β 相中含 Ag 量比液相 L 低，比 α 相高，且相界面上存在着浓度梯度，因此，液相中的 Ag 原子将不断地由液相 L 向 β 相扩散，最初形成的 β 相将不断地消耗液相而向外生长。同时，由于 β 相中含 Pt 量比 α 相低，比液相 L 高，α 相中的 Pt 原子不断向 β 相扩散，不断地消耗 α 相而向内生长。这样，当包晶反应结束，液相 L 和固相 α 全部消耗完，形成 β 固溶体。当温度继续降低，从 β 固溶体中析出 α_{II}，合金Ⅰ的室温组织为 $\beta + \alpha_{\text{II}}$。

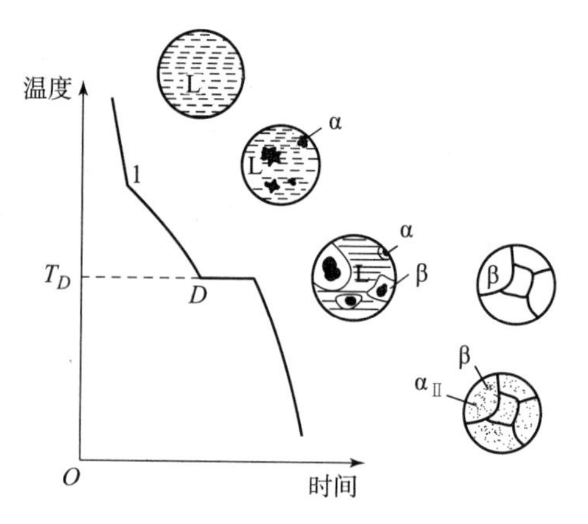

图 4－32　合金Ⅰ的冷却曲线及平衡结晶过程

2）合金Ⅱ（P、D 点间的合金）

图 4－33 所示为合金Ⅱ的平衡结晶过程。当合金由液态缓慢冷却到与液相线相交的 1 点时，开始从液相 L 中结晶出 α 固溶体，随着温度降低，α 相的量不断增加，液相 L 的量不断减少，α 相的成分沿 AP 线变化，液相 L 的成分沿 AC 线变化。当温度降到 T_D温度时，液相 L 与固相 α 发生包晶反应，形成 β 固溶体。由于 α 固溶体的相对量较多，因此，包晶反应结束后，合金中除了新形成的 β 相外，还有剩余的 α 固溶体。随着温度降低，Ag 在 α 相中的溶解度沿 PE 线变化，将有 β_{II} 从 α 相中不断析出；Pt 在 β 相中的溶解度沿 DF 线变化，将有 α_{II} 从 β 相中不断析出，合金Ⅱ的室温组织为 $\alpha + \beta + \alpha_{\text{II}} + \beta_{\text{II}}$。

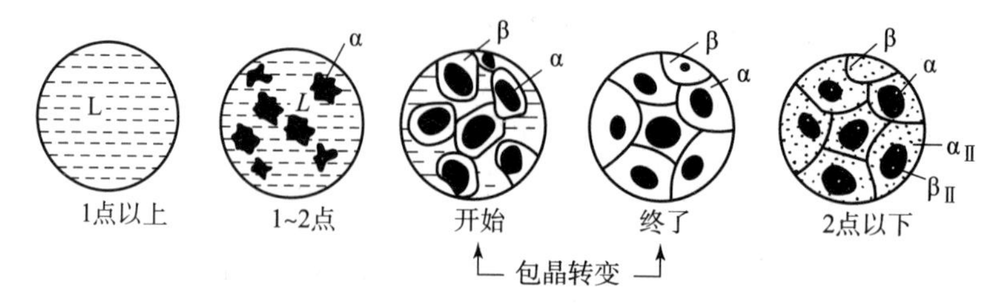

图 4－33　合金Ⅱ的平衡结晶过程

3）合金Ⅲ（D、C 点间的合金）

图 4－34 所示为合金Ⅲ的平衡结晶过程。2 点之前的结晶过程与合金Ⅱ相同，只是由于液相 L 的相对量较多，在包晶反应结束后除了新形成的 β 相外，还有剩余的液相 L 存在。温度继续下降，剩余的液相 L 将继续结晶出 β 相，当温度降到 3 点时，合金全部结晶为 β 固溶体。在 3～4 点温度之间，合金组织不发生变化，为单相 β 固溶体。当温度降到 4 点以下，Pt 在 β 相中的溶解度沿 DF 线变化，β 相中不断析出 α_{II}。合金Ⅲ的室温组织为 $\beta+\alpha_{\mathrm{II}}$。

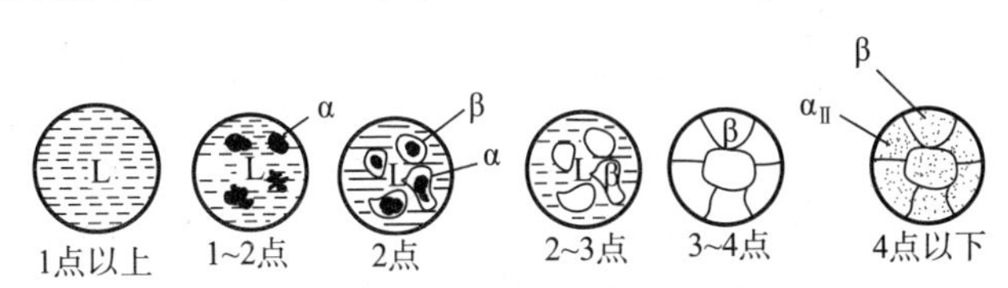

图 4－34　合金Ⅲ的平衡结晶过程

4.2.5　其他相图

1. 形成稳定化合物的相图

具有固定熔点，在熔点以下不发生分解的化合物称为稳定化合物，它们通常具有严格的成分。分析相图时，可将稳定化合物看成一独立的组元，在相图中用一根垂线表示，将整个相图分成几个相区。Mg－Si 相图就是这类相图的典型例子，其相图如图 4－35 所示。当含 Si 量为 36.6% 时，Mg－Si 形成稳定化合物 Mg_2Si，其熔点为 1 087 ℃。Mg－Si 相图可以看成由 Mg－Mg_2Si 和 Mg_2Si－Si 两个共晶相图组成。

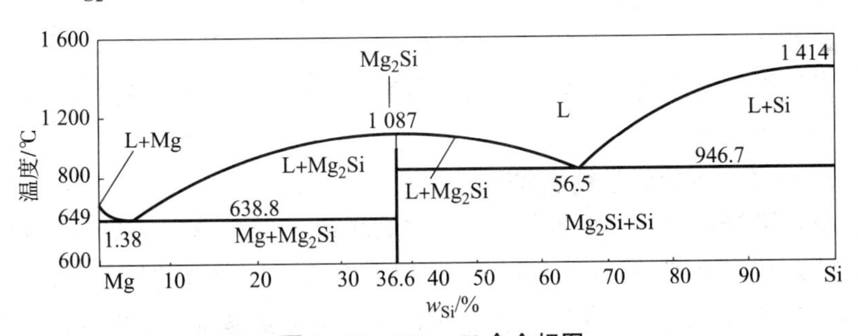

图 4－35　Mg－Si 合金相图

2. 具有共析转变的相图

在一定的温度下，从一定成分的固相中，同时析出两种化学成分和晶体结构都完全不同的固相转变过程，称为共析转变（或共析反应）。共析反应也是在恒温下进行的，与共晶转变类似。

图 4－36 所示为具有共析反应的二元合金相图，图中 A、B 代表两组元，水平线 dce 为共析线，c 点为共析点，（α＋β）为共析体。其反应式为

$$\gamma_c \leftrightarrow \alpha_d+\beta_e \tag{4-12}$$

由于共析反应是在固态下进行的，原子扩散困难，晶核成长速度很小，所以，与共晶体相比，共析转变物的组织更为细密均匀。

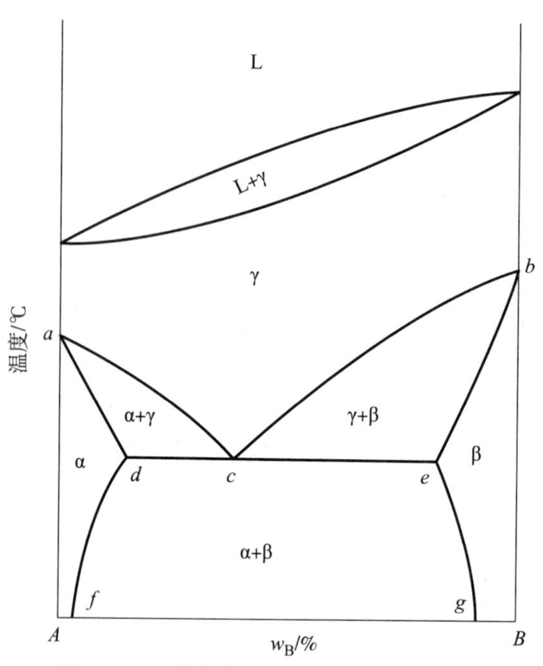

图 4－36　具有共析反应的二元合金相图

4.2.6　合金性能与相图的关系

相图是合金成分、温度和平衡相之间关系的图解。根据合金的成分及温度，可以了解该合金存在的平衡相、相的成分及其相对含量。掌握了相的性质及合金的结晶规律，可以大致判断合金结晶后的组织和性能。因此，相图是研究合金的重要工具，对材料的选用及加工工艺的制定起着重要的指导作用。

1. 根据相图判断合金的力学性能和物理性能

相图与合金在平衡状态下的性能之间有一定的联系。图 4－37 所示为各类合金相图与合金力学性能及物理性能之间的关系。对于匀晶系合金而言，合金的性能与溶质的溶入量有关，溶质的溶入量越多，晶格畸变越大，合金的强度和硬度越高。若 *A*、*B* 两组元的强度大致相同，则合金的最高强度点应在溶质浓度约为 50% 之处；若 *B* 组元的强度明显高于 *A* 组元，则其强度的最大值偏向 *B* 组元一侧。合金塑性的变化规律与上述规律相反，合金的塑性值随着溶质浓度的增加而降低。

固溶体的电导率随着溶质的增加而下降。这是由于随着溶质浓度的增加，晶格畸变增大，从而增加了合金中自由电子运动的阻力。同理可以推测，热导率随合金成分的变化规律与电导率相同，而电阻的变化却与之相反。工业上常采用 Ni 成分为 50% 的 Cu－Ni 合金作为制造加热元件、测量仪表及可变电阻器的材料。

共晶相图的端部均为固溶体，其成分与性能之间的关系同上。相图的中间部分为两相混合物，在平衡状态下，当两相的大小和分布都比较均匀时，合金的性能大致是两相性能的算术平均值，例如硬度：$HB = \alpha\% \cdot HB_{\alpha} + \beta\% \cdot HB_{\beta}$，即合金的力学性能和物理性能与成分之间的关系呈直线变化。

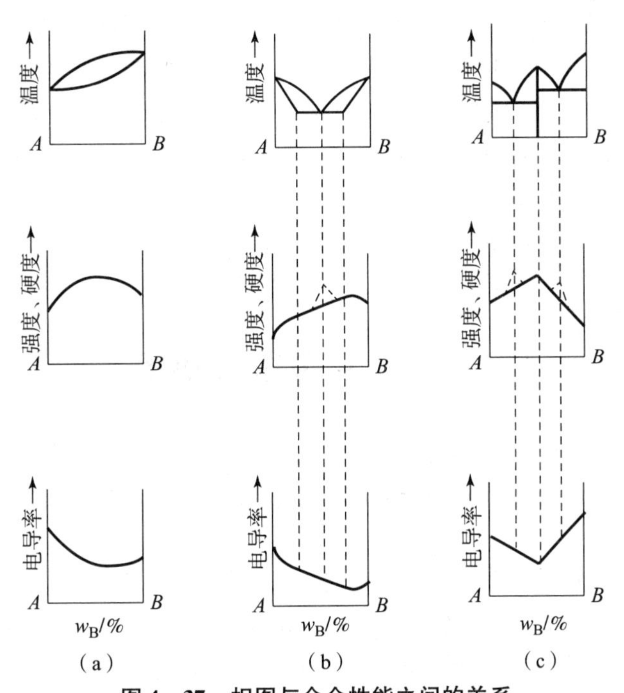

图 4－37　相图与合金性能之间的关系

(a) 匀晶相图；(b) 共晶相图；(c) 形成稳定化合物的相图

对组织较为敏感的某些性能（如强度、硬度等）与组成相或组织组成物的形态有很大关系。组成相或组织组成物越细密，其强度和硬度将偏离直线而出现峰值，如图 4－37 (b)、(c) 中的虚线所示。具有包晶转变与共析转变的合金系也会形成两相混合物，其组织与性能的关系也具有上述规律；当形成化合物时，则在性能与成分曲线上的化合物成分处出现尖点，如图 4－37 (c) 所示。

2. 根据相图判断合金的工艺性能

图 4－38 所示为合金的铸造性能与相图的关系。纯组元和共晶成分合金的流动性好，缩孔集中，铸造性能好。相图中液相线与固相线之间的距离越小，合金液的结晶温度范围越窄，对铸造质量就越有利。合金的液相线与固相线间隔越大，形成枝晶偏析的倾向性就越大，同时先结晶出的树枝晶阻碍未结晶液体的流动，降低其流动性，增多分散缩孔。所以，铸造合金常选共晶或接近共晶的成分。

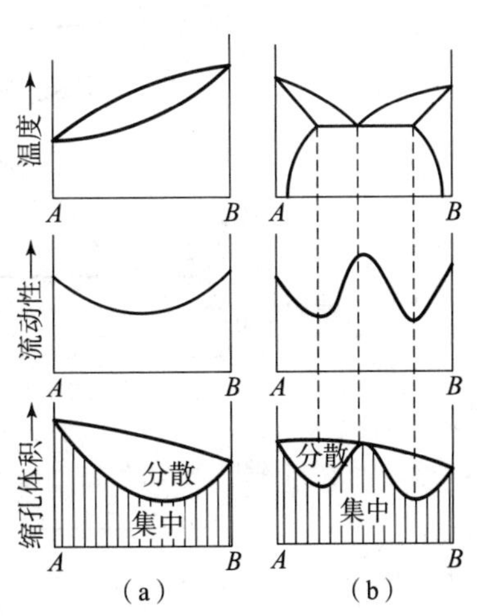

图 4－38　合金的铸造性能与相图的关系

(a) 关系 1；(b) 关系 2

单相合金的锻造性能好。合金为单相组织时，变形抗力小，变形均匀，不易开裂，因而变形能力大。双相组织的合金变形能力差些，特别是组织中存在较多很脆的化合物相时。

3. 根据相图判断合金的热处理工艺可行性

相图是制定热处理工艺的重要依据，根据相图可以初步判断合金可能承受的热处理方式。对于固溶体类合金，由于其不发生固态转变，可以采用高温扩散退火处理以改善固溶体的枝晶偏析。对于有脱溶转变的合金，由于其有溶解度变化，可以采用固溶处理及时效处理，提高合金的强度，这是铝合金及耐热合金的主要热处理方式。对于有共析转变的合金，一般将其加热到固溶体单相区，然后快速冷却，抑制共析转变的发生，从而获得不同的亚稳组织，如马氏体、贝氏体等以满足不同零件对于力学性能的要求，这些抑制共析转变的热处理方式是零件进行热处理的基础。具体热处理工艺见第5章热处理部分内容。

4.3 铁－碳合金相图

铁碳合金是应用最广泛的金属材料，铁碳合金相图是研究铁碳合金的重要工具，了解与掌握铁碳合金相图对铁碳合金材料的研究和使用、各种热加工工艺的制定等方面都有重要的指导意义。

铁碳合金中的碳有两种存在形式：渗碳体 Fe_3C 和石墨。通常情况下，碳以渗碳体形式存在，即铁碳合金按 Fe－Fe_3C 系转变。但是 Fe_3C 是一个亚稳相，在一定条件下可以分解为 Fe 和石墨，所以石墨是碳存在的更稳定状态。这样，铁碳相图就存在 Fe－Fe_3C 和 Fe－石墨两种形式。下面主要介绍 Fe－Fe_3C 相图。

4.3.1 基本分析

Fe－Fe_3C 相图如图4－39所示，图中各特征点的意义如表4－2所示。相图上的液相线是 *ABCD*，固相线是 *AHJECF*。

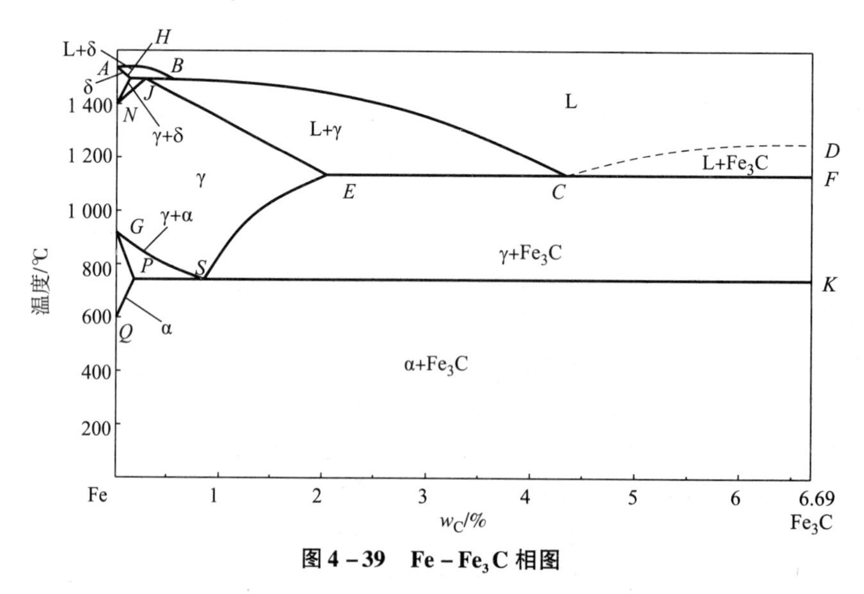

图4－39 Fe－Fe_3C 相图

1. 5个单相

（1）液相 L；

（2）δ相：碳在δ－Fe 中的固溶体，称为高温铁素体，体心立方结构，在1 394 ℃以上存在。

(3) γ 相：碳在 γ - Fe 中的固溶体，称为奥氏体，常用字母 A 表示，面心立方结构，在 727 ℃以上存在，γ 相在 1 148 ℃时具有最大的碳溶解度为 2.11%，图 4 - 40 所示为奥氏体的金相。

(4) α 相：碳在 α - Fe 中的固溶体，称为铁素体，常用字母 F 表示，体心立方结构，在 912 ℃以下存在，在 727 ℃时具有最大的碳溶解度为 0.021 8%，在室温下，碳的溶解度极低，图 4 - 41 所示为铁素体的金相。

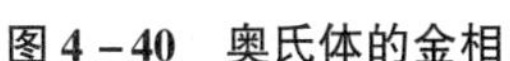

图 4 - 40 奥氏体的金相

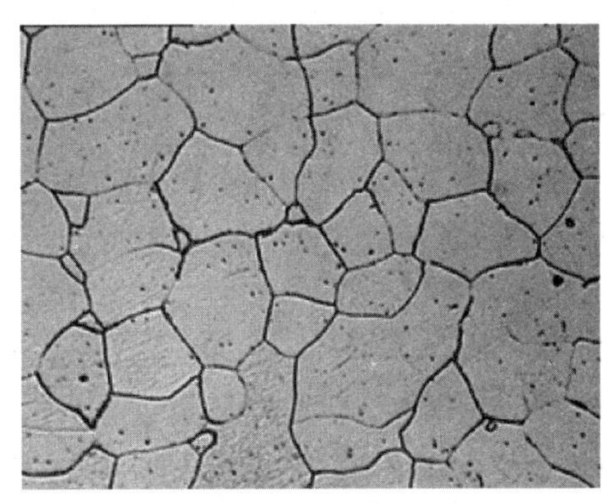

图 4 - 41 铁素体的金相

(5) Fe_3C：间隙化合物，称为渗碳体，复杂正交结构，含碳量 6.69%。渗碳体的硬度高，但脆性大，塑性和韧性几乎为零，Fe_3C 是碳钢中的主要强化相。

表 4 - 2 铁碳合金相图中的特征点

符号	温度/℃	w_C/%	说明	符号	温度/℃	w_C/%	说明
A	1 538	0	纯铁熔点	*J*	1 495	0.17	包晶点
B	1 495	0.53	包晶转变时液相成分	*K*	727	6.69	渗碳体成分
C	1 148	4.30	共晶点	*M*	770	0	纯铁的磁性转变温度
D	1 227	6.69	渗碳体的熔点	*N*	1 394	0	A_4 转变温度
E	1 148	2.11	碳在 γ 中最大溶解度	*O*	770	0.5	w_C = 0.5% 时磁性转变温度
F	1 148	6.69	渗碳体成分	*P*	727	0.021 8	碳在 α 中最大溶解度
G	912	0	A_3 转变温度	*S*	727	0.77	共析点 (A1)
H	1 495	0.09	碳在 δ 中最大溶解度	*Q*	600	0.005 7	600 ℃时碳在 α 中的溶解度

2. 7 个两相区

相图上有 7 个两相区，它们分别存在于相邻的两个单相区之间，分别为

$$L+\delta、L+\gamma、L+Fe_3C、\delta+\gamma、\alpha+\gamma、\gamma+Fe_3C、\alpha+Fe_3C$$

3. 3 条水平线

(1) *HJB* 线：包晶转变。

$$L_B+\delta_H \xleftrightarrow{1\,495\ ℃} \gamma_J \tag{4-13}$$

(2) *ECF* 线：共晶转变，生成的共晶体称为莱氏体 (Ld)。莱氏体中的 γ 和 Fe_3C 分别称为共晶奥氏体和共晶渗碳体。

$$L_C \xleftrightarrow{1\,148\ ℃} \gamma_E+Fe_3C \tag{4-14}$$

(3) *PSK* 线：共析转变，生成的共析体称为珠光体（P），共析线常用符号 A_1 表示。

$$\gamma_S \xleftrightarrow{727\ ℃} \alpha_P + Fe_3C \tag{4-15}$$

珠光体中的渗碳体称为共析渗碳体。

4. 3 条重要的特征线

1）*GS* 线

GS 线又称为 A_3 线，它是在冷却过程中由奥氏体析出铁素体的开始线；或者说，在加热过程中铁素体溶入奥氏体的终了线。随着碳含量的增加，奥氏体向铁素体转变的温度逐渐下降。

2）*ES* 线

ES 线是碳在奥氏体中的溶解度曲线。*E* 点表示奥氏体的最大溶碳量，即在 1 148 ℃时，奥氏体中碳的溶解度为 2. 11%，随温度下降，溶解度大幅度减小，当温度降至 727 ℃时，奥氏体中碳含量仅为 0. 77%。因此，当温度低于此线时，将从奥氏体中析出次生的渗碳体，称之为二次渗碳体，用 $Fe_3C_{Ⅱ}$ 表示，*ES* 线又称为 A_{cm} 线

3）*PQ* 线

PQ 线是碳在铁素体中的溶解度曲线。*P* 点表示铁素体的最大溶碳量 0. 021 8%，随温度下降铁素体溶碳量逐渐降低，因此，当铁素体从 727 ℃冷却下来时，将从铁素体中析出渗碳体，称之为三次渗碳体，用 $Fe_3C_{Ⅲ}$ 表示。

5. 铁碳合金分类

铁碳合金依据成分不同可分成三大类：

1）工业纯铁

碳含量低于 0. 021 8% 的铁碳合金称为工业纯铁。

2）碳钢

碳含量在 0. 021 8% ~2. 11% 的铁碳合金称为碳钢，其又可分为 3 种。

(1) 亚共析钢：碳含量在 0. 021 8% ~0. 77%；

(2) 共析钢：碳含量为 0. 77%；

(3) 过共析钢：碳含量在 0. 77% ~2. 11%。

3）白口铸铁

碳含量在 2. 11% ~6. 69% 的铁碳合金称为白口铸铁，其又可分为 3 种。

(1) 亚共晶白口铸铁：碳含量在 2. 11% ~4. 3%；

(2) 共晶白口铸铁：碳含量为 4. 3%；

(3) 过共晶白口铸铁：碳含量在 4. 3% ~6. 69%。

4. 3. 2 铁碳合金平衡结晶过程及组织

铁碳合金的组织是液态结晶和固态重结晶的综合结果。研究铁碳合金的结晶过程，是为了分析合金的组织组成，以此来分析其对性能的影响。下面分析典型的铁碳合金的平衡结晶过程及其组织。

1. 共析钢（w_C =0. 77%）

当冷却至 *BC* 线以下时，从液相 L 中结晶出 γ 相，至 *JE* 线结晶完成，当继续冷却至

727 ℃时 γ 相发生共析分解生成 $\alpha + Fe_3C$，此共析体称为珠光体（P），其典型的形貌是层片状，如图4－42所示。珠光体（P）中的 α 相和 Fe_3C 的相对量可通过杠杆定律求得，即 Q_α 为88.8%，Q_{Fe_3C} 为11.2%。

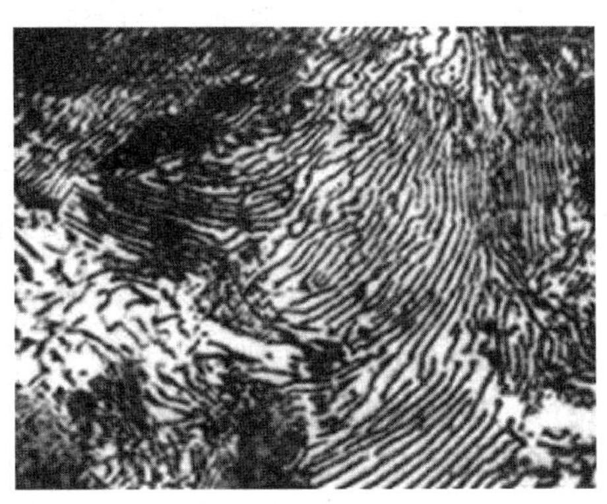

图4－42　珠光体

2. 亚共析钢（$0.0218\% < w_C < 0.77\%$）

这种合金在凝固时，一部分在高温区可能产生包晶转变，由于对以后的结晶过程影响不大，故分析时从略，合金凝固结束时得到全部 γ 相。合金继续冷却至 *GS* 线时发生同素异晶转变，一部分 γ 相转变为 α 相，进入 $\alpha + \gamma$ 两相区，随温度降低，两相平衡成分分别沿 *GP* 和 *GS* 线变化，至727 ℃时，剩余的 γ 相碳含量达到0.77%，将发生共析反应，最后得到 F＋P 的组织。

亚共析钢的室温组织均由铁素体和珠光体组成，钢中碳含量越高，组织中的珠光体量就越多。图4－43（a）、（b）分别为碳含量0.2%和0.6%的亚共析钢的显微组织，图中黑色部分为珠光体，白色部分为铁素体，由于放大倍数较低，不能清晰地观察到珠光体的片层特征。

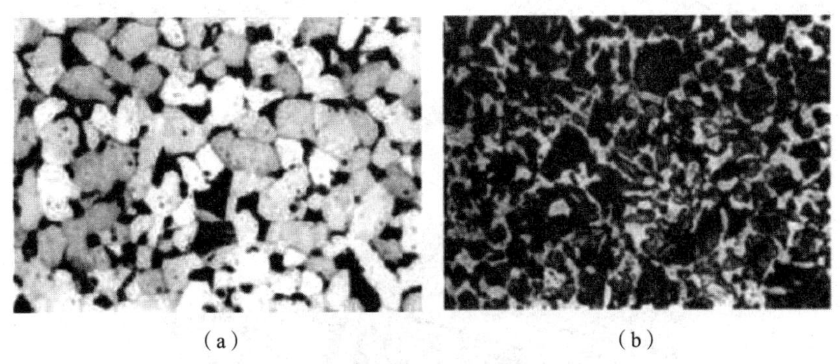

（a）　　（b）

图4－43　不同碳含量亚共析钢的室温组织

（a）含碳量0.2%；（b）含碳量0.6%

亚共析钢室温组织中的铁素体 F 和珠光体 P 的相对量可用杠杆定律求出，以碳含量为0.4%的碳钢为例，其 Q_α 为49.5%，Q_P 为50.5%。

3. 过共析钢（$0.77\% < w_C < 2.11\%$）

该种钢的凝固过程较简单，这里从略，其室温组织为 $P + Fe_3C_{II}$，二次渗碳体一般沿着奥氏体晶界呈网状分布，如图4－44所示。

4. 共晶白口铸铁（w_C=4.3%）

图 4-44 过共析钢室温组织

共晶合金冷却至 1 148 ℃时发生共晶反应，产物为莱氏体 L_d（即 $\gamma + Fe_3C$）。继续冷却，二次渗碳体从共晶奥氏体中不断析出，由于它依附在共晶渗碳体上析出并长大，故难以分辨。当温度降至727 ℃时，共晶奥氏体的碳含量降至 0.77%，在恒温下发生共析转变，生成珠光体（P），最后共晶白口铸铁的室温组织为 $P + Fe_3C$，即室温莱氏体（L'_d），如图 4-45 所示，其中白色部分为渗碳体，黑色部分为珠光体。

5. 亚共晶白口铸铁（2.11%<w_C<4.3%）

该类合金当冷却至液相线 *BC* 以下时开始结晶出 γ 相，在（L+γ）两相区中，L 相和 γ 相的平衡成分分别沿着 *BC* 和 *JE* 线变化，当达到 1 148 ℃时，剩余的液相成分为 4.3%，因此发生共晶反应，产物为莱氏体 L_d，再继续冷却时，L_d 如前所述转变为 L'_d，而先共晶结晶出的 γ 相也和莱氏体中的 γ 相一样转变成 $P + Fe_3C_{II}$，因此，亚共晶白口铸铁的室温组织为 $L'_d + P + Fe_3C_{II}$，如图 4-46 所示。

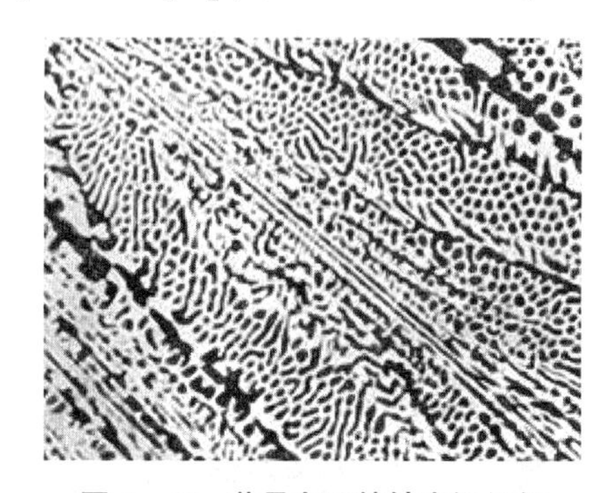

图 4-45 共晶白口铸铁室温组织

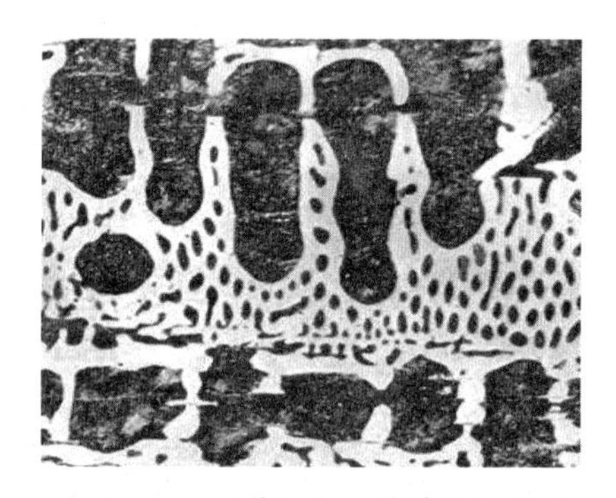

图 4-46 亚共晶白口铸铁室温组织

6. 过共晶白口铸铁（4.3%<w_C<6.69%）

其凝固过程从略，室温组织为 $L'_d + Fe_3C_I$，其中的 Fe_3C_I 称为一次渗碳体，如图4-47 所示。

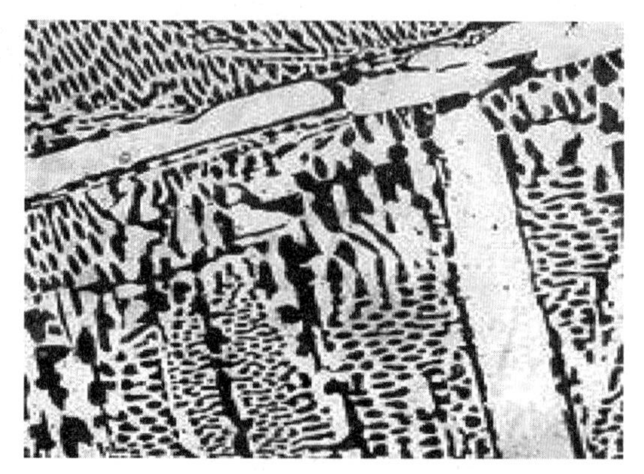

图 4-47 过共晶白口铸铁室温组织

4.3.3　铁碳合金成分－组织－性能之间的关系

1. 碳含量对平衡组织的影响

在研究了各种 Fe－C 合金的凝固过程后，人们对各种合金的室温组织也有了清楚的了解。为了使用方便，常将 Fe－C 合金的平衡组织直接表示在相图中，这样便于将显微组织和碳含量的关系更直观地表示出来，如图 4－48 所示。

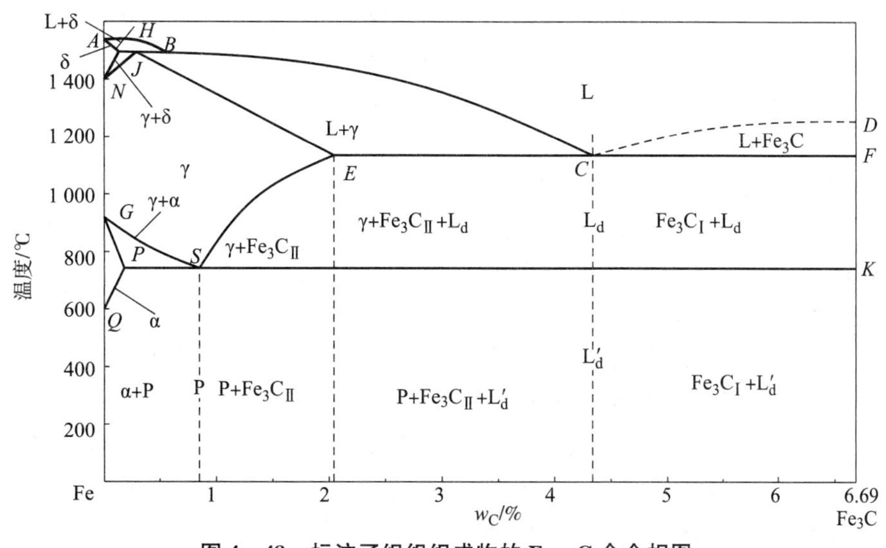

图 4－48　标注了组织组成物的 Fe－C 合金相图

根据杠杆定律可计算出 Fe－C 合金的成分与平衡结晶后的相组成物和组织组成物的相对含量，如图 4－49 所示。

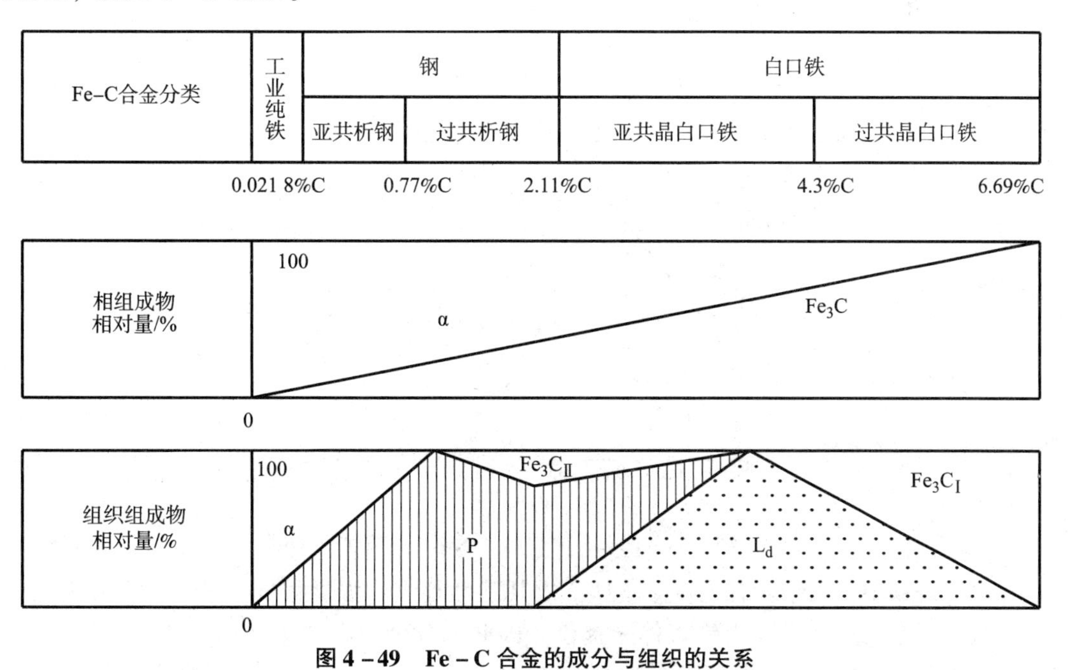

图 4－49　Fe－C 合金的成分与组织的关系

从相组成的角度看，Fe－C 合金在室温下均由 α 和 Fe_3C 两相组成，随着碳含量增加，

α 相含量呈直线下降，而 Fe_3C 的含量则由 0 增到 100%。

从组织组成物的角度看，碳含量的变化引起不同性质的结晶过程，从而使相发生变化，造成组织的变化，随着碳含量的增加，Fe－C 合金的组织变化顺序为

$$\alpha \rightarrow \alpha + P \rightarrow P \rightarrow P + Fe_3C_{II} \rightarrow P + Fe_3C_{II} + L_d' \rightarrow L_d' \rightarrow L_d' + Fe_3C_{I}$$

同一种相，由于生成条件不同，其形态可以有很大差别。例如，从奥氏体中析出的α 相一般呈块状，而经共析反应生成的珠光体中的 α 相呈层片状。Fe_3C 的形态变化更为复杂，从液相中直接结晶的一次渗碳体呈长条状，从奥氏体中析出的二次渗碳体呈网状分布在晶界上，莱氏体中的共晶渗碳体为连续的基体，共析渗碳体呈层片状，等等。可见，化学成分的变化，不仅会引起相的相对含量的变化，也会引起组织的变化，这将对 Fe－C 合金的性能产生很大影响。

2. 碳含量对铁碳合金力学性能的影响

铁素体具有软韧性，渗碳体是硬脆相。珠光体由铁素体和渗碳体组成，渗碳体以片状分散地分布在铁素体基体上，起到强化作用，因此珠光体具有较高的强度和硬度，但塑性较差。图 4－50 所示为碳含量对退火状态下碳钢力学性能的影响，可以看出，在亚共析钢中，随着碳含量的增加，珠光体量逐渐增多，强度、硬度升高，而塑性、韧性下降。当碳含量达到 0.77% 时，其性能就是珠光体的性能。在过共析钢中，碳含量接近 1% 时，其强度达到最高值，碳含量继续增加，强度下降，这是由于脆性的二次渗碳体当碳含量高于 1% 时，在晶界形成连续的网络，使钢的脆性大大增加。因此，在用拉伸试验测定其强度时，会在脆性的二次渗碳体处出现早期裂纹，并发展至断裂，使其抗拉强度下降。

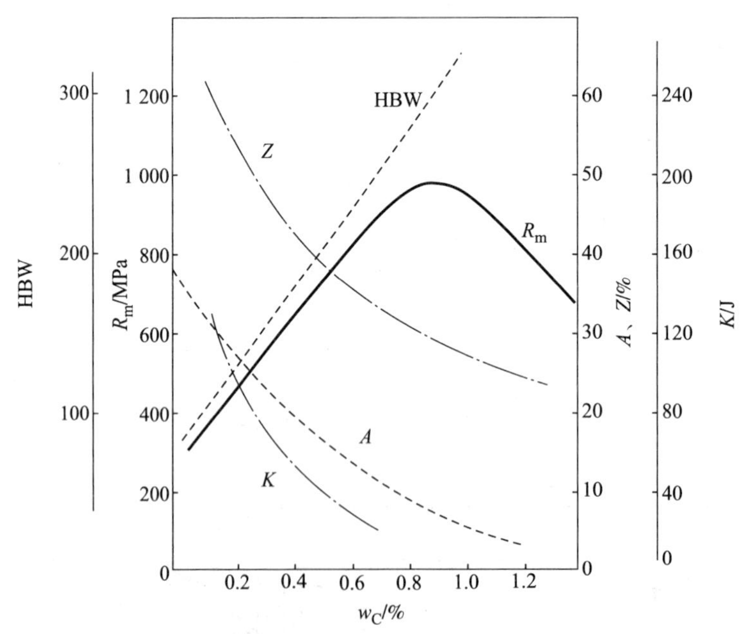

图 4－50　碳含量对平衡状态下碳钢力学性能的影响

在白口铸铁中，由于含有大量渗碳体，故其脆性很大，强度很低。渗碳体的硬度很高，但是极脆，合金的塑性主要由铁素体来提供。因此，合金中碳含量增加而使铁素体量减少时，Fe－C 合金的塑性将不断降低。当组织中出现以渗碳体为基体的莱氏体时，塑性降低到接近 0。冲击韧性对组织十分敏感。碳含量增加时，脆性的渗碳体量增多，当出现网状的二

次渗碳体时，韧性急剧下降。总体来看，韧性比塑性下降的趋势要大。

硬度对组成相的形态不敏感，它的大小主要决定于组成相的数量和硬度。因此，随着碳含量的增加，高硬度渗碳体量增多，低硬度的铁素体量减少，Fe－C 合金的硬度呈直线升高。

为了保证工业上使用的 Fe－C 合金具有适当的塑性和韧性，合金中的渗碳体相的数量不应过多。对碳钢及普通低、中合金钢而言，其碳含量一般不超过 1.35%。

3. 碳含量对工艺性能的影响

1）铸造性能

金属的铸造性能主要包括金属的流动性、收缩性以及偏析倾向。

碳含量对流动性影响很大。对于碳钢来说，随着碳含量的增加，钢的结晶温度范围增大，流动性变差。对于铸铁来说，共晶成分铸铁流动性最好；亚共晶铸铁随着碳含量的提高，结晶温度范围缩小，流动性随之提高；过共晶铸铁随着碳含量的提高，流动性变差。

收缩性是指合金从浇注温度冷却至室温的过程中，其体积和线尺寸减小的现象，这将使铸件产生缺陷，如缩孔、缩松、铸造应力、变形和裂纹。一般来说，随着碳含量的增加，钢的收缩性不断增大。

偏析是指合金中化学成分不均匀的现象，一般来说，固相线与液相线之间的垂直距离越大，合金枝晶偏析越严重。

2）锻造性能

金属的锻造性能是指金属在进行压力加工时，能改变形状而不产生裂纹的性能。钢的锻造性能首先与碳含量有关，低碳钢的可锻性较好，钢的锻造性能随着碳含量的增加逐渐变差。

奥氏体具有良好的塑性，易于塑性变形。钢加热到高温可获得单相奥氏体组织，具有良好的锻造性能。因此，钢材的始锻温度或终锻温度一般在固相线以下 100～200 ℃范围内。终锻温度不能过低，以免因温度过低而使钢材塑性变差，产生裂纹。一般对亚共析钢终锻温度控制在 *GS* 线以上较近处，对过共析钢控制在 *ES* 线以上较近处。

白口铸铁无论在低温或高温，其组织都是以硬而脆的渗碳体为基体，其锻造性能很差，不能通过锻造进行变形。

3）切削加工性能

金属材料的切削加工性能问题，是十分复杂的问题，一般要从允许的切削速度、切削力、表面粗糙度等几个方面进行评价，金属材料的化学成分、硬度、韧性、导热性以及组织结构、加工硬化程度等对其均有影响。

钢的碳含量对切削加工性能有一定的影响。低碳钢中的铁素体较多，塑性、韧性好，切削加工时产生的切削热较大，容易粘刀，而且切削不易折断，影响表面粗糙度，因此其切削加工性能不好。高碳钢中渗碳体多，硬度较高，会导致刀具严重磨损，其切削性能也差。中碳钢的铁素体与渗碳体的比例适当，硬度和塑性也比较适中，其切削加工性能较好。一般认为，钢的硬度大致为 240 HBW 时，其切削加工性能较好。

钢的导热性对它的切削加工性能具有很大的影响。具有奥氏体组织的钢导热性低，切削热很少为工件所吸收，基本上集中在切削刃附近，因而使刃具的切削刃变热，降低了刀具使用寿命。因此，尽管奥氏体钢的硬度不高，但其切削加工性能也不好。

合金组织的形态同样影响切削加工性能，亚共析钢的组织是铁素体 + 片状珠光体，具有较好的切削加工性能；过共析钢的组织为片状珠光体 + 网状二次渗碳体，其切削加工性能很差，若将渗碳体变成粒状，则可改善切削加工性能。

4.3.4 铁碳相图的应用

1. 在选材方面的应用

$Fe-Fe_3C$ 相图总结了铁碳合金组织及性能随成分的变化规律，这样就便于根据工件的工作环境和性能要求来选择材料。

若需要塑性、韧性高的材料，应选用低碳钢（碳含量为 0.10% ~0.25%）；需要强度、塑性及韧性都较好的材料，应选用中碳钢（碳含量为 0.25% ~0.60%）；当需要硬度高、耐磨性好的材料时，应选用高碳钢（碳含量为 0.60% ~1.30%）。一般低碳钢和中碳钢主要用来制造机器零件或建筑结构，高碳钢主要用来制造各种工具。当然，为了进一步提高钢的性能，还需要相应的工艺来配合。

白口铸铁具有很高的硬度和脆性，抗磨损能力也很好，可用来制造需要耐磨而不受冲击载荷的工件，如拔丝模、球磨机的铁球等。另外，白口铸铁也是可锻铸铁的原料。

2. 在制定加工工艺方面的应用

$Fe-Fe_3C$ 相图总结了不同成分合金在缓慢加热和冷却时组织转变的规律，即组织随温度变化的规律，这就为制定加工工艺提供了理论依据。例如，相图给出了不同成分的钢和铸铁的熔点，这就为拟定铸造工艺提供了基本数据，可以确定合适的出钢温度。另外，由相图可知，共晶和接近共晶成分的合金具有较好的铸造性能，因此，接近共晶成分的铁碳合金在铸造生产中得到了广泛的应用。

钢处于奥氏体状态时，强度低、塑性好，容易塑性变形。因此，钢材在进行锻造、热轧时都要将坯料加热到奥氏体状态。一般始锻温度控制在固相线以下 100 ~200 ℃范围内，而终锻温度则选择在相应的临界点以上不远处。总之，各种碳素钢的始锻温度一般为 1 250 ~1 150 ℃，终锻温度为 750 ~850 ℃，具体温度应根据情况合理确定。

各种热处理工艺与 $Fe-Fe_3C$ 相图也有密切的关系，退火、正火、淬火温度的选择均需要参考铁碳相图。这将在以后的章节中介绍。

习题与思考题

1. 解释下列名词。

过冷度、同素异晶转变、均质形核、非均质形核、相、组织、合金及合金系、组元、相图、液相线、固相线、匀晶转变、共晶转变、共晶体、包晶转变、共析转变、铁素体、奥氏体、渗碳体、珠光体、莱氏体。

2. 纯金属结晶与合金结晶有什么异同？

3. 如何根据相图判定合金的力学性能和工艺性能？

4. 铁碳合金的基本相和组织有哪些？各用什么符号表示？分别叙述它们的定义及基本性能。

5. 默绘出 $Fe-Fe_3C$ 相图，并叙述各特征点、线的名称及含义。标出各相区的相和组织组成物。

6. 指出一次渗碳体、二次渗碳体、三次渗碳体、共晶渗碳体、共析渗碳体、网状渗碳体之间有何异同？

7. 分析 $w_C=0.3\%$、$w_C=0.6\%$、$w_C=1.0\%$ 的铁碳合金从液态平衡冷却到室温的转变过程，用冷却曲线和组织示意图说明各阶段的组织，并分别计算室温下相组成物及组织组成物的相对含量。

8. 某碳钢的碳含量不清，经金相检查发现其显微组织是 F＋P。其中 P 所占比例约为 20%，可否据此求出它的碳含量大约是多少？

9. $Fe-Fe_3C$ 相图在实际生产中有哪些应用？

10. 碳含量对铁碳合金的力学性能和工艺性能有何影响？

11. 金属铸锭通常由哪几个晶区组成？它们的性能特点如何？

12. 为了得到发达的柱状晶区应该采取什么措施？为了得到发达的等轴晶区应该采取什么措施？为什么？

13. 为什么铸造合金多选用共晶成分合金？为什么进行塑性加工的合金常选用单相固溶体成分合金？

第5章　热处理原理与工艺

5.1　热处理概述

5.1.1　热处理在金属材料中的作用

所谓金属热处理是借助于一定的热作用（有时机械作用、化学作用或其他作用）来人为地改变金属内部的组织和结构，从而获得所需性能的工艺操作。在各种金属材料和制品的生产过程中，热处理是不可缺少的重要环节之一。

金属材料及制品生产过程中之所以进行热处理，其主要作用和目的是：

（1）改善工艺性能，保证后道工序顺利进行。如均匀化退火可以改善材料（制品）的热加工性能；中间退火可以改善材料（制品）的冷加工性能；用高碳钢制造的刀具采用正火和球化退火工艺是保证其机械加工性能要求的必不可少的工序。

（2）提高使用性能，充分发挥材料潜力。如航空工业中应用广泛的2A12硬铝经淬火和时效处理后，抗拉强度可从196 MPa提高到392～490 MPa；共析碳钢经热轧空冷硬度仅为25 HRC左右，加工成刀具后再进行淬火和低温回火，其硬度可达62 HRC以上，抗拉强度可达1 372 MPa。某些特殊性能的金属材料，经不同的热处理甚至可使其性能由硬脆变强韧，或中心强韧而表面硬且耐磨等。

正是因为热处理对材料性能有如此巨大的作用，所以热处理在材料科学中才占有重要的地位。

5.1.2　热处理基本类型

在工业上实际应用的热处理工艺，尽管其形式和工艺参数各不相同，但就其热处理的基本过程来说，无论哪一种热处理工艺，都是由加热、保温和冷却3个阶段组成的，并且整个工艺过程都可以用加热速度、加热温度、保温时间、冷却速度等几个基本工艺参数来描述，如图5－1所示。

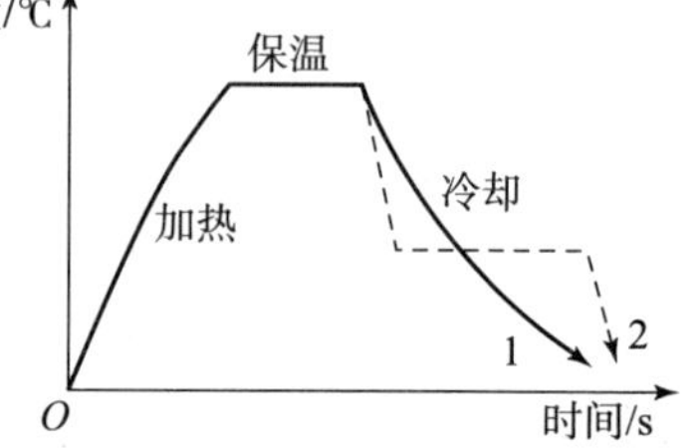

图5－1　热处理工艺示意图

1—连续冷却；2—等温处理

根据热处理时外界对金属材料施加的作用，以及材料内部组织、结构和状态变化的特点，可将常用的热处理形式分为3类，即基本热处理、化学热处理和形变热处理。

1. 基本热处理

所谓基本热处理是指以热作用为主的热处理，即只有热作用对金属材料的内部组织、结构、状态和性能起决定性的影响，材料的化学成分、形状和尺寸在热处理前后并不发生大的变化。基本热处理包括以下几种形式。

1）均匀化退火（扩散退火）

均匀化退火是用于消除或减少铸态合金非平衡状态的热处理。其主要目的是借助高温时合金内部原子的扩散，使铸锭（或铸件）晶内化学成分均匀，组织达到或接近平衡状态，改善复相合金中第二相的形状和分布，提高合金塑性，改善合金加工性能和最终使用性能。

2）基于回复、再结晶的退火

金属冷变形后组织处于亚稳状态，其内能增高、强度硬度增加、组织发生变化，有时还出现织构，若将其加热到一定的温度，会发生回复、再结晶，变形织构也会发生变化，从而在一定程度上消除由冷变形造成的亚稳状态，使金属材料获得所需组织、结构和性能。这种热处理称为基于回复、再结晶的退火，这种热处理还包括消除应力退火。

3）基于固态相变的退火

这是以固态金属经高温保温和冷却所发生的扩散型相变为基础的热处理，与均匀化退火及基于回复、再结晶退火的主要区别是：后者并不以固态相变为先决条件，或者不发生任何固态相变，而前者的先决条件和基本过程则是扩散型固态相变。由于扩散型固态相变的种类很多（如多型性转变、共析转变、加热时第二相溶解和冷却时第二相析出等），对金属组织和性能影响较大，因此这类退火有很多形式，在实际中已得到普遍的应用。

4）淬火

将金属从固态下的高温状态以过冷或过饱和形式固定到室温，或使高温相在冷却时转变为另一种晶体结构的亚稳状态，这种热处理称为淬火。

根据淬火金属内部所发生的变化，可将淬火分为两种：

（1）若淬火仅仅是使高温相以过冷或过饱和状态固定到室温，在淬火过程中晶体结构不发生变化，称为无多型性转变的淬火，又称为固溶处理。

（2）若淬火时金属的晶体结构类型发生改变，则称为有多型性转变的淬火。与基于固态相变的退火相似，此种淬火的先决条件是必须在固态下有相变。但与退火不同的是，淬火在大多数情况下要快冷，使淬火时无扩散过程发生或扩散不是过程的控制因素。

淬火的主要目的是获得过饱和固溶体，给随后的时效或回火做好组织准备。有些合金在淬火状态具有良好的塑性，因而淬火可作为这些合金冷成形前的软化操作。此外，少数合金在淬火后具有最佳的性能，淬火就是这些合金的最终热处理形式。

5）时效或回火

无论合金有无多型性转变，淬火得到的过饱和固溶体，都是具有较高能量状态的亚稳相，只要有可能（如加热到一定温度或在室温保持较长时间），它就会向较低能量的稳定状态转化，这种转化是通过过饱和固溶体的分解来实现的。室温保持或加热使过饱和固溶体分解的热处理称为时效或回火。

一般来说，时效是对于有色金属而言的，其目的是进一步强化材料，使材料硬度和强度提高，同时也不可避免地伴随有塑性和韧性的下降。而回火是对于钢材来说的，其目的一般是减小或消除淬火钢件中的内应力，提高其组织稳定性或者降低其硬度和强度，以提高其塑性或韧性。当然，某些钢材（如奥氏体不锈钢、奥氏体耐热钢、马氏体时效钢等）也常采用时效进行强化。

应注意，时效和回火是合金淬火的后续工序，没有淬火就无所谓时效或回火。利用淬火 + 时效或淬火 + 回火，可赋予合金优良的综合性能。

2. 化学热处理

所谓化学热处理是将热作用和化学作用有机地结合起来的热处理。由于热作用和化学作用同时发生，使某些元素（金属或非金属）渗入金属中。即化学热处理不仅可以改变金属材料的组织，而且可以改变其化学成分（一般是表面成分）。在进行化学热处理时，金属材料的形状和尺寸通常不发生大的变化。

化学热处理的主要目的是改善材料的表面性能（如提高材料表面硬度、耐磨性和耐蚀性等）。

3. 形变热处理

形变热处理是将塑性变形和热作用结合起来的热处理，但是并非任何将塑性变形与加热、冷却随意结合起来的工艺都是形变热处理。只有将那些能提高金属材料内部晶体缺陷密度的塑性加工与能发生固态相变的热作用结合起来、能显著改变材料的组织和结构以及能明显提高材料性能的工艺才算形变热处理。换言之，形变热处理是塑性变形的变形强化与热处理的相变强化相结合，使成形工艺及获得最终性能统一起来的综合热处理形式。其结果是合金性能将优于仅用基本热处理或仅用变形的合金所达到的性能。

在实际应用中，无论哪一种具体的热处理工艺过程都可归诸上述某种热处理类型，或上述几种热处理类型的结合。但必须指出，实际应用的热处理工艺多种多样，在生产中有些热处理也不一定按上述类别的名称命名。还须强调说明，各种形式的热处理在生产中不是单独分开的，往往在一次热处理过程中，同一金属材料内部就发生了多种形式热处理的复杂过程，即在金属材料内部进行着多种固态转变，在遇到实际问题时，必须从具体情况出发，进行全面、综合分析。下面主要介绍钢的热处理原理与工艺。

5.2 钢在加热时的组织转变

钢的热处理一般都必须先将钢加热至临界温度以上（如正火、淬火、大多数的退火工艺，回火除外），获得奥氏体组织，然后再以适当方式冷却，以获得所需要的组织和性能。通常把钢加热获得奥氏体的转变过程称为奥氏体化过程。

5.2.1 奥氏体的形成

1. 转变温度

在 $Fe-Fe_3C$ 相图中，共析钢在加热和冷却过程中经过 *PSK* 线（A_1）时，发生珠光体与奥氏体之间的相互转变；亚共析钢经过 *GS* 线（A_3）时，发生铁素体与奥氏体之间的相互转变；过共析钢经过 *ES* 线（A_{cm}）时，发生渗碳体与奥氏体之间的相互转变。A_1、A_3、A_{cm} 为钢在平衡条件下的临界点。在实际热处理过程中，加热和冷却不可能极其缓慢，因此上述转变往往会产生不同程度的滞后现象。实际转变温度与平衡临界温度之差称为过热度（加热时）或过冷度（冷却时）。过热度或过冷度随加热或冷却速度的增大而增大。通常把加热时的临界温度加注“*c*”，如 Ac_1、Ac_3、Ac_{cm}，而把冷却时的临界温度加注“*r*”，如 Ar_1、Ar_3、

Ar_{cm}，如图 5－2 所示。

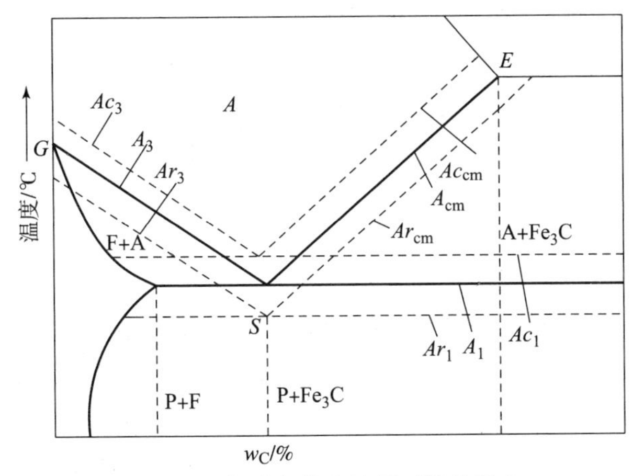

图 5－2　钢在加热和冷却时的临界点

2. 奥氏体形成过程

以共析钢为例说明奥氏体的形成过程。共析钢在室温时，其平衡组织为单一珠光体，是由含碳极少的铁素体和碳含量很高的渗碳体所组成的两相混合物，其中铁素体是基体相，渗碳体为分散相。珠光体的平均碳含量为 0. 77%，当加热至 Ac_1 以上温度保温，珠光体将全部转变为奥氏体。由于铁素体、渗碳体和奥氏体三者的碳含量和晶体结构都相差很大，因此，奥氏体的形成过程为碳的扩散重新分布和铁素体向奥氏体的晶格重组，具体过程包括：奥氏体形核、长大、剩余渗碳体溶解和奥氏体均匀化，如图 5－3 所示。

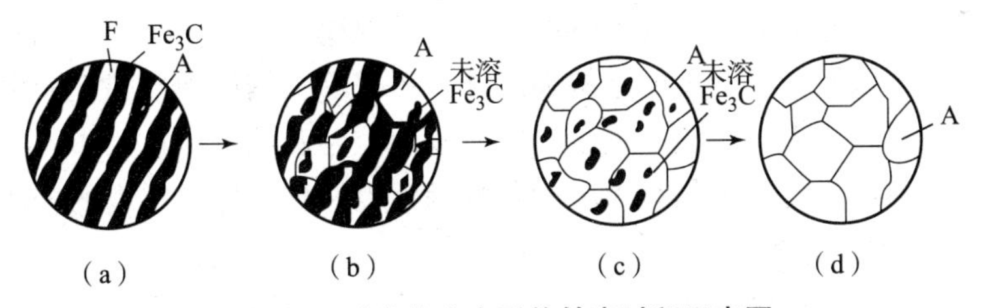

图 5－3　珠光体向奥氏体转变过程示意图

(a) 奥氏体形核；(b) 奥氏体长大；(c) 残余渗碳体溶解；(d) 奥氏体均匀化

1）奥氏体形核

共析钢被加热至 Ac_1 以上某一温度保温时，珠光体处于不稳定状态，由于铁素体与渗碳体相界面上碳浓度分布不均匀，原子排列不规则，位错、空位密度较高，这些都为奥氏体形核创造了有利条件，故奥氏体晶核将优先在珠光体相界面处形成，如图 5－3（a）所示。

2）奥氏体晶核的长大

奥氏体长大是通过渗碳体的溶解、碳在奥氏体和铁素体中的扩散以及铁素体向奥氏体转变而进行的。新形成的奥氏体一边与渗碳体相接，另一边与铁素体相接，其与铁素体相接处碳含量较低，而与渗碳体相接处碳含量较高，因此在奥氏体中就出现了碳的浓度梯度，引起碳在奥氏体中不断由高浓度处向低浓度处扩散。扩散将导致渗碳体的碳含量降低而另一侧铁素体的碳含量升高，这样就促使渗碳体不断地溶解、铁素体不断地转变为奥氏体。所以，奥氏体的晶核在相界面处同时向两侧长大，如图 5－3（b）所示。

3）残余渗碳体的溶解

在奥氏体长大的过程中，由于铁素体与奥氏体相界面上的浓度差要远小于渗碳体与奥氏体相界面上的浓度差，因而奥氏体向铁素体一侧的长大速度较快，而向渗碳体一侧的长大速度则较慢，即铁素体向奥氏体的转变速度比渗碳体的溶解速度快得多。因此，珠光体中的铁素体总是先消失，这就使得珠光体中的铁素体完全转变为奥氏体后，钢内部仍有部分未溶解的渗碳体，这部分剩余渗碳体将在随后的保温过程中继续分解并溶入奥氏体中，如图 5－3（c）所示。

4）奥氏体成分均匀化

当剩余渗碳体全部溶解后，奥氏体中的碳浓度仍是不均匀的。原先是渗碳体的部位碳浓度较高，而原先是铁素体的部位碳浓度较低，只有经过较长时间保温或继续加热后，碳原子进行充分的扩散，最终才能得到成分均匀的奥氏体，如图 5－3（d）所示。

亚共析钢和过共析钢的奥氏体化过程与共析钢基本相同。区别仅在于它们被加热至 Ac_1 以上时只能使原始组织中的珠光体转变为奥氏体，仍会保留一部分先共析铁素体或先共析渗碳体。只有当加热温度超过 Ac_3 或 Ac_{cm}，并保温足够的时间后，才能获得均匀的单相奥氏体。

5.2.2 奥氏体晶粒的长大及其影响因素

生产实践证明，钢加热后形成的奥氏体组织，特别是奥氏体晶粒的大小对其冷却转变后的组织和性能有着重要的影响。一般来说，加热时得到的奥氏体晶粒越细小，钢热处理后的力学性能就越好。若钢奥氏体化的温度过高或在高温下停留的时间过长，使钢的奥氏体晶粒粗大，将显著降低钢的冲击韧度并提高钢的脆性转折温度。此外，钢件的晶粒粗大，尤其是晶粒大小不均匀时，除显著降低钢的结构强度外，还容易在钢件内部引起应力集中，使钢件产生淬火变形甚至开裂。为了在热处理生产中有效地控制奥氏体晶粒大小，必须清楚奥氏体晶粒度的概念，了解影响奥氏体晶粒大小的各种因素以及奥氏体晶粒度的控制方法。

1. 奥氏体晶粒度的概念

晶粒度是晶粒大小的量度。奥氏体的晶粒度是钢材及其热加工质量重要的评定指标之一。奥氏体晶粒度的级别可参照标准系列的晶粒评级图进行比较确定，图 5－4 所示为 1～8 级标准晶粒度等级示意图。晶粒度 5 级以下为粗晶粒，5～8 级为细晶粒，8 级以上为超细晶粒，晶粒度级别也可分为半级，如 0.5、1.5、2.5 级等。晶粒级数越高，钢材的性能越好。

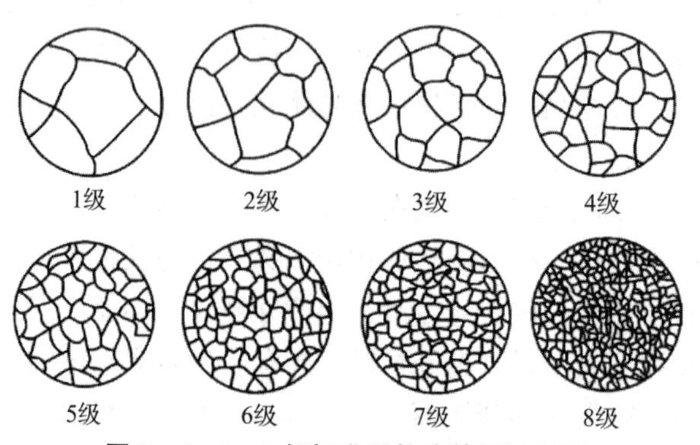

图 5－4　1～8 级标准晶粒度等级示意图

根据奥氏体形成过程和晶粒长大的情况，奥氏体晶粒度可分为：起始晶粒度、实际晶粒度和本质晶粒度。

1）起始晶粒度

起始晶粒度是指钢中珠光体刚刚全部转变为奥氏体时的奥氏体晶粒度。一般情况下，奥氏体的起始晶粒比较细小，在继续加热或保温时，晶粒就要长大。

2）实际晶粒度

实际晶粒度是指钢在具体的热处理或热加工条件下实际获得的奥氏体晶粒度，其大小直接影响钢的性能。实际晶粒一般总比起始晶粒大，因为热处理生产中，通常都有一个升温和保温的阶段，就在这段时间内，晶粒有了不同程度的长大。

3）本质晶粒度

生产中发现不同牌号钢的奥氏体晶粒长大倾向是不同的，如图 5－5 所示。有些钢的奥氏体晶粒随着加热温度的升高会迅速长大，而有些钢的奥氏体晶粒则不容易长大。通常，把前者称为本质粗晶粒钢，而把后者称为本质细晶粒钢。显然，本质晶粒度只表示钢在加热时奥氏体晶粒长大倾向的大小，并不代表钢在加热时的奥氏体实际晶粒大小。

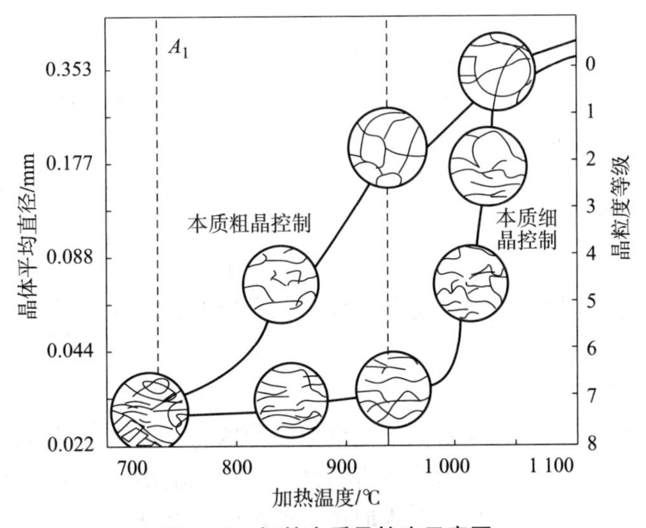

图 5－5　钢的本质晶粒度示意图

但不能认为本质细晶粒钢在任何温度加热条件下晶粒都不会粗化。例如，工艺实验规定的热处理温度是 930 ℃，若热处理温度在 950～1 000 ℃以上，就完全有可能得到相反的结果，这时本质细晶粒钢的实际晶粒反而比本质粗晶粒钢要大，因为在 950～1 000 ℃以上本质细晶粒钢具有更大的长大倾向。

钢在加热时奥氏体的长大倾向与脱氧方法和钢中的合金元素有关。通常用铝脱氧或含有 Nb、Ti、V 等元素的钢都是本质细晶粒钢，这是由于 Al、Nb、V、Ti 等元素易形成 AlN、Al_2O_3、NbC、TiC、VC 等不易溶解的小粒子，分布在奥氏体晶界上，阻碍了奥氏体晶粒的长大；但当加热温度很高时，这些化合物会聚集长大或因溶解而消失，丧失了阻碍作用，使奥氏体晶粒突然长大。用 Si、Mn 脱氧的钢一般为本质粗晶粒钢，这是由于晶界上不存在细小的化合物粒子，奥氏体晶粒长大不受阻碍，因而随着温度升高，晶粒会逐渐长大。需经热处理的工件一般都采用本质细晶粒钢。

2. 影响奥氏体晶粒长大的因素

钢在加热过程中，当其组织刚刚全部转变为奥氏体时，晶粒一般是非常细小的，但是随着加热温度的升高或保温时间的延长，晶粒便会长大。奥氏体晶粒长大是通过晶界的迁移来实现的，晶界迁移实质上就是原子在晶界附近的扩散。因此，凡是影响晶界原子扩散的因素都会影响奥氏体晶粒的长大。

1）加热温度和保温时间

钢的加热温度越高，晶粒长大速度越快，奥氏体晶粒越容易粗化。延长保温时间也会引起晶粒长大，但其影响要小得多。所以，比较而言加热温度是影响奥氏体晶粒长大的主导因素，对其应严格控制。生产中要根据钢的临界点、工件尺寸大小以及装炉量确定合理的加热规程，防止过热，避免奥氏体晶粒粗化。

2）加热速度

加热温度相同时，加热速度越快，过热度越大，奥氏体的实际形成温度越高，形核率就越大，这将有利于最终得到细小的奥氏体晶粒。因此，实际生产中常采用快速加热、短时保温的工艺来细化奥氏体晶粒，高频感应加热淬火就是利用这一原理细化奥氏体晶粒的实例。

3）钢的化学成分

在一定的碳含量范围内，随着奥氏体中碳含量的增加，奥氏体晶粒长大的倾向增大。但当碳含量超过一定量后，若碳能以未溶碳化物的形式存在，则奥氏体晶粒长大将会受到第二相碳化物的阻碍，反而使晶粒长大倾向减小。例如，过共析钢在 $Ac_1 \sim Ac_{cm}$ 之间加热时，由于细粒状渗碳体的存在，可以得到细小的奥氏体晶粒；而共析钢在相同的温度下加热时则得到较粗大的奥氏体晶粒。

用铝脱氧的钢或在钢中加入钒、钛、铌、锆等合金元素，这些元素在钢中能形成高熔点的碳化物、氧化物或氮化物并以细小的质点分布在晶界上，能起到阻碍奥氏体晶粒长大的作用。锰和磷则是能促进奥氏体晶粒长大的元素。

4）钢的原始组织

一般来说，钢的原始组织越细密，碳化物弥散度越高，加热后得到的奥氏体晶粒也越细小。与粗片状珠光体相比，细珠光体加热后总是容易获得细小的奥氏体晶粒。在相同的加热条件下，与球状珠光体相比，片状珠光体加热时奥氏体晶粒易于粗化，这是因为片状珠光体中碳化物的表面积大，溶解快，奥氏体形成速度也快，奥氏体形成后即较早地进入晶粒长大阶段的缘故。

由以上分析可知，可以通过合理选择加热温度和保温时间，或选用含有细化晶粒元素的优良钢种等措施控制奥氏体的晶粒度。生产中采用快速加热、短时保温的工艺，或者多次快速加热－冷却的方法都能够有效地细化奥氏体晶粒。

5.3 钢在冷却时的组织转变

奥氏体化后的钢只有通过适当的冷却，才能得到所需要的组织和性能。所以，冷却是热处理的关键工序，它决定着钢在热处理后的组织和性能。

生产中冷却的方式是多种多样的。经常采用的有两种：一种是等温冷却（如等温淬火、等温退火等），即将奥氏体化后的钢由高温快速冷却到临界温度以下某一温度，保温一段时间以进行等温转变，然后再冷却到室温，如图 5 - 1 中曲线 2 所示。另外一种是连续冷却（如炉冷、空冷、油冷、水冷等），即将奥氏体化后的钢连续从高温冷却到室温，使奥氏体在一个温度范围内发生连续转变，如图 5 - 1 中曲线 1 所示。

奥氏体冷至临界温度以下，处于热力学不稳定状态，经过一定孕育期后，才可转变。这种在临界点以下尚未转变的处于不稳定状态的奥氏体称为过冷奥氏体。

5.3.1　过冷奥氏体的等温转变

1. 过冷奥氏体的等温转变曲线的建立

过冷奥氏体的等温转变曲线可综合反映过冷奥氏体在不同过冷度下的等温转变过程，称为 IT 图（Isothermal Transformation）或 TTT 图（Temperature - Time - Transformation）。因其形状像英文字母“C”，故称为 C 曲线。现以共析钢为例介绍过冷奥氏体等温转变曲线的建立过程。

将共析钢加工成若干圆片状试样，并分成若干组。首先选一组试样加热至奥氏体化后，迅速转入 A_1 以下一定温度的熔盐浴中等温，得到过冷奥氏体进行组织转变的开始时间和终了时间。多组试样在不同等温温度下进行试验，将各温度下的转变开始点和终了点都绘在温度 - 时间坐标系中，并将不同温度下的转变开始点和转变终了点分别连接成曲线，就可以得到共析钢的过冷奥氏体等温转变曲线，如图 5 - 6 所示。

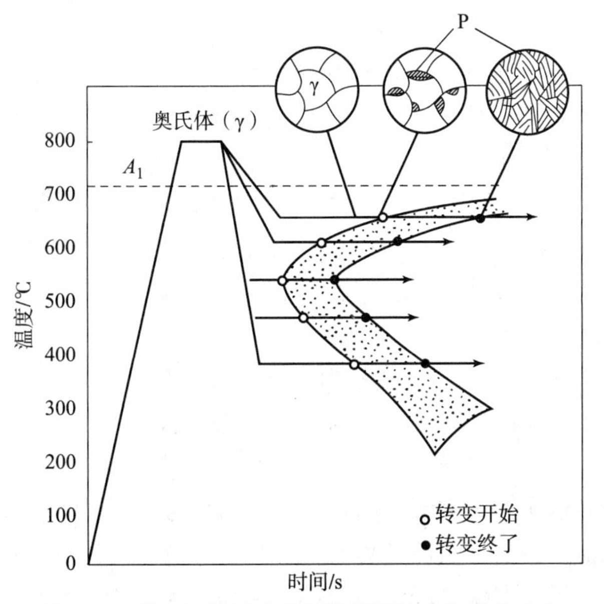

图 5 - 6　共析钢的过冷奥氏体等温转变曲线的建立

2. C 曲线的分析

1）特性线与特性区

图 5 - 7 所示为共析钢的过冷奥氏体等温转变曲线，最上面一条水平虚线表示钢的临界点 A_1，A_1 线以下有两条 C 曲线，左侧一条为过冷奥氏体转变开始线，右侧一条为过冷奥氏体转变终了线。图 5 - 7 中下方有一条水平线 M_s 为马氏转变开始温度（共析钢的 M_s 值约为 230 ℃），下面还有一条水平线 M_f 为马氏体转变终了温度（共析钢的 M_f 值约为 - 50 ℃）。

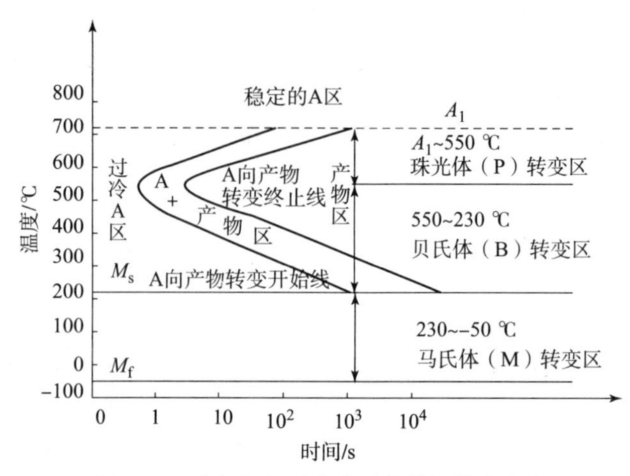

图5－7　共析钢的过冷奥氏体等温转变曲线

A_1 线以上是奥氏体稳定区。A_1 线以下 M_s 线以上，以及纵坐标与过冷奥氏体转变开始线之间的区域为过冷奥氏体区，过冷奥氏体在该区域内不发生转变，处于亚稳定状态。过冷奥氏体转变开始线与转变终了线之间的区域为过冷奥氏体转变区，在该区域过冷奥氏体向珠光体或贝氏体转变。在转变终了线右侧的区域为过冷奥氏体转变产物区。M_s 线至 M_f 线之间的区域为马氏体转变区。

2）孕育期

在 A_1 温度以下某一确定温度，过冷奥氏体转变开始线与纵坐标之间的水平距离为过冷奥氏体在该温度下的孕育期，孕育期的长短表示过冷奥氏体稳定性的高低。孕育期越长，说明过冷奥氏体在此温度下稳定性越好，反之稳定性越差。

由图5－7可以看出，过冷奥氏体在不同温度下的稳定性是不同的。从 A_1 开始，随着等温温度的下降，孕育期逐渐缩短，过冷奥氏体转变速度增大，当温度下降到某一值时（共析钢为550 ℃左右）孕育期最短。此后，随等温温度下降，孕育期又不断增长，过冷奥氏体转变速度减慢。

在C曲线上孕育期最短的地方，过冷奥氏体最不稳定，其转变速度最快，通常将该处称为C曲线的“鼻尖”。而在靠近 A_1 和 M_s 处的孕育期最长，过冷奥氏体比较稳定，转变速度也较慢。

过冷奥氏体的稳定性由两个因素控制：一个是旧相与新相之间的自由能差；另一个是原子的扩散系数。等温温度越低，过冷度越大，自由能差也越大，则过冷奥氏体的转变速度越快；但原子扩散系数却随等温温度降低而减小，从而减慢过冷奥氏体的转变速度。高温时，自由能差起主导作用；低温时，原子扩散系数起主导作用。处于“鼻尖”温度时，两个因素综合作用，使转变孕育期最短，转变速度最大。

3）3个转变区

共析钢过冷奥氏体在3个不同的温度区间，可发生3种性质不同的转变：A_1 ~550 ℃为高温转变区，转变产物为珠光体类型的组织，此温度区间称为珠光体转变区；550 ℃ ~ M_s 线为中温转变区，转变产物为贝氏体，此温度区间称为贝氏体转变区；M_s ~ M_f 为低温转变区，转变产物为马氏体，此温度区间称为马氏体转变区。

3. 过冷奥氏体等温转变产物的组织与性能

以共析钢为例，在不同的过冷度下奥氏体将发生3种不同类型组织的转变，即珠光体型转变、贝氏体型转变和马氏体型转变。

1）珠光体型转变

过冷奥氏体在C曲线A_1～550 ℃温度区间等温将转变为铁素体和渗碳体两相组成的层片状混合物组织，称为珠光体型组织。珠光体型转变也是一个形核和长大的过程，它是由具有面心立方晶格、碳含量为0.77%的奥氏体，转变为体心立方晶格、碳含量小于0.021 8%的铁素体和具有复杂晶格、碳含量为6.69%的渗碳体的两相混合物，因此这种转变必然要发生碳的重新分布和铁原子晶格的改组，而这些都需要通过原子的扩散来完成，所以珠光体型相变是一个典型的扩散型相变。由于这一转变发生在C曲线的较高温度区域，故珠光体型转变又称为高温转变。

珠光体型组织中相邻两片铁素体（或渗碳体）之间的距离为该组织的片间距。片间距的大小主要取决于珠光体型组织的形成温度。等温转变温度越低，过冷度越大，片层间距越小。根据片间距的大小，可将珠光体型组织分为3类：

（1）在温度较高时（A_1～650 ℃），过冷度很小，奥氏体转变形成片层较粗大的组织，在低倍的金相显微镜下就可观察清楚，通常将这种组织仍称为珠光体（用符号P表示），如图5－8（a）所示。

（2）在中温区（650～600 ℃），过冷度稍大，奥氏体转变会得到片层较薄的细珠光体型组织，称为索氏体，用符号S表示。图5－8（b）所示为在电子显微镜下放大8 000倍的索氏体组织。

（3）在温度较低时（600～550 ℃），过冷度很大，奥氏体转变得到片层极细的珠光体型组织，称为托氏体（也称为屈氏体），用符号T表示。托氏体的层片结构在光学显微镜下已无法分辨，只有在放大几千倍以上的电子显微镜下才能分辨出其层片状形态，如图5－8（c）所示。

图5－8　珠光体型转变的显微组织

（a）珠光体光学显微组织（500×）；（b）索氏体的电子显微组织（8 000×）；
（c）托氏体电子显微组织（8 000×）

珠光体、索氏体和托氏体都属于珠光体类型组织，都是铁素体和渗碳体组成的层片相间分布的机械混合物，它们在结构上无本质差别，仅仅是片间距大小不同而已。但是，与珠光体不同，索氏体和托氏体属于奥氏体在较快的冷却速度下得到的非平衡组织。

珠光体型转变产物的性能主要取决于其片间距，其硬度和断裂强度均随片间距的减小而升高，这是因为在受外力拉伸时，塑性变形基本上只在铁素体片内进行，渗碳体片层则有阻碍位错滑移的作用，故一般滑移的最大距离就是一个片间距。片间距越小，单位体积钢中铁素体和渗碳体的相界面越多，对位错运动的阻力越大，即塑性变形的抗力越大，因而硬度和强度都增高。同时，在塑性变形时，片间距越小，渗碳体片越薄，渗碳体片越倾向于随铁素体片一起变形而不至于发生脆断，所以塑性和韧性也有所改善。例如，生产中对钢丝进行冷拔加工时就要求钢的原始组织为索氏体，这样才能保证钢丝在较大变形的情况下不致因拉拔而断裂。共析钢珠光体型转变产物的特性如表 5－1 所示。

表 5－1　共析钢珠光体型转变产物的特性

组织名称	符号	转变温度/℃	组织形态	层片间距/μm	力学性能			
					HRC	R_m/MPa	Z/%	A/%
珠光体	P	A_1 ~650	粗层片状	>0.3	<25	840	20	13
索氏体	S	650~600	细层片状	0.1~0.3	25~35	1 080	35	16
托氏体	T	600~550	极细层片状	<0.1	35~40	1 330	40	14

2）贝氏体型转变

把奥氏体过冷到 C 曲线“鼻尖”以下至 M_s 线温度范围内等温（230~550 ℃），其将发生贝氏体型转变（又称为中温转变）。贝氏体是由含碳过饱和的铁素体与渗碳体组成的两相混合物，用符号 B 表示。在贝氏体转变中，由于转变温度较低，原子扩散能力下降，奥氏体向铁素体的晶格改组已不能通过 Fe 原子的扩散来进行，而是通过原子在切变应力作用下产生一个很小的位移，即切变方式来实现的。由于贝氏体是两相组织，故转变中必然还有碳原子的扩散而且要析出碳化物。但此时温度已明显降低，原子扩散较困难，因此在大多数情况下，碳化物很难充分析出，最终使铁素体处于一定的过饱和状态，故贝氏体的转变属于半扩散型相变。

（1）贝氏体的形态。

由于奥氏体中的碳含量、合金元素含量以及实际转变温度不同，钢中贝氏体的组织形态往往差异很大。常见的形态有两种，即在中温转变区较高温度区间形成上贝氏体（$B_{上}$）；较低温度区间形成下贝氏体（$B_{下}$）。

在共析碳钢和普通的中、高碳钢中，上贝氏体在 550~350 ℃温度范围内形成，在低碳钢中它的形成温度要高些。当转变量不多时，在光学显微镜下明显可见成束的自晶界向晶粒内生长的铁素体条，它的分布具有羽毛状的特征，如图 5－9（a）所示。在电子显微镜下可见，上贝氏体是由许多从奥氏体晶界向晶内平行生长的铁素体板条和在板条间断续分布、且呈短杆状的渗碳体所组成的，如图 5－9（b）所示。

下贝氏体（$B_{下}$）在 350 ℃~M_s 温度范围内形成。典型的下贝氏体是片状铁素体和其内部沉淀碳化物的组织，其铁素体的碳含量较之上贝氏体铁素体具有更大的过饱和度。在光学显微镜下，当转变量不多时，由于下贝氏体易受侵蚀，可清晰地观察到在浅色马氏体背衬上多向分布的铁素体片，其外貌呈黑针状的特征，如图 5－10（a）所示。在电子显微镜下可以观察到下贝氏体中碳化物的形态，它们细小、弥散，呈粒状或短条状，碳化物之间平行排列且与针片状铁素体长轴呈 55°~60°方向规则分布，如图 5－10（b）所示。

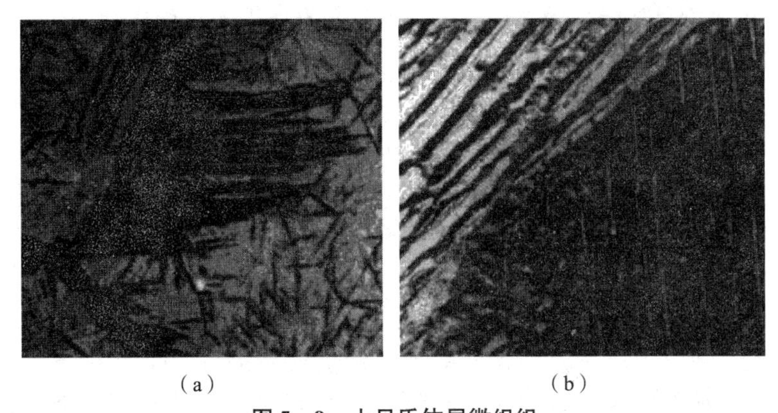

（a） （b）

图 5－9 上贝氏体显微组织

（a）光学显微组织（500×）；（b）电子显微组织（4 000×）

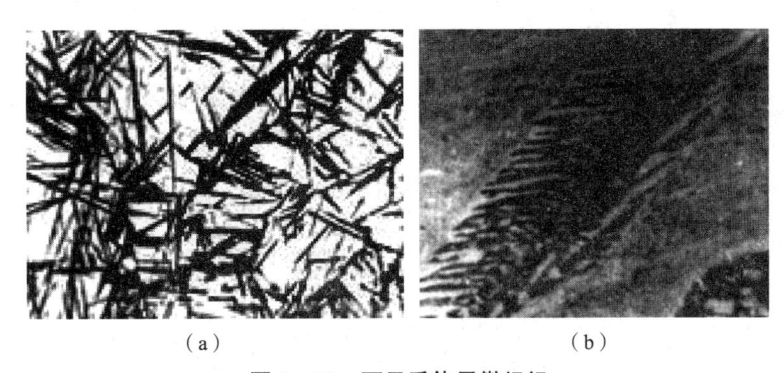

（a） （b）

图 5－10 下贝氏体显微组织

（a）光学显微组织（500×）；（b）电子显微组织（12 000×）

（2）贝氏体的力学性能。

贝氏体的力学性能主要取决于它的组织形态。上贝氏体的形成温度较高，其中铁素体晶粒和渗碳体颗粒较粗大，渗碳体呈短杆状平行分布在铁素体板条之间，这种组织状态使铁素体板条间很容易产生裂纹而引发脆断。因此，上贝氏体的强度和塑性都较差。在钢的热处理生产中应尽量避免形成上贝氏体组织。

下贝氏体组织中铁素体片细小，无方向性，碳的过饱和度大，位错密度高；碳化物在铁素体内部分布均匀，弥散度大，所以下贝氏体硬度高、韧性好，具有良好的综合力学性能，是生产中希望获得的优良组织。生产中广泛采用的等温淬火工艺就是为了得到这种强、韧结合的下贝氏体组织。共析钢上贝氏体和下贝氏体的特性比较如表 5－2 所示。

表 5－2 共析钢上贝氏体和下贝氏体的特性比较

组织名称	符号	转变温度/℃	组织形态	硬度/HRC	性能特点
上贝氏体	$B_{上}$	550～350	羽毛状	40～45	抗拉强度低，塑性差，韧性差
下贝氏体	$B_{下}$	350～M_s	针状（竹叶状）	45～55	强度高，韧性好，综合力学性能好

3）马氏体型转变

过冷奥氏体在 M_s 点（共析钢为 230 ℃）以下区域将发生马氏体转变（又称为低温转

变)。这种转变的关键是要将奥氏体快速冷却，使其直接进入马氏体转变区，而不能让其提前在较高温度时分解为珠光体或贝氏体，因此，就要将加热至高温的钢以很大的冷却速度快速冷却至低温。实际生产中，马氏体一般通过淬火的方法来获得。在快速冷却至低温的条件下，钢中的原子已完全丧失扩散能力，所以马氏体相变属非扩散型相变。

奥氏体向马氏体的转变是在 M_s 点温度开始的，随着温度的降低，马氏体的数量不断增多，直至冷却至 M_f 点温度，马氏体量数量最多，之后再降低温度也不再有马氏体形成。

(1) 马氏体的晶体结构。

马氏体转变的过冷度极大，转变温度很低，转变速度极快。马氏体转变实际上是在极大过冷度条件下，铁原子通过共格切变的方式由奥氏体的 γ - Fe 晶格瞬间改组成 α - Fe 晶格的转变方式。马氏体转变过程中只有铁原子瞬间切变而碳原子完全没有扩散，这样原来奥氏体中的碳原子就被迫全部保留在 α - Fe 晶格中，形成碳在 α - Fe 中过饱和的间隙固溶体，即马氏体。

由于 α - Fe 晶格中的碳原子处于过饱和状态，迫使体心立方晶格发生畸变，如图 5 - 11 所示。假定碳原子占据图中可能存在的位置，则 α - Fe 体心立方晶格的 *c* 轴被拉长，*a* 轴则稍有缩短，这种结构称为体心正方晶格。轴比 *c/a* 的值叫作马氏体的正方度。正方度取决于马氏体中的碳含量，马氏体的碳含量越高，其正方度越大。

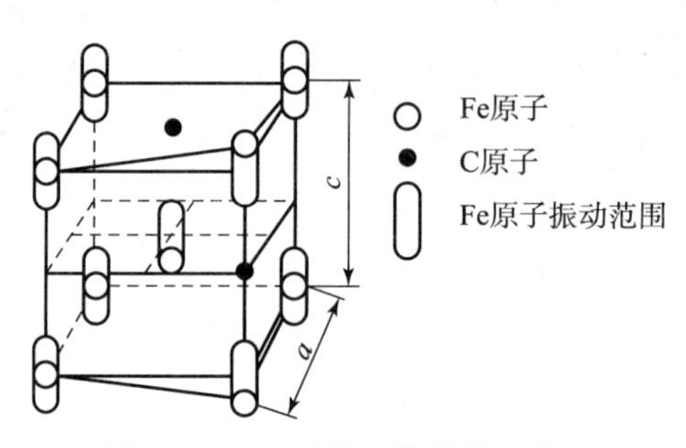

图 5 - 11　马氏体晶体结构示意图

对于碳含量低于 0.25% 的钢，其马氏体晶格仍为体心立方，称之为立方马氏体，这主要是由于碳含量较低时，碳原子优先沿晶体缺陷如位错、空位处偏聚，使晶格不产生明显畸变所致。一般认为碳含量高于 0.25% 的钢其马氏体晶格都具有正方度（即 c/a 均 > 1)，称为正方马氏体。

(2) 马氏体转变的特点。

①马氏体相变为无扩散型相变。

马氏体转变时的晶格改组是靠铁原子集体、协同、定向和有规律的瞬间近程迁移完成的。在整个转变过程中，相邻原子间的位移不超过一个原子间距。马氏体和奥氏体的相界面始终保持严格的共格关系（即界面上的原子同时属于两相晶格)。一旦这种共格关系被破坏，马氏体停止长大，这种转变的方式称为共格切变。钢中奥氏体通过共格切变转变为马氏体时，仅由面心立方晶格改组为体心正方晶格，新相马氏体与母相奥氏体碳含量相同。

②马氏体转变是在一个温度范围内进行的，且转变速度极快。

大多数钢种（碳钢和低合金钢）的马氏体转变是在降温过程中进行的，即在 M_s 点以下，随着温度的下降马氏体形成量不断增加。若停止降温，转变即告中止，而继续降温，则转变复又进行，直至冷到 M_f 点为止。可见在这种情况下，马氏体的转变量取决于冷却到达的温度，与等温停留时间无关。这意味着马氏体是瞬时形核（无孕育期）、快速长大（长到极限尺寸）的。据测定，低碳型马氏体和高碳型马氏体的长大速度分别为 10^2 mm/s 和 10^6 mm/s 数量级，所以每个马氏体片形核后，一般在 $10^{-4}\sim10^{-7}$ s 的时间内即长大到极限尺寸。可见，在连续降温过程中马氏体转变量的增加是靠一批批新的马氏体片的不断形成，而不是靠已有马氏体片的继续长大。

③马氏体转变不完全。

一般钢淬火冷却至室温时，组织中仍将保留相当数量未转变的奥氏体，这部分奥氏体称为残留奥氏体，用符号 A_R 表示。产生这种现象的原因主要有两方面：一是因为很多钢的 M_s 点虽然在室温以上，而其 M_f 点却在室温以下，将钢淬火冷却至室温时，组织转变并未完成，一部分奥氏体就被保留了下来；二是因为马氏体形成时将伴随着明显的体积膨胀，马氏体体积的膨胀会对周围的奥氏体产生很大的压力，随着马氏体转变量的增加，奥氏体受到的压力越来越大，最终将会使部分奥氏体完全丧失转变条件而被强制保留下来。所以在很多情况下，钢即使冷却到 M_f 点以下也仍然得不到 100% 的马氏体。

一般低、中碳钢淬火后组织中的残留奥氏体量很少，高碳钢则不同，随着碳含量的增加，残余奥氏体量不断增加。通常在碳质量分数高于 0.6% 时，在转变产物中应标上残余 A_R，少于 0.6% 时，残余 A_R 可忽略。残余奥氏体量与碳含量的关系如图 5－12 所示。

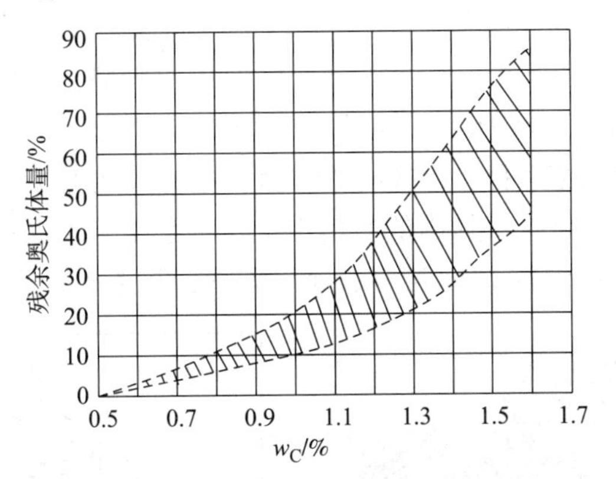

图 5－12　残余奥氏体量与碳含量的关系

淬火后，如钢中残余奥氏体量较多，不仅会使钢的强度和硬度降低，而且还会使零件的尺寸稳定性变差。因为残余奥氏体是不稳定组织，其在一定条件下就会分解，这种组织变化将导致零件的尺寸和形状发生变化，从而使零件的精度降低。

为了减少淬火钢中残余奥氏体的含量，生产中采用将工件淬火至室温后，又立即将其放入室温以下的介质（如干冰＋酒精温度可冷却到－78 ℃，液态氮可达到－195.8 ℃，液态氧可达到－183 ℃）中继续冷却的方法，以增加马氏体的转变量，这种方法称为冷处理。冷处理常用于处理一些要求高精度的零件，如精密量具、精密丝杠等。但通常认为，淬火钢若存在少量残余奥氏体，可以增加钢的韧性，阻止微裂纹的扩展，此外还可以减少零件淬火时的变形。

（3）马氏体的组织形态。

马氏体的组织形态多种多样，其中板条马氏体和片状马氏体最为常见。

①板条马氏体。

板条马氏体是低、中碳钢及马氏体时效钢、不锈钢等铁基合金中形成的典型马氏体组织。一般认为只有当奥氏体的碳含量 $w_C < 0.20\%$ 时，其才能转变为板条马氏体，故又称其为低碳马氏体。图 5 - 13 所示为低碳钢中的板条马氏体组织形态，其由许多成群的、相互平行排列的板条组成。许多相互平行的板条组成板条束，一个原始奥氏体晶粒内可以有几个不同位向的马氏体板条束。又因这种马氏体的亚结构主要是位错，故又称为位错马氏体。

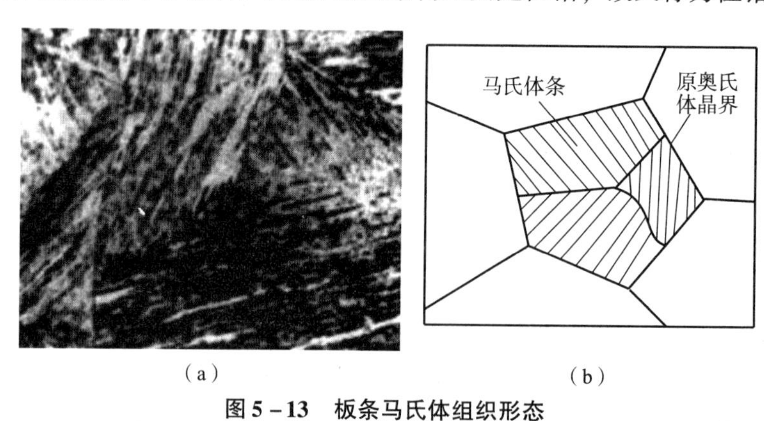

（a）　　　　　　（b）

图 5 - 13　板条马氏体组织形态

（a）板条马氏体显微组织（1 000 ×）；（b）板条马氏体示意图

②片状马氏体。

片状马氏体是在中、高碳钢及 Fe - Ni 合金中形成的典型马氏体组织。高碳钢中典型的片状马氏体组织形态如图 5 - 14 所示。片状马氏体的空间形态呈凸透镜状，由于试样磨面与其相截，因此其在光学显微镜下呈针状或竹叶状，故称其为片状马氏体（或针状马氏体，或高碳马氏体）。又由于片状马氏体内的亚结构主要是孪晶，故也称为孪晶马氏体。片状马氏体的显微组织特征是马氏体片之间互不平行，呈一定角度分布。

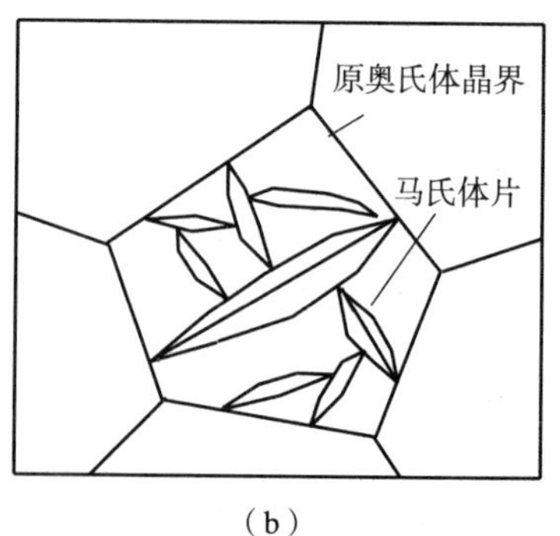

（a）　　　　　　（b）

图 5 - 14　片状马氏体组织形态

（a）片状马氏体显微组织（1 500 ×）；（b）片状马氏体示意图

马氏体通常在奥氏体晶界形核，长大时一般被限制在一奥氏体晶粒内。第一片马氏体长大时往往贯穿整个奥氏体晶粒并将其分割为二，以后形成的马氏体既不能穿越原始奥氏体晶界，又受到已形成马氏体片的限制，只能在各分割区中不断形成和长大。所以，最初形成的马氏体片比较粗大，以后随温度的不断下降，马氏体转变的数量越来越多，但马氏体片的尺寸越来越小。先形成的马氏体较易腐蚀，在显微镜下颜色较深。所以，转变后的马氏体在显微镜下呈大小不同，分布不规则，颜色深浅不一的针状组织。马氏体片周围往往存在未能完全转变的残留奥氏体。

钢的马氏体形态主要取决于钢的碳含量。对碳钢来说，随着碳含量的增加，板条马氏体数量相对减少，片状马氏体的数量相对增加。碳含量小于 0.2% 的奥氏体几乎全部形成板条马氏体，而碳含量大于 1.0% 的奥氏体几乎只形成片状马氏体。碳含量为 0.2% ~1.0% 的奥氏体则形成板条马氏体和片状马氏体的混合组织。马氏体形态与碳含量分数的关系如图 5 - 15 所示。

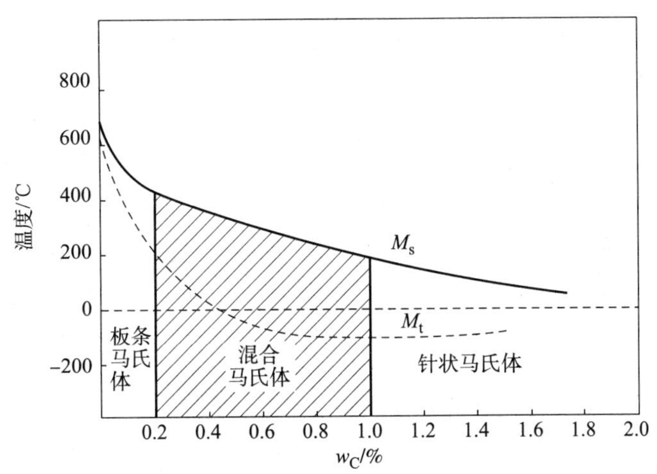

图 5 - 15　马氏体形态与碳质量分数的关系

（4）马氏体的力学性能。

马氏体具有高硬度和高强度，其性能与碳含量密切相关，如图 5 - 16 所示。可见，随着马氏体碳含量的增高，其硬度和强度也随之增高；但当碳含量超过 0.6% 以后，碳含量再增加时，马氏体强度、硬度的变化不再明显，这是由于钢中残余奥氏体逐渐增多所致。

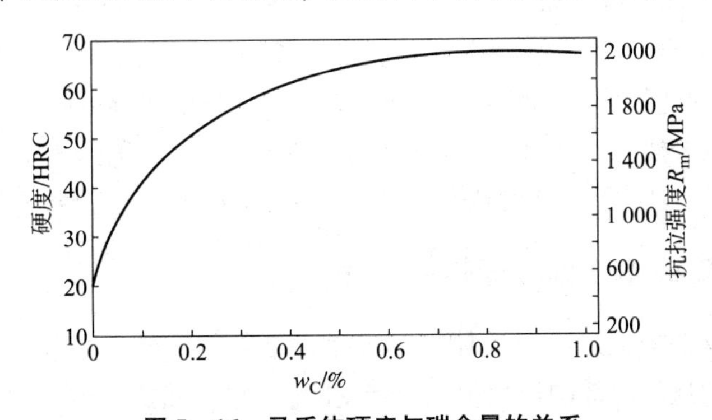

图 5 - 16　马氏体硬度与碳含量的关系

马氏体的塑性和韧性主要取决于它的亚结构。片状马氏体强度、硬度高，但韧性、塑性很差，这是因为片状马氏体内部的孪晶结构使塑性变形很难进行，容易断裂。另外片状马氏体碳含量高，淬火应力大，内部往往存在大量的显微裂纹，这些都是导致其韧性大幅下降的重要原因。如果加热转变时能使高碳钢的奥氏体晶粒细化，使其淬火后得到隐晶马氏体，其韧性可有明显的改善。

板条马氏体不仅具有高强度和良好的韧性，同时还具有脆性转化温度低、缺口敏感性和过载敏感性小等优点。所以，通过一定的热处理手段获得更多板条马氏体是提高中碳结构钢和高碳钢韧性的重要途径。

4. 亚共析钢与过共析钢的过冷奥氏体等温转变曲线

图 5－17 所示为亚共析钢与过共析钢的过冷奥氏体等温转变曲线。可见，亚共析、过共析碳钢 C 曲线图的“鼻尖”上部区域比共析碳钢多一条曲线，这条曲线表示过冷奥氏体在发生共析分解、转变为珠光体类型组织之前，已经开始析出新相。亚共析碳钢在 C 曲线图的左上方有一条先共析铁素体转变线，如图 5－17（a）所示，这条曲线，随着钢中碳含量的增高而逐渐向右下方移动。与此相似，过共析碳钢在 C 曲线图的左上方有一条先共析渗碳体析出线，如图 5－17（b）所示，这条曲线，随着钢中碳含量的增高，将逐渐向左上方移动。

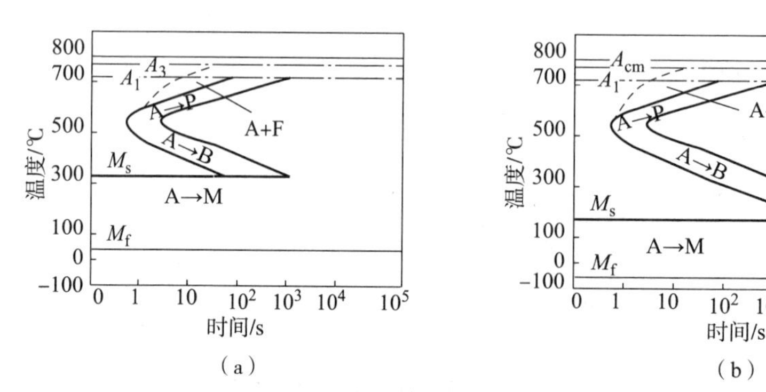

图 5－17　亚共析钢与过共析钢的过冷奥氏体等温转变曲线

（a）亚共析钢；（b）过共析钢

奥氏体中碳含量不同，其 C 曲线的位置也不同。在正常热处理条件下，共析钢的 C 曲线最靠右，其过冷奥氏体最稳定；亚共析钢的 C 曲线随着碳含量的增加，向右移动；过共析钢的 C 曲线随着碳含量的增加，向左移动。由图 5－17 还可以看出，随碳含量增加，M_s 线下移，说明马氏体开始转变的温度降低，转变完成后残余奥氏体的数量增多。

此外，随着加热温度的提高和保温时间的延长，奥氏体的成分更加均匀，未溶质点（碳化物、氮化物等）也显著减少，作为奥氏体转变的晶核数量减少，奥氏体晶粒长大、晶界面积减少，这些因素都不利于过冷奥氏体的转变，提高了过冷奥氏体的稳定性，从而使 C 曲线右移。

5.3.2　过冷奥氏体连续冷却转变曲线

等温转变曲线反映的是过冷奥氏体在等温条件下的组织转变规律，而实际热处理生产中，奥氏体大多是在连续冷却的过程中进行转变的。例如，钢的退火、正火、淬火以及钢在铸、锻、焊后的冷却都是从高温连续冷却至低温的。连续冷却时，过冷奥氏体的分解受到冷却速度的影响，其分解产物也会因到达各个温度区间的时间以及在各个温度区间停留的时间不同而发生变化，导致其组织转变规律与等温转变相比有较大的差异。学习者应对连续冷却转变有一个基本的了解。

1. 共析钢连续冷却转变曲线

为了研究钢在连续冷却时的组织转变规律，需要测定过冷奥氏体连续冷却转变曲线

（又称 CCT 曲线—Continuous Cooling Transformation）。图 5 – 18 所示为共析钢过冷奥氏体连续冷却转变曲线，可以看到，共析钢连续冷却时发生有两种类型转变：一个是珠光体型转变，另一个是马氏体型转变。

珠光体型转变区由 3 条曲线构成，左边的 P_s 是珠光体转变开始线，右边的 P_f 是珠光体转变终了线，下面一条 K 线是珠光体转变中止线。图 5 – 18 中的 V_K 和 V'_K 分别为上、下临界冷却速度。

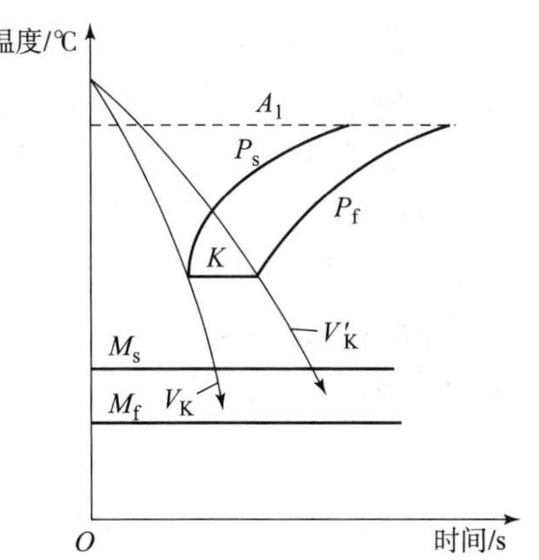

图 5 – 18　共析钢过冷奥氏体连续冷却转变曲线

（1）当冷却速度 $V < V'_K$ 时，冷却曲线与珠光体转变开始线相交，奥氏体发生珠光体型转变；冷却曲线与珠光体转变终了线相交时，珠光体型转变结束，获得珠光体类型的组织。V'_K 是全部获得珠光体类型组织的最大冷却速度，V'_K 越小，转变所需时间越长。

（2）当冷却速度在 $V_K \sim V'_K$ 之间时，冷却曲线只与珠光体转变开始线相交，而不与转变终了线相交，但会与中止线相交，这时奥氏体只有一部分转变为珠光体类型的组织，冷却曲线一旦与中止线相交，则珠光体类型的转变就停止，未转变的奥氏体一直冷却到 M_s 线以下，才发生马氏体类型的转变。所以当冷却速度在 $V_K \sim V'_K$ 之间时，钢的室温组织一般为托氏体 + 马氏体 + 残余奥氏体。随着冷却速度的增大，马氏体量越来越多。

（3）当冷却速度 $V > V_K$ 时，冷却曲线不与珠光体转变开始线相交，不会发生珠光体类型的转变，过冷奥氏体全部过冷到马氏体转变区，只发生马氏体型转变，这时钢的室温组织为马氏体和残余奥氏体。因此 V_K 又称为马氏体的临界冷却速度，它是获得马氏体的最小冷却速度。V_K 越小越容易获得马氏体。

过共析钢的连续冷却曲线与共析钢相比，除了多一条先共析渗碳体的析出线外，其他基本相似。但亚共析钢的连续冷却曲线与共析钢相比有很大不同，它除了多出一条先共析铁素体析出线外，还存在中温贝氏体转变区。因此，亚共析钢在连续冷却后，可以出现由更多产物组成的混合组织。如碳含量为 0.45% 的亚共析钢，加热后若冷却速度控制得当，在显微镜下可观察到其室温组织是由铁素体 + 珠光体 + 贝氏体 + 马氏体 + 少量残余奥氏体组成的。

2. 连续冷却转变曲线与等温转变 C 曲线的比较

将连续冷却转变曲线叠绘在等温转变 C 曲线上，可以看出它们之间的差别，如图 5 – 19 所示，虚线为连续冷却转变 CCT 曲线，实线为等温转变 C 曲线。

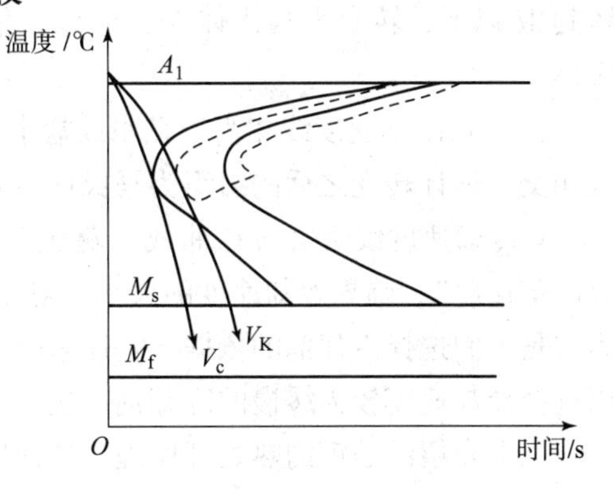

图 5 – 19　共析碳钢连续冷却转变曲线与等温转变 C 曲线

（1）连续冷却转变曲线位于等温冷却转变曲线的右下方，其转变温度低，孕育期长。等温转变时获得全部马氏体的临界冷却速度 V_c 大于连续冷却时的临界冷却速度 V_K，生产上常以等温转变时马氏体的临界冷却速度作为参考。

（2）连续冷却时，奥氏体的转变是在一个

温度范围内形成的，因此得到的产物可能是混合式组织，如珠光体和索氏体、索氏体和托氏体等；而等温转变时得到的产物是单一组织。

（3）连续冷却转变时，共析碳钢不形成贝氏体。其原因是这类钢奥氏体的碳含量高，使贝氏体转变的孕育期大大延长，在连续冷却时过冷奥氏体来不及转变便被冷却至 M_s 以下。同样，某些合金钢连续冷却时不出现珠光体转变也是这个原因。

3. 过冷奥氏体等温转变 C 曲线的应用

连续冷却转变曲线与等温转变 C 曲线尽管存在着差别，但对于同一成分的钢（特别是高温转变区），这两种转变所得到的产物基本上是一致的。由于等温转变的资料较多，生产上常利用等温转变曲线来定性地估计连续冷却转变的情况，如图 5 – 20 所示，V_1、V_2、V_3 和 V_4 表示连续冷却时的不同冷却速度的冷却曲线。

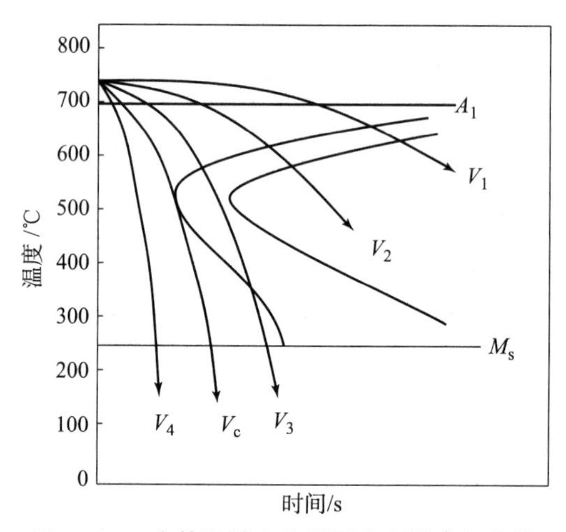

图 5 – 20　在等温转变曲线图上画的冷却曲线

（1）V_1 冷却速度线相当于在炉中冷却时的情况，它与 C 曲线相割于 700 ~ 650 ℃温度范围，估计奥氏体会转变为珠光体 P。

（2）V_2 冷却速度线相当于在不同冷速的空气中冷却的情况，它与 C 曲线相割于 650 ~ 600 ℃温度范围，估计奥氏体会转变为索氏体 S。

（3）V_3 冷却速度线相当于在油中冷却的情况，它与 C 曲线只相割一条转变开始线，随后又与 M_s 相交，这使得一部分奥氏体转变为托氏体 T，剩余的奥氏体由于来不及转变而保留到 M_s 以下，转变为马氏体 M，所以，估计最后得到的组织是托氏体 + 马氏体 + 残余奥氏体。

（4）V_4 冷却速度线相当于在水或盐水中冷却的情况，它与 C 曲线不相割，而直接与 M_s 线相交，估计转变之后的组织为马氏体 + 残余奥氏体。

V_c 冷却速度线恰恰与 C 曲线“鼻尖”相切，是得到马氏体的最小冷却速度，称为“临界冷却速度”。临界冷却速度的大小，对于钢的热处理（特别是淬火）具有重要的意义，因为它是人们选择冷却剂的依据，它还影响淬火后淬硬层的深度。临界冷却速度较小的钢，可以选择冷却速度较为缓慢的冷却剂，这样还可以获得较深的淬硬层。

以上介绍的是钢的热处理原理。如何应用理论指导生产实践是后续章节的内容。按照加热和冷却方式及应用特点的不同，钢的热处理工艺方法分类如下：

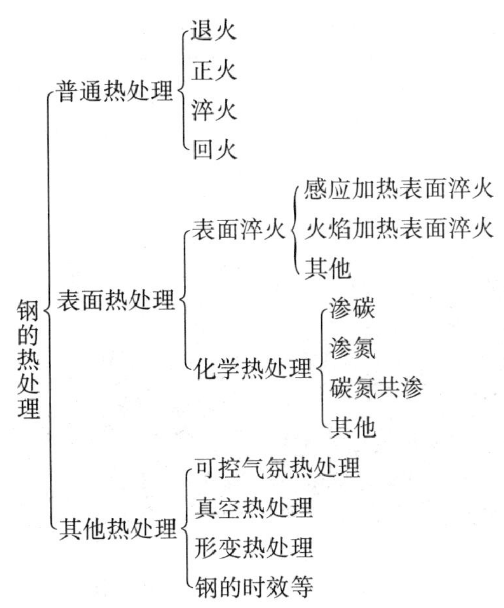

生产中比较重要的机械零件，其制造过程大致为：毛坯（铸造或锻造）→退火或正火→机械（粗）加工→淬火＋回火→机械（精）加工等工序。按照热处理在工艺路线中的作用及工序位置，常将其分为预先热处理和最终热处理。预先热处理一般安排在机械加工之前，处理的对象常为毛坯，通常采用退火或正火。最终热处理的对象是成品或半成品，通常采用淬火（或表面热处理、化学热处理），回火等。

5.4　钢的退火和正火

5.4.1　退火工艺及其应用

将钢加热到适当的温度，保温一定的时间，然后缓慢冷却，以获得接近平衡组织的热处理工艺称为退火。退火最大的工艺特点是缓冷。退火可使钢的硬度降低，属于软化处理。退火的目的通常有使钢的化学成分和组织均匀、细化晶粒、调整硬度、消除内应力、改善切削加工性能以及为淬火做好组织准备等。根据钢的成分和工艺目的不同，退火可分为完全退火、等温退火、球化退火、扩散退火、再结晶退火和去应力退火等。

1. 完全退火与等温退火

完全退火是将钢件或钢材加热至 Ac_3 以上 20～30 ℃，保温足够的时间，使组织完全奥氏体化后，缓慢冷却的热处理工艺。所谓“完全”是指加热时获得完全的奥氏体组织。

完全退火主要用于亚共析碳钢和合金钢的铸件、锻件、热轧型材等，有时也用于焊接结构件。完全退火的目的是细化晶粒，消除内应力和组织缺陷，降低硬度和改善钢的切削加工性能等，表 5－3 所示为 45 钢锻造后与完全退火后的力学性能比较。图 5－21 所示为 45 钢锻造后和完全退火后的显微组织。从图 5－21 中可见：锻造后的晶粒粗大，晶界有大量羽毛状先共析铁素体；完全退火后的晶粒细小，铁素体和珠光体分布均匀。

表 5－3　45 钢锻造后与完全退火后的力学性能比较

力学性能	R_m/MPa	R_{eL}/MPa	A/%	Z/%	a_k/（$kJ \cdot m^{-2}$）	硬度 HBW
锻造后	650～750	300～400	5～15	20～40	200～400	≤229
完全退火后	600～700	300～350	15～20	40～50	400～600	≤207

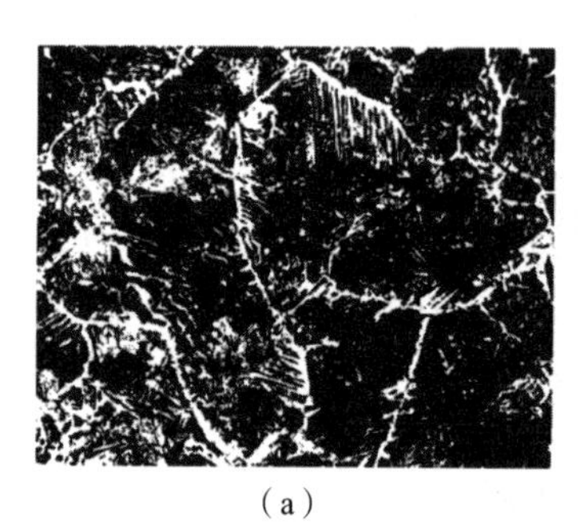
（a）

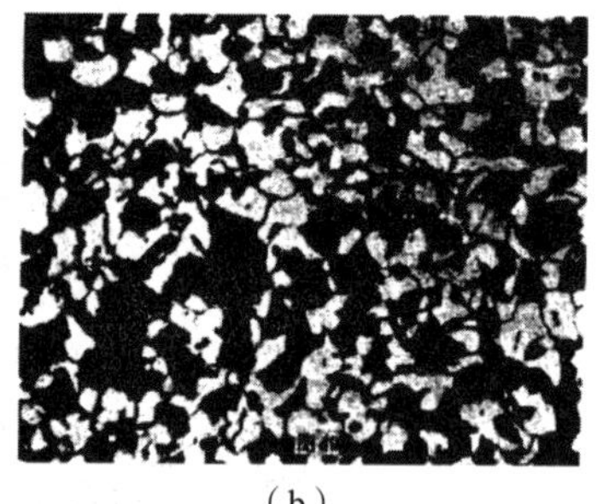
（b）

图 5－21　45 钢锻后和完全退火后的显微组织（300×）

（a）锻造后；（b）完全退火后

低碳钢（w_C<0.25%）和过共析钢不宜采用完全退火。低碳钢完全退火后硬度偏低，不利于切削加工。过共析钢若加热至 Ac_{cm} 以上完全奥氏体化后退火，将使 Fe_3C_{II} 沿奥氏体晶界析出并形成连续网状，导致钢的力学性能全面大幅下降。

工件在完全退火加热保温时要保证热透，即工件表面和心部都要达到规定温度，而且奥氏体成分要均匀，这就要求保温时间要足够长。一般碳钢或低合金钢工件，当装炉量不大时，在箱式炉中的保温时间可按经验公式 $\tau = KD$ 计算，式中，D 为工件的有效厚度（mm），K 为加热系数（一般取 1.5～2.0 min/mm）。若装炉量过大，应根据具体情况延长保温时间。完全退火一般采用随炉缓慢冷却，这样可以保证亚共析钢中的先共析铁素体和过冷奥氏体在 Ar_1 以下较高的温度范围内进行转变。实际生产中，为了缩短炉子的占用周期，提高生产效率，一般退火在炉冷至 500～600 ℃时即可将工件出炉空冷。

一般退火采用炉冷时的冷却速度很慢（15～30 ℃/h），退火时间很长。特别是某些奥氏体比较稳定的合金钢，退火时间往往长达数十小时，甚至数天时间。这种方式不仅生产效率低下，还容易引起氧化脱碳。生产中，一般合金钢大件常采用等温退火工艺。

等温退火指钢经奥氏体化后，以较快的速度将其冷却到珠光体转变区中的某一温度等温一段时间，使奥氏体在等温过程中转变为珠光体，然后出炉空冷至室温的退火工艺。等温退火不仅可以有效地缩短退火时间，提高生产效率，而且珠光体转变在同一温度下进行，有利于获得更为均匀的组织和一致的性能，特别适用于大型工件退火。图 5－22 所示为高速工具钢普通退火与等温退火工艺比较。

2. 球化退火

球化退火是使钢中的碳化物球状化，以获得粒状珠光体的热处理工艺。球化退火主要用于共析钢、过共析碳钢和合金工具钢（如制造刃具、模具、量具所用的钢种），其目的是降低硬度，改善切削加工性能，并为淬火做好组织准备。

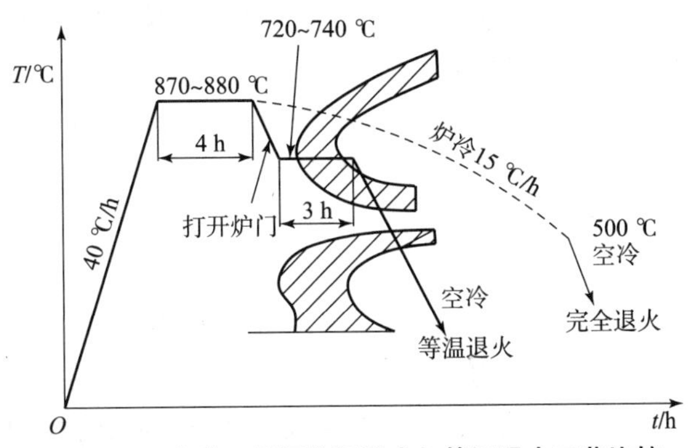

图5－22　高速工具钢普通退火与等温退火工艺比较

共析钢、过共析钢的锻造组织一般为片状珠光体，如果锻后冷却不当，还会形成网状渗碳体。这样的钢不仅硬度高，切削加工性差，而且钢的脆性较大，淬火时易产生变形和开裂。因此，共析钢、过共析钢热加工毛坯的预先热处理一般都采用球化退火，使二次渗碳体及珠光体中的层状渗碳体转变为球状或粒状。如图5－23（a）所示，在铁素体基体上分布着球状渗碳体的混合物组织，称为球状珠光体。球状珠光体的硬度较层片状珠光体的硬度低，具有良好的切削加工性，并且在后续淬火时可有效地减轻钢的变形和开裂倾向。

普通球化退火是将共析钢或过共析钢加热至 Ac_1 以上10～20 ℃，保温2～4 h，然后随炉缓慢冷却至600 ℃后出炉空冷。生产中常采用等温球化退火工艺，即在采用同样的加热、保温措施后，将钢件快速冷却至稍低于 Ar_1 温度等温较长时间后，再随炉冷至600 ℃后出炉空冷。等温球化退火工艺简单，不仅可缩短生产周期，而且球化效果好。碳素工具钢等温球化退火工艺如图5－23（b）所示。

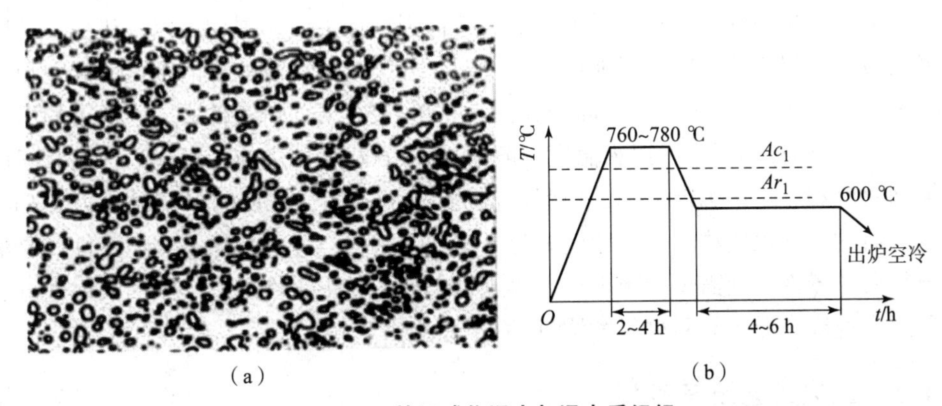

图5－23　等温球化退火与退火后组织

（a）T12钢球化退火组织（1 200×）；（b）碳素工具钢等温球化退火工艺

球化退火的工艺特点是低温短时加热和缓慢冷却。当加热温度保持在稍高于 Ac_1 时，钢中的渗碳体处于半溶解状态，此时层片状的渗碳体开始逐渐断开成为许多细小的链状或点状渗碳体，弥散分布在奥氏体基体上。同时在低温短时加热的条件下，所形成的奥氏体成分也极不均匀，故在随后的缓冷或等温过程中，或以原有细小的渗碳体为核心，或在奥氏体中碳原子富集的地方形成新的渗碳体晶核并均匀地成长为颗粒状的渗碳体。应当说明，在继续冷却或等温的过程中，粒状的渗碳体也会聚集长大，但由于球状体的表面能小，最初形成的渗碳体经聚集长大后，其形态依然是球状体。

近年来，球化退火应用于亚共析钢也取得了良好的成效，只要工艺控制严格，在亚共析钢中同样可以获得理想的球状体组织。亚共析钢得到球状体组织可使其获得最佳塑性和较低的硬度，从而显著提高钢材的冷挤压、冷拉、冷冲等成形加工性。

3. 扩散退火

扩散退火又称为均匀化退火，它主要用于合金钢铸锭和铸件以消除铸态组织中的枝晶偏析，使其成分均匀化。扩散退火工艺是把钢加热至略低于固相线的某一温度长时间保温，然后随炉缓冷的热处理工艺。扩散退火的加热温度通常为 Ac_3 或 Ac_{cm} 以上 150 ~ 300 ℃，但具体还要视钢种和其偏析程度而定。碳钢的加热温度一般为 1 100 ~ 1 200 ℃，合金钢多为 1 200 ~ 1 300 ℃，保温时间一般为 10 ~ 15 h。

扩散退火是利用高温加热、长时间保温的措施促进原子扩散而使钢成分均匀化的热处理工艺。但由于在高温下长时间保温，退火后钢的晶粒非常粗大，而且氧化、脱碳较严重，所以钢件扩散退火后还须再进行一次完全退火或正火来消除过热缺陷。另外，由于扩散退火生产周期长，耗能大，成本高，因此，生产中只有对一些优质合金钢以及偏析严重的合金钢铸件才使用这种工艺。

4. 再结晶退火与去应力退火

再结晶退火的目的是使冷变形钢通过再结晶而恢复塑性、降低硬度，以利于随后的再形变或获得稳定的组织。再结晶退火的加热温度为 650 ℃或稍高，时间为 0.5 ~ 1 h。再结晶退火后的晶粒大小在很大程度上受此前冷形变的影响，亦即主要取决于冷形变量的大小。当钢的形变量在临界形变量附近时，其退火后会获得特别粗大的晶粒，低碳钢的临界形变量为 6% ~ 15%。再结晶退火通常用于冷轧低碳钢板和钢带。

去应力退火又称为低温退火，目的是消除工件因冷加工或切削加工以及热加工后快冷而产生的残余应力，以避免其随后可能产生的变形、开裂或后续热处理的困难。碳钢和低合金钢的低温退火温度为 550 ~ 650 ℃，高合金钢为 600 ~ 750 ℃，铸铁件去应力退火的温度一般为 500 ~ 550 ℃，焊件的去应力退火温度一般为 500 ~ 600 ℃。去应力退火的保温时间可根据工件的截面厚度和装炉量确定，钢的保温时间为 3 min/mm，铸铁的保温时间为 6 min/mm。去应力退火后的冷却也应注意，一般应炉冷至 500 ℃后再空冷。如果是大型零件或要求消除应力十分彻底的零件，则需炉冷至 300 ℃再进行空冷。如果零件经过淬火回火后进行去应力退火，则退火温度应低于原回火温度约 20 ℃。

5.4.2 正火工艺及其应用

1. 正火工艺

正火是将钢加热至 Ac_3（或 Ac_{cm}）以上 30 ~ 50 ℃，保温至其完全奥氏体化后出炉在空气中冷却，以得到较细珠光体类组织的热处理工艺。

正火的加热温度高于一般退火的加热温度。对于含有 V、Ti、Nb 等元素的合金钢，加热温度要更高一些，一般为 Ac_3 +（100 ~ 150 ℃）。正火的保温时间与完全退火相同，应以工件热透，心部达到要求的加热温度为原则；同时还要考虑钢材的成分、原始组织、装炉量和加热设备等因素，生产中一般根据工件尺寸和经验数据确定保温时间。正火时，一般工件多采用出炉空冷，大型件也可采用吹风、喷雾和调节钢件堆放距离等方法来控制冷却速度。

对亚共析钢来说，正火与完全退火的加热温度相近，但空冷时过冷度较大会导致实际组织转变温度较低，这将使亚共析钢正火组织中先共析相铁素体量减少，珠光体变细，钢的强度和硬度提高。

碳含量在0.6%～1.4%之间的碳钢，正火后的组织通常全部为索氏体，而不出现先共析铁素体或二次渗碳体。这是因为快速冷却时，较大的过冷度抑制了先共析相的析出，使成分在共析点附近的亚共析钢或过共析钢也能得到全部的共析组织。这种非共析成分的合金由于非平衡冷却而得到的共析组织称为伪共析组织。碳含量小于0.6%的中、低碳钢正火后的组织中除了伪共析组织外，还有少量晶粒细小的铁素体。这些组织上的差异使得中、低碳钢正火后的强度、硬度、韧性均比退火后高，而且塑性也不降低。图5－24所示为45钢退火与正火的显微组织。表5－4所示为45钢的正火与退火后的力学性能对比。

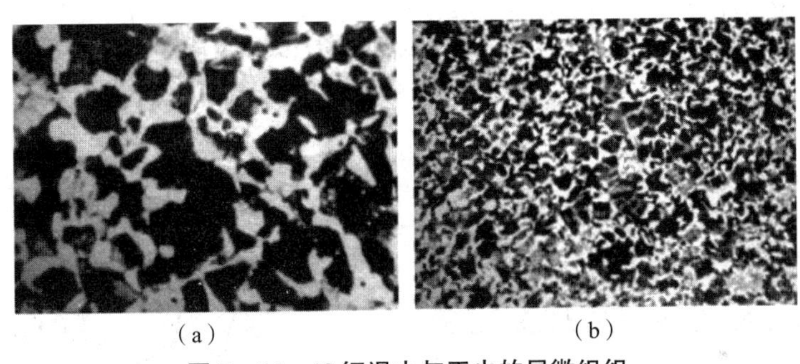

（a） （b）

图5－24 45钢退火与正火的显微组织

（a）退火组织（500×）；（b）正火组织（500×）

表5－4 45钢正火与退火后的力学性能对比

力学性能	R_m/MPa	A/%	K/J	硬度/HBW
退火	650～750	15～20	32～48	～180
正火	700～800	15～20	40～64	～220

2. 正火的应用

正火的生产周期短、工艺简单、能耗少，是一种经济的热处理方法。正火在生产中主要有以下几方面的应用：

（1）改善低碳钢和低碳合金钢的切削加工性能。

一般认为金属的硬度在170～230 HBW时具有良好的切削加工性能。w_C＜0.25%的低碳钢和低碳合金钢退火后的硬度小于150 HBW，对其进行切削加工时常发生“粘刀”现象，易使刀具发热和磨损，且加工表面粗糙度值大。通过正火处理获得细片状珠光体，可使钢的硬度提高，从而改善钢的切削加工性能。

（2）作为中碳结构钢零件的预先热处理。

中碳结构钢正火后的硬度比退火后虽略高一些，但仍在可切削范围内；但正火可以消除这类钢在热加工过程中产生的多种缺陷（如魏氏组织、晶粒粗大等）。因此，生产中碳结构钢制造的重要零件，对其预先热处理也常采用正火工艺，这样既有利于细化晶粒、均匀组织、消除内应力和改善切削加工性能，还可简化操作、缩短生产周期、降低成本。

（3）消除过共析钢中的网状渗碳体。

过共析钢工件在机械加工和淬火之前都要进行球化退火处理，但当其组织中存在大量的网状渗碳体时，将会引起退火时渗碳体球化不良，这对工件的切削加工性能和最终的力学性能都有极为不利的影响。这种情况下，钢件在球化退火之前必须先进行一次正火处理，以消除网状组织，确保球化退火质量。

（4）用于普通结构零件的最终热处理。

由于钢或铸铁件正火后可获得较好的力学性能，一些载荷较轻、性能要求不高、碳含量在0.4%～0.7%的普通结构零件可在正火后直接使用。此外，大型普通碳钢的结构零件或结构复杂的零件，因其截面尺寸过大，可能导致其淬火效果变差，致使淬火后的性能与正火处理相差不大；另外大型件淬火时还易产生变形和开裂，在这种情况下，生产中常用正火代替淬火，作为这类零件的最终热处理。

各种退火和正火工艺示意图如图5－25所示。

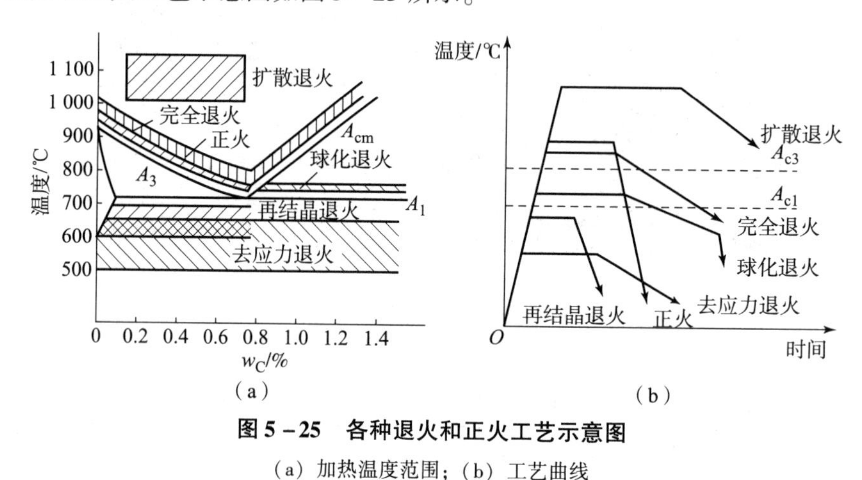

图5－25　各种退火和正火工艺示意图

（a）加热温度范围；（b）工艺曲线

5.4.3　退火和正火的选用

生产上，退火和正火工艺的选择应根据钢种、冷（热）加工工艺、零件的使用性能以及经济性综合考虑。

（1）碳含量$w_C<0.25\%$的低碳钢，通常用正火代替退火。这类钢用于冷冲压成形时，正火较快的冷却速度可以防止低碳钢沿晶界析出游离三次渗碳体，从而提高冲压件的冷变形性能；对于低碳钢切削加工件，正火可以提高其硬度，改善其切削加工性；在没有其他热处理工序的条件下，正火可以细化晶粒，提高低碳钢的强度。

（2）碳含量$w_C=0.25\%\sim0.5\%$的中碳钢，用正火代替退火。虽然碳含量接近0.5%的中碳钢正火后硬度偏高，但切削加工性能尚可。采用正火可降低成本，提高生产效率。

（3）碳含量$w_C=0.5\%\sim0.75\%$的亚共析钢，因碳含量较高，正火后硬度偏高，难于进行切削加工。生产上对于这类钢一般采用完全退火，降低其硬度，改善其切削加工性。

（4）碳含量$w_C>0.75\%$的高碳钢或工具钢，一般采用球化退火作为预先热处理。如在组织中发现二次网状碳化物，应先正火再进行球化退火。

此外，从使用性能考虑，若钢件受力不大，性能要求不高，可用正火作为最终热处理而不必再进行淬火、回火处理。从经济性原则考虑，正火操作简单、生产周期短、工艺成本低。因此，在钢的使用性能和工艺性能可以满足的条件下，应尽可能采用正火代替退火。

5.5　钢的淬火

钢的淬火是热处理工艺中最重要和应用最为广泛的关键工序。淬火可以显著提高钢的硬度和强度，是钢件热处理强化最重要的手段之一。淬火是将钢加热到临界点 Ac_3 或 Ac_1 以上一定温度，保温后以大于临界冷却速度的速度冷却，使奥氏体转变为马氏体的一种热处理工艺。淬火的目的是获得尽可能多的马氏体，以保证钢在回火后具有良好的力学性能。生产中，重要的机械零件都要进行淬火处理。

5.5.1　钢的淬火工艺

钢的淬火工艺，首先要保证其在加热和保温过程中获得合格的奥氏体，并在随后的冷却过程中获得尽可能多的马氏体，还要尽可能地降低淬火应力，有效地防止变形和开裂。所以，淬火工艺的关键是淬火时的加热温度和保温后的冷却方法。

1. 淬火加热温度的选择

钢的淬火加热温度选择应以获得均匀细小的奥氏体晶粒为前提，以保证钢在淬火冷却后可以获得细小的马氏体。碳钢的淬火加热温度可根据铁碳相图来选择，如图 5－26 所示。

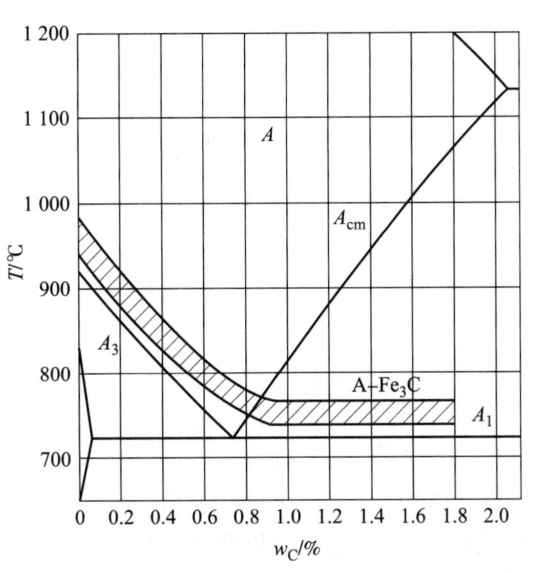

图 5－26　钢淬火加热温度的选择

亚共析钢淬火加热温度为 Ac_3 以上 30～50 ℃；共析、过共析钢淬火加热温度为 Ac_1 以上 30～50 ℃。

亚共析碳钢的原始组织为 F＋P，淬火时要求采用完全加热（Ac_3 以上），使其原始组织全部转变为 A。但若加热温度过高，将会使奥氏体晶粒粗化，从而导致淬火后马氏体组织也粗大，不仅使钢严重脆化，同时增加淬火应力，使钢件变形和开裂倾向增大。反之，若加热温度偏低，如在 $Ac_1 \sim Ac_3$ 之间，则淬火组织中除马氏体外，还会保留一部分未溶的先共析铁素体，这将使钢中出现软点，淬火后的硬度和强度都达不到要求。

对于过共析钢，将其淬火温度限定在 $Ac_1 \sim A_{cm}$ 之间，采用不完全加热是为了得到细小的奥氏体晶粒，同时又能保留少量的粒状渗碳体，淬火后得到细小的隐晶马氏体和粒状渗碳体的混合组织，这样不但可使钢具有更高的强度、硬度和耐磨性，而且具有较好的韧性。如果过共析钢淬火时被加热至 Ac_{cm} 以上温度，则渗碳体将全部溶入奥氏体中，导致奥氏体的碳含量增高，引起钢的 M_s 点下降，钢淬火后残余奥氏体量增多，反而会降低钢的硬度与耐磨性。不仅如此，加热温度过高还会引起奥氏体晶粒粗大，淬火后形成粗大的片状马氏体，使钢的脆性增大、高温淬火应力大、钢件氧化脱碳严重、变形开裂倾向增大。

2. 淬火加热时间

钢的淬火加热时间包括升温和保温时间。加热时间与工件的形状尺寸、装炉量、装炉方式、加热炉类型、炉温和加热介质等诸多因素有关，很难准确计算。一般常根据工件的有效厚度，用经验公式 $t = \alpha D$ 确定加热时间，式中，t 为加热时间（min），α 为加热系数（min/mm），D 为工件有效厚度（mm）。加热系数 α 表示工件单位有效厚度所需的加热时间，其值大小主要与钢的化学成分、工件尺寸和加热介质有关，α 的数值可查阅有关资料。

3. 淬火冷却介质

淬火冷却时首先要保证奥氏体的冷却速度大于钢的临界冷却速度 V_K，要实现这样的快速冷却往往需要借助于淬火介质。介质的冷却能力越强，钢的冷却速度越快，则工件越容易淬硬。但是，冷却速度越大，工件内部的淬火应力越大，过快的冷却速度往往会引起工件变形甚至开裂。所以，淬火冷却的质量是淬火工艺成败的关键。

怎样才能在保证得到马氏体的同时又尽可能地减小淬火变形和防止开裂，这一直是热处理的工艺难题。解决这个问题，实践中主要从两方面着手：一是寻找理想的淬火冷却介质；二是改进淬火的冷却方法。

根据碳钢过冷奥氏体等温转变曲线，淬火得到马氏体其实并不需要全程快速冷却。问题的关键是在 C 曲线鼻尖附近（即在 650 ~ 550 ℃ 温度区间）必须快冷，因为此时过冷奥氏体最不稳定，孕育期最短，冷却速度若小于临界冷却速度，过冷奥氏体在冷却中途就可能部分转变为索氏体或托氏体。而在 650 ℃ 以上和 400 ℃ 以下时，过冷奥氏体比较稳定，孕育期较长，减慢冷却速度就可以减小热应力，防止变形和开裂。特别是在 M_s 点以下，冷却速度更应缓慢，因为马氏体转变往往伴随着体积膨胀，此区间进行快速冷却易产生较大的组织应力。理想冷却介质的冷却曲线如图 5 - 27 所示。但到目前为止，人们还没有找到这样的冷却介质。生产中常用的淬火冷却介质有水、盐水、碱水和各种矿物油等，其冷却特性如表 5 - 5 所示。

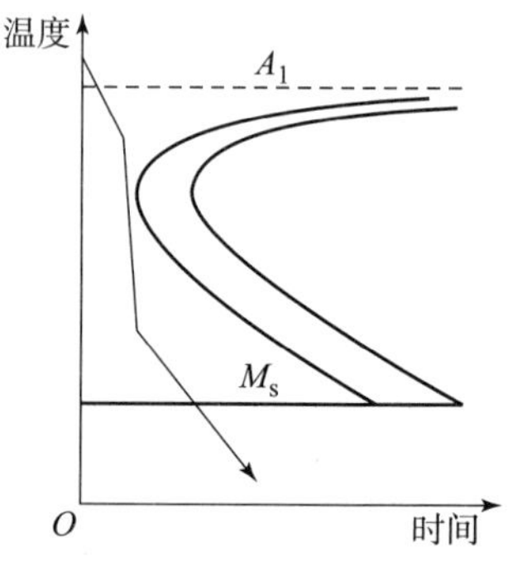

图 5 - 27　理想冷却介质的冷却曲线

表5-5　常用淬火介质及冷却特性

淬火冷却介质	最大冷却速度		平均冷却速度/（℃·s^{-1}）	
	所在温度/℃	冷却速度/（℃·s^{-1}）	650～500 ℃	300～200 ℃
静止自来水（20 ℃）	340	775	135	450
静止自来水（60 ℃）	220	275	80	185
10% NaCl水溶液（20 ℃）	580	2 000	1 900	1 000
15% NaOH水溶液（20 ℃）	560	2 830	2 750	775
机油（20 ℃）	430	230	60	65
机油（80 ℃）	430	230	70	55

注：表中各种冷却介质的特性数值，均根据有关冷却特性曲线推算。冷却特性曲线是用热导率很高的银球试样（ϕ20 mm），加热后淬入冷却介质中，利用热电偶测出试样心部温度随冷却时间的变化曲线，并用此换算得到冷却速度与温度的关系曲线。

水及水溶液是最常用的冷却介质。水的冷却能力虽然很强但冷却特性并不理想，在需要快速冷却的650～400 ℃温度区间内，其冷却速度较小，不超过200 ℃/s，但在需要缓冷的马氏体转变温度区间，冷却速度又太大，在340 ℃最大冷却速度高达775 ℃/s，很易引起淬火变形。但因水价廉安全，性能稳定，故水常用于尺寸不大、形状简单的碳钢工件淬火。淬火时随着水温升高，水在高温区的冷却能力会显著下降，因此淬火时的水温要控制在30 ℃以下。加强水循环和工件在水中搅动有利于加快水在高温区的冷却速度。水中加入某些物质如NaCl、NaOH、Na_2CO_3和聚乙烯醇等，能改变其冷却能力以适应某些淬火的要求。

油也是一种常用的淬火介质，具有较好的冷却特性。目前，生产中淬火用油主要采用的是各种矿物油，如机油、变压器油、柴油等。油的优点是在300～200 ℃温度区间内的冷却速度比水小得多，从而大大降低了淬火工件的组织应力，减少了其变形开裂的倾向。油的主要缺点是在650～550 ℃高温区间冷却能力较差，不利于碳钢的淬硬。但是油用于过冷奥氏体比较稳定的合金钢工件，是比较理想的淬火介质。提高油温可以降低油的黏度，使其流动性增大，可提高油在高温区的冷却能力。但油温过高容易着火，故淬火油温一般控制在60～80 ℃。油长期使用会老化，应注意防护和更换。

生产中常采用盐浴、碱浴、硝盐浴作为淬火介质。这些介质的特点是沸点高，冷却能力介于水和油之间，可使工件的冷却比较均匀，可减少变形和开裂的倾向。盐浴、碱浴等介质主要用于分级淬火和等温淬火，处理一些形状复杂、尺寸较小和变形要求严格的零件。常用的碱浴、硝盐浴的成分、熔点及使用温度如表5-6所示。

表5-6　常用碱浴、硝盐浴的成分、熔点及使用温度

淬火介质	成分（质量分数）	熔点/℃	使用温度/℃
碱浴	NaOH（100%）	328	350～550
	KOH（65%）+NaOH（35%）	155	170～350
硝盐浴	$NaNO_2$（100%）	281	300～550
	KNO_3（50%）+$NaNO_3$（50%）	220	240～500
	KNO_3（55%）+$NaNO_2$（45%）	137	150～500

4. 常用的淬火方法

由于目前使用的冷却介质还不能完全满足淬火的质量要求，所以在热处理生产中常从淬火方法上设法来解决问题。选择适当的淬火方法的原则同选用淬火介质一样，即在保证获得合格的淬火组织和所要求性能的同时，尽可能地减小淬火应力，减少工件的变形开裂倾向。生产中常用的淬火方法主要有以下几种。

1）单液淬火法

单液淬火是将加热至奥氏体状态的工件直接放入一种淬火介质中连续冷却至介质温度（一般为室温）的淬火方法。碳钢在水中淬火，合金钢在油中淬火等都属于单液淬火。单液淬火操作简单，因而应用较广。一般来说，尺寸较大但形状简单的碳钢件多采用水淬；合金钢工件及尺寸很小的碳钢件采用油淬。单液淬火的冷却曲线如图 5 - 28 中曲线 1 所示。

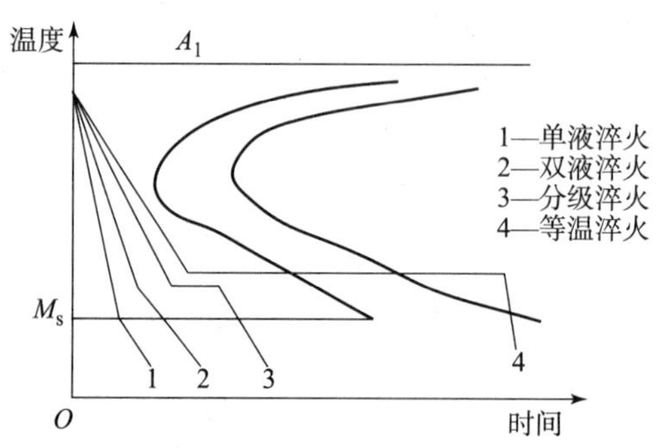

图 5 - 28　常用淬火方法的冷却曲线示意图

水淬可以获得较大的冷却速度，但由于水的冷却速度很快，工件内部的热应力和组织应力都很大，工件易变形开裂。形状复杂或尺寸要求严格的零件不宜在水中淬火。油是一种比较缓和的冷却介质，但油淬冷却速度慢，碳钢在油中淬火易产生硬度不足或硬度不均匀等现象。合金钢的过冷奥氏体比较稳定，临界冷却速度慢，适宜在油中淬火。

2）双液淬火法

联合使用两种淬火介质，先将工件淬入一种冷却能力较强的淬火介质中（如水），使工件在高温区获得较大冷却速度，从而快速通过 C 曲线鼻尖处过冷奥氏体最不稳定区域，当工件冷却至接近钢的 M_s 点温度时，将其从强冷介质中取出立即转入另一种比较缓和的介质中（如油）继续冷却，使奥氏体在缓慢冷却的过程中转变为马氏体，这种方法称为双液淬火，其冷却曲线如图 5 - 28 中曲线 2 所示。

双液淬火最常见的是水淬、油冷；有时也采用水淬、空冷。通常碳钢采用先水淬后油冷，合金钢采用先油淬后空冷。水淬、油冷就是利用了水在高温区冷却速度快和油在低温区冷却速度慢的优点，既保证淬火得到马氏体组织，又降低了工件在马氏体区的冷却速度，从而有效地减小了淬火变形和开裂倾向。双液淬火的关键是要准确地控制工件由一种介质转入另一介质时的温度，这在生产中一般要求操作者根据工件尺寸凭经验控制，因此要求操作者必须具有丰富的经验和熟练的技术。水淬、油冷时，也可按每 5 ~ 6 mm 有效厚度水淬 1 s 的经验数据来估算工件在水中的停留时间。

3）分级淬火法

分级淬火是将加热后的工件先淬入温度略高于钢的 M_s 点的恒温硝盐浴或碱浴中等温停

留，当工件各部位温度均匀后，再从浴槽中将工件取出空冷或油冷并完成马氏体转变的方法，其冷却曲线如图5－28中曲线3所示。分级淬火最大的优点是在等温过程中使工件表面和心部的温差大幅度减小，减小了淬火热应力（优于双液淬火）；而后在缓冷的条件下完成马氏体转变，又可显著降低组织应力，因而有效地减小了工件的变形和开裂倾向，实现微变形淬火。

分级淬火的缺点是等温介质温度较高，工件在盐浴或碱浴中的冷却速度较慢，等温时间又受限（等温时间过长奥氏体将部分转变为贝氏体），大截面工件往往不能达到其临界淬火速度。因此分级淬火只适合于处理截面尺寸较小、形状复杂、变形要求严格的工件，如刀具、量具和一些精密零件。

应当指出，传统的"分级"温度一般都取在钢的M_s点以上，而现在更多的都取在略低于M_s点。这是因为在M_s点以下分级温度较低，冷却速度较快，等温以后已有部分马氏体形成，工件可获得更深的淬硬层，这种方法适用于尺寸较大的工件。但应注意，分级温度不能低于M_s点太多，否则就与单液淬火无异。

4）等温淬火法

等温淬火是将加热后的工件淬入温度稍高M_s点的盐浴或碱浴中，保温足够的时间，使过冷奥氏体完全转变为下贝氏体的淬火方法，其冷却曲线如图5－28中曲线4所示。

等温淬火的显微组织为下贝氏体。下贝氏体组织不仅具有高强度、较高的硬度，而且韧性良好，耐磨性也好，所以等温淬火能显著提高钢的综合力学性能。另外，等温淬火的温度一般在M_s～（M_s＋30 ℃）区间，比分级淬火的等温温度高，这样更有利于减少工件与介质之间的温差，使热应力大幅度减小；同时贝氏体相变的组织应力也比马氏体相变小，因此等温淬火的淬火应力小，可以显著减小工件的变形和开裂倾向。

等温淬火适宜处理形状复杂、淬火变形要求严格、尺寸要求精密的工具和重要的机器零件，如模具、刀具、齿轮等。一般情况下，等温淬火工件不需回火，可以直接使用。

5.5.2　钢的淬透性

淬透性是钢最重要的工艺性能之一，它对合理选用材料及正确制定热处理工艺具有十分重要的意义。

1. 淬透性的概念

钢的淬透性是指钢在淬火时能够获得马氏体的能力，其大小用在规定条件下淬火获得的淬透层深度和硬度分布来表示。淬透层深度一般规定为从钢表面到内层半马氏体区（即50%马氏体＋50%非马氏体）的垂直距离。

若将一根较粗的45钢试棒加热后在水中淬火，淬火后将其击断并将断口磨平，由表及里依次测量其硬度，可以发现表面硬度高而心部硬度低。观察其断面的金相组织，发现表层高硬度区域为马氏体，从表面到心部马氏体数量逐渐减少，出现马氏体和托氏体混合组织，靠心部区域则全部为托氏体甚至还存在珠光体。由以上分析可知，这根45钢试棒淬火后并没有完全淬透。

一定尺寸的工件在某介质中淬火，其淬透层深度与工件截面上各点的冷却速度有关。工件表面的冷却速度最大，心部的冷却速度最小，由表面到心部，工件的冷却速度逐渐降低，如图5－29（a）所示。淬火冷却时，如果工件截面中心的冷却速度也能大于钢的临界淬火速度，工件就会完全淬透。但在大多数情况下，尤其是工件尺寸较大时，工件心部的冷却速度是很难达到钢的临界淬火速度的，即多数情况下工件是难以淬透的，如图 5－29（b）所示。

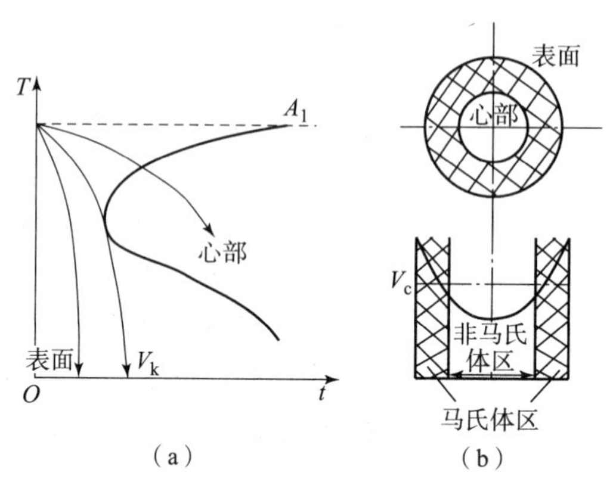

图 5－29　工件截面不同冷却速度及未淬透区示意图

（a）截面不同的冷却速度；（b）未淬透区

应当特别指出，淬透性与淬硬性是两个完全不同的概念，必须严格加以区分。淬透性表示钢在淬火时获得马氏体的能力，与钢的临界淬火速度有关。一般而言，钢的临界淬火速度越小，其淬透性越好。淬硬性则表示钢淬火时的硬化能力，即钢在正常淬火条件下所形成的马氏体组织能够达到的最大硬度值，并不是指淬火形成马氏体组织层的深度。钢的淬硬性与马氏体的碳含量有关：马氏体的碳含量越高，钢的淬硬性越好。显然，淬透性和淬硬性并无必然联系，例如高碳工具钢的淬硬性高，但淬透性却很低；而低碳合金钢的淬硬性虽然不高，但淬透性却很好。

实际工件在具体淬火条件下的淬透层深度与淬透性也不是一回事。淬透性是钢的一种属性，相同奥氏体化温度下的同一钢种的淬透性是确定的，其大小用规定条件下的淬透层深度表示。实际工件的淬透层深度是指在具体条件下测定的工件表面到半马氏体区的深度，这个深度除与钢的淬透性有关外，还与工件尺寸及淬火介质等许多因素有关。例如，同一种钢在相同的介质中淬火，小件比大件的淬透层深；尺寸相同的同一钢种，水淬比油淬的淬透层深；工件的体积越小，冷却速度越快，淬透层越深。但绝不能说同一种钢水淬比油淬的淬透性好，小件比大件的淬透性好。钢的淬透性是不随工件形状、尺寸和淬火介质的冷却能力而变化的。

2. 淬透性对钢力学性能的影响

淬透性对钢热处理后的力学性能影响很大。例如，将淬透性不同的两种钢制成等直径的圆轴，淬火并经高温回火（调质）处理后，其中一个淬透性高，能完全淬透，另一个淬透性低，未淬透。比较两者的力学性能发现，二者表面硬度虽然相同，但淬透性低、未淬透的钢，心部的力学性能较低，尤其是冲击吸收能量（K）值更低；而淬透性高的钢，其力学性能沿截面分布是均匀的，如图 5－30 所示。

钢淬火后，组织中的马氏体量对回火后钢的疲劳极限也有一定的影响。淬火钢中马氏体量越多，回火后钢的疲劳极限越高。当工件截面尺寸很大时，淬透性对钢力学性能的影响尤为显著。

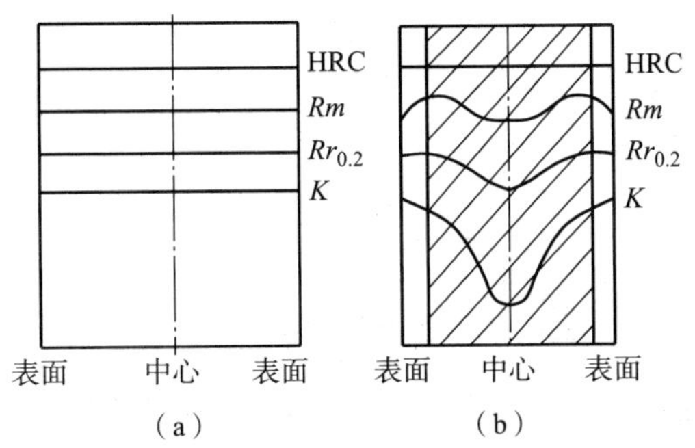

图 5－30　淬透性不同的钢调质后的力学性能对比

(a) 淬透钢；(b) 未淬透钢

3. 影响钢淬透性的因素

钢的淬透性是由其临界淬火速度决定的，而钢的临界淬火速度又取决于钢的 C 曲线在坐标平面中的位置。所以，凡能增加过冷奥氏体稳定性的因素，或者说凡能使 C 曲线位置右移、减小马氏体临界冷却速度的因素，均能提高钢的淬透性。影响钢淬透性的最主要因素是奥氏体的化学成分和奥氏体化的条件。

1）奥氏体的化学成分

奥氏体的化学成分对钢的淬透性有着重要的影响。亚共析碳钢随碳含量的增加，其临界淬火速度降低、淬透性有所增加。而过共析碳钢，随着碳含量的增加，其临界淬火速度反而增大，特别是当碳含量大于 1.2% 时，其淬透性将明显降低。

除 Co 外，钢中大多数合金元素如 Mn、Mo、Cr、Ni、Si、Al 等，当将其加热溶入奥氏体后，都能增加过冷奥氏体的稳定性，降低钢的临界淬火速度，使钢的淬透性显著提高。

2）奥氏体化的温度

钢加热时奥氏体化的温度对钢的临界淬火速度和淬透性亦有影响。钢奥氏体化的温度越高，保温时间越长，碳化物溶解越充分，奥氏体晶粒越粗大，成分也越均匀，过冷奥氏体的稳定性就越高。过冷奥氏体的稳定性越高，其相变孕育期越长，这将使 C 曲线右移的距离越大，钢的淬透性提高。所以某些钢在较高的温度下淬火，可以降低其临界淬火速度，改善钢的淬透性。

此外，钢中未溶第二相对淬透性也有影响。钢加热奥氏体化时，未溶入奥氏体中的碳化物、氮化物及其他非金属夹杂物会成为奥氏体分解的非自发形核核心，使临界冷却速度增大，淬透性降低。

4. 淬透性的测定及表示方法

1）末端淬透性试验

目前测定钢的淬透性最常用的方法是末端淬火法。该方法通常用于测定优质碳素结构钢、合金结构钢的淬透性，也可用于测定弹簧钢、轴承钢、工具钢的淬透性。

末端淬火法如图 5－31（a）所示，其要点是将钢制成标准试样，试验时将试样加热至规定温度待其奥氏体化后，迅速将试样放入试验装置中从一端喷水冷却。显然，试样喷水末端的冷却速度最快，淬火后硬度较高。随着距末端距离的增加，越远的部分冷却速度越小，硬度也相应地下降。端淬试样冷却后，沿其长度方向磨出一窄条平面，在此平面上，自水淬端每隔一定距离定点并测出各点硬度，将硬度值随距水淬端距离的变化关系绘成曲线，该曲线称为钢的淬透性曲线，如图 5－31（b）所示。

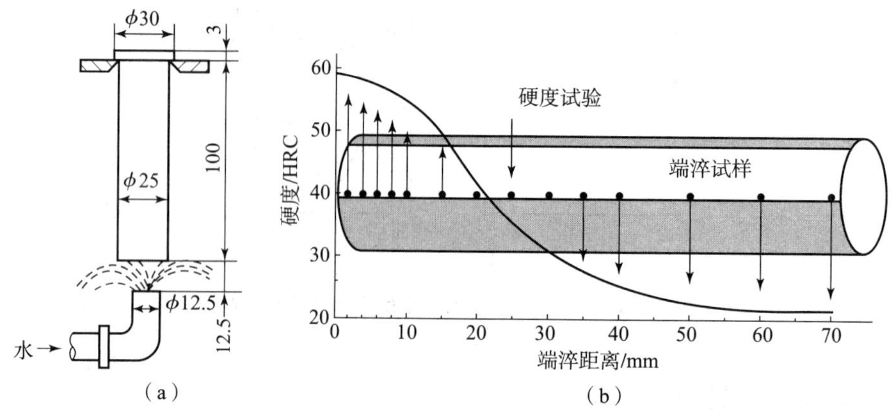

图 5－31　钢末端淬透性试验示意图

（a）淬火装置；（b）至淬火端不同距离硬度分布

钢的淬透性值可用 $J\frac{HRC}{d}$表示，其中 J 表示末端淬透性，d 表示至水冷端的距离，HRC 为该处测得的硬度值。例如，$J\frac{42}{5}$表示在淬透性带上距水冷端 5 mm 处的硬度值为 42 HRC。根据钢的淬透性曲线可以很方便地比较不同钢种的淬透性，如图 5－32 所示，由图中可知 40Cr 钢的淬透性比 45 钢要好。

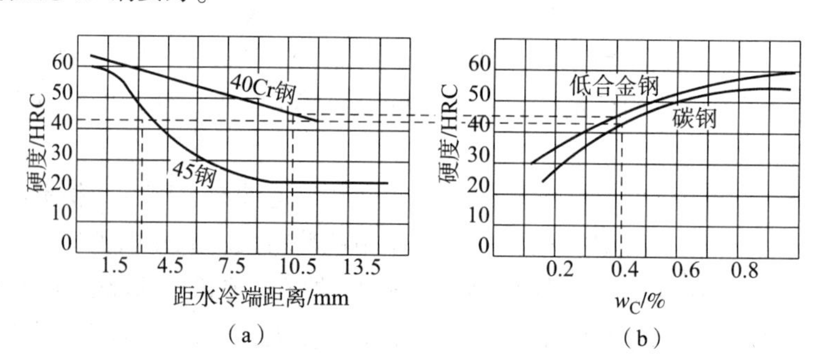

图 5－32　利用淬透性曲线比较钢的淬透性

（a）45 钢和 40Cr 钢的淬透性；（b）半马氏体硬度与碳质量分数的关系

2）临界淬透直径

钢的淬透性也可以用临界淬透直径来表示。所谓钢的临界淬透直径，就是钢在某种介质中淬火冷却后，其心部能够得到半马氏体组织的最大直径，用 D_c 表示。临界淬透直径是一种直观衡量淬透性的指标，显然，在同一种冷却介质中，钢的临界淬透直径值越大，其淬透性就越好。表 5－7 所示为常用钢的临界淬透直径，以供参考。

表 5－7　常用钢的临界淬透直径

钢号	半 M 区硬度/HRC	水冷临界淬透直径/mm	油冷临界淬透直径/mm
40	40	10～15	5～9.5
45	42	13～16.5	6～9.5

续表

钢号	半 M 区硬度/HRC	水冷临界淬透直径/mm	油冷临界淬透直径/mm
T10	55	10～15	<8
20Cr	38	12～19	6～12
40Cr	44	30～38	19～28
35CrMo	43	36～42	20～28
38CrMoAlA	43	100	80

5. 如何在设计中考虑钢的淬透性

钢的淬透性是钢的热处理工艺性能的重要指标，在机械零件设计中意义重大，技术人员对其也必须有充分的了解，以便根据零件的工作条件和性能要求合理选材。

工件在整体淬火条件下，从表面到心部能否完全淬透，对其力学性能有着重要的影响。如许多大截面零件、在动载荷下工作的重要零件（如各种齿轮、轴类）以及承受拉力和压力的螺栓、拉杆、锻模、锤杆等，常常要求零件表面的力学性能和心部一致，这时技术人员应根据零件的尺寸，选用能够完全淬透的钢种。

当某些工件的心部性能对其使用影响不大时，则可考虑选用淬透性较低、淬硬层较浅（如淬硬层深度为工件半径或厚度的 1/2，甚至 1/4）的钢，这样有利于降低成本。

有些工件不宜选用淬透性高的钢。例如焊接工件，若选用淬透性高的钢，就容易在焊缝热影响区内出现淬火组织，造成焊件变形和裂纹。又如承受强冲击和复杂应力的冷镦凸模，其工作部分常因全部淬硬而发生脆断。

从热处理工艺性能的角度考虑，对于形状复杂、变形要求严格的工件，如果所用钢的淬透性较高（如合金钢工件），则要选择在较缓和的冷却介质中淬火。如果钢的淬透性很高，甚至可以考虑在淬火时限制冷却速度（如采用空冷等）以减小变形。

5.5.3　常见的淬火缺陷

1. 氧化与脱碳

钢加热时，炉内氧化气氛与钢料表面的铁或碳相互作用，引起氧化和脱碳。氧化不仅造成金属的损耗，还影响工件的承载能力和表面质量等。脱碳则会使工件表层的强度、硬度和疲劳极限降低，对于弹簧、轴承和各种工模具来说，脱碳是严重的缺陷。生产中防止氧化与脱碳的方法如下：

（1）工件在一般电炉中加热时，炉中的介质是空气，这时可在工件表面涂一层涂料，或往炉中放入适量木炭、滴入适量煤油等，可对工件起到一定的保护作用。

（2）尽量采用可控气氛炉或脱氧良好的盐浴炉加热。可控气氛炉是根据钢的碳含量及加热温度的不同，加热过程中往炉内送入可以控制的保护性气氛，防止钢发生氧化和脱碳。

（3）正确地控制加热温度和保温时间。

2. 过热和过烧

钢在淬火加热时，由于加热温度过高或在高温区停留的时间过长而发生的奥氏体晶粒显著粗化的现象称为过热。工件过热后，晶粒粗大，不仅降低钢的力学性能（尤其是韧性），也容易引起变形和开裂。过热可以用正火处理予以纠正。

钢加热时温度过高导致晶界出现氧化和部分熔化的现象称为过烧。钢件过烧后一般无法补救，只能做报废处理。为了防止工件过热和过烧，在锻造、热处理等生产中必须严格控制钢的加热温度和保温时间。

3. 变形与开裂

工件淬火变形和开裂是由淬火时产生的内应力所导致的。内应力分为热应力与组织应力两种。热应力是由于工件在加热和冷却时内外温度不均匀而使其截面上热胀冷缩先后不一所造成的；组织应力则是由于热处理过程中工件各部位相变的不同而造成的。

工件的淬火变形是热应力和组织应力复合作用的结果。显然，当这种复合应力超过钢的屈服强度时，工件就发生变形；当复合应力超过钢的抗拉强度时，工件就产生开裂。

内应力在钢的淬火中是不可避免的，生产中对变形量小的工件可采取某些措施予以校正，而变形量太大或开裂的工件就只能做报废处理。为了减小淬火变形和防止开裂，技术人员必须从零件结构设计、材料选择、加工工艺流程、热处理工艺等方面全面考虑，尽量减小淬火应力；其次，可在工件淬火后及时进行回火以消除内应力。某些形状复杂或碳含量较高的工件，往往在淬火后等待回火的期间发生变形与开裂。

4. 淬火硬度不足

淬火硬度不足常常是由于加热温度过低、保温时间不足、冷却速度太慢或表面脱碳等原因造成的。淬火硬度不足可采用重新淬火予以校正，但工件在重新淬火前首先要进行退火或正火。

5.6 钢的回火

回火是将淬火钢重新加热到不超过 Ac_1 的某一温度保温一定时间，使淬火组织转变为稳定的回火组织，然后再以适当方式冷却至室温的一种热处理工艺。钢件淬火后不能直接使用，一般都要经过回火处理。回火的目的有以下几方面：

（1）降低脆性，消除淬火应力。钢件淬火后存在很大的内应力和脆性，如不及时回火往往会导致其在随后放置或使用的过程中产生变形甚至开裂。

（2）调整力学性能，满足不同零件的使用要求。不同的机器零件或工、模具，因其工作条件不同而所要求的力学性能也各不相同。工件经淬火后，处于硬脆状态，通过回火对其性能进行必要的调整，使钢的实际性能和工件的技术条件要求相一致，才能满足其使用要求，如适当降低硬度，减小脆性，得到所需要的韧性、塑性等。因此回火是决定工件最终性能的关键工序。

（3）稳定工件的尺寸。淬火马氏体和残余奥氏体在室温下都是不稳定的组织，它们在一定的条件下会发生转变，这种组织转变将引起工件尺寸和形状的改变。利用回火使淬火组织充分转变到一定程度并使其稳定化，从而保证工件在以后的使用过程中不会因尺寸或形状的变化而丧失精度。

（4）对于某些退火难以软化的合金钢，在淬火（或正火）后采用高温回火，使钢中的碳化物适当聚集、硬度降低，可改善其切削加工性。

5.6.1　回火时的组织转变与性能

1. 回火时的组织转变

淬火钢的组织为淬火马氏体和残留奥氏体，其内部还存在很大的内应力。马氏体处于过饱和状态，残留奥氏体处于过冷状态，它们在室温下都是不稳定的，有自发转变为铁素体和渗碳体这些稳定组织的趋势。但在室温下原子扩散能力有限，上述转变难以进行，回火就是为了促使这种转变的发生和进行。

淬火钢在回火过程中主要发生以下几种转变。

1）回火第一阶段（100～200 ℃）——过渡碳化物的析出

淬火钢在 100 ℃以下的加热过程中组织无明显变化，经 X 射线分析证实，此时仅在淬火马氏体内部发生碳原子偏聚。这是由于温度较低，铁和合金元素的原子难以扩散，碳原子仅能做短距离扩散，并向晶体缺陷（如位错线附近）或马氏体的某些特定晶面聚集。马氏体晶体内过饱和的碳原子发生偏聚，可看作是马氏体分解的准备阶段。

马氏体的分解大约从 100 ℃开始，可一直延续至 350 ℃以上。在 100～200 ℃范围内从马氏体中析出的碳化物并不是 Fe_3C，而是过渡相，其形态呈极细小的薄片状。由于回火温度较低，原子扩散能力较弱，这一阶段马氏体虽然会因碳的析出而使过饱和度有所降低、正方度 c/a 略有减小，但其显微组织仍保持淬火马氏体的片状或板条状形态。所以，在 <200 ℃回火后，钢的硬度并未降低，但由于过渡碳化物的析出，晶格畸变减轻，淬火应力有所下降，钢的韧性有所提高。这种由过饱和的 α－Fe 固溶体和弥散分布的过渡碳化物所组成的组织称为回火马氏体（$M_{回}$），如图 5－33（a）所示。由于回火马氏体上有大量极细的、易被腐蚀的过渡碳化物析出，故回火马氏体在金相显微镜下显黑色片状或板条状。中、高碳钢回火马氏体中极细的过渡碳化物只有在电子显微镜下才能看到，低碳板条回火马氏体看不到析出物。

2）回火第二阶段（200～300 ℃）——残余奥氏体分解

当回火温度升高至 200～300 ℃之间时，淬火马氏体继续分解为回火马氏体。同时由于其正方度减小、体积收缩，降低了对残余奥氏体的压力，为残余奥氏体转变创造了条件。在 200 ℃以上回火，残余奥氏体开始分解。

对低、中碳钢中的残余奥氏体的研究发现，残余奥氏体以连续的薄层状位于马氏体板条之间，当回火温度在 200～300 ℃之间其分解为比较连续的板条间碳化物，对韧性有害，会引起回火马氏体的脆化。

3）回火第三阶段（200～350 ℃）——过渡碳化物转变为 Fe_3C

在残余奥氏体分解的同时，马氏体中的过渡碳化物逐渐转变为渗碳体，马氏体的碳含量降到铁素体的平衡碳含量，并失去其晶格的正方性，淬火的内应力也基本消除，钢的硬度降低、塑性和韧性提高，但马氏体仍可保持针状或板条状形态。在此期间，所有渗碳体的形态也由极细的薄片状逐渐聚集成细粒状。这时钢的组织由铁素体和高度弥散分布的细颗粒渗碳体组成，称为回火托氏体（$T_{回}$），如图 5－33（b）所示。

4）回火第四阶段（350 ℃以上）——Fe_3C 的粗化和球化以及等轴铁素体晶粒的形成

随着加热温度的升高，渗碳体颗粒逐渐长大，粗化始于 300～400 ℃之间，而球化则一直持续到700 ℃。在此阶段加热保温一定时间，铁素体的板条形貌逐渐等轴化。最终得到的组织是等轴铁素体基体中分布的较粗的球状碳化物，称为回火索氏体（$S_{回}$），如图5－33（c）所示。

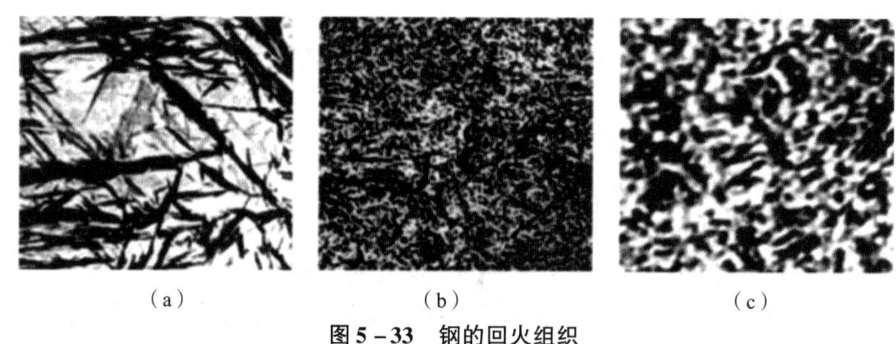

图5－33　钢的回火组织

(a) 回火马氏体；(b) 回火托氏体 (c) 回火索氏体

这时，淬火产生的强化作用已完全消失，钢的强度和硬度主要取决于组织中渗碳体质点的大小和弥散度。回火温度越高，渗碳体质点越大，弥散度越小，钢的硬度和强度越低。但在一定的回火温度范围内，钢的韧性却大幅提高。

综上所述，淬火钢在回火过程中的组织转变主要有马氏体的分解、残余奥氏体的转变、碳化物的转变和粗化，以及等轴铁素体晶粒的形成四种。这4种转变发生在几个不同但又相互交叉的温度范围内，不同的转变过程往往同时交错进行。

2. 钢回火后的组织性能

按照对钢回火时的组织转变的分析，淬火钢在各个阶段回火所形成的组织主要有回火马氏体、回火托氏体和回火索氏体。这3种组织的形成条件不同、组织形态各异，因而各具有不同的性能，如图5－34所示。

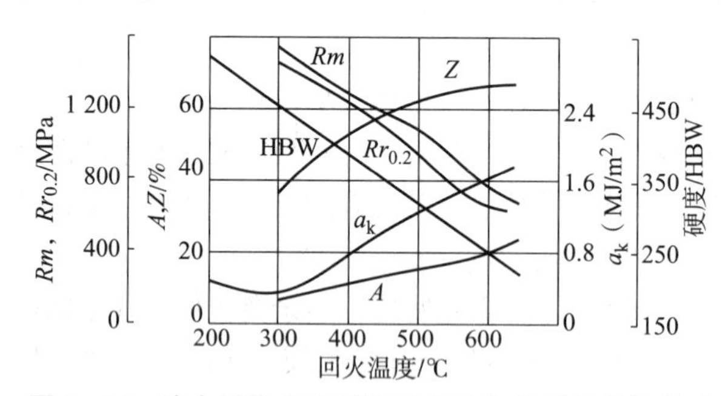

图5－34　淬火后的40钢的回火温度与机械性能的关系

1）回火马氏体

回火马氏体基本保留了淬火马氏体的力学性能，其中：高碳回火马氏体的硬度、强度高，但塑性、韧性较差；低碳回火马氏体虽然硬度不高，但强度经淬火、回火后提高幅度较大，同时兼有良好的塑性和韧性。

2）回火托氏体

回火托氏体形成时，马氏体已充分分解，因而钢的强度、硬度已有明显的下降。但由于铁素体仍保留了淬火马氏体的亚结构，其内部存在大量高密度的位错或孪晶，同时粒状渗碳体极其细小且高度弥散（在光学显微镜下难以分辨），所以回火托氏体组织具有很高的屈强比（屈服强度与抗拉强度的比值）。回火托氏体最大的特点是具有高的弹性极限和良好的韧性。

3）回火索氏体

回火索氏体的硬度和强度虽然比回火托氏体还有所降低，但韧性、塑性比回火托氏体有大幅提高，钢的强度、硬度、塑性、韧性均达到较为理想的配合，所以回火索氏体具有优良的综合性能。

对比试验证明，回火组织比一般的组织具有更加优良的综合性能。如硬度相同时，回火托氏体和回火索氏体与一般由奥氏体直接冷却得到的层片状托氏体和索氏体相比，不仅具有较高的强度，而且具有较高的塑性和韧性，即回火组织的整体综合性能更高。这主要是因为组织形态不同所致。

5.6.2　回火脆性及回火的分类

1. 回火脆性

淬火钢回火时力学性能总的变化趋势是：随着回火温度的升高，钢的强度、硬度降低，而塑性、韧性提高，冲击韧度 α_K 也相应增大。但淬火钢在某些特定的温度范围回火时，随回火温度的提高，其韧性不仅没有提高，反而出现了明显的下降，这种现象称为回火脆性，如图5－35所示。

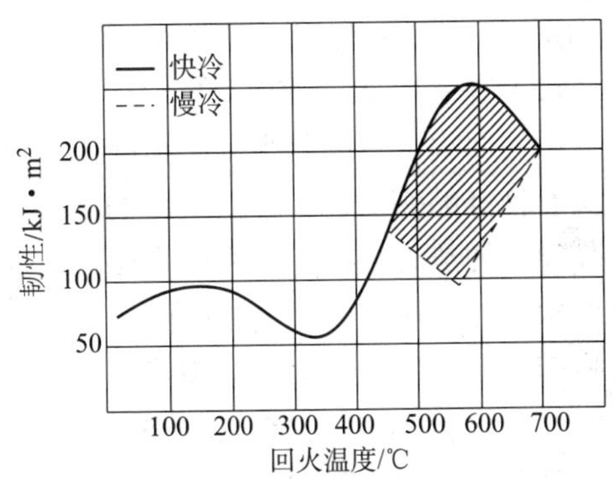

图5－35　钢的韧性与回火温度的关系

回火脆性可分为两类：

（1）第一类回火脆性。

淬火钢在250～400 ℃之间回火时产生的回火脆性称为第一类回火脆性，由于这类脆性出现在较低的回火温度区间，又称其为低温回火脆性。一般认为产生这类回火脆性的原因是：淬火钢在250～400 ℃温度范围内回火时，其沿着马氏体片状或板条状晶体的界面上析出硬脆的碳化物薄片，这些析出物降低了晶界的断裂强度，使之成为裂纹扩展的路径，因而导致脆性断裂。第一类回火脆性不仅降低钢的冲击吸收能量，而且还会使钢的脆性转化温度升高。到目前为止，仍未找到防止或消除第一类回火脆性的有效方法，生产中一般采取避开在250～400 ℃温度区间回火的办法来防止第一类回火脆性的产生。

（2）第二类回火脆性。

有些合金钢在500～650 ℃高温回火后缓冷，将出现第二类回火脆性（又称为高温回火脆性）。将已产生脆性的工件重新加热到600 ℃以上保温，然后快冷则不出现脆性。第二类回火脆性的特点是：高温回火后缓冷出现，快冷不出现。因此，第二类回火脆性又被称为可逆回火脆性。

2. 回火的分类及应用

回火温度要根据零件的使用条件和对性能的要求来决定。因为回火时，硬度（包括强度）和韧度（包括塑性）的变化是互相矛盾的：回火温度低，钢的硬度高，但韧度低；回火温度高，钢的韧度高，但硬度低。如果能使零件或工具同时具有高硬度和高韧度最好，但这是无法达到的，所以技术人员只能根据零件（或工具）使用中的主要矛盾来选择合适的回火温度。例如：对切削工具来说，重要因素是硬度，如果硬度低，就根本无法切削其他材料，因而只能采用较低的回火温度，使其具备较高的硬度；对许多受冲击载荷的零件来说，为了使其具备较高的韧度，就只能牺牲一些强度而采用较高的回火温度。

为了使工件烧透，并保证组织充分转变和消除内应力，需要一定的回火时间。回火时的保温时间往往根据工件尺寸、装炉量以及回火温度来决定。一般采用工件每 25 mm 厚度保温 1 ~ 2 h，回火温度高时可酌情缩短。

在生产中，由于对钢件性能的要求不同，一般将回火分为 3 类。

（1）低温回火（150 ~ 250 ℃）。

低温回火的目的是在保持淬火钢高硬度和高耐磨性的前提下，降低其淬火内应力和脆性，提高工件的韧性。低温回火后的组织为回火马氏体。低温回火主要用于各种高碳钢制造的工具、模具、滚动轴承以及渗碳和表面淬火零件。低温回火后的工件硬度一般为 58 ~ 62 HRC。制造刀具和量具用的碳素工具钢，回火温度常低于 200 ℃。

（2）中温回火（350 ~ 500 ℃）。

中温回火的目的是得到回火托氏体组织。这种组织具有高的弹性极限和屈服极限，同时也具有良好的韧性，中温回火后的工件硬度一般为 35 ~ 50 HRC。中温回火主要用于弹簧和热作模具的热处理。为了避免发生回火脆性，一般中温回火温度不宜低于 350 ℃。生产中某些结构零件采用淬火后进行中温回火代替传统的调质工艺，如此可提高这些零件的强度和冲击疲劳强度，中温回火的应用范围因而有所扩大。

（3）高温回火（500 ~ 650 ℃）。

高温回火后得到的组织为回火索氏体。这种组织具有良好的综合力学性能，即强度、塑性和韧性都比较好。高温回火后的工件硬度一般在 25 ~ 35 HRC 之间。生产中常将淬火后进行高温回火称为调质处理。调质处理广泛用于各种重要的机器结构零件（特别是在交变载荷下工作的连接件和传动件），如连杆、螺栓、齿轮及轴等。此外调质处理还可以作为某些精密零件，如丝杠、量具、模具等的预先热处理，这是由于均匀细小的回火索氏体组织能有效地减少工件淬火变形和开裂倾向。

应当指出，钢经正火和调质处理后的硬度值非常接近，但调质处理后的组织具有更高的综合力学性能。这是因为调质后得到的回火索氏体中渗碳体呈细小粒状，而正火后的普通索氏体中渗碳体呈层片状，而粒状组织的塑性、韧性要明显高于层片状组织。这是重要的结构零件一般都要采用调质处理的重要原因。

5.7 钢的表面淬火

许多机器零件（如齿轮、凸轮、曲轴等）是在弯曲、扭转载荷下工作，同时受到强烈的摩擦、磨损和冲击，这时应力沿工件断面的分布是不均匀的，越靠近表面应力越大，越靠近心部应力越小。这种工件需要一定厚度的表层得到强化，表层硬而耐磨，心部仍可保留高韧性状态，要同时满足这些要求，仅仅依靠选材是比较困难的，用普通的热处理也无法实现。这时可通过表面热处理的手段来满足工件的使用要求。

表面淬火的基本原理是利用快速加热使零件表面在很短的时间内达到淬火温度，在热量尚未传至心部时立即快速冷却淬火，使零件表面获得硬而耐磨的马氏体组织，而心部保持原来塑性、韧性较好的退火、正火或调质组织不变。表面淬火可使零件具有内韧外强、表面耐磨的特点，使零件综合性能整体提高。

表面淬火方法有感应加热表面淬火、火焰加热表面淬火、电接触加热表面淬火、电子束加热表面淬火及激光加热表面淬火等，其中应用最广的是前两种。

1. 感应加热表面淬火

1）基本原理

感应加热表面淬火的原理如图 5－36 所示。将工件置于用铜管制成的感应圈中，向感应圈中通交流电时，其内外将产生与电流同频率的交变磁场。此时，在交变磁场作用下，放置在感应圈中的工件中将产生与外加电流频率相同而方向相反的感应电流。由于感应电流在工件内自成回路，故通常称其为涡流。涡流主要分布于工件表面，即工件表面电流密度最大，心部电流密度最小，当电流频率足够高时，工件心部几乎没有电流通过，这种现象叫作集肤效应或表面效应。感应加热表面淬火就是利用电流的集肤效应，并依靠电流的热效应将工件表层迅速加热至淬火温度。这种加热升温极快，几秒钟内即可使温度上升至 800～1 000 ℃，所以当工件表层达到淬火温度时，其心部温度仍接近室温。几乎在工件表层快速升温至淬火温度的同时，喷水套立即喷水冷却，实现快速表面淬火。

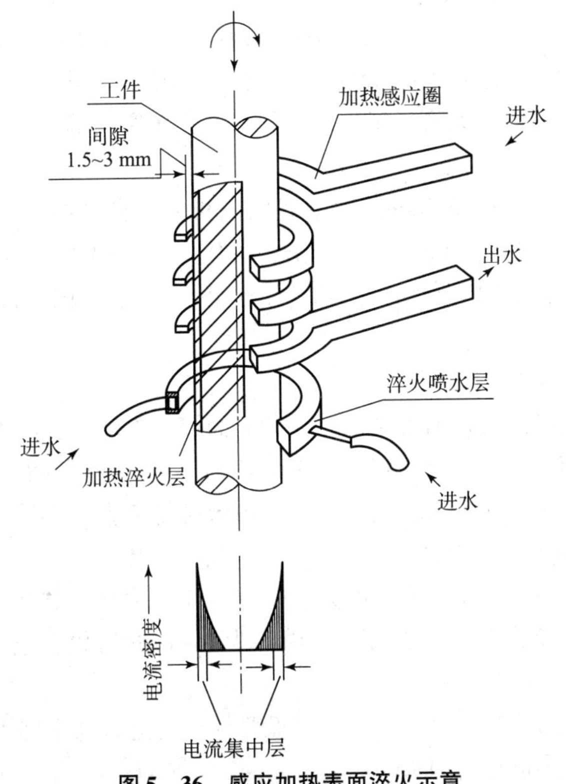

图 5－36　感应加热表面淬火示意

电流透入工件表层的深度主要与电流频率有关：频率越高，透入层深度越小。对于碳钢，淬硬层深度与电流频率的关系为

$$\delta = \frac{500}{\sqrt{f}} \tag{5-1}$$

式中：δ 为淬硬层深度（mm）；f 为电流频率（Hz）。

由式（5-1）可见：电流频率越大，碳钢的淬硬层深度越薄。因此，通过改变交流电的频率，可以使碳钢得到不同厚度的淬硬层，生产中一般根据碳钢工件尺寸大小及所需淬硬层的深度来选用感应加热的频率，相关数据如表5-8所示。

表5-8 电流频率与碳钢淬硬层深度的关系

电流频率		碳钢淬硬层深度/mm	应 用
高频	200~300 kHz	0.5~2.0	中小型零件，如小模数齿轮、中小直径轴类零件
中频	2 500~8 000 Hz	2~5	大模数齿轮、大直径轴类零件
工频	50 Hz	10-15	轧辊、火车轮等大件

2）感应加热表面淬火的应用

生产中根据工件对表面淬硬层深度的要求，选择不同感应加热设备和电流频率。目前常用的感应加热表面淬火工艺主要有以下4种：

（1）工频感应加热表面淬火。

工频感应加热使用工业频率电流（50 Hz）直接通入感应器加热工件。由于电流频率较低，可使工件表面淬硬层深度达10~15 mm以上。工频感应加热淬火主要用于大直径钢材的穿透加热和要求淬硬层深的大直径工件，如轧辊、火车车轮等。

（2）中频感应加热表面淬火。

中频感应加热表面淬火设备为机械式中频发电机或可控硅中频变频器，其工作频率为500~10 000 Hz，常用频率为2 500~8 000 Hz，可使工件获得2~5 mm的表面淬硬层深度。中频感应加热表面淬火主要用于发动机曲轴、凸轮轴、大模数齿轮、较大尺寸的轴和钢轨等工件。

（3）高频感应加热表面淬火。

高频感应加热表面淬火是目前应用最广泛的表面淬火方法。我国生产的高频设备，其工作频率为70~1 000 kHz，常用频率为200~300 kHz，可使工件获得0.5~2 mm的表面淬硬层深度。高频感应加热表面淬火主要用于中、小模数齿轮和中、小尺寸的轴类等零件。

（4）超音频感应加热表面淬火。

超音频感应加热所用的工作频率一般为20~40 kHz，由于工作频率比音频（<20 kHz）略高，故称超音频。这种表面淬火主要用于模数为3~6的齿轮，也可用于链轮、花键轴、凸轮等零件的表面淬火。

感应加热淬火后，为了减小淬火应力和降低脆性，需进行低温回火，尺寸较大的工件也可利用淬火后的工件余热进行自回火。

3）感应加热表面淬火的特点

与普通淬火相比，感应加热表面淬火主要有以下特点：

（1）由于感应加热速度极快，过热度增大使钢的临界点升高，故感应加热淬火温度（工件表面温度）高于一般淬火温度。

（2）由于感应加热速度快，奥氏体晶粒不易长大，淬火后可获得非常细小的隐晶马氏体组织，使工件表层硬度比普通淬火高2~3 HRC，耐磨性也有较大提高。

（3）表面层淬火得到马氏体后，体积膨胀在工件表面层造成较大的残余压应力，能显著提高零件的弯曲、抗扭疲劳强度：小尺寸零件可提高 2 ~ 3 倍，大尺寸零件可提高 20% ~30%。

（4）由于感应加热速度快、时间短，故工件淬火后无氧化、脱碳现象，且工件变形也很小。

（5）表面淬火的淬硬层深度易于控制、可实现机械化和自动化，生产效率高，适合于大批量生产，尤其是对于大批量的流水线生产极为有利。

由于以上特点，感应加热表面淬火在热处理生产中得到了广泛的应用。其缺点是设备昂贵，维修、调整比较困难，处理形状复杂的零件比较困难。

4）感应加热适用的钢种与应用举例

感应加热表面淬火一般适用于中碳钢和中碳低合金钢（碳含量 0.4% ~0.5%），如 40、45、50、40Cr、40MnB 钢等。这类钢基本都用于制造机床、汽车等机械设备的齿轮、轴类等零件。表面淬火零件一般先通过调质或正火处理使心部保持较高的综合力学性能，表层则通过表面淬火 + 低温回火获得高硬度、高耐磨性。

例如，某机床主轴选用 40Cr 钢制造，其制作工艺路线为

下料→锻造成毛坯→退火或正火→粗加工→调质处理→精加工→
高频感应加热表面淬火→低温回火→研磨→入库

主轴在制作过程中有两道中间热处理工序。锻造之后的毛坯件可采用完全退火或正火工艺，其目的是消除锻造应力、均匀成分、消除带状组织、细化晶粒、调整硬度、改善切削加工性能。精加工之前的调质热处理有两个重要目的：一是赋予主轴（整体）良好的综合力学性能；二是调整好表层组织，为感应加热表面淬火做组织准备。感应加热表面淬火并低温回火，属于最终热处理，其可赋予主轴轴颈部位（表层）高的抗摩擦、抗磨损性能和高的接触疲劳强度。

此外，铸铁制造的机床导轨、曲轴、凸轮轴及齿轮等，采用高频或中频加热表面淬火可以显著提高其耐磨性及抗疲劳性能。

2. 火焰加热表面淬火

火焰加热表面淬火是用乙炔 - 氧或煤气 - 氧的混合气体燃烧的火焰直接喷烧零件表面，使其表面快速加热，达到淬火温度时立即喷水冷却，从而获得预期硬度和淬硬层深度的一种表面淬火方法，如图 5 - 37 所示。

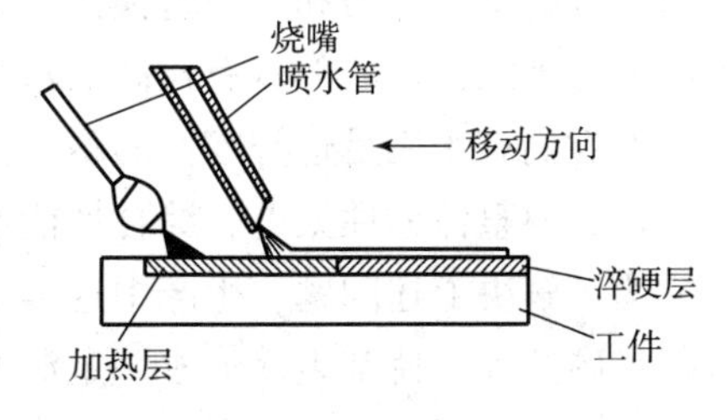

图 5 - 37　火焰加热表面淬火示意图

常用的火焰加热表面淬火零件的材料一般为中碳钢，如 35、45、40Cr 钢等。如果碳含量太低，其淬火后硬度偏低；碳和合金元素含量过高，则易淬裂。火焰加热表面淬火还可用于对灰铸铁和合金铸铁零件进行表面淬火。

火焰加热表面淬火后，零件的淬硬层深度一般为 2 ~6 mm，若要获得更深的淬硬层，往往会引起零件表面严重过热，产生淬火裂纹。火焰加热表面淬火后，零件表面不应出现过热、烧熔或裂纹，变形也要在规定的技术要求之内。

火焰加热表面淬火方法简便易行，无须特殊设备，可用于单件或小批量生产的大型零件和工具的局部淬火，如大型的轴类、大模数齿轮、轧辊、轧钢机齿轮、模具、机床导轨等。

但由于存在淬火温度不易控制、易过热、淬火质量不够稳定等问题，使火焰加热表面淬火的应用受到了较大的限制。

5.8 钢的化学热处理

化学热处理是将钢件置于某种化学介质中加热并经较长时间保温，使介质中的活性原子渗入工件表面，以改变工件表层的化学成分和组织，从而使工件表面获得某些特殊的力学性能或物理化学性能的热处理方法。与表面淬火相比，化学热处理的主要特点是工件表面层不仅有组织的变化，而且还有化学成分的变化。

化学热处理和表面淬火都属于表面热处理，但化学热处理后钢件表面可获得比表面淬火更高的硬度、耐磨性和疲劳强度。通过适当的化学热处理还可以使工件表层具有减摩、耐腐蚀等特殊性能。因此，化学热处理在生产中得到了越来越广泛的应用。

工件表面化学成分改变是通过以下 3 个基本过程实现的：

（1）化学介质的分解，通过加热使化学介质释放出待渗元素的活性原子，例如渗碳时 $CH_4 \rightarrow 2H_2 + [C]$，渗氮时 $2NH_3 \rightarrow 3H_2 + 2[N]$；

（2）活性原子被工件表面吸收和溶解，其进入晶格内形成固溶体或化合物；

（3）原子由表面向内部扩散，形成一定厚度的扩散层。

按表面渗入的元素不同，化学热处理可分为渗碳、渗氮、碳氮共渗、渗硼、渗铝等。目前，生产上应用最广的化学热处理是渗碳、渗氮和碳氮共渗。

5.8.1 渗碳

渗碳是将钢加热至高温奥氏体状态（900 ~ 930 ℃），向其表面渗入碳原子的过程。

1. 渗碳的目的和渗碳用钢

有很多重要的零件（如汽车变速箱齿轮、活塞销、摩擦片等）都是在变动载荷、冲击载荷、大的接触应力和强烈磨损条件下工作的，因此要求零件表面具有高硬度、高耐磨性和高的疲劳极限，而心部具有较高的塑性、韧性和足够的强度。中碳钢经过表面淬火后的硬度和耐磨性仍难于满足这类零件的耐磨性要求；高碳钢淬火后零件表面虽能够获得高硬度和高耐磨性，但整体韧性太差，综合性能不好。

为了解决上述问题，生产中这类零件选用 $w_C = 0.10\% \sim 0.25\%$ 的低碳钢或低碳合金钢进行渗碳处理，使其表面形成一定深度的高碳层，经淬火、低温回火后，零件表层由于获得高碳回火马氏体组织而具有高硬度、高耐磨性以及高的接触疲劳强度；而心部仍保持低碳成分和低碳组织，使零件仍具有良好的塑性和韧性。因此，渗碳可使一种材料制作的机器零件同时兼有高碳钢和低碳钢的性能，从而使这些零件既能承受磨损和较高的接触应力，同时又能抵抗弯曲应力及冲击载荷。

2. 常用的渗碳方法

根据所采用的介质（渗碳剂）不同，渗碳可分为固体渗碳、液体渗碳和气体渗碳。

1）固体渗碳

固体渗碳法如图 5 - 38 所示。固体渗碳常用一定粒度的木炭加 2% ~5% 的碳酸盐（Ba-

CO_3或 Na_2CO_3）混合作为渗碳剂，渗碳时将工件放入铁箱中，周围填满渗碳剂并密封，然后装炉加热、长时间保温。渗碳温度一般为 900 ~ 930 ℃。渗碳保温时间根据渗层厚度确定，一般需要十几个小时。固体渗碳加热时间长，生产效率低，劳动条件差，渗层厚度不易控制，目前已基本为气体渗碳所代替。但由于固体渗碳不需要专门设备，工艺简单，适宜于单件、小批量生产。因此，即使是工业技术先进的国家，仍不时使用固体渗碳法。

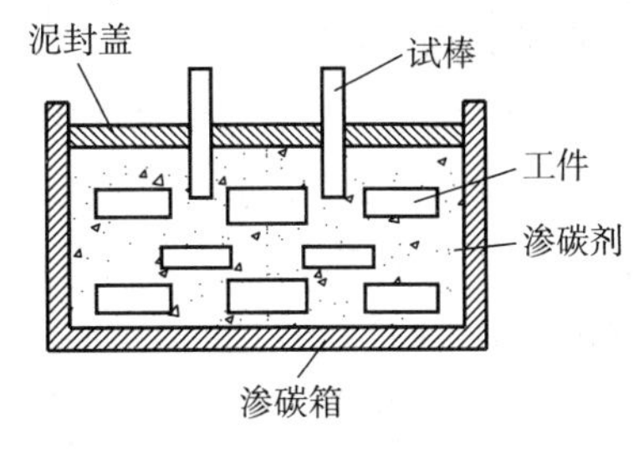

图 5 – 38　固体渗碳法

2）气体渗碳

气体渗碳法是将零件置于密封的专用渗碳炉内，加热至高温使其完全奥氏体化并向炉内通入渗碳剂，渗碳剂在高温下热裂分解使炉内产生渗碳气体（或称渗碳气氛），气体中的活性碳原子在保温过程中渗入工件表面并形成一定深度的渗层。

气体渗碳的温度一般为 900 ~ 950 ℃，常用渗碳剂主要有煤油或丙酮等碳氢化合物。

气体渗碳优点显著，如渗层质量好、生产效率高、易于实现机械化和自动化等，因而应用最广。

但进行气体渗碳时，渗碳炉内的渗碳气氛控制较难。如果渗碳剂热裂分解后形成的活性碳原子过多，这些活性碳原子将不能被零件表面全部吸收，它们便会以炭黑、焦油等形式沉积在零件表面，阻碍渗碳过程的顺利进行。因此，目前生产中大多采用滴注式可控气氛渗碳工艺，即向高温炉内同时滴入两种有机液体（如甲醇和醋酸乙酯等）：一种液体产生的气体碳势较低，作为稀释气体；另一种的气体碳势较高，作为富化气体。操作时利用露点仪或红外分析仪，通过改变两种液体的滴入比例来控制碳势。炉内的渗碳气氛主要由 CO、CO_2、H_2和 CH_4等组成。滴注式气体渗碳装置如图 5 – 39 所示。

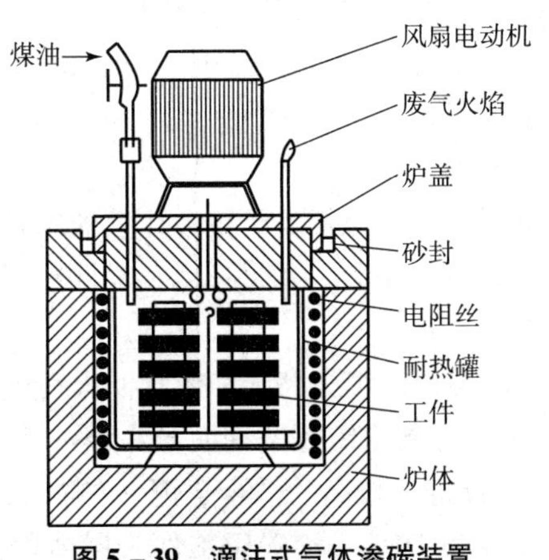

图 5 – 39　滴注式气体渗碳装置

渗碳最主要的工艺参数是加热温度和保温时间。加热温度越高，渗碳速度越快，且渗层的厚度也增大。但温度过高会引起钢晶粒粗大，导致钢的性能恶化，故加热温度应选择适当。一般钢进行气体渗碳的温度为 Ac_3 以上 50 ~ 80 ℃。保温时间则主要取决于所需的渗碳层厚度。

3. 渗碳后的组织与热处理

1）渗碳后的组织

常用于渗碳的钢为低碳钢和低碳合金钢，如 20、20Cr、20CrMnTi、12CrNi3 钢等。表面碳含量渗碳后渗层中的最高（约 1.0%），由表及里逐渐降低至原始碳含量。所以渗碳后缓冷组织自表面至心部依次为：过共析组织（珠光体 + 网状 Fe_3C_{II}）、共析组织（珠光体）、亚共析组织（珠光体 + 铁素体）的过渡层，直至心部的原始组织。碳钢的渗层深度规定为：从表层到过渡层一半（50%P +50%F）的厚度。图 5 -40 所示为 20 钢渗碳后的缓冷显微组织。

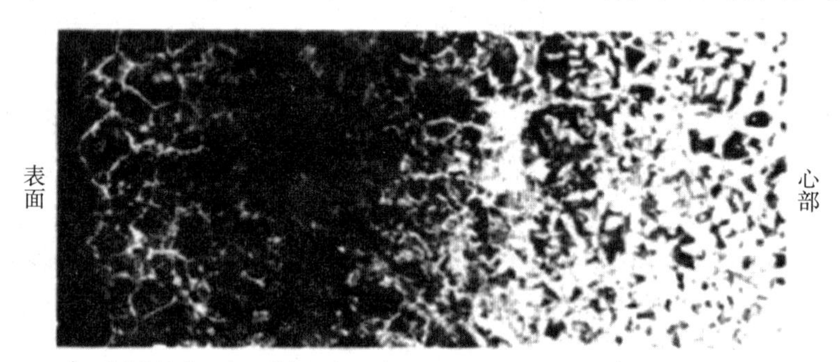

图 5 -40　20 钢渗碳后的缓冷显微组织

根据渗层组织和性能的要求，一般零件表层碳含量最好控制在 0.85% ~1.05% 之间，若碳含量过高，会出现较多的网状或块状碳化物，则渗碳层变脆，容易脱落；碳含量过低，则硬度不足，耐磨性差。

渗碳层碳含量和渗碳层深度依靠控制通入的渗碳剂量、渗碳时间和渗碳温度来控制。气体渗碳的渗层深度一般为 0.5 ~2.5 mm。

当渗碳零件有不允许高硬度的部位时，如装配孔等，应在设计图样上予以注明。该部位可采取镀铜或涂抗渗涂料的方法来防止渗碳，也可采取多留加工余量的方法，待零件渗碳后，在淬火前去掉该部位的渗碳层。

2）渗碳后的热处理

工件渗碳后是不能直接使用的，因为其表层粗大片状的珠光体和连续的渗碳体网不仅脆性大，而且其硬度和耐磨性都达不到要求。因此必须对工件进行淬火、低温回火处理，才能有效地发挥渗碳层的作用。

一般条件下，要求回火后渗层的组织为高碳细针状回火马氏体 + 细粒状渗碳体 + 少量残余奥氏体，硬度为 58 ~62 HRC。心部组织随钢种而异：淬透性较差的低碳钢为铁素体 + 珠光体，硬度为 137 ~183 HBW；淬透性较高的低合金钢（如 20Cr，20CrMnTi）为低碳回火马氏体 + 少量铁素体，硬度为 30 ~45 HRC。渗碳后工件表层体积膨胀较大，心部体积膨胀较小，结果在工件表层造成压应力，这样的应力分布，可以提高工件的疲劳强度。

为了保证渗碳件的性能，设计图样上一般要标明要求的渗碳层厚度、渗碳层和心部的硬度等；对于重要零件，还应标明对渗碳层显微组织的要求。根据零件的不同要求，渗碳件常用的淬火方法主要有以下 3 种：

（1）直接淬火法。

工件渗碳后，先出炉在空气中预冷，待其温度降至略高于钢的临界温度（840 ℃左右）

时，直接淬入水中或油中冷却，然后再进行低温回火。预冷可以减少淬火变形，并使工件表层析出少量碳化物。预冷温度应略高于 Ar_3，否则工件心部将会析出铁素体。

直接淬火工艺简单，成本较低。但由于渗碳后钢的奥氏体晶粒粗大，淬火后的马氏体也粗大，残余奥氏体量较多，工件的耐磨性和韧性稍差，而且淬火变形较大。因此这种方法只适合于渗碳后奥氏体晶粒细小的钢或性能要求不高的零件。直接淬火法如图5－41（a）所示。

（2）一次淬火法。

渗碳件出炉后先空冷至室温，然后重新加热淬火、低温回火。一次淬火的加热温度应尽量兼顾到表层和心部两方面的性能要求，所以淬火温度应取在钢原始成分的临界点（Ac_3）以上略高，这样有利于细化心部晶粒，淬火后心部获得低碳马氏体组织。若对零件心部强度要求不高，而要求表面具有较高的硬度和耐磨性，则淬火加热温度按表层过共析成分取 Ac_1 +(30～50℃)，使表层获得细小的马氏体＋粒状渗碳体组织。一次淬火法在生产上应用较多，适用于要求比较高的渗碳零件，如图5－41（b）所示。

（3）二次淬火法。

渗碳件出炉先空冷至室温后，再针对渗碳件表面和心部不同成分对其分别进行两次淬火。第一次淬火的目的是细化心部组织和消除网状渗碳体，加热温度按心部成分取 Ac_3 +(30～50 ℃)。第二次加热到 Ac_1 +(30～50 ℃)，淬火后表层为细小马氏体和均匀分布的粒状二次渗碳体组织。

二次淬火法的优点是工件表层和心部的组织都得到了细化，表面具有高硬度、高耐磨性和良好的疲劳极限，心部具有良好的强韧性和塑性；其缺点是工艺复杂，成本较高，而且工件经两次高温加热后变形量较大，渗碳层易脱碳和氧化。二次淬火法只用于要求表面高耐磨性和心部高韧性的零件，一般使用较少，如图5－41（c）所示。

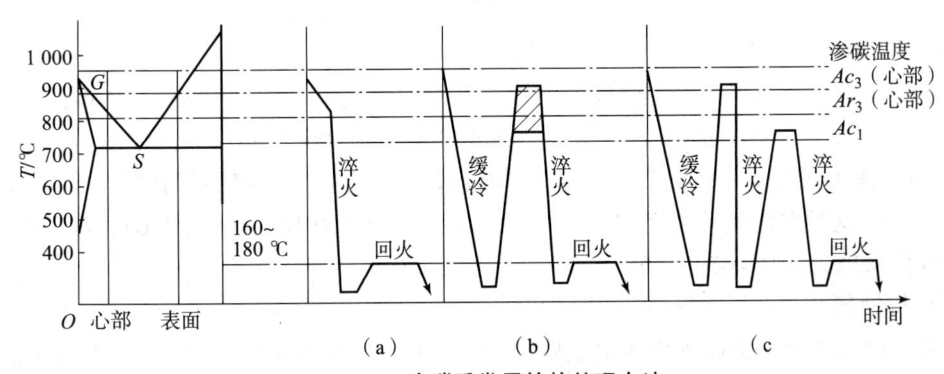

图5－41 渗碳后常用的热处理方法

(a) 直接淬火；(b) 一次淬火；(c) 二次淬火

渗碳件淬火后都要在160～180 ℃范围内进行低温回火。低温回火后，渗碳层的组织由高碳回火马氏体、碳化物和少量残余奥氏体组成，其硬度可达到58～64 HRC，具有高的耐磨性。心部组织与钢的淬透性及工件的截面尺寸有关：全部淬透时是低碳马氏体；未淬透时是低碳马氏体加少量铁素体或屈氏体加铁素体。

例如，某汽车变速箱齿轮采用20CrMnTi钢制造，其制造工艺为

下料→锻造→正火→粗车并铣齿成形→精铣齿轮→渗碳淬火＋低温回火→研磨→入库

锻造后正火是中间热处理，目的是降低锻造应力、细化晶粒、均匀化学成分、改善切削加工性能。渗碳淬火并低温回火是最终热处理，目的是提高齿轮的抗磨损性能和抗接触疲劳性能。

5.8.2 渗氮

在钢件表面渗入氮原子，形成富氮硬化层的化学热处理工艺称为渗氮，通常也称为氮化。渗氮的目的是提高工件的表面硬度、耐磨性、疲劳极限及耐蚀性等。渗氮主要用于耐磨性要求高、耐蚀性和精度要求高的零件。有许多零件（如高速柴油机的曲轴、气缸套、镗床的镗杆、螺杆、精密主轴、套筒、蜗杆、较大模数的精密齿轮、阀门以及量具、模具等），它们在表面受磨损、腐蚀和承受交变应力及动载荷等复杂条件下工作，其表面要求具有高的硬度、耐磨性、强度、耐腐蚀性、耐疲劳性等，而其心部要求具有较高的强度和韧性；更重要的是还要求热处理变形小，尺寸精确，热处理后最好不要再进行机加工。这些要求用渗碳是不能完全达到的，而渗氮却可以完全满足这些要求。目前常用的渗氮方法主要是气体渗氮和离子渗氮。

1. 气体渗氮（气体氮化）

1）气体渗氮的原理及应用

气体渗氮是将工件放在密封的炉内加热，并通入氨气，使其分解出活性氮原子，活性氮原子被钢件表面吸收并通过扩散形成一定深度的渗氮层的方法。氮和许多合金元素都能形成细小的氮化物，这些合金氮化物在钢中弥散分布可使钢件具有高硬度和良好的耐磨性，同时还具有高的耐蚀性。渗氮在生产中主要有两方面的应用：

（1）抗磨氮化。

如果渗氮是以表面强化为主要目的，即为了获得高硬度、高耐磨的表面强化层，则渗氮温度不宜过高，一般为 500 ~ 570 ℃，氮化时间为 30 ~ 50 h，渗层的深度一般为 0.30 ~ 0.50 mm。生产中将这种渗氮称为抗磨氮化。

抗磨氮化一般需要采用专用的渗氮钢。目前专用渗氮钢多为 Cr - Mo - Al 钢，这类钢一般为 $w_C = 0.15\% \sim 0.45\%$ 的合金结构钢，其典型钢种为 38CrMoAlA。钢中的合金元素 Cr、Mo、Al 等在渗氮过程中可形成高度弥散、硬度极高而且非常稳定的氮化物（如 CrN、Mo_2N、AlN 等）。这类钢渗氮后工件的表面硬度高达 950 ~ 1 200 HV（相当于 65 ~ 72 HRC），而且其硬度可保持到 560 ~ 650 ℃而不下降。

（2）抗蚀氮化。

如果氮化是以单纯提高零件表面抗腐蚀性能为目的，则称为抗蚀氮化。抗蚀氮化温度可适当提高至 590 ~ 720 ℃，保温时间较短，一般 0.5 ~ 3 h 即可。抗蚀氮化对碳钢、低合金钢及铸铁均可实施。钢件渗氮后，其表面可获得一层致密的氮化层，使钢件在大气、淡水及汽油等介质中均有良好的耐蚀性。

2）气体渗氮的特点。

（1）渗氮一般都安排在工件加工中的最后一道工序，渗后工件至多再进行一次精磨或研磨，不需再进行其他热处理。为了保证渗氮工件心部具有良好的综合性能，渗氮前工件一般要进行调质处理，以获得回火索氏体组织。

（2）钢经渗氮后表面形成一层极硬的合金氮化物，无须淬火便具有很高的表面硬度

(950 ~1 200 HV）和耐磨性，而且这种高硬度还可保持到 600 ~650 ℃而不明显下降。与渗碳相比，渗氮后工件表面的硬度更高，耐磨性更好且具有很好的热稳定性。

(3）渗氮后钢的疲劳极限可提高 15% ~35%。这是因为钢表面形成的氮化层的体积增大，使工件表面产生了较大的残余压应力，工作时这部分残余压应力可部分地抵消变动载荷下产生的拉应力，延缓了疲劳破坏。

(4）钢经氮化后表面具有很高的抗腐蚀能力，这是因为表面氮化层是由连续分布且致密度很高的抗蚀氮化物所组成。

(5）氮化处理温度低，渗后又无须淬火，所以工件变形很小（比渗碳及感应加热表面淬火时的变形要小得多)。因此渗氮特别适宜于作为许多精密零件的最终热处理。

由于以上特点，渗氮广泛用于耐磨性和精度要求都很高的精密零件、承受变动载荷要求疲劳极限很高的重要零件以及要求耐热、耐蚀并耐磨的零件，如磨床主轴、镗杆、精密机床丝杠、高速内燃机曲轴、各种高速传动的精密齿轮、耐磨量具和压铸模等。

渗氮的主要缺点是渗层薄而且较脆，故渗氮处理后的零件不能承受接触应力和冲击载荷。另外生产周期长、成本高也是渗氮的不足之处。

2. 钢的离子渗氮（离子氮化）

在低真空气体中总是存在微量的带电粒子（电子和离子)，在高压电场作用下，这些带电粒子将做定向运动，其中能量足够大的带电粒子与中性的气体原子或分子碰撞，使其处于激发态而成为活性原子或离子。离子氮化就利用了上述原理：将零件放入渗氮炉内的真空室中，抽真空后充以稀薄的 H_2 和 N_2 混合气体，零件接电源的阴极，炉壁接阳极；在阴极和阳极之间加以直流高压后，炉内的稀薄气体发生电离，产生大量的电子、离子和被激发的原子，形成所谓的辉光放电现象（阴极表面形成一层紫色的辉光)，离子和被激发的原子在高压电场作用下以极快的速度轰击零件的表面，使零件表面温度升高（一般可达 500 ~700 ℃)，氮离子在阴极（零件表面）获得电子，变成活性氮原子并被零件表面吸附，迅速向内扩散而形成氮化层，氢离子则有助于清除工件表面的氧化膜。这种渗氮过程称为离子渗氮（或辉光离子渗氮)。

离子渗氮的特点如下：

(1）渗氮速度快，生产周期短，仅为气体渗氮时间的 1/5 ~1/2。如 38CrMoAlA 钢，渗氮层深度要求达到 0. 53 ~0. 7 mm，硬度要求达到 900 HV 时，采用气体渗氮需要 50 h 以上，而离子渗氮只需要 15 ~20 h。

(2）氮化层质量高。与气体渗氮比较，渗层脆性明显降低，韧性和疲劳极限提高。

(3）工件变形极小，更适用于处理精密零件和形状复杂的零件。

(4）对材料适应性强。离子氮化不仅适用于渗氮用钢，而且适用于一般碳钢、合金钢等几乎所有的钢种和铸铁。

(5）节能无污染、工件表面干净、无须其他加工。

离子氮化的缺点是设备较复杂、价格较贵，零件形状复杂或截面悬殊大时其表面很难达到一致的硬度和氮化层深度。

5. 8. 3　碳氮共渗

碳氮共渗是往工件表面同时渗入碳原子和氮原子的化学热处理工艺，也叫作氰化。碳氮共渗的方法有液体和气体碳氮共渗两种，液体碳氮共渗由于其使用的介质氰盐有剧毒，环境污染严重，已基本被气体碳氮共渗所代替。

根据共渗的温度不同，碳氮共渗可分为高温（900～950 ℃）、中温（700～880 ℃）及低温（500～570 ℃）。目前工业上应用广泛的是中温和低温气体碳氮共渗。低温共渗以渗氮为主的也称为氮碳共渗，其主要作用是提高工件的耐磨性和疲劳强度，而硬度提高不大，多用于各种工模具。中温碳氮共渗的主要作用是提高工件的表面硬度和耐磨性，多用于结构零件。

1. 中温气体碳氮共渗

中温气体碳氮共渗是以渗碳为主，渗氮为辅的共渗工艺。中温气体碳氮共渗的共渗温度820～860 ℃，与单纯渗碳相比，其加热温度低、工件变形小，渗层仍能保持较高的硬度、耐磨性和疲劳极限。与单纯渗氮相比，中温气体碳氮共渗生产周期大为缩短（如要求渗层厚度为0.6～0.7 mm时，共渗时间为4～5 h）。由于中温气体碳氮共渗是以渗碳为主，故渗后需进行淬火+低温回火处理。

碳氮共渗的特点及应用如下：

（1）碳氮共渗同时兼有渗碳和渗氮的优点，在渗层碳含量相同的情况下，碳氮共渗钢件的表面硬度、耐磨性、疲劳极限和耐蚀性能都比渗碳时高。耐磨性和疲劳极限虽然低于渗氮件，但共渗层的深度比渗氮层深，表面脆性小，抗压能力提高。

（2）与渗碳相比，气体碳氮共渗温度低，奥氏体晶粒不会明显长大，采用渗后直接淬火既简化了工艺，零件心部强度也能得到保证，同时减少了淬火变形。

（3）气体碳氮共渗速度显著高于单独渗碳或渗氮，生产周期短，效率高。

碳氮共渗的缺点是共渗层依然较薄，一般小于0.8 mm，所以不能满足承受很高压应力和要求厚渗层的零件。目前生产中主要用于形状复杂，要求变形小的小型耐磨零件，如汽车和机床齿轮、蜗轮、蜗杆和一些轴类零件。

2. 低温气体氮碳共渗（软氮化）

低温气体氮碳共渗是以渗氮为主的共渗工艺，用这种工艺处理的钢件的表层硬度、脆性和裂纹敏感性都比单纯氮化时小，故也称其为软氮化。低温气体氮碳共渗的共渗温度一般为520～570 ℃，时间一般为3～4 h，到达保温时间后即可出炉空冷。为了减少钢件表面氧化以及防止某些合金钢出现回火脆性，可采用油冷或水冷。

钢经低温气体氮碳共渗处理后，渗层外表面是由Fe_2N、Fe_4N和Fe_3N组成的化合物层，又称为白亮层；往里是过渡层，主要由氮化物及含氮的铁素体组成。白亮层的硬度比纯气体渗氮低，但脆性小，故低温气体氮碳共渗的共渗层具有较好的韧性。

低温气体氮碳共渗有以下特点：

（1）共渗温度低，所需时间短，工件变形小。

（2）对材料适应性强，几乎不受钢种限制。碳钢、低合金钢、工具钢、不锈钢、铸铁及铁基粉末冶金材料都可进行低温气体氮碳共渗处理。

（3）共渗层的硬度比单纯气体渗氮略低一些，但总体仍能保持较高的硬度水平，特别是能显著提高工件的疲劳极限、耐磨性和耐蚀性。共渗层硬而不脆，具有一定的韧性，不易剥落。在干摩擦条件下，工件表面具有较高的抗擦伤和抗咬合能力。

低温气体氮碳共渗广泛用于各种模具、量具、高速钢刀具、曲轴、齿轮、气缸套等耐磨工件的热处理，能显著延长其使用寿命。

目前，低温气体氮碳共渗存在的主要问题是共渗层较薄（0.01～0.02 mm），故不适宜在重载条件下工作的零件。

5.8.4　其他化学热处理工艺

1. 渗硼

利用合适的渗剂使活性硼原子渗入钢件表层并形成铁的硼化物，这种化学热处理工艺称为渗硼。渗硼层具有以下特点：

（1）硬度高。渗硼层具有很高的硬度，而且其硬度在渗后淬火、回火处理过程中不会发生变化。钢件渗硼后表面硬度高达 1 300～2 000 HV。

（2）高耐磨性。工件渗硼后，其耐磨性比渗碳和碳氮共渗都要高，尤其是高温下的耐磨性更显优良。

（3）抗氧化性高。渗硼层有很高的抗氧化性能，其在 800 ℃时只有极轻微的氧化。

（4）耐蚀性高。钢件表面渗硼层在硫酸、盐酸及碱中都有良好的耐蚀性，但不耐硝酸腐蚀。

渗硼的方法有固体渗硼、液体渗硼和气体渗硼等，目前应用最多的是盐浴炉液体渗硼。渗硼温度一般为 900～1 000 ℃，时间为 4～6 h，渗硼层深度为 0.1～0.3 mm。

渗硼对材料的适用性非常强，各种成分的钢都可以进行渗硼处理。渗硼广泛应用于多种冷作和热作模具（如冷挤压模、拉丝模、冲裁模、热锻模、压铸模等），可使模具寿命成倍增加。

2. 渗铝

将铝渗入钢件表面的化学热处理称为渗铝。渗铝的目的在于提高钢的高温抗氧化性。经过渗铝的低碳钢或中碳钢工件可在 800～900 ℃下使用。渗铝的方法很多，现仅以低碳钢管的液体渗铝为例，说明渗铝的工艺过程。

液体渗铝通常有 3 个步骤，即渗前处理、渗铝和渗后处理。

渗前处理包括助镀前处理、助镀和助镀后处理 3 个工序。助镀前处理有除油、酸洗及高压水冲洗等工序。助镀是将钢管浸入助镀液中 4～6 min，其目的是防止酸洗后钢管生锈，另外助镀还能使工件表面在渗铝时更易吸附铝原子。助镀后处理是将工件及时烘干。

渗铝在铝液中进行，即将助镀处理后的工件浸入熔融的铝液中，使钢管表面覆上一层高浓度的铝。低碳钢渗铝的热浸温度为（780 ± 10）℃，时间由钢的成分和工件的尺寸决定。如 20 钢管的壁厚为 4.5～6.0 mm 时，渗铝时间以 30 min 为宜。生产中一般要控制钢件表面的铝量在 250～400 g/m^2 范围内，才能保证铝液有一定的活性。

渗后处理主要是扩散退火。扩散退火的温度为（970 ± 10）℃，在一定时间内，温度越高，铝原子向钢表层的扩散速度越快。但过高的扩散温度，会使钢的晶粒迅速长大，从而导致其力学性能下降。扩散退火的时间由钢管将要使用的场合及其壁厚决定。如 20 钢管的壁厚大于 6 mm 时，保温时间为 6～8 h。

3. 渗硅

渗硅可以显著提高钢的耐热性和耐酸性。渗硅可以在固体、液体、气体介质中进行，应用较多的是固体渗硅法。

固体渗硅剂主要由硅铁合金粉粒及氯化铵组成，二者在高温下反应生成 $SiCl_4$，$SiCl_4$ 与工件表面的铁发生作用，生成活性硅原子。

渗硅层能提高钢件的高温抗氧化能力，但效果比渗铝层差些，且渗硅层硬度不高，仅为 175 ~ 230 HV。由于渗硅层比较脆，致使钢件渗硅后切削加工比较困难。另外，钢件渗硅后会使强度略有下降，而延伸率与冲击韧性严重降低。

4. 铝硅共渗

铝硅共渗能显著提高钢的抗氧化和抗腐蚀性能。生产中常采用料浆法铝硅共渗工艺，即将欲渗的金属粉按一定比例和黏结剂、催渗剂混合，并球磨成悬浮液，即制成料浆，再将料浆喷、刷、涂或浸在去过油的工件表面，将工件干燥后在真空或氩气保护下进行高温扩散，从而使工件表层获得所需的渗层。

铝硅共渗剂由 90% 铝粉（≥350 目）和 10% 硅粉（≥350 目）组成。黏结剂的配比是 20 mL 硝基清漆 + 80 mL 醋酸异戊酯。共渗剂和黏结剂的配比为 1∶3。

铝硅共渗工艺为：先用汽油和丙酮洗净工件表面并遮盖不渗部位，再用喷枪将料浆均匀喷涂在工件表面，自然干燥 0.5 ~ 1 h，剥去不渗部位表面的遮盖物，将工件装入专用挂具，随后装入密闭的加热箱中；用机械泵抽真空后，通入氩气使箱内呈正压，将工件在流动氩气中加热，加热温度为 1 080 ℃，然后进行强制坑冷，冷到 50 ℃ 以下即可开箱；取出工件并刷去表面残留物，用清水冲洗，最后用丙酮擦净并干燥工件。铝硅共渗的工件表面呈黑褐色，渗层深度为 0.026 ~ 0.08 mm。

除了渗铝、渗硅、铝硅共渗以外，航空工业为提高发动机叶片的高温抗氧化性，有时还采用渗铬及铬铝共渗等方法，由于其原理及工艺与上述方法有很多相似之处，此处不再赘述。

5.9 其他热处理工艺

5.9.1 可控气氛热处理

在炉气成分可控的热处理炉内进行的热处理称为可控气氛热处理。在热处理时实现无氧化加热是减少金属氧化损耗、保证制件表面质量的必备条件，而可控气氛则是实现无氧化加热的最主要措施。正确控制热处理炉内的炉气成分，可为某种热处理过程提供元素的来源，即金属零件和炉气通过界面反应，其表面可以获得或失去某种元素；也可以对加热过程中的工件提供保护，如可使零件不被氧化、不脱碳或不增碳，保证零件表面的耐磨性和抗疲劳性；还可以减少零件热处理后的机加工余量及表面的清理工作，缩短生产周期、节能、省时，提高经济效益。可控气氛有吸热式气氛、放热式气氛、放热 - 吸热式气氛和滴注式气氛等。

1. 吸热式气氛

吸热式气氛是气体在反应中需要吸收外热源的能量才能使反应向正方向发生的热处理气氛。因此，“吸热式”气氛的制备，均要采用有触媒剂（催化剂）的高温反应炉产生化学反应。

吸热式气氛可用天然气、液化石油气、煤气、甲醇或其他液体碳氢化合物作原料按一定比例与空气混合，然后通入发生器进行加热，在触媒剂的作用下经吸热而制成。吸热式气氛主要用作渗碳气氛和高碳钢的保护气氛。

2. 放热式气氛

放热式气氛可用天然气、乙烷、丙烷等作原料按一定比例与空气混合，然后依靠自身的燃烧放热反应而制成。由于反应时放出大量热量，故称为放热式气氛。

放热式气氛是所有制备气氛中最便宜的，主要用于防止热处理加热时工件的氧化，其在低碳钢的光亮退火、中碳钢的光亮淬火等热处理过程中被普遍采用。

3. 滴注式气氛

用液体有机化合物（如甲醇、乙醇、丙酮、甲酰胺、三乙醇胺等）混合滴入或与空气混合后喷入高温热处理炉内所得到的气氛称为滴注式气氛，它主要用于渗碳、碳氮共渗、氮碳共渗、保护气氛淬火和退火等。

5.9.2 真空热处理

真空热处理是在0.013 3～1.33 Pa真空度的真空介质中对工件进行热处理的工艺。真空热处理具有无氧化、无脱碳、无元素贫化的特点，可以实现光亮热处理，可以使零件脱脂、脱气，可以避免表面污染和氢脆；同时可以控制加热和冷却，减少热处理变形，提高材料性能；还具有便于自动化、柔性化和清洁热处理等优点。真空热处理近年来已被广泛采用，并获得迅速发展。

1. 真空热处理的优越性

真空热处理是和可控气氛并驾齐驱的应用面很广的无氧化热处理技术，也是当前热处理生产技术先进程度的主要标志之一。真空热处理不仅可实现钢件的无氧化、无脱碳，而且还可以实现生产的无污染和工件的少畸变。据国内外经验，工件经真空热处理后的畸变量仅为盐浴加热淬火的1/3。真空热处理因而还属于清洁和精密生产技术范畴。

真空热处理具有下列优点：

（1）可以减少工件变形。工件在真空中加热时，升温速度缓慢，工件内外温度均匀，所以变形较小。

（2）可以减少和防止工件氧化。真空中氧的分压很低，金属在加热时的氧化过程受到有效抑制，可以实现无氧化加热，减少工件在热处理加热过程中的氧化、脱碳现象。

（3）可以净化工件表面。在真空中加热时，工件表面的氧化物、油污发生分解并被真空泵排出，因而可得到表面光亮的工件。洁净光亮的工件表面不仅美观，而且还会提高工件的耐磨性和疲劳强度。

（4）脱气作用。工件在真空中长时间加热时，溶解在金属中的气体，会不断逸出并由真空泵排出。真空热处理的脱气作用，有利于改善钢的韧性，提高工件的使用寿命。

除了上述优点以外，真空热处理还可以减少或省去热处理后的清洗和磨削加工工序，改善劳动条件，实现自动控制。

2. 真空热处理应用

由于真空热处理本身所具备的一系列特点，这项新的工艺技术得到了突飞猛进的发展。现在几乎全部热处理工艺均可以进行真空热处理，如退火、淬火、回火、渗碳、氮化、渗金属等；而且淬火介质也由最初仅能气淬，发展到现在的油淬、水淬、硝盐淬火等。

5.9.3 形变热处理

所谓形变热处理，就是将形变强化与相变强化综合起来的复合强韧化处理方法。从广义上说，凡是将零件的成形工序与组织改善有效结合起来的工艺都叫形变热处理。

形变热处理的强化机理是：奥氏体形变使位错密度升高，由于动态回复而形成稳定的亚结构，奥氏体淬火后获得细小的马氏体，板条马氏体数量增加，板条内位错密度升高，使马氏体强化。此外，奥氏体形变后位错密度增加，为碳氮化物弥散析出提供了条件，从而使工件获得弥散强化效果。弥散析出的碳氮化物阻止奥氏体长大，使转变后的马氏体板条更加细化，产生细晶强化。马氏体板条的细化及其数量的增加，碳氮化物的弥散析出，都能使钢在强化的同时得到韧化。

根据形变与相变的关系，形变热处理可分为 3 种基本类型：在相变前进行形变；在相变中进行形变；在相变后进行形变。这 3 种类型的形变热处理，都能获得形变强化与相变强化的综合效果。下面介绍最典型的相变前形变的热处理工艺，根据形变温度的高低，将其分为低温形变热处理和高温形变热处理两种。

1. 低温形变热处理

低温形变热处理是将工件加热到奥氏体区域后，保持一定时间，然后急速冷却至过冷奥氏体的亚稳定区，在孕育期最长的温度（500 ~ 600 ℃之间）对过冷奥氏体进行大量的塑性变形（变形量为 60% ~ 90%），然后再进行淬火得到马氏体组织的综合处理工艺，如图 5 - 42 所示。低温形变淬火后需要进行低温回火或中温回火。

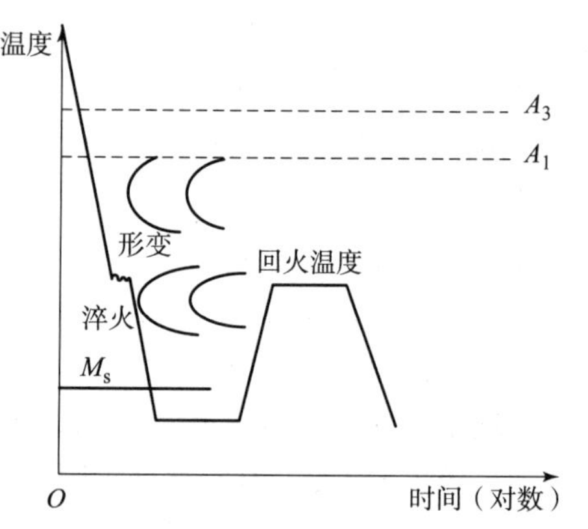

图 5 - 42　低温形变热处理示意图

与普通淬火比较，低温形变热处理在保持塑性、韧性不降低的情况下，能够大幅度地提高钢的强度、疲劳强度和耐磨性，特别是强度可提高 300 ~ 1 000 MPa。因此，低温形变热处理主要用于要求高强度和高耐磨性的零件和工具，如飞机起落架、刃具、模具和重要的弹簧等。

为了有充裕的时间对过冷奥氏体进行变形加工，这种工艺方法只能用于含有足够多的稳定奥氏体合金元素的中、高合金钢。此外，由于变形温度较低，变形量大，故需用功率大的设备进行塑性变形。这些原因使低温形变热处理的应用受到一定限制。

2. 高温形变热处理

高温形变热处理是将钢材加热到奥氏体区域后保持一定时间，在该温度下进行塑性变形，然后立即进行淬火，获得马氏体组织的一种综合处理工艺，图 5 - 43 所示为高温形变热处理示意图。根据性能要求，高温形变热处理淬火后，还需要进行低温回火、中温回火或高温回火。

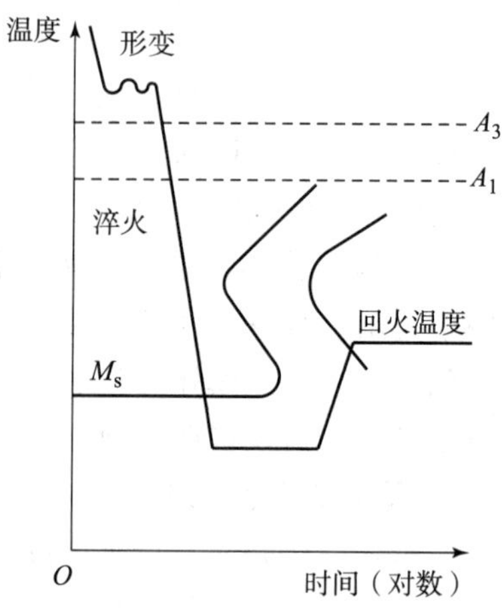

图 5 - 43　高温形变热处理示意图

与普通淬火相比，高温形变热处理工艺能获得较明显的强韧化效果，强度可提高 10% ~30%，塑性可提高 40% ~50%，韧性可成倍提高，高温形变热处理对钢性能的影响如表 5 -9 所示。但由于其形变温度高，强化程度不如低温形变热处理大。

表 5 -9　高温形变热处理对钢性能的影响

钢种类	高温形变热处理条件			R_m/MPa		R_{eL}/MPa		A/%	
	形变量/%	形变温度/℃	回火温度/℃	形变热处理	一般淬火	形变热处理	一般淬火	形变热处理	一般淬火
20	20	950	200	1 400	1 000	1 150	850	6	4.5
20Cr	40	950	200	1 350	1 100	1 000	800	11	5
40Cr	40	900	200	2 280	1 970	1 750	1 400	8	3
60Si2	50	950	200	2 800	2 250	2 230	1 930	7	5
18CrNiW	60	900	100	1 450	1 150				

高温形变热处理多用于各种调质钢及机械加工量不大的锻件，如连杆、曲轴、齿轮、弹簧、叶片等。高温形变热处理对材料无特殊要求，一般碳钢、低合金钢均可应用。另外，由于形变温度高，形变抗力小，高温形变热处理在一般的压力加工条件下即可实现，并极易安排在轧制、锻造生产流程中实施，因此它与低温形变热处理工艺相比有许多优越性，发展十分迅速。

形变热处理在机械工业中的应用和发展速度很快，可应用的零件的类型和材料的品种不断增加。对弹簧类零件采用高温形变热处理是强化弹簧的有效方法，可同时提高强度、塑性、冲击韧性及疲劳强度。特别是对汽车板簧进行形变热处理，能够减少板簧片数、节约钢材、减轻质量、缩小尺寸、提高板簧使用可靠性。

另外，对其他的零件（如轴承、汽轮机的涡轮盘）以及某些结构零件（如活塞销、扭力杆、螺钉等）采用不同形式的形变热处理对于改善其质量，提高工作的可靠性，延长使用寿命，均具有广阔的应用前景。

5.9.4　钢的时效

生产中发现，低碳钢板材经热加工或冷形变后在室温下放置一定时间，其力学性能会发生变化，即强度、硬度升高，而塑性、韧性下降；马氏体时效钢淬火后，加热至某一温度（通常是 480 ℃）并经一定时间保温，在室温下同样可获得类似的性能变化规律。人们把金属材料的性能随时间而变化的现象称为时效。时效现象不仅在钢中存在，其在许多有色合金中也普遍存在。下面介绍钢的时效。

1. 时效的基本原理

如图 5 -44 所示，钢经固溶处理（加热固溶后快冷也称淬火）后，其固溶体中的溶质元素（合金元素）将处于过饱和状态，如果在室温或某一温度下溶质原子仍具有一定的扩散能力，那么随时间的延长，过饱和固溶体中的溶质元素将发生脱溶（或析出），从而使钢的性能发生变化，这种现象称为时效。如果这一变化过程是在室温下发生的就称为自然时效，如果是人为加热到某一温度下发生的就称为人工时效。

时效过程就其本质来说是一个由非平衡状态向平衡状态转化的自发过程，但是这种转化在达到最终平衡状态前，往往要经历几个过渡阶段。一般规律是，先在过饱和固溶体中形成介稳的偏聚状态，如溶质原子偏聚区（又称 G－P 区），然后形成介稳过渡相，最后形成平衡相。G－P 区与基体晶体结构基体相同，故不能当作“相”。介稳相与基体的晶体结构不同，由于钢的成分不同，介稳相可能不止一种，常以 θ′，θ″…表示。平衡相具有一定的化学成分和晶体结构，常以 θ 表示。

G－P 区、过渡相和平衡相是不同阶段的析出物，它们有各自的固溶度曲线。根据析出物的介稳程度，将其固溶度曲线依次排列在亚平衡相图上，并与平衡相固相重叠，如图 5－45 所示。由图 5－45 可见，G－P 区的固溶度最大，平衡相的固溶度最小。由此不难推断，在形成 G－P 区时，它与基体相之间的浓度差最小；而析出平衡相时，它与基体相之间的浓度差最大。

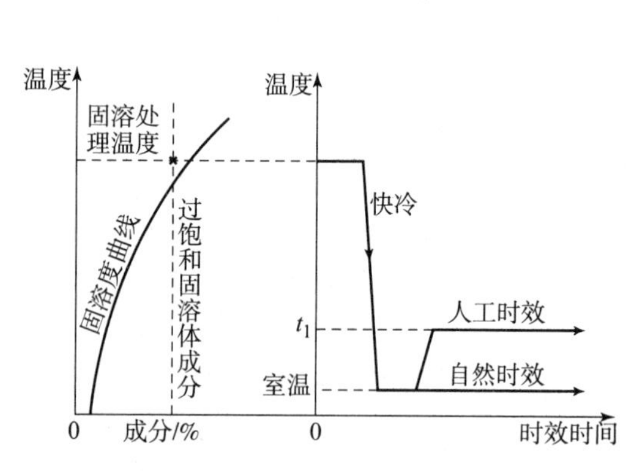

图 5－44　固溶处理后时效的工艺过程示意图

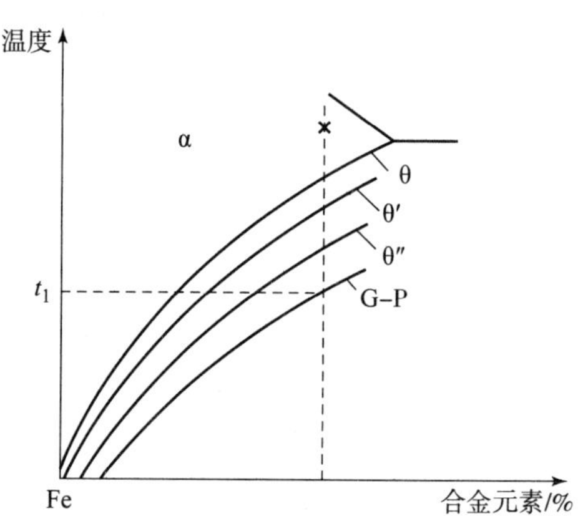

图 5－45　各种析出物的固溶度曲线

研究表明，在整个时效过程中，各析出物脱溶的次序一般为：G－P 区→介稳定过渡相（θ″、θ′）→平衡相（θ）。但是，如果时效温度高于 G－P 区完全固溶的最低温度，则时效过程一开始就形成过渡相 θ″，而不形成 G－P 区。这表明，时效温度越高，时效过程的阶段数越少。

2. 影响时效的因素

1）时效温度和时效时间

时效温度是影响时效过程的主要因素，时效时间处于次要地位。图 5－46 所示为淬火低碳钢的时效硬化曲线，可以看出：随时效时间延长，硬度先升后降（0 ℃时效例外）；随时效温度提高，时效加速，出现硬度峰值的时间越短，且硬度峰值越低。一般钢在时效后，在强度、硬度提高的同时，总是伴随着塑性、韧性的下降（这是很不利的）。

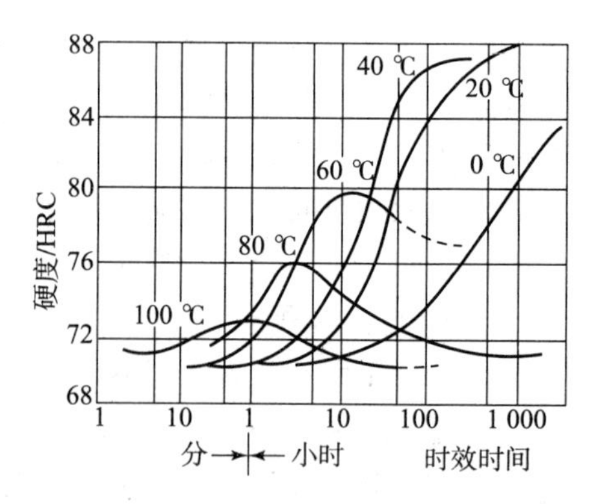

图 5－46　淬火低碳钢（w_C＝0.06％）的时效硬化曲线

2）合金元素

在铁素体中固溶的碳量越多，钢的时效强化效果就越显著。实践表明，当碳含量为 0.025％ 左右时，钢可获得最大的时效效果。钢的碳含量继续增高，时效效果反而减小。当碳含量达到 0.6% 时，钢实际上已不产生时效现象。这是因为钢的碳含量越高，其中的铁素体数量就越少，而时效只能在铁素体中发生，因而时效效果趋于减小。

氮和碳性质相近，也是引起时效的基本元素。钢中若含有铝，则会与氮结合形成 AlN，轧制前的加热温度较高，AlN 可全部溶入奥氏体中，轧后冷速较快，AlN 来不及析出，此时的 AlN 固溶于铁素体中，并处于过饱和状态，在随后的人工时效时将发生 AlN 的析出。若轧后缓冷，AlN 将充分析出，使其在铁素体中的过饱和度降低，显著影响时效的效果。

除 Al 外，当钢中含有 Cr、Ti、Mo、Nb 等碳、氮化物形成元素时，若轧后缓冷，时效效果将同样由于碳、氮化物的析出而降低。合金元素的存在还会影响铁素体中碳、氮的溶解度和碳、氮原子的扩散速度，这些因素都将对碳、氮的时效效果产生影响。

5.10　常见的热处理问题

热处理在机械制造过程中有着重要的地位，热处理零件的质量在生产中显得至关重要。热处理零件的质量控制，主要有三个方面：合理制定热处理工艺；合理设计零件的结构形状；合理安排热处理的工序位置。常见的热处理质量问题主要有两类，一是与热处理工艺有关的质量问题，如过热、过烧、氧化脱碳、变形开裂等；二是零件结构设计不合理，难以适应热处理的工艺过程。零件结构设计不合理既可能导致热处理后零件的力学性能不达标、也可能加剧零件的变形甚至引起开裂，故在零件全部加工工序之间合理地安排热处理工序的位置、结合所选的热处理工艺正确设计零件的结构形状以及制定相应的热处理技术条件等，都是生产中的重要问题。

5.10.1　热处理零件的结构工艺性

所谓零件的结构工艺性，是指所设计零件的结构，在满足使用要求的前提下，实施制造的可行性和经济性，即制造零件的难易程度。零件的结构工艺性是评定零件结构合理与否的主要指标之一。零件的结构形状对热处理质量影响很大。如零件截面尺寸的变化，直接影响到淬火后的淬透层深度，影响到淬火应力在工件中的分布，从而对变形产生很大影响。零件的几何形状对淬火变形与开裂的影响则更为显著。因此，设计者在设计零件结构时一定要充分考虑与热处理相关的结构工艺性问题。实践中常用的措施如下：

（1）零件结构中应尽量避免尖角、棱角，尽量减少台阶。

零件的尖角、棱角处很容易产生应力集中，是淬火时最易开裂的危险部位，一般应设计成圆角或倒角。台阶的棱边及根部也易产生应力集中，应倒角或采用圆弧过渡。避免尖角、棱角、台阶结构如图 5－47 所示。

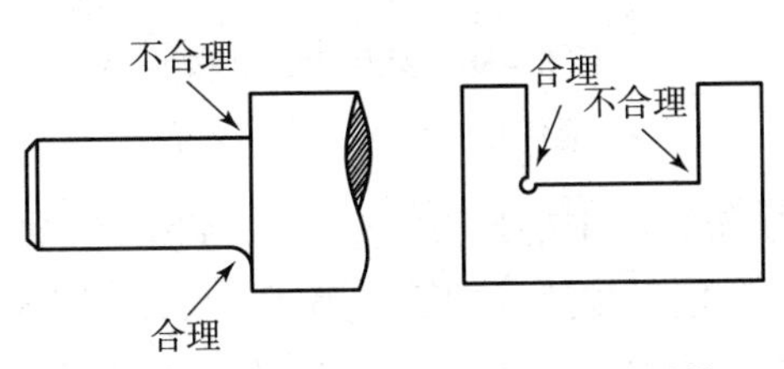

图 5－47　避免尖角、棱角、台阶结构

（2）零件外形应尽量简单，避免厚薄相差悬殊的截面。

截面尺寸相差太大的零件，热处理时散热不均匀，变形开裂倾向明显增加，设计时应力求改善。必要时，可采取加厚零件截面较薄部位、在尺寸较大的部位开设工艺孔、合理安排孔槽的位置及变盲孔为通孔等措施，如图 5－48 所示。

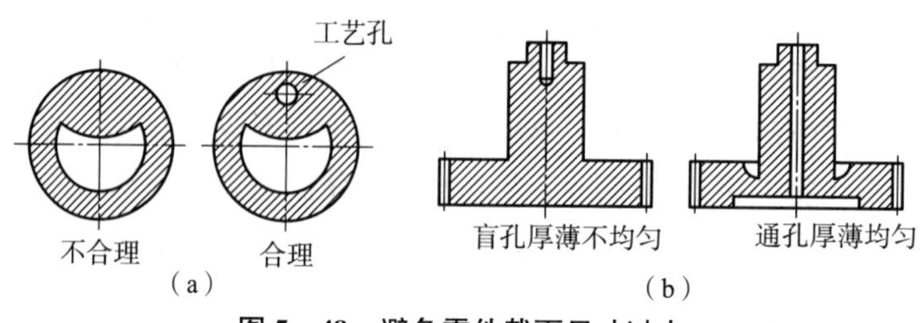

图 5－48　避免零件截面尺寸过大

（a）开设工艺孔；（b）变盲孔为通孔

（3）尽量采用对称结构和封闭结构。

为了避免因应力分布不均匀而产生变形，设计零件时应尽量采用对称结构，图 5－49（a）所示为镗杆采用对称结构的实例。开口形状的零件在淬火时极易变形，应采取相应的措施。如图 5－49（b）所示弹簧夹头的槽口部位因结构需要为开口型，但在制造时，可先将其加工成封闭结构，淬火、回火后再用薄片砂轮切开成开口状，以减少变形。零件的形状越复杂，其变形开裂倾向越严重。在满足使用要求的前提下，应尽量简化零件结构。另外，如果感应淬火零件的形状过于复杂，则可能导致其加热感应器制作困难甚至无法制作。

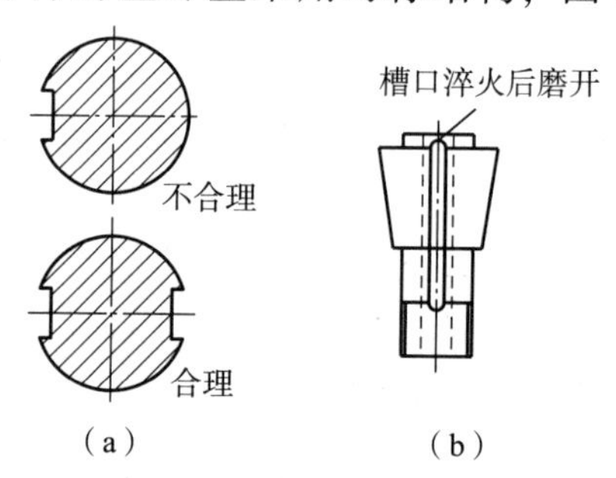

图 5－49　尽量采用对称封闭结构

（a）镗杆的对称结构；（b）弹簧夹头封闭结构

（4）采用组合结构。

对一些热处理时容易变形，或者尺寸较大、形状复杂的零件，变整体结构为组合结构，是一个舒缓应力集中、减小变形开裂倾向的有效措施，设计者应自觉加以利用。图 5－50（a）所示为高速钢制的 M12 螺栓冷墩凹模，采用整体式结构时模具寿命约 1 万件；后改用图 5－50（b）所示的预应力组合式结构，避免了尖角处的应力集中，其寿命达到 6 万件。

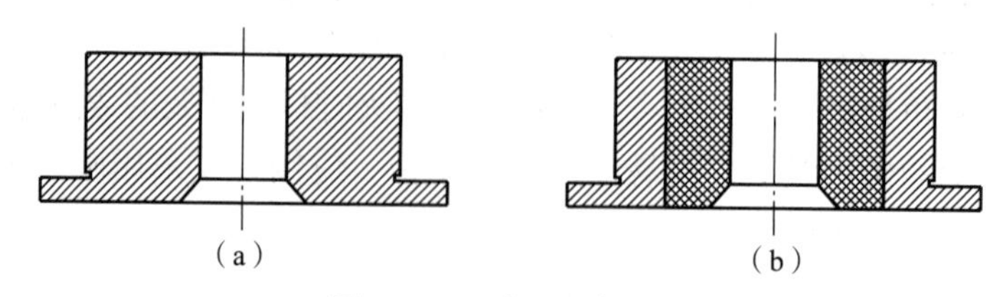

图 5－50　采用组合结构

（a）整体式结构；（b）组合式结构

如果通过改进零件结构仍难达到热处理工艺要求，设计者就应采取其他措施来防止变形和开裂等缺陷问题。例如，合理安排热处理工艺路线；修改工件热处理技术条件；根据热处理变形规律妥善安排冷热加工配合，调整变形和公差；更换材料和改进热处理操作工艺方法等。

5.10.2 热处理技术条件标注

当零件需要热处理时，设计者应根据零件所选用的材料及性能要求提出适当的热处理条件，并将其标注在零件图样上。热处理技术条件的内容须包括最终热处理方法及热处理后要求达到的力学性能指标等。

零件经热处理后应达到的力学性能指标，一般仅需标出硬度值。但对于某些力学性能要求较高的重要零件，如重型零件、动力机械上的关键零件（如曲轴、连杆、齿轮、螺栓等），还应标出热处理后的强度、塑性、韧性指标，有时还应提出对金相显微组织的要求。

标注硬度时硬度值应允许有一个波动范围，一般布氏硬度范围在30~40个单位，如调质处理220~250 HBW；洛氏硬度范围在5个单位左右，如淬火回火50~55 HRC。

表面淬火零件应标明淬硬层的硬度、深度及要求淬硬的部位。有的零件还需要提出对金相显微组织和变形的要求（如轴淬火后的弯曲度、孔的变形量等）。

渗碳零件应标明渗碳淬火及回火后表层和心部的硬度、渗碳的部位（全部和局部）以及渗碳层深度等，对重要的渗碳件还应提出对金相显微组织的要求。其他化学热处理零件应注明表面硬化层的硬度和深度等。

在零件图样上标注热处理技术条件时，可用文字对热处理技术条件加以扼要的说明（一般可注在零件图样标题栏的上方），也可采用国标规定的热处理工艺代号标注。

5.10.3 热处理工序位置安排

任何机械零件的制造，都需要通过各种冷、热加工等若干道工序才能完成，热处理工序一般处于全部制造工序过程的某一或某几个中间环节。合理地安排热处理与其他加工工序的衔接，使它们之间良好配合，是制造出合格零件的重要保证。

根据热处理的作用不同，可将其分为预先热处理和最终热处理两大类，它们在零件加工工艺路线中的工序位置安排如下。

1. 预先热处理的工序位置

常用的预先热处理工艺主要是退火或正火，在某些情况下也采用调质处理。

1）退火和正火的工序位置

退火和正火通常安排在毛坯生产之后、切削加工之前。无论是铸件、锻件还是焊件毛坯，一般在切削加工之前都要进行退火或正火处理，以消除残余应力、细化晶粒、均匀组织、改善切削加工性或为最终热处理工序做好组织上的准备。有些精度要求较高的精密零件，为了消除切削加工过程中产生的残余内应力，减小零件变形，还需要在切削加工工序之间安排去应力退火。对于过共析高碳钢，若毛坯组织中出现较多的网状渗碳体时，要在球化退火前先安排进行正火处理以消除渗碳体网，否则将导致球化不良。退火、正火件的工艺路线一般为

毛坯生产（铸、锻、焊、冲压等）→退火或正火→机械加工……

退火和正火还可作为某些力学性能要求不高的零件的最终热处理。

2）调质处理的工序位置

调质处理一般常作为中碳钢零件的最终热处理，其目的是获得较高的综合力学性能。调质处理作为预先热处理时，主要用于后续需要表面淬火的零件，或为易变形的精密零件的整

体淬火做好组织准备。调质处理一般安排在粗加工之后，精加工或半精加工之前，这是由于若在粗加工之前调质处理，其表面调质层的优良组织会在粗加工中被大量切除，特别是淬透性较低的碳钢零件，其表面大部分调质层都会被粗加工切除掉。

调质零件的加工工艺路线一般为

下料→锻造→正火(或退火)→机械粗加工→调质→机械精加工……

调质件在淬火时会产生氧化、脱碳等缺陷，因此无论是型材还是锻件，在调质前粗加工时，必须留有一定的加工余量（如直径 10 ~ 100 mm 的轴，预留 2 ~ 3.5 mm 的加工余量）。调质件淬火时若有变形，调质后应安排校直。

2. 最终热处理的工序位置

最终热处理包括各种淬火、回火及化学热处理等。零件经最终热处理后硬度较高，除磨削加工外，一般不适宜再安排其他切削加工。所以，最终热处理工序位置一般都安排在半精加工之后、磨削加工（精加工）之前。

1）淬火、回火的工序位置

整体淬火与表面淬火的工序位置基本相同。考虑到淬火件的变形、表面氧化、脱碳等需要在磨削工序予以清除，因此半精加工时应预留一定的磨削余量（如直径小于 200 mm，长度小于 1 000 mm 的淬火零件，磨削余量一般为 0.37 ~ 0.75 mm）。表面淬火零件因淬火变形较小，磨削余量可比整体淬火零件小一些。

（1）整体淬火件的加工路线一般为

下料→锻造→退火(或正火)→机械粗加工→半精加工→淬火、回火→磨削

（2）感应加热表面淬火零件的加工路线一般为

下料→锻造→正火(或退火)→机械粗加工→调质处理→机械半精加工→
感应表面淬火、低温回火→磨削

不需要调质处理的表面淬火零件，其锻造后预先热处理采用正火。若正火后硬度偏高、切削加工性不良，可在正火后进行高温回火。

2）化学热处理的工序位置

各种化学热处理，如渗碳、氮化等均属于最终热处理。工件经这类热处理后，表面硬度高，除磨削或研磨等光整加工外，不适宜进行其他切削加工。化学热处理工序位置应尽量靠后，一般安排在半精加工之后，磨削加工之前。

（1）渗碳零件的加工路线为

下料→锻造→正火→机械粗加工、半精加工→渗碳淬火、低温回火→磨削

当零件局部不允许渗碳时，应在设计图样上予以注明。渗碳前可在该部位镀铜防渗；也可采取局部多留余量的方法，渗后去除该部位的渗碳层。

（2）渗氮零件（38CrMoAlA 钢）的加工路线为

下料→锻造→退火→机械粗加工→调质处理→机械精加工→
去应力退火(常称为高温回火)→粗磨→渗氮→精磨或研磨

对于需精磨的渗氮件，粗磨时，直径应预留 0.10 ~ 0.15 mm 的余量；对需研磨的渗氮件，余量为 0.05 mm。零件不需要渗氮的部位，可镀锌（或镀镍）保护，也可预留 1 mm 的防渗余量，待渗氮后磨去。

3）稳定化处理的工序位置

精密零件在淬火及低温回火后的稳定化处理（也称时效，目的是消除应力、稳定尺寸）一般安排在粗磨和精磨之间，并可进行多次时效处理。

稳定化处理的工艺路线一般为

下料→锻造→正火(或退火)→机械粗加工、机械半精加工→
淬火、回火→粗磨→稳定化退火→精磨

习题与思考题

1. 名词解释

热处理、起始晶粒度、实际晶粒度、本质晶粒度、过冷奥氏体、残余奥氏体、珠光体、贝氏体、马氏体、C 曲线、临界冷却速度、退火、完全退火、球化退火、再结晶退火、扩散退火、去应力退火、正火、淬火、回火、回火马氏体、回火索氏体、回火托氏体、调质处理、淬透性、淬硬性、固溶与时效处理、表面淬火、化学热处理

2. 奥氏体晶粒大小与哪些因素有关？为什么说其晶粒大小直接影响冷却后钢的组织和性能？

3. 过冷奥氏体在不同的温度下等温转变时，有哪些转变产物？试列表比较它们的组织和性能。

4. 确定下列钢件的退火方法，并指出退火的目的及退火后的组织：

（1）经冷轧后的 20 钢板，要求降低硬度；

（2）ZG35 的铸造齿轮；

（3）锻造过热的 60 钢锻坯；

（4）具有网状渗碳体组织的 T12 钢件。

5. 正火与退火的主要区别是什么？生产中应如何进行选择？

6. 对零件的力学性能要求高时，为什么要选用淬透性大的钢材？

7. 钢淬火后为什么一定要回火？说明回火的种类及主要应用范围。

8. 有两个过共析钢试样，分别加热到 780 ℃和 880 ℃，并保温相同时间，使之达到平衡状态，然后以大于临界冷却速度的冷却速度使之冷至室温，试分析：

（1）哪种加热温度的过共析钢试样中的马氏体晶粒较粗大？

（2）哪种加热温度的过共析钢试样中的马氏体的碳含量较高？

（3）哪种加热温度的过共析钢试样中的残余奥氏体较多？

（4）哪种加热温度的过共析钢试样中的未溶渗碳体较少？

（5）哪种温度淬火最适合？为什么？

9. 试分析以下说法是否正确，为什么？

（1）钢在奥氏体化后，冷却时形成的组织主要取决于钢的加热温度；

（2）本质细晶粒钢的晶粒总是比本质粗晶粒钢的晶粒细；

（3）过冷奥氏体的冷却速度越快，钢冷却后硬度越高；

（4）钢中合金元素越多，则淬火后硬度就越高；

（5）同一钢材在相同的加热条件下，水淬比油淬的淬透性好，小件比大件的淬透性好；

（6）低碳钢与高碳钢件为了方便切削，可预先进行球化退火；

(7) 淬火钢回火后的性能主要取决于回火后的冷却速度;

(8) 钢中的碳含量就等于马氏体的碳含量。

10. 为什么生产中对刃具、冷作模具、量具、滚动轴承等常采用淬火+低温回火,对弹性零件则采用淬火+中温回火,而对轴、连杆等零件却采用淬火+高温回火?

11. 有低碳钢齿轮和高碳钢齿轮各一个,要求齿面具有高的硬度和耐磨性,应分别采用怎样的热处理?为什么?

12. 现有20钢和40钢制造的齿轮各一个,为提高齿面的硬度和耐磨性,宜采用何种热处理工艺?齿轮经热处理后在组织和性能上有何不同?

13. 现有一批丝锥,原选用T12钢制造,要求硬度为60~64 HRC。但由于不慎在生产时材料中混入了45钢,试问:(1) 这批丝锥若仍按T12钢进行热处理,会出现什么问题?为什么?(2) 若将这批丝锥全部按45钢进行热处理,能否达到性能要求?为什么?

14. 某钢的C曲线如图5-51所示,试说明其经奥氏体化后迅速冷至300 ℃保温不同时间,按a、b、c线冷却至室温时分别得到的组织。

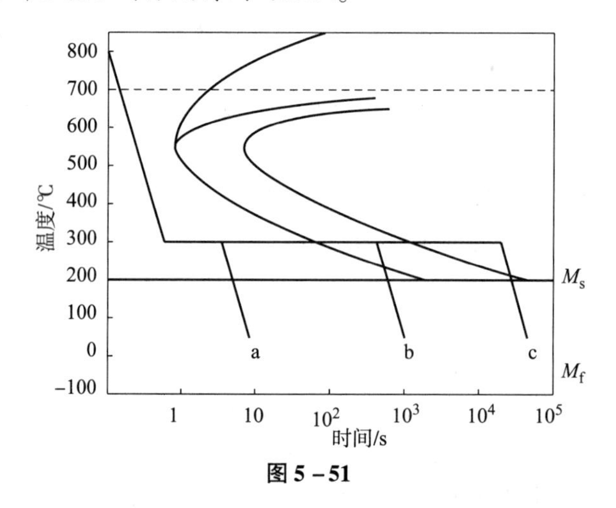

图5-51

15. 甲、乙两厂生产同一批零件,材料均选45钢,硬度要求220~250 HBW。甲厂采用正火,乙厂采用调质处理,都达到硬度要求。试分析甲、乙两厂产品组织和性能的差别。何种情况下正火可以代替调质处理?为什么?

第6章　表面处理技术

6.1　概　　述

6.1.1　表面处理的意义

工程材料的主要失效形式之一是表面失效，如磨损、腐蚀等。一般疲劳断裂失效也是先从表面开始。因此，通过表面处理技术在保持材料本体承载能力的前提下，提高表面抗失效能力十分必要。有时材料表面还要求具备某些特殊功能（如光、电、磁、热、声等方面的功能），这时更离不开表面处理技术。

把材料的表面与基体作为一个统一系统进行设计和改性，以最经济有效的方法改善材料表面及近表面区的形态、化学成分、组织结构，并赋予材料表面新的复合性能，使许多新构思、新材料、新器件实现新的工程应用。这种综合化的，用于提高材料表面性能的各种新技术，统称为材料表面处理技术，其应用主要表现在以下几个方面：

（1）减缓和消除材料和构件表面的变化和损伤。

在自然界和工程实践中，金属机器设备和零部件需要承受各种外界负荷，并产生形式多样、程度不一的表面变化及损伤。工程材料和零部件的表面往往存在微观缺陷或宏观缺陷，表面缺陷处成为降低材料力学性能、耐蚀性能及耐磨性能的发源地。使用表面处理技术减缓材料表面变化及损伤，掩盖表面缺陷，可以提高材料及其零部件使用的可靠性，延长服役寿命。

（2）普通的、廉价的材料经表面处理后可获得具有特殊功能的表面。

使用表面处理技术在普通的、廉价的材料表面获得某些稀贵金属（如金、铂、钽等）和战略元素（如镍、钴、铬等）的功能，也可以按照特殊要求，设计不同性能的表面和基体，经表面处理后使其复合，以满足预定的要求。例如，用化学气相沉积、溅射或电子束共蒸镀法可在铌及蓝宝石上沉积出较高超导转变温度的超导材料铌三锗（Nb_3Ge）；应用离子注入技术可以不受相图限制，使材料表面形成某些亚稳态合金，以达到改善材料硬度、疲劳、磨损、腐蚀等性能的目的。

（3）节约能源，降低成本，改善环境。

使用表面处理技术在工件表面制备具有优良性能的涂层，可以达到提高热效率、降低能源消耗的目的。比如热工设备和在高温环境中使用的部件，在其表面施加隔热涂层，可以减小热量损失，节省燃料。零件的磨损、腐蚀和疲劳现象主要发生在表面，通过表面的修复、强化（而不必整体改变材料）使材料物尽其用，可以显著地节约材料。表面处理技术可以补救加工超差废品，节约能源和材料。

（4）在发展新兴技术和学术研究中起着不可忽视的作用。

表面处理新技术的发展，不仅有重大的经济意义，而且具有重大的学术价值。一方面发展新兴技术需要大量具有特殊功能的材料，如薄膜材料、复合材料等；另一方面为了提高材料性能，必须重视材料的制备与合成技术，如薄膜技术、纳米技术等，在这些方面，表面处理技术可以发挥重大的作用。

表面科学与表面技术相互依托、相互促进。表面科学的研究可以为表面新技术的开发提供理论指导，表面新技术的开发与完善，又会提出许多新的学术课题。这些研究促进了材料科学、冶金学、机械学、机械制造工艺学以及物理学、化学等基础学科的发展。

6.1.2 表面处理技术的分类

表面处理技术的种类很多，原理不一，应用范围各异。物理学家、化学家和材料科学家从不同角度对表面处理技术进行归纳分类，因此其有若干种分类方法。

1. 按表面处理具体使用的技术方法分类

包括表面热处理、化学热处理、物理气相沉积、化学气相沉积、离子注入、电子束强化、激光强化、火焰喷涂、电弧喷涂、等离子喷涂、爆炸喷涂、静电喷涂、流化床涂覆、电泳涂装、堆焊、电镀、电刷镀、自催化沉积（化学镀）、热浸镀、化学转化膜、溶胶－凝胶技术、自蔓燃高温合成、搪瓷等。每一类技术又可进一步细分为多种方法，例如火焰喷涂包括粉末火焰喷涂和线材火焰喷涂，粉末喷涂又有金属、陶瓷和塑料粉末喷涂等。

2. 按表面层的使用目的分类

大致可分为表面强化、表面改性、表面装饰和表面功能化四大类。表面强化又可分为热处理强化、机械强化、冶金强化、涂层强化和薄膜强化等，着重提高材料的表面硬度、强度和耐磨性。表面改性主要包括物理改性，化学改性，三束（电子束、激光束和离子束）改性等，着重改善材料的表面形貌，以及提高其表面耐腐蚀性能。表面装饰包括各种涂料涂装和精饰技术等，着重改善材料的视觉效应，并赋予其足够的耐候性。表面功能化则是使表面层具有上述性能以外的其他物理化学性能，如电学性能、磁学性能、光学性能、敏感性能、分离性能、催化性能等。

3. 按沉积物的尺寸分类

可分为原子沉积物、粒状沉积物、整体涂覆层和表面改性四大类。

（1）原子沉积物以原子、离子、分子和粒子团等原子尺度的粒子形态在材料表面形成覆盖层，原子在基体上凝聚，然后成核、长大，最终形成薄膜。电镀、真空蒸镀、溅射、离子镀、化学气相沉积、等离子聚合等属于这一类。

（2）粒状沉积物以宏观尺度的颗粒形态在材料表面上形成覆盖层，熔化的液滴或固体的细小颗粒在外力作用下于基体材料表面凝聚、沉积或烧结。火焰喷涂、等离子喷涂、爆炸喷涂、搪瓷等属于这一类。

（3）整体涂覆层将欲涂覆的材料于同一时间施加于基体材料表面。油漆层、包箔、贴片、热浸镀、堆焊等属于这一类。

（4）表面改性用离子处理、热处理、机械处理及化学处理等各种物理、化学等方法处理表面，改变基体材料的表面组成及结构，从而使材料性能发生改变。化学转化膜、熔盐镀、化学热处理、喷丸强化、离子注入、激光表面处理、电子束表面处理、离子氮化等属于这一类。

4. 从冶金学观点分类

（1）表面组织强化，指改善材料表面显微组织，如激光、电子束、超高频、太阳能及电火花等高密度能量表面强化等。

（2）表面合金化，指改善表面化学成分，如化学转化膜。

（3）表面改性，指在材料表面沉积薄膜，如电镀、化学镀、涂料、热喷涂等。

5. 按表面技术工艺顺序分类

通常可分为表面预处理技术、表面处理技术、表面层加工技术和表面测试技术等。材料在进行表面处理前一般需经过预处理，预处理技术主要包括脱脂、除锈、粗化、活化和抛光等。预处理的目的是预先制备清洁的表面，以便后续表面处理工序的进行，或保证覆盖层与材料基体牢固结合。对于许多表面处理工艺而言，表面预处理质量的好坏在很大程度上决定着表面处理工艺的成败。表面处理技术则包括按技术分类方法的任一项或多项技术。表面层加工可以看作是表面处理技术的后处理或前处理，有时也可以是某种表面处理技术。表面测试技术主要指表面层的厚度、附着力以及各种使用性能的测试技术。

此外，还可根据使用的方法不同、基体原始尺寸是否发生变化、表面层材料的种类等标准对表面处理技术进行分类。上述表面处理技术的分类不是绝对的。

6.2　电镀、化学镀及化学转化膜技术

6.2.1　电镀

电镀是金属电沉积技术之一，是通过电解方法在固体表面上获得金属沉积层的过程，其目的在于改变固体材料的表面特性，改善外观，提高耐蚀、抗磨损、减摩性能，或制取特定成分和性能的金属覆层，提供特殊的电、磁、光、热等表面特性和其他物理性能等。

所谓“电解”，是指在含金属盐的溶液中，用通入外加电流的方法使金属离子在阴极上还原为金属。一般来说，阴极上金属电沉积的过程是由下列步骤组成的。

（1）传质步骤：在电解液中的欲镀金属的离子或其络离子由于浓度差而向阴极（工件）表面或表面附近迁移；

（2）电化学步骤：金属离子或其络离子在阴极上得到电子，还原成金属原子；

（3）新相生成步骤：即生成新相，如生成金属或合金。

按镀层组成，电镀可分为单金属电镀、合金电镀和复合电镀。

1. 单金属电镀

单金属电镀是指镀液中只含有一种金属离子，镀后形成单一金属镀层的方法。常用的单金属电镀主要有镀锌、镀铜、镀镍、镀铬、镀锡和镀镉等。

电镀锌主要用于防止钢铁的腐蚀，分为氰化物镀锌和无氰化物镀锌两类。氰化物镀锌的特点是溶液均镀能力好，镀层光滑细致。但是，由于氰化物属于剧毒物，因此电镀锌趋向于采用微氰和无氰化物镀液。

镀铜层是重要的预镀层，用以提高镀层的结合强度，也是重要的中间镀层，可以提高钢铁件的耐蚀性和塑料的抗热冲击性能等。氰化物镀铜应用广泛，其溶液均镀能力好，沉积速度较快，镀液容易控制，废水处理技术成熟。硫酸盐镀铜液成分简单，溶液稳定，不产生有害气体，采用合适的光亮剂可得到全光亮镀层。另外，还有焦磷酸盐镀铜和氟硼酸盐镀铜。

镍镀层多孔，其防护能力与孔隙率关系密切。因此，在钢铁件上常采用铜－镍－铬防护层。使用最多的是瓦特镍（硫酸盐－氯化物型）溶液。瓦特型镀镍的镍镀层细致，易于抛光，韧性好，耐蚀性也好，并具有相当好的整平能力，能减少毛坯磨光和省去工序间抛光，有利于自动化生产。

镀铬层是最重要的防护装饰性镀层之一，镀层具有很高的硬度和耐磨性，常用于零件修复或易磨损件的电镀。

2. 合金电镀

现代科学与工业技术的发展对材料表面性能提出了多种多样的要求，仅靠单一金属镀层已不能满足。由各种单金属组成的合金镀层虽可以满足各种特殊表面性能的要求，但可供选择的范围小，因此，近年来合金电镀的研究与应用日益为人们所重视。采用电沉积方法获得一定组成和结构的合金较冶炼方法要困难得多，因为电沉积合金的基本出发点不是金属而是水离子或络离子，它们还原到金属原子的过程是不可逆的。电解液的组成与析出合金的组成之间没有对应的关系，决定电沉积合金组成的是两种金属离子的还原速度，而支配还原速度的主要因素是过电位、电解液中的金属离子浓度、络合剂浓度、pH 值、添加剂、温度、搅拌速度以及电极表面性质等。

合金电镀具有如下特点：

（1）可制取高熔点金属与低熔点金属组成的合金；

（2）可制取平衡相图没有的、与冶炼合金明显不同的物相，如过饱和固溶体、高温相、混合相或金属间化合物等；

（3）电镀法可获得近年来引起人们广泛关注的非晶态合金，如 Ni－P 合金等；

（4）单独从水溶液中不能析出的金属如 W、Mo、Ti 等金属可以合金形式析出，如 Ni－Mo、Ni－W、Cd－Ti 等。

非晶态合金是一种微观近程有序和远程无序的结构，这种结构特征决定了非晶态金属具有许多晶态金属所不具备的优异特性，如高强度、高耐蚀性、高透磁率、超导性和化学选择性等。目前，由电镀法制备的非晶态合金镀层已达 40 余种。非晶态合金按元素组成可分为两种类型，即金属－半金属和金属－金属型非晶态合金。

金属－半金属型非晶态合金是通过在过渡元素中添加 P、B、C、S 等元素制得的，其中以 Ni－P 合金的研究最为广泛。一般认为，镀层中 P 含量高于 9%～12%，镀层便表现为非晶态结构。此外，研究较多的还有 Fe－P、Ni－B、Co－P、Co－B 等。

金属－金属型非晶态合金是由铁族元素与 Mo、W、Re 和 Gd 共沉积得到的，高熔点金属 Mo、W、Re 和 Gd 不能单独从电解液中析出，但可以与其他金属特别是铁族金属发生诱导共沉积，如 Fe－Mo、Ni－Mo、Fe－W、Ni－W 等。大部分金属－金属型非晶态合金镀层属于功能性镀层。

3. 复合电镀

复合电镀是用电镀方法使金属和固体微粒共沉积获得复合材料的工艺过程，由于复合材料综合了其组成相的优点，根据复合镀层基质金属（或合金）和分散微粒的不同，使复合镀层具有高硬度、高耐磨性和良好的自润滑性、耐热性、耐蚀性等功能特性。因此，复合镀便成为表面处理技术最为活跃的研究领域之一。

目前，采用电镀法制取的复合镀层的种类很多。可在软金属基质中沉积硬质颗粒或软质颗粒，还可在硬的金属或合金基质中沉积硬质微粒或软微粒，以提高基质的抗磨性和减摩性。总之，制取复合镀层往往是为了获得某一或某些特殊功能，已开发并获得应用的复合镀层如表 6－1 所示。根据基质与复合微粒种类的不同，以及复合镀层中微粒含量与分布的不同，复合镀层的性能变化非常大。

表 6－1　复合材料镀层的种类

基材	复合的粒子
Ni 或 Ni－Alloy	Al_2O_3　TiO_2　ZrO_2　ThO_2　SiO_2 SiC　B_4C　Cr_3C_2　TiC　WC BN　B（N，C）金刚石 MoS_2　$(CF)_n$ $(C_2F)_n$　PTFE　PFA
Cu	Al_2O_3 TiO_2　ZrO_2　SiO_2　SiC ZrC　WC　BN　$(CF)_n$　Cr_2O_3 PTFE
Cr	Al_2O_3　SiC　WC
Fe	Al_2O_3　SiC　ZrO_2　Wc　$(CF)_n$　PTFE
Co	Al_2O_3　SiC　Cr_3C_2　WC　TaC　ZrB_2 BN　Cr_3B_2　PTFE
Au	Al_2O_3　Y_2O_3　TiO_2　CeO_2　TiC　WC　Cr_3B_2
Ag	Al_2O_3 SiC　$(CF)_n$　PTFE
Zn	Al_2O_3　SiC　$(CF)_n$　PTFE

注：表中 PTFE 为聚四氟乙烯，PFA 为可溶性聚四氟乙烯。

复合电镀具有如下一系列特点：

（1）复合电镀不必加热，因而对基体金属或合金的原始组织、性能不产生影响，工件也不会发生变形。此外，除采用化学稳定性高的陶瓷颗粒作为增强相制取复合镀层，各种有机物和其他一些遇热易分解的物质颗粒或纤维也完全可以作为不溶性固体颗粒分散到镀层基质上，从而形成各种类型的复合镀层。

（2）同一基质金属或合金中可沉积一种或数种性质各异的固体颗粒，同一种固体颗粒也可沉积在不同的基质金属或合金中，从而获得多种多样的复合镀层。而且，改变电解液中固体颗粒含量和基质与颗粒的共沉积条件，可使镀层中颗粒含量在 0～50% 范围连续变化，并使镀层的性质相应地变化。因此，复合电镀技术为改变和调节材料的性能以及满足不同要求提供了极大的可能性和多样性。

(3) 许多机件的功能（如耐磨、减摩等）均是由零部件的表面层体现出来的。在很多情况下可以采用某些具有特殊功能的复合镀层取代整体材料，也可在软金属基体上镀适当的硬复合镀层以使机件获得所需功能，因此复合电镀的经济效益十分显著。

(4) 适当设计阳极、夹具和施镀参数，可以在复杂形状的基体上获得均匀的复合镀层，还可在零件的局部位置镀覆复合镀层。

(5) 与其他复合材料制备技术相比较，复合电镀的投资少，操作简单、易于控制，生产成本低，能耗少。

6.2.2 化学镀

1. 化学镀的概念

化学镀是指工件表面经催化处理后，在无外电流作用的条件下，将工件浸入含欲镀金属的盐和还原剂的电解质溶液中，在工件表面的催化作用下，还原剂发生氧化反应，使被镀金属离子还原并在工件表面沉积而形成与基体结合牢固的覆层的过程，故化学镀又称为自催化沉积。常见化学镀有化学镀镍、化学镀铜等。

2. 特点

与电镀工艺相比，化学镀具有以下特点：

(1) 镀层厚度非常均匀，化学镀液的分散力接近100%，无明显的边缘效应，几乎是基材形状的复制，因此特别适合于形状复杂工件、腔体件、深孔件、盲孔件、管件内壁等表面施镀；电镀法因受电力线分布不均匀的限制是很难达到以上条件的。由于化学镀层厚度均匀、又易于控制，表面光洁平整，一般不需要镀后加工。化学镀适宜做超差加工件的修复及选择性施镀。

(2) 通过敏化、活化等前处理，化学镀可以在非金属（非导体）如塑料、玻璃、陶瓷及半导体材料表面上进行，而电镀法只能在导体表面上施镀，所以化学镀是非金属表面金属化的常用方法，也是非导体材料电镀前作导电底层的方法。

(3) 工艺设备简单，不需要电源、输电系统及辅助电极，操作时只需把工件正确悬挂在镀液中即可。

(4) 化学镀依靠基材的自催化活性起镀，其结合力一般优于电镀。镀层有光亮或半光亮的外观、晶粒细、致密、孔隙率低，某些化学镀层还具有其他特殊的物理化学性能。

不过，电镀工艺也有其不能为化学镀所代替的优点，首先是可以沉积的金属及合金品种远多于化学镀；其次是价格比化学镀低得多，工艺成熟，镀液简单易于控制。化学镀镀液内氧化剂（金属离子）与还原剂共存，镀液稳定性差；而且沉积速度慢、温度较高、溶液维护比较麻烦、实用可镀金属种类较少。因此，化学镀主要用于非金属表面金属化、形状复杂件以及需要某些特殊性能等不适合电镀的场合。

3. 分类及应用

化学镀溶液的分类方法很多，根据不同的原则有不同的分类法。

按镀液pH值可分为酸性镀液和碱性镀液，酸性镀液pH值一般在4～6，碱性镀液pH值一般大于8。碱性镀液因操作温度较低而主要用于非金属材料的金属化（如塑料、陶瓷等）。

按还原剂类型不同可分为次亚磷酸盐、氨基硼烷、硼氢化物以及肼做还原剂的化学镀溶液。用次磷酸钠得到 Ni－P 合金，用硼化物得到 Ni－B 合金；用肼则得到纯镍镀层。

按温度可分为高温镀液（80～95 ℃）、低温镀液（60～70 ℃）以及室温镀液。

按镀层磷含量可分为高磷镀液、中磷镀液和低磷镀液。高磷镀液含磷量为 9%～12%（质量分数），镀层呈非磁性、非晶态，在酸性介质中有很高的耐腐蚀性，其主要用于计算机硬盘的底镀层、电子仪器防电磁波干扰的屏蔽等，以及工件的防腐镀层。中磷镀液含磷量为 6%～9%（质量分数），具有沉积速率快、外观光亮、稳定性好、寿命长、镀层既耐腐蚀又耐磨等特点，在工业中应用最为广泛。低磷镀液含磷量为 0.5%～5%（质量分数），得到的镀层硬度高、耐磨，特别是在碱性介质中的耐腐蚀性能明显优于中磷和高磷镀层。

化学镀可以得到一些金属如镍、钴、铜、锡等及其合金镀层，也可得到金属与一些化合物微粒共沉积的复合镀层。其中化学镀镍因其镀层的化学稳定性高、硬度高、耐磨性好、易钎焊、外观半光亮或光亮，故应用最广泛，如用作石油及化工管道、容器、采油设备的耐蚀镀层，机械、航空、计算机等工业的压缩泵、模具、齿轮、液压轴、喷气发动机、硬盘等零部件的耐磨和自润滑镀层，电子元器件的钎焊镀层、代替金镀层以及非导体的金属化。

6.2.3　化学转化膜

1. 概念及分类

将金属工件浸入某种特定的溶液中，在化学反应或电化学反应的作用下使金属表面原子与介质中的阴离子在界面反应，生成与基体结合牢固的稳定固体化合物。这层化合物膜的生成有基体金属的直接参与，是基体金属自身转化的产物，这是与其他覆层（如电镀层和化学镀层）不同的。如铝合金的阳极氧化膜、磷化膜，钢铁的发蓝、钝化、铬盐处理等。

化学转化膜的反应式可以写成

$$m\mathrm{M} + n\mathrm{A}^{z-} = \mathrm{M}_m\mathrm{A}_n + nze \tag{6-1}$$

式中：M 为金属原子；A^{z-} 为介质中的阴离子；$\mathrm{M}_m\mathrm{A}_n$ 为不溶性反应产物，形成表面覆盖层。可见化学转化膜的形成必须有基本金属参与，故可以将其看作是金属的受控腐蚀过程。

需要指出，形成化学转化膜的过程是很复杂的，化学转化膜的组成也并不总像式（6－1）所表示的一样是简单的典型化合物。形成化学转化膜的方法有两类：一类是电化学方法，称为阳极氧化或阳极化；另一类是化学方法，包括化学氧化、磷酸盐处理、铬酸盐处理和草酸盐处理。图6－1 所示为各种金属适用的化学转化膜及其形成方法。

2. 化学转化膜的用途

1）金属表面防护

化学转化膜可以作为金属制品表面的防护层。比如铝及铝合金制品经阳极化处理、钢铁制品经化学氧化处理，能大大提高自身的耐蚀性。

金属表面的化学转化膜能起到防护作用的原因，一是其降低了金属本身的化学活性，使金属的热力学稳定性提高；二是其将金属与环境介质隔离开。但是，同其他防护层相比，化学转化膜的防护功能是不高的，它往往不足以使金属得到有效的保护。因此，化学转化膜一般与其他防护层联合组成多元的防护层系统，化学转化膜常作为这个多元系统的底层，如化学转化膜＋油漆涂层的多元防护系统。化学转化膜在多元防护层系统中的作用，一是增加表

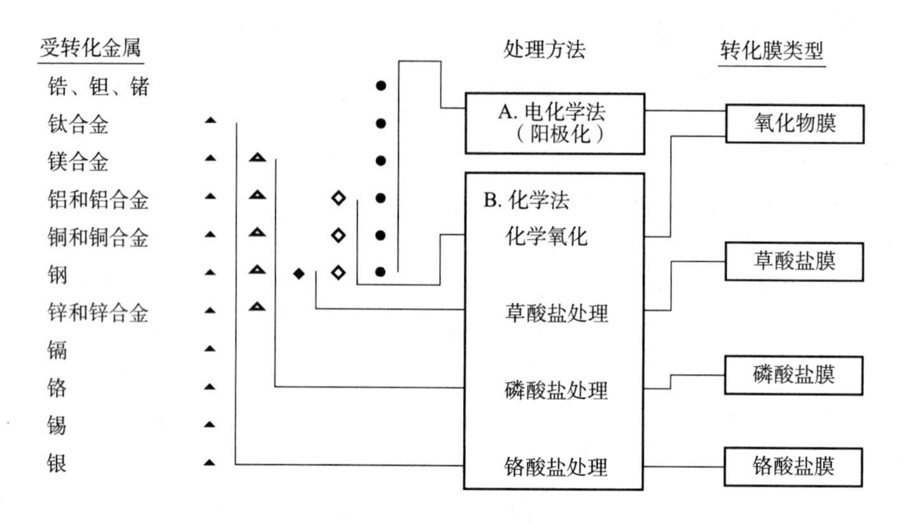

图 6－1　各种金属上的化学转化膜及其形成方法

面防护层与基底金属的结合力，二是在表面防护层局部损坏或者被腐蚀介质穿透时防止腐蚀向内扩展。

2）装饰

有的化学转化膜具有各种色彩，如锌镀层经过铬酸盐处理可以得到彩虹色、军绿色、亮白色、黑色等不同外观。有的化学转化膜由于本身多孔，可以进行染色，如铝及其合金制品经过阳极化处理后可以染上各种色彩。

3）润滑和减摩

在金属的冷作加工中，化学转化膜有着十分广泛的应用，因为这种膜可以同时起到润滑和减摩的作用，从而允许工件在较高的负荷下进行加工。

4）防止电偶腐蚀

由于化学转化膜具有较高的电阻，而且能使较活泼的金属的电位正移，因此在异种金属部件接触时，经过化学转化膜处理的部件之间的电偶腐蚀问题可以大大减小。

5）金属镀层的底层

对钛、铝及其合金来说，电镀困难的问题是表面易钝化而导致结合不良。采用具有适当膜孔结构的化学转化膜作底层，可以使镀层与基体金属牢固结合。

6.3　表面涂敷技术

6.3.1　热喷涂

1. 热喷涂的概念

热喷涂是极其重要的工程材料表面覆盖技术。热喷涂的基本原理是将涂层材料加热熔化，以高速气流将其雾化成极细的颗粒，并以很高的速度喷射到事先已准备好的工件表面上形成覆层。热喷涂对被处理工件的形状、尺寸、材料等原则上没有限制（尺寸过小及小孔内壁的热喷涂工艺还有困难）。无论是金属、合金，还是陶瓷、玻璃、水泥、石膏、塑料、木材，甚至纸张，都是热喷涂适用的基体材料。

热喷涂的涂层材料也是多样的，金属、合金、陶瓷、复合材料都可选用。根据需要选择不同的覆层材料，可以获得具备耐磨损、耐腐蚀、抗氧化、耐热等方面的一种或数种性能的涂层，也可以获得具备其他特殊性能的涂层。这些涂层能够满足各种尖端技术的特殊需要，也能使普通材料制成的零件获得特殊的表面性能，从而成倍地提高零件的使用寿命或使报废零件得到再生。

2. 热喷涂技术的分类

热喷涂技术主要根据所用热源进行分类，现有热喷涂设备的热源有五种：气体燃烧火焰、气体放电电弧、电热热源、爆炸热源、激光束热源。采用这些热源加热熔化不同形态的喷涂材料就形成了不同的热喷涂方法。

利用各种可燃气体燃烧放出的热进行的热喷涂称为火焰喷涂。火焰喷涂的历史最悠久，设备最简单，投资最少，目前仍被广泛使用。一般情况下，高温下不剧烈氧化、能在2 500 ℃以下熔化的材料都可以使用火焰喷涂形成涂层。根据火焰特征和喷涂材料的形态，火焰喷涂又可分为线材火焰喷涂、棒材火焰喷涂、气体燃烧热源、粉末火焰喷涂、超声速火焰喷涂、粉末火焰喷焊等方法。

利用燃烧于两根连续送进的金属丝之间的电弧来熔化金属的热喷涂称为电弧喷涂。电弧热源具有电流密度高、能量集中、温度高的优点，是比火焰更理想的喷涂热源。电弧被高度压缩则称为等离子弧，其电流密度、能量集中程度、温度及稳定性都优于一般的自由电弧，所以等离子喷涂质量高于电弧喷涂。

利用磁性金属中高频感应产生的二次电流作为热源熔化线材的热喷涂称为高频喷涂技术；利用气体爆炸和金属丝大电流加热爆炸的能量实现的热喷涂分别称为燃气重复爆炸喷涂和线材电爆喷涂；利用激光束作热源的热喷涂称为激光喷涂。

在热喷涂技术的发展过程中出现了热喷焊技术，它与热喷涂技术有一定的差别。热喷涂是利用热源将喷涂材料加热熔化或软化，依靠热源本身动力或外加的压缩空气流将熔化的喷涂材料雾化成细粒或推动熔化的粉末粒子以形成快速运动的粒子流，粒子喷射到基体表面形成表面涂层。而热喷焊则是在喷涂过程的同时或喷涂层形成后，对金属基体和涂层进行加热，使涂层在基体表面熔融，熔融的涂层和基体之间产生一定的相互扩散过程，形成类似焊接连接的冶金结合。

3. 热喷涂过程

在喷涂过程中，所喷涂材料从进入热源到形成涂层一般经过下述几个阶段。热喷涂过程示意，如图6-2所示。

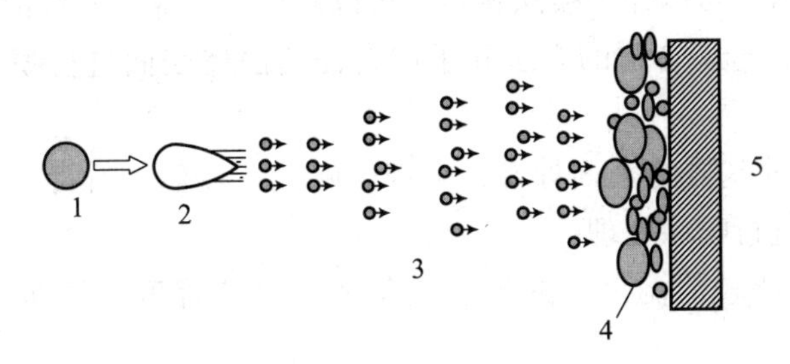

图6-2 热喷涂过程示意图

1）喷涂材料的加热熔化阶段

在粉末喷涂时，喷涂粉末在热源所产生的温度场的高温区被加热到熔化状态或软化状态；在线材喷涂时，线材的端部进入热源所产生的温度场的高温区时很快被加热熔化，熔化的液体金属以熔滴状存在于线材端部。

2）熔滴的雾化阶段

在粉末喷涂时，被熔化或软化的粉末在外加压缩气流或者热源本身的射流的推动下向前喷射，不发生粉末的破碎细化和雾化过程；在线材喷涂时，线材端部的熔滴在外加压缩气流或者热源自身射流的作用下克服表面张力脱离线材端部，并被雾化成细小的熔粒随射流向前喷射。

3）粒子的飞行阶段

离开热源高温区的熔化态或软化态的细小粒子在外加压缩气流或热源本身射流的推动作用下向前喷射，在达到基体表面之前的阶段均属粒子的飞行阶段。在飞行过程中，粒子的飞行速度随着粒子离喷嘴距离的增大而发生如下的变化：粒子首先被气流或射流加速，飞行速度从小到大，到达一定距离后飞行速度逐渐变小。这些具有一定温度和飞行速度的粒子到达基体表面时即进入喷涂阶段。

4）粒子的喷涂阶段

到达基体表面的粒子具有一定的温度和速度，粒子的尺寸范围为几十微米到几百微米，速度高达几十到几百米每秒。未碰撞前粒子温度为粒子成分所决定的熔点温度。在产生碰撞的瞬间，粒子将其动能转化为热能传给基体。粒子在碰撞过程中发生变形，成为扁平状粒子，并在基体表面迅速凝固而形成涂层，涂层形成过程如图 6 – 3 所示。

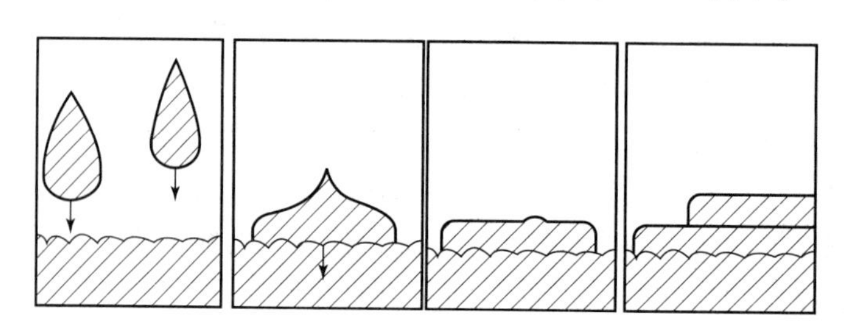

图 6 – 3　涂层形成过程

4. 热喷涂技术的特点

热喷涂技术作为材料表面防护、强化表面改性手段，具有如下的优点：

（1）喷涂材料种类很多，几乎所有的金属、合金、陶瓷都可以作为喷涂材料，塑料、尼龙等有机高分子材料也可以作为喷涂材料，可以制成各种成分和性能的涂层；

（2）喷涂方法多，选择合适的方法几乎能在任何固体表面进行喷涂，为制备各种涂层提供了多种手段；

（3）可以用于各种基体的表面处理，金属、陶瓷、玻璃、石膏、木材、布、纸等几乎所有固体材料都可以进行喷涂处理；

（4）可使基体保持较低温度，并可控制基体的受热程度，从而保证基体不变形、不变性；

（5）基体尺寸不受限制，既可进行大型构件的大面积喷涂，也可进行工件的局部喷涂；

（6）涂层厚度可以控制，从几十微米到几微米，可以根据要求选择；

（7）工作效率高，制取同样厚度的涂层所需时间比电镀低得多；

（8）能赋予普通材料以特殊的表面性能，使其具有耐磨、耐腐蚀、耐氧化、耐高温、隔热导电、绝缘、密封、减摩、耐辐射、发射电子等不同性能，从而达到节约贵重材料、提高产品质量和降低生产成本的目的，满足多种工程和尖端技术的需要。

热喷涂技术的不足之处主要有：

（1）涂层的结合强度较低，涂层的孔隙率较高；

（2）对于喷涂面积小的工件，喷涂沉积效率低，成本较高；

（3）喷涂层的均匀性较差，影响涂层质量的因素较多；

（4）难以对涂层质量进行非破坏检查。

6.3.2 堆焊

1. 堆焊的概念

以焊接方式令熔覆金属堆集于工件表面而形成覆盖层的过程，称为堆焊。用堆焊的方法能使金属表面获得与基体金属完全不同的新性能。可以根据零件工作状况的要求，在普通钢材表面堆焊各种合金，使其表面具有耐磨损、耐腐蚀、耐气蚀、耐高温等特性。

2. 堆焊材料

堆焊材料可按堆焊层硬度、用途、合金总含量、抗磨性等进行分类，但最好的方法是同时考虑堆焊层的成分和焊态时的组织，因为这两者对堆焊层性能都有重要的影响。所有堆焊材料都可归纳为铁基、镍基、钴基、铜基和碳化钨基等几种类型。

（1）铁基堆焊材料有珠光体、马氏体、奥氏体钢类和合金铸铁类，其性能变化范围广，韧性和耐磨性匹配好，能满足许多不同的要求，而且价格低，故应用广泛。

（2）镍基、钴基堆焊材料价格较高，高温性能好，耐腐蚀，主要用于要求耐高温磨损、耐高温腐蚀的场合。常用的镍基堆焊材料有纯镍、镍铬硼硅和镍铬钼钨合金。钴基堆焊材料主要指钴铬钨焊合金，即所谓的斯太利合金，因其价格比镍还昂贵，故尽量用镍基和铁基堆焊材料代替。

（3）铜基堆焊材料耐蚀性好，能减少金属间的磨损，主要有紫铜、黄铜、白铜和青铜。

（4）碳化钨基堆焊材料主要有铸造碳化钨和以钴为黏结金属的烧结碳化钨，其价格较高，在严重磨料磨损零件和刀具堆焊中，占有重要地位。

3. 堆焊工艺

几乎任何一种焊接方法都能用于堆焊，它们各有特点和应用范围。

（1）火焰堆焊是用气体火焰作热源，使填充金属熔覆在基体表面的一种堆焊方法，常用的气体火焰是氧－乙炔焰。火焰堆焊火焰温度较低，稀释率小，单层堆焊厚度可小于1.0 mm，堆焊层表面光滑，常用合金铸棒及镍基、铜基的实芯焊丝，适于堆焊批量不大的零件。火焰堆焊设备简单，成本低，但操作较复杂，劳动强度大。

（2）手弧堆焊是手工操纵焊条，用焊条和基体表面之间产生的电弧作热源，使填充金属熔敷在基体表面的一种堆焊方法。手弧堆焊用的设备和手弧焊一样，电源可用直流弧焊发电机、直流弧焊整流器和交流弧焊变压器。手弧堆焊设备简单，机动灵活，成本低，能堆焊几乎所有实心和药芯焊条，常用于小型或复杂形状零件的全位置堆焊修复和现场修复。

（3）埋弧堆焊是用焊剂层下连续送进的可熔化焊丝和基体之间产生的电弧作热源，使填充金属熔敷在基体表面的一种堆焊方法。埋弧堆焊时焊剂部分熔化成熔渣，浮在熔池表面对堆焊层起保护和缓冷作用。埋弧堆焊设备可与埋弧焊通用，埋弧堆焊有单丝、多丝和带极埋弧堆焊，用于具有大平面和简单圆形表面的零件。

（4）等离子弧堆焊是利用等离子体弧作热源，使填充金属熔敷在基体表面的堆焊方法，有粉末等离子弧堆焊和填丝等离子弧堆焊两大类。粉末等离子弧堆焊主要用于耐磨层堆焊，填丝等离子弧堆焊主要用于包覆层堆焊。等离子弧堆焊稀释率低，熔敷率高，堆焊零件变形小，外形美观，易实现机械化和自动化。

4. 堆焊特点

（1）堆焊层致密，与基体有牢固的冶金结合。堆焊能达到的表面层厚度，在各类表面技术中，仅次于整体复合。

（2）堆焊受工件的限制小，工艺灵活，有利于工地施工。堆焊设备较简单，可与焊接设备通用，使用范围广。

（3）堆焊技术成熟，是大型工程中材料表面防护的主要方法之一。通过堆焊可以修复外形不合格的金属零部件及产品，或制造双金属零部件。

（4）采用堆焊可以延长零部件的使用寿命，降低成本，改进产品设计，尤其对合理使用材料（特别是贵重金属材料）具有重要意义。

目前堆焊已广泛用于矿山、冶金、农机、建筑、电站、交通、石油、化工、纺织、能源、航天、兵器设备及工模具的制造和修复。

6.3.3 涂装

1. 基本概念

用有机涂料通过一定的方法涂敷于材料或制件表面，形成涂膜的全部工艺过程称为涂装。涂装用的有机涂料是涂于材料或制件表面而能形成具有保护、装饰或特殊性能的固体涂膜的一类液体或固体材料的总称。早期大多以植物油为主要原料，故有“油漆”之称，后来合成树脂逐步取代了植物油，因而统称为“涂料”。现在对于呈黏稠液态的具体涂料品种仍可按习惯称为“漆”，对于其他一些涂料，如水性涂料、粉末涂料等新型涂料就不能这样称呼了。

2. 涂料

涂料主要由成膜物质、颜料、溶剂和助剂组成。

1）成膜物质

成膜物质是组成涂料的基础，具有黏接涂料中其他组分，形成涂膜的功能，并对涂料和涂膜的性质起决定作用。成膜物质一般有天然油脂、天然树脂和合成树脂，目前广泛应用合成树脂。

2）颜料

颜料能使涂膜呈现颜色和遮盖力，还可增强涂膜的耐老化性和耐磨性以及增强膜的防腐蚀、防污等能力。颜料呈粉末状，不溶于水或油，而能均匀地分散于介质中。大部分颜料是某些金属氧化物、硫化物和盐类等无机物，有的颜料是有机染料。

3）溶剂

溶剂能使涂料的成膜物质溶解或分散为液态，以便于施工，施工后又能从薄膜中挥发至大气中，从而使液态薄膜形成固态的涂膜。常用的溶剂有植物性溶剂（如松节油等），石油溶剂（如汽油、松香水），煤焦溶剂（如苯、甲苯、二甲苯等），酯类溶剂（如乙酸乙酯、乙酸丁酯），酮类溶剂（如丙酮、环己酮）和醇类溶剂（如乙醇、丁醇等）。

4）助剂

助剂在涂料中用量虽少，但对涂料的储存性、施工性以及对所形成涂膜的物理性质有明显的影响。常用的助剂有催干剂（如二氧化锰、氧化铝、氧化锌、醋酸钴、亚油酸盐、松香酸盐和环烷酸盐等，主要起促进干燥的作用），固化剂（有些涂料需要利用酸、胺、过氧化物等固化剂与合成树脂发生化学反应才能固化、干结成膜）和增韧剂。此外，还有表面活性剂、防结皮剂、防沉淀剂、防老化剂，以及紫外线吸收剂、润湿助剂、防霉剂、消泡剂等。

3. 涂装工艺

使涂料在被涂的表面形成涂膜的全部工艺过程称为涂装工艺。具体的涂装工艺要根据工件的材质、形状、使用要求、涂装用工具、涂装时的环境、生产成本等加以合理选用。涂装工艺的一般工序是：涂前表面预处理→涂布→干燥固化。

（1）涂前表面预处理的主要内容有：清除工件表面的各种污垢；对清洗过的金属工件进行各种化学处理，以提高涂层的附着力和耐蚀性；若前道切削加工未能消除工件表面的加工缺陷和得到合适的表面粗糙度，则在涂前要用机械方法进行处理。

（2）涂布的方法很多，主要有刷涂、揩涂、滚刷涂、刮涂、浸涂、淋涂、转鼓涂布法、空气喷涂法、无空气喷涂法、静电涂布法、电泳涂布法、粉末涂布法、自动喷涂、幕式涂布法、辊涂法、气溶胶涂布法、抽涂和离心涂布法等。

（3）涂膜的干燥固化方法主要有自然干燥和人工干燥两种，人工干燥又有加热干燥和照射干燥两种。工业中应用的涂料大多采用加热干燥，干燥方式主要有热风对流加热、辐射加热和对流辐射加热。

6.3.4 其他表面涂敷技术

1. 电火花表面涂敷

电火花表面涂敷是直接利用电能的高密度能量对金属表面进行涂敷处理的工艺。这种工艺是通过电极材料与金属零件表面的火花放电作用，把作为火花放电电极的导电材料（如WC、TiC等）熔渗进金属工件表层，从而形成含电极材料的合金化的表面涂敷层，使工件表面的物理性能、化学性能和力学性能得到改善，而其心部的组织和力学性能不发生变化。

经电火花表面涂敷后，零件表面形成5～60 μm的显微硬度高达1 200～1 800 HV的白亮层，并存在过渡层。表面涂敷层与基体的结合强度高。电火花表面涂敷可有效地提高零件表面的耐磨性、耐蚀性、热硬性和高温抗氧化性等。但电火花表面涂敷会加大表面粗糙度和影响材料的疲劳性能。电火花表面涂敷特别适合于工模具和大型机械零件的局部处理，是一种简单经济的表面涂敷手段。

2. 热浸镀

热浸镀简称热镀，是将工件浸在熔点较低的与工件材料不同的液态金属中，使工件表面发生一系列物理和化学反应，取出冷却后，在表面形成所需的合金镀层的技术，这种涂敷主要用来提高工件的防护能力，延长其使用寿命。

形成热镀层的基本前提是被镀金属与熔融金属之间能发生溶解、化学反应和扩散等过程。在目前所镀的低熔点金属中，只有铅不与铁反应，也不发生溶解，故需在铅中添加一定量的元素（如锡或锑等），与铁反应形成合金，再与铅形成固溶合金。热镀基体材料有钢、铸铁、铜，其中以钢最为常用。用于热镀的低熔点金属有锌、铝、锡、铅及锌铝合金等。

3. 陶瓷涂层

陶瓷涂层是以氧化物、碳化物、硅化物、硼化物、氮化物、金属陶瓷和其他无机物为原料，用各种方法涂敷在金属等基体表面而使之具有耐热、耐蚀、耐磨以及某些光、电特性的一类涂层，主要用作金属等基体的高温防护涂层。

陶瓷涂层按涂层物质分类有：玻璃质涂层（包括以玻璃为基与金属或金属间化合物组成的涂层、微晶搪瓷等），氧化物陶瓷涂层，金属陶瓷涂层，无机胶黏物质黏结涂层，有机胶粘剂黏结的陶瓷涂层，复合涂层；按涂敷方法分类有：高温熔烧涂层、高温喷涂涂层、热扩散涂层、低温烘烤涂层、热解沉积涂层；按使用性能分类有：高温抗氧化涂层、高温隔热涂层、耐磨涂层、热处理保护涂层、红外辐射涂层、变色示温涂层、热控涂层。

4. 搪瓷

搪瓷是将玻璃质瓷釉涂敷在金属基体表面，经过高温烧结，瓷釉与金属之间发生物理化学反应而牢固结合，在整体上有金属的力学强度，表面有玻璃的耐蚀、耐热、耐磨、易洁和装饰等特性的一种涂层材料。

搪瓷涂层主要用于钢板、铸铁、铝制品等表面，以提高表面质量和保护金属表面。搪瓷以其突出的玻璃特性和应用类型区别于其他陶瓷涂层，而以其无机物成分和涂层融结于金属基体表面上区别于漆层。

6.4 表面改性处理

表面改性处理是指采用某种工艺手段使材料表面获得与基体材料不同的组织结构、性能的技术。材料经表面改性处理后，既能发挥基体材料的力学性能，又能使材料表面获得各种特殊性能。表面改性处理技术可以掩盖基体材料表面的缺陷，延长材料和构件的使用寿命，节约稀、贵材料，节约能源，改善环境，并对各种高新技术的发展具有重要作用。

6.4.1 激光表面处理技术

1. 概念及分类

激光是由辐射受激发射产生的光，激光表面处理技术是采用激光对材料表面进行改性的一种表面处理技术，是高能密度表面处理技术中的一种最主要的手段，它具有传统表面处理技术或其他高能密度表面处理技术不能或不易达到的特点。激光表面处理的目的是改变表面层的成分和显微结构，从而提高表面性能。

激光表面处理工艺主要有：激光相变硬化、激光熔融及激光表面冲击三类。激光熔融又分为激光表面熔凝、激光表面合金化和激光表面熔覆等。目前，激光表面处理技术已用于汽车、冶金、石油、机车、机床、军工、轻工、农机以及刀具、模具等领域，并正显示出越来越广泛的工业应用前景。

2. 激光表面处理工艺

1）激光表面相变硬化

就钢铁材料而言，激光表面相变硬化是其在固态下经受激光辐照，其表层被迅速加热到奥氏体化温度以上，并在激光停止辐射后快速自淬火得到马氏体组织的工艺方法，所以又叫激光淬火，适用的材料为珠光体灰铸铁、铁素体灰铸铁、球墨铸铁、碳素钢、合金钢和马氏体型不锈钢等。此外，人们还对铝合金等进行了成功的研究和应用。

激光表面相变硬化的主要目的是在工件表面有选择性地局部产生硬化带以提高耐磨性，还可以通过在表面产生压应力来提高疲劳强度。激光表面相变硬化工艺的优点是简便易行，强化后工件表面光滑，变形小，基本上不需经过加工即能直接装配使用。硬化层具有很高的硬度，一般不回火即能应用。激光表面相变硬化特别适合于形状复杂、体积大、精加工后不易采用其他方法强化的工件。

2）激光表面熔凝处理

激光表面熔凝处理又称上釉，它是利用能量密度很高的激光束在金属表面连续扫描，使之迅速形成一层非常薄的熔化层，并且利用基体的吸热作用使熔池中的金属液以10^6～10^8 K/s的速度冷却、凝固，从而使金属表面产生特殊的微观组织结构的一种表面改性方法。在适当控制激光功率密度、扫描速度和冷却条件的情况下，材料表面经激光表面熔凝处理可以细化铸造组织、减少偏析、形成高度过饱和固溶体等亚稳定相乃至非晶态，因而可以提高金属表面的耐磨性、抗氧化性和抗腐蚀性能。激光表面熔凝处理主要用于处理铸铁、工具钢和某些能形成非晶态的材料：前两种材料通过处理以提高硬度，后一种材料则可具有优良的抗腐蚀性能。

3）激光表面合金化

激光表面合金化是既改变金属表层的物理状态，又改变其化学成分的激光表面处理技术。激光表面合金化是用激光束将金属表面和外加合金元素一起熔化、混合后，迅速凝固在金属表面，获得物理状态、组织结构和化学成分不同于基体的新的合金层，从而提高金属表层的耐磨性、耐蚀性和高温抗氧化性等的一种表面改性方法。

激光表面合金化的主要优点是：激光能使难以接近的和局部的区域合金化；在快速处理中能有效地利用能量；利用激光的深聚焦，在不规则的零件上可得到均匀的合金化深度；能准确地控制功率密度和控制加热深度，从而减小变形。就经济而言，可节约大量昂贵的合金元素，减少对稀有元素的使用。

4）激光表面熔覆

激光表面熔覆是使合金熔覆在基体材料表面的表面改性方法，其与激光表面合金化不同的是要求基体对表层合金的稀释度为最小。通常将硬度高以及具有良好抗磨、抗热、抗腐蚀和抗疲劳性能的材料选择用作覆层材料。与传统的熔覆工艺相比，激光表面熔覆具有很多优点：合金层和基体可以形成冶金结合，极大地提高熔覆层与底材的结合强度；加热速度很快，涂层元素不易被基体稀释；热变形较小，因而引起的零件报废率也很低。激光表面熔覆对于面积较小的局部处理具有很大的优越性，对于磨损失效工件的修复也是一独特的方法，有些用其他方法难以修复的工件采用激光表面熔覆的方法可以恢复其使用性能。激光表面熔覆可以从根本上改善工件的表面性能，很少受基体材料的限制。

5）激光冲击硬化

激光冲击硬化是用功率密度很高（$10^8 \sim 10^{11}$ W/cm^2）的激光束，在极短的脉冲持续时间内（$10^{-9} \sim 10^{-3}$ s）照射金属表面使其很快汽化，在表面原子逸出期间产生动量脉冲而形成冲击波或应力波作用于金属表面，使表层材料显微组织中的位错密度增加，形成类似于受到爆炸冲击或高能快速平面冲击后产生的亚结构，从而提高合金的强度、硬度和疲劳强度。

6.4.2 电子束表面处理技术

1. 概念及基本原理

利用电子束加热，通过改变材料表层的组织结构和（或）化学成分，达到提高其性能的表面改性技术称为电子束表面处理技术。

当用电子枪发射的高速电子束轰击金属表面时，电子能深入金属表面一定深度，与基体金属的原子核及电子发生相互作用。电子与原子核的碰撞可看作弹性碰撞，因此能量传递主要是通过电子束的电子与金属表层电子碰撞而完成的，所传递的能量立即以热能的形式传给金属表层原子，从而使被处理金属的表层温度迅速升高。这与激光加热有所不同，激光加热时被处理金属表面吸收光子能量，激光并未穿过金属表面。

电子束属于高能量密度的热源，用于金属表面处理，其特点是“快”，把金属由室温加热到奥氏体化温度或熔化温度的作用时间可以用毫秒计算，并且冷却速度也可达到 $10^3 \sim 10^6$ K/s，如此快速的加热和冷却就给金属表面强化带来一些新特点。目前，电子束加速电压达 125 kV，输出功率达 150 kW，能量密度达 10^3 MW/m^2，这是激光器无法比拟的。因此电子束加热的深度和尺寸均比激光大。

电子束表面处理工艺有固态相变和液态相变两大类。固态相变即电子束表面淬火；液态相变有电子束表面合金化、电子束表面熔凝处理和电子束表面熔覆。

2. 电子束表面处理工艺

1）电子束表面淬火

电子束表面淬火是用电子束将金属材料高速加热到奥氏体转变温度以上，然后急骤冷却产生马氏体等相变强化的表面处理工艺。加热时，电子束流以很高的速度轰击金属表面，电子和金属材料中的原子相碰撞，给原子以能量，使受轰击金属表面的温度迅速升高。由于电子束能量高，作用于金属表面的能量集中，使表层温度升温极快，因而，在被加热层同基体之间形成很大的温度梯度。在金属表面被加热到相变点以上的温度时，基体仍保持冷态（或较低的温度）。一旦停止电子束轰击，热量迅速向冷态基体扩散，从而可获得高的冷却速度使被加热的金属表层进行“自淬火”。由于奥氏体化时间很短，奥氏体晶粒来不及长大，淬火以后就能获得一种极细的组织，显著提高材料的疲劳强度。电子束表面淬火用于碳素钢、低合金钢和铸铁的效果最佳。

2）电子束表面合金化

电子束表面合金化是将合金元素预涂敷在工件表面上，再用电子束轰击加热熔化，或在电子束作用的同时加入所需合金粉末，使其熔融在工件表面上，在工件表面上形成与原材料的成分和组织完全不同的新的具有耐磨、耐蚀、耐热等性能的合金表层的表面处理工艺。电子束表面合金化具有两大特点：能在材料表面进行各种合金元素的合金化，改善材料表面性能；可在零件需要强化的部位，有选择地进行局部处理。

3）电子束表面熔凝处理

电子束表面熔凝处理是用高能量密度电子束轰击金属表面，使其熔化并快速凝固，从而细化组织，达到硬度和韧性的最佳配合的表面处理工艺。对于某些合金，电子束表面熔凝处理可使相间的化学元素重新分配。最大的优点是大幅减少原始组织的显微偏析。电子束表面熔凝处理最适用的材料是铸铁和高碳、高合金钢。

4）电子束表面熔覆

电子束表面熔覆是将合金粉末预置在金属材料的表面，由电子束加热熔化，使其与金属材料的表面形成一层新的合金层，从而提高材料的表面性能的表面处理工艺。该合金层与基体材料是冶金结合，但不产生层间元素的混合与对流。该工艺方法和过程与激光表面熔覆相同，所得结果也极为相似，但各有优缺点。激光表面熔覆的工艺过程在大气中进行，所以操作简单，生产率高。电子束表面熔覆的工艺是在真空状态下进行，因而熔覆合金层的缺陷相对要少，表面质量也高。

6.4.3　其他表面改性方法

1. 高密度太阳能表面处理

高密度太阳能表面处理是一种先进的表面处理技术，它是利用聚焦的高密度太阳能对工件表面进行局部加热，使工件表面在短时间（数秒）内升温到所需温度然后冷却的处理方法，其最突出的优点是节能。高密度太阳能表面处理在表面淬火、碳化物烧结、表面耐磨堆焊等方面很有发展前途。

与激光和电子束等高能密度表面处理一样，高密度太阳能表面处理工艺主要有太阳能相变硬化、太阳能表面熔凝处理、太阳能表面熔覆和太阳能表面合金化等。

高密度太热能表面处理设备为高温太阳炉，由抛物面聚焦镜、镜座、机电跟踪系统、工作台、对光器、温度控制系统以及辐射测量仪等部件组成。高温太阳炉加热的特点主要有：加热范围小，具有方向性，能量密度高；加热温度高，升温速度快；加热区能量分布不均匀，温度呈高斯分布；能方便地实现在控制气氛中加热和冷却；操作和观测安全；光辐射强度受天气条件的影响等。

2. 离子注入技术

离子注入是将被注入元素的原子利用离子注入机电离成带正电荷的离子，经高压电场加速后高速轰击工件表面，使之注入工件表面一定深度的真空处理工艺。

离子注入的特点主要有：可注入任何元素且不受固溶度的限制，可掺杂在常规条件下互不共溶的元素，可获得两层或两层以上性能不同的、复合层不易脱落的复合材料，是开发新型材料的非常独特的方法；离子注入温度和注入后的温度可以任意控制，且在真空中进行，材料不氧化、不变形、不发生退火软化，表面粗糙度一般无变化，可作为最终工艺；通过改变离子源和加速器能量，可以调整离子注入的深度和分布；通过可控扫描机械，不仅可实现在较大面积上的均匀化，而且可以在很小范围内进行局部改性；注入层薄，离子只能直线行进，不能绕行，对于复杂的和有内孔的零件不能进行离子注入，设备造价高，所以应用还不广泛。

3. 表面形变强化

表面形变强化是通过机械方法使材料表面发生形变，从而强化表面的处理技术。常用的金属材料表面形变强化方法主要有喷丸、滚压和内孔挤压等。

喷丸强化是当前国内外广泛应用的表面强化方法，即利用高速弹丸强烈冲击零件表面，使之产生形变硬化层，并引进残余压应力。形变硬化层内产生两种变化：一是在组织结构上，亚晶粒极大地细化，位错密度增高，晶格畸变增大；二是形成高的宏观残余压应力。另外，弹丸冲击使表面粗糙度略有增大，但却可使切削加工的尖锐刀痕圆滑。喷丸强化已广泛地应用于弹簧、齿轮、链条、轴、叶片、火车轮等零部件，可以显著提高金属的抗弯曲疲劳、抗应力腐蚀破裂、抗腐蚀疲劳、抗微动磨损、抗孔蚀等能力。

滚压强化是用滚轮在材料表面施压的工艺方法。圆角、沟槽等皆可通过滚压获得表面形变强化，并能在表面产生约 5 mm 深的残余压应力区。

内孔挤压是利用特定的工具（棒、衬套、模具等）在工件孔的内壁或周边进行连续、缓慢、均匀地挤压，并形成一定的塑性变形层，从而提高其疲劳强度和抗应力腐蚀的能力的工艺方法。内孔挤压效率高、效果好、方法简单，适用于高强度钢、合金结构钢、铝合金、钛合金以及高温合金等工件。

6.5 气相沉积

气相沉积技术是 20 世纪 80 年代以来迅速发展起来的一门新技术，它利用气相之间的反应在各种材料或制品表面沉积单层或多层薄膜，从而使材料或制品获得所需的各种优异性能。按机理不同，气相沉积技术通常被划分为物理气相沉积（PVD）和化学气相沉积（CVD）两大类。但无论是物理气相沉积还是化学气相沉积，都包括 3 个必备环节，即：①提供气相镀料；②向所镀制的工件（或基片）输送镀料；③镀料沉积在基片上形成膜层。气相沉积技术的主要特点在于不管原来需镀物料是固体、液体或气体，在输运时都要转化成气相形态进行迁移，最终到达工件表面沉积凝聚成固相薄膜。

6.5.1 物理气相沉积（PVD）

物理气相沉积（Physical Vapor Deposition，PVD）是在真空环境下，利用热蒸发或辉光放电、弧光放电等物理过程，在基材表面沉积所需涂层（或薄膜）的技术。物理气相沉积的主要优点是处理温度较低、沉积速度较快、无公害等，因而有很高的实用价值。物理气相沉积不足之处是沉积层与工件的结合力较小，镀层的均匀性稍差。此外，物理气相沉积设备造价高，操作维护技术要求也较高。

1. 分类

物理气相沉积包括真空蒸发镀膜、溅射镀膜和离子镀膜。

1）真空蒸发镀膜

在真空容器中将蒸镀材料（金属或非金属）加热，当达到适当温度后，便有大量的原子和分子离开蒸镀材料的表面进入气相。因为容器内气压足够低，这些原子或分子几乎不经碰撞地在空间内飞散，当它们到达表面温度相对低的被镀工件表面时，便凝结而形成薄膜，这种镀膜方法称为真空蒸发镀膜。

真空蒸发镀膜系统如图 6－4 所示，其主要部分有真空容器（提供蒸发所需的真空环境），蒸发源（为蒸镀材料的蒸发提供热量），基片（即被镀工件，在它上面形成蒸发料沉积层），基片架（安装夹持基片）和加热器。蒸发成膜过程由蒸发、蒸发材料粒子的迁移和沉积 3 个过程所组成。

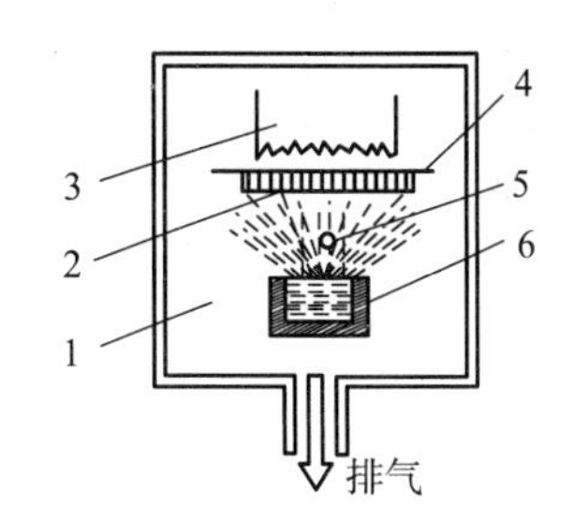

图 6－4　真空蒸发镀膜系统

1—真空容器；2—膜面；3—加热器；4—基片；5—蒸气流；6—蒸镀材料（沉积材料）

真空蒸发镀膜的主要缺点是镀层与工件基体间的结合力较弱、镀层较疏松、镀膜抗冲击性和耐磨性较差、高熔点物质和低蒸气压物质的真空镀膜制作困难等；其优点是设备简单，工艺操作较易，材料适应性强（玻璃、陶瓷、有机合成材料、纤维、木材等都可蒸镀），镀膜洁净度高等。目前真空蒸发镀膜主要用于光学、电子器件及塑料制品的表面处理。

2）溅射镀膜

当高能粒子（通常是电场加速的正离子）冲击固体表面时，固体表面的原子、分子与这些高能离子交换动能，从而由固体表面飞溅出来，这种现象称为溅射；飞溅出来的原子及其他离子在随后过程中沉积凝聚在衬底表面形成薄膜，称为溅射镀膜。溅射镀膜可根据产生溅射离子的方法分为直流溅射镀膜、射频溅射镀膜、磁控溅射镀膜及离子束溅射镀膜等。

溅射镀膜具有许多优点：可实现大面积沉积；几乎所有金属、化合物、介质均可作成靶，在不同材料衬底上得到相应材料薄膜；可以大规模连续生产。因此溅射镀膜技术在电子、光学、磁学、机械、仪表等行业获得了广泛应用。

3）离子镀膜

离子镀膜技术将真空室中的辉光放电等离子体技术与真空蒸发镀膜技术结合在一起，不仅明显提高了镀层的各种性能，而且大大地扩充了镀膜技术的应用范围，它兼有真空蒸发镀膜和真空溅射镀膜的优点。具体为：

（1）膜层的附着力强，不易脱落，这是离子镀膜的重要特性。

（2）绕射性好，蒸发性物质由于在等离子区被电离为正离子，这些正离子随电场的电力线而沉积在带负电压的极片的所有表面，因而基片的正面、反面甚至内孔、凹槽、狭缝等，都能沉积上薄膜。

（3）镀层质量好，沉积速率快。离子镀膜获得的镀层组织致密，针孔、气泡少，而且镀前对工件清洗处理较简单。成膜速度快，可达 75 μm/min，可镀制厚达 30 μm 的镀层，是制备厚膜的重要手段。

（4）可镀材质广泛。离子镀膜可以在金属表面或非金属表面上镀制金属膜或非金属膜，可以镀单质膜，也可以镀化合物膜。各种金属、合金以及某些合成材料、热敏材料、高熔点材料，均可使用离子镀膜技术进行镀覆。

2. 物理气相沉积的特点

3 种物理气相沉积技术的特点比较如表 6－2 所示。

表 6-2 3 种物理气相沉积技术的特点比较

比较项目	真空蒸发镀膜	真空溅射镀膜	离子镀膜
镀覆物质	金属及某些化合物	金属、合金、陶瓷、化合物、聚合物	金属、合金、陶瓷、化合物
方法	真空蒸发镀膜法	真空等离子体法、离子束法	真空等离子体法、离子束法
粒子动能/eV	0.1～1.0	1～100	10～5 000
沉积速率	快（>1 μm/min）（3～75 μm/min）	慢（<0.1 μm/min）	快（>1 μm/min）（达 50 μm/min）
附着力	一般	好	很好
膜的性质	不太均匀	高密度，针孔少	高密度，针孔少
基片温度/℃	30～200	150～500	1.3×10^{-1}～6.5
压强/Pa	$<6.5\times10^{-2}$	1.3×10^{-1}～6.5	150～800
膜的纯度	取决于蒸发物质纯度	取决于靶材料的纯度	取决于镀覆物质纯度
基片（工件）尺寸	受真空室大小限制	受真空室大小限制	受真空室大小限制
镀覆能力（对复杂形状）	只镀基片的直射表面	只镀基片的直射表面	能镀基片所有表面，镀层厚度均匀

3. 物理气相沉积技术的应用

包括真空蒸发镀膜、离子镀膜、溅射镀膜在内的物理气相沉积技术，在生产中所镀制的膜层可分为两大类：一类是机械功能膜，包括耐磨、减摩、耐蚀、润滑、装饰等表面保护和强化膜，这一般为厚膜，厚度超过 1 μm；另一类是物理功能膜，包括声学、光学、电学和磁学膜，这一般为薄膜，厚度在 1 μm 以下。目前，物理气相沉积技术已经广泛用于机械、电子、电工、光学、航空航天及轻工业等领域，表 6-3 所示为物理气相沉积得到的硬质镀层在机械、化工、塑料橡胶加工等领域的典型应用。

表 6-3 硬质镀层在机械、化工、塑料橡胶加工等领域的典型应用

应用分类	改善的性能	涂覆的工具、部件	硬度镀层				
			TiC	TiN	TiCN	CrC	Al_2O_3
切削加工	切削刃 月牙槽磨损 防裂纹 防碎裂	切削刀具刀片	○	○	○		○
		车刀、钻头	○	○	○		○
		铣刀、成形刀具	○	○	○		○
		切削刀具	○	○	○		○
		穿孔器	○		○		

续表

应用分类	改善的性能	涂覆的工具、部件	硬度镀层				
			TiC	TiN	TiCN	CrC	Al_2O_3
成形加工	防咬合	拔丝模	○		○		
	耐磨损	精整工具	○		○		
	防裂纹	扩孔、轧管工具	○		○		
		割断工具	○		○		
		锻造工具	○		○		
		冲压工具	○		○		
化学工业	耐冲蚀	挡板	○		○		
	耐磨损	滑阀	○	○	○	○	
	耐气蚀	冲头	○		○	○	
	耐腐蚀	阀芯、阀体	○	○	○	○	
		喷嘴	○		○	○	
		催化剂、反应器	○	○	○	○	

6.5.2　化学气相沉积（CVD）

1. 基本原理

化学气相沉积（Chemical Vapor Deposition，CVD）是利用气态物质在基体受热表面发生化学反应生成固态沉积物从而形成涂层（或薄膜）的技术。化学气相沉积可以在常压下进行，也可以在低压下进行，是当前获得固态薄膜的重要方法之一。

化学气相沉积一般包括 3 个过程：产生挥发性运载化合物；把挥发性化合物运到沉积区；发生化学反应形成固态产物。因此，化学气相沉积反应必须满足以下 3 个条件：

（1）反应物必须具有足够高的蒸气压，要保证其能以适当的速度被引入反应室；

（2）除了涂层物质之外的其他反应产物必须是挥发性的；

（3）沉积物本身必须有足够低的蒸气压，以使其在反应期间能保持在受热基体上。

总之，化学气相沉积的反应物在反应条件下是气相，生成物之一是固相。

2. 反应类型

化学气相沉积是利用气相物质在一固体表面进行化学反应并在该固体表面上生成固态沉积物的过程。目前最常见的化学气相沉积反应有热分解反应、化学合成反应和化学传输反应等几种基本类型。

1）热分解反应

化合物的热分解是最简单的沉积反应。热分解反应一般是在简单的单温区炉中，在真空或惰性气体保护下加热基体至所需要温度后，导入反应物气体使之发生热分解，最后在基体上沉积出固相涂层。热分解反应已用于制备金属、半导体和绝缘体等各种材料。热分解反应体系的主要问题是源物质与热解温度的选择。在选择源物质时，既要考虑其蒸气压与温度的关系，又要特别注意在不同热分解温度下的分解产物中固相是否仅为所需要的沉积物质，而没有其他的夹杂物。

2）化学合成反应

绝大多数沉积过程都涉及两种或多种气态反应物在一个热基体上相互反应，这些反应称为化学合成反应。与热分解反应相比，化学合成反应的应用更为广泛，因为可用于热分解沉积的化合物并不多，而任意一种无机材料原则上都可以通过合适的反应合成出来。除了用来制备各种单晶薄膜以外，化学合成反应还可以用来制备多晶态和非晶态的沉积层，如二氧化硅、氧化铝、氮化硅、硼硅玻璃及各种金属氧化物、氮化物和其他元素之间的化合物等。化学合成反应的代表性分反应系有

$$SiH_4 + 2O_2 \xrightarrow{325\sim475\ ℃} SiO_2 + 2H_2O\uparrow$$

$$SiCl_4 + 2H_2 \xrightarrow{1\ 200\ ℃} Si + 4HCl\uparrow$$

$$Al_2\ (CH_3)_6 + 12O_2 \xrightarrow{450\ ℃} Al_2O_3 + 9H_2O\uparrow + 6CO_2\uparrow$$

$$3SiCl_4 + 4NH_3 \xrightarrow{350\sim900\ ℃} Si_3N_4 + 12HCl\uparrow$$

$$TiCl_4 + \frac{1}{2}N_2 + 2H_2 \xrightarrow{800\sim1\ 100\ ℃} TiN + 4HCl\uparrow$$

3）化学传输反应

把所有沉积的物质当作源物质（不挥发性物质），借助于适当气体介质与之反应而形成一种气态化合物，这种气态化合物经化学迁移或物理载带运输到与源区温度不同的沉积区，再发生逆向反应，使得源物质重新沉积出来，这样的反应过程称为化学传输反应。上述气体介质叫作传输剂。

3. 化学气相沉积的特点

（1）在中温或高温下，通过气态的初始化合物之间的气相化学反应而沉积固体膜。可以在大气压或者低于大气压下进行沉积，可以控制镀层的密度和纯度。

（2）采用等离子和激光辅助技术可以显著地强化化学反应，使其在较低的温度下进行沉积。

（3）镀层的化学成分可以变化，从而获得梯度沉积物或者得到混合镀层。

（4）在复杂形状的基体上以及颗粒材料上的镀制可以在流化床系统中进行。

（5）通常沉积层具有柱状晶结构，不耐弯曲。通过各种技术对化学反应进行气相扰动可以得到细晶粒的等轴沉积层。

（6）可以形成多种金属、合金、陶瓷和化合物镀层。

目前化学气相沉积用来制备高纯金属、无机新晶体、单晶薄膜、晶须、多晶材料膜以及非晶态膜等各种无机材料。这些无机材料由于其特殊的功能，已在复合材料、微电子学工艺、半导体光电技术、太阳能利用、光纤通信、超导电技术和保护涂层等许多新技术领域得到了广泛应用。

6.5.3 物理气相沉积与化学气相沉积的对比

工艺温度高低是化学气相沉积和物理气相沉积之间的主要区别。温度对于高速钢镀膜具有重大意义，化学气相沉积法的工艺温度超过了高速钢的回火温度，用化学气相沉积法镀制的高速钢工件，必须进行镀膜后的真空热处理，以恢复硬度，而镀后热处理会产生不容许的变形。

化学气相沉积工艺对进入反应器的工件清洁度要求比物理气相沉积工艺低一些，因为附

着在工件表面的一些脏东西很容易在高温下烧掉。此外，高温下得到的镀层结合强度要更好些。

化学气相沉积镀层往往比各种物理气相沉积镀层略厚一些，前者厚度在7.5 μm左右，后者通常不到2.5 μm厚。化学气相沉积镀层的表面略比基体的表面粗糙些；相反，物理气相沉积镀膜可以如实地反映材料的表面，不用研磨就具有很好的金属光泽，这在装饰镀膜方面十分重要。

化学气相沉积反应发生在低真空的气态环境中，具有很好的绕镀性，所以密封在化学气相沉积反应器中的所有工件，除去支承点之外，全部表面都能完全镀好，甚至深孔、内壁也可镀上。相对而言，物理气相沉积技术由于气压较低，绕镀性较差，因此工件背面和侧面的镀制效果不理想。物理气相沉积的反应器必须减少装载密度以避免形成阴影，而且装卡、固定比较复杂。在物理气相沉积反应器中，通常工件要不停地转动，并且有时还需要边转边做往复运动。

在化学气相沉积工艺过程中，要严格控制工艺条件，否则，系统中的反应气体或反应产物的腐蚀作用会使基体脆化，高温会使镀层的晶粒粗大。

比较化学气相沉积和物理气相沉积这两种工艺的成本比较困难。有人认为最初的设备投资物理气相沉积是化学气相沉积的3~4倍，而物理气相沉积工艺的生产周期是化学气相沉积的1/10。在化学气相沉积的一个操作循环中，可以对各式各样的工件进行处理，而物理气相沉积就受到很大限制。综合比较可以看出，在两种工艺都可用的范围内，采用物理气相沉积要比化学气相沉积代价高。

最后一个比较因素是操作运行安全问题。物理气相沉积是一种完全没有污染的工序，有人称它为“绿色工程”。化学气相沉积的反应气体、反应尾气都可能具有一定的腐蚀性、可燃性及毒性，反应用气中还可能有粉末状以及碎片状的物质，因此对设备、环境、操作人员都必须采取一定的措施以防范安全问题。

近年来，随着气相沉积技术的发展和应用，上述两类型气相沉积各自都有新的技术内容，两者相互交叉，致使难以严格界定某种具体沉积方法是化学的还是物理的。比如，人们把等离子体、离子束引入到传统的物理气相沉积技术的蒸发和溅射中并参与其镀膜过程，同时通入反应气体，也可以在固体表面进行化学反应，生成新的合成产物固体相薄膜，称其为反应镀（在溅射Ti等离子体中通过反应气体N_2，最后合成TiN就是一例）。这就是说物理气相沉积也可以包含有化学反应。又如，人们把等离子体、离子束技术引入到传统的化学气相沉积过程中，化学反应就不完全遵循传统的热力学原理，因为等离子体有更高的化学活性，可以在比传统热力学化学反应低得多的温度下实现反应，这种方法称为等离子体辅助化学气相沉积，它赋予了化学气相沉积更多的物理含义。

如今化学气相沉积与物理气相沉积的不同点恐怕只剩下用于镀膜的物料形态的区别，前者是利用易挥发性化合物或气态物质，而后者则利用固相（或液相）物质。

习题与思考题

1. 常用表面处理技术有哪些工艺方法？
2. 金属表面预处理的主要目的是什么？

3. 常用的电镀层金属与合金有哪些种类及特点?
4. 防护装饰性镀铬与镀硬铬的主要区别是什么?
5. 什么是化学镀镍?与电镀镍相比，化学镀镍有何优异性。
6. 与常见电镀技术相比，电刷镀有哪些特点?
7. 热喷涂方法有哪些?各有何特点?
8. 说明各种物理气相沉积工艺的原理、特点及应用。

第7章 工 业 用 钢

金属材料是现代社会的物质基础，其应用范围极其广泛，建筑、桥梁、交通运输、机械设备、仪器仪表、航空航天等领域都离不开金属材料。本章主要介绍工程上应用最广泛的钢材。

7.1 工业用钢概述

工业用钢是用量最大的金属材料，在生产中占有极其重要的地位。工业用钢按化学成分可分为碳素钢（简称为碳钢）和合金钢两大类。碳钢生产简单、价格低廉、容易加工，并可通过碳含量的增减和采用不同的热处理使其性能得到改善，因而可以满足生产上的很多需求，在工业中应用广泛。合金钢是在碳钢的基础上，有目的地加入一种或几种合金元素而得到的。与碳钢相比，合金钢的使用性能和工艺性能都有显著的提高，其用途更广。但应特别指出，合金钢并不是在各个方面都优于碳钢，而且价格贵，所以必须正确地认识和使用合金钢，才能使其发挥出最佳的效用。

7.1.1 钢的分类

钢的品种繁多，为了便于生产、选用及研究，必须对它们进行合理的分类。国家标准GB/T 13304—2008《钢分类》是参照国际标准化组织标准制定的。钢的分类分为“按化学成分分类”和“按主要质量等级和主要性能及使用性能分类”两部分。

1. 按化学成分分类

按化学成分可以把钢分为非合金钢、低合金钢和合金钢。

非合金钢是指 $w_C<2\%$，并含有少量 Si、Mn、S、P 等杂质元素的铁碳合金，在实行新的钢分类标准以前称为碳素钢（简称碳钢）。目前在部分现行的技术标准和生产实际中仍将此类钢称为碳素钢。

低合金钢与合金钢是在非合金钢的基础上有目的地加入了某些元素所形成的钢种。加入钢中的元素称为合金元素。

表7-1所示为非合金钢、低合金钢、合金钢中规定的合金元素质量分数界限值。表7-1中所列任一元素的质量分数处于该表中所列非合金钢、低合金钢或合金钢相应元素的界限值范围内时，这些钢分别为非合金钢、低合金钢或合金钢。

在一般常见的按化学成分分类中，碳素钢按其碳含量可分为：低碳钢（$w_C \leqslant 0.25\%$）、中碳钢（$w_C=0.25\%\sim0.60\%$）、高碳钢（$w_C>0.60\%$）。合金钢可按钢中所含主要合金元素的种类分为：锰钢、铬钢、硅锰钢、硼钢、铬镍钢等。

表 7－1　非合金钢、低合金钢、合金钢中规定的合金元素质量分数界限值　　%

合金元素	规定的合金元素质量分数界限值			合金元素	规定的合金元素质量分数界限值		
	非合金钢	低合金钢	合金钢		非合金钢	低合金钢	合金钢
Al	<0.10	——	≥0.10	Se	<0.10	——	≥0.10
B	<0.000 5	——	≥0.000 5	Si	<0.50	0.5～0.90	≥0.90
Bi	<0.10	——	≥0.10	Te	<0.10	——	≥0.10
Cr	<0.30	0.3～0.50	≥0.05	Ti	<0.05	0.05～0.13	≥0.13
Co	<0.10	——	≥0.10	W	<0.10	——	≥0.10
Cu	<0.10	0.10～0.50	≥0.50	V	<0.04	0.04～0.12	≥0.12
Mn	<1.00	1.00～1.40	≥1.40	Zr	<0.05	0.05～0.12	≥0.12
Mo	<0.05	0.05～0.10	≥0.10	La 系(每一种元素)	<0.02	0.02～0.05	≥0.05
Ni	<0.30	0.30～0.50	≥0.50	其他元素（S、P、C、N 除外）	<0.05	——	≥0.05
Nb	<0.02	0.02～0.06	≥0.06				
Pb	<0.40	——	≥0.40				

2. 按主要质量等级、主要性能及使用性能分类

1）按主要质量等级分类

钢的主要质量等级是指钢在生产过程中是否需要控制的质量要求，以及控制质量要求的严格程度。主要质量的含义广泛，包括 S、P 含量，残余元素含量，力学性能，电磁性能，表面质量，非金属夹杂物，热处理等方面。按照主要质量等级不同，可将钢分为 3 类：

（1）普通质量钢，包括普通质量非合金钢、普通质量低合金钢；

（2）优质钢，包括优质非合金钢、优质低合金钢和优质合金钢；

（3）特殊质量钢，包括特殊质量非合金钢、特殊质量低合金钢和特殊质量合金钢。

2）按钢的主要性能及使用特性分类

（1）非合金钢。

①以规定最高强度（或硬度）为主要特性的非合金钢（主要为碳素结构钢）；

②以规定最低强度为主要特性的非合金钢（主要为优质碳素结构钢）；

③以限制碳含量为主要特性的非合金钢，如线材、调质用钢；

④非合金易切削钢；

⑤非合金工具钢；

⑥具有专门规定磁性或电性能的非合金钢；

⑦其他非合金钢。

（2）低合金钢。

①可焊接的低合金高强度结构钢；

②低合金耐候钢；

③低合金混凝土用钢及预应力用钢；

④铁道用低合金钢；

⑤矿用低合金钢；

⑥其他低合金钢。

(3) 合金钢。

①工程结构用合金钢，包括一般工程结构用合金钢、供冷成形用的热轧或冷轧扁平产品用合金钢（如压力容器用钢、汽车用钢、输送管线用钢等），预应力用合金钢，矿用合金钢，高锰耐磨钢等；

②机械结构用合金钢，包括调质处理合金结构钢、表面硬化合金结构钢、合金弹簧钢、冷塑性成形合金结构钢等；

③不锈、耐蚀和耐热钢，按金相组织不同可分为马氏体型钢、铁素体型钢、奥氏体型钢、奥氏体－铁素体型钢、沉淀硬化型钢等；

④工具钢，包括刃具钢、模具钢、量具钢；

⑤轴承钢，包括高碳高铬轴承钢、渗碳轴承钢、不锈轴承钢、高温轴承钢等；

⑥特殊物理性能钢，包括软磁钢、永磁钢、无磁钢、高电阻钢等；

⑦其他合金钢。

7.1.2 钢的牌号表示方法

我国钢产品的编号采用大写汉语拼音字母、化学元素符号和阿拉伯数字相结合的原则：

(1) 钢号中的化学元素采用国际化学元素符号表示，如 Si、Mn、Ni、Cr、W 等，其中只有稀土元素由于其含量较少但种类繁多，用 RE 表示其总含量；

(2) 钢产品的名称、用途、特性和工艺方法等，采用汉语拼音字母表示。常用钢产品的名称、用途和工艺方法表示符号如表 7－2 所示。

表 7－2 常用钢产品的名称、用途和工艺方法表示符号

名称	采用的汉字及汉语拼音	采用符号	牌号中的位置	名称	采用的汉字及汉语拼音	采用符号	牌号中的位置
碳素结构钢	屈（Qu）	Q	头	船用钢	国际符号		
低合金高强度钢	屈（Qu）	Q	头	汽车大梁用钢	梁（Liang）	L	尾
耐候钢	耐候（Nai Hou）	NH	尾	矿用钢	矿（Kuang）	K	尾
保证淬透性钢		H	尾	压力容器用钢	容（Rong）	R	尾
易切削非调质钢	易非（Yi Fei）	YF	头	桥梁用钢	桥（Qiao）	Q	尾
热锻用非调质钢	非（Fei）	F	头	锅炉用钢	锅（Guo）	G	尾
易切削钢	易（Yi）	Y	头	焊接气瓶用钢	焊瓶（Han Ping）	HP	尾
碳素工具钢	碳（Tan）	T	头	车辆车轴用钢	辆轴（Liang Zhou）	LZ	头
塑料模具钢	塑模（Su Mo）	SM	头	机车车轴用钢	机轴（ji Zhou）	JZ	头
（滚珠）轴承钢	滚（Gun）	G	头	管线用钢		S	头
焊接用钢	焊（Han）	H	头	沸腾钢	沸（Fei）	F	尾
钢轨钢	轨（Gui）	U	头	半镇静钢	半（Ban）	B	尾
铆螺钢	铆螺（Mao Luo）	ML	头	镇静钢	镇（Zhen）	Z	尾
锚链钢	锚（Mao）	M	头	特殊镇静钢	特镇（Te Zhen）	TZ	尾
地质钻探钢管用钢	地质（Di Zhi）	DZ	头	质量等级	A、B、C、D、E		尾

1. 非合金钢的牌号

1）碳素结构钢

钢的牌号由代表屈服强度的汉语拼音首字母“Q”、屈服强度数值（单位为MPa）、质量等级代号和脱氧方法符号组成。其中，质量等级分为A、B、C、D 4个等级，从左至右质量依次提高；脱氧方法分为沸腾钢（F）、半镇静钢（B）、镇静钢（Z）和特殊镇静钢（TZ），符合Z、TZ可省略不标。

例如：Q235AF表示屈服强度大于235 MPa、质量等级为A级的沸腾钢。

2）优质碳素结构钢牌号

优质碳素结构钢牌号的第一部分为两位数字，表示钢的平均碳含量的万分数。例如，45钢，表示平均碳含量为0.45%的优质碳素结构钢；08钢，表示平均碳含量为0.08%的优质碳素结构钢。

优质碳素结构钢中含锰量较高时（0.70% ~1.20%），在其牌号后面标出元素符号“Mn”，如15 Mn等。若为沸腾钢与半镇静钢，则在数字后分别加“F”与“B”，如08F等。

优质碳素结构钢按冶金质量分为优质钢、高级优质钢和特级优质钢。质量等级间的区别在于硫、磷含量的高低。高级优质钢在牌号后面加A；特级优质钢加E。例如：20A表示平均碳含量为0.20%的高级优质碳素结构钢。

专用优质碳素结构钢采用数字和代表产品用途的符号表示。例如：20 G表示平均碳含量为0.20%的锅炉用钢。

3）易切削钢的牌号

这类钢分牌号在同类结构钢的牌号前面加“Y”表示易切削钢，如Y20表示平均碳含量为0.20%的易切削结构钢。含钙、铅、锡等易切削元素的易切削钢，在数字后加标元素符号。

4）碳素工具钢的牌号

碳素工具钢的牌号以“T”（“碳”的汉语拼音字首）开头，其后的数字表示平均碳含量的千分数，如T8表示平均碳含量为0.8%的碳素工具钢。碳素工具钢锰元素含量较高时，加锰元素Mn。若为高级优质碳素工具钢，牌号后面标以字母A表示，如T12A表示平均碳含量为1.2%的高级优质碳素工具钢。

5）铸造碳钢的牌号

铸造碳钢的牌号是用“铸钢”两字的汉语拼音字首“ZG”后面加两组数字组成，第一组数字代表屈服强度最低值，第二组数字代表抗拉强度最低值。例如ZG200－400，表示屈服强度不小于200 MPa、抗拉强度不小于400 MPa的铸造碳钢。若牌号末尾标有字母H，表示该钢是焊接结构用铸造碳钢。

2. 合金钢的牌号

1）合金结构钢

合金结构钢的牌号采用两位阿拉伯数字、合金元素含量（化学元素符号及其后面的数字）表示。两位阿拉伯数字表示平均碳含量（以万分之几计），放在牌号头部。合金元素含量用化学元素符号及其后面的数字表示，当合金元素平均含量低于1.5%时，牌号中仅标明元素，一般不标明含量；当合金元素平均含量为1.50% ~2.49%，2.50% ~3.49%…时，相应地在合金元素符号后面加上数字2，3，…。例如：12CrNi3表示平均碳含量为0.12%、铬的平均含量低于1.5%、镍的平均含量在2.50%~3.49%的合金结构钢。合金的具体成分范围可查阅相关手册。

合金结构钢按冶金质量的不同分为优质钢、高级优质钢和特级优质钢。高级优质钢在牌号后面加A；特级优质钢加E。

专用合金结构钢，在牌号的头部或尾部加上代表产品用途的符号表示。例如：ML30CrMnSi表示碳的平均含量为0.30%，铬、锰、硅的平均含量低于1.5%的铆螺钢。

2）合金工具钢

合金工具钢的牌号采用阿拉伯数字、合金元素含量（化学元素符号及其后数字）表示。当平均碳含量小于1.0%时，采用一位阿拉伯数字表示碳含量（以千分之几计），放在牌号头部；当平均碳含量大于1.0%时，一般不标出平均碳含量。合金元素含量的表示方法与合金结构钢相同。例如：9Cr2表示平均碳含量约为0.9%、含铬量为1.50%~2.49%的合金工具钢。Cr12MoV表示平均碳含量大于1.0%，含铬量为11.5%~12.49%，平均含钼、钒量小于1.50%的合金工具钢。

据上述规定，还有一些例外情况，如高速钢，无论钢中碳含量为多少，在钢号中均不标出。当钢中合金成分相同，仅碳质量分数不同时，对高碳者在钢号前冠以字母C，例如：W6Mo5Cr4V2和CW6Mo5Cr4V2，前者的碳含量为0.80%~0.90%，后者的碳含量为0.95%~1.05%。

3）轴承钢

高碳铬轴承钢的牌号用头部加符号“G”，但不标明碳含量，G后标注合金元素“Cr”符号及其含量（以千分之几计），其合金元素含量的表示方法与合金结构钢相同。例如：GCr15、GSiMnMoV等。

渗碳轴承钢的牌号表示采用合金结构钢的牌号表示方法，仅在牌号的头部加符号“G”，例如G20CrNiMo。高级优质渗碳轴承钢在牌号的尾部加“A”。

其他轴承钢（如高碳铬不锈轴承钢、高温轴承钢等）的牌号表示方法采用不锈钢和耐热钢的牌号表示方法，在牌号头部加符号“G”，例如：G95Cr18。

4）不锈钢和耐热钢的牌号

牌号碳含量一般用二位或三位阿拉伯数字表示：对只规定碳含量上限当碳含量上限大于0.10%时，以其上限的4/5表示碳含量；当碳含量上限不大于0.10%时，以其上限的3/4表示碳含量，以万分之几计；当碳含量为$w_C \leq 0.03\%$时，用三位阿拉伯数字表示，以十万分之几计；对于规定上、下限的钢，其碳含量以平均碳含量乘以100表示。牌号合金元素含量的表示法与合金结构钢相同。若钢中有意加入铌、钛、锆、氮等合金元素，即使含量很低，也应在牌号中标出。例如：不锈钢20Cr13、008Cr30Mo2等；耐热钢06Cr25Ni20、16Cr25N等。

专门用途的不锈钢要在牌号头部加上代表用途的符号，例如：易切削铬不锈钢“Y12Cr18Ni9”。

5）铸造合金钢

在牌号前用“铸钢”的汉语拼音首字母组合“ZG”为首，后面用万分数表示碳含量，之后依次排列各主要合金元素符号及其质量分数。例如：ZG20CrMoV、ZG06Cr13Ni4Mo等。

3. 低合金钢的牌号

低合金钢的牌号表示方法基本与合金结构钢相同。

低合金高强度结构钢的牌号与碳素结构钢的牌号相类似，它的脱氧方法分为镇静钢（Z）和特殊镇静钢（TZ），可以省略，例如：Q390A。

低合金高强度结构钢通常也可以采用二位阿拉伯数字（表示平均碳含量，以万分之几计）和化学元素符号表示，例如：16Mn。

专用低合金高强度结构钢一般在上述牌号前、后加上代表产品用途的符号来表示。例如：Q295HP 为焊接气瓶用钢的牌号；Q345R、16MnR 为压力容器用钢的牌号；20MnK 表示矿用钢；Q340NH 为耐候钢的牌号等。

7.2 合金化原理

纯金属的力学性能一般较低，价格也较贵，一般很少用于机械零件及工程结构。通过人为地加入一些合金元素使之合金化，不但可改进其力学性能以满足工程需要，而且不少合金还具有某些特别的电、磁、热及化学性能，可满足特殊的工程需要。

碳素钢（非合金钢）价格便宜，加工性能优良，通过热处理可以获得不同的性能，可以满足工业生产中的多种需求，因而得到了广泛应用；但其淬透性差，综合力学性能低，不适合制造尺寸较大的重要零件，加之其耐热、耐蚀、耐磨性能均较差，难以满足一些重要场合和特殊环境对性能的要求。为提高钢的力学性能和理化性能，在冶炼时特意加入一些合金元素就形成了合金钢。合金化也是改善和提高钢铁材料和其他材料（非铁合金、陶瓷材料、聚合物“合金”）性能的主要途径之一。本节主要介绍钢的合金化原理。

7.2.1 合金元素的存在形式

根据合金元素与碳的作用不同，可将合金元素分为两大类：一类是碳化物形成元素，它们比 Fe 具有更强的亲碳能力，在钢中将优先形成碳化物，依其亲碳能力的强弱排序为 Zr、Ti、Nb、V、W、Mo、Cr、Mn、Fe 等。合金元素与碳的化学亲和力越强，形成碳化物的能力越大，所形成的碳化物越稳定而不易分解，通常称 V、Nb、Zr、Ti 为强碳化物形成元素；Cr、Mo、W 为中碳化物形成元素；Mn 为弱碳化物形成元素。另一类是非碳化物形成元素，主要包括 Ni、Si、Co、Al 等，它们一般不与 C 生成碳化物，而是固溶于固溶体中，或生成其他化合物如 AlN。合金元素在钢中的存在形式主要有 3 种，即固溶体、化合物以及游离态。

1. 固溶体

几乎所有合金元素都可或多或少地溶入铁素体，形成合金铁素体，其中原子直径很小的元素（如氮、硼等）与铁形成间隙固溶体；原子直径较大的元素（如锰、镍、钴等）与铁形成置换固溶体。合金元素溶入铁素体后，由于它与铁的晶格类型及原子直径不同，必然引起晶格畸变，产生固溶强化，使铁素体的强度、硬度升高。

几种常见的合金元素对铁素体性能的影响如图 7-1 和图 7-2 所示。除磷以外，锰、硅、镍对铁素体的强化效果最为显著，但当硅含量 $w_{Si}>0.6\%$、锰含量 $w_{Mn}>1.5\%$ 时将使铁素体的韧性下降；而铬、镍则比较特殊，若将其含量控制在适当的范围内（$w_{Cr}\leqslant 2\%$，$w_{Ni}\leqslant 5\%$），它们在强化铁素体的同时，仍能使其保持良好的韧性。合金元素的量应控制在一定范围内，才有很好的强韧化效果。

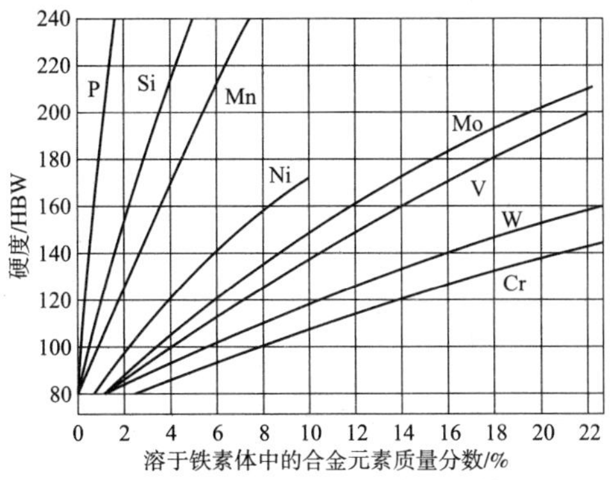

图7-1 合金元素对铁素体硬度的影响

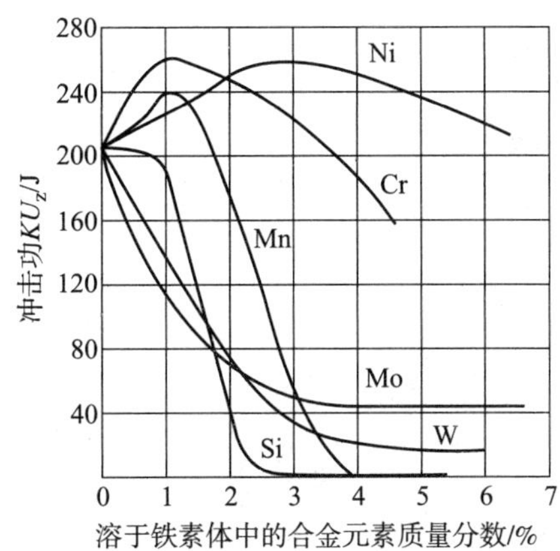

图7-2 合金元素对铁素体韧性的影响

2. 化合物

合金元素与钢中的碳、其他合金元素及常存杂质元素之间可以形成碳化物、金属间化合物和非金属夹杂物。

1）合金渗碳体

合金渗碳体是合金元素溶入渗碳体（置换其中的铁原子）所形成的化合物，与渗碳体有相同的晶格类型，但其中铁与合金元素的比例可变。例如，Mn溶入渗碳体中形成（Fe、Mn）$_3$C。合金渗碳体比渗碳体略稳定，硬度也较高，是低合金钢中碳化物的主要存在形式。

2）特殊碳化物

特殊碳化物是与渗碳体晶体结构完全不同的合金碳化物。特殊碳化物有两种类型：一种是具有简单晶格的间隙相碳化物，如WC、Mo_2C、VC、TiC等；另一种是具有复杂晶格的碳化物，如$Cr_{23}C_6$、Cr_7C_3等。

强碳化物形成元素即使含量较低，但只要有足够的碳，就倾向于形成特殊碳化物；而中、弱碳化物形成元素，只有当其含量较高（>5%）时，才倾向于形成特殊碳化物。特殊碳化物比合金渗碳体具有更高的熔点、硬度与耐磨性，并且更加稳定，不易分解。

合金碳化物的种类、性能及其在钢中的分布状态会直接影响钢的性能。例如，当钢中存在的特殊碳化物呈弥散分布时，将显著提高钢的强度、硬度和耐磨性，而不降低其韧性，这对提高工具的使用性能是有利的。表7-3所示为钢中常见碳化物的类型及其特性。

表 7-3 钢中常见碳化物的类型及特性

碳化物类型	M_3C		$M_{23}C_6$	M_7C_3	M_2C		M_6C		MC		
常见碳化物	Fe_3C	$(Fe, Me)_3C$	$Cr_{23}C_6$	Cr_7C_3	W_2C	Mo_2C	Fe_3W_3C	Fe_3Mo_3C	VC	NbC	TiC
硬度/HV	900 ~ 1 050	稍大于 900 ~ 1 050	1 000 ~ 1 100	1 600 ~ 1 800	—	—	1 200 ~ 1 300		1 800 ~ 3 200		
熔点/℃	~1227		1 550	1 665	2 750	2 700			2 830	3 500	3 200
在钢中溶解的温度范围	Ac_1 线至 950 ~ 1 000 ℃	Ac_1 线至 1 050 ~ 1 200 ℃	950 ~ 1 100 ℃	大于 950 ℃ 直到熔点	回火时析出，大于 650 ~ 700 ℃ 时转变为 M_6C		1 150 ~ 1 300 ℃		大于 1 100 ~ 1 150 ℃	几乎不溶解	
含有此类碳化物的钢种	碳钢	低合金钢	高合金工具钢及不锈钢、耐热钢	少数高合金工具钢	高合金工具钢，如高速钢 Cr12MoV、3Cr2W8V 等		高合金工具钢，如高速钢 Cr12MoV、3Cr2W8V 等		含 V 大于 0.3% 的所有含 V 的合金钢	几乎所有含 Nb、Ti 的钢种	

注：表中“碳化物类型”栏中“M”表示合金元素。

3）金属间化合物

在某些高合金钢中，金属元素之间及合金元素与铁之间相互作用，还能形成各种金属间化合物，如 FeCr、Fe_2W、Ni_3Al 等。金属间化合物对奥氏体不锈钢、马氏体时效钢和许多高温合金的强化有较大影响。

4）非金属夹杂物

铁及合金元素生成的氧化物、硫化物、硅酸盐等一般都不具有金属性或金属性很弱，这些非金属相称为非金属夹杂物。非金属夹杂物具有复杂的成分、结构和性能，并随着钢中化学成分和一系列冶炼过程的条件而变化。非金属夹杂物对钢材质量具有重要影响，这种影响不仅和夹杂物的成分、数量有关，而且和其形状、大小、分布等有关。无塑性的非金属夹杂物在钢热加工时可能引起开裂或其他缺陷，塑性的非金属夹杂物在变形后将增加钢材的各向异性。非金属夹杂物可导致结构钢塑性、韧性及疲劳强度降低，降低钢的耐蚀性和耐磨性，影响钢的淬透性。此外，钢材中存在氧化物和硅酸盐这类非金属夹杂物将使其切削性能恶化。因此，非金属夹杂物在钢材中一般是有害的，需要对其严格控制。

3. 游离态

钢中有些元素（如 Pb、Cu 等）既难溶于铁、也不易生成化合物，而是以游离状态存在，在某些条件下钢中的碳也可能以游离状态（石墨）存在。通常情况下，游离态元素对改善钢的切削加工性能有利，但将对钢的其他性能产生不利影响。

7.2.2 合金元素对 Fe – C 相图的影响

1. 合金元素对相区及转变温度的影响

合金元素会使奥氏体相区扩大或缩小。扩大奥氏体相区的元素主要有 C、N、Co、Ni、Mn 及 Cu 等，称之为奥氏体形成元素，其中以 Ni、Mn 的影响最大。图 7 – 3（a）所示为 Mn 对铁碳合金相图的影响，可见随 Mn 的含量增加，*GS* 线向左下方移动，使 A_3 及 A_1 温度下降。若钢中含有大量扩大奥氏体区的元素，会使相图中的奥氏体区一直延伸到室温以下，钢在室温下的组织是稳定的单相奥氏体，这种钢称为奥氏体钢，如含 Mn 量为 13% 的 ZGMn13 耐磨钢和含 Ni 量为 9% 的 1Cr18Ni9 不锈钢均属于奥氏体钢。

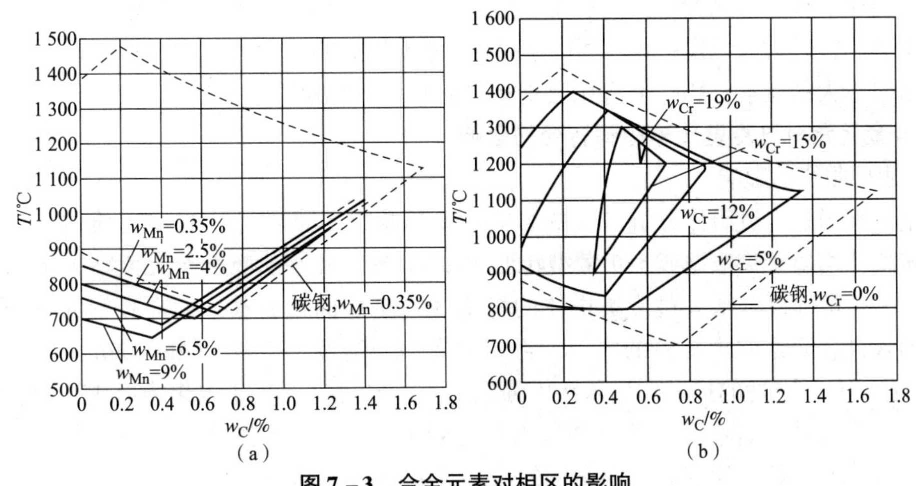

图 7 – 3 合金元素对相区的影响

（a）Mn；（b）Cr

缩小奥氏体相区的元素主要有 Cr、Mo、W、V、Ti、Al 及 Si 等，称之为铁素体形成元素。图 7－3（b）所示为 Cr 对奥氏体相区的影响，随着 Cr 含量的增加，*GS* 线向左上方移动，使 A_3 及 A_1 温度升高。当钢中含有大量缩小奥氏体区的元素时，会使奥氏体区完全消失，钢在室温下的组织是单相铁素体，这种钢称为铁素体钢，如含 Cr 量为 17% 的 1Cr17 不锈钢属于单相铁素体钢。

2. 合金元素对共析点及共晶点的影响

大多数合金元素均使 *S* 点及 *E* 点左移。*S* 点左移意味着共析点的碳含量降低了，使碳含量相同的合金钢与碳钢具有不同的显微组织，如 40 钢中加入 13% 的 Cr 后，因 *S* 点左移，使 4Cr13 成为过共析钢。*E* 点的左移意味着使出现莱氏体的碳含量降低，如高速钢 W18Cr4V 的碳含量为 0.7% ~0.8%，但其铸态组织中却出现了合金莱氏体。

由于合金元素的影响，生产中要确定合金钢在加热或冷却时的实际相变点，要判断它是属于亚共析钢还是过共析钢，不能简单地直接根据 $Fe-Fe_3C$ 相图来进行分析。

7.2.3 合金元素对钢热处理组织转变的影响

合金元素对热处理的影响主要表现在加热、冷却和回火过程中的相变。

1. 合金元素对钢加热转变的影响

合金元素影响加热时奥氏体形成的速度和奥氏体晶粒的大小。

1）对奥氏体形成速度的影响

Cr、Mo、W、V 等强碳化物形成元素与碳的亲和力大，形成难溶于奥氏体的合金碳化物，显著阻碍 C 的扩散，大大减慢奥氏体形成速度，为了加速碳化物的溶解和奥氏体成分的均匀化，必须提高加热温度并保温更长的时间。Co、Ni 等部分非碳化物形成元素，因增大碳的扩散速度，使奥氏体形成速度加快。Al、Si、Mn 等合金元素对奥氏体形成速度影响不大。

2）对奥氏体晶粒大小的影响

大多数合金元素都有阻止奥氏体晶粒长大的作用，但影响程度不同。碳化物形成元素的作用最明显，因其形成的碳化物在高温下较稳定，不易溶于奥氏体中，能阻碍其晶界外移，显著细化晶粒。根据对晶粒长大的影响程度，可将合金元素分为以下几类：V、Ti、Nb、Zr 等强烈阻碍晶粒长大的元素；W、Mn、Cr 等中等阻碍晶粒长大的元素；Si、Ni、Cu 等对晶粒长大阻碍不大的元素；Mn、P 等则是促进晶粒长大的元素。

2. 合金元素对过冷奥氏体冷却转变的影响

1）对 C 曲线的影响

合金元素对过冷奥氏体分解转变的影响主要反映在 C 曲线上。过冷奥氏体向珠光体或贝氏体转变，均属于扩散型或半扩散型转变。除 Co 外，几乎所有合金元素溶入奥氏体后都会降低原子扩散速度，增大过冷奥氏体的稳定性，使 C 曲线右移，即提高钢的淬透性，这是钢中加入合金元素的主要目的之一。常用的提高淬透性的元素有 Mo、Mn、W、Cr、Ni、Si、Al，它们对淬透性的提高作用依次由强到弱。一般情况下，非碳化物形成元素及弱碳化物形成元素使 C 曲线右移，而且 C 曲线形状与碳钢的相似，如图 7－4（a）所示（图中虚线表示碳钢的 C 曲线，实线表示合金钢的 C 曲线）。碳化物形成元素溶入奥氏体后，由于它们对推迟珠光体型转变与贝氏体型转变的作用有所不同，使 C 曲线形状发生变化，出现两个过冷奥氏体转变区，上部是珠光体转变区，下部是贝氏体转变区，两区之间的过冷奥氏体有很大的稳定性，如图7－4（b）所示。

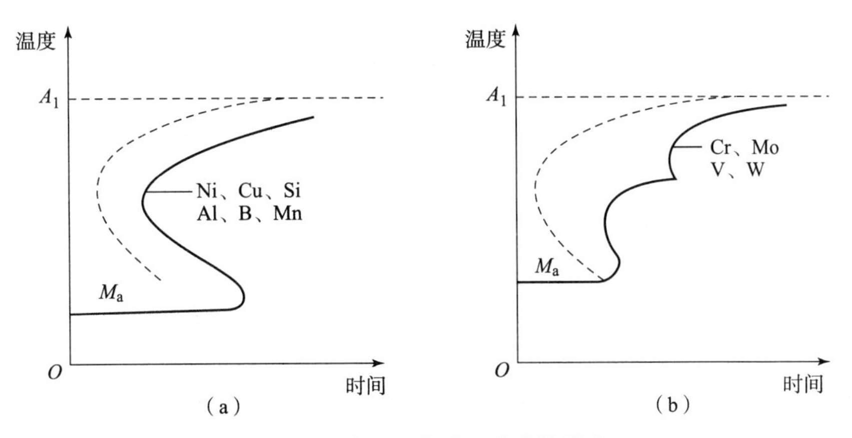

图7－4 合金元素对C曲线的影响

（a）非碳化物形成元素；（b）碳化物形成元素

需要指出的是，加入的合金元素只有完全溶于奥氏体中时，才能提高钢的淬透性；如果未完全溶解，则碳化物会成为珠光体形成的核心，反而加速奥氏体的分解，使钢的淬透性降低。

实践证明，两种或多种合金元素的同时加入对淬透性的影响，比单一元素的影响强得多，这就促使合金钢朝合金元素多元少量的方向发展，例如铬锰钢、铬镍钢等。采用多元合金钢制造大截面工件，可以保证沿整个截面具有高强度和高韧度。对形状复杂的零件，采用淬透性大的多元合金钢在缓慢地冷却介质下淬火，能减少淬火时的变形和开裂倾向。

2）对马氏体转变的影响

除Co、Al外，多数合金元素会使M_s、M_f线下降，导致钢中残余奥氏体增加，许多高碳高合金钢中的残余奥氏体量可高达30%以上。残余奥氏体量过多时，钢的硬度和疲劳抗力下降，因此须进行冷处理（即将钢冷至M_s线以下更低的温度）以使更多的残余奥氏体转变为马氏体；或进行多次回火，残余奥氏体因析出合金碳化物而使M_s、M_f线上升，并在冷却过程中转变为马氏体或贝氏体（即发生所谓二次淬火）。此外，合金元素还影响马氏体的形态，Ni、Cr、Mn、Mo、Co等均会增强片状马氏体形成的倾向。

3. 合金元素对回火转变的影响

1）提高钢的回火稳定性

淬火钢在回火时抵抗软化的能力称为回火稳定性。大多数合金元素，特别是强碳化物形成元素V、Nb、Cr、Mo、W等溶入马氏体后，由于它们与碳有较强的亲和力，在回火加热时使马氏体中的碳化物不易析出（析出后也难以聚集长大），从而提高了钢的回火稳定性。例如，在一些碳化物形成元素含量较多的合金钢中，回火时马氏体的分解温度可被提高至400～500 ℃以上。

合金钢对回火稳定性提高是非常有利的。如碳含量相同的碳钢和合金钢，在同一温度回火后，合金钢能够获得更高的硬度和强度。在硬度要求相同的情况下，合金钢则可选取较高的回火温度和较长的回火时间，这样更有利于消除残余应力，因而使合金钢回火后能够比碳钢获得更好的塑性和韧性。

2）产生二次硬化

大多数合金元素在回火时都可将残留奥氏体的分解温度向高温推移，这一点对碳化物形成元素含量较多的高碳高合金钢影响更为显著：因为这类钢的淬火组织中残余奥氏体量本来就特别大，合金元素的存在又使残余奥氏体的稳定性特别高（回火至 500 ~ 600 ℃保温过程中也难以分解），这样就可使这部分残余奥氏体在后续的回火冷却过程中转变为马氏体，即发生所谓的“二次淬火”现象。二次淬火可使淬火钢在回火后硬度有所提高。

此外，碳化物形成元素 Cr、Mo、W、V、Nb 含量较高的高碳高合金钢，在 500 ~ 600 ℃回火时，将从马氏体中析出大量的特殊碳化物（如 VC、NbC、Mo_2C、W_2C 等）。这些特殊碳化物细小而均匀，弥散地分布在马氏体基体上，由于它们本身的硬度极高并能阻碍位错运动，对钢有极好的弥散强化效果，使钢在回火时硬度不下降反而有所升高。淬火钢在回火过程中硬度不降低反而升高的现象称为二次硬化，如图 7 – 5 所示。

高合金钢在较高温度回火时发生的二次淬火现象和析出大量弥散分布的特殊碳化物质点是造成二次硬化的根本原因。

合金钢良好的回火稳定性及二次硬化现象对某些工具钢具有特别重要的意义。例如，高速切削刀具在切削热引发的高温下仍要求钢能够保持高的硬度，即要求钢具有高的热硬性（或红硬性）。合金元素提高了钢的回火稳定性，能够产生二次硬化，从而可显著提高钢的热硬性。

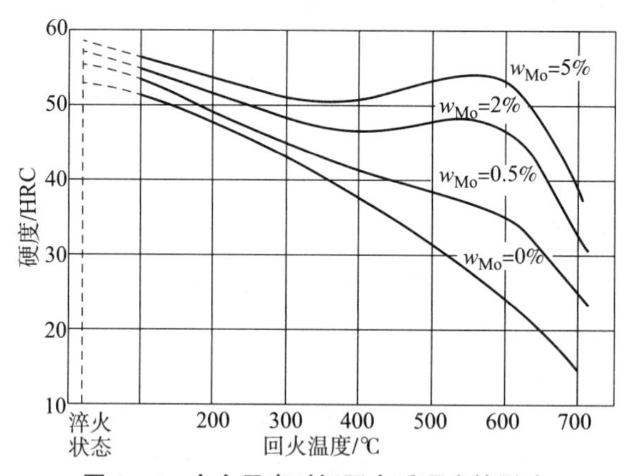

图 7 – 5　合金元素对钢回火后硬度的影响

3）增大回火脆性

研究表明，含 Cr、Ni、Mn 等元素的合金钢高温回火后缓冷容易产生高温回火脆性，其产生的原因一般认为与锑、锡、磷等杂质元素在原奥氏体晶界的偏聚有关。这种杂质原子的偏聚，减弱了晶界原子间的结合力，降低了晶界的断裂强度，促进了脆断的发生。镍、铬、锰等元素有促进这类杂质偏聚的作用，所以这类钢易产生第二类回火脆性。

高温回火脆性在合金调质钢中特别容易产生，因为调质处理时的回火温度恰好与产生这类回火脆性的温度区间重合。防止高温回火脆性的方法有：

（1）选择高纯度的钢以减少杂质含量；

（2）小截面工件回火后采用快冷（油冷或水冷）；

（3）大截面工件即使水冷，也会由于心部冷速过慢而难于防止这类回火脆性的出现，这时可选用含 W（1.0%左右）或 Mo（0.5%左右）的合金钢，可有效减轻回火脆性倾向。

7.2.4　合金元素对钢力学性能的影响

1. 合金元素对钢强度的影响

1）合金元素的强化机制

（1）固溶强化：在合金固溶体中，加入的合金元素作为溶质原子溶入溶剂晶格中，使溶剂晶格产生畸变，导致位错运动的阻力增大，晶体滑移困难，因而合金强度提高。

（2）第二相强化：在合金中由于合金元素的加入而产生金属化合物第二相时，金属化合物可阻碍晶体的滑移，使合金的强度升高。第二相强化的效果与第二相的数量、形状和大小有关。金属化合物第二相粒子越细、弥散分布越多，合金的强度越高。合金元素的加入一般都促进第二相的析出，因此促进第二相强化。

（3）细晶强化：合金元素的加入，可作为非均质核心而使晶粒细化。晶粒越细小，金属的强度越高，塑性、韧性也有所改善。因此，合金化可通过细化晶粒提高金属的综合力学性能。

（4）位错强化：金属中位错密度越高，位错运动时越容易发生相互交割，形成割阶，造成位错缠结等位错运动的阻碍，给继续塑性变形造成困难，从而提高金属的强度。用增加位错密度来提高金属强度的方法称为位错强化。合金元素的作用是在塑性变形时使位错容易增殖，加入合金元素细化晶粒，造成弥散分布的第二相和形成固溶体等，这些都是增加位错密度的有效方法。

应当指出的是，实际金属中，并非单纯只有一种强化机制在起作用，往往是几种强化机制同时起作用。例如淬火钢的强化就是几种强化机制共同作用的结果。

2）合金元素在钢中的强化效应

提高钢强度最重要的方法是淬火和随后的回火。淬火钢的强化效应体现在过饱和碳与合金元素产生的固溶强化，马氏体形成时产生的位错强化和细晶强化。因此淬火马氏体具有很高的硬度，但脆性较大。淬火并回火后，马氏体中析出细小碳化物粒子，间隙固溶强化效应大幅度减小，但产生强烈的析出第二相的强化效应。由于基本上保持了淬火态的细小晶粒、较高密度的位错及一定的固溶强化作用，所以回火马氏体仍具有很高的强度，而且韧度还大幅改善。由此可知，马氏体强化充分而合理地利用了全部四种强化机制，是钢的最经济和最有效的强化方法。

将合金元素加入钢中的首要目的是提高钢的淬透性，保证钢在淬火时容易获得马氏体。加入合金元素，通过置换固溶强化机制能够直接提高钢的强度，但作用有限。在完全获得马氏体的条件下，碳钢和合金钢的强度水平是一样的。

加入合金元素的第二个目的是提高钢的回火稳定性，使钢回火时析出的碳化物更细小、均匀和稳定，并使马氏体的微细晶粒及高密度位错保持到较高温度。这样，在相同韧度的条件下，合金钢比碳钢具有更高的强度。此外，有些合金元素还可使钢产生二次硬化从而得到良好的高温性能。

综上所述，合金元素对钢的强度的影响主要是通过对钢的相变过程的影响起作用的，合金元素对钢的良好作用也只有经过适当的热处理才能充分发挥出来。

2. 合金元素对钢韧度的影响

1）韧脆转变温度

韧度是指材料抵抗断裂的能力。韧度与强度是一对相互矛盾的属性。金属断裂过程包括裂纹的形成和扩展，断裂时不发生明显塑性变形的是脆性断裂，发生明显塑性变形的则是韧性断裂。

材料实际断裂的形式主要与温度和应力状态有关。中、低强度钢（$R_{eH}<600$ MPa）和高强度钢（$R_m>1\ 000$ MPa）的冲击韧度随温度变化的关系如图 7－6 所示。材料在低温下发生的是脆性断裂，高温下发生的则是韧性断裂，中间存在一个从脆性断裂到韧性断裂的快速转变阶段，转变的温度称为韧脆转变温度（以 T_c 表示），它实际上是一个温度区域。低、中强度钢的 T_c 较高，而且在 T_c 以下断裂时的韧度非常低，在 T_c 以上断裂时的韧度较高，所以只要不发生脆性断裂，它们一般都有足够高的韧度。因此，判断低、中强度钢的韧度大小的标准并不是冲击韧度的绝对值，而是韧脆转变温度 T_c 的高低。高强度钢在低温下的断裂抗力一般较高，T_c 往往很低，但由图 7－6 可知，高强度钢的韧度随温度的变化较平稳，其韧性断裂抗力比低、中强度钢低得多，因此决定韧度的是其韧性断裂的抗力。高强度钢韧度的大小可用其使用温度下的冲击韧度或断裂韧度来衡量。

2）合金元素对钢韧度的改善作用

与强度相比，韧度对组织更敏感，影响强度的因素，对韧度的影响更为显著。图 7－7 所示为各种强化机制对 T_c 的影响。从图 7－7 中可见，细晶强化和部分元素的置换固溶强化能降低 T_c，可用来提高钢的韧度；间隙固溶强化和位错强化会降低韧度，应该予以控制；时效强化对韧度的影响较小。

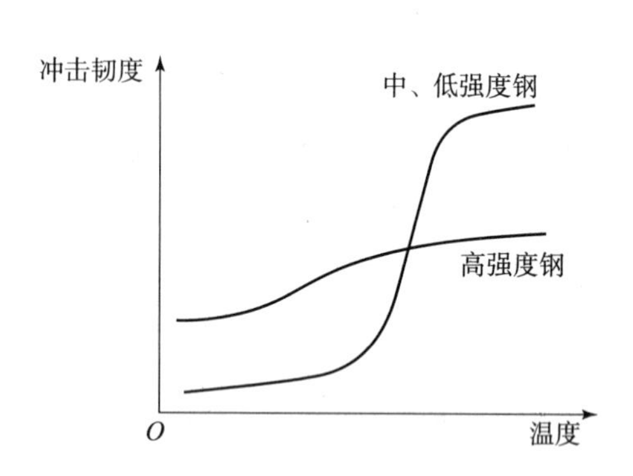

图 7－6 中、低强度钢和高强度钢的冲击韧度随温度变化的关系

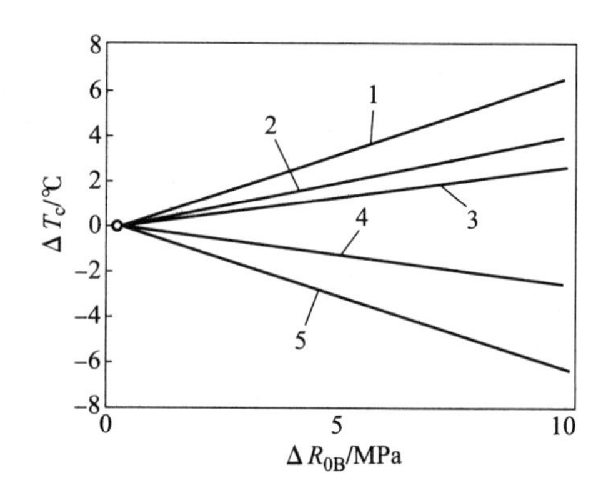

图 7－7 各种强化机制对 T_c 的影响

1—碳固溶强化；2—位错强化；
3—时效强化；4—锰、镍固溶强化；
5—细晶强化

合金元素对钢的韧度的改善作用体现在以下几个方面。

(1) 通过细化晶粒改善韧度。

钢中加入少量的 Ti、V、Nb、Al 等元素形成 TiC、VC、NbC、AlN 等细小稳定的化合物粒子，可阻碍奥氏体晶粒长大，使钢晶粒细化，增加晶界的总面积，这不仅有利于提高钢的强度，而且因增大了裂纹扩展的阻力，能显著提高钢的韧度（特别是低温韧度）。

（2）通过置换固溶改善韧度。

合金元素置换固溶于铁素体中，一般会提高钢的强度，降低钢的韧度。但某些元素，如Ni，溶入铁素体中能改变位错运动的特点，使其容易绕过某些阻碍，避免产生大的应力集中而导致脆性断裂，所以可大幅改善钢的韧度。钢中Ni的质量分数超过13%时，甚至能消除韧脆转变现象，故大多数低温钢一般都是高镍钢。Mn也能有效地降低钢的T_c，改善钢的韧度。

（3）通过提高回火稳定性改善韧度。

加入合金元素提高钢的回火稳定性，可以在达到相同的强度条件下提高钢的回火温度。回火温度提高，能充分析出第二相质点而降低钢中间隙固溶程度和位错密度，更多地减轻其脆化作用，使钢的韧度显著改善。

（4）通过细化碳化物改善韧度。

钢中存在的粗大碳化物会严重割裂基体，降低强度和韧度。某些合金元素如Mn、Cr、V，能使一些碳化物尽量细小并分布均匀，从而提高钢的韧度。

（5）通过控制非金属夹杂物和杂质元素改善韧度。

非金属夹杂物、氢及其他杂质元素在合金钢中的有害作用表现得最强烈，对它们要严格控制。钢在淬火后回火时容易产生第二类回火脆性，Mo、W能控制杂质元素的晶界富集，可消除或减轻钢的回火脆性。稀土元素具有很强的脱氧和去硫能力，对氢的吸附能力也很大，还能改善非金属夹杂物的形态，使其在钢中呈粒状分布，从而显著改善钢的韧度，降低钢的韧脆转变温度。

7.2.5 合金元素对钢工艺性能的影响

1. 对铸造性能的影响

铸造性能主要是指铸造时金属的流动性、收缩特点、偏析倾向等，它们与固相线和液相线温度的高低及结晶温区的大小有关。固、液相线的温度越低，结晶温区越窄，铸造性能越好。合金元素对铸造性能的作用取决于其对相图的影响。加入许多合金元素如Cr、Mo、V、Ti、Al等后，会在钢中形成高熔点碳化物或氧化物质点，从而增大钢液黏度，降低钢液流动性，使钢的铸造性能恶化。

2. 对热变形加工工艺性能的影响

热变形加工工艺性能通常由热加工时金属的塑性和变形抗力、可加工温度范围、抗氧化能力、对锻造加热锻后冷却的要求等来衡量。合金元素（如Cr、Mo、W、V等）溶入固溶体中，或在钢中形成碳化物，都会使钢的热变形抗力提高、热塑性明显下降，锻造时更易开裂。合金钢的锻造性能比碳钢差得多。合金元素一般会降低钢的导热性、提高钢的淬透性。合金钢的终锻温度较高，锻造温度范围较窄，而且锻造时加热和冷却都必须缓慢，以防发生开裂。

3. 对冷变形加工工艺性能的影响

冷变形加工（如冷拔、冷冲压、冷镦、冷弯等）工艺性能主要包括钢的冷变形能力和所得钢件的表面质量两方面。合金元素溶于固溶体中时会提高钢的冷加工硬化率，使钢变硬、变脆、易开裂或难以继续成形。碳含量增加会使钢的拉延性能变坏，所以冷冲压钢都是低碳钢；Si、Ni、O、V、Cu 等会降低钢的深冲性能；Nb、Ti、Zr 和 Re 能改善硫化物的形态，因而能提高钢的冲压性能。

4. 对焊接性能的影响

焊接性能一般指金属的焊接性和焊接区的使用性能，主要由焊后开裂的倾向性和焊接区的硬度来衡量。合金元素能提高钢的淬透性，促进脆性相马氏体组织的形成，因而降低焊接性能。通常使用“碳当量”CE 来估计化学成分对焊接性能的影响，即把合金元素的影响折合成碳的影响。例如，对于 $w_C > 0.18\%$ 的 Mn 钢、热轧钢、调质钢，碳当量 CE 为

$$CE = C + Mn/6 + Si/24 + Ni/40 + Cr/5 + Mo/4 + V/14(\%)$$

式中：元素符号代表其质量分数。相同 w_C 的条件下，合金元素含量越高，CE 越高，焊接性能越差。实践表明，CE <0.3% 时，焊接性能很好；CE >0.4% ~0.5% 时，焊接有困难，需要采取焊前预热或焊后及时回火等措施。但如果钢中含有少量 Ti 和 V，因能形成稳定的碳化物，使晶粒细化并降低钢的淬透性，故可改善钢的焊接性能。

5. 对切削加工性能的影响

切削加工性能决定了金属被切削的难易程度和加工表面的质量好坏，通常由切削抗力大小、刃具寿命、表面粗糙度和断屑性等因素来衡量。切削加工性能与材料硬度有密切关系。实践证明，钢最适于切削的硬度范围为 170 ~230 HBW，硬度过低，容易形成积屑瘤，加工表面粗糙度差；硬度过高，切削抗力大，刃具易磨损。

由于合金结构钢和合金工具钢中存在耐磨的碳化物组织，耐热钢具有较高的高温硬度，奥氏体不锈钢有较强的加工硬化能力等，即使在较佳切削硬度范围内，合金钢的切削性能也比碳钢差得多。

为了提高钢的切削性能，可在钢中特意加入一些能改善切削性能的合金元素，例如 S、Pb 和 P 等元素。易切削钢中 S 的质量分数应控制在 0.08% ~0.30%，Pb 的质量分数应控制在 0.10% ~0.30%，P 的质量分数应控制在 0.08% ~0.15%。这些合金元素可在钢中形成夹杂物或不溶微粒，破坏基体的连续性，使切屑易断，同时起润滑作用，从而改善钢的切削性能。

6. 对热处理工艺性能的影响

热处理工艺性能反映热处理的难易程度和热处理产生缺陷的倾向，主要包括淬透性、变形和开裂倾向、过热敏感性、回火脆化倾向和氧化脱碳倾向等。合金钢的淬透性高，使得淬火操作变得容易，同时它的变形和开裂倾向较小。氧化脱碳倾向最强烈的是含硅钢，其次是含镍钢和含钼钢，加入 Mn、Si 会增大钢的过热敏感性。

此外，当钢中含有一定数量的 Cr、A1、Si 等元素时，会形成致密、稳定的 Cr_2O_3、$A1_2O_3$、SiO_2 钝化膜，使钢具有一定的耐蚀性和耐热性，如不锈钢就是如此。不同的合金元素及其含量还对材料的一些电、磁等物理性能和化学性能有影响。

7.3 工程结构用钢

工程结构用钢是专门用于制造各种大型金属结构（如桥梁、船舶、高压电线塔、井架、

钢轨、车辆构架、油罐、锅炉和各种压力容器等）的一类钢种。工程结构的工作特点是构件间无相对运动，长期承受静载荷；有的工程结构在较高温度下工作，如锅炉的使用温度可达250 ℃以上，而有的工程结构则在寒冷条件下工作，长期承受低温；大多数工程结构都处在开放的环境中，长期承受大气、海水等介质的侵蚀。

复杂的工作条件要求工程结构用钢必须具备较高的屈服极限和抗拉强度、良好的塑性和韧性、较好的低温韧性、良好的耐大气和海水腐蚀的能力等。此外，工程结构件成形时，往往需要将钢厂供应的各种棒材、板材、型材、管材等通过冷弯、冲压、剪切等变形工序加工成构件，然后再用焊接或铆接等方法整体装配。因此，构件用钢的选材，首先是必须保证其具有良好的成形工艺性和焊接性，而钢的使用性能要求往往退居第二位考虑，这一点与其他用途的钢的选材有很大不同。

根据构件的工作条件和性能要求，工程结构用钢大多采用低碳钢和含有少量合金元素的低合金钢。由于工程构件大多尺寸较大、形状复杂，难以进行整体热处理强化，所以大部分构件用钢都是在热轧空冷（相当于正火）状态下直接成形装配后使用。

7.3.1 碳素结构钢

碳素结构钢的碳含量在0.06%～0.38%范围内，钢中有害杂质和非金属夹杂物较多。碳素结构钢的冶炼简单、价格低廉，其工艺性能和使用性能可以满足一般工程结构的使用要求，同时也能适应工程结构需要大量消耗钢材的要求，所以在工程上用量很大，约占工程结构用钢材总量的70%。

碳素结构钢通常是在热轧空冷状态下供货，一般不进行热处理。碳素结构钢由于碳含量低，使用状态的组织为较多铁素体和少量珠光体，因而强度不高，具有良好的塑性、韧性及焊接性能。碳素结构钢通常轧制成钢板或各种型材（如圆钢、方钢、工字钢、钢筋等）用于建筑、桥梁、船舶、压力容器、管道等结构。工程用碳素结构钢按屈服强度分为四级，即Q195、Q215、Q235和Q275。

（1）Q195、Q215：碳、锰含量低，强度不高，但塑性、韧性好，具有良好的冷弯工艺性能和焊接性能，常轧制成薄板、钢筋等供应。广泛用于轻工机械、运输车辆、建筑等一般的工程结构件，也可代替08等优质碳素结构钢制造轻负荷的冲压件和焊接结构件等。

（2）Q235：碳含量适中，是使用最广泛的工程结构钢之一。具有一定的强度，塑性和焊接性能良好。常用来制作螺栓、螺母、拉杆、销子、吊钩等和一些不太重要的机械零件，也常用于建筑结构（螺纹钢、工字钢、槽钢、钢筋钢），高压输电铁塔，桥梁，车辆等，C、D级可用于重要的焊接件。

（3）Q275：碳、硅、锰含量较高，具有较高的强度、较高的硬度及一定的耐磨性，塑性较好但韧性较差，同时具有一定的焊接性能和较好的切削加工性能。这类钢可用来替代30、35等优质碳素结构钢制造承受中等应力，要求不高的机械零件，如齿轮、链轮、芯轴、销轴等。

常用碳素结构钢的牌号、化学成分、力学性能及用途如表7－4所示。

表 7-4　常用碳素结构钢的牌号、化学成分、力学性能及用途

<table>
<tr><th rowspan="2">牌号</th><th rowspan="2">等级</th><th colspan="3">化学成分 w_B/%</th><th rowspan="2">脱氧方法</th><th colspan="3">力学性能</th><th rowspan="2">应用举例</th></tr>
<tr><th>w_C</th><th>w_S</th><th>w_P</th><th>屈服强度 R_{eL}/MPa</th><th>抗拉强度 R_m/MPa</th><th>断后伸长率 A/%</th></tr>
<tr><td>Q195</td><td>—</td><td>≤0.12</td><td>≤0.40</td><td>≤0.035</td><td>F、Z</td><td>195</td><td>315～430</td><td>≥33</td><td rowspan="3">用于载荷不大的结构件、铆钉、垫圈、地脚螺栓、开口销、拉杆、螺纹钢筋、冲压件和焊接件等</td></tr>
<tr><td rowspan="2">Q215</td><td>A</td><td rowspan="2">≤0.15</td><td>≤0.050</td><td rowspan="2">≤0.045</td><td rowspan="2">F、Z</td><td rowspan="2">215</td><td rowspan="2">335～450</td><td rowspan="2">≥31</td></tr>
<tr><td>B</td><td>≤0.045</td></tr>
<tr><td rowspan="4">Q235</td><td>A</td><td>≤0.22</td><td>≤0.050</td><td rowspan="2">≤0.045</td><td rowspan="2">F、Z</td><td rowspan="4">235</td><td rowspan="4">375～500</td><td rowspan="4">≥26</td><td rowspan="4">用于结构件、钢板、螺纹钢筋、型钢、螺栓、螺母、铆钉、拉杆、齿轮、轴、连杆等；Q235C、Q235D 可用作重要的焊接结构件等</td></tr>
<tr><td>B</td><td>≤0.20</td><td>≤0.045</td></tr>
<tr><td>C</td><td rowspan="2">≤0.17</td><td>≤0.40</td><td>≤0.040</td><td>Z</td></tr>
<tr><td>D</td><td>≤0.035</td><td>≤0.035</td><td>TZ</td></tr>
<tr><td rowspan="4">Q275</td><td>A</td><td>≤0.24</td><td><0.050</td><td rowspan="2">≤0.045</td><td rowspan="3">Z</td><td rowspan="4">275</td><td rowspan="4">410～540</td><td rowspan="4">≥20</td><td rowspan="4">强度较高，可用于承受中等载荷的零件，如键、链、拉杆、转轴、链轮、链环片、螺栓及螺纹钢筋等</td></tr>
<tr><td>B</td><td>≤0.22</td><td>≤0.045</td></tr>
<tr><td>C</td><td rowspan="2">≤0.20</td><td>≤0.040</td><td>≤0.040</td></tr>
<tr><td>D</td><td>≤0.035</td><td>≤0.035</td><td>TZ</td></tr>
</table>

7.3.2　低合金高强度钢

低合金高强度钢是在碳素结构钢的基础上加入少量的 Mn、Si 和微量的 Nb、V、Ti、Al 等合金元素而发展起来的一类工程结构用钢。所谓低合金是指钢中合金元素总量不超过 3%，高强度是相对于工程用碳素结构钢而言。低合金高强度钢常在热轧退火（或正火）状态下使用，组织为铁素体加珠光体。

低合金高强度结构钢广泛用于桥梁、车辆、船舶、锅炉、高压容器、输油管、大型钢结构以及汽车、拖拉机、挖土机械等方面。在某些场合用低合金高强度结构钢代替碳素结构钢可减轻构件质量，保证构件使用可靠、耐久。

1. 低合金高强度钢成分特点

低合金高强度钢的成分特点为低碳（$w_C \leqslant 0.20\%$）、低合金（合金元素总量 $w_{Me} < 3\%$）。低碳含量是为了满足工程结构件用钢的塑性、韧性、焊接性和冷变形等工艺性能要求。加入以 Mn 为主的少量合金元素，则达到了提高力学性能的目的。

Mn 的加入不仅对铁素体有显著的强化效果，还可降低钢的冷脆温度，并使钢中珠光体数量增加，进一步提高钢的强度。为进一步改善和提高钢的性能，还加入微量 V、Ti、Nb、Al 等细化晶粒元素，不仅进一步提高钢的强度，还使其韧性得到改善。这类钢有时还加入稀土元素 Re 以消除钢中的有害杂质，改善夹杂物的形态及分布，减弱其

冷脆性。

少量合金元素对改善和提高钢的力学性能效果显著，如在Q235钢中仅加入1% Mn就成为Q345钢，其强度增加近40%。在16 Mn钢的基础上再加0.04～0.12%的V，就成为Q390钢，钢的强度由350 MPa增加至390 MPa。

2. 低合金高强度钢性能特点

低合金高强度钢具有较高的强度，良好的塑性、韧性，良好的焊接性、耐蚀性和冷成形性，低的韧脆转变温度，适于冷弯和焊接。低合金高强度钢的强度显著高于相同碳量的碳素结构钢，若用其代替碳素结构钢，构件质量就可在相同受载条件下减轻20%～30%。此外，低合金高强度钢还具有更低的韧脆转变温度，这对在高寒地区使用的构件及运输工具（例如车辆、容器、桥梁）来说具有十分重要的意义。

3. 常用钢种

低合金高强度钢的牌号与碳素结构钢相同，有Q295、Q345、Q390、Q420、Q460等，其中Q345和Q390应用最广泛。

（1）Q295：含有微量合金元素Nb和Ti，具有良好的塑性、冷弯性能、焊接性能和耐蚀性，但强度不太高。其主要用于建筑结构、低压锅炉、低中压化学容器、管道以及要求不高的工程结构。

（2）Q345、Q390：具有较好的综合力学性能、冷（热）加工性能、焊接性能和耐蚀性。这两类钢中的C、D、E质量等级的钢材还具有良好的低温性能。其主要用于桥梁、船舶、电站设备、锅炉、压力容器以及其他承受较高载荷的工程结构和焊接结构件。

（3）Q420：强度高，焊接性能良好，在正火+回火状态下具有良好的综合力学性能。其主要用于大型桥梁、船舶、电站设备、锅炉、矿山机械、起重机械以及其他大型工程结构和焊接结构件。

（4）Q460：含有Mo和B，正火后可得到贝氏体，强度高，综合力学性能好。其中C、D、E质量等级的钢材可保证良好的韧性。其属于备用钢种，主要用于各种大型工程结构以及承受载荷大、要求强度高的轻型结构，也可用于石油化工行业中的中温高压容器。

常用低合金高强度钢的牌号、成分、力学性能及用途如表7－5所示。

7.3.3 汽车用低合金钢

汽车用低合金钢是一类用量极大的专业用钢，广泛用于汽车大梁、托架及车壳等结构件，主要包括：冲压性能良好的低强度钢（发动机罩等），微合金化钢（大梁等），低合金双相钢（轮毂、大梁等）及高延性高强度钢（车门、挡板等）。

1. 汽车用热轧钢板

随着汽车向轻量化和节能方向发展，用高强度钢板生产汽车零件已成为发展趋势。热轧高强度钢板在载货汽车上用量很大，占车用热轧钢板总量的60%～70%，主要用于汽车车架纵梁和横梁，车厢的纵、横梁以及刹车盘等受力结构件和安全件。

表 7-5 常用低合金高强度钢的牌号、成分、力学性能及用途

钢号	化学成分 w_B/%							力学性能			用途
	C	Mn	Si	V	Nb	Ti	Cr	R_m/MPa	R_{eL}/MPa	A%	
Q295	≤0.16	0.80~1.5	≤0.55	0.02~0.15	0.015~0.06	0.02~0.20		390~570	295	23	油槽、油罐、车辆、桥梁等
Q345	≤0.20	1.00~1.60	≤0.55	0.02~0.15	0.015~0.06	0.02~0.20	0.30	470~630	345	22	油罐、锅炉、桥梁、车辆、压力容器、输油管道、建筑构件等
Q390	≤0.20	1.00~1.6	≤0.55	0.02~0.15	0.015~0.06	0.02~0.20	0.30	490~650	390	20	油罐、锅炉、桥梁、车辆、压力容器、输油管道、建筑构件等
Q420	≤0.20	1.00~1.6	≤0.55	0.02~0.15	0.015~0.06	0.02~0.20	0.40	520~680	420	19	船舶、压力容器、电站设备、车辆、起重机械等
Q460	≤0.20	1.00~1.6	≤0.55	0.02~0.15	0.015~0.06	0.02~0.20	0.70	550~720	460	17	船舶、压力容器、电站设备、车辆、起重机械等

1）含钛热轧钢板

钢中加入Ti，既能提高钢板的强度，又能改变钢中硫化物夹杂的形态和分布。含钛热扎钢板的冲击吸收能量很高，常温下可达240～320 J。但钛对温度很敏感，如终轧后冷却速度控制不当，会导致含钛热轧钢板头、中、尾的强度波动大。

2）含铌热轧钢板

微量合金元素Nb对钢的强化能力大于Ti。要获得同等级强度的钢板，钢中Nb含量仅为Ti含量的1/3左右，这显示了铌的优越性。

3）热轧贝氏体钢板

热轧贝氏体钢有贝氏体双相钢（F+B）和贝氏体钢（B），其主要添加元素为Si、Mn、(Nb)、Cr，其重要特性是具有优良的翻边性能。

4）TRIP钢板

TRIP（Transformation Induced Plasticity）钢是含有残余奥氏体的低碳、低合金高强度钢，主要含有C、Si、Mn元素，强度级别为500～700 MPa，强度和塑性配合非常好，用于生产汽车的零部件。

5）双相钢

由低碳或低碳低合金钢经临界区处理或控制轧制而得到的、微观组织主要由铁素体和马氏体组成的钢称为双相钢。控制两相的比例、大小、分布、形状即可控制钢的力学性能。

2. 汽车用冷轧钢板

冷轧高强度钢板主要用于车体内外板，一般对冲压成形性、表面质量、板形及尺寸公差有要求。冷轧高强度钢板的发展是围绕着深冲性能和强度的提高而展开的，人们由此开发出IF钢（无间隙原子钢，Interstitial Free Steel）。IF钢特点为：①极低的碳含量（一般小于0.005%），非常低的氮含量（一般小于0.002%），可以明显改善钢的塑性应变比；②含一定的钛（或钛和铌），微合金化处理可最终清除钢中的间隙原子，得到洁净的铁素体基体，使钢的塑性应变比大幅增加；③提高钢的纯净度，尽可能降低杂质元素含量，提高钢的成形性能。

7.3.4 其他工程结构用低合金钢

1. 低合金耐候钢

低合金耐候钢又称耐大气腐蚀钢，它是在普通碳钢中加入Cu、P、Cr、Ni、Mo等合金元素，从而在钢的表面形成一层连续致密的保护膜，使其可耐大气腐蚀。我国的低合金耐候钢有两类：

（1）高耐候性结构钢，主要用于车辆、建筑、塔架及其他耐候要求高的工程结构件，如Q295GNH。

（2）焊接结构用耐候钢，主要用于桥梁、建筑及有耐候要求的焊接结构件，如Q295NH。

低合金耐候钢的化学成分如表7－6所示。

表7-6 低合金耐候钢的化学成分

牌号	化学成分 w_B/%							
	C	Si	Mn	P	S	Cu	Cr	Ni
Q295GNH	≤0.12	0.10~0.40	0.20~0.50	0.07~0.12	≤0.020	0.25~0.45	0.30~0.65	0.25~0.50
Q295NH	≤0.15	0.16~0.50	0.30~1.00	≤0.030	≤0.030	0.25~0.55	0.40~0.85	≤0.65

2. 管线钢

管线钢是指用于输送石油、天然气等的大口径焊接钢管用热轧卷板或宽厚板。管线钢在使用过程中，除要求具有较高的耐压强度外，还要求具有较高的低温韧性和优良的焊接性能。

管线钢一般为C-Mn钢，碳含量通常为0.025%~0.12%，以保证韧性和焊接性的要求；锰的加入量一般是1.1%~2.0%，以弥补碳含量降低造成的强度损失。现代管线钢还含有多种微量元素（如Nb、Ti、V等），通过细化晶粒和产生沉淀强化作用来改善钢中的性能。管线钢中的硫、磷、氢等杂质含量要严格控制。

管线钢的组织有珠光体-铁素体类型，如X52~X65；针状铁素体/贝氏体类型，如Mn-Mo-V钢或Mn-Mo-Nb钢；多相钢，如X100~X120等。

3. 低温和中温压力容器用钢

低温压力容器用钢要具有足够低的韧脆转化温度，因而钢中碳含量应限制在较低范围（通常小于0.1%），另外还常在钢中加入少量V、Ti、Nb或Mo等元素以细化晶粒、抑制时效，从而改善钢的低温性能，如09Mn2V。

14MnMoV是中温压力容器用钢，可用于石油化工容器，钢中加入Mo以改善中温性能并消除回火脆性。钼是促进贝氏体形成元素，钢经热轧后可获得贝氏体组织使其在回火后具有良好的力学性能。钢的热处理可采用960~980 ℃正火+650 ℃回火，以获得回火索氏体组织。

4. 铁道用低合金钢

钢轨用钢要具有较高的耐磨性和耐冲击疲劳性能。铁道用的低合金钢包括：低合金重轨钢、起重机用低合金钢轨钢和铁路用异型钢三种，其中低合金重轨钢用得最多。该钢的碳含量一般在0.65%~0.80%，其组织为细珠光体。主加合金元素为Mn、Si，用以提高强度和耐磨性，常用牌号有：U71Mn和U71MnSi。

5. 混凝土钢筋钢

混凝土钢筋钢是用量很大的工程结构钢。混凝土钢筋钢要求有较高的屈强比，使用中不可发生塑性变形。混凝土钢筋钢按屈服强度可分为四个级别，常用的钢号是20MnSi（Ⅱ级）和25MnSi（Ⅲ级）。

7.3.5 工程用铸造碳钢

工程用铸造碳钢广泛用于制造形状复杂又要求较高力学性能的零件，在重型机械、运输机械、冶金机械、机车车辆等方面应用较多。随着铸造技术的发展，现在的铸造碳钢件在组织、性能、尺寸精度和表面质量等方面都已接近锻造碳钢件，经过少量切削甚至不切削便可使用。对某些局部表面要求耐磨的铸造碳钢件，可采用局部表面淬火的工艺改善其性能。对尺寸较小的铸造碳钢件，可进行调质处理改善其综合力学性能。

1. 一般工程用铸造碳钢

工程用铸造碳钢大体上按强度分类，并制定相应的牌号。铸造碳钢的碳含量一般为0.20%～0.60%，若碳含量过高，则钢的塑性差且铸造时易产生裂纹；若碳含量过低，则钢的强度低，达不到性能要求。一般工程用铸造碳钢的牌号、成分及用途如表7－7所示。

表7－7　一般工程用铸造碳钢的牌号、成分及用途

牌号	w_C/%	力学性能（不小于）					应用举例
		R_{eH}/MPa	R_m/MPa	A/%	Z/%	a_k/(J·cm^{-2})	
ZG200－400	0.2	200	400	25	40	60	机座、变速箱壳体等
ZG230－450	0.3	230	450	22	32	45	砧座、外壳、轴承盖、底板、阀体等
ZG270－500	0.4	270	500	18	25	35	轧钢机机座、轴承座、连杆、箱体、曲轴、缸体、飞轮、蒸汽锤等
ZG310－570	0.5	310	570	15	21	30	大齿轮、缸体、制动轮、辊子等
ZG340－640	0.5	340	640	10	18	20	起重运输机中的齿轮、联轴器等

2. 焊接结构用铸造碳钢

焊接结构用铸造碳钢是铸造碳钢材料的发展方向之一，为了保证施焊方便和结构件的可靠性，对这类铸造碳钢的要求与一般工程用铸造碳钢稍有不同：主要是C、Si含量较低，对残余元素含量限制较严，必要时还可以限定钢的碳当量，如表7－8所示。碳当量应根据铸造碳钢的化学成分按下式计算：

$$CE = w(C) + w(Mn)/6 + w(Cr + Mo + V)/5 + w(Ni + Cu)/15(\%)$$

表7－8　碳当量的规定（质量分数）

铸造碳钢牌号	碳当量/%
ZG200－400H	≤0.38
ZG230－450H	≤0.42
ZG275－485H	≤0.46

7.4 机械结构用钢

机械结构用钢是用于制造各种机器零件（如齿轮、轴类、弹簧和轴承等）的钢种。机器零件在工作时要承受拉伸、压缩、剪切、扭转、冲击、振动、摩擦等各种载荷，有的零件还经常承受交变载荷、复合载荷，所以要求钢材必须具有良好的综合性能。这类钢一般都要经过热处理。

按钢中是否含有合金元素，机械结构用钢可分为优质碳素结构钢和合金结构钢。优质碳素结构钢是碳含量为0.05%～0.90%、锰含量为0.25%～1.2%的钢，除了65 Mn、70 Mn、70～85钢是特殊质量外，其余牌号均为优质钢，其主要用于机械结构中的零件与构件。优质碳素结构钢的牌号、成分、性能及用途如表7－9所示。

表7－9 优质碳素结构钢的牌号、成分、性能及用途

牌号	w_C/%	R_{eL}	R_m	A	Z	KU_2/J	HBW		用途举例
		/MPa		/%			热轧	退火	
		不小于					不大于		
08F	0.05～0.11	175	295	35	60	—	131	—	冲压件、焊接件及一般螺钉、铆钉、垫圈、渗碳件等
08	0.05～0.12	195	325	33	60	—	131	—	
10F	0.07～0.14	185	315	33	55	—	137	—	
10	0.07～0.14	205	335	31	55	—	137	—	
15F	0.12～0.19	205	355	29	55	—	143	—	
15	0.12～0.19	225	275	27	55	—	143	—	
20F	0.17～0.24	230	300	27	55	—	156	—	
20	0.17～0.24	245	410	25	55	—	156	—	
25	0.22～0.30	275	450	23	50	71	170	—	
30	0.27～0.35	295	490	21	50	63	179	—	承载力较大的零件，如连杆、曲轴、主轴、活塞杆等
35	0.32～0.40	315	530	20	45	55	187	—	
40	0.37～0.45	335	570	19	45	47	217	187	
45	0.42～0.50	355	600	16	40	39	229	197	
50	0.47～0.55	375	630	14	40	31	241	207	
55	0.52～0.60	390	645	13	35	—	255	217	
60	0.57～0.65	400	675	12	35	—	225	229	弹性元件（如各种螺旋弹簧、板簧等）及耐磨零件
65	0.62～0.70	410	695	10	30	—	225	229	
70	0.67～0.75	420	715	9	30	—	269	229	
75	0.72～0.80	880	1 080	7	20	—	285	241	
80	0.77～0.85	930	1 080	6	30	—	285	241	
85	0.82～0.90	980	1 130	6	30	—	302	255	
15 Mn	0.12～0.19	245	410	26	55	—	163	—	渗碳零件、受磨损零件及较大尺寸的各种弹性元件等
20 Mn	0.17～0.24	275	450	24	50	—	197	—	
25 Mn	0.22～0.30	295	490	22	50	71	207	—	
30 Mn	0.27～0.35	315	540	20	45	63	217	187	
35 Mn	0.32～0.40	335	560	18	45	55	229	197	
40 Mn	0.37～0.45	355	590	17	45	47	229	207	
45 Mn	0.42～0.50	375	620	15	40	39	241	217	
50 Mn	0.48～0.56	390	645	13	40	31	255	217	
60 Mn	0.57～0.65	410	695	11	35	—	269	229	
65 Mn	0.62～0.70	430	735	9	30	—	285	229	
70 Mn	0.67～0.75	450	785	8	30	—	285	229	

合金结构钢是在优质碳素结构钢的基础上加入一些合金元素而形成的钢种，钢中常加入的元素主要有Cr、Mn、Si、Ni、Mo、W、V、Ti、B、Al等。合金元素的主要作用是提高钢的淬透性、降低钢的过热敏感性、提高钢的耐回火性、抑制钢的回火脆性、改善钢中非金属夹杂物的形态和提高钢的工艺性能等。一般合金结构钢中的合金元素总含量不高，属于低、中合金钢。在我国生产的合金结构钢中，主加元素一般为Mn、Si、Cr、B等，它们对提高钢的淬透性和力学性能起主导作用；辅加元素主要有W、Mo、V、Ti、Nb等。合金结构钢都是优质钢、高级优质钢（牌号后加A）或特级优质钢（牌号后加E）。

机械结构用钢按生产工艺和用途可分为渗碳钢、调质钢、弹簧钢、易切削结构钢、超高强度钢等。

7.4.1 渗碳钢

渗碳钢是渗碳后使用的钢种，主要用于制造变速齿轮、内燃机上凸轮轴、活塞销等工作条件较复杂的机械零件，这些零件一方面承受强烈的摩擦磨损和交变应力的作用，另一方面又经常承受较强烈的冲击载荷。渗碳钢一般为低碳的优质碳素结构钢与合金结构钢，或称为碳素渗碳钢与合金渗碳钢。

1. 性能特点

渗碳钢主要用于制造表面承受强烈磨损、变动载荷、冲击载荷的重要零件。因此，要求钢材具有以下性能特点：

（1）表硬里韧的性能，即钢件经渗碳、淬火和低温回火后，表面具有较高的硬度和耐磨性，心部具有足够的强度和韧性。

（2）具有良好的热处理工艺性能，如高的淬透性和渗碳能力，在高的渗碳温度下，奥氏体晶粒长大倾向小以便于渗碳后直接淬火。

2. 渗碳钢的成分特点

（1）低碳。零件渗碳后要获得“表硬里韧”的力学性能，其碳含量一般为0.1%～0.25%，即这类钢是低碳优质碳素结构钢或低碳合金结构钢。低碳能保证零件心部有足够的塑性和韧性，在承受冲击载荷时有较高的抗断裂能力。

（2）加入提高淬透性的合金元素。提高钢的淬透性可保证渗碳零件淬火后的心部强度，这将有助于提高零件整体的承载能力，并有效地防止渗层剥落。渗碳钢中常加入的合金元素有Cr、Ni、Mn、B、Mo、W等。

（3）加入能够细化晶粒的元素。渗碳工艺一般要求零件在910～930 ℃的高温下进行长时间保温，为防止奥氏体晶粒在高温下过分长大，渗碳钢中常加入少量V、Ti等元素。

3. 渗碳钢的热处理特点

渗碳钢的预先热处理通常采用正火以改善切削加工性能。渗碳钢的最终热处理一般都是在渗碳后进行直接淬火或一次淬火、180～200 ℃低温回火。处理后工件表面硬度一般为58～64 HRC，心部的组织和硬度则取决于钢的淬透性和截面尺寸大小。

4. 常用渗碳钢

按照淬透性大小，渗碳钢可分为3类。

1）低淬透性渗碳钢

常用钢种有15、20、20Cr、20Mn2、20MnV钢等，其中应用最广的是20和20Cr钢。这类钢的合金元素总含量≤2%，水淬临界直径为25～35 mm，经渗碳、淬火及低温回火后心部强度相对较低，强度和韧性配合较差，通常用于制造受力较小（R_m =800～1 000 MPa）、截面尺寸不大的耐磨零件，如导柱、小齿轮、小轴、活塞销、缸套等。

2）中淬透性渗碳钢

常用钢种有20CrMn、20CrMnTi、20CrMnMo、20MnVB、20MnTiB钢等，其中以20CrMnTi钢最为常用。这类钢的合金元素总含量为2%～5%，淬透性较好，油淬临界直径为25～60 mm，零件淬火后心部强度可达1 000～1 200 MPa。由于含有Ti、V、Mo，这类钢渗碳时奥氏体长大倾向较小，自渗碳温度预冷到870℃左右直接淬火，并经低温回火后具有较好的机械性能。这类钢可用于承受中等动载荷的耐磨零件，如汽车变速齿轮、齿轮轴、花键轴套、气门座等。

3）高淬透性渗碳钢

常用钢种有12Cr2Ni4A、20Cr2Ni4A、18Cr2Ni4WA、15CrMn2SiMo钢等。这类钢含有较多的铬、镍等合金元素，合金元素的总含量>5%。在这些合金元素的复合作用下，钢的淬透性很高，油淬临界直径可达100 mm以上。经渗碳、淬火及低温回火后，这类钢的心部强度可达1 200 MPa以上。这类钢由于含有较多的合金元素，具有很高的淬透性，心部强度也很高，主要用于制造大截面、承受重载荷和强烈摩擦的零件，如航空发动机齿轮、坦克的变速箱齿轮、柴油机曲轴、连杆、缸头螺栓等。

常用渗碳钢的牌号、化学成分、热处理温度、力学性能及用途如表7－10所示。

7.4.2 调质钢

通常将需经淬火和高温回火（即调质处理）强化后使用的钢种称为调质钢，其一般为中碳的优质碳素结构钢和合金结构钢。调质钢主要用于制造承受大变动载荷与冲击载荷或在各种复合应力下工作的重要机械零件。

1. 性能要求

调质钢主要用来制造机器中的重要零件，如机器中的传动轴、主轴、连杆、齿轮、高强度螺栓等，这些零件工作时常承受较大的弯矩、扭矩、交变应力、冲击载荷等，因此要求钢材具有高的强度与良好的塑性及韧性的配合，即具有良好的综合力学性能；为了保证零件热处理后沿较大截面都能获得优良性能，调质钢还要求较高的淬透性；有的零件局部表面还要求有一定耐磨性等。

2. 成分特点

调质钢的碳含量大多在0.25%～0.50%之间，碳含量过低时，回火后钢的硬度、强度不足；碳含量过高则使钢的韧性和塑性降低。

调质钢合金化的主要目的是提高淬透性，以期在充分淬透的前提下，通过高温回火得到细小的粒状回火索氏体组织，保证钢最终获得优良的综合力学性能。合金调质钢中的主加元素有Cr、Ni、Mn、B等，辅加元素有W、Mo、V、Ti等。W、Mo元素可以抑制第二类回火脆性，V、Ti能细化晶粒。

表 7－10　常用渗碳钢的牌号、成分、热处理温度、力学性能及用途

类别	牌号	化学成分 w_B/%					热处理温度/℃			力学性能（不小于）					毛坯尺寸/mm	用途举例
		C	Mn	Si	Cr	其他	第一次淬火	第二次淬火	回火	抗拉强度 R_m/MPa	屈服强度 R_{eH}/MPa	断后伸长率 A/%	断面收缩率 Z/%	KU_2/J		
低淬透性	15	0.12～0.18	0.35～0.65	0.17～0.37	≤0.25	P：≤0.035 S：≤0.035 Ni：≤0.30 Cu：≤0.25				375	225	27	55		25	小轴、小模数齿轮、活塞销等小型渗碳件
	20	0.17～0.23	0.35～0.65	0.17～0.37	≤0.25	P：≤0.035 S：≤0.035 Ni：≤0.30 Cu：≤0.25			410	245	25	55		25		代替20Cr用于小齿轮、小轴、活塞销、十字销头等船舶主机螺钉、齿轮、活塞销、凸轮、滑阀、轴等
	20Mn2	0.17～0.24	1.40～1.80	0.17～0.37	—	—	850 水、油		200 水、空	785	590	10	40	47	15	
	15Cr	0.12～0.17	0.40～0.70	0.17～0.37	0.70～1.00	—	880 水、油	780～820 水、油	200 水、空	735	490	11	45	55	15	机床变速器齿轮、齿轮轴、活塞销、凸轮、蜗杆等
	20Cr	0.18～0.24	0.50～0.80	0.17～0.37	0.70～1.00	—	880 水、油	780～820 水、油	200 水、空	835	540	10	40	47	15	同上，也用于锅炉、高压容器、大型高压管道等
	20MnV	0.17～0.24	1.30～1.60	0.17～0.37	—	V：0.07～0.12	880 水、油		200 水、空	785	590	10	40	55	15	
中淬透性	20CrMn	0.17～0.23	0.90～1.20	0.17～0.37	0.90～1.20	—	850 油		200 水、空	930	735	10	45	47	15	齿轮、轴、蜗杆、活塞销、摩擦轮

续表

类别	牌号	化学成分 w_B/%					热处理温度/℃			力学性能（不小于）					毛坯尺寸/mm	用途举例
		C	Mn	Si	Cr	其他	第一次淬火	第二次淬火	回火	抗拉强度 R_m/MPa	屈服强度 R_{eH}/MPa	断后伸长率 A/%	断面收缩率 Z/%	KU_2/J		
中淬透性	20CrMnTi	0.17～0.23	0.80～1.10	0.17～0.37	1.00～1.30	Ti：0.04～0.10	880 油	870 油	200 水、空	1 080	850	10	45	55	15	汽车、拖拉机上的齿轮、齿轮轴、十字销头等
	20MnTiB	0.17～0.24	1.30～1.60	0.17～0.37	—	Ti：0.04～0.10 B：0.000 8～0.003 5	860 油		200 水、空	1 130	930	10	45	55	15	代替20CrMnTi制造汽车、拖拉机截面较小、中等负荷的渗碳件
	20MnVB	0.17～0.23	1.20～1.60	0.17～0.37	—	B：0.000 8～0.003 5 V：0.07～0.12	850 油		200 水、空	1 080	885	10	45	55	15	代替2CrMnTi、20Cr、20CrNi制造重型机床的齿轮和轴、汽车齿轮
高淬透性	18Cr2Ni4WA	0.13～0.19	0.30～0.60	0.17～0.37	1.35～1.65	W：0.8～1.2 Ni：4.0～4.5	950 空	850 空	200 水、空	1 180	835	10	45	78	15	大型渗碳齿轮、轴类和飞机发动机齿轮
	20Cr2Ni4	0.17～0.23	0.30～0.60	0.17～0.37	1.25～1.65	Ni：3.25～3.65	880 油	780 油	200 水、空	1 180	1 080	10	45	63	15	大截面渗碳件，如大型齿轮、轴等
	12Cr2Ni4	0.10～0.16	0.30～0.60	0.17～0.37	1.25～1.65	Ni：3.25～3.65	880 油	780 油	200 水、空	1 080	835	10	50	71	15	承受高负荷的齿轮、蜗轮、蜗杆、轴、方向接头叉等

3. 调质钢的热处理特点

为了降低硬度便于切削加工和改善组织，调质钢在热加工（轧压、锻造）后需进行预备热处理。合金元素含量较低的调质钢，预先热处理常采用正火；合金元素含量较高的调质钢，正火后可能得到马氏体，不利于切削加工，生产中采用淬火 + 高温回火以获得回火索氏体组织，改善切削加工性。

调质钢的最终热处理是淬火后高温回火。合金钢的淬透性较高，一般都用油淬。调质钢的淬透性要求一般根据零件的实际受力情况确定：对于承受单向拉、压或切应力的零件，要求心部至少有 50% 以上的马氏体；重要的零件甚至要求心部获得 95% 以上的马氏体；对于承受弯曲、扭转等应力的零件（如轴类），由于应力由表面到心部逐渐减少，最大应力作用在表面，这样的零件不需要心部完全淬透，一般只要求距表面 1/4 半径处保证获得 80% 以上的马氏体组织即可。

调质钢最终的力学性能取决于回火温度，零件强度要求高时，采用较低的回火温度，强度要求较低时采用较高的回火温度，其回火温度范围一般为 500 ~ 650 ℃。

对于要求表面耐磨或疲劳强度要求较高的重要零件，调质处理后还可进行感应加热表面淬火或表面渗氮处理。

4. 常用调质钢

1）碳素调质钢

碳素调质钢主要有 35、40、45 钢和含锰量较高的 40Mn、50Mn 等钢种，其中 45 钢应用最为广泛。碳素调质钢价格便宜，成本较低，但其淬透性较差，一般要采用水淬，淬火变形与开裂倾向较大，所以只适宜制造载荷较轻、形状简单、尺寸较小的零件。

2）合金调质钢

合金调质钢的淬透性明显优于碳素调质钢，加之合金元素对铁素体的强化作用，所以合金调质钢的综合力学性能较高。生产中常按淬透性大小将合金调质钢分为 3 类：

（1）低淬透性合金调质钢。

典型钢种有 40Cr、40MnB、35SiMn 钢等，其油淬临界直径为 20 ~ 45 mm，常用作中等截面尺寸、承受变动载荷的工件，如传动轴、机床主轴、连杆、螺栓、进气阀等。

（2）中淬透性合金调质钢。

典型钢种有 35CrMo、38CrMoAl、40CrMn、40CrNi 等，其油淬临界直径为 40 ~ 60 mm。由于淬透性好，这类钢调质处理后能获得很高的强度，常用于制作截面尺寸较大、承受较重载荷的零件，如重要螺栓、齿轮、汽车曲轴、连杆等。

（3）高淬透性合金调质钢。

典型钢种有 40CrMnMo、37CrNi3、25Cr2Ni4A 钢等，油淬临界直径在 60 mm 以上，大多含有 Ni、Cr 等元素。这类钢调质处理后强度显著提高，韧性也很好，常用于制造大截面、承受重载荷的重要零件，如航空发动机中的涡轮轴、汽轮机轴、叶轮等。

常用调质钢的牌号、化学成分、热处理温度、力学性能及用途如表 7－11 所示。

表 7－11　常用调质钢的牌号、化学成分、热处理温度、力学性能及用途

类别	牌号	化学成分 w_B/%					热处理温度/℃		力学性能（不小于）					退火硬度 /HBW	毛坯尺寸 /mm	用途举例
		C	Mn	Si	Cr	其他	淬火	回火	抗拉强度 R_m/MPa	屈服强度 R_{eL}/MPa	断后伸长率 A/%	断面收缩率 Z/%	KU_2/J			
低淬透性	45	0.42～0.50	0.50～0.80	0.17～0.37	≤0.25	P：≤0.035 S：≤0.035 Ni：≤0.30 Cu：≤0.25	840	600	600	355	16	40	39	≤197	25	小截面、中载荷的调质件，如主轴、曲轴、齿轮、连杆、链轮等
	40Mn	0.37～0.44	0.70～1.00	0.17～0.37	—	—	840	600	590	355	17	45	47	≤207	25	比 45 钢韧性要求稍高的调质件
	40Cr	0.37～0.44	0.50～0.80	0.17～0.37	0.80～1.10	—	850 油	520	980	785	9	45	47	≤207	25	重要调质件，如轴类、连杆螺栓、机床齿轮、蜗杆、销子等
	45Mn2	0.42～0.49	1.40～1.80	0.17～0.37	—	—	840 油	550	885	735	10	45	47	≤217	25	代替 40Cr 做 ϕ<50 mm 的重要调质件，如机床齿轮、钻床主轴、凸轮、蜗杆等
	45MnB	0.42～0.49	1.10～1.40	0.17～0.37	—	B：0.000 8～0.003 5	840 油	500	1 030	835	9	40	39	≤217	25	
	40MnVB	0.37～0.44	1.10～1.40	0.17～0.37	—	V：0.05～0.10 B：0.000 8～0.003 5	850 油	520	980	785	10	45	47	≤207	25	可代替 40Cr 或 40CrMo 制造汽车、拖拉机和机床的重要调质件，如轴、齿轮等
	35SiMn	0.32～0.40	1.10～1.40	1.10～1.40	—	—	900 水	570	885	735	15	45	47	≤229	25	除低温韧性稍差外，可全面代替 40Cr 和部分代替 40CrNi

续表

类别	牌号	化学成分 w_B/%					热处理温度/℃		力学性能（不小于）					退火硬度/HBW	毛坯尺寸/mm	用途举例
		C	Mn	Si	Cr	其他	淬火	回火	抗拉强度 R_m/MPa	屈服强度 R_{eL}/MPa	断后伸长率 A/%	断面收缩率 Z/%	KU_2/J			
中淬透性	40CrNi	0. 37 ~ 0. 44	0. 50 ~ 0. 80	0. 17 ~ 0. 37	0. 45 ~ 0. 75	Ni：1. 00 ~ 1. 40	820 油	500	980	785	10	45	55	≤241	25	做较大截面的重要调质件，如曲轴、主轴、齿轮、连杆等
	40CrMn	0. 37 ~ 0. 45	0. 90 ~ 1. 20	0. 17 ~ 0. 37	0. 90 ~ 1. 20	—	840 油	550	980	835	9	45	47	≤229	25	代替 40CrNi 做受冲击载荷不大的零件，如齿轮轴、离合器等
	35CrMo	0. 32 ~ 0. 40	0. 40 ~ 0. 70	0. 17 ~ 0. 37	0. 80 ~ 1. 10	Mo：0. 15 ~ 0. 25	850 油	550	980	835	12	45	63	≤229	25	代替 40CrNi 做大截面齿轮和高负荷传动轴、发电机转子等
	30CrMnSi	0. 28 ~ 0. 34	0. 80 ~ 1. 10	0. 90 ~ 1. 20	0. 80 ~ 1. 10	—	880 油	520	1 080	885	10	45	39	≤229	25	用于飞机调质件，如起落架、螺栓、天窗盖、冷气瓶等
	38CrMoAl	0. 35 ~ 0. 42	0. 30 ~ 0. 60	0. 20 ~ 0. 45	1. 35 ~ 1. 65	Mo：0. 15 ~ 0. 25 Al：0. 70 ~ 1. 10	940 水、油	640	980	835	14	50	71	≤229	30	高级氮化钢，做重要丝杆、镗杆、主轴、高压阀门等

续表

类别	牌号	化学成分 w_B/%					热处理温度/℃		力学性能（不小于）					退火硬度/HBW	毛坯尺寸/mm	用途举例
		C	Mn	Si	Cr	其他	淬火	回火	抗拉强度 R_m/MPa	屈服强度 R_{eL}/MPa	断后伸长率 A/%	断面收缩率 Z/%	KU_2/J			
高淬透性	37CrNi3	0.34～0.41	0.30～0.60	0.17～0.37	1.20～1.60	Ni：3.00～3.50	820 油	500	1 130	980	10	50	47	≤269	25	高强韧性的大型重要零件，如汽轮机叶轮、转子轴等
	25Cr2Ni4WA	0.21～0.28	0.30～0.60	0.17～0.37	1.35～1.65	Ni：4.00～4.50 W：0.80～1.20	850 油	550	1 080	930	11	45	71	≤269	25	大截面高负荷的重要调质件如汽轮机主轴、叶轮等
	40CrNiMoA	0.37～0.44	0.50～0.80	0.17～0.37	0.60～0.90	Mo：0.15～0.25 Ni：1.25～1.65	850 油	600	980	835	12	55	78	≤269	25	高强韧性大型重要零件，如飞机起落架，航空发动机轴等
	40CrMnMo	0.37～0.45	0.90～1.20	0.17～0.37	0.90～1.20	Mo：0.20～0.30	850 油	600	980	785	10	45	63	≤271	25	部分代替40CrNiMoA，如做卡车后桥半轴、齿轮轴等

7.4.3　弹簧钢

弹簧钢是指用来制造各种弹簧及弹性元件的钢种。

1. 性能要求

弹簧类零件是依靠其工作时产生的弹性变形，在各种机械中起缓冲、减振的作用，如汽车上的板弹簧。弹簧还可储存能量，从而使机械完成规定的动作，保证机器或仪表的正常工作，如气阀弹簧。

为了满足弹簧的使用要求，弹簧钢应具有以下性能：

（1）具有高的弹性极限和屈强比（R_{eL}/R_m），以避免在高负荷下产生永久变形；

（2）具有高的疲劳强度，以防止产生疲劳破坏；

（3）具有一定塑性和韧性，以防止在冲击载荷下发生突然破坏。

此外，对于一些在特殊条件下工作的弹簧还应提出某些特殊要求，如耐热、耐蚀等。为保证上述性能，弹簧还应具有良好的表面质量。

2. 弹簧钢的化学成分

弹簧钢分为碳素弹簧钢和合金弹簧钢两类。一般碳素弹簧钢的碳含量为0.6%～0.9%，合金弹簧钢的碳含量为0.45%～0.70%。采用中等偏高的碳含量主要是保证弹簧钢具有较高的弹性极限和屈服极限。合金弹簧钢常以Si、Mn为主要添加元素，目的是提高淬透性，强化铁素体，提高回火稳定性。Si能显著提高钢的弹性极限，但含量过高会使钢产生石墨化倾向，加热时易引起脱碳。Mn与Si同时加入可在提高淬透性和强度的同时减小脱碳现象。为了克服Si－Mn弹簧钢的缺点，要求较高的弹簧钢中常加入Cr、V、W、Mo等元素，使钢具有高的强度和高的淬透性，同时降低钢的过热倾向和脱碳敏感性。

3. 弹簧的成形及其热处理

弹簧按其成形工艺可分为热成形弹簧和冷成形弹簧两种，一般截面尺寸≥10 mm的弹簧采用热成形方法，截面尺寸＜10 mm的弹簧则采用冷成形的方法。由于成形方法不同，因而这两种弹簧的热处理特点也不同。

1）热成形弹簧

这类弹簧常用热轧钢丝或热轧钢板制成，由于弹簧尺寸较大，一般需要加热至奥氏体转化区进行热态成形。板弹簧多数是将热成形与热处理结合进行，即利用热成形后的余热进行淬火，然后进行中温回火；螺旋弹簧则大多是在热卷成形结束后，重新加热进行淬火＋中温回火。

弹簧经中温回火后的组织为回火托氏体，具有高的弹性极限、屈服极限和疲劳强度，同时又有一定的塑性和韧性。弹簧的硬度要求一般为38～50 HRC，以42～48 HRC最为常用。

2）冷成形弹簧

小型弹簧常用冷拔弹簧钢丝或冷轧弹簧钢带冷卷成形，按制造工艺不同分为三类：

（1）铅淬冷拔钢丝：是将坯料加热到奥氏体化温度后在500～520 ℃的铅槽中等温冷却，然后再进行多次冷拔，最后获得表面光洁并具有极高强度及一定塑性的弹簧钢丝，常称为白钢丝或琴弦丝。铅淬冷拔钢丝经冷卷成弹簧后，只需在200～300 ℃进行一次低温去应力退火处理即可。

（2）油淬回火钢丝：是将弹簧钢冷拔至规定尺寸后，进行淬火和中温回火处理，然后冷卷成形。油淬回火钢丝弹簧冷卷成形后只需进行去应力退火即可。油淬回火钢丝的抗拉强度虽不及铅淬冷拔钢丝高，但其性能均匀一致，抗拉强度波动范围小。

（3）退火钢丝：是冷拔后经退火处理，处于软化状态的钢丝，所以其冷卷成形后需进行淬火和中温回火处理才能达到所要求的力学性能，应用较少。

4. 常用的弹簧钢

1）碳素弹簧钢

碳素弹簧钢一般为优质碳素结构钢中的高碳钢，这类钢价格便宜，热处理后具有一定的强度，但淬透性差，适宜作截面尺寸较小（直径小于12 mm）的不太重要的弹簧，其中以65 Mn钢在热成形弹簧中应用较广。

2）合金弹簧钢

合金弹簧钢有硅锰系、铬钒系、硅铬系等。60Si2Mn钢是硅锰系中最常用的钢号，它比碳素弹簧钢的淬透性高，油淬临界直径为20～30 mm，弹性极限高，屈服极限可达1 200 MPa，屈强比高（$R_{eL}/R_m=0.9$），疲劳强度也较高，可用于制造厚度为10～12 mm的板簧和直径为25～30 mm的螺旋弹簧（如汽车减振板簧和螺旋弹簧、汽车安全阀弹簧等），但工作温度不能超过230 ℃。

50CrVA钢是铬钒系弹簧钢中常用的钢号，其主要优点是淬透性高，回火稳定性好，其油淬临界直径为30～50 mm，在200 ℃时屈服极限仍大于1 000 MPa。50CrVA钢常用于制造大截面、承受较大载荷和工作温度较高（<300 ℃）的弹簧，如内燃机气阀弹簧等。

常用弹簧钢的牌号、成分、热处理温度、性能及用途等如表7－12所示。

7.4.4 易切削结构钢

现代化工业向自动化、高速化和精密化的加工方向发展，这要求钢材具有良好的切削工艺性能，能提高生产率以适应大批量生产。易切削结构钢（下称易切削钢）就是在钢中加入能改善切削加工性的元素，利用这些元素形成某些对金属切削加工有利的夹杂物，使钢的切削抗力降低、切屑易断易排、切削加工性得到改善的钢种。

1. 成分特点

易切削钢中常用的合金元素有S、P、Pb、Ca、Se、Te等。

（1）硫主要以MnS的微粒形式存在于钢中，并沿轧制方向呈纤维状分布，它能中断钢基体的连续性，既有断屑作用，又有利于减少刀具的磨损，还可以降低零件的加工粗糙度。但硫不能加入太多，一般将其含量控制在0.08%～0.35%。

（2）磷能固溶于铁素体，提高铁素体的强度、硬度，降低其塑性、韧性，故磷使切屑易断、易排除，并可降低零件加工表面的粗糙度。易切削钢中的磷含量一般控制在0.05%～0.15%。

（3）铅在常温下以孤立细小颗粒（约3 μm）状的夹杂物形式均匀分布于钢中，它可以中断钢基体的连续性，并有减磨作用。但铅易产生密度偏析，故一般将其含量控制在0.10%～0.25%。

（4）钙在钢中能够形成钙铝硅酸盐，在切削时附着在刀具上，可减轻刀具磨损并生成有润滑作用的保护膜，从而延长了刀具的使用寿命。但钙在钢中只能少量加入，一般将其含量控制在0.001%～0.005%。

(5) 硒和碲一般多用于合金钢中，碲含量为 0.03% ~ 0.10%，硒的含量可达 0.15%。硒以硒化物（如 FeSe、MnSe 等）形态存在于钢中，其作用与硫相似，对于既要求高的切削性、又要求较高塑性的钢，在钢中加硒要比加硫好。碲可单独加入，也可与铅或硫同时加入钢中，形成复合夹杂物，以降低切削抗力和切削热，使切屑容易排出，显著提高钢的切削加工性能，得到良好的加工表面，不过加碲后会使钢的塑性、韧性稍有降低。

2. 常用易切削钢

一般情况下，使用自动机床加工的零件大量选用低碳碳素易切削钢。若切削加工性要求高时选用 Y15 钢；需要焊接的选用 Y12 钢；强度要求稍高的选用 Y20 钢或 Y30 钢；车床丝杆常选用中碳、含锰量较高的 Y40Mn 钢；在精密仪器行业中常选用 Y10Pb 易切削钢制造零件，如手表的齿轮轴等；要求切削加工性能并需要热处理时选用 Y40CrSCa 易切削合金调质钢等。常用易切削钢的牌号、成分、性能及用途如表 7 - 13 所示。

易切削钢主要用于制作受力较小而对尺寸和光洁度要求严格的仪器仪表、手表零件、汽车、机床和其他各种机器上使用的零件。易切削钢的冶炼工艺要求严格，成本较高，只有在零件批量很大、必须改善钢材的切削加工性时选用，才能取得良好的经济效益。

7.4.5 超高强度钢

超高强度钢是 20 世纪 40 年代以来，为适应航空和航天技术的需要而发展起来的一个新型钢种。只有当钢的抗拉强度超过 1 500 MPa 以上，其才能在航空上得到广泛的应用。通常把 $R_m \geqslant 1\,500$ MPa 或 $R_{eL} \geqslant 1\,380$ MPa 的钢称为超高强度钢。超高强度钢与普通结构钢的分界线目前尚无统一的标准。超高强度钢是在合金结构钢的基础上，通过严格控制冶金质量、化学成分和热处理工艺等而发展起来的。由于钢的强度显著提高，可以减轻结构的质量，超高强度钢主要用于制造飞机起落架、机翼大梁、火箭及发动机壳体与炮筒、枪筒、防弹板等。

超高强度钢除在强度上有具体要求外，还必须有足够的耐热性以适应在气动加热条件下工作。这类钢还必须有一定的塑性、韧性（包括冲击韧性和断裂韧性）和尽可能小的缺口敏感性，有高的疲劳强度，有一定的抗蚀性和良好的工艺性，并具有一定的经济性。

通常按超高强度钢中合金元素的含量将其分为 3 类，即低合金超高强度钢、中合金超高强度钢和高合金超高强度钢。表 7 - 14 所示为几种超高强度钢的牌号、化学成分、热处理工艺及性能。

1. 低合金超高强度钢

低合金超高强度钢的强度范围一般在 1 500 ~ 2 000 MPa，是在合金调质钢的基础上加入一定量的合金元素而形成的，其与普通调质钢的不同点是最终热处理采用淬火和低温回火，因此其使用状态的组织是回火马氏体。

表 7-12 常用弹簧钢的牌号、成分、热处理温度、力学性能及用途

种类	牌号	化学成分 w_B/%						热处理温度/℃		力学性能（不小于）					用途举例
		C	Si	Mn	Cr	V	其他	淬火	回火	R_{eL}/MPa	R_m/MPa	$A_{11.3}$/%	A/%	Z/%	
非合金弹簧钢	65	0.62~0.70	0.17~0.37	0.50~0.80	≤0.25	—	—	840 油	500	800	1 000	9	—	35	小于 ϕ12 mm 的一般机械上的弹簧，或拉成钢丝制作小型机械弹簧
	85	0.82~0.90	0.17~0.37	0.50~0.80	≤0.25	—	—	820 油	480	1 000	1 150	6	—	30	小于 ϕ12 mm 的汽车、拖拉机和机车等机械上承受振动的螺旋弹簧
	65Mn	0.62~0.70	0.17~0.37	0.90~1.20	≤0.25	—	—	830 油	540	800	1 000	8	—	30	小于 ϕ12 mm 的各种弹簧，如弹簧发条、制动弹簧等
合金弹簧钢	55SiMnVB	0.52~0.60	0.70~1.00	1.00~1.30	≤0.35	0.08~0.16	B：0.000 8~0.003 5	860 油	460	1 225	1 375	5	—	30	代替 60Si2Mn 制作重型、中小型汽车的板簧和其他中型断面的板簧和螺旋弹簧
	60Si2Mn	0.56~0.64	1.50~2.00	0.60~0.90	≤0.35	—	—	870 油	480	1 200	1 300	5	—	25	用于 ϕ25~ϕ30 mm 减振板簧与螺旋弹簧，工作温度低于 230℃
	50CrVA	0.46~0.54	0.17~0.37	0.50~0.80	0.80~1.10	0.10~0.20	—	850 油	500	1 150	1 300	—	10	40	用于 ϕ30~ϕ50 mm 承受大应力的各种重要的螺旋弹簧，也可用作大截面的及工作温度低于 400 ℃的气阀弹簧、喷油嘴弹簧等
	60Si2CrVA	0.56~0.64	1.40~1.80	0.40~0.70	0.90~1.20	0.10~0.20	—	850 油	410	1 700	1 900	—	6	20	用于 ϕ < 50 mm 的弹簧，工作温度低于 250 ℃的极重要的和重载荷下工作的板簧与螺旋弹簧
	30W4Cr2VA	0.26~0.34	0.17~0.37	≤0.40	2.00~2.50	0.50~0.80	W：4.0~4.5	150~1 100 油	600	1 350	1 500	—	7	40	用于高温下（500 ℃以下）的弹簧，如锅炉安全阀用弹簧等

表 7－13 常用易切削钢的牌号、成分、力学性能及用途

牌号	化学成分 w_B/%						力学性能（热轧）				用途举例
	C	Mn	Si	S	P	其他	R_m/MPa	A/%	Z/%	硬度/HBW	
								不小于		不大于	
Y12	0.08～0.16	0.70～1.00	0.15～0.35	0.10～0.20	0.08～0.15	—	390～540	22	36	170	在自动车床上加工的一般标准紧固件，如螺栓、螺母等
Y12Pb	≤0.15	0.85～1.15	≤0.15	0.26～0.35	0.04～0.09	Pb：0.15～0.35	360～570	22	36	170	表面粗糙度要求更小的一般机械零件，如轴、销、仪表精密小零件等
Y15	0.10～0.18	0.80～1.20	≤0.15	0.23～0.33	0.05～0.10	—	390～540	22	36	170	用途与 Y12 相同，但切削性能更好
Y15Pb	0.10～0.18	0.80～1.20	≤0.15	0.23～0.33	0.05～0.10	Pb：0.15～0.35	390～540	22	36	170	用途同 Y12Pb，但切削性能比 Y15 更好
Y20	0.17～025	0.70～1.00	0.15～0.35	0.08～0.15	≤0.06	—	450～600	20	30	175	用于强度要求稍高、形状复杂不易加工的零件，如纺织机零件、计算机零件以及各种标准紧固件
Y30	0.25～0.35	0.70～1.00	0.15～0.35	0.08～0.15	≤0.06	—	510～655	15	25	187	
Y35	0.32～0.40	0.70～1.00	0.15～0.35	0.08～0.15	≤0.06	—	510～655	14	22	187	用于强度要求稍高、形状复杂不易加工的零件，如纺织机零件、计算机零件以及各种标准紧固件
Y40Mn	0.37～0.45	1.20～1.55	0.15～0.35	0.20～0.30	≤0.05	—	590～850	14	20	229	用于承受应力较高、要求表面粗糙度小的机床丝杠、光杠、螺栓及自行车、缝纫机零件
Y45Ca	0.42～0.50	0.60～0.90	0.20～0.40	0.04～0.08	≤0.04	Ca：0.002～0.006	600～745	12	26	241	用于须经热处理的齿轮、轴等

表 7－14　几种超高强度钢的牌号、化学成分、热处理工艺及性能

牌号		化学成分 w_B/%							热处理工艺	力学性能			
		C	Si	Mn	Cr	Ni	Mo	其他		R_m/MPa	$R_{r0.2}$/MPa	A/%	Z/%
低合金	30CrMnSiNi2A	0. 26～0. 38	0. 90～1. 20	1. 00～1. 30	0. 90～1. 20	1. 40～1. 80			900 ℃油淬 250 ℃回火	1 700	1 530	13. 5	49
低合金	40CrNiMoA（4340）	0. 38～0. 43	0. 20～0. 35	0. 6～0. 8	0. 7～0. 9	1. 65～2. 0	0. 2～0. 3		900 ℃油淬 230 ℃回火	1 820	1 560	8	30
中合金	4Cr5MoVSi（H11）	0. 37～0. 42	0. 9～1. 10	0. 35～0. 5	4. 8～5. 8		1. 3～1. 5	V：0. 4～0. 6	1 000 ℃ 油（空）冷 580～600 ℃ 回火 2 次	2 000	1 550	10	
高合金	Ni25Ti2AlNb	0. 03	<0. 1	<0. 1		25. 0～26. 0		Al：0. 15～0. 35 Ti：1. 3～1. 6 Nb：0. 3～0. 6	815 ℃固溶处理 冷变形 60%、 480 ℃时效 1 h	2 000	1 900	13	58
高合金	Ni18Co9Mo5TiAl（18Ni）	0. 03	<0. 1	<0. 1		17～19	4. 7～5. 2	Ti：0. 5～0. 7 Al：0. 05～0. 15 Co：8. 5～9. 5	815 ℃固溶处理 冷变形 50%、 480 ℃时效 3 h	1 830～2 060	1 750～2 020	10～12	48～58

低合金超高强度钢的碳含量范围一般在0.30% ~0.45%，碳含量过高，虽然钢的强度会增加，但钢的塑性、韧性变差，各种工艺性能也随之恶化。低合金超高强度钢中通常加入Ni、Cr、Si、Mn、Mo、V等合金元素，这些元素总含量一般不超过5%。合金元素的主要作用是提高钢的淬透性、细化晶粒和提高钢的回火稳定性。

为了进一步改善低合金超高强度钢的韧性，提高其使用时的安全可靠性，必须提高钢的纯净度，尽量降低钢中S、P及其他杂质和夹杂物的含量。低合金超高强度钢采用真空熔炼、真空自耗和电渣重熔等先进工艺生产，钢中各种杂质元素和夹杂物的质量分数显著降低，使钢的韧性得到改善，韧脆转化温度降低。这类钢是当前最主要的飞机结构用钢。

2. 中合金超高强度钢（二次硬化型超高强度钢）

由于低合金超高强度钢的使用温度低，人们因而研究出使用温度较高的中合金超高强度钢，其合金元素总含量为5% ~10%，大多为强碳化物形成元素，如Cr、Mo、V等。此类钢经淬火高温回火后，弥散析出M7C3、M3C和MC等特殊碳化物，产生二次硬化效应，具有较高的中温强度，在400 ~500 ℃范围内使用时，钢的瞬时抗拉强度仍可保持1 300 ~1 500 MPa，屈服极限为1 100 ~1 200 MPa。这类钢的主要缺点是塑性差，断裂韧性较低，焊接性和冷变形性较差。这类钢主要用于制造飞机发动机中承受强度的零部件、紧固件等，其还具有截面大时可空冷强化的特点。

3. 高合金超高强度钢（马氏体时效钢）

这类钢是以铁镍为基的高合金钢，其碳含量极低（<0.03%），含镍高（18% ~25%），并含有Mo、Ti、Nb、Al等时效强化元素。钢经815℃固溶处理后获得稳定的超低碳单相板条马氏体组织，将其加热至450 ~500 ℃进行时效处理，析出极微细的金属间化合物，它们弥散分布在马氏体基体上，显著提高钢的强度。

马氏体时效钢有极高的强度，良好的塑性、韧性以及较高的断裂韧性，因而保证了使用的安全可靠性。此外，马氏体时效钢的淬透性好，空冷可淬透，故热处理变形小，并有良好的冷变形及焊接性能。马氏体时效钢是制造超声速飞机及火箭壳体等的重要材料。

7.4.6 其他机械结构用钢

1. 非调质机械结构钢

为了提高生产率、节约能源、降低成本，人们研制出了非调质机械结构钢，以取代需要进行调质处理的结构钢。非调质机械结构钢是在中碳钢基础上添加微量V、Ti、Nb、N等合金元素，通过控制轧制和控温冷却，在铁素体和珠光体中弥散析出（C、N）化合物作为强化相，使钢在轧制（锻制）后不经调质处理即可获得和调质钢经调质处理后相近的力学性能。

非调质机械结构钢的突出优点是无须进行淬火、回火处理，简化了生产工序且易于切削加工，成本可降低25%左右，在汽车、建筑机械等方面已被广泛使用，用来制造曲轴、连杆、螺栓、齿轮等；其主要缺点是塑性、冲击韧性偏低，限制了其在强冲击载荷条件下的应用。

我国非调质机械结构钢分为切削加工用非调质机械结构钢和热加工用非调质机械结构钢两大类。常用的有YF35MnV钢（YF表示易切削非调质机械结构钢）和F40MnV钢（F表示热加工用非调质机械结构钢），它们的牌号、化学成分及力学性能如表7 -15所示。

表7-15 常用非调质机械结构钢的牌号、成分及力学性能

牌号	化学成分 w_B/%					
	C	Mn	Si	P	S	V
YF35MnV	0.32~0.39	1.00~1.50	0.30~0.60	≤0.035	0.035~0.075	0.06~0.13
F40MnV	0.37~0.44	1.00~1.50	0.20~0.40	≤0.035	≤0.035	0.06~0.13
牌号	力学性能					
	R_m/MPa	R_{eL}/MPa	A/%	Z/%	KU_2/J	HBW
YF35MnV	≥735	≥460	≥17	≥35	≥37	≥257
F40MnV	≥785	≥490	≥15	≥40	≥36	≥257

2. 低碳马氏体结构钢

低碳马氏体结构钢是指低碳钢或低碳合金钢经淬火、低温回火处理得到高强度、高韧性的低碳回火马氏体组织后，直接投入使用的钢。研究表明，低碳（合金）结构钢经淬火+低温回火后得到以板条马氏体为主的组织，其除具有高强度外，同时兼有良好的塑性和韧性，其综合力学性能与中碳调质钢相当。不仅如此，低碳马氏体结构钢的某些性能甚至优于调质钢，如在静载荷下具有低的缺口敏感性和低的疲劳缺口敏感度，冷脆倾向小等。而且这类钢还具有良好的工艺性能，如良好冷变形能力，优良的焊接性能，热处理脱碳倾向小，淬火变形开裂倾向小等。

近年来，人们以低碳马氏体结构钢代替部分调质钢来制造一些重要的机械零件，在生产中取得了良好的使用效果，如在严寒地区室外工作的机件及低温下要求高强度和高韧度的零件等。15MnVB、20SiMn2MoV、25SiMn2MoV 钢是我国研制开发的低碳马氏体钢，它们均已在生产中得到了广泛的应用。

7.5 滚动轴承钢

滚动轴承钢主要用于制造各种滚动轴承的零件，如滚珠、滚柱、轴承内外套圈等。此外，滚动轴承钢的化学成分类似于低合金工具钢，因而，也可以用于制造某些刃具、量具、模具及精密构件。

7.5.1 滚动轴承钢的特点

1. 性能特点

滚动轴承的工作条件非常苛刻，因此对滚动轴承钢的性能要求非常严格。首先，滚动轴承工作时，轴承套圈与滚动体之间接触面积很小，接触部位所承受的压应力极大（可达1 500~5 000 MPa），因此滚动轴承钢必须具有非常高的抗压强度和很高的硬度（61~65 HRC）。为了防止轴承工件表面产生接触疲劳破坏和磨损，滚动轴承钢还要求具有很高的接触疲劳强度及很高的耐磨性。此外，滚动轴承钢还应具有一定的韧性及良好的耐蚀性。为了在热处理后获得良好的力学性能，滚动轴承钢还应具有足够的淬透性。

2. 成分特点

滚动轴承钢中的碳含量一般为0.95%~1.15%，较高的碳含量是滚动轴承钢获得高硬

度及高耐磨性的保证。

滚动轴承钢中的合金元素主要有铬、硅、锰、钼等。铬是主加元素，其主要作用是提高钢的淬透性并在钢中形成合金渗碳体，使钢中的碳化物细小而均匀，从而大大提高钢的耐磨性和接触疲劳强度。此外，铬还可以提高钢的耐蚀性。但铬含量不宜过高，否则将使钢淬火后的残余奥氏体量增多，导致硬度和零件的尺寸稳定性降低。因此滚动轴承钢的铬含量一般控制在 $w_{Cr} \leq 1.65\%$ 。

用于制造大型轴承的滚动轴承钢，除加铬以外，往往还同时加入 Si、Mn、Mo、V 等元素进一步提高钢的淬透性和强度。

7.5.2 滚动轴承钢的热处理

滚动轴承钢的预先热处理和最终热处理都有非常严格的要求，下面以 GCr15 钢为例加以说明。

GCr15 钢的加工工艺路线为

锻造→正火 + 球化退火→机械加工→淬火 + 冷处理→低温回火→磨削→稳定化处理

滚动轴承钢常用的预先热处理为球化退火，其目的是：①降低硬度，改善钢的切削加工性能，GCr15 钢球化退火后的硬度应在 179 ~ 207 HBW；②获得分布均匀的细粒状珠光体，为最终热处理做好组织准备。

高碳铬钢中碳化物的形态、大小、数量和分布对钢最终热处理后的性能影响很大，而碳化物的组织形态基本上是由球化退火决定的，在淬火、回火过程中一般很难改变，所以生产高碳铬轴承钢时应对球化退火质量严格控制，如钢中存在粗大块状碳化物或较多的带状或网状碳化物，应在球化退火前先进行正火处理。

滚动轴承钢的最终热处理为淬火 + 低温回火。淬火组织要求为极细小的隐晶马氏体 + 细小均匀分布的碳化物 + 少量的残留奥氏体。为此，GCr15 钢的淬火温度应严格控制在（840 ± 10)℃范围内，淬火后应及时回火，以消除内应力，提高韧性，稳定组织和尺寸。回火温度为 150 ~ 160 ℃，回火组织为极细的回火马氏体 + 细小而均匀分布的碳化物 + 少量的残余奥氏体，回火后的硬度应为 61 ~ 65 HRC。

轴承加工过程中，为了消除零件在磨削加工时产生的磨削应力并进一步稳定尺寸，可在磨削加工后再进行一次附加回火，回火温度为 120 ~ 150 ℃，回火时间 3 ~ 5 h。

对于精密轴承，为了保证其在存放和使用过程中的尺寸稳定性，淬火后还应立即进行冷处理（ – 70 ~ – 80 ℃），然后再进行低温回火，并在磨削加工后最终再进行一次稳定化处理（加热至 120 ~ 150 ℃，保温 10 ~ 20 h）。

7.5.3 常用轴承钢

最常用的铬轴承钢有 GCrl5 钢和 GCrl5SiMn 钢，其中用量最大的是 GCrl5 钢，主要用于制造中、小轴承和精密量具、冷冲模、机床丝杠等，制造大型和特大型轴承常用 GCrl5SiMn 钢。

对于承受很大冲击载荷或特大尺寸的轴承，可选用合金渗碳钢制造，目前常用的渗碳轴承钢有 20Cr2Ni4 钢等。要求耐腐蚀的轴承，可选用马氏体型不锈钢制造，常用的不锈轴承钢有 8Cr17 钢等。

常用铬轴承钢的牌号、化学成分、热处理温度及性能如表 7 – 16 所示。

表 7-16　常用铬轴承钢的牌号、化学成分、热处理温度和性能

牌号	化学成分 w_B/%							热处理温度/℃		硬度/HRC	用途举例
	C	Si	Mn	Cr	Mo	P	S	淬火	回火		
GCr4	0.95~1.05	0.15~0.30	0.15~0.30	0.35~0.50	≤0.08	≤0.025	≤0.020	850~870	190~200	60~62	载荷不大、形状简单的机械转动轴上的滚珠和滚柱
CCr15	0.95~1.05	0.15~0.30	0.25~0.45	1.40~1.65	≤0.10	≤0.025	≤0.025	820~840	150~160	62~66	各种滚动体，壁厚≤12 mm、外径≤250 mm的轴承套，模具、精密量具及耐磨件
GCr15SiMn	0.95~1.05	0.45~0.75	0.95~1.25	1.40~1.65	≤0.10	≤0.025	≤0.025	820~840	170~200	>62	180 ℃以下工作的大尺寸轴承套、滚动体、模具、量具、丝锥及高硬度耐磨件
GCr18Mo	0.95~1.05	0.20~0.40	0.25~0.40	0.65~1.95	0.15~0.25	≤0.025	≤0.020	850~870	150~200	58~61	壁厚≤250 mm的各种轴承套，其他用途与GCr15相同

7.6 工 具 钢

工具钢是指用于制造各种刃具、模具、量具的钢，相应地称为刃具钢、模具钢和量具钢。

7.6.1 刃具钢

刃具钢是用来制造各种切削加工工具（如车刀、铣刀、刨刀、钻头、丝锥、板牙等）的钢种。刃具在工作时，其刃部与工件表面相互作用使金属变形、断裂产生切屑并使之与工件分离，故刃部承受弯曲、扭转、剪切、冲击及振动载荷，同时还要受到工件和切屑的强烈摩擦作用。除此之外，工件表面切屑层金属的变形以及刃具与工件、切屑之间的摩擦会产生大量的切削热，使刃部温度升高，切削量越大，刃部温度越高，有时此温度可达600 ℃，高速切削时甚至可达800～1 000 ℃。在上述工作条件下，刃具常发生卷刃、崩刃和折断等，但正常情况下，刃具最普遍的失效形式是磨损。因此，刃具钢必须具有以下性能：

（1）高硬度和高耐磨性。一般刃具的硬度都要求达到60 HRC以上，切削某些难加工材料时，硬度要求更高，甚至要达到65 HRC以上。为了使刃具有较长的使用寿命，刃具钢应有足够的耐磨性。钢的耐磨性不仅仅取决于硬度，还和其使用状态的组织有关，但在其他条件相同时，钢的硬度越高其耐磨性越好，如硬度由62～63 HRC降至60 HRC时，钢的耐磨性将降低25%～30%。

（2）高的热硬性（红硬性）。热硬性是钢在高温下仍能保持高硬度的能力。为了防止高速切削时刀具刃部因温度升高而导致硬度下降，要求刃具钢具有很好的热硬性。

（3）足够的强度和韧性。为了避免刃具在受到冲击、振动以及拉、压、弯、扭等复杂的切削力作用下脆断崩刃，刃具钢还要求较好的强韧性。

为了满足刃具的切削加工性能，刃具钢应具有以下的成分与组织特点。

（1）较高的碳含量，以保证刃具钢淬火后具有高硬度和耐磨性；

（2）加入合金元素提高钢的淬透性和回火稳定性；

（3）加入强碳化物形成元素以形成特殊碳化物，以细化晶粒、在回火时产生二次硬化，进一步提高钢的耐磨性和热硬性。

刃具钢使用状态的组织一般为回火马氏基体和在其上均匀分布的细小碳化物颗粒。

刃具钢主要包括碳素工具钢、低合金工具钢和高速工具钢等。

1. 碳素工具钢

碳素工具钢是碳含量为0.65%～1.35%的高碳钢，因其生产成本低廉，冷、热加工性能良好，热处理工艺简单，淬火后也可获得相当高的硬度，在切削热不大时亦能保持较好的耐磨性等，故在生产上得到了广泛的应用。

碳素工具钢淬火后的硬度一般都可达到62～65 HRC，但碳含量对其回火后的强度、塑性和韧性均有影响。碳含量较低的钢，塑性和韧性较好。随着碳含量增加，钢的耐磨性增高，但塑性、韧性降低。因此碳含量不同的碳素工具钢可用于性能要求不同的工具。碳素工具钢一般都采用淬火+低温回火处理，回火温度一般不超过200 ℃。

碳素工具钢中的T7、T7A钢经热处理后具有较高的强度和韧性，适于制造耐冲击的用具，如锻模、凿子、车床顶尖和大锤等。T8、T8A 钢经热处理后具有较高的硬度和耐磨性，适用于制造形状简单、切削软金属的刃具或木工工具等，也可制造弹性垫圈、弹簧片、卡子、销子、止动圈等机械零件。T8Mn、T8MnA 钢因淬透性好，可用于制造截面尺寸较大的工具。T10、T10A 钢适于制造耐磨性要求较高的工具，如冷冲模、拉拔模、丝锥、板牙、铰刀等以及形状简单的量具。T12、T12A 钢适于制造冲击载荷较小的工具，如车刀、铣刀等。T13、T13A 硬度和耐磨性很高，但冲击韧性差，适于做锉刀、铰刀、剃刀等。

碳素工具钢刃具一般只用于加工硬度较低的软金属或非金属材料。高级优质碳素工具钢中的有害杂质和非金属夹杂物含量少，淬火开裂倾向小，可用于制造形状复杂、精度较高的工具。

常用碳素工具钢的牌号、化学成分、热处理工艺及主要用途如表 7－17 所示。

表 7－17　常用碳素工具钢的牌号、化学成分、热处理工艺及主要用途

牌号	主要成分	退火	试样淬火		用途举例
	w_C/%	硬度/HBW	淬火/℃	硬度/HBW	
T7 T7A	0.65～0.74	≤187	800～820 水	≥62	凿子、冲头、大锤、木工工具、钳工工具等
T8 T8A	0.75～0.84	≤187	780～800 水		简单模具、冲头、凿子、斧子、各种木工工具、风动工具等
T8Mn T8MnA	0.80～0.90	≤187			截面较大的木工工具等
T9 T9A	0.85～0.94	≤192	760～780 水		中等韧性、较高硬度的工具，如冲模、冲头、木工工具、凿岩工具等
T10 T10A	0.95～1.04	≤197			车刀、刨刀、丝锥、钻头、拉丝模、木工工具、手锯条、小型冲模等
T11 T11A	1.05～1.14	≤207			不受冲击、高硬度耐磨性好的工具，如丝锥、车刀、刨刀、钻头、木工工具、手锯条等
T12 T12A	1.15～1.24	≤207			不受冲击、高硬度耐磨性好的工具，如锉刀、刮刀、丝锥、板牙、刮刀、量规、精车刀、铣刀等
T13 T13A	1.25～1.35	≤217			不受振动、硬度高、耐磨性好的工具，如刮刀、剃刀、雕刻工具等

2. 低合金工具钢

1）成分及热处理特点

低合金工具钢是在碳素工具钢的基础上加入少量合金元素而形成的，其成分特点是高碳低合金。合金工具钢碳含量高，一般为0.75%～1.5%，其常用的合金元素有Cr、Mn、Si、W、V等，为避免碳化物的不均匀性增大，钢中合金元素的总含量一般不超过5%。合金元素Cr、Mn、Si的作用主要是提高钢的淬透性，同时也提高钢的强度和硬度；W、V为强碳化物形成元素，其主要作用是形成特殊碳化物，提高钢的硬度和耐磨性，并降低钢的过热敏感性、细化晶粒、提高韧性。

低合金工具钢的热处理与碳素工具钢基本相同，即在锻造或轧制后正火消除网状渗碳体，然后进行球化退火，最终热处理为淬火和低温回火，最终组织为细小的回火马氏体+未溶粒状碳化物+少量残留奥氏体，一般硬度为62～65 HRC。低合金工具钢的淬火温度要结合钢的性能要求、刃具的形状、尺寸等因素正确选择，并在热处理操作中严格控制以达到质量要求。

2）典型钢种

低合金工具钢的常用钢号有Cr2、9Mn2V、9SiCr、CrWMn、CrMn等，其中9SiCr钢应用最广泛，该钢淬透性较高，直径40～50 mm的工具在油中可淬透；回火稳定性较高，淬火后经250～300 ℃回火，硬度仍大于60 HRC；与碳素工具钢相比切削寿命可提高10%～30%。9SiCr钢因其贝氏体转变区间孕育期较长，适宜采用分级淬火，钢的淬火变形小。因此，9SiCr钢可用于精度及耐磨性要求较高的薄刃刃具，如丝锥、板牙、铰刀、搓丝板等。

常用低合金工具钢的牌号、化学成分、热处理工艺及用途如表7－18所示。

3. 高速工具钢

高速工具钢是在高碳钢的基础上加入大量合金元素W、Mo、Cr、Co、V等所形成的一类高碳高合金刃具钢，它是专为适应高速切削的需要而发展起来的一个钢种，简称为高速钢。

1）高速钢的化学成分及性能特点

高速钢的成分特点是高碳高合金，其碳含量为0.75%～1.65%，并含有大量的合金元素。较高的碳含量是为了保证高速钢在淬火回火后能得到足够强硬的马氏体基体，并与大量的碳化物形成元素形成足量的合金碳化物和特殊碳化物，提高钢的硬度、耐磨性和热硬性。

Cr在高速钢中的作用主要是提高淬透性。Cr在高速钢淬火加热时几乎全部溶入奥氏体，增加奥氏体的稳定性，使钢的淬透性显著提高，从而使高速钢在空冷时也能得到马氏体。

W、Mo是提高高速钢热硬性的主要元素，它们在高速钢中能形成稳定碳化物（M_6C型）。淬火加热时，这些碳化物一部分溶入奥氏体，淬火后形成富含W、Mo的马氏体，这种合金马氏体具有很高的回火稳定性，在560 ℃左右析出弥散的特殊碳化物W_2C、Mo_2C，造成二次硬化，使高速钢具有高的热硬性。此外，W_2C、Mo_2C还可提高钢的耐磨性，淬火加热时，高速钢中的未溶碳化物还能起到阻止奥氏体晶粒长大的作用。

V与碳的结合力比W还要大，形成的碳化物稳定性很高。V的碳化物淬火加热时部分溶入奥氏体，增加淬火马氏体的稳定性，回火时以VC的形式析出，并弥散分布在马氏体的基体上，产生二次硬化，提高钢的热硬性。VC硬度极高（2 700～2 990 HV），故V能显著提高钢的硬度和耐磨性。加热时未溶的VC能强烈阻止奥氏体晶粒长大，降低钢的过热敏感性。

Co是非碳化物形成元素，但它能提高高速钢的熔点，从而提高钢的淬火加热温度，这样就可使大量的合金元素在加热时溶入奥氏体，充分发挥合金元素的有益作用。

表 7－18　常用低合金工具钢的牌号、化学成分、热处理工艺与用途

牌号	化学成分 w_B/%					淬火		交货状态硬度/HBW	用途举例
	C	Si	Mn	Cr	其他	温度/°C	硬度/HRC		
9SiCr	0.85～0.95	1.20～1.60	0.30～0.60	0.95～1.25		820～860 油	≥62	241～197	丝锥、板牙、钻头、铰刀、齿轮铣刀、冷冲模、轧辊
8MnSi	0.75～0.85	0.30～0.60	0.80～1.10			800～820 油	≥60	≥229	一般多用于木工凿子、锯条或其他刀具
Cr06	1.30～1.45	≤0.40	≤0.40	0.50～0.70		780～810 水	≥64	241～187	用作剃刀、刀片、刮刀、刻刀、外科医疗刀具
Cr2	0.95～1.10	≤0.40	≤0.40	1.30～1.65		830～860 油	≥62	229～179	低速、材料硬度不高的切削刀具，量规、冷轧辊等
9Cr2	0.80～0.95	≤0.40	≤0.40	1.30～1.70		820～850 油	≥62	217～179	主要用于冷轧辊、冷冲头及冲头、木工工具等
W	1.05～1.25	≤0.40	≤0.40	0.10～0.30	W0.80～1.20	800～830 水	≥62	229～187	低速切削硬金属的刀具，如麻花钻、车刀等

高速钢最主要的性能特点如下：

（1）高硬度、高耐磨性和高的热硬性。高速钢经淬火、回火后的硬度一般高于63 HRC，当高速切削刃口温度升高至600 ℃左右时，其仍能保持55 HRC以上的硬度水平，故高速钢能在较高的温度下保持高速切削能力和耐磨性。

（2）高强度并有适当的塑性及韧性，在高的弯曲应力下具有一定的抗断裂能力。

（3）淬透性很高，中、小型刃具甚至在空冷的条件下也能淬透。

2）高速钢的铸态组织与锻造

高速钢中加入了大量的合金元素，合金元素溶入奥氏体后使其相图中 γ－Fe 的最大溶解度点（*E* 点）及共析点（*S* 点）显著左移，致使钢的铸态组织中出现了大量的莱氏体，高速钢属于莱氏体钢。

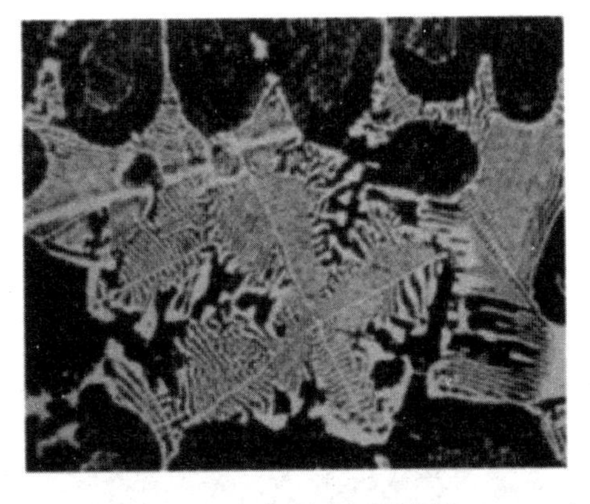

图7－8　W18Cr4V钢铸态显微组织（500×）

W18Cr4V钢（一种高速钢）的铸态显微组织如图7－8所示，由图可见W18Cr4V钢在铸态下，其组织和化学成分是极不均匀的，组织中存在大量呈鱼骨状的共晶碳化物，这种碳化物脆性很大而且分布极不均匀。这样的组织会大幅降低钢的强度和韧性，并严重降低其耐磨性和热硬性，使刃具在使用过程中极易崩刃和磨损。这些碳化物不能用热处理来消除，只有采用反复锻打的方式将其击碎，并使其均匀分布在基体上。高速钢的塑性、导热性较差，锻后必须缓冷。

3）高速钢的热处理

（1）高速钢的退火。

由于高速钢淬透性极好，经锻后缓冷硬度依然很高，为了改善其切削加工性，进一步消除残余应力并为后续淬火提供良好的组织准备，高速钢锻件在加工前要进行球化退火处理。

例如，W18Cr4V钢的等温球化退火工艺为：加热至850～870 ℃保温4 h，然后打开炉门快冷至720～760 ℃保温6 h，再以40～50 ℃/h的速度冷却至500 ℃后出炉空冷。其球化退火后的组织为索氏体＋细粒状碳化物，硬度为207～255 HBW。

（2）高速钢的淬火。

高速钢淬火的最大特点是加热温度高并要预热。例如，W18Cr4V钢的淬火加热温度高达（1 280±5）℃，这是因为只有高温加热才能使高速钢中的合金碳化物分解，使W、Mo、Cr、V等合金元素尽可能多地溶入奥氏体，保证淬火后得到高碳高合金度的马氏体，从而保证钢淬火后获得高硬度和高耐磨性。此外，合金元素提高淬透性的作用，只有在钢加热时合金元素充分溶入奥氏体后才能充分地发挥出来。

高速钢中合金元素含量高，导热性较差，由室温直接加热至1 000 ℃以上高温时，将产生很大的内应力导致其变形甚至开裂，因此高速钢淬火加热时必须预热。形状简单、尺寸较小的刃具，在800～850 ℃预热一次；大件刃具或形状复杂的刃具，共在500～650 ℃及800～850 ℃预热两次。预热时间一般等于或两倍于淬火加热时间。

高速钢淬火加热后空冷虽然也能得到马氏体，但空冷时易发生氧化、脱碳以及因冷速较慢而析出碳化物，所以高速钢一般采用油淬或分级淬火。一般小件或形状简单的刃具采用油淬，尺寸较大、形状复杂或变形要求严格的刃具（如细长拉刀、薄片铣刀等）采用分级淬火，以控制变形。生产中常采用在580～600 ℃和350～400 ℃两次分级的淬火工艺，效果较好。对于一些变形要求极严的精密刃具或模具，可采用260～280 ℃保温2～4 h的等温淬火工艺，效果良好。

高速钢的正常淬火组织为隐晶马氏体+未溶合金碳化物+残余奥氏体，如图7－9所示，淬火后的硬度一般为62～64 HRC，等温淬火组织为下贝氏体+未溶碳化物，比常规淬火时的硬度略低，但冲击韧度较高。

（3）高速钢的回火。

高速钢淬火后一般采用高温（560 ℃）多次回火。图7－10所示为W18Cr4V钢回火温度与硬度之间的关系，由图可知，高速钢在550～570 ℃回火时硬度最高，可获得高耐磨性。

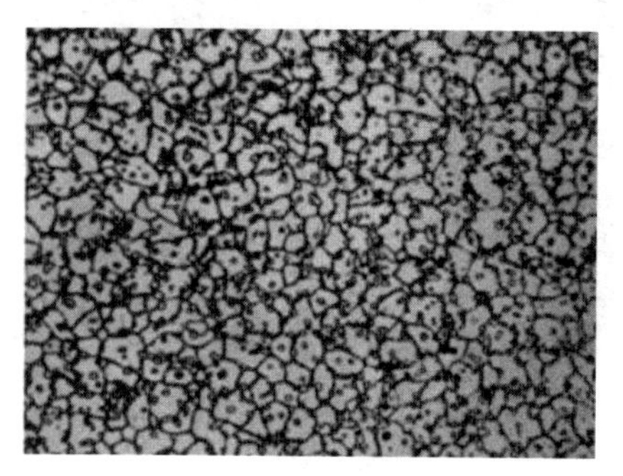

图7－9　W18Cr4V钢的淬火组织

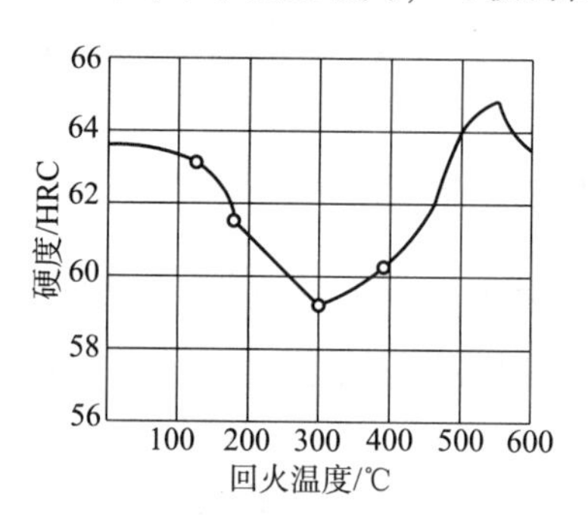

图7－10　W18Cr4V钢回火温度与硬度的关系

高速钢采用高温多次回火的原因为：在较高的回火温度下，高速钢中的W_2C、VC将呈细小质点从马氏体中弥散析出，产生弥散强化；当淬火高速钢加热至500～600 ℃温度范围随后冷却时，部分残余奥氏体转变为马氏体，产生二次淬火现象，使钢的硬度进一步升高；高速钢淬火组织中存在大量而且稳定性很高的残余奥氏体（25%～30%），一次回火后仍有10%左右未发生转变，生产中常采用三次回火，最终可使残余奥氏体量降至1%～2%。

高速钢的回火组织为极细的回火马氏体+粒状碳化物+少量残余奥氏体，回火后硬度为63～66 HRC。W18Cr4V钢的热处理工艺如图7－11所示。

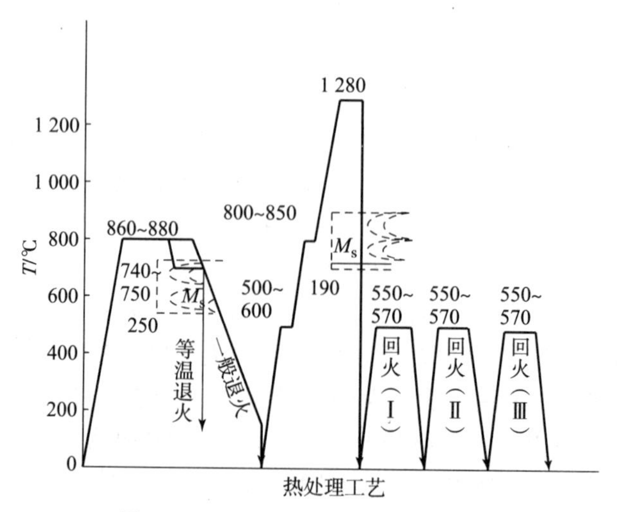

图7－11　W18Cr4V钢的热处理工艺

4）常用高速钢

高速钢按化学成分可分为钨系高速钢和钨钼系高速钢两大基本系列。钨系高速钢的典型牌号为 W18Cr4V，钨钼系高速钢的典型牌号为 W6Mo5Cr4V2。

（1）W18Cr4V 钢是发展最早的高速钢，其硬度、红硬性较高，过热敏感性较小，磨削性好，在 600℃时硬度值为 52～53 HRC。W18Cr4V 的缺点是钢中碳化物粗大，热塑性差，热加工废品率较高。W18Cr4V 钢适于制造一般的高速切削刃具，如车刀、铣刀、刨刀、拉刀、丝锥、板牙等；不适合制造薄刃刃具、大型刃具及热加工成形刃具。

（2）W6Mo5Cr4V2 钢属钨钼系高速钢，其特点是碳化物比钨系高速钢细小，分布也较均匀，使其在 950～1 100 ℃时仍有良好的热塑性，便于压力加工，热处理后韧性也较高。由于 W6Mo5Cr4V2 钢的碳、钒含量均比 W18Cr4V 钢高，故其耐磨性好。但 W6Mo5Cr4V2 钢用一部分 Mo 代替 W，而 Mo 的碳化物稳定性不如 W 的碳化物高，因而含 Mo 高速钢淬火加热时易脱碳和过热，红硬性也差一些。W6Mo5Cr4V2 钢适于制造需要耐磨性与韧性有较好配合的刃具（如齿轮铣刀、插齿刀等），特别是用于扭制、轧制等热加工成形的薄刃刃具（如麻花钻头）更为适宜。W9Mo3Cr4V 也属于钨钼系高速钢，其有良好热塑性、含钼量较低而不易脱碳，兼有 W18Cr4V 和 W6Mo5Cr4V2 钢的共同优点，应用越来越多，正逐步替代 W18Cr4V 钢。

由于高速钢具有比其他刃具钢高得多的热硬性、耐磨性以及高强度，因此其还可用于制造冷冲模、冷挤压模以及某些要求耐磨性高的零件。

常用高速钢的牌号、化学成分、热处理工艺及硬度如表 7－19 所示。

4. 硬质合金

硬质合金是以高熔点、高硬度的难熔金属碳化物（WC、TiC 等）为基体，以铁族金属（Co、Fe、Ni 等）作为黏结剂的粉末冶金材料。硬质合金不属于钢，但由于它的主要用途之一是制造用于高速切削的刃具，因此在此对其进行介绍。

硬质合金的性能特点为：硬度高（86～93 HRA，相当于 69～81 HRC），红硬性高，耐磨性好；弹性模量也很高，通常为高速钢的 2～3 倍；抗压强度高、耐蚀性和抗氧化性好；与高速钢相比，切削速度提高 4～7 倍，寿命提高5～8 倍。

硬质合金的主要缺点是韧性很差，仅为淬火钢的 30%～50%；抗弯强度较低，只有高速钢的 33%～50%；加工性能差，不能进行锻造，也不能用一般的切削方法加工，只能采用电加工或专门的砂轮磨削。因此，生产中一般都是将已成形的硬质合金制品通过钎焊、黏结或机械装夹等方法固定在刀杆或模具体上使用。

目前常用的硬质合金有以下几类。

1）钨钴类硬质合金（YG）

钨钴类硬质合金的化学成分为碳化钨（WC）和钴。牌号用“硬”“钴”两字汉语拼音的第一个字母 YG＋数字表示，数字表示合金中钴的质量分数。例如，YG6 表示钴含量 $w_{Co}=6\%$，余量为碳化钨的钨钴类硬质合金。

表 7－19　常用高速钢的牌号、化学成分、热处理工艺及硬度

种类	牌号	化学成分 w_B/%						热处理工艺			硬度	
		C	Cr	W	Mo	V	其他	预热温度/℃	淬火温度/℃	回火温度/℃	退火状态/HBW	淬火回火/HRC
钨系	W18Cr4V	0. 73～0. 83	3. 80～4. 50	17. 20～18. 70	—	1. 00～1. 20	Mn：0. 10～0. 40 Si：0. 20～0. 40 S：≤0. 030 P：≤0. 030	820～870	1 270～1 285	550～570	≤255	≥63
钨钼系	CW6Mo5Cr4V2	0. 86～0. 94	3. 80～4. 50	5. 90～6. 70	4. 50～5. 20	1. 75～2. 10	Mn：0. 15～0. 40 Si：0. 20～0. 45 S：≤0. 030 P：≤0. 030	730～840	1 190～1 210	540～560	≤255	≥65
	W6Mo5Cr4V2	0. 80～0. 90	3. 80～4. 40	5. 50～6. 75	4. 50～5. 50	1. 75～2. 20	Mn：0. 15～0. 40 Si：0. 20～0. 45 S：≤0. 030 P：≤0. 030	730～840	1 210～1 230	540～560	≤255	≥64
	W6Mo5Cr4V3	1. 15～1. 25	3. 80～4. 50	5. 90～6. 70	4. 70～5. 20	2. 70～3. 20	Mn：0. 15～0. 40 Si：0. 20～0. 45 S：≤0. 030 P：≤0. 030	840～885	1 200～1 240	560	≤255	≥64
超硬系	W18Cr4V2Co8	0. 75～0. 85	3. 80～4. 40	17. 50～19. 00	0. 50～1. 25	1. 80～2. 40	Co：7. 00～9. 50	820～870	1 270～1 290	540～560	≤285	≥65
	W6Mo5Cr4V2Al	1. 05～1. 15	3. 80～4. 40	5. 50～6. 75	4. 50～5. 50	1. 75～2. 20	Al：0. 80～1. 20 Mn：0. 15～0. 40 Si：0. 20～0. 60 S：≤0. 030 P：≤0. 030	850～870	1 220～1 250	540～560	≤269	≥65

2）钨钴钛类硬质合金（YT）

钨钴钛类硬质合金的化学成分为碳化钨、碳化钛和钴。牌号用“硬”“钛”两字汉语拼音的第一个字母 YT + 数字表示，数字表示合金中碳化钛含量的质量分数。例如，YT15 表示 $w_{TiC} = 15\%$，余量为碳化钨和钴的钨钴钛类硬质合金。

硬质合金中，碳化物的含量越高、钴含量越少时，合金的硬度、耐磨性及红硬性越高，但强度及韧性越低。钴含量相同时，YT 类合金由于碳化钛的加入，具有较高的硬度和耐磨性；同时由于 YT 类合金表面能形成一层氧化钛薄膜，切削时不易粘刀，故其具有较高的红硬性。但 YT 类合金的强度和韧性不及 YG 类。因此，YG 类合金适宜加工脆性材料（如铸铁等），而 YT 类合金则适宜加工塑性材料（如钢等）。同一类合金中，钴含量较高者适宜制造粗加工刃具；反之，则适宜制造精加工刃具。

3）钨钛钽（铌）类硬质合金

钨钛钽（铌）类硬质合金是以碳化钽（TaC）或碳化铌（NbC）取代 YT 类合金中的一部分碳化钛（TiC）后形成的，又称为通用硬质合金或万能硬质合金。在硬度不变的情况下，碳化钛被取代的数量越多，合金的抗弯强度越高。通用硬质合金兼有 YG、YT 两类硬质合金的优点，它适宜于切削各种钢材，特别是对不锈钢、耐热钢、高锰钢等难加工钢材的切削效果更好。通用硬质合金也可代替 YG 类合金用于切削铸铁等脆性材料，但由于刀具韧性较差，切削效果不如 YG 类合金理想。

该类硬质合金的代号用“硬”“万”两字的汉语拼音的第一个字母“YW + 数字”表示，其中的数字无特殊意义，仅表示该合金的序号。例如，YW2 表示 2 号通用硬质合金。

常用硬质合金的牌号、成分、性能及用途如表 7－20 所示。

表 7－20 常用硬质合金的牌号、成分、性能及用途

类别	牌号	化学成分 w_B/%				力学性能		用途举例
		WC	TiC	TaC	Ca	硬度/HRA（不低于）	抗弯曲强度（不低于）/MPa	
钨钴类硬质合金	YG3X	96.5	—	<0.5	3	91.5	1 100	加工脆性材料（如铸铁等）
	YG6	94	—	—	6	89.5	1 450	
	YG6X	93.5	—	<0.5	6	91	1 400	
	YG8	92	—	—	8	89	1 500	
	YG8C	92	—	—	8	88	1 750	
	YG11C	89	—	—	11	86.5	2 100	
	YG15	85	—	—	15	87	2 100	
	YG20C	80	—	—	20	82	2 200	
	YG6A	91	—	3	6	91.5	1 400	
	YG8	91	—	<1.0	8	89	1 500	

续表

类别	牌号	化学成分 $w_B/\%$				力学性能		用途举例
		WC	TiC	TaC	Ca	硬度/HRA（不低于）	抗弯曲强度（不低于）/MPa	
钨钴钛类硬质合金	YT5	85	5	—	10	89	1 400	加工塑性材料（如钢等）
	YT15	79	15	—	6	91	1 150	
	YT3	66	30	—	4	92.5	900	
通用硬质合金	YW1	84	6	4	6	91.5	1 200	切削各种钢材
	YW2	82	6	4	8	90.5	1 300	

注：牌号中“X”代表该合金为细颗粒合金；“C”代表粗颗粒合金；不加字母的为一般颗粒合金；“A”代表含有少量 TaC 的合金。

4）钢结硬质合金

钢结硬质合金是以钢作为黏结相，以一种或几种碳化物（如 TiC、WC 等）为硬质相，采用粉末冶金工艺制成的一种新型工模具材料。

最早的钢结硬质合金是 TiC－高速钢（黏结相）钢结硬质合金。现在钢结硬质合金中的硬质相已向多样化发展，除 TiC 外，人们还开发出了如 WC、TiN、TiCN 等许多新型硬质相。此外，可作为钢结硬质合金黏结相的钢种也在不断增多。钢结硬质合金按黏结相的成分可分为碳素钢、合金工具钢、高速钢、不锈钢、高锰钢、特殊合金或高温合金钢结硬质合金。

钢结硬质合金的组织特点是微细的硬质相质点均匀弥散地分布在钢的基体上，所以其力学性能介于金属陶瓷硬质合金与钢之间，既有硬质合金的高硬度、高耐磨性及耐蚀性，又兼有钢的抗弯强度和韧性，同时还具备了钢的可加工性（如钢结硬质合金可以通过锻造改性和成形，可以焊接，可进行热处理，可切削加工等）。此外，钢结硬质合金还具有密度较低、比强度较高、自润滑性良好、消振性能优异等优点。钢结硬质合金在工模具、耐磨零件、耐高温和耐蚀结构材料等方面得到了日益广泛的应用。

5）涂层硬质合金

涂层硬质合金是在高速钢或硬质合金的表面上用气相沉积法涂覆一层耐磨性高的金属化合物，以改善刀具切削性能的材料。涂层硬质合金比基底材料有更良好的性能，它的硬度高、耐磨性好、热硬性高，可显著提高刃具的切削速度及使用寿命。常用的涂覆材料有 TiC、TiN、Al_2O_3、NbC、BN 等，其中以前三者应用最广。TiC 的硬度高（3 200 HV）、耐磨性好，可涂覆于易产生强烈磨损的刃具上；TiN 的硬度比 TiC 低些，但在空气中抗氧化性能好；Al_2O_3 具有很好的高温稳定性，因此适用于在切削时产生大热量的场合。

7.6.2 模具钢

用来制造各种模具的钢称为模具钢，根据使用性质不同分为冷作模具钢、热作模具钢、塑料模具钢和无磁模具钢等，本节主要介绍前两种。

1. 冷作模具钢

用于冷态金属成形的模具钢称为冷作模具钢，如各种冷冲模、冷挤压模、冷拉模的钢种等。这类模具工作时的实际温度一般不超过300 ℃。

1）性能要求

冷作模具工作条件的共同点是：工作时承受很大的压力或冲击力；金属在模具型腔内变形时，模具工作表面与工件之间产生剧烈的摩擦，尤其是模具刃口受到强力的摩擦和挤压。冷作模具制作成本较高，因此要求冷作模具具有长的使用寿命。

冷作模具常见的失效形式是过量磨损，有时其也因脆断、崩刃以及局部变形而报废。因此冷作模具钢的主要性能要求是：高强度、高硬度、高耐磨性及足够的韧性。此外，冷作模具钢还应具备良好的工艺性能，最重要的是淬透性要高、淬火变形及开裂倾向要小。冷作模具钢的淬透性、耐磨性和韧性应比刃具钢要求更高，而热硬性可比刃具钢低些。

2）成分特点

冷作模具钢的基本要求是高硬度（高于60 HRC）和高耐磨性，故一般应是高碳钢。在冲击条件下工作的高强韧性冷作模具钢，其碳含量为0.55%～0.70%；对于要求高硬度、高耐磨性的冷作模具钢，其碳含量为0.85%～2.30%。

为提高耐磨性及淬透性，冷作模具钢中往往加入较多的铬、钼、钨、钒等碳化物形成元素。这些元素在钢中形成弥散的特殊碳化物，加热时阻止奥氏体晶粒长大，起细化晶粒作用；回火时产生二次硬化，提高钢的耐磨性、强韧性并减小钢的过热倾向。铬和锰的主要作用是提高钢的淬透性，减小工件的淬火变形。硅可大幅提高钢的变形抗力和冲击疲劳抗力。

3）钢种选择

不同的冷作模具可以选用不同的钢种。由于冷作模具钢的工作条件和性能要求与刃具钢有许多相似之处，故大部分刃具钢一般都可以用来制造某些冷作模具。

（1）碳素工具钢可用来制造尺寸小、形状简单、负荷轻的冷作模具。如T7A、T8A、T10A、T12A等可用来制造小冲头；大型简单切边模可选用T8A、T10A、T12A制造。碳素工具钢价格便宜、加工性能好，但其淬透性低、耐磨性差，故用其制造的冷作模具使用寿命短。

（2）合金刃具钢可用来制造冷作模具，主要有9CrWMn、CrWMn、9Mn2V等。CrWMn钢的淬透性和耐磨性较好，其最大的特点是合金元素使钢的M_s点降低，淬火组织中保留了较多的残余奥氏体，利用这一点可以控制钢的淬火变形，所以CrWMn属于微变形钢，适合制作尺寸较大、形状复杂、淬火易变形但精度要求高的模具。9Mn2V钢由于不含铬，价格较低，常作为CrWMn的替代钢种。

（3）对于那些尺寸大、形状复杂、负荷重、变形要求严格的冷作模具，则须采用专用的冷作模具钢。这类钢合金元素含量较高，大多为中合金钢或高合金钢，如Cr4W2MoV、Cr5Mo1V、Cr12、Cr12MoV等。这些专用冷作模具钢大都具有淬透性高、耐磨性好、微变形等特点，性能优良。高速钢W18Cr4V、W6Mo5Cr4V2也常用于制造冷作模具，主要是利用它们的高淬透性和高耐磨性。

4）典型冷作模具钢及其热处理

（1）Cr12型冷作模具钢。

Cr12型钢属高碳高铬钢，这是专门研制的冷作模具钢，其代表钢种有Cr12、Cr12MoV、Cr12Mo1V1，也包括Cr5Mo1V、Cr4W2MoV等。这类钢的共同特点是淬透性高（油淬临界直径为200 mm)，空冷也能淬硬；具有高的耐磨性、热硬性和抗压强度；淬火变形很小，属于高耐磨、微变形的冷作模具钢。

Cr12 型钢也是莱氏体钢，其铸态组织中存在大量网状共晶碳化物。Cr12 型钢轧制后，坯料中碳化物分布不均匀，往往呈带状，故在模具成形前，应反复锻造来消除碳化物的不均匀性；锻后缓冷（砂冷或石灰冷）防止淬硬，然后进行等温球化退火。

Cr12 型钢的淬火加热温度对其组织和性能有极大影响，常用的热处理工艺有两种：

①一次硬化法，最终热处理采用较低的淬火温度和较低的回火温度，常称为低淬低回。Cr12 型钢低温淬火温度为950～980℃（Cr12MoV 钢为1 000～1 050 ℃）；回火温度一般为160～180℃。低淬低回使 Cr12 型钢具有高硬度（61～63 HRC）与高耐磨性，且淬火变形小。大多数 Cr12 型钢制造的冷作模具均采用此法进行热处理。

②二次硬化法，采用较高的淬火温度与高温多次回火，常称为高淬高回。Cr12 型钢的高温淬火温度为1 080～1 100 ℃（Cr12MoV 钢1 100～1 120 ℃)，淬火后由于残余奥氏体量增多，硬度较低（40～50 HRC)，但经在510～520 ℃高温多次回火后，产生二次硬化，硬度可升高至60～62HRC。高淬高回法可使钢获得较高的热硬性，故适于制作在400～450 ℃条件下工作的模具。经高淬高回处理的 Cr12 型钢，还可进行低温气体氮碳共渗，进一步提高模具的性能。

Cr12 型钢具有良好的淬透性（油淬临界直径可达200 mm）和耐磨性，淬火变形小，广泛用于制造各种负荷大、高耐磨、淬透性要求高、尺寸要求严格、形状复杂的冷作模具，如切边模、落料模、拉丝模等。其中，Cr12MoV 钢除耐磨性稍不及 Cr12 钢外，其强度、韧性都较好，应用最广。Cr12 型钢碳含量高，碳化物不均匀性严重，钢的脆断倾向大，近年来有逐渐被其他新钢种替代的趋势。

（2）高碳中铬钢。

高碳中铬钢有 Cr5MoV 钢、Cr4W2MoV 钢等，是 Cr12 型钢的替代钢种。这类钢属于过共析钢，但由于偏析的原因，铸态组织中亦存在共晶莱氏体。这类钢由于合金元素总量减少，碳化物分布比较均匀，热处理变形较小，同时具有淬透性好、耐磨性高等优点。

Cr4W2MoV 钢的热处理和 Cr12 型钢相似，也有两种热处理方法。在考虑硬度和强韧性要求时，可采用960～980 ℃淬火、260～320 ℃两次回火；对热稳定性要求较高的模具，则采用1 020～1 040 ℃淬火、500～540 ℃三次回火。高碳中铬钢可用于制造负荷大、生产批量大、形状复杂、变形要求严格的冷作模具，如用 Cr4W2MoV 钢代替 Cr12 钢制造冷冲模、冷挤压模等，可取得良好效果。

（3）降碳高速钢。

6W6Mo5Cr4V（6W6）钢称为降碳高速钢，相对于 W6Mo5Cr4V2 高速钢，6W6 钢中碳含量降低了0.21%左右，钒的质量分数降低了1.05%～1.11%。由于碳、钒含量降低，钢中碳化物总量减少，碳化物的不均匀性得到改善；淬火硬化状态的抗弯强度和塑性提高了30%～50%，冲击韧度提高了50%～100%，但淬火硬度也相应减少了2～3 HRC。故 6W6 钢是一种具有高强韧性、高承载能力的冷作模具钢，主要用于取代高速钢或高碳高铬钢制造易于脆断的冷挤压冲头或冷镦冲头等，效果良好。

（4）基体钢。

所谓基体钢是指其成分与高速钢正常淬火组织中基体成分相同的钢。这种钢有高速钢的高强度、高硬度，但显微组织中碳化物的数量大大减少，因而使其韧性和疲劳强度显著提高，强韧性较高速钢明显改善且具有良好的工艺性能。经适当热处理后，基体钢可兼具高速钢高强度和结构钢高韧性两方面的优势，同时其淬火变形也小。

基体钢常用于制造负荷大的冷镦模、冷挤压模等。由于基体钢中合金元素含量减少，其成本也低于相应的高速钢。基体钢常用钢种有6Cr4W3Mo2VNb（65Nb）、7Cr7Mo2V2Si（LD）等。

常用冷作模具钢的牌号、化学成分、热处理工艺及硬度如表7－21所示。

2. 热作模具钢

热作模具是指用于热变形加工和压力铸造的模具，这类模具工作时型腔表面的工作温度可达600 ℃以上。热作模具根据工作条件可分为热锻模、热挤压模、热冲裁模和压铸模。热作模具的工作特点是在外力作用下使被加热的固体金属产生一定的塑性变形，或者使高温的液态金属铸造成形，从而获得各种形状的毛坯或零件。

1）性能要求

（1）热作模具在工作时会与热态金属反复接触，模膛表面受高温作用，因此要求热作模具钢应具有足够的高温硬度和高温强度；

（2）金属在高温下高速塑性流变，模具表面除受到剧烈的摩擦磨损外，还受到高温氧化腐蚀和氧化铁屑的研磨，因此要求热作模具钢必须具备良好的耐磨性和抗黏着性；

（3）热作模具（尤其是热锻模）工作时要承受很大的冲击力，而且冲击频率很高，因此要求热作模具钢具有高的强度和良好的韧性，否则热作模具将产生变形或开裂；

（4）热作模具工作时反复受热和冷却，每次成形后需用水、油冷却或空冷，易引起模膛表层形成网状裂纹（龟裂），即产生热疲劳现象，所以热作模具钢还应具有高的抗热疲劳性能和抗氧化能力；

（5）热作模具一般尺寸较大，为使模具整个截面性能均匀，热作模具钢还应具有高的淬透性；

（6）要求热作模具钢良好的导热性和较小的热处理变形。

2）成分特点

根据热作模具钢的性能要求，其化学成分应兼具调质钢的某些特点，故热作模具钢一般采用中碳合金钢（碳含量一般为$w_C=0.30\%\sim0.60\%$）。中碳含量既保证钢在淬火回火后有足够的强度、硬度和耐磨性，同时又能保证钢的塑性、韧性和导热性。钢中加入铬、镍、硅、锰等合金元素以提高淬透性，加入铬、钨、钼、硅等提高钢的高温强度和回火稳定性，同时提高钢的临界点（A_{c1}），避免模具在受热、冷却过程中发生相变而产生组织应力，并有助于提高钢的抗热疲劳能力。

3）典型钢种

典型热作模具钢的牌号是5CrNiMo和5CrMnMo。5CrNiMo钢具有良好的韧性、强度与耐磨性，力学性能在500～600 ℃时几乎不降低且具有十分良好的淬透性，故常用来制作大、中型热锻模。以锰代镍而研制的5CrMnMo钢，成本较低，其综合力学性能与热疲劳性能比5CrNiMo稍差，淬透性稍低，可用来制作中、小型热锻模。

表 7－21　常用冷作模具钢的牌号、化学成分、热处理工艺及硬度

牌号	化学成分 w_B/%							热处理工艺	硬度/HRC	交货状态硬度 HBW
	C	Si	Mn	Cr	W	Mo	V			
9Mn2V	0.85～0.95	≤0.40	1.70～2.00	—	—	—	0.10～0.25	780～810 ℃油淬	≥62	≤229
CrWMn	0.90～1.05	≤0.40	0.80～1.10	0.90～1.20	1.20～1.60	—	—	800～830 ℃油淬	≥62	255～207
Cr12	2.00～2.30	≤0.40	≤0.40	11.50～13.00	—	—	—	955～1 000 油淬	≥60	269～217
Cr12MolV1	1.45～1.60	≤0.60	≤0.60	11.00～13.00	—	0.70～1.20	0.80～1.00	1 000 ℃（盐浴）或 1 010 ℃（炉控气氛）空冷，200℃回火	≥59	≤255
Cr12MoV	1.45～1.70	≤0.40	≤0.40	11.00～12.50	—	0.40～0.60	0.15～0.30	950～1 000 ℃油淬	≥58	255～207
Cr5MolV	0.95～1.05	≤0.50	≤1.00	4.75～5.50	—	0.90～1.40	0.15～0.50	940 ℃（盐浴）或 950 ℃（炉控气氛）空冷，200℃回火	≥60	≤255
9CrWMn	0.85～0.95	≤0.40	0.90～1.20	0.50～0.80	0.50～0.80	—	—	800～830 ℃油淬	≥62	241～197
Cr4W2MoV	1.12～1.25	0.40～0.07	≤0.40	3.50～4.00	1.90～2.60	0.80～1.20	0.80～1.10	960～980 ℃油淬 1 020～1 040 ℃油淬	≥60	≤269
6Cr4W3Mo2VNb	0.60～0.70	≤0.40	≤0.40	3.80～4.40	2.50～3.50	1.80～2.50	0.80～1.20	1 100～1 160 ℃油淬	≥60	≤255
6W6Mo5Cr4V	0.55～0.65	≤0.40	≤0.60	3.70～4.30	6.00～7.00	4.50～5.50	0.70～1.10	1 180～1 200 ℃油淬	≥60	≤269
7CrSiMnMoV	0.65～0.75	0.85～1.15	0.65～1.05	0.90～1.20	—	0.20～0.50	1.15～0.30	870～900 ℃油淬或空冷 150 ℃回火	≥60	≤235

热锻模用钢锻后应采用球化退火以消除应力、降低硬度（197～241HBW），以改善切削加工性能；成形加工后采用淬火+高温回火，回火后的组织为回火托氏体+回火索氏体，具有良好的综合力学性能和热疲劳抗力。

典型的压铸模用钢为3Cr2W8V钢，其碳含量为w_C=0.3%～0.4%，由于合金元素的作用，它已属过共析钢。3Cr2W8V钢具有较高的耐热疲劳性能、高温力学性能以及良好的淬透性（截面在100 mm以下的模具可在油中淬透），在600～650 ℃温度下，其强度极限达1 000～2 000 MPa，硬度达250～300 HBW，但塑性与韧性较差。3Cr2W8V钢适于制造浇注温度较高的铜合金、铝合金压铸模以及工作载荷较重的热挤压模等。

3Cr2W8V钢的淬火温度为1 050～1 105 ℃，淬火加热时采用400～500 ℃、800～850 ℃共两次预热以减少变形，淬火后可采用空冷、油冷或分级淬火。回火温度可根据性能确定，一般在560～660 ℃范围内进行2～3次回火。淬火、回火后的组织为回火马氏体和粒状碳化物，硬度为40～48 HRC。

常用热作模具钢牌号、成分、热处理工艺、性能及用途如表7－22所示。

表7－22 常用热作模具钢的牌号、成分、热处理工艺、性能及用途

牌号	w_C/%	热处理工艺	回火后硬度/HRC	用途举例
5CrMnMo	0.5～0.60	820～850 ℃油淬	38～47	中小型锻模
5CrNiMo	0.50～0.60	830～860 ℃油淬	37～47	形状复杂、耐冲击的各种大、中型锤锻模
3Cr2W8V	0.30～0.40	1 075～1 125 ℃油淬	42～48	压铸模、热挤压模
3Cr3Mo3W2V	0.32～0.42	1 060～1 130 ℃油淬	43～49	做热铸模、热挤压模、压铸模等
5Cr4W5Mo2V	0.40～0.50	1 100～1 150 ℃油淬	45～48	中小型精锻模，代替3Cr2W8V做某些挤压模寿命更高
4CrMnSiMoV	0.40～0.50	870～930 ℃油淬	37～49	代替5CrNiMo，寿命高
4Cr5MoSiV	0.35～0.45	1 000～1 030 ℃油淬	47～49	铝、镁、铜、黄铜等合金压铸模、热挤压模等，寿命比3CrNiMo高
8Cr3	0.75～0.85	850～880 ℃油淬	35～45	冲击不大的热作模具，如热弯、热剪的成形冲模

7.6.3 量具钢

块规、卡规、塞规、游标卡尺、千分尺、样板等用来测量工件尺寸的工具称量具。量具的性能要求包括高的硬度（62～65 HRC）、高耐磨性和良好的尺寸稳定性。此外，还要求良好的磨削加工性，使量具能达到很小的表面粗糙度值；量具对淬火变形要求都比较严格。

量具没有专用钢种。为满足上述要求，量具钢一般采用碳含量高的钢，以保证其淬火后的硬度和耐磨性；为了保证尺寸稳定性，应选用淬火变形小的钢种。

尺寸较小、精度要求不高的量具可选用碳素工具钢 T10A、T12A 或选用渗碳钢 15、20、15Cr 钢等，渗碳钢要经渗碳淬火处理；对要求耐蚀的量具可选用不锈工具钢；形状复杂、精度要求高的量具一般选用微变形合金工具钢，如 CrWMn、CrMn 钢等。滚动轴承钢 GCr15 也是制造精密量具的适宜钢种。

量具钢的热处理与刃具钢基本相同，其预先热处理采用球化退火，最终热处理采用淬火+低温回火，为获得高硬度、高耐磨性，回火温度应低些。量具的主要要求是保证尺寸的稳定性，为此热处理时应尽量采用较低的淬火加热温度，以减少残余奥氏体量；淬火后可进行冷处理，使残余奥氏体尽可能地转变为马氏体；进行低温回火的时间要长，磨削后还需在 110～150 ℃进行 20 h 以上长时间人工时效（也称稳定化处理），以进一步保证尺寸稳定性。许多量具还可进行表面镀铬防护处理，以进一步提高其耐磨耐蚀性和表面装饰性。

7.7 特殊性能钢

7.7.1 不锈钢

不锈钢是不锈钢和耐酸钢的总称。工业上常将能抵抗大气及弱腐蚀介质腐蚀的钢种称为不锈钢；而将能耐酸及耐一些强腐蚀介质腐蚀的钢称为耐酸钢。一般的不锈钢不一定耐酸，但耐酸钢一般都具有良好的耐蚀性能。

1. 金属的腐蚀与防护

腐蚀通常可分为化学腐蚀和电化学腐蚀两类，大部分金属中的腐蚀过程都属于电化学腐蚀。电化学腐蚀是金属与电解质溶液接触时所发生的腐蚀现象，腐蚀过程伴随有电流产生，而化学腐蚀过程中不产生电流。

电极电位不同的金属或金属内部不同的相在有电解质溶液存在时，将形成原电池或微电池，电极电位低的金属或相将成为阳极而被腐蚀，阴极因其电极电位较高而被保护下来。

图 7－12 所示为钢中的珠光体组织在硝酸酒精溶液中的电化学腐蚀原理示意。珠光体是由铁素体和渗碳体两相组成的，其中铁素体的电极电位比渗碳体低，当有电解质溶液存在时，铁素体就成为微电池的阳极而遭受腐蚀，渗碳体电极电位较高成为阴极不遭受腐蚀。这样一来，原来已经磨平抛光的试样平面就变得凹凸不平了，在光源照射下，珠光体组织中的层片形态就在显微镜下显现了出来。由此可知，金属中不同的组成相、基体和金属化合物、基体和夹杂物、晶向不同的晶粒、化学成分不均匀（偏析）的部位、氧化膜和空隙以及晶粒

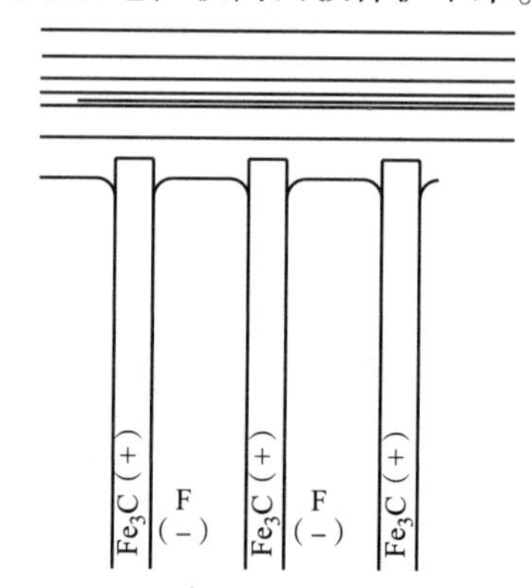

图 7－12　珠光体电化学腐蚀原理示意

本身和晶界等，它们之间都可能由于电极电位不同而形成原电池微电池。

根据电化学腐蚀的基本原理，金属的防护主要有以下途径：

（1）尽量获得均匀的单相组织，防止腐蚀微（原）电池的产生，如在钢中加入一定量的镍获得单相奥氏体组织，可有效提高钢的耐蚀性。

（2）提高金属基体的电极电位。当钢中铬含量 $w_{Cr}=11.7\%$ 时，其组织中铁素体的电极电位将由 -0.56 V 跃升为 $+0.2$ V，使钢的耐蚀性显著提高，所以不锈钢中往往加入大量的铬。

（3）形成保护膜。加入合金元素使金属表面在腐蚀过程中形成致密保护膜，将金属基体与介质隔离开，防止进一步腐蚀，如铬、铝、硅等合金元素就易于在金属表面形成致密的氧化膜 Cr_2O_3、Al_2O_3、SiO_2 等。

2. 常用不锈钢

不锈钢按组织特点可分为马氏体型不锈钢、奥氏体型不锈钢、铁素体型不锈钢、奥氏体－铁素体双相不锈钢及沉淀硬化型不锈钢。

1）马氏体型不锈钢

马氏体型不锈钢的铬含量为 $w_{Cr}=13\%\sim18\%$、碳含量为 $w_C=0.1\%\sim1.0\%$。大量的铬使钢在冷却时过冷奥氏体的稳定性很高，C 曲线显著右移，因此使钢在空冷条件下也能部分或全部得到马氏体（少量残余奥氏体），故称马氏体型不锈钢。马氏体型不锈钢主要包括 Cr13 型不锈钢和高碳不锈轴承钢 95Cr18 等。生产中最常用的马氏体型不锈钢有 12Cr13、20Cr13、30Cr13、40Cr13 等。这类钢有较好的力学性能、较好的热加工性能及较好的切削加工性能，耐蚀性较好，价格较低，应用广泛。

12Cr13 和 20Cr13 等低碳不锈钢具有优良的抗大气、蒸气等介质腐蚀能力，常用于制造高强度耐蚀结构件，如汽轮机叶片、螺栓、螺母、锅炉管附件等；30Cr13、40Cr13、32Cr13Mo 广泛用于制造医用夹持器械及刃具。32Cr13Mo 钢是我国自行研制的钢种，主要针对 30Cr13 钢和 40Cr13 钢用于上述医用器械时易生锈及锋利度偏低的缺点，在钢中加入钼使钢的耐蚀性更高，锋利度也得到提高。

马氏体型不锈钢锻造后需经退火处理，以降低硬度和改善切削加工性能；冲压后也需进行退火，以消除加工硬化、提高塑性，便于后续加工。

2）奥氏体型不锈钢

奥氏体型不锈钢是工业上应用最广泛的不锈钢，属于铬镍系不锈钢。这类钢碳含量很低，一般为 $w_C=0.06\%\sim0.14\%$，铬含量为 $w_{Cr}=17\%\sim19\%$，镍含量为 $w_{Ni}=8\%\sim11\%$。由于加入大量的镍，将奥氏体相区扩大至室温以下，使这类钢在室温下仍为单相奥氏体组织，故称奥氏体型不锈钢。低碳高铬含镍的成分配合既有利于得到单相组织，又可提高钢的电极电位，使钢的耐蚀性大幅提高。

奥氏体型不锈钢的典型牌号是 06Cr19Ni10、12Cr18Ni9、06Cr18Ni11Ti 等。

奥氏体型不锈钢具有比马氏体型不锈钢更高的耐蚀性。一般来说，马氏体型不锈钢仅能在大气中耐腐蚀，而奥氏体型不锈钢在一些腐蚀性强烈的介质中仍具有较高的耐蚀性。其次，奥氏体型不锈钢在低温、室温及高温下均具有较高的塑性和韧性，冷作成形性及焊接性均较好；另外，奥氏体型不锈钢具有顺磁性（低磁性），而马氏体型不锈钢则具有铁磁性，实际中常根据这一点来鉴别这两类不锈钢。

奥氏体型不锈钢之所以具有优良的耐蚀性，根本原因是它在室温下具有单相组织。如果室温组织中析出第二相，哪怕数量很少，也会使钢的性能受到严重影响。因此，奥氏体型不锈钢一般都要采用固溶处理，即把钢加热至高温（1 050 ~ 1 150 ℃），使钢中的碳化物全部溶解，碳及合金元素全部固溶于奥氏体中，然后采用水淬冷却，使碳化物来不及聚集析出，室温时获得过饱和单相奥氏体，以保证钢的耐蚀性。

经固溶处理后的奥氏体型不锈钢，当温度升至 450 ~ 850 ℃（称为敏化温度）时，将沿奥氏体晶界析出富铬碳化物 $Cr_{23}C_6$，碳化物析出会使晶界附近产生贫铬区，这将使钢在某些介质中产生沿晶界的腐蚀现象，称为晶间腐蚀。晶间腐蚀危害很大，它会使钢的强度、塑性及冲击韧性大幅下降。遭受晶间腐蚀的钢件稍经受力，很快就将发生断裂。

经固溶处理的奥氏体型不锈钢工件在焊接后就存在晶间腐蚀倾向。焊件焊接时熔化区附近热影响区的温度正好处于 450 ~ 850 ℃（敏化温度）范围，就使钢产生较大的晶间腐蚀倾向。

防止晶间腐蚀有以下措施：

（1）对于已经产生晶间腐蚀的奥氏体型不锈钢，重新施以固溶处理。

（2）钢中加入强碳化物形成元素钛、铌或钽等。这些元素与碳的亲和力比铬与碳的亲和力大，它们在一定条件下将优先与碳形成更加稳定的碳化物 TiC、NbC、TaC，使铬的碳化物难以析出，晶间腐蚀发生的可能性就会大大减小。对于这些成分中添加了 Ti、Nb 的奥氏体型不锈钢（如 06Cr18Ni11Ti 等），一般应在固溶处理后再进行一次稳定化处理，以彻底消除钢的晶间腐蚀倾向。所谓稳定化处理是将固溶处理后的钢，再加热至 850 ~ 900 ℃保温1 ~ 4 h，然后空冷的一种热处理方法，其目的是确保 TiC、NbC 析出，借此抑制晶界附近 $Cr_{23}C_6$ 铬碳化物的形成，从而取得防止晶间腐蚀的最好效果。

为了消除奥氏体型不锈钢在冷加工或焊接后产生的残余应力，减小晶间腐蚀倾向，在加工后应对钢进行去应力处理。去应力处理常用的工艺是将钢件加热至 300 ~ 400 ℃回火；对于不含稳定化元素 Ti、Nb 的奥氏体型不锈钢，加热温度不宜超过 450 ℃，以避免铬碳化物析出；对于超低碳和含 Ti、Nb 等元素的奥氏体型不锈钢冷加工件和焊接件，采用 500 ~ 950 ℃加热，然后缓冷的工艺，既消除应力又可减轻晶间腐蚀倾向，提高钢抵抗腐蚀的能力。

奥氏体型不锈钢主要用于制作在腐蚀性介质中工作的零件，常用的钢种主要有 12Cr18Ni9、06Cr18Ni11Ti 等。

3）铁素体型不锈钢

铁素体型不锈钢的特点是铬含量高（$w_{Cr} > 15\%$）、碳含量低（$w_C < 0.15\%$），使其在加热和冷却过程中很少或基本上不发生奥氏体相变，室温组织为单相铁素体，故称铁素体型不锈钢。这类钢随着铬含量的提高，其基体的电极电位升高，钢的耐蚀性提高。为了进一步提高耐蚀性，钢中有时还加入钼、钛、铜等合金元素。由于铁素体型不锈钢从室温加热到高温（1 000 ℃左右）或从高温冷却至室温均保持单相铁素体组织不变，因此这类钢不采用淬火

强化，多在退火状态下使用。

铁素体型不锈钢在氧化性酸中具有良好的耐蚀性，同时具有很好的抗氧化性能，主要用于硝酸、氮肥、磷酸等化工业，如化工设备中的容器、管道等；也可用于在高温下工作的抗氧化材料。铁素体型不锈钢的主要缺点是韧性低、脆性大。

铁素体型不锈钢按铬含量分有3种类型：Cr13型，如06Cr13Al，常作为耐热钢用（如用于汽车排气阀等）；Cr17型，如10Cr17等，可耐大气、稀硝酸等介质的腐蚀；Cr27－30型，如008Cr27Mo，是耐强腐蚀介质的耐酸钢。

4）奥氏体－铁素体双相不锈钢

双相不锈钢是近年来发展起来的新型不锈钢。人们通过调整钢的化学成分（在铬含量$w_{Cr}=18\%\sim26\%$、镍含量$w_{Ni}=4\%\sim7\%$的基础上，再根据钢的不同用途加入Mn、Si等元素），使其经1 000～1 100 ℃淬火后获得铁素体和奥氏体双相组织，从而制得双相不锈钢。奥氏体降低了高铬铁素体型钢的脆性，提高了钢的韧性和焊接性；而铁素体的存在又使钢具有比奥氏体型钢更高的强度和抗晶间腐蚀能力等。我国奥氏体－铁素体型双相不锈钢常用的牌号主要有022Cr25Ni6Mo2N、14Cr18Ni11Si4AlTi等。但应指出，双相不锈钢的优越性只有在正确的加工条件和合适的使用环境中才能体现。

常用不锈钢的牌号、化学成分、热处理工艺、力学性能及用途如表7－23所示。

7.7.2 耐热钢

耐热钢是指在高温下工作时仍能保持足够的强度并具有热化学稳定性的钢种。热化学稳定性包括抗氧化性、耐硫性、耐铅性和抗氢腐蚀性等，其中最重要的是抗氧化性。耐热钢在航空航天、发动机、热能工程、化工及军事工业等方面都有着非常重要的用途。

1. 性能要求与合金化

耐热钢常用来制造蒸汽锅炉、燃气轮机、燃气涡轮、喷气发动机及火箭、原子能装置等构件或零件，这些零、构件的工作温度一般都在450 ℃以上，并且承受静载、疲劳或冲击负荷的作用。钢件与高温空气、蒸汽或燃气接触，表面会发生氧化或腐蚀破坏。另外，钢在高温作用下，屈服极限和抗拉强度都会降低。钢件如果同时受温度和载荷的长期作用，尽管所受应力较小甚至远低于其屈服点，也会以一定的速度产生持续的塑性变形。因此，在高温下承受各种负荷的钢件，必须具备足够的抗氧化性和热强性。

1）抗氧化性

钢的抗氧化性指钢在高温下抗氧化的能力。钢在高温下与氧发生化学反应时，若能在表面迅速生成一层致密的、并能与基体金属牢固结合的氧化膜，使高温氧化环境与钢基体快速隔离，钢将不再被氧化。但碳钢在560 ℃以上时，其表面铁与氧形成的氧化膜没用这种保护作用，往钢中加入铬、铝、硅等元素，形成致密且与钢表面牢固结合的合金氧化膜Cr_2O_3、Al_2O_3、Fe_2SiO_4等，防止FeO的形成，阻止铁离子和氧原子的扩散，可显著提高钢的抗氧化能力。一般来说，钢中铬、铝、硅含量越高，其能承受的工作温度越高。

表 7－23　常用不锈钢的牌号、化学成分、热处理工艺、力学性能及用途

类别	牌号	化学成分 w_B/%			热处理工艺		力学性能（不小于）				硬度/HBW	用途
		C	Cr	其他	淬火	回火	$R_{P0.2}$/MPa	R_m/MPa	A/%	Z/%		
马氏体型	12Cr13	≤0. 15	11. 50～13. 50	Si≤1. 00 Mn≤1. 00 P≤0. 040 S≤0. 030	950～1 000 ℃ 油冷	700～750 ℃ 快冷	345	540	25	55	≥159	抗弱酸介质、并承受冲击的零件，如汽轮机叶片、结构架、螺栓、螺母等
	20Cr13	0. 16～0. 25	12. 00～14. 00	Si≤1. 00 Mn≤1. 00 P≤0. 040 S≤0. 030	920～980 ℃ 油冷	600～750 ℃ 快冷	440	635	20	50	≥192	
	30Cr13	0. 26～0. 35	12. 00～14. 00	Si≤1. 00 Mn≤1. 00 P≤0. 040 S≤0. 030	920～980 ℃ 油冷	600～750 ℃ 快冷	540	735	12	40	≥217	比 2Cr13 淬火硬度高，用于喷嘴、阀座、阀门等
	40Cr13	0. 36～0. 45	12. 00～14. 00	Si≤0. 60 Mn≤0. 80 P≤0. 040 S≤0. 030	1 050～1 100 ℃ 油冷	200～300 ℃ 空冷	—	—	—	—	≥50	热油泵轴、阀片、阀门、轴承、剪切刀具、量具等
	95Cr18	0. 90～1. 00	17. 00～19. 00	Si≤0. 80 Mn≤0. 80 P≤0. 040 S≤0. 030	1 000～1 050 ℃ 油冷	200～300 ℃ 油、空冷	—	—	—	—	≥55 HRC	剪切刀具、不锈切片机械刀具、轴承、量具、高耐磨、耐蚀件等
铁素体型	10Cr17	≤0. 12	16. 00～18. 00	Si≤1. 00 Mn≤1. 00 P≤0. 040 S≤0. 030	780～850 ℃ 退火空冷或缓冷		205	450	22	50	≤183	建筑内装饰、家庭用具、家用电器等
奥氏体型	12Cr18Ni9	≤0. 15	17. 00～19. 00	Ni：8. 00～10. 00 Si：2. 00～3. 00 Mn≤2. 00 P≤0. 045 S≤0. 030 N≤0. 10	1 010～1 150 ℃ 固溶处理、快冷		205	520	40	60	≤187	用于耐硝酸、冷磷酸、有机酸及盐、碱溶液腐蚀的设备零件

续表

类别	牌号	化学成分 w_B/%			热处理工艺		力学性能（不小于）				硬度/HBW	用途
		C	Cr	其他	淬火	回火	$R_{P0.2}$/MPa	R_m/MPa	A/%	Z/%		
奥氏体型	06Cr18Ni11Nb	≤0.08	17.00~19.00	Ni：9.0~12.0 Nb：1.0~1.10 Si≤1.0 Mn≤2.00 P≤0.045 S≤0.030	980~1 150 ℃ 固溶处理、快冷		205	520	40	50	≤187 HBW	在酸、碱、盐等介质中均有较好的耐蚀性，并具有良好的焊接性能
奥氏体-铁素体双相型	022Cr25-Ni6Mo2N	≤0.030	24.00~26.00	Si≤1.00 Mn≤2.00 Ni：5.50~6.50 Mo：1.20~2.50 N：0.10~0.20 P≤0.030 S≤0.030	980~1 200 ℃ 固溶处理、快冷		450	620	20	—	≤260 HBW	具有良好的抗氧化性，耐点蚀性能好，耐海水腐蚀性能好，强度高
	022Cr19-Ni5Mo3Si2N	≤0.030	18.00~19.50	Si：1.30~2.00 Mn：1.00~2.00 Ni：4.50~5.50 Mo：2.50~3.00 N：0.05~0.12 P≤0.035 S≤0.030	980~1 150 ℃ 固溶处理、快冷		390	590	20	40	≤290 HBW	适用于含氯离子的环境，常用于炼油、化肥、造纸、石油、化工等工业热交换器和冷凝器等

2）热强性

热强性是指金属在高温和载荷长时间作用下抵抗蠕变和断裂的能力，表示材料的高温强度，即在高温下仍能保持较高强度的能力。钢的热强性通常以蠕变极限和持久强度来表示。蠕变极限是指在一定温度下，规定时间内试样产生一定伸长率的应力值，如 $\sigma_{1}^{550}/100\ 000=69\ \text{MPa}$ 表示能够使钢在 550 ℃条件下，经过 10^5 h 后产生 1% 变形量所对应的应力值为 69 MPa。持久强度是指在一定温度下，经过规定时间发生断裂时的应力值，如 $\sigma_{1\ 000}^{700}$ 表示试样在 700 ℃下经过 1 000 h 发生断裂时所对应的应力值。

研究表明，钢在高温时强度下降的原因主要是晶界弱化，原子更易沿晶界产生有方向的扩散移动，从而引起塑性变形，即高温下的蠕变主要是晶界扩散变形引起的。在常温下细化晶粒，有助于提高多晶体的强度，但在高温下，晶界反而加速了多晶体的弱化过程，这就是粗晶粒钢反而具有较高蠕变强度的原因。

综上所述，提高钢的热强性可通过提高基体原子间的结合力、强化晶界及弥散强化等途径来实现。金属原子间的结合力越大，其热强性越高。可近似地认为，金属的熔点越高，原子间的结合力越大，再结晶温度越高，其热强性也就越高，则钢可在更高的温度下使用。此外，对于铁基合金来说，面心立方晶体的原子结合力较强，而体心立方晶体则较弱，所以，奥氏体型钢的蠕变抗力较高。

通过合金化既可提高金属原子间的结合力，又可通过热处理得到适当的组织结构，达到提高钢热强性的目的。在钢中加入高熔点元素（钼、钨等）可减缓金属中原子的扩散过程、延迟再结晶过程并提高再结晶温度，钴、镍、铝等也有类似的作用。在钢中加入钛、铌、钨、钼、铬等元素可形成稳定而又弥散分布的碳化物，它们在较高的温度下不易聚集长大，可阻碍位错的运动，提高钢的高温强度。在钢中加入化学性质极活泼的元素（B、Zr 及稀土等）可以减少晶界杂质偏聚，提高晶界区原子的结合力，阻止晶界原子扩散，提高钢的抗蠕变能力。铬、硅、铝、钨、钼等元素还有提高钢高温抗氧化性的作用。但碳会降低钢的抗氧化性和焊接性，所以耐热钢的碳含量一般都不高。

2. 常用耐热钢

耐热钢按使用性能分为抗氧化钢和热强钢；按正火组织又可分为铁素体型耐热钢、珠光体型耐热钢、马氏体型耐热钢和奥氏体型耐热钢等。

1）珠光体型耐热钢

珠光体型耐热钢属于低碳合金钢，在 450 ~ 550 ℃范围内具有较高的热强性，主要用于载荷较小的热能动力装置和化工设备中的零部件等，如锅炉钢管、化工压力容器、热交换器等耐热构件。这类钢的典型钢种有 12Cr1MoV、15CrMo 钢等，其中，12Cr1MoV 是大量使用的钢管材料。

珠光体型耐热钢的热处理一般采用正火 + 高温回火。正火加热温度为 950 ~ 1 050 ℃，高温回火温度为 600 ~ 700 ℃（回火温度一般要高于工作温度 100 ℃左右），热处理后的组织为铁素体 - 珠光体组织。若正火冷却速度较快可得到贝氏体组织，钢的持久强度将有所提高。采用较高的回火温度，可以得到弥散而稳定的碳化物并使钢的组织稳定性更高。

2）马氏体型耐热钢

马氏体型耐热钢的蠕变极限、耐磨性及耐蚀性均比珠光体型耐热钢高，主要包括用来制造汽轮机叶片的铬钢（$w_{Cr}=10\% \sim 13\%$）和用于制造汽油机或柴油机排气阀的铬－硅钢。马氏体型耐热钢的工作温度一般在550～600 ℃之间。

汽轮机叶片常用铬钢的牌号有13Cr13Mo、12Cr12Mo、18Cr12MoVNbN等，这类钢是在12Cr13马氏体型不锈钢的基础上，加入钨、钼、钒、钛、铌等元素而形成的。合金元素的作用是进一步强化钢的基体并形成更稳定的碳化物，加入硼可强化晶界，从而提高了钢的热强性和叶片的使用温度。马氏体型耐热钢的热处理工艺为1 000～1 150 ℃油淬、650～740 ℃回火，其使用状态的组织为回火托氏体或回火索氏体，组织稳定性较高。

排气阀用铬－硅钢的常用牌号为42Cr9Si2和40Cr10Si2Mo等。合金元素硅能提高钢的Ac_1点，从而提高了钢的使用温度；钼可提高钢的热强性并可防止回火脆性。通过铬、钼适量配合使钢获得较高的热强性。

42Cr9Si2钢在800～880 ℃退火状态使用；40Cr10Si2Mo钢在1 050 ℃油冷淬火、720～780 ℃回火后使用。这两种钢的最高使用温度为750 ℃。

3）奥氏体型耐热钢

奥氏体型耐热钢比珠光体型、马氏体型耐热钢具有更高的热强性和抗氧化性，工作温度为600～700 ℃，最高可达850 ℃。这类钢中加入大量的铬和镍，以使钢获得稳定的奥氏体，提高钢的抗氧化性。加入钨、钼、钒、钛、铌、铝、硼等元素，可起到强化奥氏体（钨、钼），形成稳定合金碳化物以及强化晶界（硼）等作用，进一步提高钢的热强性。

奥氏体型耐热钢的钢种很多，其中，06Cr19Ni10、06Cr17Ni12Mo2钢等属于固溶强化奥氏体型耐热钢，其在700 ℃以下使用时，具有良好的抗氧化性和一定的热强性，通常用于喷气发动机排气管和冷却良好的燃烧室零件。

45Cr14Ni14W2Mo钢是目前应用最多的热强钢，属于奥氏体型耐热钢，它的热强性、组织稳定性和抗氧化性均高于马氏体气阀钢，故常用于制造工作温度≥650 ℃的内燃机重负荷排气阀。

4Cr13Ni8Mn8VNb钢是国内应用较多的一种以碳化物作为强化相的奥氏体型耐热合金，具有较高的热强性，可在600～700 ℃使用，常用于喷气发动机涡轮及叶片材料或高温紧固件。

奥氏体型耐热钢的热处理一般采用固溶＋时效处理，即首先将钢加热至1 000 ℃以上保温后油冷或水冷，然后在高于工作温度60～100 ℃范围进行一次或两次时效处理，析出强化相并稳定钢的组织，进一步提高钢的热强性。

常用耐热钢的牌号、热处理工艺及用途如表7－24所示。

表 7-24 常用耐热钢牌号、热处理工艺及用途

种类	牌号	热处理工艺	用途举例
珠光体型耐热钢	12CrMo	900 ℃空冷 600 ℃回火、空冷	工作温度 450 ℃的汽轮机零件、工作温度 475 ℃的各种蛇形管
	15 CrMo	900 ℃空冷 650 ℃回火、空冷	工作温度 <550 ℃的蒸汽管、工作温度≤650 ℃的水冷壁管及联箱和蒸汽管等
	12 CrMoV	970 ℃空冷 750 ℃回火、空冷	工作温度≤540 ℃的主汽管、工作温度≤570 ℃的过热器管等
马氏体型耐热钢	12Cr5Mo	900~950 ℃油冷 600~700 ℃回火空冷	石油裂解管、锅炉吊架、蒸汽机气缸衬套、泵的零件、阀、活塞杆、高压加氢设备部件、紧固件等
	13Cr13Mo	970~1 020 ℃油冷 650~750 ℃回火快冷	汽轮机叶片、高温高压蒸汽用耐氧化部件
	14Cr11 MoV	1 050~1 100 ℃油冷 720~740 ℃回火空冷	用于透平叶片和导向叶片
	15Cr12 WMoV	1 000~1 050 ℃油冷 680~700 ℃回火空冷	性能同 1Cr11MoV，还可做紧固件、转子、轮盘
	42Cr9Si2	1 020~1 040 ℃油冷 700~780 ℃回火油冷	内燃机进气阀、轻负荷发动机排气阀
	40Cr10Si2 Mo	1 010~1 040 ℃油冷 120~160 ℃回火空冷	内燃机进气阀、轻负荷发动机排气阀
奥氏体型耐热钢	20Cr25Ni20	1 030~1 180 ℃快冷 固溶处理	加热炉部件、重油燃烧器等
	12Cr16Ni35	1 030~1 180 ℃快冷 固溶处理	1 035 ℃以下炉用材料、石油裂解装置
	06Cr19Ni10	1 010~1 180 ℃快冷 固溶处理	通常用作耐氧化钢，可 870 ℃以下反复加热
	06Cr18Ni11Ti	920~1 150 ℃快冷 固溶处理	400 ℃~900 ℃腐蚀条件下使用的部件，高温用焊接结构部件
	45Cr14Ni14W2Mo	820~850 ℃快冷 固溶处理	内燃机重负荷排气阀
	26Cr18Mn12Si2N	1 100~1 150 ℃快冷 固溶处理	高温渗碳炉构件、加热炉传送带、料盘、炉爪等
铁素体型耐热钢	10Cr17	780~850 ℃退火 空冷或缓冷	900 ℃以下耐氧化部件、散热器、炉用部件、喷油嘴

7.7.3 高锰耐磨钢

广义而言，表面强化的结构钢、工具钢和滚动轴承钢等具有高耐磨性的钢种都可称作为耐磨钢，高锰耐磨钢则是特指能在巨大压力和强烈的冲击载荷作用下通过极强程度的加工硬化获得良好耐磨性能的一个钢种。

高锰耐磨钢的化学成分一般为 $w_C=0.9\%\sim1.5\%$、$w_{Mn}=11\%\sim14\%$、$w_{Si}=0.3\%\sim1.0\%$、$w_S\leqslant0.05$、$w_P\leqslant0.07\%$，有时为了某种特定目的，还可在其中加入铬、钼、稀土等元素。锰是可扩大奥氏体相区的元素，当钢中的 $w_{Mn}\geqslant12\%$ 时，在常温即可得到单相奥氏体组织，因此高锰耐磨钢又称奥氏体锰钢。高锰耐磨钢的典型牌号是 ZGMn13。高锰耐磨钢的牌号、主要化学成分及用途如表 7－25 所示。

表 7－25 高锰耐磨钢的牌号、化学成分及用途

牌号	化学成分 w_B/%					用途举例	
	C	Mn	Si	S	P		
ZGMn13－1	1.00～1.45	11～14	0.30～1.00	≤0.040	≤0.090	低冲击件	用于结构简单、耐磨为主的低冲击简单铸件，如球磨机衬板、齿板、破碎壁、辊套、铲齿等
ZGMn13－2	0.90～1.35		0.30～1.00	≤0.040	≤0.070	普通件	
ZGMn13－3	0.95～1.35		0.30～0.80	≤0.035	≤0.070	复杂件	用于结构复杂，以韧性为主的高冲击结构铸件，如履带板、挖掘机斗齿、斗前壁等
ZGMn13－4	0.90～1.20		0.30～0.80	≤0.040	≤0.070	高冲击件	

高锰耐磨钢的机械加工性能差，通常都是铸造成形，所以又称为高锰耐磨铸钢。这种钢的铸态组织基本上是由奥氏体和沿其晶界分布且数量较多的碳化物 $(Fe, Mn)_3C$ 组成。由于碳化物沿晶界析出会显著降低钢的强度和韧性，故钢的性能较硬而脆，耐磨性不好。

用高锰耐磨钢铸造的零件必须进行热处理以获得完全的奥氏体组织。生产中采用将铸件加热至 1 050～1 100 ℃保温一段时间，使碳化物全部溶入奥氏体中，然后水冷的方法，得到过饱和单相奥氏体组织。高锰耐磨钢的这种热处理称为“水韧处理”或固溶处理。水韧处理后钢的硬度（180～220 HBW）、强度（$R_{eL}=392\sim441$ MPa）很低，但塑性（$A\geqslant20\%\sim40\%$）、韧性（$A_K\geqslant120$ J）很高。

经水韧处理后的高锰耐磨钢铸件在工作过程中受到强大的压力、剧烈冲击、摩擦与磨损时，表面产生强烈的形变强化，并在大形变的诱导下发生奥氏体向马氏体的转变，使铸件表面硬度急剧上升至 500～550 HBW，因而获得了高耐磨性。当高锰耐磨钢形成的表面耐磨层被磨损后，暴露出的基体表面在强烈冲击与摩擦下又会形成新的耐磨层。因此，高锰耐磨钢不仅耐磨性高，而且具有很高的抗冲击能力。

应当指出，高锰耐磨钢只有在强烈冲击和摩擦的情况下才能获得耐磨性，其在一般机器零件的工作条件下并不耐磨。基于上述特性，高锰耐磨钢常用于制造球磨机衬板、破碎机颚板、挖掘机斗齿、坦克或某些重型拖拉机的履带板、铁路道岔、保险箱钢板、防弹钢板等。

7.7.4 特殊物理性能钢

特殊物理性能钢是指在钢的定义范围内具有特殊的磁、电、弹性、膨胀等特殊物理性能的合金钢，包括软磁钢、永磁钢、无磁钢、特殊弹性钢、特殊膨胀钢、高电阻钢及合金等。特殊物理性能钢在电力、电信、通信和现代科学技术中已有广泛用途。

1. 软磁钢

软磁钢是指要求磁导率特性的钢种，其对磁场的反应灵敏、矫顽力很小、磁导率很大，多用于变压器、发动机等，如铝铁系软磁合金等。

2. 永磁钢

永磁钢是指具有永久磁性的钢种，其一旦磁化，则磁性不易消失，包括变形永磁钢、铸造永磁钢、粉末烧结永磁钢等，主要用于各种旋转机械（电动机、发动机等），继电器，磁放大器，保健器材，装饰品和体育用品等。

3. 无磁钢

无磁钢也称低磁钢，是指在正常状态下不具有磁性的稳定奥氏体合金钢，常见的有铬镍奥氏体钢，如 0Cr16Ni4。

4. 特殊弹性钢

特殊弹性钢是指具有特殊弹性的合金钢，一般不包括常用的碳素与合金系弹簧钢。

5. 特殊膨胀钢

特殊膨胀钢是指具有特殊膨胀性能的钢种（如铬含量为 28% 的合金钢），其在一定温度范围内的膨胀系数与玻璃相近。

6. 高电阻钢及合金

高电阻钢及合金是指具有高电阻值的合金钢，主要包括铁铬系合金钢和镍铬系高电阻合金。

习题与思考题

1. 基本概念与名词术语解释。

合金元素、碳化物形成元素、非碳化物形成元素、合金铁素体、合金渗碳体、特殊碳化物、回火稳定性、回火脆性、第一类回火脆性、第二类回火脆性、韧脆转变温度

2. 有哪些合金元素能强烈阻止奥氏体晶粒的长大？阻止奥氏体晶粒长大有什么好处？

3. 分析合金元素对 $Fe-Fe_3C$ 相图的影响规律。$Fe-Fe_3C$ 相图对热处理工艺实施有哪些指导意义？

4. 简述合金元素对钢过冷奥氏体等温分解 C 曲线的影响规律。

5. 合金元素对淬火钢的回火转变有何影响？能明显提高钢回火稳定性的合金元素有哪些？提高钢的回火稳定性有什么作用？

6. 合金元素提高钢韧度的途径有哪些？

7. 解释下列现象。

(1) 在相同碳含量情况下，除了含 Ni 和 Mn 的合金钢外，大多数合金钢的热处理加热温度都比碳钢高。

(2) 在相同碳含量情况下，含碳化物形成元素的合金钢比碳钢具有较高的回火稳定性。

(3) 高速钢在热锻或热轧后经空冷获得马氏体组织，而且其室温组织中含有大量的残余奥氏体。

(4) 直径同为 30 mm 的 45 钢和 40Cr 钢经 860 ℃淬火、600 ℃回火后，后者的强度高，韧性也好。

8. 钢中常存杂质元素有哪些？杂质元素对钢的性能有何影响？

9. 指出下列钢的类别、钢中数字和符号的含义，举例说明各种钢的主要用途。

Q235A、20、45、65、T8、T12A、ZG200 - 400

10. 拟用 T10 制造形状简单的车刀，工艺路线为：锻造→热处理→机加工→热处理→磨加工。

(1) 试写出各热处理的名称，并指出各热处理工序的作用；

(2) 制定最终热处理的工艺规范（温度、冷却介质）；

(3) 指出最终热处理后车刀的组织和大致硬度。

11. 为什么比较重要的大截面的结构零件（如重型运输机械和矿山机器的轴类、大型发电机转子等）都必须用合金钢制造？与碳钢比较，合金钢有何优缺点？

12. 低合金结构钢的成分有何特点？其主要用途有哪些？

13. 为什么调质钢的碳含量均为中碳？合金调质钢中常含有哪些合金元素？合金元素在调质钢中起什么作用？

14. 为什么刃具钢中碳含量高？合金刃具钢中应加入哪些合金元素？其有何作用？

15. 对量具钢有何要求？量具通常采用哪种最终热处理工艺？为什么？

16. 合金模具钢分为哪几类？各采用哪种最终热处理工艺？为什么？

17. 弹簧的成形有何特点？其热处理和使用状态的显微组织有什么要求？为了提高弹簧的使用寿命，在热处理后应采取什么有效措施？

18. 为什么轴承钢要具有较高的碳含量？铬在轴承钢中起什么作用？轴承钢在淬火后为什么需要冷处理？

19. ZGMn13 - 1 钢为什么具有优良的耐磨性和良好的韧性？

20. 常用的耐热钢有哪几种？合金元素在耐热钢中起什么作用？耐热钢用途如何？

21. 试比较 1Cr13、1Cr18Ni9 的耐蚀性、机械性能和用途。

22. 说明下列金属材料牌号的类别、合金元素的作用、热处理特点、性能及用途。

Y20、40Cr、GCr15、20CrMnTi、60Si2Mn、40CrNiMo、9SiCr、CrWMn、W18Cr4V、Cr12MoV、5CrMnMo、3Cr2W8V、Cr17、1Cr13、1Cr18Ni9Ti、ZGMn13、W6Mo5Cr4V2、Cr12、15CrMo、18Cr2Ni4WA、35CrMo、38CrMoAlA

23. 判断题。

（1）易切削钢含S、P较高，因而比优质碳素结构钢价格低。（　　）

（2）40钢的碳含量为0.40%，而T10钢的碳含量为10%。（　　）

（3）65Mn钢是合金弹簧钢。（　　）

（4）ZGMn13钢耐磨性高，可用来做喷砂机喷嘴。（　　）

（5）硅和锰通常是钢中的有益元素，因此钢中硅和锰的含量越高越好。（　　）

（6）不锈钢的碳含量会影响钢的耐蚀性，一般情况下，碳含量越高的不锈钢其耐蚀性越好。（　　）

（7）高锰耐磨钢加热到1 000～1 100 ℃淬火后可获得单相马氏体组织。（　　）

（8）1Cr13和40Cr钢中的铬都是为了提高钢的淬透性。（　　）

（9）20CrMnTi钢是合金渗碳钢，GCr15是专用的合金工具钢。（　　）

24. 解释下列现象。

（1）$w_{C}=0.4\%$、$w_{Cr}=12\%$的铬钢为共析钢，$w_{C}=1.5\%$、$w_{Cr}=12\%$的铬钢为莱氏体钢。

（2）在碳含量相同时，大多数合金钢的热处理加热温度均比碳素钢高，保温时间也更长。

（3）12Cr13和Cr12钢中Cr的质量分数均大于11.7%，但12Cr13属于不锈钢，而Cr12钢却不属于不锈钢。

25. 现有40Cr钢制造的机床主轴，其心部要求良好的强韧性，轴颈处要求硬而耐磨，试问：

（1）应进行哪种预备热处理和最终热处理？

（2）热处理后各获得什么组织？

（3）热处理工序在加工工艺路线中如何安排？

26. 用9SiCr钢制造的圆板牙，其工艺路线为：锻造→球化退火→机械加工→淬火→低温回火→磨平面→开槽开口。

（1）试分析：①球化退火的目的；②淬火及回火的目的。

（2）9SiCr钢较T9钢更适宜制造要求变形较小、硬度和耐磨性较高的圆板牙等薄刃刀具，为什么？

（3）试制定9SiCr钢制圆板牙的淬火、回火工艺。

27. 用W18Cr4V钢制作盘形铣刀，试安排其加工工艺路线，并说明：各热加工工序的目的？使用状态下的显微组织是什么？为什么淬火温度高达1 280 ℃？淬火后为什么要经过3次560 ℃回火？能否用1次长时间回火代替？

28. 有两根$\phi 35\times 200$ mm的轴，一根为20钢，经920 ℃渗碳后直接淬火（水冷）及180 ℃回火，表层硬度为58～62 HRC；另一根为20CrMnTi钢，经920 ℃渗碳后直接淬火（油冷）、−80 ℃冷处理及180 ℃回火后表层硬度为60～64 HRC。这两根轴表层和心部的组织（包括晶粒粗细）与性能有何区别？为什么？

第 8 章　铸　　铁

铸铁是碳含量大于 2.11% 的铁碳合金。工业上常用铸铁的碳含量一般为 2.5% ~4.0%，除碳外，铸铁中还含有 1.0% ~3.0% 的硅以及锰、磷、硫等元素。由于铸铁中碳、硅和杂质元素含量较高，因而其与钢在组织和性能上都有较大的差别。有时为了提高铸铁的力学性能，人们在普通铸铁中加入铬、钼、钒、钛、铜、铝等合金元素，以形成合金铸铁。

铸铁熔炼简单、成本低廉，与钢相比，虽然铸铁的抗拉强度、塑性及韧性都较差，但其具有优良的铸造性能以及良好的减摩性和吸振性，较低的缺口敏感性和良好的切削加工性能，经合金化后还具有良好的耐热性和耐腐蚀性等特点，因此在工业上应用广泛。

8.1　铸铁的石墨化

8.1.1　铸铁中碳的存在形式

铸铁中含有较多的碳，其存在的主要形式是石墨（G），有时也以渗碳体形态存在。渗碳体是亚稳定相，热力学性质是不稳定的，在一定条件下将分解为石墨。石墨是碳的稳定相，晶体结构为简单六方晶格，如图 8 -1 所示。石墨中的碳原子呈层状排列，同层原子间距较小，结合力较强；层与层之间的间距较大，结合力较弱，易滑移，其强度、硬度、塑性和韧性极低。碳、硅含量较高的铁液在缓慢冷却时，可自液相直接结晶出石墨；快速冷却时则结晶出渗碳体；而且所形成的渗碳体在一定条件下可分解为铁素体和石墨，即 $Fe_3C \rightarrow 3Fe + G$。

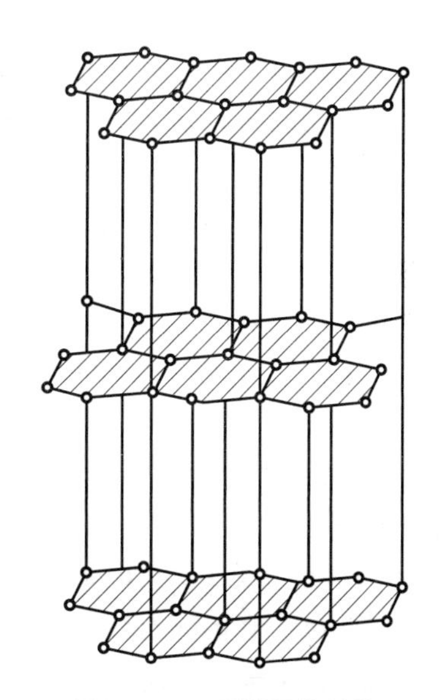

图 8 -1　石墨的晶体结构

8.1.2　铁碳合金双重相图

铸铁中的碳以石墨和渗碳体两种形式存在，石墨是稳定相，渗碳体是亚稳定相。因此，描述铁碳合金结晶过程和组织转变的相图实际上有两个，一个是 $Fe - Fe_3C$ 系相图，另一个是 Fe - G（石墨）系相图。研究铸铁时，通常把两者叠合在一起，就得到铁碳合金的双重相图，如图 8 -2 所示。

图 8 -2 中：实线表示 $Fe - Fe_3C$ 系相图；虚线表示 Fe - G 系相图；虚线与实线重合的部分以实线表示。由图 8 -2 可以看出：虚线都位于实线的上方和左上方。在 Fe - G 系相图中，碳在液态合金、奥氏体和铁素体中的溶解度都较在 $Fe - Fe_3C$ 系相图中的溶解度小；发

生石墨转变的共晶温度和共析温度都比发生渗碳体转变的共晶温度和共析温度高。

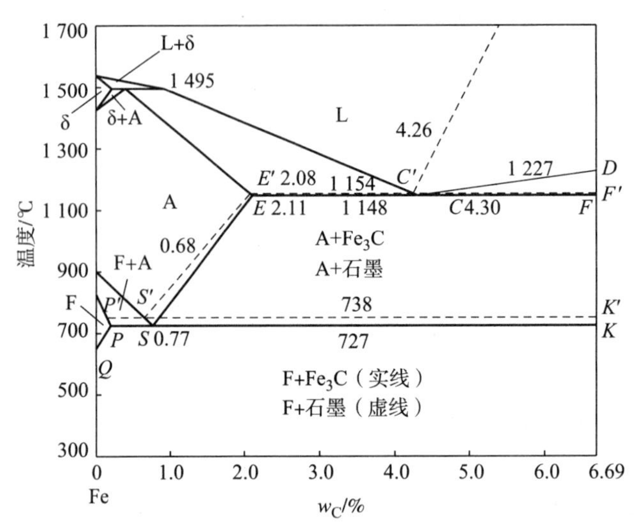

图 8－2　铁碳合金的双重相图

铸铁自液态冷却到固态时，若按 Fe－Fe_3C 相图结晶，就得到碳以化合物 Fe_3C 形式存在的铸铁，其断裂后的断口呈亮白色，故称白口铸铁（白口铸铁硬度高，脆性很大，难以切削加工，所以很少用来制造机械零件，工业中应用较少）；若按 Fe－G 相图结晶，就析出石墨，此种铸铁的断口呈暗灰色，故称为灰口铸铁。

8.1.3　石墨化过程

铸铁中的石墨可以由碳原子在结晶过程中直接析出得到，也可以由渗碳体加热分解得到。由铸铁中的碳原子析出而形成石墨的过程称为石墨化。

按照 Fe－G 相图分析，铁液是由高温到室温的冷却过程，可以将铸铁的石墨化过程分为 3 个阶段：

第一阶段：液相至共晶阶段，包括从过共晶液相中直接结晶出的一次石墨和共晶转变时形成的共晶石墨；

第二阶段：共晶至共析转变阶段，此时从奥氏体中析出二次石墨；

第三阶段：共析转变阶段，此阶段奥氏体转变形成铁素体和共析石墨。

石墨化程度不同，所得到的铸铁类型和组织也不同，如表 8－1 所示。

表 8－1　铸铁的石墨化程度与其组织之间的关系（以共晶铸铁为例）

石墨化进行程度		铸铁的显微组织	铸铁类型
第一阶段石墨化	第二阶段石墨化		
完全进行	完全进行	α＋G	灰口铸铁
	部分进行	α＋P＋G	
	未进行	P＋G	
部分进行	未进行	Ld′＋P＋G	麻口铸铁
未进行	未进行	Ld′	白口铸铁

8.1.4 影响石墨化的因素

研究表明，石墨化受到铸铁的化学成分、熔炼与处理方法、铁水的过热程度以及铸造时的冷却条件等一系列因素的影响，其中化学成分和冷却速度是最主要的影响因素。

1. 化学成分的影响

铸铁中常见的非铁元素为碳、硅、锰、硫、磷五大元素，它们对铸铁的石墨化过程和组织均有较大的影响。

1）碳和硅

碳是强烈促进石墨化的元素，其含量的多少对石墨的形状和大小都有很大影响。当铸铁中硅含量在2%左右，碳含量在2.6%~2.8%时，铸铁组织中的石墨片比较细小而且分布均匀，其抗拉强度最高；若碳含量大于2.8%，则会使石墨粗化，强度降低。

硅也是强烈促进石墨化的元素，灰口铸铁中硅含量一般大于1.5%，如果小于此值，则碳含量再高也可能出现白口铸铁。铸铁中硅含量的提高将使共晶转变温度提高，同时使共晶点的碳含量显著降低，这有利于石墨的析出。

实验表明，铸铁中硅含量每增加1%，相当于碳含量提高0.33%，为了综合考虑碳和硅的影响，通常将硅含量折合成相当的碳含量，把折合后的碳的总量称为碳当量（即$CE = w_C + 1/3w_{Si}$），一般铸铁中的碳当量控制在4%左右。

随着碳、硅含量的增加，铸铁基体组织的转变规律为：珠光体→珠光体+铁素体→铁素体。

2）锰

锰是阻碍石墨化的元素，它会促使Fe_3C的形成。当锰含量较低时，锰将优先与硫、氧结合，形成MnS、MnO，因而可减轻硫、氧对石墨化过程的有害作用，此时，锰实际上间接起着促进石墨化的作用；但锰含量过高时，则会对石墨化（尤其是共析阶段的石墨化）起抑制作用，促进珠光体的形成。普通灰口铸铁中的锰含量一般在0.4%~1.4%范围内，当铸铁要求珠光体基体时，锰含量可适当提高（$w_{Mn} > 0.80\%$）；当要求以铁素体基体为主时，锰含量则应较低（$w_{Mn} < 0.60\%$）。

3）硫

硫是强烈阻碍石墨化的元素，当铸铁中的硫含量超过0.02%后，会形成FeS、MnS等化合物。FeS熔点低，它与铁生成的共晶体熔点更低，其分布在晶界上，会降低晶界强度，使铸件产生热裂。此外，硫还会降低铁液的流动性，使铸造性能变坏。因此，硫是铸铁中的一个有害元素，其含量应控制在0.15%以下。

4）磷

磷是微弱促进石墨化的元素。磷在固溶体中的溶解度很小，且随铸铁中碳含量的增加而减小。当铸铁中含磷量较高时，就会形成Fe_3P，它常以磷共晶体的形式存在。磷共晶体的性质硬而脆，在铸铁组织中呈孤立、细小、均匀形态分布时，可以提高铸铁件的耐磨性；反之，其若以粗大、连续、网状形态分布，将降低铸铁件的强度，增加铸铁件的脆性。通常灰口铸铁中的磷含量应控制在0.3%以下。

此外，铝、铜、镍、钴等元素对石墨化也有促进作用，而铬、钨、钼、钒等元素则会阻碍石墨化。

2. 冷却速度的影响

铸铁件的冷却速度对石墨化过程也有明显的影响。一般来说，铸铁件冷却速度越缓慢，越有利于石墨化过程的充分进行，即越容易获得灰口铸铁组织；反之，铸铁件冷却速度快，石墨化难以充分进行，易得到白口铸铁组织。

铸造时，除了铸型材料、铸造工艺会影响冷却速度外，铸铁件壁厚对冷却速度也有很大的影响。对于一些壁厚不均匀的铸铁件来说，要获得均匀一致的组织是比较困难的（在薄壁处，由于冷却速度较快，易转变成白口铸铁）。为了获得组织均匀的铸铁件，可通过调整铸铁中的碳、硅含量或进行孕育处理来防止白口，或借助热处理来消除白口，以改善铸铁件性能。

在实际生产中，若要获得合格的铸铁组织，必须根据铸铁件壁厚来选择适当的铸铁成分（主要是选择适当的碳含量和硅含量）。如图 8－3 所示，在一般砂型铸造条件下，化学成分（碳、硅总量），冷却速度（以铸铁件壁厚表征）对铸铁组织的影响。实际生产中就是利用这一关系，针对不同壁厚的铸铁件，通过调整其碳、硅含量进而保证浇注后得到合格的铸铁组织。

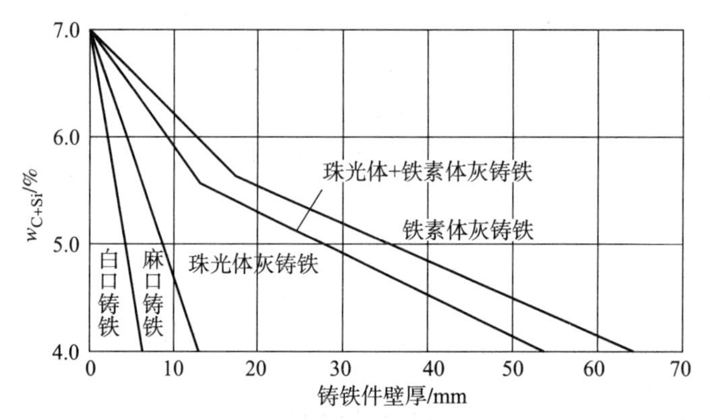

图 8－3　化学成分和铸铁件壁厚对石墨化的影响

8.1.5　铸铁的分类

根据碳的存在形式及石墨形态，铸铁一般分为白口铸铁和灰口铸铁。白口铸铁的性能硬而脆，不易加工，只有少数强韧性要求不高的耐磨件（如磨球、衬板、犁等）使用，在工业上很少应用。下面主要介绍灰口铸铁的分类。

1. 灰铸铁

灰铸铁中的碳全部或大部分以片状石墨形式存在，其断口呈暗灰色。根据石墨片的粗细不同，又可把灰铸铁分为普通灰铸铁和孕育铸铁两类。普通灰铸铁硬度较低，塑韧性较差，但工艺性好，成本低，常用来制造暖气片、机座、气缸、箱体、床身等。为提高普通灰铸铁性能，生产上采用孕育处理的方法生产的铸铁称为孕育铸铁，其硬度比普通灰铸铁显著提高，但塑韧性仍较差，主要用于制造力学性能要求较高、截面尺寸变化较大的大型铸铁件。

2. 球墨铸铁

铁液浇注前经过球化处理，铸铁中碳大部分或全部以球状石墨形态存在的称为球墨铸铁，其强度高，综合力学性能接近于钢，主要用于制造受力比较复杂的零件，如曲轴、齿轮、连杆等。

3. 蠕墨铸铁

铁液浇注前经过蠕化处理，铸铁中碳以介于片状石墨和球状石墨之间的蠕虫形态存在的称为蠕墨铸铁，其强度接近球墨铸铁，并具有一定的韧性，是高强度铸铁，常用于生产气缸套、气缸盖、液压阀等铸铁件。

4. 可锻铸铁

可锻铸铁由白口铸铁经石墨化退火后制成，其中的碳大部分或全部以团絮状形态存在，其塑性、韧性较高，主要用来制造承受冲击和振动的薄壁小型零件，如管件、阀体、建筑脚手架扣件等。

8.2 灰 铸 铁

灰铸铁是价格最便宜、应用最广泛的铸铁。在各类铸铁的总产量中，灰铸铁占80%以上。

8.2.1 灰铸铁的化学成分、组织和性能

灰铸铁的化学成分对其组织有十分重大的影响，五大元素（C、Si、Mn、P、S）的含量都要控制在一定范围内，一般是 $w_C=2.5\%\sim3.6\%$，$w_{Si}=1.0\%\sim3.6\%$，$w_{Mn}=0.6\%\sim1.2\%$，$w_P\leqslant0.3\%$，$w_S\leqslant0.15\%$，其中，C、Si、Mn 是调节组织的元素，P、S 是应严格控制的元素。

普通灰铸铁的组织是由片状石墨和金属基体两部分组成的。由于成分和冷却条件不同，各阶段石墨化程度不同，金属基体可分为铁素体、铁素体－珠光体和珠光体 3 种，相应地便有 3 种不同基体组织的灰铸铁，其显微组织如图 8－4 所示。

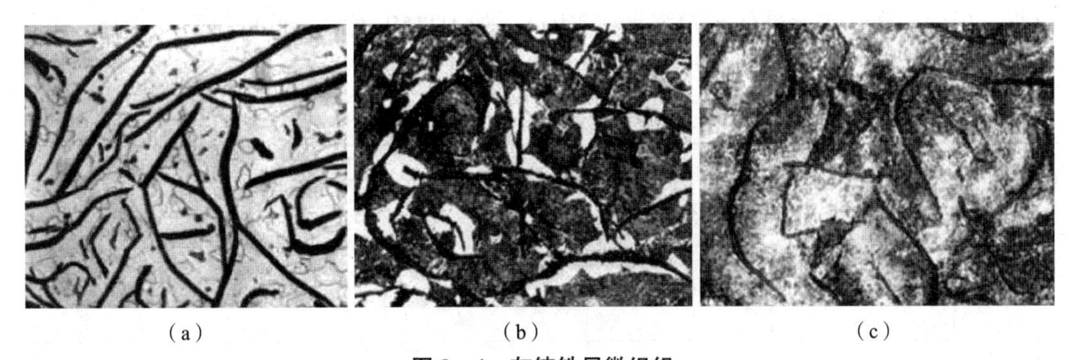

(a)　(b)　(c)

图 8－4　灰铸铁显微组织

(a) 铁素体灰铸铁；(b) 铁素体－珠光体灰铸铁；(c) 珠光体灰铸铁

灰铸铁的组织特点是片状石墨分布在金属基体组织上，基体则相当于钢，可以将灰铸铁看成是在钢的基体上分布着石墨。基体中珠光体含量越多、越细，则灰铸铁的强度、硬度和耐磨性越好，所以，实际应用的灰铸铁多是以铁素体－珠光体或珠光体为基体的。石墨的存在好像是在钢的基体上布满了裂缝或空洞，破坏了基体组织的连续性，减少了铸铁基体的有效承载面积，且片状石墨端部易引起应力集中，造成铸铁件局部开裂并迅速扩展，形成脆性

断裂。基于以上原因，灰铸铁的强度、塑性、韧性比相应基体的钢低。石墨虽然降低了铸铁的力学性能，但是石墨的存在也使铸铁有良好的减摩性和耐磨性、良好的消振性、对表面缺陷和切口的不敏感性以及良好的切削加工性能。石墨对抗压强度和硬度的影响不大。因此，灰铸铁常用来制造承受压力、承受振动的零件，如缸体、机床底座等。

8.2.2 灰铸铁的孕育处理

导致灰铸铁力学性能降低的主要原因是石墨片对基体连续性的破坏作用以及石墨尖角处应力集中对性能的削弱作用，因此，改善灰铸铁力学性能的关键是改变石墨片的数量、大小及分布（石墨片越小、越细、分布越均匀，其力学性能就越高）。石墨片数量、大小及分布的改变可以通过孕育处理来实现，即在液态铁中加入一定量的孕育剂（硅铁、硅钙合金等）促进石墨晶核的形成，其结果是提高石墨析出的倾向，并得到均匀分布的、细小的石墨，从而提高铸铁的力学性能。人们把经过孕育处理的灰铸铁称为孕育铸铁。

硅铁合金是最常使用的孕育剂，我国硅铁合金一般分为含硅 45%、75% 和 85%，在铸造生产中使用比较多的是含硅量为 75% 的硅铁合金。生产中最常用的孕育剂加入方法为包内冲入法，做法是将孕育剂预先放入包内，然后将其冲入铁液，这种方法的主要优点是操作简单；但使用这种方法有孕育剂易氧化、烧损大、孕育至浇注间隔时间长、孕育衰退严重等缺点。

灰铸铁经孕育处理后不仅强度有较大提高，而且塑性和韧性也有所改善；同时，孕育剂的加入还可使灰铸铁对冷却速度的敏感性显著降低，从而使灰铸铁各部位都能得到均匀一致的组织。孕育铸铁常用来制造力学性能要求较高、截面尺寸变化较大的铸件。

8.2.3 灰铸铁的牌号和应用

我国灰铸铁的牌号以“HT + 数字”来表示，其中“HT”为“灰铁”二字汉语拼音的首字母，后面的数字表示最低抗拉强度（MPa），如 HT150 表示最低抗拉强度为150 MPa的灰铸铁。表 8 – 2 所示为常用灰铸铁的牌号、组织及用途。

表 8 – 2 常用灰铸铁的牌号、组织与用途

牌号	显微组织		用途举例
	基体	石墨	
HT100	F	粗片状	手工铸造用砂箱、盖、下水管、底座、外罩、手轮、手把、重锤等
HT150	F + P	较粗片状	机械制造业小型铸件，如底座、手轮，刀架等；冶金业中小流渣槽、渣缸、压钢机托辊等；机车用一般铸件，如水泵壳、阀体、阀盖等；动力机械小拉钩、框架、阀门、油泵壳等
HT200	P	中等片状	一般运输机械中的气缸体、缸盖、飞轮等；一般机床中的床身、机座等；通用机械承受中等压力的泵体、阀体等；动力机械中的外壳、轴承座、水套筒等

续表

牌号	显微组织		用途举例
	基体	石墨	
HT250	细 P	较细片状	运输机械中的薄壁缸体、缸盖、线排气管；机床小立柱、横梁、床身、滑板、箱体等；冶金矿山机械小的轨道板、齿轮；动力机械小的缸体、缸套、活塞
HT300	细 P	细小片状	机床导轨，受力较大的机床床身、立柱机座等；通用机械的水泵出口管、吸入盖等；动力机械中的液压阀体、蜗轮、汽轮机隔板、泵壳、大型发动机缸体、缸盖
HT350	细 P	细小片状	大型发动机气缸体、缸盖、衬套；水泵缸体、阀体、凸轮等；机床导轨、工作台等摩擦件；需经表面淬火的铸件

8.2.4 灰铸铁的热处理

热处理只能改变灰铸铁的基体组织，不能改变石墨的形态和分布，不能从根本上消除片状石墨的有害作用，对提高灰铸铁整体力学性能作用不大。因此，灰铸铁热处理的目的主要是消除其铸件内应力、改善切削加工性能和提高表面耐磨性等。

1. 去应力退火

灰铸铁件的内应力会导致其变形和开裂，在切削加工前要进行一次去应力退火。通常将灰铸铁件缓慢加热到500～600 ℃，保温一段时间，然后缓冷至200 ℃左右出炉空冷，此时的灰铸铁件内应力能基本消除。

2. 消除铸件白口组织、降低硬度的退火

灰铸铁件表层和薄壁处由于冷却速度较快，易产生白口组织，难以切削加工，需要退火以降低其硬度。退火在灰铸的共析温度以上进行，一般加热到850～950 ℃保温2～4 h后，随炉冷却到400～500 ℃出炉空冷，使渗碳体分解成石墨，所以又称高温退火。

3. 正火

正火的目的是增加灰铸铁基体的珠光体组织，提高其铸件的强度、硬度和耐磨性。通常把灰铸铁件加热到860～920 ℃，保温时间根据加热温度、灰铸铁成分和灰铸铁件大小而定（一般为1～3 h），冷却方式一般采用空冷、风冷或喷雾冷却。冷却速度越快，灰铸铁基体组织中珠光体量越多，组织越弥散，其强度、硬度越高，耐磨性越好。

4. 表面热处理

有些灰铸铁件如机床导轨、缸体内壁等，因需要提高硬度和耐磨性，可进行表面淬火处理：把灰铸铁件表面快速加热到900～950 ℃，利用工件本身的散热进行快速冷却，从而达到淬火的效果，其表面层获得一层淬硬层，组织为马氏体＋石墨。淬火后，灰铸铁件的表面硬度可达55 HRC左右，可提高其表面耐磨性。

8.3 球墨铸铁

灰铸铁经孕育处理后虽然细化了石墨片，但未能改变石墨的形态。改变石墨形态是大幅度提高铸铁力学性能的根本途径，球状石墨则是最为理想的石墨形态。球状石墨对金属基体的危害作用比片状石墨小得多，因此，球墨铸铁具有比灰铸铁高得多的强度、塑性和韧性，并保持了耐磨、减振、缺口敏感性低等特性。

球墨铸铁是在浇注前向铁液中加入球化剂和孕育剂进行球化处理和孕育处理，从而使石墨呈球状分布的铸铁。

8.3.1 球墨铸铁的化学成分和组织特征

球墨铸铁化学成分的选择，应当在有利于石墨球化的前提下，根据铸铁件壁厚的大小、组织与性能要求来决定。表 8－3 所示为球墨铸铁与灰铸铁的化学成分比较。由表 8－3 中数据可见，球墨铸铁中含有 C、Si、Mn、P、S、Mg 等元素，其特点是含 C、Si 含量较高，碳含量一般控制在 4.3%～4.6%范围内，含 Mn 含量较低，含 S、P 含量低，并且有残留的 Mg 和 RE 元素。

表 8－3 球墨铸铁与灰铸铁的化学成分比较

铸铁类型	化学成分 w_B/%						
	C	Si	Mn	P	S	$Mg_{残}$	$RE_{残}$
珠光体球墨铸铁	3.6～3.9	2.0～2.6	0.5～0.8	≤0.1	<0.03	0.03～0.06	0.02～0.05
铁素体球墨铸铁	3.6～3.9	～2.5～3.2	0.3～0.5	0.05～0.07	<0.03	0.03～0.06	0.02～0.05
贝氏体球墨铸铁	3.6～3.9	2.7～3.1	0.25～0.5	<0.07	<0.03	0.03～0.06	0.02～0.05
灰铸铁	2.7～3.6	1.0～2.2	0.5～1.3	<0.03	<0.15	—	—

球墨铸铁的显微组织由球状石墨与金属基体两部分组成。球墨铸铁在铸态下的金属基体可分为铁素体、铁素体－珠光体、珠光体 3 种，其中的球状石墨通常是孤立地分布在金属基体中，如图 8－5 所示。

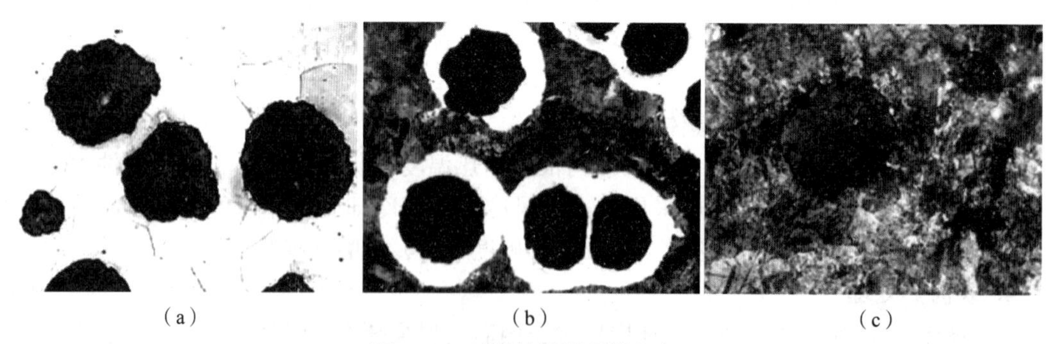

（a）　（b）　（c）

图 8－5 球墨铸铁的显微组织

（a）铁素体基球墨铸铁；（b）铁素体－珠光体基球墨铸铁；（c）珠光体基球墨铸铁

8.3.2 球墨铸铁的球化处理与孕育处理

1. 球化处理

球墨铸铁生产中，在铁液临浇注前向其中加入一定量的球化剂，以促使石墨结晶时生长为球状的操作工艺称为球化处理。球化剂主要有两类：镁系球化剂和稀土镁合金球化剂。我国稀土资源非常丰富，所以我国使用最多的球化剂是稀土镁合金球化剂。球化处理中，稀土镁合金球化剂的加入通常采用包底冲入法（图8-6）：在包底部设置堤坝，将破碎成小块的球化剂放在堤坝内，然后在球化剂上面覆盖孕育剂，再在孕育剂上面覆盖草木灰等，然后冲入1/2～2/3包容量的铁液，待铁液结束沸腾后，再冲入其余铁液，处理完毕后搅拌、扒渣。

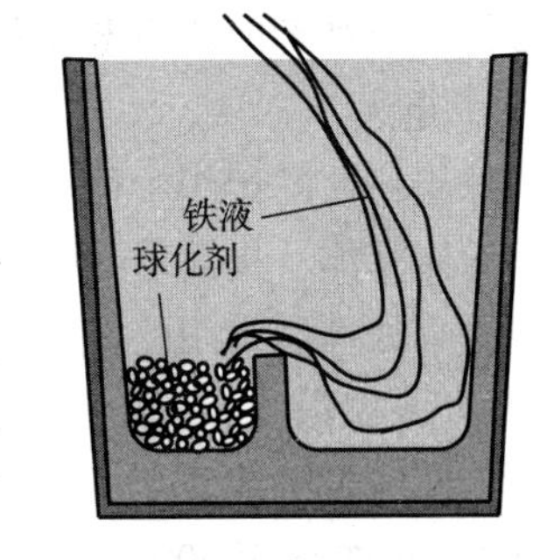

图8-6 包底冲入法

2. 孕育处理

球化处理只能在铁液中有石墨核心产生时促使石墨生长成球状。但是，通常所使用的球化剂都是强烈阻碍石墨化的元素，球化处理后铁液的白口倾向显著增大，难以产生石墨核心。因此，在球化处理的同时必须进行孕育处理，以促使石墨生长成球径小、数量多、圆整度好、分布均匀的球状石墨，从而改善球墨铸铁的力学性能。

孕育处理所使用的孕育剂通常为 $w_{Si}=75\%$ 的硅铁合金。通常是在球化处理后，补加剩余铁液时，将孕育剂均匀撒在出铁槽内，使其随补加铁液冲入经球化处理的铁液中。孕育处理后的铁液应立即进行浇注，否则随着停放时间的延长，孕育处理的效果会在铸铁件中减弱，即产生孕育衰退现象。

8.3.3 球墨铸铁的牌号

球墨铸铁的牌号、组织及用途如表8-4所示。牌号中的“QT”是“球铁”二字汉语拼音的首字母，后面两组数字分别表示最低抗拉强度（MPa）和最低伸长率（%）。

表8-4 球墨铸铁的牌号、组织及用途

牌号	基体	用途举例
QT400-17	F	阀体和阀盖，汽车、内燃机车、拖拉机底盘零件、机床零件等
QT420-10	F	
QT500-05	F+P	机油泵齿轮和轴瓦等
QT600-02	P	汽油机的曲轴、凸轮，车床主轴，空压机、冷冻机的缸体、缸套等
QT700-02	P	
QT800-02	$S_{回}$	
QT1200-01	$B_{下}$	拖拉机的减速齿轮等

与灰铸铁相比，球墨铸铁具有较高的抗拉强度和弯曲疲劳强度，也具有相当好的塑性和韧性。这是由于球形石墨对金属基体截面的削弱作用较小，使得基体强度利用率高，且在拉伸时引起应力集中的效应明显减弱，从而使基体的作用可以从灰铸铁的30%～50%提高到70%～90%。此外，球墨铸铁的刚性也比灰铸铁好，但球墨铸铁的消振能力比灰铸铁低很多。

8.3.4 球墨铸铁的热处理

球墨铸铁的组织可以看作是钢的组织加球状石墨所组成，钢在热处理时相变的一些原理在球墨铸铁热处理时也适用。球墨铸铁的力学性能主要取决于金属基体，热处理可以改变其基体组织，从而显著地改善球墨铸铁的性能。但球墨铸铁中碳和硅的含量远比钢高，这导致球墨铸铁热处理时既有与钢相似的特点，也有自己的特点。

1. 退火

球墨铸铁的组织中往往包含了铁素体、珠光体、球状石墨以及自由渗碳体，为获得单一的铁素体基体，提高球墨铸铁的塑性，从而改善其切削加工性能，消除铸造应力，必须对其进行退火处理。常用的退火工艺有高温退火和低温退火。

1）高温退火

为使球墨铸铁中存在的渗碳体分解，要进行高温退火，加热温度为 900 ~ 950 ℃，保温 2 ~ 5 h，随炉冷至 600 ℃左右出炉空冷。球墨铸铁的最终组织为铁素体基体上分布着球状石墨。

2）低温退火

当球墨铸铁中不存在自由渗碳体时，为使珠光体中的渗碳体分解，采用低温退火工艺，加热温度为 720 ~ 760 ℃，保温 3 ~ 6 h，随炉冷至 600 ℃左右出炉空冷，获得铁素体和球状石墨。

2. 正火

正火的目的在于增加金属基体中珠光体的含量，并使之细化，从而提高球墨铸铁的强度、硬度和耐磨性。根据加热温度的不同，有两种正火工艺：

1）高温正火

加热温度为 880 ~ 920 ℃，保温 3 h 左右，然后空冷（或风冷、喷雾冷却），以保证球墨铸铁的强度。

2）低温正火

加热温度为 820 ~ 860 ℃，保温 1 ~ 4 h，然后空冷，得到珠光体和少量破碎状铁素体。低温正火可提高球墨铸铁的韧性和塑性，但强度比高温正火略低。

3. 调质处理

对于受力比较复杂，要求综合力学性能较高的球墨铸铁件，可采用淬火加高温回火，即调质处理，其工艺为：加热到 850 ~ 900 ℃，使基体转变为奥氏体，在油中淬火得到马氏体，然后经 550 ~ 600 ℃回火，空冷后获得回火索氏体 + 球状石墨。

回火索氏体基体不仅强度高，而且塑性、韧性比正火得到的珠光体基体好，且切削加工性能比较好，故球墨铸铁经调质处理后，可代替部分铸钢和锻钢制造一些重要的结构零件，如连杆、曲轴以及内燃机车万向轴等。

4. 等温淬火

等温淬火是目前获得高强度和超高强度球墨铸铁的重要热处理方法。球墨铸铁等温淬火后，除可获得高强度外，同时具有较高的塑性、韧性，因而具备良好的综合机械性能和耐磨性。相比普通淬火，等温淬火产生的内应力较少，能够防止形状复杂的铸件变形和开裂。

球墨铸铁的等温淬火工艺与钢相似，即把铸件加热到临界点 Ac_1 以上 30 ~ 50 ℃，经一定时间保温，使基体组织转变为化学成分均匀的奥氏体，然后将铸件迅速淬入到 300 ℃左右的等温盐浴中，等温停留一定时间，使过冷奥氏体等温转变成下贝氏体组织，然后取出空冷，最终组织为下贝氏体、少量残余奥氏体、马氏体及球状石墨。

此外，为了提高工件表面强度、耐磨性、耐蚀性及疲劳强度等，球墨铸铁还可采用表面淬火和化学热处理等表面热处理方法。

8.4 蠕墨铸铁

蠕墨铸铁的化学成分与球墨铸铁相近，其生产工艺与球墨铸铁也相似，即在一定成分的铁液中加入蠕化剂和孕育剂处理，使石墨呈蠕虫状。

蠕墨铸铁的石墨具有介于片状石墨和球状石墨之间的中间形态，在光学显微镜下为互不相连的短片，与灰铸铁的片状石墨类似。所不同的是，其石墨片的长度比较小，端部较圆，形似蠕虫，如图8－7所示。

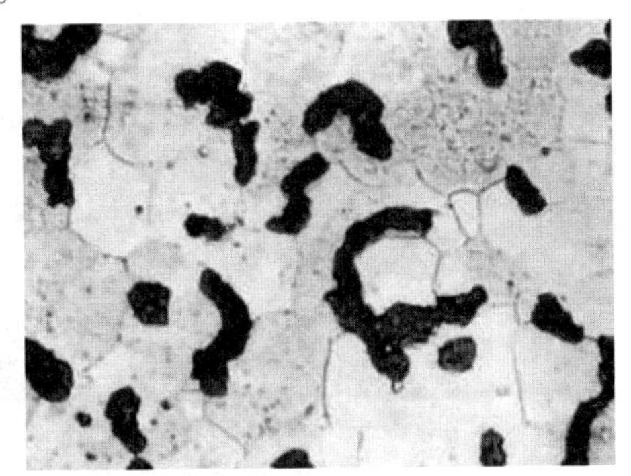

图8－7 蠕墨铸铁的显微组织

蠕墨铸铁是综合性能良好的铸铁材料，其力学性能介于球墨铸铁与灰铸铁之间，抗拉强度、屈服强度、断后伸长率、弯曲疲劳强度优于灰铸铁，接近铁素体球墨铸铁；导热性、切削加工性能均优于球墨铸铁，与灰铸铁相近。蠕墨铸铁适用于制造重型机床床身、气缸套、钢锭模、排气管等。

蠕墨铸铁的牌号、组织及用途如表8－5所示。其中“RuT”表示“蠕铁”（二字汉语拼音的首字母），后面的数字表示最低抗拉强度（MPa）。

表8－5 蠕墨铸铁牌号、组织及用途

牌号	蠕化率/%	基体组织	用途举例
RuT420	≥50	P	活塞环、制动盘、钢球研磨盘、泵体等
RuT280		P	
RuT340		P＋F	机床工作台、大型齿轮箱体、飞轮等
RuT300		F＋P	变速器箱体、气缸盖、排气管等
RuT260		F	汽车底盘零件、增压器零件等

8.5 可锻铸铁

可锻铸铁是由白口铸铁经长时间石墨化退火而获得的高强度铸铁。白口铸铁中的游离渗碳体在退火过程中分解出团絮状石墨，由于团絮状石墨对铸铁金属基体的割裂和引起的应力集中作用比片状石墨小得多。因此，与灰铸铁相比，可锻铸铁的强度和韧性有明显提高，并且有一定的塑性变形能力，因而被称为可锻铸铁，但其并不能进行锻造生产。

8.5.1 可锻铸铁的化学成分和组织特征

生产可锻铸铁的先决条件是浇铸出白口组织，因此可锻铸铁的碳硅含量不能太高；但碳、硅含量也不能太低，否则要延长石墨化退火周期，使生产率降低。可锻铸铁的化学成分大致为：$w_C=2.2\%\sim2.8\%$，$w_{Si}=1.2\%\sim2.0\%$，$w_{Mn}=0.4\%\sim1.2\%$，$w_P\leqslant0.1\%$，$w_S\leqslant0.2\%$。

按热处理条件的不同，将可锻铸铁分为两类：一类是铁素体基体 + 团絮状石墨的可锻铸铁，它是由白口铸铁毛坯经高温石墨化退火而得，其断口呈黑灰色，俗称黑心可锻铸铁，这种铸铁的强度与塑性均比灰铸铁高，非常适合铸造薄壁零件，是最为常用的可锻铸铁；另一类是珠光体基体或珠光体与少量铁素体共存的基体加团絮状石墨的可锻铸铁，它是由白口铸铁毛坯经氧化脱碳而得，其断口呈白色，俗称白心可锻铸铁，这种可锻铸铁很少应用。可锻铸铁的显微组织如图 8－8 所示。

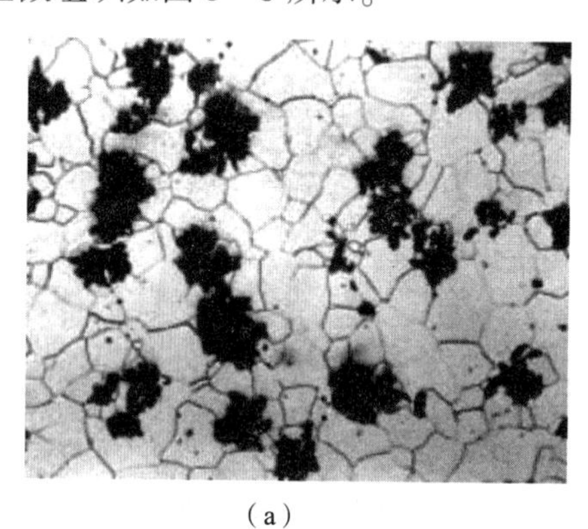

(a)

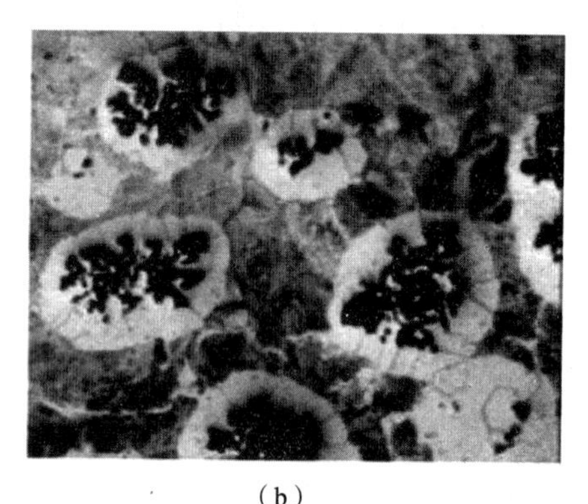

(b)

图 8－8　可锻铸铁的显微组织

(a) 黑心可锻铸铁；(b) 白心可锻铸铁

8.5.2　可锻铸铁的牌号及性能特点

可锻铸铁的牌号、组织及用途如表 8－6 所示，其中前两个大写字母“KT”表示“可铁”两字汉语拼音的首字母，“H”表示“黑心”，“Z”表示珠光体基体，牌号后面两组数字分别表示最低抗拉强度（MPa）和最低伸长率值（%）。

表 8－6　可锻铸铁的牌号、组织及用途

牌号	基体	用途举例
KTH300—06	F	管道、弯头、接头、三通，中压阀门
KTH330—08	F	扳手、纺织机盘头
KTH350—10	F	汽车前后轮壳、铁道扣板、电机壳等
KTH370—12	F	
KTZ450—06	P	曲轴、凸轮轴、连杆、齿轮、活塞环、轴套、矿车轮等
KTZ550—04	P	
KTZ650—02	P	
KTZ700—02	P	

可锻铸铁中的石墨呈团絮状分布，对金属基体的割裂和破坏作用较小，石墨尖端引起的应力集中小，金属基体的力学性能可较大程度地发挥。可锻铸铁的力学性能介于灰铸铁与球墨铸铁之间，有较好的耐蚀性，但由于退火时间长，生产效率极低，使用受到限制，故一般用于制造形状复杂，承受冲击、振动及扭转复合载荷的铸件，如汽车、拖拉机的后桥壳、轮壳、转向机构等。

8.5.3 可锻铸铁的石墨化退火

可锻铸铁中的石墨是通过白口铸件退火形成的。通常将白口铸铁毛坯加热到900～1 000 ℃，保温60～80 h，使共晶渗碳体分解为奥氏体加团絮状石墨，然后炉冷至770～650 ℃，长时间保温，奥氏体中析出二次石墨，冷却获得黑心可锻铸铁；若取消第二阶段保温，只让第一阶段石墨化充分进行，炉冷后便获得白心可锻铸铁。

8.6 特殊性能铸铁

工业上除了要求铸铁有一定的力学性能外，有时还要求它具有较高的耐磨性以及耐热性、耐蚀性。为此，人们在普通铸铁的基础上加入一定量的合金元素制成特殊性能铸铁，主要包括耐磨铸铁、耐热铸铁和耐蚀铸铁。

1. 耐磨铸铁

根据工作条件的不同，耐磨铸铁可以分为减磨铸铁和抗磨铸铁两类。减磨铸铁用于制造在有润滑条件下工作的零件，如机床床身、导轨和气缸套等，这些零件要求较小的摩擦系数。常用的减磨铸铁主要有磷铸铁、硼铸铁、钒钛铸铁和铬钼铜铸铁。抗磨铸铁用于制造在干摩擦条件下工作的零件，如轧辊、球磨机磨球等。常用的抗磨铸铁有珠光体白口铸铁、马氏体白口铸铁和中锰球墨铸铁。

2. 耐热铸铁

普通灰铸铁的耐热性较差，只能在小于400 ℃的温度下工作，在高温下工作的炉底板、换热器、坩埚及热处理炉内的运输链条等，必须使用耐热铸铁。耐热铸铁是指在高温下具有良好抗氧化和抗生长能力的铸铁。

氧化是指铸铁在高温下受氧化性气氛的侵蚀，其表面发生化学腐蚀的现象。由于表面形成氧化皮，减少了铸铁件的有效断面，因而降低了铸铁件的承载能力。生长是指铸铁在高温下反复加热冷却时发生的体积长大现象。生长会造成零件尺寸增大、力学性能降低。铸铁件在高温和有负荷作用下，由于氧化和生长，最终会导致零件变形、翘曲、产生裂纹，甚至破裂。

在铸铁中加入Al、Si、Cr等元素，一方面可在铸件表面形成致密的SiO_2、Al_2O_3、Cr_2O_3等氧化膜，阻碍铸铁继续氧化；另一方面可提高铸铁的临界温度，使铸铁的基体变为单相铁素体，不发生石墨化过程，从而改善铸铁的耐热性。

耐热铸铁按其成分可分为硅系、铝系、硅铝系及铬系耐热铸铁等。其中铝系耐热铸铁脆性较大，而铬系耐热铸铁的价格较贵，所以我国多使用硅系和硅铝系耐热铸铁。

3. 耐蚀铸铁

普通铸铁的耐蚀性很差，这是因为铸铁本身是多相合金，在电解质中各相具有不同的电极电位，其中以石墨的电极电位最高，渗碳体次之，铁素体最低。电位高的相是阴极，电位低的相是阳极，这样就形成了一微电池，于是作阳极的铁素体不断被消耗掉，一直深入到铸铁内部。

提高铸铁耐蚀性的主要途径是合金化。在铸铁中加入Si、Cr、Al、Mo、Cu、Ni等合金元素形成保护膜或使基体电极电位升高，可以提高铸铁的耐蚀性能。另外，通过合金化，还可使铸铁获得单相金属基体组织，减少铸铁中的微电池，从而提高其抗蚀性。目前应用较多的耐蚀铸铁有高硅铸铁、高硅钼铸铁、铝铸铁、铬铸铁等。

习题与思考题

1. 基本概念与名词术语解释。

白口铸铁、灰口铸铁、麻口铸铁、孕育铸铁、可锻铸铁、球墨铸铁、石墨化、石墨化退火、碳当量

2. 灰口铸铁按基体组织可以分成哪几种？它们各是如何形成的？生产中采用什么措施才能使所得铸铁件的力学性能符合图纸要求？

3. 指出下列材料牌号的含义并说明它们主要可用来生产哪种产品：HT100、HT200、QT400－18、QT900－2、KTH300－06、KTZ700－02。

4. 为什么一般机器的支架、机床床身及形状复杂的缸体常采用灰铸铁制造？为什么可锻铸铁适宜制造壁厚较薄的铸件，而球墨铸铁却不适宜？

5. 判断下列说法是否正确并说明理由。

（1）白口铸铁由于硬度较高，可作切削工具使用。 （　）

（2）可锻铸铁比灰铸铁的塑性好，因此可以进行锻压加工。 （　）

（3）热处理可以改变灰铸铁的基体组织，但不能改变其中石墨的形状、大小和分布。 （　）

（4）采用球化退火可以获得球墨铸铁。 （　）

（5）厚壁铸铁件的表面硬度总比其内部高。 （　）

6. 球墨铸铁是如何得到的？与灰铸铁相比，球墨铸铁具有哪些特点？其主要用途如何？

7. 现有一批材料为HT200的铸件，其表层硬度高、切削加工困难。试分析缺陷产生的原因和挽救的办法。如何防止产生这种缺陷？

8. 现生产一批壁厚为20～30 mm，抗拉强度为150 MPa的铸件，应选用什么牌号的灰口铸铁制造较为合适？用该牌号的铁水浇铸一壁厚为50 mm，而性能要求相同的铸件，能否满足要求？为什么？

第9章　有色金属及其合金

通常把铁及其合金（钢、铸铁）称为黑色金属材料，而把非铁金属及其合金称为有色金属材料。与黑色金属相比，有色金属具有许多优良特性：如铝、镁、钛等金属及其合金具有密度小、比强度（强度/密度）高的特点，在飞机、汽车和船舶制造等工业中应用十分广泛；又如银、铜、铝等金属及其合金的导电、导热性能好，是电气、仪表工业中不可缺少的材料；再如钨、钼、钽、铌等合金及其金属的熔点高，是制造耐高温零件及电真空元件的理想材料；再如钛及其合金是理想的耐蚀材料等。虽然有色金属使用量少（在机械制造业中，仅占4.5%左右），但由于它们具有钢铁材料所没有的许多特殊性能，因而在现代工业中是不可缺少的材料。在机械工业中应用较多的有色金属有铝、铜、钛及其合金等。

9.1　铝及其合金

9.1.1　铝的主要特性及应用

铝的熔点为660.4 ℃，它在固态下呈面心立方晶体结构，塑性好（$A=30\%\sim50\%$，$Z=80\%$），可进行冷热压力加工，一般做成线、丝、箔、片、棒、管材等使用。铝的密度低（2.72 g/cm^3），仅为铁的1/3左右，属于轻金属。

根据GB/T 16474—2011，铝含量不低于99.00%时为纯铝，其牌号用1×××系列表示。1×××系列中第二位字母用来区分原始纯铝与改型铝，最后两位数字表示含铝的纯度，如1A50的第一位数字为“1”表示纯铝，第二位字母为“A”表示原始纯铝，最后两位数字“50”表示其纯度为99.50%；又如1B30表示经过改型的99.30%纯铝，其杂质必须特别控制。

铝中的杂质主要是由冶炼原料铁钒土带入，常有Si和Fe的氧化物。经冶炼后，杂质常以Si、$FeAl_3$和$Fe_2Al_6Si_3$形式存在，一般都存在于晶界处，使Al的强度和塑性降低。

铝的导电性和导热性好，广泛用于电气工业及热传导机械中。铝的磁导率低，接近非铁磁性材料。铝抗大气腐蚀性能好，是因为其表面会生成一层与基体结合很牢固的、致密的Al_2O_3薄膜，阻止氧向金属内部扩散和进一步氧化。铝在淡水、食物介质中也具有很好的耐蚀性。但在碱盐的水溶液中，铝的氧化膜易被破坏，因此不能用铝制作盛碱盐溶液的容器。

铝的强度低，R_m仅为70 MPa，可通过冷加工强化、加入合金元素及热处理对其进行强化。铝在－253～0 ℃范围的低温或超低温下也具有良好的塑性和韧性。

纯铝按纯度可分为3类：

(1) 工业纯铝（纯度为99.0%～99.85%），牌号有1070A、1060、1050A、1035、

1200。其中，1070A、1060 和 1050A 用于高导电体、电缆、导电机件和防腐机械；1035 和 1200 用于器皿、管材、棒材、型材和铆钉等。

（2）工业高纯铝（纯度为 99.95% ~99.996%），用于制造铝箔、包铝及冶炼铝合金的原料。

（3）高纯铝（纯度为 >99.999%），主要用于特殊化学机械、电容器片和科学研究等。

99.00% 及高纯度的铝具有极好的耐蚀性、高导电性及加工性，故其用途十分广泛。主要用途在化学工业、电子工业、包装工业及建筑装潢等，同时也可作为 2024 铝夹板的披覆材料。1100 是纯铝中最通用而强度最高者，适合于一般加工品，1230 可作为 2024 铝夹板的披覆材料，1175 可用于 1100 及 3003 铝夹板当作反射板。纯铝因强度低，一般不作结构材料使用。

9.1.2 铝合金及其热处理

由于纯铝的强度较低，用纯铝制作承受较大载荷的结构材料是不适宜的。如果在铝中加入一些其他元素（如铜、镁、锌、锰等）配制成铝合金，则其强度可比纯铝的强度大为提高。目前，强度最高的铝合金的抗拉强度可达到 600 MPa 以上，与低合金钢的强度差不多，但其密度却比合金钢低得多。

1. 铝合金分类

铝合金一般都具有如图 9－1 所示类型的相图。铝合金的共同特点是有以 Al 为基的 α 固溶体、α + β 共晶体，*D* 点是固溶体溶解度的极限。根据该相图可将铝合金分为变形铝合金和铸造铝合金两类。

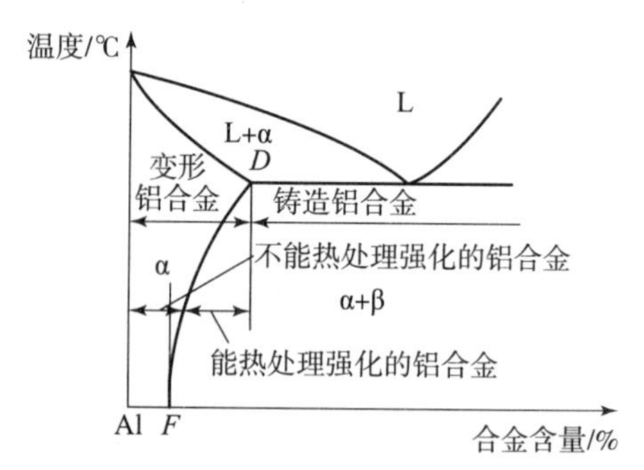

图 9－1 铝合金分类示意图

1）变形铝合金

变形铝合金的合金含量小于 *D* 点，其在加热时能形成单相固溶体，具有良好的塑性，适于锻造、轧制和挤压等压力加工，故称为变形铝合金。变形铝合金的合金含量小于 *F* 点时，其固溶体成分不随温度而变化，不能进行热处理，故称不能热处理强化的铝合金，也称不时效强化铝合金，只能用冷加工硬化的办法来强化。合金含量在 *F*~*D* 之间的铝合金，其固溶体成分随温度而变化（即有固溶线 *DF*），此时可将合金加热到 *DF* 线以上用急冷的方法使高温状态的 α 固溶体保留到室温，呈过饱和 α 固溶体（处于不稳定状态），随时间延长将有第二相（化合物）析出，致使合金硬化，即时效强化。凡是有固溶线强化的铝合金，因为可以用热处理方法对其进行强化，故也称能热处理强化的铝合金。

2）铸造铝合金

铝合金的合金含量大于 *D* 点时可发生共晶反应，因此其组织为除单相固溶体外，还有低熔点共晶组织，由于流动性好，适于铸造，故称这类铝合金为铸造铝合金。

应当指出，有些铝合金（如耐热铝合金）的合金含量虽然大于 *D* 点，但它既可以铸造，又可以压力加工，所以 *D* 点只是一个理论分界线，而不是区分铝合金类型的绝对标准。

2. 铝合金的时效热处理

铝合金的热处理强化主要是通过固溶处理和时效进行的，其强化是依靠时效过程中所产生的硬化来实现的。现以 Al－Cu 合金为例，讨论铝合金时效硬化的基本规律。

1）Al－Cu 合金相图分析及时效基本概念

图9－2所示为Al－Cu合金相图，由图可以看出，铜在铝中的溶解度随温度升高而增加，在共晶温度548℃时，Cu在Al中的溶解度为5.65%，在室温时，铜在铝中溶解度不大于0.5%。Al－Cu合金在固溶线温度以上为α固溶体，在固溶线温度以下为α＋θ组织（α是Cu溶入Al中形成的置换式固溶体，具有面心立方结构，而θ是Al和Cu形成的金属化合物Al_2Cu，是正方点阵结构，硬度为500 HBW，较脆）。

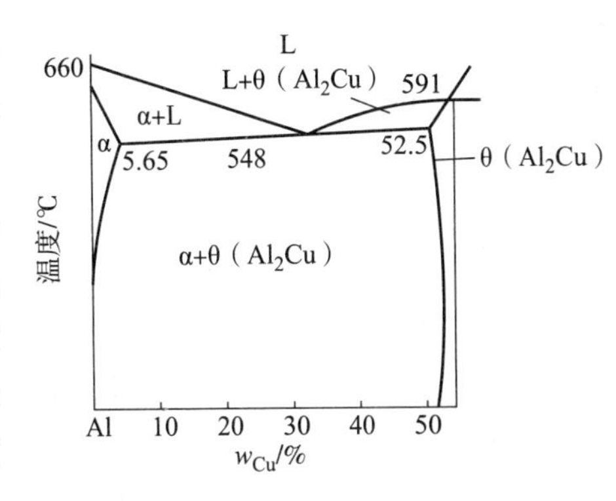

图9－2 Al－Cu 合金相图

将含铜量为0.5%～5.65%的铝合金（例w_{Cu}＝4%的铝合金）加热为单相α固溶体，然后将其急冷（类似于淬火）得到不稳定过饱和的α固溶体，它随时间的延长将析出第二相，使合金发生强化，这种现象称为“时效硬化”或“时效强化”。在室温下进行的时效称为“自然时效”，在加热条件（100～200 ℃）下进行的时效称为“人工时效”。

图9－3所示为w_{Cu}＝4%的铝合金自然时效的曲线。由图9－3可知，时效初期，铝合金的强度变化很小，在最初几小时内强度不发生明显变化，这一时期称为孕育期，此时合金塑性很好，在生产中可在孕育期进行合金的铆接、弯曲和矫直等加工；时效进行到5～15 h强化速度最大，4～5d后铝合金的强度达到最高值，以后强度不再发生明显变化。

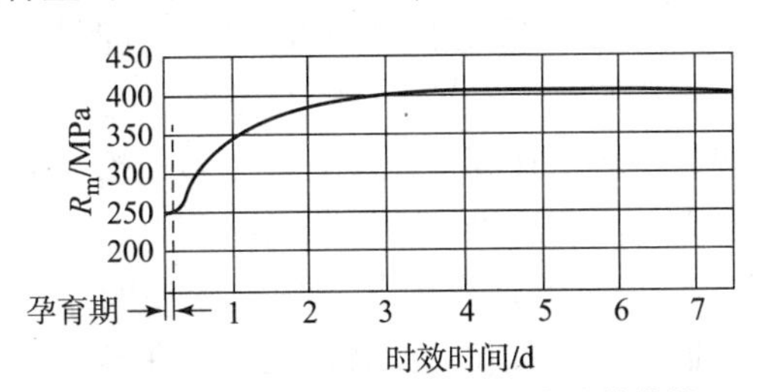

图9－3 w_{Cu}＝4%的铝合金自然时效曲线

图9－4所示为w_{Cu}＝4%的铝合金在不同温度下的时效曲线。由图9－4可以看出，铝合金人工时效（100～200 ℃）比自然时效（20 ℃）的强化效果低，时效温度越高，时效速度越快，但强化效果越低。时效温度过高或时间过长，会使合金软化，这种现象称过时效。当温度低于－50 ℃时，铝合金的孕育期很长，过饱和α固溶体可保持相对稳定，即低温可以抑制时效进行。

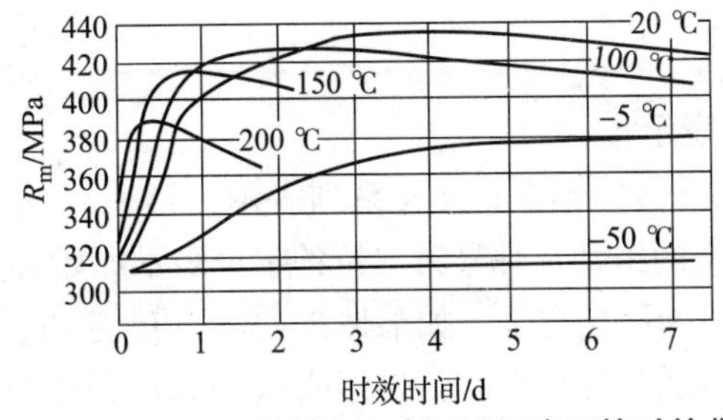

图9－4 w_{Cu}＝4%的铝合金在不同温度下的时效曲线

2）铝合金的时效过程

铝合金时效过程中，其强度和硬度的变化是和合金中结构和组织的变化相联系的。w_{Cu} = 4% 的铝合金的时效过程如下。

第一阶段：在急冷状态下的 α 固溶体中，Cu 原子在 Al 中是无序、任意分布的。时效的初期（即时效温度低或时效时间短时），在 α 固溶体的（110）晶面上聚集了较多的 Cu 原子，称该区域为富 Cu 区，也称为 GP 区（G 和 P 是两个法国人 Guinler 和 Preston 的名字的字头）。这种 GP 区只是由于 Cu 原子的偏聚引起，称为 GP（Ⅰ）区，它的直径为 4 ~ 5 nm，厚度只有几个原子间距，呈圆片状，没有完整的晶体结构，与母相（基体）共格，并保留在母相晶格中，但与母相没有界面。由于 Cu 原子的偏聚，使 GP 区附近的晶格发生很大的畸变，阻碍位错运动，引起合金强化。

第二阶段：随时间延长或温度升高，Cu 原子集聚扩散，GP 区逐渐变厚，直径长大，而且 Cu 和 Al 原子呈规则有序排列，形成 GP（Ⅱ）区，又称 θ 相，其直径为 10 ~ 40 nm，厚度为 1 ~ 4 nm，其虽与母相共格相连，并以相同晶格形式存在，但因尺寸不同而产生更加严重的畸变强化，使强化达到最高阶段。

第三阶段：随时间延长或温度升高，在 GP（Ⅱ）区的基础上形成了新的过渡相 θ′，其成分与 θ 相（Al_2Cu）相同，具有正方结构，其晶格的两个棱边 $a = b$，并与母相（基体）的晶格常数相同，但在 C 轴的晶格常数略显收缩。θ′已部分与母相晶格脱离关系，即大部分还与母相有共格关系，但基体晶格畸变已减轻，阻碍位错运动的作用减小，合金趋向于软化。

第四阶段：随着时效时间的再延长或温度的再升高，过渡相 θ′继续长大，共格面附近的畸变也随之增加，达到一定程度后，θ′与母相的共格关系完全被破坏，并脱离母相，形成具有正方点阵结构独立晶格的晶体。在高倍光镜下可见第二相（θ 相）质点，合金的畸变减小，时效强化效果降低，合金软化，这种现象称为过时效。

总之，w_{Cu} = 4% 的铝合金在时效过程中其结构的变化顺序是：过饱和 α 固溶体→GP（Ⅰ）区→GP（Ⅱ）区，它们是合金强化的主要结构，并在 GP（Ⅱ）区的末期和 θ′相的初期使合金强化达到峰值；到 θ′相后期，合金已开始软化，θ 相大量出现，形成过时效。

从以上分析可以看出，铝合金的时效强化是由于大量的、小片状的 GP 区弥散在合金内部阻碍了滑移，从而使合金强度升高，其实质是由于大量 GP 区与母相共格关系的出现，使合金中的位错在基体上通过比较困难，位错线遇到 GP 区将产生弯曲，此时移动位错所需要的外加应力就要加大，合金强度因而提高。因此，用时效强化要考虑用最大的冷速来达到最大的过饱和度、最佳温度和最佳时间，只有这样，时效强化才能达到最好效果。

9.1.3 变形铝合金

1. 变形铝合金的牌号表示

变形铝合金的牌号用 2 × × × ~ 8 × × × 系列表示，第一、三、四位为阿拉伯数字，牌号的第一位数字表示铝合金的组别，牌号第二位的字母表示原始合金的改型情况。如果牌号第二位的字母是 A，则表示为原始合金；如果是 B ~ Y 的其他字母，则表示为原始合金的改型合金。牌号的最后两位数字没有特殊意义，仅用来区分同一组中不同的铝合金，如表 9 - 1 所示。

表 9－1　变形铝合金牌号的表示方法（摘自 GB/T 16474—2011）

组　别	牌号系列
以铜为主要合金元素的铝合金	2 ×××
以锰为主要合金元素的铝合金	3 ×××
以硅为主要合金元素的铝合金	4 ×××
以镁为主要合金元素的铝合金	5 ×××
以镁和硅为主要合金元素并以 Mg_2Si 相为强化相的铝合金	6 ×××
以锌为主要合金元素的铝合金	7 ×××
以其他元素为主要合金元素的铝合金	8 ×××

2. 变形铝合金状态代号及表示方法

变形铝合金的基础状态代号用一个英文大写字母表示；细分状态代号采用基础状态代号后跟一位、两位或多位阿拉伯数字或者英文大写字母来表示。这些阿拉伯数字或英文大写字母表示影响产品特性的基本处理或特殊处理。变形铝合金基础状态代号如表 9－2 所示。

表 9－2　变形铝合金基础状态代号

代号	名　称	说明与应用
F	自由加工状态	适用于在成形过程中，对于加工硬化和热处理条件无特殊要求的产品，该状态产品的力学性能不做规定
O	退火状态	适用于经完全退火获得最低强度的加工产品
H	加工硬化状态	适用于通过加工硬化提高强度的产品，产品在加工硬化后可经过（也可不经过）使强度有所降低的附加热处理； H 代号后面必须跟有两位或三位阿拉伯数字
W	固溶热处理状态	适用于经固溶热处理后，在室温下自然时效的一种不稳定状态。该状态不作为产品交货状态，仅表示产品处于自然时效阶段
T	热处理状态 （不同于 F、O、H 状态）	适用于热处理后，经过（或不经过）加工硬化达到稳定状态的产品； T 代号后面必须跟有一位或多位阿拉伯数字

3. 变形铝合金的性能与应用

用变形铝合金可制成棒、板、带、线、型材、管材、箔材及锻件，这类合金具有较好的塑性。

1）防锈铝合金

防锈铝合金常用的牌号有 5A05、5B05、3A21 等，它们的主加元素是锰和镁。锰的主要作用是提高铝合金的抗蚀能力，并起固溶强化作用；镁亦起固溶强化作用，并可使合金的密度降低。

防锈铝合金锻造退火后形成单相固溶体，其特点是时效效果极微弱，不能用时效热处理强化，属于不能热处理强化的铝合金，只能用冷加工硬化的方法对其进行强化。

5A05、5B05（Al－Mg合金）的密度比纯铝小，强度比Al－Mn合金高，具有高的抗蚀性和塑性，焊接性能良好，但切削加工性能差。这两种合金主要用于焊接容器、管道以及承受中等载荷的零件及制品，也可用于制作铆钉。

3003（Al－Mn合金）的抗蚀性和强度比纯铝高，并有良好的塑性和焊接性能，但因太软而切削加工性能不良。这种合金主要用于焊接零件、容器、管道或需用深延伸、弯曲等方法制造的低载荷零件、制品及铆钉等。

2）硬铝合金

硬铝合金常用的牌号有2A01、2A11、2A12等。这类合金也称杜拉铝，它属于Al－Cu－Mg系合金，还有少量的Mn。Cu和Mg是为了形成强化相Al_2Cu（θ相）和Al_2CuMg（S相）。Mn主要是提高合金的抗蚀性，并有一定的固溶强化作用，但Mn的析出倾向小，不参与时效过程。有时还可加入Ti和B以细化晶粒和提高合金强度。这类合金可用时效热处理强化，也可用冷变形加工强化。

2A01、2A10属于低合金硬铝，其Mg、Cu含量较低，塑性好，强度低，可采用固溶处理和自然时效提高强度和硬度（时效速度较慢），主要用于制作铆钉，常称为铆钉硬铝。2A11的合金元素含量中等，塑性和强度均属中等，可算标准硬铝，其退火后变形加工性能良好，时效后切削性能也好，主要用于轧材、锻材、冲压件以及螺旋桨叶片和大型铆钉等重要零部件。2A12、2A06的合金元素含量较多，强度和硬度较高，塑性及变形加工性能较差，也称为高合金硬铝，其固溶处理时效的强化效果比2A11更高，用于航空模锻件和重要的轴、销等零件。

硬铝合金在使用或加工时应注意两点：

（1）硬铝合金的耐蚀性差（特别是在海水中更差），易产生晶间腐蚀。为了提高硬铝合金的耐蚀能力，常在其表面包覆一层纯铝（称为包铝），其厚度为硬铝合金板厚的4%～8%。

（2）硬铝合金的固溶处理加热温度范围窄，一般温度波动范围不应超过±5℃，若加热温度过低，则溶入固溶体的铜量和镁量不足，致使时效后强度和塑性偏低；反之，则固溶体晶界将发生熔化，产生“过烧”，致使零件报废。所以，硬铝合金热处理时必须严格控制加热温度。

3）超硬铝合金

超硬铝合金常用的牌号有7A04、7A04等。这类合金属于Al－Zn－Mg－Cu系合金，并含有少量的Cr和Mn。Zn、Mg、Cu和Al能形成固溶体和多种复杂的强化相［如θ相、S相、Zn_2Mg（η相）和$Al_2Mg_3Zn_3$（T相）等］。Cr和Mn能提高合金的强度和耐蚀性。这类铝合金是经固溶处理和时效后获得的强度最高的一种铝合金。

超硬铝合金的缺点，一是受热后易软化，工作温度不能超过120℃；二是抗蚀性差，常用包铝法提高其耐蚀性。

超硬铝合金多用于制造受力较大的结构件，如飞机大梁、起落架、飞机的蒙皮等。

4）锻铝合金

锻铝合金常用的牌号有2A50、2A70等，这类合金属于Al－Mg－Si－Cu系和Al－Cu－Mg－Ni－Fe系合金，合金中元素种类多，但数量少，具有良好的热塑性、铸造性和锻造性，并有较高的机械性能，耐热性好。锻铝合金的强化相有 θ 相、S 相、Mg_2Si（β 相）和 Al_3 - FeNi 等。锻铝合金主要用于承受重载荷的锻件和模锻件，如航空发动机活塞、直升机桨叶等。

9.1.4　铸造铝合金

1. 铸造铝合金的牌号表示

铸造铝合金的牌号用 ZL 加三位阿拉伯数字组成。ZL 为“铸”和“铝”二字汉语拼音的字头，第一位数字表示合金系列，其中 1、2、3、4 分别表示铝硅、铝铜、铝镁、铝锌系列，ZL 后面第二、三位数字表示合金的顺序号。优质合金在其代号后附加字母“A”。例如：

Al - Si 系用 ZL101，ZL102…表示；

Al - Cu 系用 ZL201，ZL202…表示；

Al - Mg 系用 ZL301，ZL302…表示；

Al - Zn 系用 ZL401，ZL402…表示。

不同系列铸造铝合金的化学成分可参考 GB/T 1173—2013。

2. 铸造铝合金的状态代号

铸造铝合金的基础状态代号用一个英文大写字母表示，其状态代号及特性如表 9 - 3 所示。

表 9 - 3　铸造铝合金的状态代号及特性

状态代号	状态类别	特　　性
F	铸态	
T1	人工时效	对湿砂型、金属型特别是压铸件，由于固溶冷却速度较快有部分固溶效果，人工时效可提高其强度、硬度，改善切削加工性能
T2	退火	消除铸件在铸造和加工过程中产生的应力，提高尺寸稳定性及合金的塑性
T4	固溶处理加自然时效	通过加热、保温及快速固溶冷却实现固溶，再经过随后的时效强化提高工件的力学特性，特别是提高工件的塑性及常温抗腐蚀性能
T5	固溶处理加不完全人工时效	时效是在较低的温度或较短的时间下进行，进一步提高合金的强度和硬度
T6	固溶处理加完全人工时效	时效是在较高的温度或较长的时间下进行，可获得较高的抗拉强度，但塑性有所下降
T7	固溶处理加稳定化处理	提高铸件组织和尺寸稳定性及合金的抗腐蚀性能，主要用于较高温度下工作的零件，稳定化温度可接近于铸件的工作温度
T8	固溶处理加软化处理	固溶处理后采用高于稳定化处理的温度进行处理，获得塑性和尺寸稳定性好的铸件

3. 铸造铝合金的性能与应用

按合金中所含主要元素的不同，可将铸造铝合金分为 4 类，它们的代号、铸造方法和力学性能如表 9－4 所示。为了使合金具有良好的铸造性和足够的强度，合金中要有适量的低熔点共晶组织。因此，铸造铝合金的合金元素含量比变形铝合金要多些，其合金元素总质量分数可达 8%～25%。

表 9－4　常用铸造铝合金的代号、铸造方法和力学性能

合金种类	合金牌号	合金代号	铸造方法	合金状态	力学性能≥		
					抗拉强度 R_m/MPa	伸长率 A/%	布氏硬度 /HBW
Al－Si 合金	ZAlSi7Mg	ZL101	S、J、R、K	T2	135	2	45
			S、R、K	T4	175	4	50
			SB、RB、KB	T6	225	1	70
	ZAlSi12	ZL102	J	F	155	2	50
			SB、JB、RB、KB	T2	135	4	50
	ZAlSi9Mg	ZL104	S、J、R、K	F	150	2	50
			J	T1	200	1.5	65
			SB、RB、KB	T6	230	2	70
Al－Cu 合金	ZAlCu5Mg	ZL201	S、J、R、K	T4	295	8	70
			S、J、R、K	T5	335	4	90
	ZAlCu4	ZL203	J	T4	205	6	60
			S、R、K	T5	215	3	70
	ZAlCu5MnCdVA	ZL205A	S	T5	440	7	100
			S	T6	470	3	120
Al－Mg 合金	ZAlMg10	ZL301	S、J、R	T4	280	9	60
	ZAlMg8Zn1	ZL305	S	T4	290	8	90
Al－Zn 合金	ZAlZn11Si7	ZL401	S、R、K	T1	195	2	80
			J	T1	245	1.5	90
	ZAlZn6Mg	ZL402	J	T1	235	4	70
			S	T1	220	4	65

注：S—砂型铸造；J—金属型铸造；R—熔模铸造；K—壳型铸造；B—变质处理。

铸造铝合金主要用于制造重要的、形状复杂的铝合金零件，如汽车、拖拉机发动机的活塞，飞机发动机的气缸体，增压器的缸体，曲轴箱等。

1）Al－Si 系铸造铝合金

Al－Si 铸造铝合金又称硅铝明。Al－Si 合金相图如图 9－5 所示，共晶成分含硅量为 11.7%（相当于 ZL102 合金成分），共晶温度为 577 ℃。由于 Al－Si 铸造合金有低熔点的共晶组织（α＋Si），其优点是铸造性能好，并且有较好的耐蚀性和耐热性。但这种共晶组织是由 α 基体上分布着粗大的片状 Si 晶体，而 Si 和 Al 在室温下又互不溶解或很少溶解，因此可以把共晶体看作是两个单质的机械混合物，这种组织的强度和塑性都很低（特别是粗大片状 Si 晶体，塑性不好），会使合金性能降低。

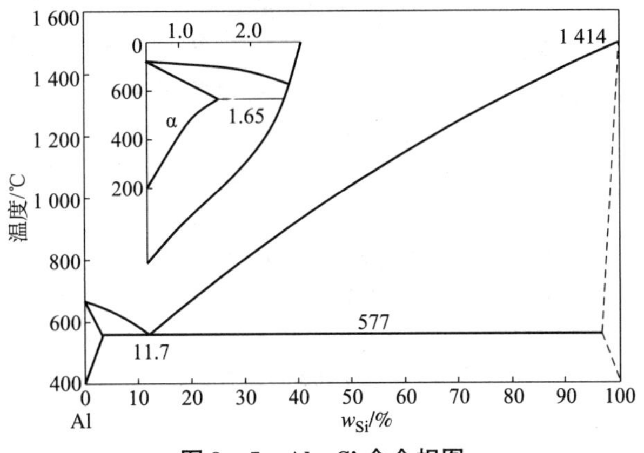

图 9－5　Al－Si 合金相图

为提高 ZL102 合金的性能，常采用变质处理的办法对其进行处理［即在浇注前向合金中加入占合金总质量 2%～3% 的钠盐混合物（常用 2/3NaF＋1/3NaCl）或质量分数为 0.1% 的纯钠变质剂］，使 Al－Si 合金相图上的共晶成分和共晶温度（即共晶点）向右下方移动，如图 9－6（虚线）所示，结果获得亚共晶组织 α＋（α＋Si）。由于合金过冷产生了大量的结晶核心，从而细化了晶粒，使合金的强度和塑性提高。ZL102 合金的铸态组织如图 9－7 所示。

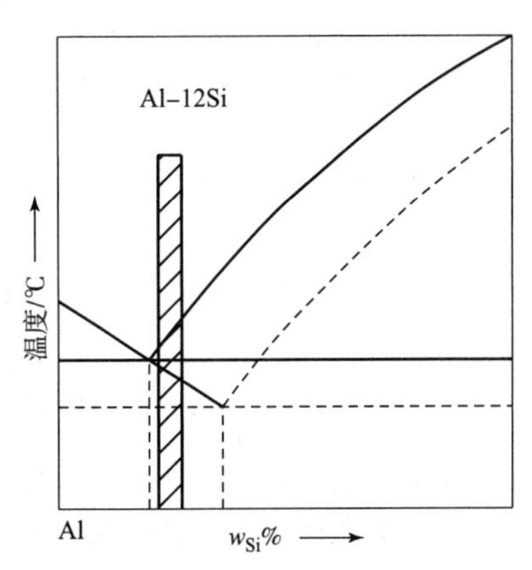

图 9－6　变质处理对 Al－Si 合金相图的影响

铸造铝合金（如 ZL102 等）也称简单的 Al－Si 铸造合金，它的铸造性和焊接性均好，抗蚀性和耐热性亦尚可，但时效热处理强化效果很小，强度低。为了提高铸造铝合金的强度，可在合金中加入 Cu、Mg 等元素，使之形成 Al_2Cu、Mg_2Si、Al_2CuMg 等强化相以得到能进行时效强化的特殊铸造铝合金；也可对其进行变质处理，获得较高的机械性能。铸造铝合金具有铸造性能好、耐磨、耐蚀、耐热、膨胀系数小等优点，故应用广泛。铸造铝合金常用来制造内燃机活塞、气缸体、风扇叶片等，其常用的牌号有 ZL101、ZL102、ZL104、ZL107、L109 和 ZL110 等。

2）Al－Cu 系铸造铝合金

Al－Cu 系铸造铝合金具有较高的强度和塑性，并具有很好的耐热性能，但铸造性和耐蚀性差，因此常用于要求高强度和高温（300 ℃以下）条件下工作的零件。典型的牌号有 ZL201、ZL202、ZL203 等。

3）Al－Mg 系铸造铝合金

Al－Mg 系铸造铝合金的特点是耐蚀性好，强度高，密度小（2.55 g/cm^3），但铸造性能不好，耐热性能低，通常用自然时效强化。这类合金用于制造承受冲击载荷、在腐蚀介质中工作而外形不复杂、便于铸造的零件，如舰船的机械零件、氨用泵体等，常用的牌号有 ZL301、ZL302 等。

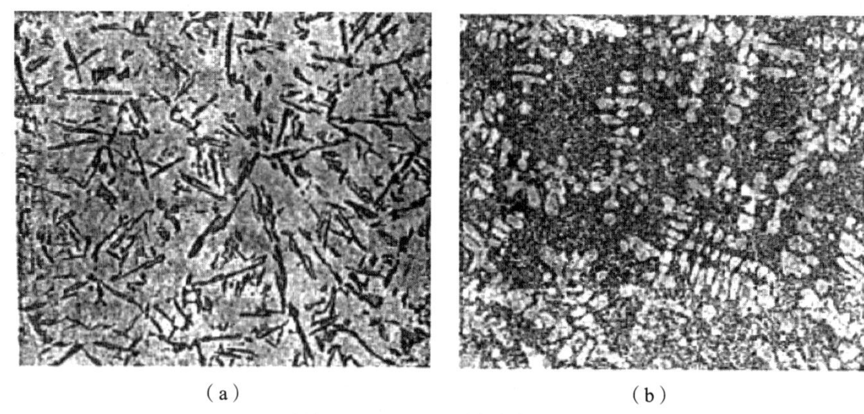

（a）　　（b）

图 9－7　ZL102 的铸态组织

（a）变质前；（b）变质后

4）Al－Zn 系铸造铝合金

Al－Zn 系铸造铝合金价格便宜，铸造性能好，经变质处理和时效处理后强度高，但耐蚀性差，热裂倾向大。这类合金常用于制造汽车、拖拉机、发动机零件、形状复杂的仪器零件和医疗器械等。常用牌号有 ZL401、ZL402 等。

9.2　钛及其合金

钛及其合金的质量小、强度高（R_m 最高可达 1 400 MPa，和某些高强度合金钢相近），具有良好的低温性能［在 －253 ℃（液氢温度）下强度高］，还有良好的塑性和韧性，且有优良的耐蚀性能、耐高温性能。由于钛资源丰富，所以钛及其合金获得了广泛的应用。但钛及其合金的加工条件较复杂，而且要求严格，成本高，在很大程度上限制了它们的应用。

9.2.1　纯钛

钛是灰白色轻金属，其密度小（4.507 g/cm^3，约为铜的50%），熔点为 1 668 ℃；热膨胀系数小，使它在高温工作条件下或热加工过程中产生的热应力小；导热性差，加工钛的摩擦系数大（$\mu=0.2$），使切削、磨削加工困难；塑性好，强度低，易于加工成形，可制成板材、管材、棒材和线材等。钛在大气中十分稳定，表面生成致密氧化膜，使它具有耐蚀作用并有光泽，但当加热到 600 ℃以上时，氧化膜就失去保护作用。钛在海水和氯化物中具有优良的耐蚀性，在硫酸、盐酸、硝酸、氢氧化钠等介质中都有良好的稳定性但不能抵抗氢氟酸的侵蚀作用。钛的抗氧化能力优于大多数奥氏体型不锈钢。

钛在固态下具有两种晶体结构：在 882.5 ℃以上为 β－Ti，呈体心立方晶格，$a=3.32$；在 882.5 ℃以下为 α－Ti，呈密排六方晶格，$a=2.95$，$c=4.68$。钛在 882.5 ℃发生同素异构转变，即 $\alpha-\mathrm{Ti}\xrightarrow{882.5\ ℃}\beta-\mathrm{Ti}$，这种转变对强化钛合金有很重要的意义。

钛具有良好的工艺性能，锻压后退火处理的钛可碾压成 0.2 mm 厚的薄板或冷拔成细丝。其切削加工性能和不锈钢类似。钛可在氩气中进行焊接，焊后进行正火，焊缝强度与原材料相近。钛在高温下是极为活泼的金属，所以钛的冶炼工艺较为严格和复杂，致使成本提高。

工业纯钛中常含少量的氮、碳、氧、氢、铁和镁等杂质元素，这些杂质元素能使钛的强度、硬度显著增加，塑性、韧性明显降低。工业纯钛按杂质含量不同共分为3种，即TA1、TA2、TA3，如表9－5所示，编号越大，杂质越多。工业纯钛可用于制作在350 ℃以下工作、强度要求不高的零件。

9.2.2　钛合金

在钛中加入合金元素，可形成钛合金。加入的合金元素可分为：溶入α－Ti的元素，其溶解度较大，溶入后形成α固溶体，并使钛的同素异构转变温度升高，如图9－8（a）所示，这类元素称为α稳定元素，如Al、C、N、H和B等；溶入β－Ti的元素，其溶解度更大，溶入后形成β固溶体，并使钛的同素异构转变温度降低，如图9－8（b）所示，这类元素称为β稳定元素，如Fe、Mo、Mg、Cr、Mn和V等；还有一些元素在α－Ti和β－Ti的溶解度都很大，对钛的同素异构转变温度影响不大，这类元素称为中性元素，如Sn、Zr等。

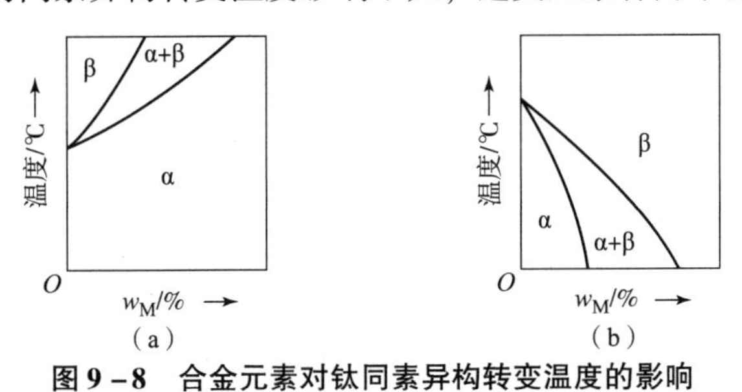

图9－8　合金元素对钛同素异构转变温度的影响

（a）α稳定元素的作用；（b）β稳定元素的作

根据使用状态的组织，钛合金可分为3类：α型及近α型钛合金、β型及近β型钛合金和（α＋β）型钛合金，其牌号分别用TA、TB和TC加上编号表示。部分钛及钛合金的牌号、化学成分、性能及用途如表9－5所示。

1. α钛合金

钛中加入Al、B等α稳定元素，使钛合金的同素异构转变温度升高，在室温或使用温度下均处于单相α固溶体状态，故称为α钛合金。α钛合金在室温下的强度比β钛合金和（α＋β）钛合金低，但在500～600 ℃的高温下，其强度比β钛合金和（α＋β）钛合金高。α钛合金具有很好的强度、塑性和韧性，在冷态也能加工成板材和棒材等。α钛合金组织稳定，抗氧化性和抗蠕变性好，焊接性能和加工性能也好。α钛合金不能进行相变强化，主要是进行固溶强化，其热处理只是消除应力的退火或消除加工硬化的再结晶退火。

α钛合金的典型牌号是TA7，其成分为Ti－5Al－2.5Sn。加入Al和Sn除产生固溶强化外，还提高抗氧化和抗蠕变能力，还使钛合金具有优良的低温性能（在－253 ℃下，其力学性能为R_m＝1 575 MPa，$R_{P0.2}$＝1 505 MPa，A＝12%）。α钛合金用于使用温度不超过500 ℃的零件，如导弹的燃料罐、航空发动机压气机的叶片和管道、超声速飞机的涡轮机匣和宇宙飞船的高压低温容器等。

表 9－5　钛及钛合金牌号、化学成分、性能及用途

组别	牌号	化学成分 w_B/%		室温力学性能（≥）					高温力学性能（≥）			用途
				热处理	R_m/MPa	R_{eL}/MPa	A/%	Z/%	试验温度/℃	R_m/MPa	σ_{100h}	
工业纯钛	TA1	Ti（杂质极微）		退火	240	140	24	30				在 350 ℃以下工作、强度要求不高的零件，如飞机骨架、蒙皮、船用阀门、管道、化工用泵、叶轮等
	TA2	Ti（杂质微）		退火	400	275	20	30				
	TA3	Ti（杂质微）		退火	500	380	18	30				
α钛合金	TA4	Ti（杂质微）		退火	580	485	15	25				在 500 ℃以下工作的零件，如导弹燃料罐、超声速飞机的涡轮机匣、压气机叶片等
	TA5	Ti－4Al－0.005B	Al：3.3～4.7 B：0.005	退火	685	585	15	40				
	TA6	Ti－5Al	Al：4.0～5.5	退火	685	585	10	27	350	420	390	
	TA7	Ti－5Al－2.5Sn	Al：4.0～6.0	退火	785	680	10	25	350	490	440	
β钛合金	TB2	Ti－5Mo－5V－8Cr－3Al	Mo：4.7～5.7 V：4.7～5.7 Cr：7.5～8.5 Al：2.5～3.5	淬火 淬火＋时效	≤980 1 370	820 1 100	18 7	40 10				
α＋β钛合金	TC1	Ti－2Al－1.5Mn	Al：1.0～2.5 Mn：0.7～2.0	退火	585	460	15	30	350	345	325	在 400 ℃以下工作的零件，具有一定高温强度的发动机零件，低温用部件、容器、泵、舰船耐压壳体等
	TC2	Ti－4Al－1.5Mn	Al：3.5～5.0 Mn：0.8～2.0	退火	685	560	12	30	350	420	390	
	TC3	Ti－5Al－4V	Al：4.5～6.0 V：3.5～4.5	退火	800	700	10	10				
	TC4	Ti－6Al－4V	Al：5.5～6.75 V：3.5～4.5	退火	895	825	10	10	400	620	470	

2. β 钛合金

钛中加入 Mo、Cr、V 等 β 稳定元素，在正火或淬火后很容易将高温 β 相保留到室温，获得介稳定的 β 单相组织，故称 β 钛合金。β 钛合金可热处理强化，淬火后合金的强度不高（R_m = 850 ~ 950 MPa），塑性好（δ = 18% ~ 20%），具有良好的成形性。在时效状态下，β 钛合金的组织为 β 相基体上分布着弥散的细小 α 相粒子，提高了合金的强度（480 ℃时效，R_m = 1 300 MPa，A = 5%）。

β 钛合金的典型牌号为 TB2，其成分为 Ti - 5Mo - 5V - 8Cr - 3Al。β 钛合金有较高的强度，其焊接性能和压力加工性能良好，但性能不稳定，熔炼工艺复杂。β 钛合金应用不如 α 钛合金和（α + β）钛合金广泛，常用于 350 ℃以下工作的零件。β 钛合金主要用于制造各种整体热处理（固溶、时效）的板材冲压件和焊接件，如压气机叶片、轮盘、轴类等重载荷旋转件以及飞机的构件等。β 钛合金一般在固溶处理状态下交货，固溶、时效后使用。

3. （α + β）钛合金

钛中加入 Al、V 和 Mn 等元素，在室温下可得到（α + β）组织钛合金，故称为（α + β）钛合金，其兼有强度高，塑性、耐热性、耐蚀性、冷热压力加工性和低温性能都好的特点，并可通过固溶处理和时效进行强化。

（α + β）钛合金使用量最多（约占钛及其合金总用量的 50% 以上），应用最广的牌号是 TC4，其成分为 Ti - 6Al - 4V，加入 Al 和 V 分别溶入 α - Ti 和 β - Ti，它们固溶后的共同作用使 α 相和 β 相在室温下的 TC4 合金中共存，也可通过热处理改变 α 和 β 两相的相对含量和形态，以达到改变 TC4 合金性能的目的。TC4 经 930 ℃保温 1 h 固溶处理后，再经 540 ℃时效 2 h，其 R_m = 1 300 MPa，$R_{P0.2}$ = 1 200 MPa，A = 13%。由于其强度高、塑性好、抗蠕变、耐腐蚀，并且有低温韧性（ - 196 ℃时，其 R_m = 1 540 MPa，$R_{P0.2}$ = 1 425 MPa，A = 12%），TC4 合金适于制造 400 ℃以下和低温下工作的零件，如火箭发动机外壳、航空发动机压气机盘和叶片、压力容器、化工用泵、火箭和导弹的液氢燃料箱部件等。

4. 铸造钛合金

铸造钛合金的抗拉强度和疲劳强度接近于加工钛合金，它的冲击韧性普遍高于钛锻件，同时铸造能节省大量的材料和加工费用，因此铸造钛合金的发展已成为必然趋势。

铸造钛合金牌号由“Z”和钛的元素符号、主要合金元素符号以及表明合金元素名义含量的数字组成；当合金元素多于 2 个时，合金牌号中应列出足以表明合金主要特性的元素符号及其名义含量的数字。铸造钛及钛合金的牌号和化学成分如表 9 - 6 所示。ZTA1、ZTA2、ZTA3、ZTA5、ZTA7、ZTC4 的特性及用途，可参见 TA1、TA2、TA3、TA5、TA7 和 TC4；而 ZTB32 属于 β 钛合金，其特点是耐蚀性高。

表 9 - 6　铸造钛及钛合金的牌号和化学成分（摘自 GB/T 15073—2014）

牌号	代号	化学成分 w_B/%							
		Ti	Al	Sn	Mo	V	Zr	Nb	Ni
ZTi1	ZTA1	余量	—	—	—	—	—	—	—
ZTi2	ZTA2	余量	—	—	—	—	—	—	—
ZTi3	ZTA3	余量	—	—	—	—	—	—	—

续表

牌号	代号	化学成分 w_B/%							
		Ti	Al	Sn	Mo	V	Zr	Nb	Ni
ZTiAl4	ZTA4	余量	3. 3 ~ 4. 7	—	—	—	—	—	—
ZTiAl5Sn2. 5	ZTA7	余量	4. 0 ~ 6. 0	2. 0 ~ 3. 0	—	—	—	—	—
ZTiPd0. 2	ZTA9	余量	—	—	—	—	—	—	—
ZTiMo0. 3Nl0. 8	ZTA10	余量	—	—	0. 2 ~ 0. 4	—	—	—	0. 6 ~ 0. 9
ZTiAl6Zr2Mo1V1	ZTA15	余量	5. 5 ~ 7. 0	—	0. 5 ~ 2. 0	0. 8 ~ 2. 5	1. 5 ~ 2. 5		—
ZTiAl4V2	ZTA17	余量	3. 5 ~ 4. 5	—	—	1. 5 ~ 3. 0	—	—	—
ZTiMo32	ZTB32	余量	—	—	30. 0 ~ 40. 0	—	—	—	—
ZTiAl6V4	ZTC4	余量	5. 50 ~ 6. 75	—	—	3. 5 ~ 4. 5	—	—	—
ZTiAl6Sn4. 5 Nb2Mo1. 5	ZTC21	余量	5. 5 ~ 6. 5	4. 0 ~ 5. 0	1. 0 ~ 2. 0	—	—	1. 5 ~ 2. 0	—

9. 2. 3　钛合金的热处理

1. 退火

1）消除应力退火

消除应力退火的目的是消除工业纯钛和钛合金零件机加工或焊接后的内应力。退火温度一般为 450 ~ 650 ℃，保温 1 ~ 4 h，空冷。

2）再结晶退火

再结晶退火的目的是消除加工硬化。纯钛一般采用 550 ~ 690 ℃，钛合金采用 750 ~ 800 ℃温度，保温 1 ~ 3 h，空冷。

2. 淬火和时效

淬火和时效的目的是提高钛合金的强度和硬度。

α 钛合金和含 β 稳定化元素较少的（α + β）钛合金，自 β 相区淬火时，发生无扩散型的马氏体转变 β→α′。α′为马氏体，是 β 稳定化元素在 α - Ti 中的过饱和固溶体，具有密排六方晶格，硬度较低，塑性好，是一种不平衡组织，加热时效时分解成 α 相和 β 相的混合物，使合金的强度和硬度有所提高。

β 钛合金和 β 稳定化元素较多的（α + β）钛合金淬火时，β 相转为介稳定的 β 相，加热时效后，介稳定 β 相析出弥散的 α 相，使合金的强度和硬度提高。

α 钛合金一般不进行淬火和时效处理；β 钛合金和（α + β）钛合金可进行淬火时效处理，以提高合金的强度和硬度。

钛合金的淬火温度一般选在 α + β 两相区的上部范围，淬火后部分 α 相保留下来，细小的 β 相转为介稳定 β 相或 α′相或两种均有（决定于 β 稳定化元素的质量分数），经时效后，钛合金获得好的综合力学性能；假若加热到 β 单相区，β 晶粒极易长大，则钛合金热处理后的韧性很低。一般淬火温度为 760 ~ 950 ℃，保温 5 ~ 60 min，水中冷却。

钛合金的时效温度一般在 450 ~ 550 ℃，时间为几小时至几十小时。

钛合金热处理加热时应防止污染和氧化，并严防过热（β晶粒长大后，无法用热处理方法挽救）。

9.3 铜及其合金

在有色金属中，铜的产量仅次于铝。铜及其合金在我国有着悠久的使用历史，而且使用范围很广。

9.3.1 纯铜

根据GB/T 11086—2013《铜及铜合金术语》，纯铜是指纯度高于99.70%的工业用金属铜，俗称紫铜（含有氧化亚铜且氧含量被控制的纯铜也称为韧铜）。纯铜的熔点为1 083 ℃，密度为8.93 g/cm^3（比钢的密度大15%左右）。纯铜具有高的导电性、导热性和耐蚀性。纯铜具有良好的化学稳定性，在大气、淡水及冷凝水中均有优良的抗蚀性能；但在海水中耐蚀性差，易被腐蚀。

工业纯铜中含有质量分数为0.1%～0.5%的杂质（如Pb、Bi、O、S、P等），它们使铜的导电能力降低。同时，Pb和Bi能与Cu形成低熔点的共晶体（Cu+Pb）和（Cu+Bi），分布在晶界上，它们的共晶温度分别为326 ℃和270 ℃。当铜进行热加工（820～860 ℃）时，这两种共晶体发生熔化，破坏了晶粒间的结合，造成脆性断裂，这种现象称为“热脆”。而S和O也能与Cu形成共晶体（$Cu+Cu_2S$）和（$Cu+Cu_2O$），它们的共晶温度分别为1 067 ℃和1 065 ℃，虽不会引起热脆，但由于Cu_2S和Cu_2O均为脆性化合物，在冷变形加工时易使铜产生破裂，这种现象称为“冷脆”。

纯铜呈面心立方结构，其强度和硬度低，但塑性好，在退火状态下，纯铜的R_m=200～250 MPa，硬度为40～50 HBW，A=40%～50%，通常制成板材、带材、线材和管材等。纯铜可用于作成电线、电缆、电刷、电器开关、散热器和冷凝器等。纯铜经冷变形强化可使强度和硬度分别提高到R_m=400～430 MPa，硬度为100～120 HBW，但塑性降低（A=1%～3%）。

纯铜的强度低，不适于作结构材料。工业上结构零件用的是铜合金。铜合金的分类方法主要有三种：

（1）按照成形方法，分为铸造铜合金和变形（或加工）铜合金；

（2）按照合金系分，分为黄铜（H）、青铜（Q）和白铜（B）；

（3）按照功能（或特性）分类，分为结构用铜合金、导电导热用铜合金、耐磨铜合金、记忆铜合金、超塑性铜合金、艺术（装饰）铜合金等。

以下按（2）中分类对铜合金进行介绍。

9.3.2 黄铜

Cu-Zn合金或以Zn为主要加入合金元素的铜合金称为黄铜。黄铜的含锌量在0～50%之间，它具有较好的机械性能，并易加工成形，在大气和海水中有较好的耐蚀性，价格低廉且色泽美丽，是应用最广的铜合金。黄铜按其所含合金元素种类分为普通黄铜（只以Zn为合金元素）和特殊黄铜（或称复杂黄铜、含其他合金元素）；按生产方式分为压力加工黄铜和铸造黄铜。

普通黄铜的牌号以“H+铜含量”表示，“H”是黄铜的汉语拼音字头，如H70表示含铜量为70%的黄铜。此外，铜合金还可以合金成分的名义含量命名，如CuZn4、CuZn32分别表示含锌量为4%和32%的黄铜。

特殊黄铜的牌号用H+第二添加元素化学符号+铜含量+除锌以外的各添加元素含量（数字间以“-”隔开）表示，如HMn58-2表示$w_{Cu}=58\%$、$w_{Mn}=2\%$的特殊黄铜，称为锰黄铜。常用黄铜的牌号、化学成分、力学性能和主要用途如表9-7所示。

表9-7　常用黄铜的牌号、化学成分、力学性能和主要用途

组别	牌号	化学成分 w_B/%		力学性能①			主要用途②
		Cu	其他	R_m/MPa	A/%	硬度/HBW	
普通黄铜	H90	88.0~91.0	Fe≤0.05 Pb≤0.05 余量Zn	245/392	35/3	—	双金属片、供水和排水管、证章、艺术品（又称金色黄铜）
	H68	67.0~70.0	Fe≤0.10 Pb≤0.03 余量Zn	294/392	40/13	—	复杂的冷冲压件、散热器外壳、弹壳、导弹、波纹管、轴套
	H62	60.5~63.5	Fe≤0.15 Pb≤0.08 余量Zn	294/412	40/10	—	销钉、铆钉、螺钉、螺母、垫圈、弹簧、夹线板
	ZCuZn38	60.0~63.0	余量Zn	295/295	30/30	59/68.5	一般结构如散热器、螺钉、支架等
特殊黄铜	HSn62-1	61.0~63.0	0.7~1.1Sn 余量Zn	249/392	35/5	—	与海水和汽油接触的船舶零件（又称海军黄铜）
	HSi80-3	79.0~81.0	2.5~4.0Si 余量Zn	300/350	15/20	—	船舶零件，在海水，淡水和蒸汽（<265 ℃）条件下工作的零件
	HMn58-2	57.0~60.0	1.0~2.0Mn 余量Zn	382/588	30/3	—	海轮制造业和弱电用零件
	HPb59-1	57.0~60.0	0.8~1.9Pb 余量Zn	343/441	25/5	—	热冲压及切削加工零件，如销、螺钉、螺母、轴套（又称易削黄铜）
	ZCuZn40Mn3Fe1	53.0~58.0	3.0~4.0Mn 0.5~1.5Fe 余量Zn	400/490	18/15	98/108	轮廓不复杂的重要零件，海轮上在300 ℃以下工作的管配件，螺旋桨等大型铸件
	ZCuZn25Al6Fe3Mn3	60.0~66.0	4.5~7Al 2~4Fe 1.5~4.0Mn 余量Zn	725/745	7/7	166.5/166.5	要求强度高、耐蚀的零件，如压紧螺母、重型蜗杆、轴承、衬套

①力学性能中分母的数值，对压力加工黄铜来说是指硬化状态（变形程度50%）的数值，对铸造黄铜来说是指金属型铸造时的数值；分子数值，对压力加工黄铜来说为退火状态（600 ℃）时的数值，对铸造黄铜为来说砂型铸造时的数值。

②主要用途在国家标准中未做规定。

1）普通黄铜

普通黄铜是铜锌二元合金。Cu－Zn 合金相图如图 9－9 所示，从图中可以看到，Cu－Zn 合金有 6 个单相固溶体，即 α 相、β 相、γ 相、δ 相、ε 相和 η 相。

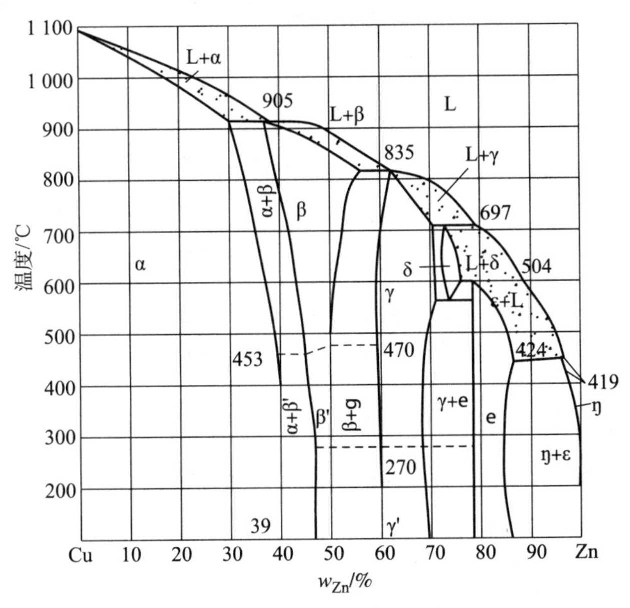

图 9－9　Cu－Zn 合金相图

α 相是 Zn 溶解在 Cu 中的固溶体，呈面心立方晶格，其晶格常数随锌含量增加而加大，但 Zn 在 Cu 中的溶解度随温度升高而下降，在 453 ℃时溶解度最大（此时含量锌为 39%）。α 相的塑性极高，适用于冷热压力加工，并有很好的锻造、焊接及镀锡的能力。

β 相是以电子化合物 CuZn 为基的固溶体，具有体心立方晶格。当温度下降到 453～470 ℃时，β 相将产生有序化转变，这个温度以上称为无序固溶体，用 β 表示；这个温度以下称为有序固溶体，用 β′表示。β 相塑性好，可进行热变形加工；β′相很脆，冷加工困难。

γ 相是以电子化合物 $CuZn_3$（或 Cu_5Zn_2）为基的固溶体，呈复杂立方晶格，在 270℃时产生有序化转变，高温无序，较软；低温有序，很脆。由于 γ 相很脆，使合金的强度和塑性很低，不能进行冷热变形加工。

当锌含量大于 50% 时，Cu－Zn 合金无实际使用价值。因此，工业上大的采用锌含量小于 32% 的 α 单相黄铜和锌含量在 32%～45% 的 α＋β′双相黄铜；锌含量大于 45% 的 β′单相黄铜等不被采用。

单相黄铜又称 α 黄铜，其强度较低，塑性好，适用于冷压力加工制成冷轧板材、冷拉线材和管材等，故也称冷加工用 α 黄铜。单相黄铜常用于冷冲压或深冲拉伸制造成各种形状复杂的零件，大量用来制造枪弹壳、炮弹筒等，故常称弹壳黄铜。单相黄铜常用牌号有 H80、H70 和 H68。

双相黄铜又称 α＋β′黄铜，其强度高，室温塑性差，只能承受微量变形。高温时 β 呈体心立方晶格，塑性好，所以 α＋β′黄铜适宜热压力加工，故也称热加工用 α＋β′黄铜。当温度高于 800 ℃时，α＋β′黄铜甚至比 α 黄铜更易变形。因此，α＋β′黄铜常轧成棒材、线材和管材等（用于制作水管、油管、散热器等）。α＋β′黄铜的常用牌号有 H59、H62 等，也称商业黄铜。

α 黄铜和 α + β′黄铜的显微组织如图 9 – 10 所示。

（a）

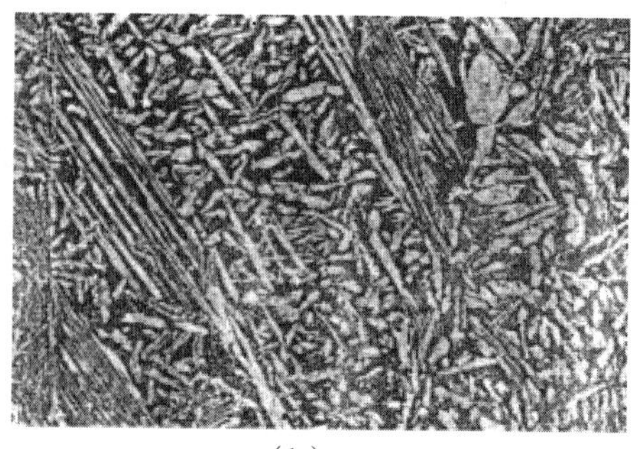
（b）

图 9 – 10　α 黄铜和 α + β′黄铜的显微组织

（a）退火 α 黄铜（H68）；（b）铸态 α + β′黄铜（H62）

2）特殊黄铜

在普通黄铜的基础上加入 Al、Mn、Pb、Si 和 Ni 等合金元素就成为特殊黄铜。加入 Al、Sn、Si、Mn 主要是为了提高黄铜的耐蚀性，Pb、Si 能改善其耐磨性，Ni 能降低其应力腐蚀敏感性，另外，合金元素一般都能提高黄铜的强度。特殊黄铜有铅黄铜、铝黄铜、锡黄铜、硅黄铜、锰黄铜、铁黄铜、镍黄铜等。

铝黄铜（HAl59 – 3 – 2）含质量分数为 59% 的 Cu、3% 的 Al、2% 的 Ni，其余为 Zn，其在热态下有良好的变形能力，用于制造船舶、电机和化工工业中高强度和高耐蚀的零件。

铅黄铜（HPb59 – 1）含质量分数为 59% 的 Cu、1% 的 Pb，其余为 Zn。压力加工铅黄铜主要用于要求有良好切削加工性能和耐蚀性的零件，如钟表零件。铸造铅黄铜可制作轴瓦、衬套等。

硅黄铜（ZHSi80 – 3）含质量分数为 80% 的 Cu，3% 的 Si，其余为 Zn。硅黄铜能获得表面光洁、高精密度的铸件，也能进行焊接和切削加工，主要用于制造船舶、化工和水泵等机械零件。

3）铸造黄铜

铸造黄铜含有较多的 Cu 及少量合金元素（如 Pb、Si、Al 等），它的熔点比纯铜低，液固相线间隔小，流动性较好，具有良好的铸造成形能力，铸件组织致密，偏析较小，耐磨性好，耐大气、海水的腐蚀性能也较好。

铸造黄铜的牌号由“Z”和铜的元素符号、主要合金元素符号以及表明合金元素名义含量的数字组成；当合金元素多于 2 个时，合金牌号中应列出足以表明合金主要特性的元素符号及其名义含量的数字，如 ZCuZn40Pb2 表示含 Zn 为 40%，含 Pb 为 2%，余量为 Cu 的铸造黄铜。

9.3.3　青铜

青铜是人类历史上应用最早的合金，它是 Cu – Sn 合金，由于合金中有 δ 相，呈青白色而得名青铜。青铜在铸造时体积收缩量很小，充模能力强，耐蚀性好并有极高的耐磨性，从而得到广泛的应用。近几十年来，由于大量的含 Al、Si、Be、Pb 和 Mn 的铜合金习惯上也叫青铜，为了区别起见，把 Cu – Sn 合金称为锡青铜，而其他铜合金分别称为铝青铜、硅青铜、铅青铜、铍青铜和锰青铜等。

青铜按生产方式分为加工（或变形）青铜和铸造青铜两类。压力加工的青铜牌号是用Q+第一主添加元素符号+各添加元素含量（数字间以“-”隔开）表示。如QAl5表示Al含量为5%的铝青铜，QSn4-3表示Sn含量为4%、Zn含量为3%的锡青铜。

铸造青铜的牌号表示是由“Z”和铜的元素符号、主要合金元素符号以及表明合金元素名义含量的数字组成；当合金元素多于2个时，合金牌号中应列出足以表明合金主要特性的元素符号及其名义含量的数字。例如ZQSn10-5表示含Sn含量为10%、Pb含量为5%，其余为Cu的铸造锡青铜。此外，青铜还可以合金成分的名义百分含量命名，例如ZCuSn10Pb5表示Sn含量为10%、Pb含量为5%的铸造锡青铜。常用青铜的牌号及用途如表9-8所示。

表9-8 常用青铜的牌号及用途

类别	代号或牌号	化学成分 w_B/%		力学性能			主要用途
		第一主加元素	其他	R_m/MPa	A/%	硬度/HBW	
加工锡青铜	QSn4-3	Sn：3.5~4.5	Zn：2.7~3.3 余量Cu	294/（490-687）	40/3	—	弹性元件、管配件、化工机械中耐磨零件及抗磁零件
	QSn6.5-0.1	Sn：6.0~7.0	P：0.1~0.25 余量Cu	294/（490-687）	40/5	—	弹簧、接触片、振动片、精密仪器中的耐磨零件
铸造锡青铜	ZCuSn10P1	Sn：9.0~11.5	P：0.5~1.0 余量Cu	220/310	3/2	78/88	重要的耐磨零件，如轴承、轴套、涡轮、摩擦轮、机床丝杠螺母
	ZCuSn5Pb5Zn5	Sn：4.0~6.0	Zn：4.0~6.0 P：4.0~6.0 余量Cu	200/200	13/13	59/59	低速、中载荷的轴承、轴套及涡轮等耐磨零件
加工铝青铜	QA17	Al：6.0~8.5	—	—/637	—/5	—	重要用途的弹簧和弹性元件
铸造铝青铜	ZCuAl10Fe3	Al：8.5~11.0	Fe：2.0~4，0 余量Cu	490/540	13/15	98/108	耐磨零件（压下螺母、轴承、涡轮、齿圈）及在蒸汽、海水中工作的高强度耐蚀件
铸造铅青铜	ZCuPb30	Pb：27.0~33.0	余量Cu	—/—	—/—	—/24.5	大功率航空发动机、柴油机曲轴及连杆的轴承、齿轮、轴套
加工铍青铜	QBe2	Be：1.8~2.1	Ni：0.2~0.5 余量Cu	—	—	—	重要的弹簧与弹性元件，耐磨零件以及在高速高压和高温下工作的轴承

①力学性能中分母的数值，对压力加工黄铜来说是指硬化状态（变形程度50%）的数值，对铸造黄铜来说是指金属型铸造时的数值；分子数值，对压力加工黄铜来说为退火状态（600 ℃）时的数值，对铸造黄铜为来说砂型铸造时的数值。

②主要用途在国家标准中未做规定。

1. 锡青铜

以锡（Sn）为主加元素的铜合金称为锡青铜。工业上使用的锡青铜，其含锡量一般在3% ~14%之间。含锡量<5%的锡青铜适用于冷变形加工，含锡量在5% ~7%的锡青铜适用于热变形加工，含锡量>10%的锡青铜适用于铸造加工。

锡青铜虽然铸造时流动性差、易产生枝晶偏析、缩孔分散，但其铸造收缩率是有色合金中最小的，故适用于铸造形状复杂、壁厚较大的零件；但由于其有分散缩孔，而使铸件密度低，在高水压下易漏水，故不适于铸造要求密度高和密封性好的铸件。锡青铜在大气、水蒸气、淡水、海水和无机盐类溶液中有极好的耐蚀性能（比纯铜和黄铜好），但在盐酸、硫酸和氨水中的耐蚀性差。锡青铜具有无磁性、冲击时不产生火花、耐寒和极好的耐磨性等特点。

锡青铜中加入少量铅可提高其耐磨性和切削加工性能，加入磷可提高其弹性极限、疲劳强度和耐磨性，加入锌可提高其铸造性能和力学性能。

常用的锡青铜有以下几种。

（1）QSn4 -3：Sn 含量为4%，Zn 含量为3%，在冷热态下均可进行压力加工，用于制造仪器上的弹簧、耐磨零件和抗磁零件。

（2）QSn6.5 -0.1：Sn 含量为6.5%，P 含量为0.1%，主要用于制造仪器上的耐磨零件、弹性元件以及轴承、垫圈和蜗轮等。

（3）ZQSn10 -1：Sn 含量为10%，P 含量为1%，主要用于制造轴承、齿轮和齿圈等。

由于锡价格较贵，近年来，工业上广泛采用铝青铜、铅青铜和铍青铜代替锡青铜。

2. 铝青铜

以铝（Al）为主加元素的铜合金称为铝青铜。有实用价值的铝青铜，其铝含量一般在5% ~12%之间。铝含量为5% ~7%时，铝青铜塑性最好，适于冷变形加工。铝含量在10%左右时，铝青铜强度最高，常以铸态或热变形加工后使用。铝青铜的强度、硬度、耐热性、耐蚀性和耐磨性都高于黄铜和锡青铜。铝青铜的结晶温度范围小、流动性好、枝晶偏析倾向小且缩孔集中，易铸成组织致密的铸件，但焊接性差。

工业上所用的铝青铜有低铝青铜和高铝青铜两种。

（1）低铝青铜：如 QAl5、QAl7 等，其退火组织为 α 单相固溶体，塑性好，耐蚀性高，又有适当的强度，一般在压力加工状态下使用，用于制造弹簧及要求高耐蚀性的弹性元件。

（2）高铝青铜：如 QAl9 -4（$w_{Fe}=4\%$），QAl10 -3 -1.5（$w_{Fe}=3\%$，$w_{Mn}=1.5\%$），其是在铝青铜的基础上加入 Fe、Mn 等元素，使合金的强度、耐磨性和耐蚀性均显著提高，可用来制造在复杂条件下工作的高强度的耐磨零件，如齿轮、轴套、摩擦片、阀座、螺旋桨、轴承和蜗轮等。

3. 铍青铜

以铍（Be）为主加元素的铜合金称为铍青铜。Be 溶于 Cu 中形成 α 固溶体，在866 ℃时，Be 在 Cu 中的最大溶解度为2.7%，室温时为0.16%。由于 α 固溶体中溶铍量变化较大，因而铍青铜是一种时效硬化效果非常显著的铜合金。铍青铜通过800 ℃固溶处理后，塑性很好，可进行冷变形加工和切削加工。在冷变形加工铍青铜的同时，还可提高其力学性能。将铍青铜制成零件后再进行350 ℃、2 h 人工时效，其力学性能可达 $R_m=1\ 200\sim1\ 400$ MPa，330 ~400 HBW，$A=2\%\sim4\%$。

工业上使用的铍青铜，其铍含量一般在2% ~2.5%范围内，常用牌号有QBe2、QBe2.5、QBe1.7和QBe1.9。后两种铍青铜中加入少量Ti，可减少铍（较贵重）的用量，并改善合金的工艺性能和提高其强度。在我国推广使用QBe1.7、QBe1.9代替QBe2、QBe2.5。

铍青铜具有高的强度和硬度、高的弹性极限和疲劳强度、高的耐蚀性（特别是耐海水腐蚀性）、良好的导电性和导热性、无磁性、耐低温性、受冲击不起火花以及良好的冷热加工性和铸造性等一系列优越的性能。但铍青铜价格昂贵，限制了它在工业中的大量使用。铍青铜只用于制造仪器、仪表的重要弹簧及其弹性元件，耐磨零件（如钟表齿轮、发条等），高温、高压、高速条件下工作的轴承和衬套以及其他重要零件（如指南针、换向开关、电焊机电极、电接触器）等。

4. 硅青铜

以硅（Si）为主加元素的铜合金称为硅青铜，其硅含量一般在3.5%以内。硅青铜的力学性能比锡青铜好，而且价格低廉，并有很好的铸造性能和冷热加工性能。向硅青铜中加入Ni可形成金属间化合物Ni_2Si，使硅青铜通过固溶时效处理后获得较高的强度和硬度，同时具有很高的导电性、耐热性和耐蚀性。若向硅青铜中加入Mn可显著提高合金的强度和耐磨性。常用的硅青铜有QSi3－1（$w_{Mn}=1\%$），QSi1－3（$w_{Ni}=3\%$），用于制造弹簧、蜗轮和齿轮等。

9.3.4 白铜

以铜为基体金属，以镍（Ni）为主加元素合金称为白铜。白铜中可含有或不含有其他合金元素。不含其他合金元素的白铜称为简单白铜；含有其他合金元素的白铜称为复杂白铜，或依据第二合金元素命名，如铁白铜、锰白铜、铝白铜、锌白铜等。当含有其他合金元素时，镍含量应占优势，超过其他任何一合金元素。但当镍含量小于4.0%时，锰含量可以超过镍含量。

根据国家标准GB/T 29091—2012《铜及铜合金牌号和代号表示方法》规定，普通白铜以“B＋镍含量”命名，如B30表示镍含量为30%的普通白铜。复杂白铜以B＋第二主添加元素化学符号＋镍含量＋各添加元素含量（数字间以“－”隔开）命名，如BMn3－12表示镍含量为3%，锰含量为12%，余量为Cu的复杂白铜。

在固态下，铜与镍无限固溶，因此工业白铜的组织为单相α固溶体。工业白铜有较好的强度和优良的塑性，能进行冷、热变形（冷变形能提高强度和硬度），抗蚀性很好，电阻率较高，主要用于制造船舶仪器零件、化工机械零件及医疗器械等。锰含量高的锰白铜可制作热电偶丝。

9.4 镁合金

纯镁的力学性能较低，实际应用时，一般在纯镁中加入一些合金元素，制成镁合金。镁的合金化原理与铝相似，主要通过加入合金元素产生固溶强化、时效强化、细晶强化及过剩相强化作用，以提高合金的力学性能、抗腐蚀性能和耐热性能。镁经过合金化及热处理之后，其强度可达300~350 MPa，密度小、比强度和比刚度高，是航空工业的重要金属材料。

镁合金的导热和导电性好，兼有良好的阻尼减振和电磁屏蔽性能，易于加工成形，废料容易回收。镁合金制成电子装置中的结构件（如移动通信、手提计算机等的壳体）可以满足产品的轻、薄、小型化、高集成度等要求；其用以替代塑料做成汽车轮毂、变速箱壳体等，可以满足轻量化、节能、减振、降噪等要求。因此，镁合金被誉为“21 世纪绿色工程金属”。

镁合金中主要的合金元素是铝、锌及锰，它们在镁中都有溶解度变化，这就可利用热处理方法（淬火 + 时效）来强化，引起固溶强化。加入镁合金中的铝和锌，当含量分别不超过10% ~11%和4% ~5%时，起固溶强化作用；超过溶解度后分别与镁形成金属化合物 $Mg_{17}Al_{12}$ 和 MgZn，它们在淬火、失效时能起到强化作用。加入锰对改善镁合金的耐热性和抗蚀性有良好作用。

9.4.1 镁合金特点

镁合金具有较高的强度，可以作为结构材料。镁合金作为结构材料具有以下优点：

（1）密度小。镁合金密度为 1.74 g/cm^{-3}，相当于铝的 2/3，钢的 1/4，锌的 1/4 左右。

（2）比强度高。在同等刚性条件下，1 kg 镁合金的坚固程度约等于 18 kg 铝和 2.1 kg 钢。

（3）高的阻尼和吸振、减振性能。镁有极好的滞弹吸振性能，可吸收振动与噪声，用作设备机壳，减少噪声传递。镁合金的阻尼性比铝合金大数十倍，减振效果很显著。采用镁合金取代铝合金制作计算机硬盘底座，可大幅度减轻质量（约降低 70%），大幅增加硬盘稳定性，有利于计算机硬盘向高速、大容量方向发展。

（4）良好的抗冲击和抗压缩能力。镁合金的抗冲击能力是塑料的 20 倍。当镁合金铸件受到冲击时，其表面产生的疤痕比铁和铝都要小得多。

（5）良好的铸造性能。在良好部件结构条件下，镁合金铸件壁厚可小于 0.6 mm，塑胶制品在相同强度条件下无法达到；铝合金制品在 1.2 ~1.5 mm 范围内才可与镁制品相媲美。

（6）模铸生产率高。与铝合金相比，镁合金热容低，在模具内能更快凝固，其生产率比压铸铝高出 40% ~50%，最高可达到压铸铝的两倍。

（7）尺寸稳定性好。在 100 ℃以下，镁合金可以长时间保持其尺寸的稳定性。不需要退火和消除应力就可以保持尺寸稳定是镁合金的突出特性，其体积收缩量仅为 6%，是铸造金属中收缩量最低的。在负载情况下，镁合金具有良好的蠕变强度，这种性能对制作发动机零件和小型发动机压铸件具有重要意义。

（8）良好的机械加工性能。镁合金的切削阻力小，约为钢铁的 1/10，铝合金的 1/3，其切削速度大大高于其他金属；易进行切削加工而且加工成本低，加工能量仅为铝合金的 70%。镁合金不需要机械磨削和抛光、不使用切削液也能得到优良的表面光洁度，在一次切削后即可获得，极少出现积屑瘤。

（9）良好的耐蚀性。在大气中，镁合金具有很好的耐蚀性，比钢铁的耐蚀性好。如高纯镁合金 AZ91D 的耐蚀性比低碳钢要好得多，已超过压铸铝合金 A380。

（10）高散热性。镁合金具有高的散热性，其散热能力是 ABS 树脂的 350 ~400 倍。因此，镁合金常用于制作电子产品外壳或零部件，如作笔记本电脑的外壳。

（11）良好的电磁扰屏障。镁合金相较于铝合金，有更良好的磁屏蔽性能和阻隔电磁波功能，更适合于制作发出电磁干扰的电子产品，其也可以用作计算机、手机等产品的外壳，以降低电磁波对人体的辐射危害。

（12）低热容量。镁合金的热容量比铝合金小，因此不容易粘烧在模具上，可延长模具寿命。

（13）再生性。废旧镁合金铸件具有可回收、再熔化利用的特性，并可作为 AZ91D、AM50、AM60 的二次材料进行再铸造。由于工业上对压铸件需求的不断增长，材料可回收再利用的能力就显得非常重要。这种符合环保要求的特性，使得镁合金比许多塑胶材料更具有吸引力。另外，镁合金还具有抗疲劳性、无毒性、无磁性、较低的裂纹倾向性和不易破裂性等特点，可用于某些特定领域。

9.4.2 镁合金分类

按成形工艺，镁合金可分为铸造镁合金和变形镁合金，两者在成分、组织性能上存在很大差异。铸造镁合金是指适合采用铸造的方式进行制备和生产出铸件直接使用的镁合金，主要用于汽车零件、机件壳罩和电气构件等。变形镁合金是指用挤压、轧制、锻造和冲压等塑性成形方法加工的镁合金，主要用于薄板、挤压件和锻件等。

目前，铸造镁合金比变形镁合金应用要广泛。但与铸造工艺相比，镁合金热变形后组织得到细化，铸造缺陷消除，产品综合机械性能大大提高，比铸造镁合金材料具有更高的强度、更好的延展性及更多样化的力学性能。因此，变形镁合金具有更大的应用前景。表9－9所示为部分镁合金的牌号、化学成分及用途。

1. 铸造镁合金

以镁为基体加入合金化元素形成的适用于铸造方法生产零部件的镁合金称为铸造镁合金，按合金化元素分为 Mg－Al－Zn 系铸造镁合金，Mg－Zn－Zr 系铸造镁合金和 Mg－RE－Zr 系铸造镁合金。

1）铸造镁合金的牌号表示

铸造镁合金牌号由镁及主要合金元素的化学符号组成（混合稀土用 RE 表示），主要合金元素后面跟有表示其含义含量的数字，在合金牌号前面冠以字母“Z”表示铸造合金。如 ZMgAl10Zn 表示主加元素 Al 的名义含量为 10%、一次加元素 Zn 的名义含量为 1% 的铸造镁合金。

2）铸造镁合金的性能与应用

铸造镁合金中合金元素含量高，以保证液态合金具有较低的熔点，较高的流动性和较少的缩松缺陷等。如果还要通过热处理对镁合金进一步强化，那么所选择的合金元素还应该在镁基体中具有较高的固溶度，而且这一固溶度还要随着温度的改变而发生明显的变化，并在时效过程中能够形成强化效果显著的第二相。铝在 α－Mg 中的固溶度在室温时大约只有 2%，升至共晶温度 436 ℃时则高达 12.1%，因此压铸 AZ91HP 合金具备了一定的时效强化能力，其强度有可能通过固溶处理和时效处理的方法得到进一步的提高。

铸造镁合金在航天、航空工业上应用较多，其他工业领域（如仪表、工具等）也有应用。铸造镁合金除了密度小外，还由于铸造工艺能满足零部件结构复杂的要求，能铸造出外形上难以进行机械加工、刚度高的零部件。铸造镁合金具有优良的切削加工性能，很高的振动阻尼容量，能承受冲击载荷，可制作承受振动的部件。

表 9－9　部分镁合金的牌号、化学成分、力学性能及应用

类别	合金组别	牌号	化学成分 w_B/%				加工状态	棒材力学性能（≥）			应用
			Al	Zn	Mn	其他		R_m/MPa	R_{eL}/MPa	A/%	
变形镁合金	MgAl	AZ40M	3.0～4.0	0.20～0.80	0.15～0.50		热成形	245		5.0	中等负荷结构件、锻件
		AZ80M	7.8～9.2	0.20～0.80	0.15～0.50		热成形	330	230	11.0	
	MgMn	ME20M	≤0.20	≤0.30	1.3～2.2	Ce：0.15～0.35	热成形	195		2.0	飞机部件
	MgZn	ZK61M	≤0.05	5.0～6.0	≤0.1	Zr：0.30～0.90	热成形＋时效	305	235	6.0	高负荷、高强度飞机锻件、机翼长桁
铸造镁合金	MgZn	ZMgZn5Zr	≤0.02	3.5～5.5	—	Zr：0.5～1.0	人工时效	235	140	5.0	抗冲击零件、飞机轮毂
	MgREZn	ZMgRE3Zn3Zr	—	2.0～3.1	—	Zr：0.5～1.0 RE：2.5～4.0	人工时效	140	95	2.0	高气密性零件、仪表壳体
	MgAl	ZMgAl8Zn	7.5～9.0	0.2～0.8	0.15～0.50	Si≤0.30	固溶处理＋人工时效	155	80	2.0	中等负荷零件、飞机翼肋、机匣、导弹部分

注：表中所列铸造镁合金的力学性能均为“T_1－人工时效”热处理状态下数据。

2. 变形镁合金

变形镁合金是指可用挤压、轧制、锻造和冲压等塑性成形方法加工的镁合金。由于镁合金的晶格为密排六方结构，传统上被视为一种难以塑性变形、压力加工性能差的金属，大多数镁合金又有较好的铸造性能。与铸造镁合金相比，变形镁合金具有更高的强度、更好的塑性及更多样化的规格。

1）变形镁合金的牌号表示

纯镁牌号以Mg加数字的形式表示，Mg后的数字表示Mg的质量分数；变形镁合金的牌号以英文字母+数字+英文字母的形式表示。前面的英文字母是其最主要的合金组成元素代号，其后的数字表示其主要的合金组成元素的大致含量。最后面的英文字母为标识代号，用以标识各具体组成元素相异或者元素含量有微小差别的不同合金。例如，牌号ZK40A的字母和数字代表的含义如下：字母Z代表名义质量分数最高的合金元素为Zn，字母K代表名义质量分数次高的合金元素为Zr，数字4表示Zn的质量分数大致为4%，数字0表示Zr的质量分数小于1%，字母A为标识代号。

2）变形镁合金的性能与应用

Mg-Mn系合金具有良好的耐蚀性和焊接性，使用温度不超过150 ℃，主要用于制作飞机蒙皮、壁板及宇航结构件。

Mg-Al-Zn-Mn系合金具有良好的室温力学性能和焊接性，主要用于制造飞机舱门、壁板及导弹蒙皮。

Mg-Zn-Zr系合金具有较高的拉伸与压缩屈服极限、高温瞬时强度及良好的成形和焊接性能，但塑性中等，主要用于制造飞机长桁、操作系统的摇臂、支座等。

Mg-Li系合金是新型的镁合金，其密度小、强度高、塑性及韧性好、焊接性好、缺口敏感性低，在航空航天工业中具有良好的应用前景。

为保证变形镁合金较高的塑性，要求在凝固组织中含有较少共晶相，其中合金元素的含量往往比较低。

3. 快速凝固镁合金

镁及镁合金快速凝固技术主要可以分为3种：第一种是采用雾化喷射获得快速凝固合金粉末或薄片技术，也包括喷射成形技术；第二种是采用连续急冷模冷铸造技术，如熔体旋铸技术或将熔体细流通过旋转的急冷盘上甩出获得连续薄带的平面流技术；第三种是在已有的镁合金材料表面进行的原位快凝技术，如采用激光重熔技术获得快速凝固组织的表面层。这3种技术中，前两种是镁合金快速凝固技术发展的重点；第三种是针对镁合金表面的处理技术，对改变镁合金材料的表面性质及提高其抗腐蚀能力十分有效。

快速凝固技术制备的镁合金组织结构与常规铸锭冶金技术制备的会有很大的区别，包括固溶度的扩展、非平衡结晶、微观组织结构细化、形成准晶或非晶。利用快速凝固技术可以生产出目前综合性能最好的镁合金材料。

9.4.3 镁合金热处理工艺

镁合金常用的热处理方法有退火、固溶处理和时效处理等。选用何种处理方法与合金成分、产品类型和所预期的性能有关。镁合金热处理最主要的特点是：固溶和时效处理时间长；淬火时不需要进行快速冷却，通常在静止空气或者人工强制流动的气流中冷却。

1）退火

（1）完全退火：可消除镁合金在塑性变形过程中产生的加工硬化，恢复和提高其塑性。镁合金大部分成形操作在高温下进行，对其进行完全退火和去应力退火即可以减小或消除镁合金制品在冷热加工、成形焊接过程中产生的残余应力，也可消除铸件或铸锭中的残余应力。

（2）变形镁合金的去应力退火：可以最大限度消除变形镁合金工件中的应力。

（3）铸造镁合金的去应力退火：铸件中的残余应力一般不大，但是由于镁合金的弹性模量较低，因此很小的应力就会使铸件发生明显弹性应变。去应力退火可以在不显著影响铸件力学性能的前提下彻底消除其中的残余应力。

2）固溶处理和人工时效

（1）固溶处理：镁合金中的合金元素固溶到 α－Mg 基体中形成固溶体时，镁合金的强度、硬度会得到提高，这种现象称为固溶强化，而这个过程就称为固溶处理。镁合金经过固溶处理后不进行时效可以同时提高其抗拉强度和伸长率。

（2）人工时效：将固溶处理后的过饱和固溶体置于一定温度下放置一定的时间后，过饱和固溶体将会发生分解，引起合金的强度和硬度大幅提高，这个过程称之为时效处理。时效处理的本质是脱溶或沉淀，让固溶体中的溶质脱离出来，以沉淀相析出。固溶处理后获得的都是有分解趋势的过饱和固溶体，在一定的温度下，过饱和的溶质便会以 β 相的形式脱溶出来，弥散分布在 α 相基体中，其能够起钉扎作用，对材料内部滑移、孪晶等起到阻碍作用。

（3）固溶处理＋人工时效：可以提高镁合金的抗拉强度、屈服强度等性能，但是会降低部分塑性，主要应用于 Mg－Al－Zn 和 Mg－RE－Zr 系列镁合金。

（4）热水淬火＋人工时效：用于 Mg－Zn 系合金。重新加热固溶处理容易导致晶粒粗化，通常在镁合金加热变形后直接人工时效以获得时效强化效果，且可使其伸长率保持原有水平。

9.5 高温合金

9.5.1 概述

高温合金是以铁、镍、钴为基，能在 600 ℃以上的高温下抗氧化或腐蚀，并能在一定应力作用下长期工作的一类合金。高温合金的合金化程度很高，使用温度和熔点的差距小，英、美等国称之为超合金。高温合金是随着航空航天技术的需要发展起来的一种高温结构材料，主要用于发动机的涡轮叶片、涡轮盘和燃烧室等。目前，高温合金在航空、航天发动机材料中扮演着主要角色，其在航空发动机中的用量为材料定量的55%左右。高温合金在高温下有很高的持久强度、蠕变强度和疲劳强度，其典型组织是奥氏体基体和弥散分布于其中的第二相（碳化物、金属间化合物和其他稳定化合物）。γ′［Ni_3Al（Al、Ti）］是高温合金中最重要的强化相，它和基体共格析出，对合金高温性能的强化效果十分显著。通过调整合金元素（Al、Ti、Nb、Ta）含量和热处理制度，可有效地控制 γ′相析出的数量、形貌和分布，使材料得到不同的高温性能，满足不同服役条件的需求。

1. 高温合金主要金属特征

纯铁的密度为7.87g/cm^3，镍和钴的密度约为8.9 g/cm^3，铁－镍基高温合金的密度为7.9～8.3 g/cm^3，镍基高温合金的密度为7.8～8.9 g/cm^3，钴基高温合金的密度8.3～9.4 g/cm^3。高温合金的密度受合金化元素的影响：铝、钛、铬降低密度，钨、钼、铼、钽增高密度。材料的密度对提高发动机的推重比有重要意义，在发动机转动部件的设计中，材料的密度是控制离心应力的关键因素之一，涡轮叶片材料的密度直接影响涡轮盘的工作寿命。

纯铁、钴、镍的熔点分别为1 537 ℃、1 495 ℃、1 453 ℃。高温合金的初熔温度和熔化温度受合金成分和制备工艺的影响，通常钴基合金的初熔温度比镍基合金高。铁和钴有同素异构转变，铁、钴在室温下分别是体心立方和密排六方结构，在高温下均转变为面心立方结构；镍在所有温度下均为面心立方结构，没有同素异构转变。通常，高温合金基体应为单一面心立方结构的奥氏体组织，因为奥氏体组织比铁素体组织具有更高的高温强度，在各种温度下均具有良好的组织稳定性和适用性。在钴基和铁基高温合金中，常加入扩大奥氏体元素以获得稳定的奥氏体基体。高温合金适用温度的极限不受同素异构转变温度的限制，而受其初熔温度和强化相溶解温度的影响。

镍具有较高的化学稳定性，铁和钴的抗氧化性比镍差，钴的耐热性能优于镍。为了获得更好的抗氧化和耐热腐蚀性能，3种基体的高温合金中都需加入铬。通常，含高铝的镍－铬高温合金具有优异的抗氧化性能，这是因为这类合金能在合金表面形成保护性的 Cr_3O_2 和 Al_2O_3 膜。铁、钴、镍的合金化能力不同，镍具有最好的相稳定性，铁则最差。因此，铁、钴基高温合金的合金化受到限制，而镍基高温合金可以添加更多的合金元素、获得更高的强度而不生成有害相。

高温合金的弹性模量为207 GPa左右，不同合金体系的多晶合金的弹性模量从172 GPa到310 GPa不等，这取决于加载方向与晶体取向的关系。

高温合金具有一定塑性，钴基合金的塑性通常低于铁－镍基和镍基高温合金。铁－镍和镍基高温合金一般可以挤压、锻造和轧制成形，高度合金化的高强合金通常只能铸造成形。

2. 高温合金的分类和牌号

1）高温合金的分类

高温合金可以根据材料成形方式、基体元素种类、合金强化类型等来分类。

根据材料成形方式的不同，高温合金可以分为变形高温合金，铸造高温合金（包含普通精密铸造高温合金、定向凝固高温合金、单晶高温合金等），粉末冶金高温合金（包含普通粉末冶金高温合金和氧化物弥散强化高温合金）；

根据合金基体元素的不同，高温合金可分为铁和铁镍基、镍基以及钴基高温合金；

根据合金强化类型的不同，高温合金可分为固溶强化型高温合金和时效沉淀强化型高温合金。

近年来，金属间化合物高温材料迅速发展，已经成为高温合金材料中的另外一个分支，包括镍铝系金属间化合物高温材料和钛铝系金属间化合物高温材料。

2）高温合金的牌号表示方法

国外高温合金牌号按照各自开发生产厂的注册商标来命名，如 Inconel600、Incolloy800、Hastelloy B 等。

我国高温合金牌号采用字母作前缀，后接阿拉伯数字的表示方法。变形高温合金牌号采用“GH”作前缀，“G”“H”分别为“高”“合”汉语拼音的第一个字母；等轴晶铸造高温合金牌号采用“K”作前缀；定向凝固柱晶高温合金牌号采用“DZ”作前缀；单晶高温合金牌号采用“DD”作前缀，等等。

变形高温合金牌号中数字为 4 位。第一位数字表示合金的分类号：数字“1、2”表示铁或铁镍为主要元素的高温合金，数字“3、4”表示镍为主要元素的高温合金，数字“5、6”表示钴为主要元素的高温合金，数字“7、8”表示铬为主要元素的高温合金；其中数字“1、3、5、7”代表合金为固溶强化型高温合金，数字“2、4、6、8”表合金为时效强化型高温合金。牌号中的后三位数字表示合金的编号，如牌号 GH4169 表示编号为 169 的时效沉淀强化型镍基变形高温合金。

铸造高温合金（等轴晶铸造高温合金、定向凝固柱晶高温合金和单晶高温合金）牌号中一般采用 3 位阿拉伯数字。第一位数字表示合金的分类号：数字“1”表示钛铝系金属间化合物高温材料，数字“2”表示铁或铁镍为主要元素的高温合金，数字“4”表示镍为主要元素的高温合金以及镍铝系金属间化合物高温材料，数字“6”表示钴为主要元素的合金，数字“8”表示铬为主要元素的合金。牌号中的后两位数字表示合金的编号，如牌号 K418 表示编号为 18 的时效沉淀强化型镍基铸造高温合金。

9.5.2 高温合金的强化

1. 强化原理

1）固溶强化

固溶强化是将一些合金元素加入铁、镍或钴基高温合金中，使合金中仅形成单相奥氏体来达到强化的目的。高温合金中，合金元素的固溶强化作用首先是受溶质和溶剂原子尺寸因素差别的影响，此外两种原子的电子因素差别和化学因素差别也对固溶强化作用有很大影响，而这些因素也是决定合金元素在基体中的溶解度的因素。

固溶强化提高高温合金热强性的机理主要反映在两方面：

（1）通过原子结合力的提高和晶格的畸变，使固溶体中的滑移阻力增加（也就是使滑移变形困难）而使合金强化，这在温度 $T \leqslant 0.6T_F$（熔点的绝对温度）时是相当重要的；

（2）在高温使用条件下（$T > 0.6T_F$）更为突出的是通过原子间结合力的提高，降低固溶体中元素的扩散能力，提高高温合金的再结晶温度，阻碍扩散式形变过程的进行，从而直接影响滑移变形对形变量的贡献。

2）第二相强化

（1）内应力场的作用。以 γ′相强化为例：γ′相在基体中共格析出，在其周围形成高的弹性应力场。γ′相与基体的点阵错配度越大，内应力场也越强，相应的强化效果也越显著，同时也增大了 γ′相本身的不稳定性。

(2) 位错在第二相前受阻，通过扩散机构具有绕过第二相障碍的作用。

(3) 位错与第二相颗粒的交互作用。铁、镍基高温合金中析出的 γ′相与基体共格，具有与基体 γ 相同的晶体点阵，能够被在基体滑移面上移动的位错所切割，形成超点阵位错和反相畴界。

第二相质点的大小、间距、数量及分布，直接影响其强化效果。

3) 晶界强化

与室温强化相反，晶界在高温形变时表现为薄弱环节，因而在破断时呈现晶间断裂的特征。晶界的晶体结构不规则，原子排列杂乱，晶格歪扭，同时又有各种晶体缺陷（如位错、空洞等）存在。在室温快速形变下，由于晶界不参与形变，并且可阻止晶内滑移的贯穿，因而有利于合金的强化。但是，在高温蠕变时，晶界弱化并参与变形，有时晶界形变量甚至可占总形变量的50%。在某种程度上可以认为，在常温下，晶界强度比晶内高，但晶界强度随温度升高下降得很快，在某一温度区间，晶内强度与晶界强度大致相当。温度再升高，晶界强度就比晶内强度低。

晶界通过多种途径对多晶材料产生重大的影响：

(1) 位向的作用，这里仅指晶界两边的晶粒位向不同而造成的影响。

(2) 晶界区结构的作用，这里不仅指晶界区本身的结构和缺陷特点，而且还指在晶界区存在的第二相质点的状态，及晶界区的其他组织结构特点。

(3) 晶界区化学成分（偏析）的作用，由于晶界区的结构和缺陷特点，会带来杂质元素或其他元素（特别是微量元素）的偏析；由于晶界区的某些动力学现象，造成元素的局部贫富。

晶界的强化方式：

(1) 添加有益的合金化元素，主要包括稀土元素、镁、钙、钡、硼、锆等元素。这些元素往往通过净化合金及微合金化两个方面来改善合金，稀土元素和碱土元素净化合金的作用比较明显，而硼、锆、镁等主要起强化晶界作用；

(2) 控制晶界，常采用弯曲晶界以及取消横向晶界的手段来提高高温合金的晶界性能。

4) 碳化物强化及质点的弥散强化作用

对于因碳化物析出沉淀而硬化的铁基和钴基高温合金，由于碳化物硬而脆的本质及其非共格析出的特点，其强化作用有以下特点：低温条件下，位错以 Orowan 绕过方式通过碳化物第二相；高温蠕变条件下，位错攀移机制起重要作用。

增加碳化物的数量及弥散度有利于提高合金的强化效果，但过高的碳饱和度有利于形成大块碳化物（共晶及二次析出），从而增大合金的脆性。因此，碳化物总量不能太大，其对合金的强化程度是有限制的。

强化基体，减少元素的扩散能力，这对于较易聚集长大的碳化物相来说是至关重要的。时效析出前，固溶体结构状态对碳化物的析出以及碳化物与位错的交互作用有重要影响。碳化物在使用中发生的应变时效对合金有较强的强化效果。

2. 主要合金相

1) γ′相

γ′相是镍基合金和很多铁基合金的强化相，其点阵常数与 γ 基体相近，一般相差不到1%。典型镍基单晶高温合金热处理后的 γ′相如图9－11所示。考虑到高温下 γ′相的稳定性，通常

要求 γ 基体和 γ′相之间只有较小的失调度。γ′相沿基体的｛100｝面析出，并与基体共格。γ 基体和 γ′相之间的界面能较低，所以 γ′相有较高的组织稳定性。

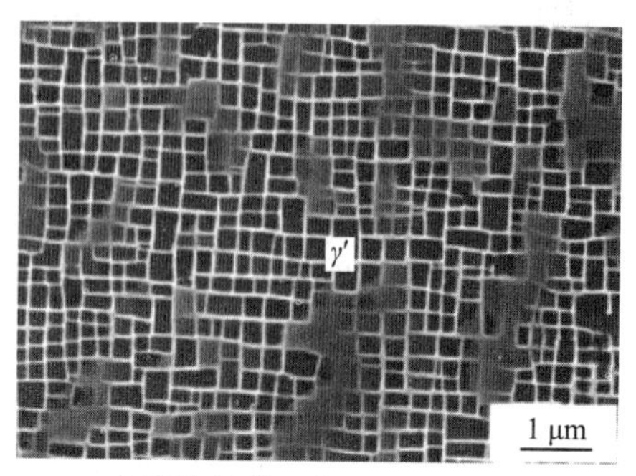

图 9－11　典型镍基单晶高温合金热处理后的 γ′相

γ′相的数量、尺寸和分布对合金的高温强度有重要影响。镍基合金的高温强度随 γ′相的数量增加而增高。大多数镍基合金中 γ′相的体积分数为 30% 以上，最高可达 60% 以上。高温合金中 γ′相的体积分数小时，其颗粒大小和间距对合金的性能有重要影响。

2）TCP 相（拓扑密堆相）

TCP 相是指 Laves 相（B_2A）、σ 相（BA）、μ 相（B_7A_6）、χ 相等。其中 A 元素通常指周期表中ⅦB 族以左的元素，如ⅣB 族、ⅤB 族、ⅥB 族元素等；B 元素为ⅦB 族及ⅦB 族以右的元素，如铁、钴、镍等。TCP 相呈板状或针状，在特殊成分并且在特定条件下的合金中才可能形成，如图 9－12 所示。TCP 相存在的可能性随锭块中溶液偏析程度的增大而增大。TCP 相是高温合金中的脆性相，会使合金断裂强度和塑性降低，对合金强化产生副作用。

（a）　　　　（b）

图 9－12　LDSX 合金经 1 000 ℃热暴露 1 000 h 后析出 TCP 相的典型组织形貌

（a）3Co；（b）8Co

3）碳化物

碳化物共有两类：一类是具有复杂结构的碳化物（如 $M_{23}C_6$、M_6C）M 为金属原子，亦称半碳化物，金属原子高度密排，碳原子处于间隙位置；第二类碳化物也是密排结构，但由于金属原子比较小，八面体间隙太小，容不下间隙原子，所以这种密排结构是具有较大三棱形间隙的结构，间隙原子碳就在三棱形间隙位置，又称非八面体间隙化合物，如 M_3C、M_7C_3。在热处理和服役期，MC 型碳化物倾向于分解为其他碳化物，如 $M_{23}C_6$ 和 M_6C，并倾向于在晶界形成。高温合金中常见的块状 MC 和白色颗粒 Cr_7C_3 如图 9－13 所示。

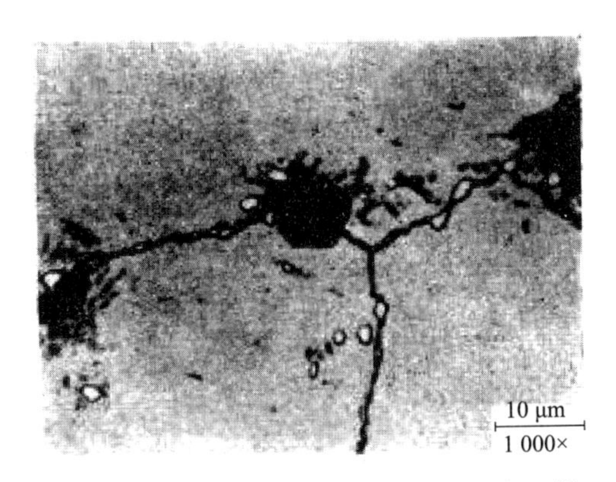

图 9－13　高温合金中常见的块状 MC 和白色颗粒 Cr_7C_3

9.5.3　镍基高温合金

镍基高温合金是以镍为基体（镍含量一般大于 50%），在 650～1 000 ℃高温范围内具有较高强度和良好抗氧化、抗燃气腐蚀能力的高温合金。镍基高温合金广泛应用于航空发动机及各类燃气轮机热部件上（如涡轮叶片、导向叶片、涡轮盘和燃烧室等）。目前，先进发动机上的镍基高温合金使用量已占发动机总质量的一半左右。

1. 镍基高温合金成分

镍基高温合金是 20 世纪 30 年代后期开始研制的。20 世纪 40 年代初，英国首先在 80Ni－20Cr 合金中加入少量铝和钛，形成 γ′相以进行强化，研制出第一种具有较高高温强度的镍基合金 Nimonic75（Ni－20Cr－2. 5Ti－1. 3Al）；为了提高合金的蠕变强度又在其中添加了铝，研制出 Nimonic80（Ni－20Cr－2. 5Ti－1. 3Al）。美国于 20 世纪 40 年代中期、苏联于 20 世纪 40 年代后期、中国于 20 世纪 50 年代中期也先后研制出镍基合金。表 9－10 所示为常用高温镍基合金的牌号及化学成分。

2. 镍基高温合金分类

镍基高温合金是应用最广、强度最高的一类高温合金，主要原因包括：一是镍为面心立方结构，组织非常稳定，在 500℃以下几乎不发生氧化；二是镍基合金中可以溶解较多合金元素，且能保持较好的组织稳定性；三是可以形成共格有序的 A_3B 型金属间化合物 γ′［Ni_3(Al，Ti)］相作为强化相，使合金得到有效的强化，获得比铁基高温合金和钴基高温合金更高的高温强度；四是含铬的镍基合金具有比铁基高温合金更好的抗氧化和抗燃气腐蚀能力。

镍基高温合金按成形工艺可分为变形，铸造（定向、单向、共晶），弥散强化机械合金化以及快速凝固粉末合金四类。下主要介绍镍基变形高温合金和镍基铸造高温合金。

1）镍基变形高温合金

镍基变形高温合金是以镍为基体、可塑性变形的高温合金，其在 650～1 200 ℃温度范围内具有较高强度、良好抗氧化和抗燃气腐蚀能力，可分为固溶强化型镍基合金和沉淀强化型镍基合金两类。

表 9－10　常用镍基高温合金的牌号及化学成分

合金类型	牌号	化学成分 w_B/%																
		C	Cr	Ni	W	Mo	Al	Ti	Fe	Nb	V	B	Ce	Mn	Si	P	S	其他
固溶强化型镍基合金	GH3030	≤0. 12	19. 0 ~ 22. 0	余量	—	—	≤0. 15	0. 15 ~ 0. 35	≤1. 50	—	—	—	—	≤0. 70	≤0. 80	≤0. 030	≤0. 02	Cu≤0. 20
	GH3039	≤0. 08	19. 0 ~ 22. 0	余量	—	1. 80 ~ 2. 30	0. 35 ~ 0. 75	0. 35 ~ 0. 75	≤3. 00	0. 90 ~ 1. 30	≤0. 40	—	—	≤0. 40	≤0. 80	≤0. 020	≤0. 012	—
	GH3044	≤0. 10	23. 5 ~ 26. 5	余量	13. 0 ~ 16. 00	≤1. 500	≤0. 50	0. 30 ~ 0. 70	≤4. 00	—	—	—	—	≤0. 50	≤0. 80	≤0. 013	≤0. 013	Cu≤0. 07
	GH3128	≤0. 05	19. 0 ~ 22. 0	余量	7. 50 ~ 9. 00	7. 50 ~ 9. 00	0. 40 ~ 0. 80	0. 40 ~ 0. 80	≤2. 00	—	—	≤0. 005	≤0. 050	≤0. 50	≤0. 80	≤0. 013	≤0. 013	Zr≤0. 06
时效强化型镍基合金	GH4033	0. 03 ~ 0. 08	19. 0 ~ 22. 0	余量	—	—	0. 60 ~ 1. 00	2. 40 ~ 2. 80	≤4. 00	—	—	≤0. 010	≤0. 020	≤0. 40	≤0. 65	≤0. 015	≤0. 007	—
	GH4037	0. 03 ~ 0. 10	13. 0 ~ 16. 0	余量	5. 00 ~ 7. 00	2. 00 ~ 4. 00	1. 70 ~ 2. 30	1. 80 ~ 2. 30	≤5. 00	—	0. 10 ~ 0. 50	≤0. 020	≤0. 020	≤0. 50	≤0. 40	≤0. 015	≤0. 010	Cu≤0. 07
	CH4043	≤0. 12	15. 0 ~ 19. 0	余量	2. 00 ~ 3. 50	4. 00 ~ 6. 00	1. 00 ~ 1. 70	1. 90 ~ 2. 80	≤5. 00	0. 50 ~ 1. 30	—	≤0. 010	≤0. 031	≤0. 50	≤0. 60	≤0. 015	≤0. 010	—
	GH4049	0. 04 ~ 0. 10	9. 5 ~ 11. 0	余量	5. 00 ~ 6. 00	4. 50 ~ 5. 50	3. 70 ~ 4. 40	1. 40 ~ 1. 90	≤1. 50	—	0. 20 ~ 0. 50	≤0. 025	≤0. 020	≤0. 50	≤0. 50	≤0. 010	≤0. 010	Cu≤0. 07
	GH4133	≤0. 07	19. 0 ~ 22. 0	余量	—	—	0. 70 ~ 1. 20	2. 50 ~ 3. 00	≤1. 50	1. 15 ~ 1. 65	—	≤0. 010	≤0. 010	≤0. 35	≤0. 65	≤0. 015	≤0. 007	Cu≤0. 07

注：（1）GH3039 合金中允许有铈（Ce）存在；（2）表中 B、Zr、Ce 的含量为计算加入量，可不分析测定（除非产品标准或协议、合同中另有规定）。

固溶强化型镍基合金：通过添加与 Ni 原子尺寸不同的 W、Mo、Cr 等元素使基体晶格畸变，加入降低合金层错能的元素 Co，减缓基体扩散速率的元素 W、Mo 等，可获得具有一定高温强度、抗氧化和抗燃气腐蚀性能良好、冷热疲劳性能好、冷成形和焊接性能良好的系列镍基合金。固溶强化型镍基高温合金可用于制造工作温度较高、承受应力不大的部件，如燃气轮机的燃烧室。表 9－11 所示为部分固溶强化型镍基高温合金的成分和性能。

沉淀强化型镍基合金：主要是通过固溶处理后进行时效处理，从过饱和固溶体 γ 中沉淀出 γ′相，阻碍位错运动而强化合金，并以固溶强化和晶界强化。这种合金具有较高的高温蠕变强度、抗疲劳性能与抗氧化、抗腐蚀性能。

表 9－11 部分固溶强化型镍基高温合金的成分和性能

牌号	化学成分 w_B/%					应力为 44.13 N/mm^2、寿命为 100 h 的耐热能力/℃
	Mo + W	Cr	Co	Ni	其他	800 900 1 000
Nimonic75（英国牌号）		20		基	Ti，C	
3и602（俄罗斯牌号）	2	20		基	Nb，Al，Ti，C	
HastelloyX（美国牌号）	9.6	22	5	基	Fe，C	
GH44	14.5	24		基	C，Al，Ti	
GH128	16.4	20		基	C，Al，Ti，B，Ce，Zr	

沉淀强化型镍基高温合金可用于制作高温下承受应力较高的部件，如燃气轮机的涡轮叶片、涡轮盘等。

2）镍基铸造高温合金

镍基铸造高温合金是以镍为基体、用铸造工艺成形的高温合金，其在 600～1 100 ℃的氧化和燃气腐蚀气氛中，可承受复杂应力长期可靠的使用。镍基铸造高温合金广泛应用于制造燃气涡轮发动机导向叶片、涡轮转子叶片以及航天、能源、石油化工等领域的高温结构件。

3. 镍基高温合金的应用

镍基高温合金在高温合金领域有着重要地位，其广泛地用于制造航空喷气发动机、各种工业燃气轮机最热端部件。涡轮叶片主要是采用镍基高温合金制造，其工作环境在整个发动机内部是最恶劣的，处于高温、高压且高速旋转的条件下。因此，人们称镍合金涡轮叶片为发动机的心脏。与铁基高温合金相比，镍基高温合金的优点是工作温度较高、组织稳定、有害相少及抗氧化抗腐蚀能力强；镍基高温合金的高温力学性能和高温耐蚀能力均比钛基高温合金好；与钴基高温下合金比，镍基高温下合金能在较高温度与应力下工作，尤其是在动叶片场合。

除前文提到的应用外，镍基高温合金多用于航空、航天发动机的燃烧室（温度高、热应力大）中，其还可用作航天器、火箭发动机、核反应堆、石油化工设备和能源转换设备等的高温部件。

我国研制成功的合金材料有 GH3030、GH5605 等，表 9－12 所示为我国部分镍基高温合金的特性及应用。

表 9－12　我国部分镍基高温合金的特性和应用

类别	牌号	主要特性	应用举例
固溶强化型镍某高温合金	GH3030	化学成分简单（80Ni－20Cr），在 800 ℃以下具有良好的热强性和高的塑性，良好的抗氧化、热疲劳、冷冲压和焊接工艺性能	800 ℃以下工作的涡轮发动机燃烧室部件和在 1 100 ℃以下要求抗氧化但承受载荷很小的其他高温部件；可用固溶强化型铁基高温合金 GHⅡ40 代替
	GH3039	在 800 ℃以下有中等的热强性和良好热疲劳性能，1 000 ℃以下抗氧化性能良好，长期使用组织稳定，良好的冷成形和焊接性能	800～850 ℃长期使用的火焰筒及加力燃烧室零部件
	GH3044	在 900 ℃以下具有高的塑性和中等热强性，优良的抗氧化性和良好的冲压、焊接工艺性能	850～900 ℃的航空发动机的燃烧室及加力燃烧室零部件及隔热屏、导向叶片等零件
	GH3128	具有高的塑性、较高的蠕变强度以及良好的抗氧化性和冲压、焊接性能。综合性能优于 GH3044 和 GH3536	800～950 ℃下长期工作的航空发动机的燃烧室火焰筒、加力燃烧室壳体、调节片及其他高温零部件
时效硬化型镍某高温合金	GH4033	在 700～750 ℃具有足够的高温强度，在 900 ℃以下具有良好的抗氧化性，冷热加工性能良好	发动机转子类零件，700 ℃以下工作的涡轮叶片和 750 ℃以下工作的涡轮盘等材料
	GH4037	在 850 ℃以下使用，具有高热强性、良好的综合性能和组织稳定性	800～850 ℃的涡轮叶片材料
	GH4043	在 600 ℃以上及一定应力条件下长期工作，高温强度优异，抗氧化和抗热腐蚀、疲劳性能、断裂韧性等综合性能良好	800～850 ℃的排气门座后卡圈零件和燃气涡轮发动机热端部件（如叶片）材料
	GH4049	高合金化的镍基难变形高温合金，在 1 000 ℃以下具有良好抗氧化性能，950 ℃以下具有较高高温强度	900 ℃以下工作的燃气涡轮工作叶片及其他受力较大的高温部件
	GH4169	和美国 Incone1718 相当，抗氧化性、热强性好的材料。在－253～700 ℃温度范围内具有良好的综合性能，650 ℃以下的屈服强度居变形高温合金的首位	350～750 ℃抗氧化性、热强性好的材料，用于制造航空航天发动机中的各种静止件和转动件，如盘、环件、机匣、轴、叶片、燃气导管、密封元件等和焊接结构件，还可用于超高强度紧固件、弹性元件

习题与思考题

1. 简述纯铝的特性和用途。
2. 铝合金可通过哪些方法进行强化？
3. 什么是硅铝明？为什么要对其进行变质处理？怎样进行？变质处理前后其性能有何

变化？

4. 以 Al－Cu 合金为例，说明时效强化的基本过程和影响时效强化的因素。

5. 铜合金的性能有哪些特点？铜合金在工业上的主要用途是什么？

6. 青铜有哪些用途？

7. 固溶时效如何提高镁合金的合金强度？

8. 钛合金和其他有色合金相比，其性能的主要特点是什么？

9. 高温合金有哪些强化途径？

10. 高温合金具有哪些基本性能？在航空燃气涡轮发动机上，高温合金主要用来制造哪些零件？

11. 指出下列材料的类别、代号的意义和主要用途：

3A21、7A04、ZAlSi7Cu4、H70、QAl7、TA4、TC4、DZ404、DD402、GH3039

12. 请选择合适的材料来制造下列产品：

（1）内燃机缸体；

（2）飞机蒙皮、骨架；

（3）航空燃气涡轮发动机的压气机叶片、压气机盘（工作温度约 400 ℃）；

（4）航空燃气涡轮发动机的涡轮叶片、涡轮盘（工作温度 1 000 ℃）。

第10章　高分子材料与陶瓷材料

非金属材料由于资源丰富、能耗低，具有优良的理化性能和力学性能，广泛应用于国民经济的各个领域，如机械、化工、交通运输、航空航天及电子、通信等领域。本章主要介绍高分子材料和陶瓷材料。

10.1　高分子材料

10.1.1　概述

高分子材料是以高分子化合物（下称聚合物）为主要成分，与各种添加剂配合，经加工而成的有机合成材料。高分子化合物因其相对分子质量大而得名，材料的许多优良性能是因其相对分子质量大而得来。高分子化合物分为天然和人工合成两大类。天然高分子物质有蚕丝、羊毛、纤维素、淀粉、蛋白质、天然橡胶等。工程上的高分子材料多指由人工合成的各种有机高分子材料。高分子材料具有一定的强度、质量轻、耐腐蚀、电绝缘、易加工等优良性能，广泛用作结构材料、电绝缘材料、耐腐蚀材料，减摩、耐磨、自润滑材料，密封材料、胶黏材料及各种功能材料，是发展最快的一类材料。

高分子材料种类很多，性能各异。工程上通常根据力学性能和使用状态将其分为塑料、橡胶、合成纤维、黏合剂和涂料等。

1. 高分子材料的基本概念

高分子材料是由许多小分子通过共价键连接起来的大分子，分子链长，相对分子质量大。许多大分子通过分子间作用力聚集成高分子材料。由于分子的化学组成及聚集状态不同，即形成性能各异的高分子材料。

1）高分子材料

高分子材料相对分子质量很大，工程上认为，高分子材料作为材料，必须具有较高的强度、塑性和弹性等力学性能。因此，只有相对分子质量达到了使力学性能具有工程意义的聚合物，才可认为是高分子材料。通常高分子材料相对分子质量在10^4 ~ 10^6范围内。

2）单体

单体是高分子材料的原料。高分子材料相对分子质量虽然很高，但化学组成并不复杂，它的分子是由一种或几种简单的低分子连接起来而组成的。这类组成高分化合物的低分子化合物称为单体，例如聚丙烯是由低分子丙烯单体组成的。

3）链节和聚合度

高分子材料相对分子质量很大，但结构很有规律，主要呈长链形，常称为大分子链。大分子链极长，是由许多结构相同的基本单元重复连接而构成，这种重复单元称为链节。

$$\underset{\displaystyle Cl}{\underset{|}{CH_2{=}CH}} \longrightarrow \sim\!CH_2-\underset{\displaystyle Cl}{\underset{|}{CH}}-CH_2-\underset{\displaystyle Cl}{\underset{|}{CH}}-CH_2-\underset{\displaystyle Cl}{\underset{|}{CH}}\!\sim \longrightarrow \left[CH_2-\underset{\displaystyle Cl}{\underset{|}{CH}}\right]_n$$

单体（氯乙烯）　　聚合物（聚氯乙烯）　　聚合物的简化表示
括号内为重复单元

链节的结构和成分代表高分子的结构和成分。高分子材料的每个大分子由大量链节所组成，链节的重复次数称为聚合度，以 n 表示。聚合度是衡量高分子材料分子大小的指标，它反映了大分子链的长短和相对分子质量。若链节的分子量用 m 表示，高分子材料的分子量用 M 表示，则 $M=m\times n$。

4）多分散性

高分子材料是由大量大分子链组成的，各个大分子链的链节数不相同，长短不一样，相对分子质量不相等。高分子材料中各个分子的相对分子质量不相等的现象称为相对分子质量的多分散性。高分子材料的多分散性决定了它的物理和力学性能的大分散度。

5）平均相对分子质量

由于多分散性，高分子材料的相对分子质量只是一平均值，多数情况下是直接测定其平均相对分子质量。平均分子量用$\overline{M}$表示，具有统计概念。平均分子量和分布宽窄（图 10－1）影响高分子材料的物理、力学性能。$\overline{M}$越大，强度越高，硬度越高，但融熔黏度增大，流动性差。分散性大，熔融温度范围变宽，有利于加工成形，但抗撕裂性差。生产中，通过控制产品的分子量大小和分布情况，以改善产品性能，满足不同的需要。

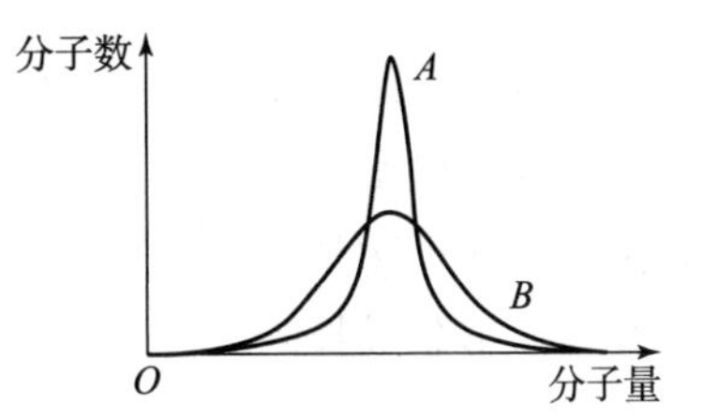

图 10－1　相对分子质量分布曲线

不同用途的聚合物应有其合适的分子量分布，一般合成纤维的分子量分布宜窄；塑料、橡胶的分子量分布可宽。表 10－1 所示为常用的聚合物的分子量。

表 10－1　常用的聚合物的分子量（万）

塑料	分子量	纤维	分子量	橡胶	分子量
聚乙烯	6～30	涤纶	1.8～2.3	天然橡胶	20～40
聚氯乙烯	5～15	尼龙－66	1.2～1.8	丁苯橡胶	15～20
聚苯乙烯	10～30	维纶	6～7.5	顺丁烯胶	25～30

2. 高分子的命名

1）根据单体的名称命名

这种命名方法常用在加成聚合形成的聚合物中，例如用乙烯得到的聚合物就称为聚乙烯。

2）按聚合物中所含的官能团命名

用缩合聚合的方法得到的高分子化合物的主链中常含有一些特殊的官能团，如酰胺基、酯基等。将含酰胺基的聚合物统称为聚酰胺（尼龙）；将分子中含有酯基的聚合物统称为聚酯。此外还有聚碳酸酯和聚砜等。

3）按聚合物的组成命名

这种命名方法在热固性树脂和橡胶类聚合物中常用。如酚醛树脂是由苯酚同甲醛聚合而成；环氧树脂是由环氧化合物为原料聚合而成的；丁苯橡胶是由丁二烯和苯乙烯共聚而成，还有丁腈橡胶、顺丁橡胶、氯丁橡胶等。

另外，许多共聚物也常用这种方法命名，如 ABS 树脂是丙烯腈、丁二烯和苯乙烯三种单体共聚而成，用它们的英语名称的第一个大写字母就构成了这一树脂的名称。

4）按商品名或习惯名命名

几乎所有的纤维都可以称为“纶”，如聚对苯二甲酸乙二酯纤维是涤纶、聚丙烯腈纤维是腈纶、聚丙烯纤维是丙纶，此外还有氯纶（聚氯乙烯纤维）、维纶（聚乙烯醇类纤维）、锦纶（聚己内酰胺纤维）、氨纶（聚氨酯纤维）等。平时，人们将聚甲基丙烯酸甲酯叫作有机玻璃、将聚醋酸乙烯酯乳胶称为白胶，都是按习惯命名法或商品命名法命名的。

3. 高分子材料的制备

由低分子化合物（单体）合成高分子化合物的反应称为聚合反应。常用的聚合反应有加成聚合反应（简称加聚反应）和缩合聚合反应（简称缩聚反应）两种。

1）加聚反应

加聚反应是指一种或几种单体相互加成而连接成聚合物的反应。反应过程中没有副产物生成，因此加聚物与其单体具有相同的成分。如乙烯单体在一定条件下，它们的双键打开，由单键逐一串联成长的大分子，进行加聚反应，生成聚乙烯。

$$\underset{\text{乙烯}}{nCH_2=CH_2}\xrightarrow{\text{加聚}}\underset{\text{聚乙烯}}{\left[CH_2-CH_2\right]_n}$$

加聚反应是高分子合成工业的基础，约有 80% 的高分子材料是利用加聚反应生产的，如聚乙烯、聚丙烯、聚氯乙烯、聚苯乙烯、合成橡胶等。

2）缩聚反应

由一种单体或多种单体相互缩合生成聚合物，同时析出某种低分子化合物（如水、氨、醇、卤化物等）的反应称为缩聚反应，包括均缩聚反应和共缩聚反应。均缩聚反应是指由一种单体进行的缩聚反应。共缩聚反应是指由两种或两种以上的单体进行的缩聚反应。

缩聚反应是制取涤纶、尼龙、聚碳酸酯、聚氨酯、环氧树脂、酚醛树脂、有机硅树脂等高分子材料的合成方法。

10.1.2 高分子材料的结构

高分子材料结构可分为大分子链结构和聚集态结构。链结构是指单个分子的结构和形态，又分为近程结构和远程结构。

1. 近程结构

近程结构是指单个大分子结构单元的本身结构、结构单元相互键接方式和结构单元在空间排布的立体构型等。

1）结构单元本身结构

按主链结构可将聚合物分为碳链、杂链和元素有机聚合物三类。

（1）碳链聚合物。大分子主链完全由碳原子以共价键相连接，如—C—C—C—C—C—或—C—C＝C—C—。前者主链中无双键，为饱和碳链；后者主链中有双键，为不饱和碳链。

它们的侧基有氢原子、有机基团或其他取代基，是最常见的一类聚合物。绝大部分烯类和二烯类的加成聚合物属于这一类，如聚乙烯、聚氯乙烯、聚丁二烯、聚异戊二烯等。分子间主要以范德瓦尔斯力或氢键相吸引而显示一定强度，这类高分子化合物耐热性较低，不易水解。

（2）杂链聚合物。大分子主链中除了碳原子外，还有氧、氮、硫等杂原子，它们以共价键相连接，称为杂链大分子，例如—C—C—O—C—C—，—C—C—N—C—C—，—C—C—S—C—C—。

杂链大分子中其他原子的存在大大地改变聚合物的性能。例如，氧原子能增强分子链的柔性，因而提高聚合物的弹性；磷和氯原子能提高耐火、耐热性；氟原子能提高化学稳定性等。这类分子链的侧基通常比较简单，属于此类的聚合物有聚醚、聚酯、聚酰胺、聚砜及环氧树脂等。其特点是链刚性大，耐热性和力学性能较高，可用作工程塑料，但分子中带有极性基团，较易水解、醇解或酸解。

（3）元素有机聚合物。大分子主链中没有碳原子，主要由硅、硼、铝、氧、氮、硫、磷等原子组成，称为元素有机聚合物，例如：—O—Si—O—Si—O—。它的侧基一般是有机基团，如甲基、乙基、乙烯基、苯基等。有机基团使聚合物具有较高的强度和弹性；无机原子则能提高耐热性。有机硅树脂和有机硅橡胶等属于此类。这类聚合物具有无机物的热稳定性和有机物的弹性和塑性，特点是耐热性高。

2）结构单元相互键接方式

乙烯基聚合物以头尾键接为主，还有少量头头或尾尾键接。以聚氯乙烯大分子为例：

$$\begin{array}{c} \qquad\qquad\qquad\quad \text{头尾} \qquad\qquad \text{头头} \qquad\quad \text{尾尾} \\ \sim\sim CH_2\underset{|}{\underset{Cl}{CH}} — CH_2\underset{|}{\underset{Cl}{CH}} — CH_2\underset{|}{\underset{Cl}{CH}} — \underset{|}{\underset{Cl}{CH}}CH_2 — CH_2\underset{|}{\underset{Cl}{CH}} — CH_2\underset{|}{\underset{Cl}{CH}}\sim\sim \end{array}$$

共聚物的组成及序列分布将对材料的性能产生显著影响。如头 - 尾连接的聚乙烯醇可与甲醛进行缩合，而头 - 头连接的聚乙烯醇无法进行上述反应。

3）结构单元在空间排布的立体构型

大分子链上结构单元中的取代基在空间可能有不同的排布方式，形成多种立体构型，主要有手性构型和几何构型两类。

（1）手性构型。聚合物结构单元中由于碳原子具有手性特征，如聚丙烯，导致聚合形成 3 种构型：等规（全同）构型中单体单元全部是左旋或右旋；间规（间同）构型中左旋和右旋单体单元交替连接；无规构型中带旋光性的单体单元呈无规则排列。3 种构型的聚合物的性能差别很大。以聚丙烯为例，丙烯的分子上带有一个甲基，这个甲基可以位于主链所形成的平面的上方或下方，如图 10 - 2 所示。如果甲基在空间的排列没有规律，得到无规立构的聚丙烯，则强度很差，不能作为材料使用，只能用作颜料的分散剂。全同和间同立构的聚丙烯分子结构规整，能够结晶，因而有很高的机械强度。

（2）几何构型。几何构型是大分子链中的双键引起的。如丁二烯类 1，4 - 加成聚合物主链中有双键，与双键连接的碳原子不能绕主链旋转，因此形成了顺式和反式两种几何异构体。顺式和反式聚合物性能有很大的差异，例如顺式聚异戊二烯（或天然橡胶）是性能优良的橡胶，而反式聚异戊二烯则是半结晶的塑料。

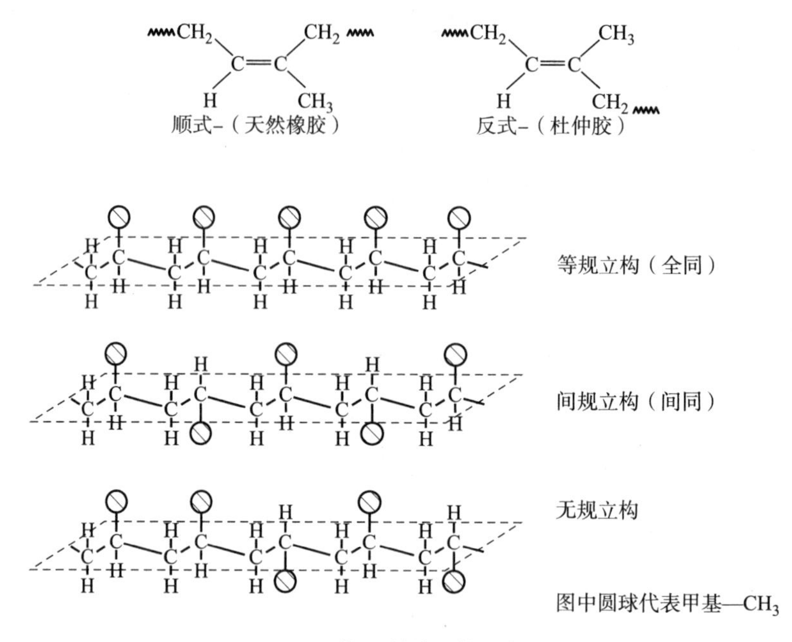

图 10-2　聚丙烯的立体规整结构

2. 远程结构

远程结构是指分子的大小与形态、链的柔顺性及分子的构象。

1）大分子链形态

（1）线型分子链。各链节以共价键连接成线型长链分子，通常是卷曲成线团状，如图 10-3（a）所示。这类结构高分子材料的特点是弹性、塑性好，硬度低，是热塑性材料的典型结构。

（2）支化型分子链。在主链的两侧以共价键连接相当数量的长短不一的支链，其形状有树枝形、梳形、线团形，如图 10-3（b）所示。由于存在支链，分子链之间不易形成规则排列，难于完全结晶为晶体，同时支链可形成三维缠结，使塑性变形难以进行，因而影响高分子材料的性能。

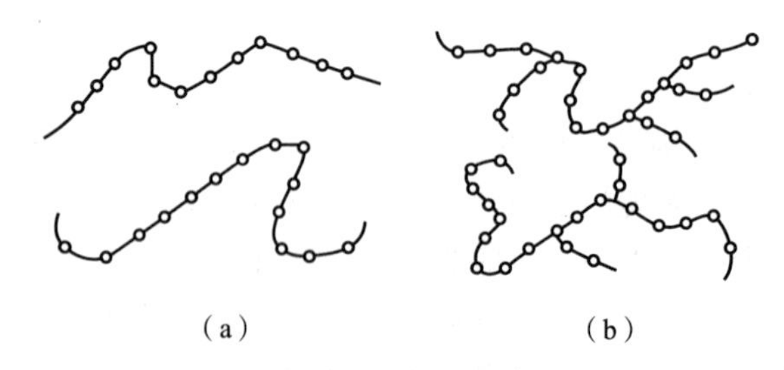

图 10-3　线型和支化型结构示意图

（a）线型结构；（b）带有支链

（3）体型分子链。在线型或支化型分子链之间，沿横向通过链节以共价键连接起来形成的三维网状大分子，如图 10-4 所示。由于网状分子链的形成，使聚合物分子之间不易相互流动，因而提高了聚合物的强度、耐热性及化学稳定性。

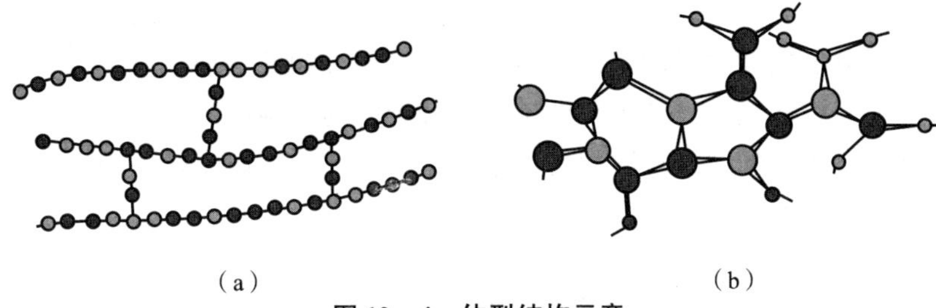

图 10－4　体型结构示意

(a) 交联分子结构；(b) 三维空间分子结构

一定条件下，线型分子链可以转化成体型分子链，即固化或交联，如橡胶的硫化。结构转化带来很大的性能变化，例如低密度聚乙烯，有弹性，做薄膜、奶瓶等；高密度聚乙烯，做较硬的水杯、工程塑料；交联聚乙烯，做海底电缆的包皮，有出色的绝缘性、耐热性等。表 10－2 所示为不同结构聚乙烯的性能。

表 10－2　不同链结构聚乙烯的性能

聚合物种类	线形态	密度	耐热性/℃	强度	用途
高压聚乙烯	支链线型	低	低（60）	低	食品袋
低压聚乙烯	线型	高	中（90）	中	周转箱
交联聚乙烯	体型	中	高（125）	高	电缆套管

分子链的形态对聚合物性能有显著影响。线型和支化型分子链构成的聚合物统称为线型聚合物，具有高弹性和热塑性，即可以通过加热和冷却的方法使其重复地软化和硬化，故又称为热塑性聚合物，例如涤纶、尼龙、生橡胶等。体型分子链构成的聚合物称为体型聚合物，具有较高的强度和热固性，即加热加压成形固化后，不能再加热熔化或软化，故又称为热固性聚合物，例如酚醛树脂、环氧树脂、硫化橡胶等。

2）大分子链的构象及柔顺性

（1）大分子链的热运动。大分子链和其他的物质一样，处于不停的热运动中，这种运动是由共价单链内旋转引起的。分子链可以在保持链长和链角不变的情况下自旋转。大量的单链都随时进行着旋转，如图 10－5 所示。由于单链内旋转运动引起原子在空间位置的变化而构成大分子链的各种形象称为大分子链的构象。

（2）大分子链的柔顺性。大分子链上单键的内旋转运动，造成整个大分子链的形状及末端距离每一瞬间都不相同，大分子链时而蜷曲，时而伸展。这种由于大分子链构象变化而获得不同蜷曲程度的特性称为大分子链的柔顺性，这是聚合物具有弹性的原因。

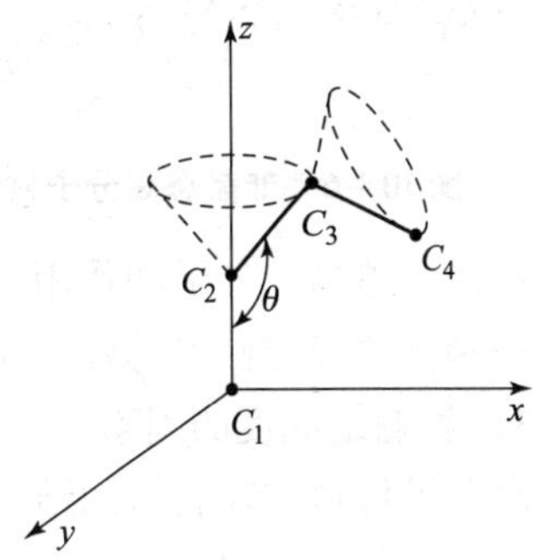

图 10－5　C—C 单键的内旋转

分子链的柔顺性受很多因素的影响。由于不同元素原子间共价键的键长和键能不同，故不同元素组成的大分子链内旋转能力不同，其柔顺性也不同。例如 C—O 键、C—N 键、Si—O 键内旋转比 C—C 键容易得多，当主链全部由单键组成时，以碳链柔顺性最差；当分子链上带有庞大的原子团侧基或支链时，内旋转困难，链的柔顺性很差。同一种分子链，分子链越长，链节数越多，参与内旋转的单键越多，柔顺性越好。温度升高时，分子热运动增加，内旋转变得容易，柔顺性增加。

总之，分子内旋转越容易，其柔顺性越好，分子链的柔顺性对聚合物性能影响很大，一般柔顺性分子链聚合物的强度、硬度和熔点较低，但弹性和韧性较好。刚性分子链聚合物则相反，其强度、硬度和熔点较高，而弹性和韧性较差。

3. 大分子的聚集态结构

大分子的聚集态结构是指高分子材料内部大分子链之间的几何排列或堆砌方式。聚集态结构会受到分子间作用力的影响。高分子材料分子间的作用力虽然主要是较弱的范德瓦尔斯力，但因相对分子质量很大，且各分子链间的作用力又具有加和性，因此高分子材料分子间最终表现出的作用力还是很大的，这使得它们容易聚集成固态或液态，而不形成气态。按照大分子在空间排列是否规则，固态高分子材料的结构分为非晶态和晶态两类。

1）非晶态高分子材料的结构

线型大分子因其链很长，凝固时黏度增大，很难进行有规则的排列，故多混乱无序地分布，形成无规线团的非晶态。体型大分子高分子材料，因其链间有大量的交联，难以实现分子的有序排列，故它们也多呈无序分布的非晶态结构。

研究表明，高分子材料的非晶态结构和低分子物质的非晶态结构一样，也是远程无序而近程有序的，而且近程的有序程度更高，如图 10－6 所示。

2）晶态高分子材料的结构

线型、支化型和交联少的体型高分子材料在一定条件下，可固化为晶态结构，但由于分子链运动较困难，不可能进行完全结晶。典型的晶态高分子材料，如聚乙烯、聚四氟乙烯及聚偏二氯乙烯等，一般都只有 50%～80% 的结晶度，而有相当一部分保留为非晶态，所以晶态高分子材料实际为晶态和非晶态的集合结构，如图 10－7 所示。

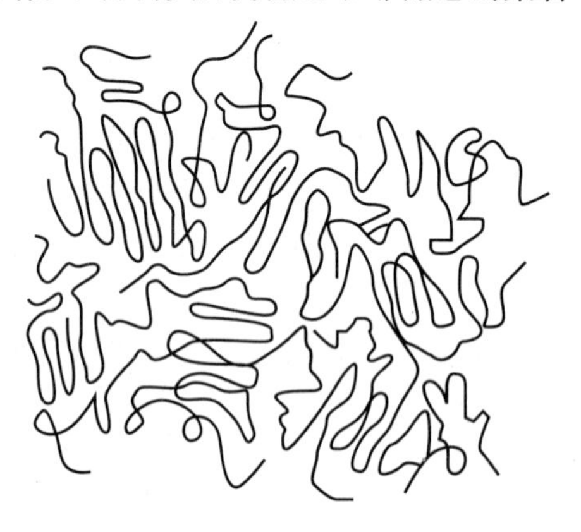

图 10－6　非晶态高分子材料结构示意

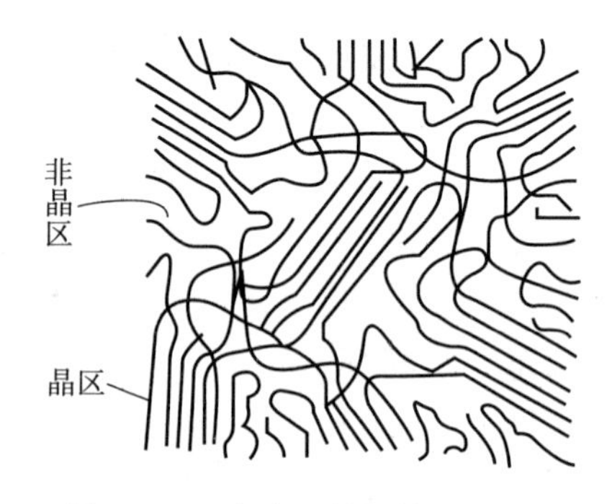

图 10－7　高分子材料的晶区示意

结晶度越高，分子间作用力越强，因此高分子化合物的强度、硬度、刚度和熔点越高，耐热性和化学稳定性也越好；而弹性、伸长率、冲击韧性则降低。

3）影响结晶度的因素

高分子材料实际获得的结晶度取决于分子链本身的结构和具体的结晶条件。

（1）分子链的结构：结构简单、分子链短，利于结晶。

（2）外力的影响：拉伸促进高分子材料的结晶。其原因是沿拉伸方向伸展开，分子链的接触面积增加、距离减少，提高了分子间的作用力和结晶能力。

（3）冷却速度：从熔融态缓慢冷却有利于结晶，快冷不利于结晶。

（4）温度：高分子材料对应结晶速度最快的温度为 T_K，在 T_K 温度保温，结晶可充分进行。例如天然橡胶，$T_K = -24$ ℃，若轮胎在低于 T_K 温度下工作，就会发生结晶而失去弹性。

4）聚集态结构对高分子材料性能的影响

高分子材料的性能与其聚集态有密切的联系。晶态高分子材料，晶区分子链规则排列而紧密，分子间作用力大，分子链运动困难，随结晶度增加，其熔点、密度、刚性、强度、耐热性、化学稳定性等性能均提高。而弹性、断裂伸长率、冲击韧性则降低。非晶态聚合物，由于分子链无规则排列，分子链的活动能力大，故弹性、延伸率和韧性等性能较好。

10.1.3　高分子材料的性能

1. 高分子材料的力学状态

高分子材料在不同温度下会呈现 3 种不同的力学状态：玻璃态、高弹态和黏流态。图 10－8 所示为线型非晶态高分子材料在恒定载荷作用下的形变－温度曲线，T_g 为玻璃化温度，T_f 为黏流温度。

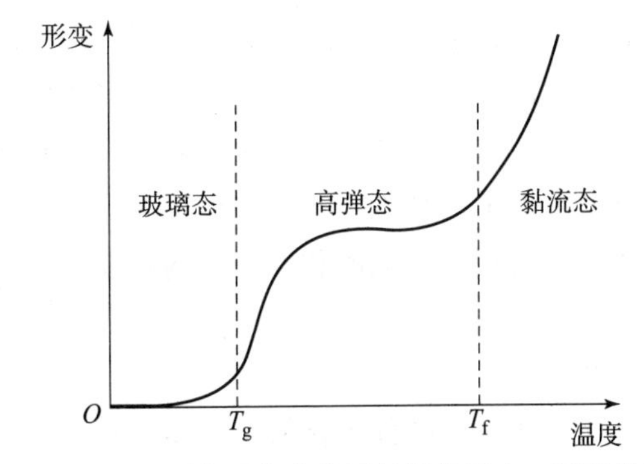

图 10－8　线型非晶态高分子材料的形变－温度曲线

1）玻璃态

在 T_g 温度以下，曲线基本上是水平的，变形量小，而弹性模量较高，高分子材料较刚硬，处于所谓玻璃态。此时，物体受力的变形符合胡克定律，应变与应力成直线比，并在瞬时达到平衡。这是由于温度较低时，分子动能较小，整个分子链或链段不能发生运动，分子处于“冻结”状态，只有比链段更小的结构部分（链节、侧基、原子等）在其平衡位置附近做小范围的振动。受外力作用时，链段进行瞬时的微量伸缩和微小的键角变化，外力一经去除，变形旋即消失。高分子材料保持为无定形的玻璃态。

2）高弹态

T_g 温度之后，曲线急剧变化，但很快即稳定而趋于水平。在这个阶段，变形量很大，而弹性模量显著降低，外力去除后变形可以恢复，弹性是可逆的。高分子材料表现为柔软而富弹性，具有橡胶的特性，处于所谓高弹态或橡胶态。这是因为温度较高时，分子的动能增大，足以使大分子链段运动，但还不能使整个分子链运动，但分子链的柔顺性已大大增加，此时分子链呈卷曲状态，这就是高弹态，它是高分子材料所独有的状态。高弹态高分子材料受力时，卷曲链沿外力方向逐渐舒展拉直，产生很大的弹性变形，其宏观弹性变形量可达100% ~1 000%。外力去除后，分子链又逐渐地回缩到原来的卷曲状态，弹性变形逐渐消失。由于大分子链的舒展和卷曲需要时间，所以这种高弹性变形的产生和恢复不是瞬时完成的，而是随时间逐渐变化。

3）黏流态

温度高于 T_f后，变形迅速发展，弹性模量再次很快下降，高分子材料开始产生黏性流动，处于所谓黏流态，此时变形已变为不可逆变形。只是由于温度超过 T_f后，分子的动能大大增加，不仅使链段运动，而且能使整个分子链运动，因此受力时极易发生分子链间的相对滑动，产生很大的不可逆的流动变形，出现高分子材料的黏性流动。所以黏流态主要与大分子链的运动有关。

2. 不同高分子材料的力学状态

1）线型非晶态高分子材料的力学状态

对于线型非晶态高分子材料，上述 3 种状态较为明显，且随温度、分子量的变化而变化。当分子量小于一定值时，高弹区消失，升高温度，高分子材料直接由玻璃态转变为黏流态。

2）晶态高分子材料的力学状态

晶态高分子材料常呈部分结晶状态，存在晶区和非晶区。晶区因其分子链紧密聚集，致使内旋困难，链段运动受阻，和低分子晶体材料一样，不出现高弹态；当温度升到熔点温度（T_m）时，晶区熔化，发生晶态向非晶态的转变。对于非晶区，依旧存在着 3 种力学状态的转变。于是这类高分子材料中出现了一种既韧又硬的皮革态，即在 $T_g < T < T_m$时，非晶态区处于柔韧的高弹态，晶态区则保持较高的强度和硬度，两种复合在整体上表现出既韧又硬的皮革态。

3）体型高分子材料的力学状态

大多数体型高分子材料都是非晶态高分子材料。在体型高分子材料中，分子链之间以化学键连接起来，不可能实现分子链间的相对迁移，因而不可能出现黏流态。当交联密度较低，交联点之间的链比较长，从而在一定条件下链段仍能较自由地运动时，则这种体型高分子材料在不同温度范围内可能呈现两种力学状态：玻璃态和高弹态。

当交联密度逐渐提高时，由于交联点之间的链长越来越短和刚性越来越大，高分子材料的玻璃化转变温度便越来越高，使高弹区缩小。当材料的 $T_g = T_f$，高弹态消失，则高分子材料只有玻璃态一种状态，其性能硬而脆。

由于较高交联密度的体型高分子材料没有力学状态的变化，所以在加热到很高温度发生分解以前，都有较好的力学强度和较小的变形，使某些工程结构材料使用时，耐热性较好。

3. 力学状态的实际意义

高分子材料的 3 种力学状态和两个转变温度具有重要的实际意义：

（1）室温下处于玻璃态的高分子材料一般为塑料。它们的强度、刚度等力学性能较好，能够承受一定的载荷，保持要求的几何尺寸，可以作为结构材料，制造某些机器和仪表的零件和部件。显然，使用的上限温度为 T_g，塑料的 T_g应尽量高一些。

（2）室温下处于高弹态的高分子材料一般为橡胶。它们是很好的弹性材料，适于制造各种弹性物体或构件。理想的弹性材料 T_g 与 T_f 之间应有较宽的温度范围。

（3）室温下处于黏流态的高分子材料叫作流动树脂，可作胶黏剂，胶接各种金属和非金属零件。另外，高分子材料的成形加工通常都在黏流态下进行，温度范围为 $T_f \sim T_d$。高于 T_d（化学分解温度）时，由于大分子间总作用力大于主链的键合力，在未气化之前就因主链断裂而分解了。

表 10－3 所示为线型无定型高分子材料 3 种力学状态的特点。

表 10－3　线型无定型高分子材料 3 种力学状态的特点比较

力学状态	温度范围	分子运动方式	宏观变形	力学特性	工程价值
玻璃态	T_g 以下	链节的运动	普弹变形	呈现普弹性、刚硬性，有较高强度与弹性模量	塑料使用状态（刚硬性）
高弹态	$T_g \sim T_f$	链段的运动	高弹变形	呈现高弹性，低弹性模量	橡胶使用状态（高弹体）
黏流态	T_f 以上	整链的运动	黏性流动伴有弹性变形	呈现黏性	高分子的成形加工态胶黏剂使用态（黏性流体）

4. 高分子材料的力学性能

与金属材料相比，高分子材料具有高弹性、低弹性模量和黏弹性。

1）高弹性、低弹性模量

聚合物材料的弹性模量只有金属材料的 1/1 000，但弹性很大，其延伸率可高达金属的 1 000 倍。例如，橡胶弹性变形量可达 100% ~1 000%，弹性模量 $E=1$ MPa，而钢的弹性模量为 10^5 MPa。

2）黏弹性

黏弹性是指弹性变形滞后于应力的变化，即弹性变形不仅与外力有关，而且具有时间效应。这是因为高分子材料的变形是通过调整内部分子构象来实现的，而这需要时间。聚合物的黏弹性行为表现为蠕变、应力松弛、滞后和内耗。

（1）蠕变是指材料在恒温恒载条件下，形变随时间延长而逐渐增加的现象。

（2）应力松弛是指在恒温下，当变形保持不变时，应力随时间延长而发生衰减的现象。

（3）滞后是在交变载荷下，材料应变变化落后于应力变化的现象，滞后产生的原因是分子间的内摩擦。

（4）内耗是内摩擦所消耗的能量变成无用的热能的现象。

3）强度

高分子材料的强度低，一般抗拉强度约为 100 MPa，即使是玻璃增强的尼龙也只有 200 MPa。但由于比重低，故比强度仍较高，例如玻璃钢。

此外，高分子材料的聚集状态不同，则性能差别很大，而且形变强烈依赖于工作温度和加载速度。一般随着温度升高，加载速度增大，则弹性模量提高，形变率下降。

5. 高分子材料的理化性能

1）耐热性

高分子材料在变热过程中，容易发生链段运动和整个分子链运动，导致材料软化或熔化，使性能变坏，耐热性差。

不同材料的耐热性判据不同，塑料的判据是热变形温度（HDT）。热变形温度是指高分子材料能够长时间承受一定的载荷而不变形的温度。线型无定形高分子材料的HDT在玻璃化温度 T_g 附近，结晶高分子材料的HDT接近于熔点。橡胶的耐热性判据是保持高弹性的最高温度。橡胶的耐热性越好，使用温度越高。

2）导热性

高分子材料导热性差，其导热性能为金属的1/1 000～1/100。其原因是高分子材料内部无自由电子，分子链相互缠绕在一起，受热不易运动。高分子材料适宜做隔热材料、塑料方向盘，如导弹用纤维增强塑料做隔热层。其缺点是散热性差，温升快。

3）热膨胀系数

高分子材料的线膨胀系数大，为金属的3～10倍。原因是受热后，分子链间缠绕程度降低，分子间结合力减小，分子链柔顺性增大。其弊端在于，与金属复合时，因膨胀系数相差过大而脱落，例如铝壶的塑料手柄。

4）绝缘性

由于高分子材料是共价键结合，没有离子和自由电子，因此高分子材料是好的绝缘材料。例如导线的外包皮、塑料、橡胶等。

5）高的化学稳定性

在酸、碱等溶液中，高分子材料表现出优异的耐蚀性，例如聚四氯乙烯在沸腾的王水中不受腐蚀。

需注意的是，某些高分子材料与特定溶剂相遇，会发生溶解或溶胀，使性能变差，如聚氯乙烯在有机溶液中溶胀，聚碳酸酯被四氯化碳溶解。

6. 高分子材料的老化与防止

1）老化的概念和形式

老化是指高分子材料在加工、储存和使用过程中，由于内外（空气、水、光、热等）的综合作用，丧失原有性质的现象。其表现形式为：变硬、变脆、出现龟裂、失去弹性以及变软、变黏、变色。各种高分子材料都存在老化问题，差别只是发生时间不同，表现形式不同。

当高分子材料产生大分子链的交联时，将导致高分子材料变硬、变脆、开裂；而当大分子链断开，将会导致高分子材料变软、发黏、褪色。

2）防止老化的方法

（1）进行结构改性，提高稳定性。

例如：聚氯乙烯在氯气中用紫外线照射，成为氯化聚氯乙烯；采用共聚方法制得共聚产物ABS塑料。

（2）加入防老化剂，抑制老化过程。

例如：添加水杨酸酯、炭黑，防止紫外线引起的老化。

（3）表面处理。

例如，表面镀金属、喷涂料，防止空气、水、光引起的老化。

10.1.4 塑料

塑料是以天然或合成树脂为主要成分，加入适量的添加剂，在一定的温度和压力下通过注射、挤压、模压、吹塑等方法成形，并在常温下能保持其形状不变的有机高分子材料。

1. 塑料的组成

塑料是以树脂为主要成分，适当加入改善性能或工艺的各种添加剂而制成的材料。塑料与树脂的主要区别在于：树脂为纯聚合物，而塑料是以树脂为主的聚合物的制品。塑料中的添加剂主要有填充剂、增塑剂、稳定剂、固化剂、润滑剂等。塑料中各组分的作用如下：

1）树脂

树脂在塑料中起黏结各组分的作用，也称为黏料。它是塑料的主要成分，占塑料质量的40%～100%，其决定了塑料的类型和基本性能，因此塑料的名称多用其原料树脂的名称来命名，如聚氯乙烯塑料、酚醛塑料、ABS 塑料等。

2）填充剂

填充剂又称填料，是塑料中重要的组分，占塑料质量的 20%～60%。填充剂不仅可以降低塑料的成本，同时还可以改善塑料的性能，扩大塑料的应用范围。如玻璃纤维可提高塑料的力学强度，石棉可增强塑料的耐热性，云母可增强塑料的电绝缘性等。

3）增塑剂

增塑剂是增加树脂塑性、改善加工性、赋予制品柔韧性的一种添加剂，如邻苯二甲酸酯、磷酸酯、石蜡等。增塑剂的增塑机理是插入到聚合物大分子间，削弱聚合物大分子间的作用力，因而能降低聚合物的软化温度和熔融温度，减小熔体黏度，增加其流动性，从而改善聚合物的加工性和制品的柔韧性。

4）稳定剂

稳定剂包括热稳定剂和光稳定剂两类。热稳定剂（如铅盐、金属皂、有机锡、亚磷酸酯等）可改善聚合物的热稳定性，防止聚合物在加工过程中受热降解。光稳定剂（如水杨酸酯、二苯甲酮等）能抑制或减弱光的降解作用，提高材料耐光性，防止聚合物在使用过程中变色老化、物理力学性能恶化等。

5）润滑剂

为防止塑料在成形过程中粘在模具或其他设备上所加入的少量物质，称为润滑剂。润滑剂还可使塑料制品表面光亮美观。常用的润滑剂有硬脂酸及其盐类、有机硅等。

6）固化剂

固化剂又称为硬化剂或交联剂，其主要作用是在高分子材料的分子间产生横跨链，使大分子交联，使高分子链的线型结构转变成体型结构。固化剂的种类很多，须根据塑料品种和成形工艺来选用。如酚醛树脂的固化剂常用六次甲基四胺，环氧树脂的固化剂常用胺类和酸酐类化合物，聚酯树脂的固化剂常用过氧化物等。

除上述添加剂外，还有阻燃剂、发泡剂、着色剂、防霉菌剂等。并非每种塑料都要加入全部添加剂，一般是根据塑料品种和使用要求不同，加入所需要的某些添加剂。

2. 塑料的分类

（1）按塑料的用途可分为通用塑料、工程塑料和特种塑料。

①通用塑料的产量大、用途广、价格低，但性能一般，主要用于非结构材料，如聚乙烯、聚丙烯、聚氯乙烯、聚苯乙烯、酚醛树脂等。

②工程塑料具有较高的力学性能，可承受较宽的温度变化范围和较苛刻的环境条件，并能够在此条件下长期使用，且可作为工程构件的塑料，如 ABS 塑料、尼龙、聚砜等。

③特种塑料是通过改性满足特种性能要求的塑料，如医用塑料、耐蚀氟塑料、导电塑料、导磁塑料等。

（2）按塑料的热性能可将塑料分为热塑性塑料和热固性塑料两类。

①热塑性塑料是在特定温度范围内能反复加热软化和冷却硬化的塑料。它由聚合树脂制成，大分子链为线型结构。它的变化只是一种物理变化，化学结构基本不变。常用的热塑性塑料有聚乙烯、聚氯乙烯、聚丙烯、聚苯乙烯及其共聚物 ABS 塑料、聚甲醛、聚碳酸酯、聚四氟乙烯、聚砜等。

②热固性塑料初加热时可软化，可塑造成形，但固化后的塑料既不溶于溶剂，也不再受热软化，只能塑制一次。此种塑料以缩聚树脂为基础，分子链为体型结构。常用的热固性塑料有酚醛塑料、氨基塑料、环氧塑料等。

3. 常用工程塑料

塑料制件在工业中的应用日趋普遍，这主要是因为它们具有一系列优点：①密度小、质量轻；②绝缘性能好，介电损耗低；③化学稳定性高；④减摩、耐磨、减振、隔音等。目前，工程塑料主要用于飞机、汽车、电器、机械等要求轻型化的设备。常用工程塑料如下。

1）热塑性塑料

（1）聚酰胺（PA，俗称尼龙）。聚酰胺是最重要的工程塑料，其主要品种有 PA6、PA66、PA11、PA1010、PA610 以及改性 PA 等。其优点是有较高的拉伸强度，良好的冲击韧性、耐油性、耐磨性、自润滑性，具有低的摩擦因数和良好的耐腐蚀性能、对化学试剂稳定等。其缺点是热膨胀系数较大，为金属的 5 ~7 倍，吸水性也较大，制品尺寸的稳定性较差，耐热性也不高，一般只能在100 ℃以下使用。聚酰胺广泛用于制造各种机械、化工、电气零部件，如轴承、齿轮、凸轮、泵叶轮、耐油密封垫片、储油容器、各种衬套等。

（2）聚碳酸酯（PC）。聚碳酸酯具有很高的拉伸强度，良好的冲击韧性，较好的耐化学腐蚀性、尺寸稳定性和介电性能，良好的耐高、低温性能，无毒、无味、无臭，具有自熄性，模塑收缩率很小；透明性好。聚碳酸酯的缺点是疲劳强度较低，容易产生应力腐蚀开裂。聚碳酸酯广泛用于各工业部门，可代替钢、有色金属、光学玻璃制作中小结构件、传动件、绝缘件、透明件、防爆玻璃、安全帽等。

（3）ABS 塑料。ABS 塑料全名为丙烯腈—丁二烯—苯乙烯共聚物。其成形性能好，抗冲击性能、抗蠕变性与耐磨性较好；其摩擦因数很低，虽不能用作自润滑材料，但因其有良好的耐油性和尺寸稳定性，也可用于制作中等载荷和转速的轴承。ABS 塑料的缺点是耐候性较差，耐热性也不够理想。ABS 塑料可用来制作齿轮、叶片、轴承、壳体等工程构件。

（4）聚甲醛（POM）。聚甲醛具有优良的耐磨、耐疲劳性能，并且刚性大，强度、硬度高，不容易蠕变，具有耐水性，以及优良的电绝缘性能、耐化学药品性能、耐热性能。聚甲醛的缺点是成形时热稳定性较差，阻燃性、耐候性不大理想。聚甲醛可用来代替有色金属和不锈钢制作轴承、齿轮、凸轮、导轨、阀门、手柄等。

（5）聚甲基丙烯酸甲酯（PMMA）。聚甲基丙烯酸甲酯又称有机玻璃，和无机玻璃相比具有较高的强度和韧性，有优良的透光性能；优良的电绝缘性和耐化学腐蚀性。但其硬度低，耐磨性差，表面易划伤，而且耐热性不高。主要用于制作透明和有一定强度的零件，如仪表外壳、飞机及汽车等的窗玻璃、光学镜片、广告牌、透明模型、绘图工具等。

（6）聚苯醚（PPO）。聚苯醚具有优良的抗蠕变性、尺寸稳定性，耐应力松弛、耐水及耐蒸汽性、抗疲劳等，高温下抗蠕变性好，电绝缘性好，难燃、离火后自熄。聚苯醚的缺点是熔融流动性差，成形加工困难，所以多使用改性聚苯醚（MPPO），利用聚苯乙烯进行改性，改性后能显著改聚苯醚的成形加工性能。改性聚苯醚中聚苯乙烯的含量对其热性能有明显的影响，随着聚苯乙烯含量的增加，改性聚苯醚的热变形温度和玻璃化温度均有所下降。

改性聚苯醚主要用于航空、航天及其他部门制造电子电气仪表外壳、底座和连接件，各种仪器设备的结构件，如计算机、电传机、复印机、打印机及雷达的外壳、基座、多头接插件、开关、继电器、变压器骨架和外罩，印制电路板，热水系统的计量仪表等。

（7）聚砜（PSF）。聚砜抗蠕变性好，在热塑性工程塑料中具有最高的耐蠕变性；刚度大，耐磨，热稳定性、耐热老化性好，在较宽的温度和频率范围内具有良好的介电性能，难燃、自熄，对酸、碱、盐稳定。其不足之处是在有机溶液如酮类、卤代烃、芳香烃等的作用下会发生溶解或溶胀，成形加工性较差。聚砜在工业常用来代替金属制造高强度、耐热、抗蠕变的结构件，以及耐腐蚀零部件和电气绝缘件等，如齿轮、凸轮、热水阀、线路板、飞机上的热空气导管和窗框等。

（8）聚四氟乙烯（PTFE，简称 F－4）。聚四氟乙烯具有优良的耐高、低温性能，优异的耐腐蚀性和极好的电绝缘性能，极小的摩擦因数和极佳的自润滑性，为其他合成材料所不及，故有“塑料王”之称。PTFE 的不足之处是：力学强度和硬度比较低，在外力作用下易发生蠕变冷流；热导率低，热膨胀系数大；加工成形性能差。聚四氟乙烯主要用于制造各种耐腐蚀和耐高温的零部件。在机械工业方面，主要用于制作减摩密封零件，如活塞环、轴承、导轨等。在电工、无线电技术方面用作高频电子仪器的绝缘件、高频电缆、电容器线圈、电机槽等。在医疗方面，可用于制作代用血管、人工心肺装置、消毒保护器等。

（9）聚醚醚酮（PEEK）。聚醚醚酮是一种耐高温塑料，连续使用温度可达 240℃以上，负载使用温度高达 310℃，具有较为均衡的韧性、强度、硬度和负载特性，耐磨损和耐摩擦性能优异，耐油、阻燃、耐辐照性好，几乎耐除硫酸外的所有化学药品。可用于制作飞机结构件、活塞环、发动机零件、检测传感器、泵壳、叶轮等。

2）热固性塑料

（1）酚醛树脂（PF）。酚醛树脂刚性好、变形小、耐热耐磨、电绝缘性能优良。其缺点是质脆，冲击强度差，主要用于制造齿轮、轴瓦、导向轮、轴承及电工结构材料和电气绝缘材料。

（2）环氧塑料（EP）。环氧塑料耐化学药品、耐热，电气绝缘性能良好，收缩率小，比酚醛树脂有更好的力学性能。其缺点是耐候性差、耐冲击性低，质地脆。主要用来制作模具、量具、结构件、各种复合材料、电子器件。

（3）聚酰亚胺（PI）。聚酰亚胺刚性大，力学强度高，具有优异的耐热性，可在 －240～260 ℃下长期使用，在无氧气存在的环境中长期使用温度可达 300 ℃以上；有优良的耐摩擦磨损性能、尺寸稳定性及介电性能，耐辐射、韧性好、冷流小，化学稳定性好、阻燃。聚酰亚胺的缺点是成形困难。

聚酰亚胺可用来制作在高温、高真空、自润滑条件下使用的各种机械零部件，例如轴承、轴套、齿轮、压缩机活塞环、密封圈、鼓风机叶轮等；也可用来制作导线包皮、柔性印刷电路底板、集成电路和功率晶体管的绝缘部件，以及在高温下工作的其他电气设备零件。

（4）不饱和聚酯塑料（UP）。不饱和聚酯塑料具有强度高而质轻、韧性好、耐候、耐燃、电绝缘性、透光性等特点，其不足之处在于不耐浓碱腐蚀，长期使用温度在 -60 ~ 120 ℃，常用来制作各种玻璃钢，如汽车车身、舰艇雷达罩、容器、机械电器零部件、泵、头盔等。

（5）有机硅塑料（SI）。有机硅塑料具有电绝缘性、耐候、耐辐射、耐火焰、耐老化、耐电弧及尺寸稳定等特点，不耐强酸、碱，工作温度范围宽，一般为 -269 ~ 310 ℃。主要用来制造高温自润滑轴承、活塞环、密封圈、液氮接触阀门、喷气发动机零件等。

10.1.5 其他高分子材料

1. 橡胶

橡胶是一类具有高弹性的高分子材料，其分子链柔顺性好，它在较小的外力作用下可产生较大的形变，除去外力后能迅速恢复原状，并在很宽的温度范围（-50 ~ 150 ℃）内具有优异的弹性。同时，橡胶还具有良好的绝缘性、气密和水密性、隔音性、阻尼性、耐磨性等，广泛应用于制作弹性材料、密封材料、绝缘材料、减振防振材料、传动材料等。

1）橡胶的分类

按原料的来源可分为天然橡胶和合成橡胶。

（1）天然橡胶。天然橡胶是指从含胶植物中采集的胶乳经处理后制成的橡胶。天然橡胶具有很好的弹性、较高的力学强度、抗撕裂性、耐曲挠疲劳性能、防水性、电绝缘性、隔热性以及良好的加工工艺性能。其缺点是耐油性、耐臭氧老化性和耐热氧老化性差。天然橡胶可以单用，制成各种橡胶制品；也可以与其他橡胶并用，以改进其他橡胶的性能。其广泛应用于轮胎、胶管、胶带及各种工业橡胶制品，是用途最广的橡胶品种。

（2）合成橡胶。合成橡胶是人工将各种单体经聚合反应合成的橡胶。按性能和用途不同，可将其分为通用橡胶和特种橡胶。用以替代天然橡胶来制造轮胎及其他常用橡胶制品的合成橡胶称为通用合成橡胶，如丁苯橡胶、顺丁橡胶、乙丙橡胶、乙基橡胶、氯丁橡胶等；特种合成橡胶是指具有特殊性能，专门用来制作各种耐寒、耐热、耐油、耐臭氧等制品的合成橡胶，如丁腈橡胶、硅橡胶、氟橡胶、丙烯酸酯橡胶等。

2）橡胶的组成

橡胶是以生胶为主要原料，加入适量配合剂而制成的高分子材料。

（1）生胶。生胶是橡胶制品的主要成分，其来源可以是天然的，也可以是合成的。其主要作用为黏结其他配合剂，是决定橡胶制品性能的关键因素。生胶种类不同，橡胶制品的性能就不同。生胶的弹性高，但分子链间相互作用力很弱，强度低，易产生永久变形。此外，生胶的稳定性差，会发黏、变硬、溶于某些溶剂等，因此，工业橡胶中还需要加入各种配合剂。

（2）配合剂。配合剂是为改善橡胶制品的各种性能而加入的物质，主要有硫化剂、硫化促进剂、防老剂、软化剂、填充剂、发泡剂及着色剂等。硫化剂的作用是使生胶分子在硫化处理中适度交联而形成网状结构，从而大幅提高橡胶的强度、耐磨性和刚性，并使其性能在很宽的温度范围内具有较高的稳定性。软化剂可增强橡胶塑性，改善黏附力，降低硬度，提高耐寒性。填充剂可提高橡胶强度，减少生胶用量，降低成本和改善工艺性。防老剂可防止和延缓橡胶发黏、变坏等老化现象。此外，为减少橡胶制品的变形，提高其承载能力，可在橡胶内加入骨架材料。常用骨架材料有金属丝、纤维织物等。

3）橡胶制品的生产过程

橡胶加工包括塑炼、混炼、成形和硫化 4 个阶段。

（1）塑炼。由于生胶黏度过高或均匀性能较差等原因，其既不能粉碎成粉末，也不能以单纯加热的流动状态成形，难以直接加工。这时，就需通过机械或化学作用使生胶中的线型大分子长链破断变短，分子量降低，从而使其从弹性状态转变到所需的可塑状态。因此，塑炼的目的是使生胶变软，具有塑性，更容易同其他配合料均匀地混合。

塑炼是在塑炼设备中进行的，应用较多的塑炼设备是密闭式炼胶机，其原理是两根平行的金属辊筒分别以不同的转速反向旋转，辊筒之间及辊筒与内壁之间的间隙很小，胶料在反复通过这些间隙时受到强烈的滚轧和挤压作用，温度也迅速升高，从而逐渐软化和塑化。如果在胶料中加入化学塑解剂，可进一步提高其塑炼效果。

（2）混炼。混炼是将塑化的生胶与其他配合剂均匀地混合在一起的过程。混炼后得到的混炼胶是后续成形高质量半成品生产的前提，也是满足各种高质量橡胶制品的必要条件。混炼要求严格控制温度和时间，混炼后的胶料应立即进行强制冷却以防相互粘连。通常，胶料冷却后要放置一段时间，使配合剂进一步扩散均匀。

（3）成形。成形指利用挤压、压延、注射、模压等成形方法将混炼胶制成成品形状和尺寸。

（4）硫化。硫化又称交联，在加热或辐射等条件下，以及生胶与硫化剂（或硫化促进剂）等的作用下，橡胶内部发生化学反应，大分子从线型结构转变为体型结构，使橡胶的强度、硬度、弹性升高，而塑性降低，并使其他性能同时得到改善。

4）常用橡胶

表 10－4 所示为常用橡胶的性能与用途，在通用橡胶中，产量最大、用途最广的是丁苯橡胶（SBR），它由丁二烯单体和苯乙烯单体共聚而成，常用牌号为丁苯－10、丁苯－30、丁苯－50。

表 10－4　常用橡胶材料的性能特点及应用

种类	主要性能特点	使用温度范围/℃	应用举例
天然胶（NR）	弹性最佳，强度高且绝缘、防振；但耐氧和耐臭氧性差，耐油和耐溶剂性不好，抗酸碱腐蚀能力低，易老化	－60～80	胶管、胶带、电线电缆的绝缘层和护套以及其他通用制品
苯乙烯橡胶（SBR）	耐磨耗性比天然橡胶好，抗老化性好；但弹性较低，抗屈挠、抗撕裂性能较差	－50～100	代替天然橡胶制作轮胎、胶板、胶管、胶鞋及其他通用制品
丁二烯橡胶（BR）	弹性和耐磨性好，耐老化，耐低温，在动态负荷下发热量小，易与金属黏合。缺点是强度较低，抗撕裂性差	－60～100	与天然橡胶相同
氯丁胶（CR）	耐酸、耐水、气密性好，具有抗氧和抗臭氧性，不易燃；但耐寒性较差，电绝缘性不好	－45～100	电缆皮、管道胶带、油漆衬、门窗嵌条等

续表

种类	主要性能特点	使用温度范围/℃	应用举例
丁基胶（HR）	耐酸碱、气密性好，耐臭氧、耐老化性能好，耐热性较高，吸振和阻尼性好，电绝缘性好。缺点是弹性差，黏着性和耐油性差	-40 ~ 120	内胎、水胎、电缆绝缘层、化工设备衬里及防振制品等
丁腈胶（NBR）	耐油、耐碱、耐燃、气密性、耐磨及耐水性均较好，黏结力强。缺点是耐寒及耐臭氧性较差，弹性较低，耐酸性差，电绝缘性不好	-30 ~ 100	用于制造各种耐油制品，如耐油垫圈、油管、油槽衬等
乙丙胶（EPDM）	抗臭氧、耐紫外线、耐老化性优异，电绝缘性、耐化学性、冲击弹性很好，耐水、耐酸碱。缺点是不易黏合	-50 ~ 150	化工设备衬里、蒸汽胶管、电绝缘件、耐热运输带、汽车配件、散热管等
硅橡胶（Si）	耐高温（最高 300 ℃）又耐低温（最低 -100 ℃），电绝缘性优良，对热氧化和臭氧的稳定性很高，化学惰性大。缺点是强度较低，耐油和耐酸碱性差	-60 ~ 200	耐高低温零件、绝缘件、管道接头等
氟橡胶（FPM）	耐高温，耐酸碱，耐油，抗辐射、耐高真空性能好；电绝缘性、耐化学腐蚀性、耐臭氧、耐大气老化性均优良。缺点是加工性差，耐寒性差，价格高	-20 ~ 200	飞机、火箭上的耐真空、耐高温、耐化学腐蚀的密封材料、胶管或其他零件及汽车工业用橡胶制品
聚硫橡胶（TR）	耐油、耐溶剂性好	0 ~ 80	耐汽油及有机溶剂的静密封

2. 纤维

纤维是指长度比本身直径大上百倍的均匀条状或丝状的高分子材料，分为天然纤维和化学纤维两大类。天然纤维是直接从自然界得到的，如棉、麻、羊毛、蚕丝等。化学纤维又分为人造纤维和合成纤维。人造纤维是用自然界的纤维加工制成的，如“人造丝”“人造棉”。合成纤维是以石油、煤、天然气等为原料，先合成有机单体，通过聚合反应合成的纤维，主要有聚酯纤维、聚烯烃、聚酰胺纤维、聚丙烯腈纤维（腈纶）、聚乙烯醇类纤维（维纶）等。

合成纤维具有优良的物理、力学性能和化学性能，如强度高、密度小、弹性高、耐磨性好、吸水性低、保暖性好、耐酸碱性好、不会发霉或虫蛀等。某些特种纤维还具有耐高温、耐辐射、高强力、高模量等特殊性能。合成纤维广泛应用于国防工业、航空航天、交通运输、医疗卫生、通信等领域。合成纤维分为通用合成纤维、高性能合成纤维和功能合成纤维。

1）通用合成纤维

（1）聚酰胺纤维。世界上最早投入工业化生产的合成纤维又称尼龙纤维，是合成纤维中性能优良、用途广泛的品种之一。其优点是耐磨性好（位于合成纤维之首），强度高、耐冲击性好，弹性、耐疲劳性好，密度小，吸湿性良好等；缺点是弹性模量小，使用过程中容易变形，耐热性及耐光性较差。工业上主要用于制作轮胎帘子线、降落伞、绳索、渔网和工业滤布等。

（2）聚酯纤维。合成纤维中发展最快，产量居于首位。聚酯纤维弹性好，强度大，耐热性较好，干燥状态下具有良好的电绝缘性，在常温下对酸碱稳定，温度升高会导致耐腐蚀性降低，抗菌性优良，工业上可用于制作电绝缘材料、运输带、绳索、渔网、轮胎帘子线、人造血管等。

（3）聚丙烯腈纤维。中国商品名“腈纶”，有“人造羊毛”之称。其耐光性、耐候性是天然纤维和化学纤维中最好的，化学稳定性、对酸碱和氧化剂的稳定性也比较好，缺点是耐磨性、抗疲劳性差。在工业中主要制成帆布、过滤材料、保温材料、包装用布、医疗材料等。

（4）聚丙烯纤维。中国商品名“丙纶”。其是合成纤维中最轻的，强度高，耐磨、耐腐蚀性好，电绝缘性、保暖性优，缺点是耐热性、耐老化性、吸湿性、染色性差。工业上主要用于制作各种绳索、条带、渔网、吸油毡、包装材料和工业用布等。

（5）聚乙烯醇类纤维。中国商品名“维纶”，其具有良好的强度、吸湿性、保暖性、耐磨蚀和耐日光性；主要缺点是耐热水性差，弹性不佳，染色性较差，高温下的力学性能低。工业上可用于制作帆布、缆绳、渔网、包装材料、过滤材料等，还可作为塑料、水泥、陶瓷的增强材料。

2）高性能合成纤维

（1）超高分子量聚乙烯纤维（UHMWPE）。采用超高分子量聚乙烯用凝胶纺丝－超延伸技术制成。其具有高强度、高模量、低的相对密度、化学惰性、疏水性，但极限使用温度只有100～130 ℃，主要用于制作头盔、装甲板、防弹衣和弓弦等。

（2）芳香族聚酰胺纤维。高性能的有机纤维。其主要应用于航空、航天、防弹以及土木建筑领域。可用于制作火箭发动机壳体、飞机零部件、头盔、防弹运钞车、防穿甲弹坦克、混凝土、代钢筋材料、轮胎帘子线等。

此外，还有热致液晶聚酯纤维、芳杂环纤维等高性能合成纤维。

3）功能合成纤维

具有除力学和耐热性外的特殊性能，如光、电、化学、高弹性和生物降解性等，其产量小，但附加值大。其种类包括高弹性合成纤维、耐腐蚀合成纤维、阻燃合成纤维、医用合成纤维、超细合成纤维、智能合成纤维、导电纤维等。

3. 黏合剂

凡是能将两个制件胶接在一起，并在其黏合处具有足够强度的物质称为黏合剂（或胶黏剂）。通常，相对分子量不大的高分子材料都可作为黏合剂，如作为黏合剂的热塑性树脂有聚乙烯醇、聚乙烯醇缩甲醛、聚丙烯酸酯等；作为黏合剂的热固性树脂有环氧树脂、酚醛树脂、不饱和聚酯等；作为黏合剂的橡胶有氯丁橡胶、丁基橡胶、聚硫橡胶等。

黏合剂一般是多组分体系，除了主要成分外，还有许多辅助成分，辅助成分可以对主要成分起到一定的改性或提高品质的作用。常用的辅助成分有固化剂、促进剂、硫化剂、增塑剂、填充剂、溶剂、稀释剂、防老剂等。

4. 涂料

涂料是一种涂布于物体表面能结成坚韧保护膜的物质，可使被涂物体的表面与大气隔离，起到保护、装饰以及其他特殊的作用（如示温、发光、导电、杀菌等）。

涂料品种很多，但它们的基本组成物质差不多，主要有成膜物质、颜料、溶剂以及各种辅料（如催干剂、增塑剂、稳定剂等）。

成膜物质是构成涂料的基础，是使涂料黏附于物体表面成为涂膜的主要物质。所用的合成树脂基本上与塑料、橡胶、纤维类似，只是涂料用树脂的分子量较低。颜料能赋予涂料一定的颜色，某些颜料还能改进涂料的性能，如红丹颜料具有防锈作用，可抑制钢铁的腐蚀。有机溶剂在涂料中占有30%～80%，其作用是溶解合成树脂，降低涂料的黏度，便于施工。

10.2 陶　　瓷

陶瓷是各种无机非金属材料的通称，根据使用的原材料分类，可将陶瓷分为普通陶瓷和特种陶瓷两大类。普通陶瓷又称为传统陶瓷，是以天然的岩石、矿石、黏土等材料作原料制成的陶瓷。特种陶瓷是具有某种独特性能的新型陶瓷，它的原料是人工合成化合物。

10.2.1 陶瓷材料的结构与性能

1. 陶瓷材料的结构

陶瓷的结构是由晶相、玻璃相和气相所组成，如图10－9所示。陶瓷中各相的相对量变化很大，分布也不够均匀，如图10－10所示。

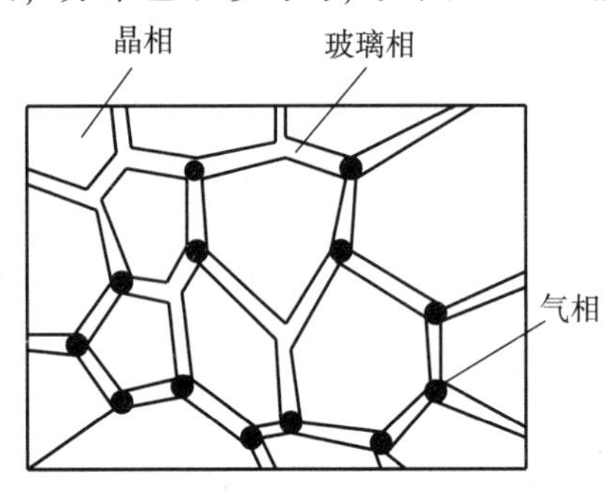

图10－9　陶瓷结构示意

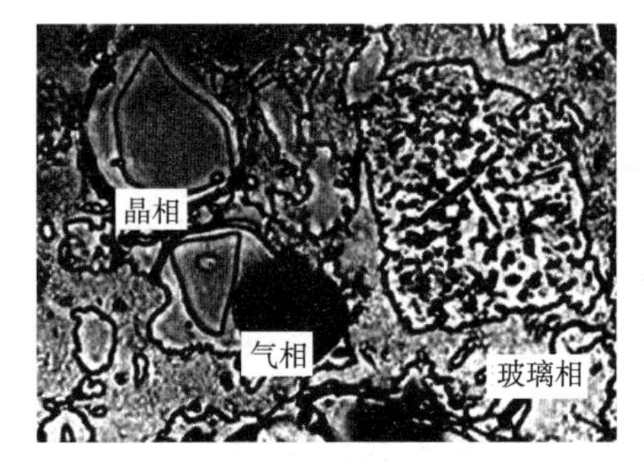

图10－10　陶瓷材料显微组织

1）陶瓷的晶体结构

晶相是陶瓷材料中主要的组成相，其决定着陶瓷材料的物理化学性质。陶瓷晶体中的原子是靠共价键和离子键结合的，相应的晶体为共价键晶体和离子键晶体。陶瓷中的这两种晶体是化合物而不是单质，其晶体结构比金属复杂，可分为典型晶体结构和硅酸盐晶体结构。

（1）典型晶体结构。典型晶体结构主要有AX型陶瓷晶体结构、A_mX_p型陶瓷晶体结构及其他类型晶体结构。其中，AX型陶瓷晶体是最简单的陶瓷化合物，具有数量相等的金属原子和非金属原子，可以是离子型化合物，也可以是共价型化合物。AX型陶瓷晶体结构的具体类型包括：CsCl型、NaCl型、ZnS闪锌矿型结构和纤维锌矿型结构。A_mX_p型陶瓷晶体结构主要包括：萤石（CaF_2）型结构、逆萤石型结构以及刚玉（Al_2O_3）结构。其他类型晶体结构有：尖晶石型结构（AB_2O_4）、正常尖晶石型结构、反尖晶石型结构，这些类型晶体结构的陶瓷是重要的非金属磁性材料。此外还有钙钛矿型结构，这种类型晶体结构的陶瓷对压电材料来说很重要。

(2) 硅酸盐晶体结构。许多陶瓷材料都含有硅酸盐，一方面是因为硅酸盐资源丰富且价格便宜，另一方面则是因为硅酸盐具有某些在工程上有用的独特性能。

硅酸盐的基本结构单元为硅氧四面体 $[SiO_4]^{4-}$，即每 1 个 Si 被 4 个 O 所包围，如图 10－11 所示。由于 Si 离子的配位数为 4，它赋予每一个 O 离子的电价为 1（等于 O 离子电价的一半），O 离子另一半电价可以连接其他阳离子，也可以与另一个 Si 离子相连。这样，各硅氧四面体单元之间通常只在顶角之间以不同方式连接，而很少在棱边之间连接。按照连接方式的不同，硅酸盐化合物可以分为孤立状硅酸盐、复合状硅酸盐、环状或链状硅酸盐、层状硅酸盐和骨架状硅酸盐等，如图 10－12 所示。

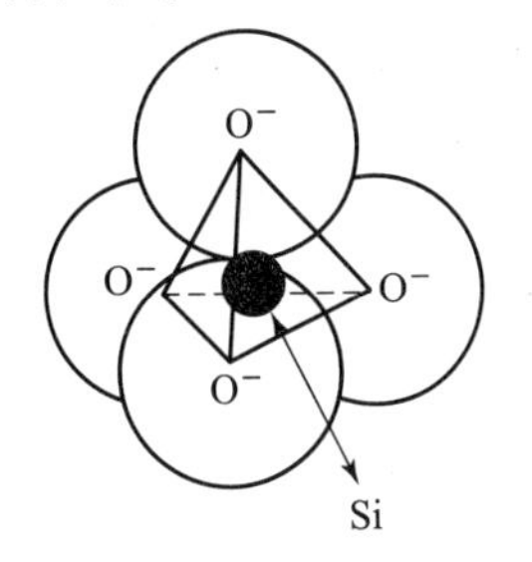

图 10－11　硅氧四面体示意

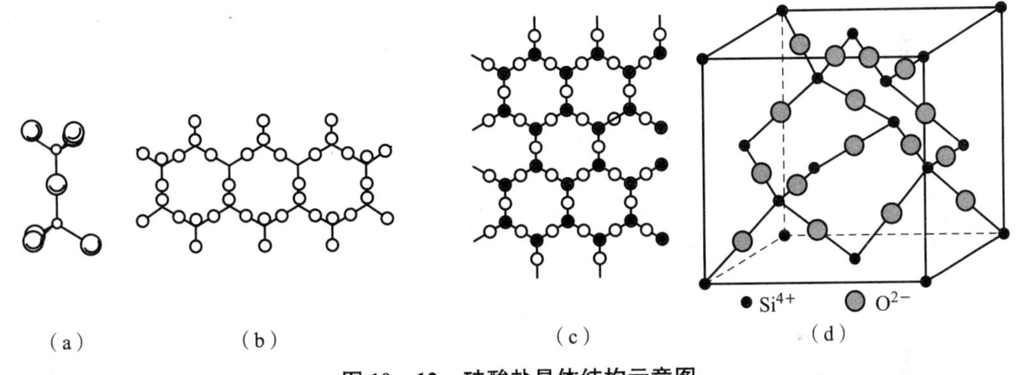

图 10－12　硅酸盐晶体结构示意图

(a) 复合状；(b) 链状；(c) 层状；(d) 骨架状

2) 陶瓷的玻璃相与气相

陶瓷中的玻璃相是非晶态的无定形物质，其作用是充填晶粒间隙、黏结晶粒、提高材料致密度、降低烧结温度和抑制晶粒长大。玻璃相是熔融液相冷却时，其黏度增大到一定程度，使熔体硬化转变为玻璃而形成的。玻璃相的特点是与硅氧四面体组成不规则的空间网，形成玻璃的骨架。玻璃相的成分一般为氧化硅及其他氧化物。

气相是陶瓷内部残留的孔洞。陶瓷根据气孔率分为致密陶瓷、无开孔陶瓷和多孔陶瓷。除多孔陶瓷外，气孔对陶瓷的性能有不利影响。通常，普通陶瓷的气孔率为 5%～10%，特种陶瓷为 5% 以下，金属陶瓷低于 0.5%。

2. 陶瓷材料的性能

1) 力学性能

(1) 弹性模量。陶瓷大部分为共价键和离子键结合的晶体，其结合力强，弹性模量较大，一般高于金属 2～4 个数量级。表 10－5 所示为常见陶瓷的弹性模量。

表 10-5　常见陶瓷的弹性模量

陶瓷材料	E/GPa
烧结氧化铝	366
热压 Si_3N_4 瓷	320
烧结氧化铍	310
热压 BN	83
热压 B_4C	290
烧结 MgO	210
烧结 TiC	310

(2) 硬度。陶瓷的硬度主要取决于其组成和结构，离子半径越小、电价越高、配位数越大，则其结合能越大，硬度越高。表 10-6 所示为常见陶瓷的硬度，陶瓷硬度一般高于金属和高分子。

表 10-6 中的 HV 表示维氏硬度，HK 表示努氏硬度，两者之间可以换算。

表 10-6　常见陶瓷的硬度

陶瓷材料	硬度/HK	陶瓷材料	硬度/HV
WC	1 500 ~ 2 400	ZrO_2	1 200
Al_2O_3	1 500	Al_2O_3	1 600
B_4C	2 500 ~ 3 700	SiC	2 400
CBN	7 500	Si_3N_4	1 600
金刚石	10 000 ~ 11 000	Sialon	1 800

(3) 强度。陶瓷在室温下几乎不能产生滑移和位错运动，很难产生塑性变形，其破坏方式为脆性断裂，室温下只能测得其断裂强度。陶瓷的理论断裂强度主要取决于原子间的结合力，其值约等于 1/10 倍的弹性模量。然而，陶瓷的实际强度要比其理论强度约小两个数量级，这是由于陶瓷内部微小裂纹的扩展而导致陶瓷断裂。

陶瓷的强度对应力状态特别敏感，它的抗拉强度虽然低，但抗压强度高，因此要充分考虑陶瓷的应用场合。此外，陶瓷具有优于金属的高温强度，高温抗蠕变能力强，且有很高的抗氧化性，适宜作高温材料。

(4) 韧性。陶瓷是脆性材料，对裂纹的敏感性很强，评价陶瓷韧性的参数是断裂韧性 K_{IC}，常见陶瓷的断裂韧性如表 10-7 所示。陶瓷的断裂韧性很低。

表10－7　常见陶瓷的断裂韧性

陶瓷材料	K_{1C}/（$MPa\cdot m^{1/2}$）
AL_2O_3	4～4.5
ZrO_2	1～2
ZrO_2—Y_2O_3	6～15
ZrO_2—CaO	8～10
ZrO_2—MgO	5～6
SiC	3.5～6
B_4C	5～6

（5）塑性。大部分陶瓷在室温下都是脆性材料，其原因是陶瓷晶体间的结合力多为离子键和共价键，具有明显的方向性，滑移系少，且陶瓷晶体结构复杂，位错运动困难，难以产生塑性变形。随着温度的升高和应变速率的降低，陶瓷的塑性形变加剧，晶粒细小到一定程度；在一定温度和应变速率下；陶瓷可能产生超塑性。

2）物理和化学性能

（1）物理性能。通常来说，陶瓷的熔点高、热膨胀系数小、导热性差、导电性差，这是陶瓷成为耐高温、绝热、绝缘等材料的基本条件。然而，随着科技的发展，一些新型陶瓷材料可能具有导热性、导电性，甚至出现了陶瓷超导体。多数陶瓷的抗热振性差，不能承受因温度急剧变化而造成的破坏。

（2）化学性能。常温下，陶瓷不与氧反应，具有耐酸、碱、盐等腐蚀的能力，也能抵抗熔融有色金属的侵蚀。但在某些情况下，高温熔盐及氧化渣等会使一些陶瓷材料受到腐蚀破坏。

10.2.2　常用陶瓷材料

1. 普通陶瓷

普通陶瓷是以天然硅酸盐矿物［即黏土（$Al_2O_3\cdot 2SiO_2\cdot 2H_2O$）、长石（$K_2O\cdot Al_2O_3\cdot 6SiO_2$，$Na_2O\cdot Al_2O_3\cdot 6SiO_2$）和石英（$SiO_2$）］为原料，经原料加工、成形、烧结而成的陶瓷。普通陶瓷组织中的主晶相为莫来石（$3Al_2O_3\cdot 2SiO_2$）占25%～30%，玻璃相占35%～60%，气相占1%～3%。普通陶瓷质地坚硬，不会氧化生锈、不导电，能耐1 200 ℃高温，加工成形性好，成本低廉；其缺点是强度较低，高温下玻璃相易软化。普通陶瓷除日用陶瓷外，大量用于电器、化工、建筑、纺织等工业部门（如电瓷绝缘子，耐酸、碱的容器和反应塔管道，纺织机械中的导纱零件等）。

2. 特种陶瓷

特种陶瓷是采用纯度较高的人工合成化合物（如Al_2O_3、ZrO_2、SiC、Si_3N_4、BN）为原料，经配料、成形、烧结而制得的陶瓷。按照显微结构和基本性能的不同，特种陶瓷可分为结构陶瓷、功能陶瓷、智能陶瓷、纳米陶瓷等。本节主要介绍结构陶瓷，它主要包括氧化物陶瓷、氮化物陶瓷、碳化物陶瓷等。

1）氧化物陶瓷

氧化物陶瓷是最早用于结构目的的先进陶瓷材料，氧化铝陶瓷是其中应用最广泛的一种，氧化锆陶瓷则是现有结构陶瓷中强度和断裂韧性最高的一种。

（1）氧化铝陶瓷。氧化铝陶瓷是以 Al_2O_3 为主要成分，含有少量 SiO_2 的陶瓷。根据陶瓷中 Al_2O_3 含量的不同将其成分为 75 瓷（含 75% Al_2O_3，又称刚玉－莫来石瓷）、95 瓷和 99 瓷，后两者又称刚玉瓷。氧化铝陶瓷的耐高温性能好（可使用到 1 950 ℃），具有良好的电绝缘性能及耐磨性。氧化铝陶瓷被广泛用作耐火材料，如耐火砖、坩埚、热电偶套管、淬火钢的切削刀具、金属拔丝模、内燃机的火花塞、火箭和导弹的导流罩及轴承等。

（2）氧化锆陶瓷。氧化锆陶瓷具有熔点高、高温蒸气压低、化学稳定性好、热导率低等特点，它的这些性能均优于氧化铝陶瓷，但价格昂贵，以往应用不广。近年来，氧化锆的增韧性能被广泛应用，人们开发出一系列高强度、高韧性的氧化锆陶瓷，其力学性能为结构陶瓷之首。

氧化锆（ZrO_2）的晶型转变：立方相⇌四方相⇌单斜相。四方相转变为单斜相非常迅速，会引起很大的体积变化，易使制品开裂。在氧化锆中加入一定量的稳定剂，能形成稳定立方固溶体，使其不再发生相变，具有这种结构的氧化锆称为完全稳定氧化锆（FSZ）。若减少稳定剂的加入量，使部分氧化锆以四方相的形式存在，由于这种材料中只有一部分氧化锆稳定，所以称之为部分稳定氧化锆（PSZ）。稳定氧化锆耐火材料的力学性能低，抗热冲击性差，主要用于炼钢、炼铁、玻璃熔融等的高温设备中；近来利用其导电性能又作各种氧敏感元件、燃料电池的固体电解质、发热元件等。部分稳定氧化锆具有热导率低、绝热性好、抗弯强度与断裂韧性高等特点，可作隔热材料、陶瓷刀具；还可利用其耐磨性及与金属的不亲和性，而作拔丝模、拉管模、轴承、喷嘴、泵部件等。

（3）其他氧化物陶瓷。氧化镁、氧化钙陶瓷具有抵抗各种碱性金属渣的作用，但热稳定性差，它们可用来制造坩埚，氧化镁还可用来作炉衬和用于制作高温装置。

氧化铍陶瓷导热性极好、消散高能射线的能力强、具有很高的热稳定性，但其强度不高，用于制造熔化某些纯金属的坩埚，还可作真空陶瓷和反应堆陶瓷。

2）氮化物陶瓷

氮化物陶瓷材料日益受到重视，主要有氮化硅（Si_3N_4）陶瓷、塞龙（sialon）陶瓷和氮化铝（AlN）陶瓷、氮化硼（BN）陶瓷。

（1）氮化硅陶瓷。氮化硅陶瓷是由 Si_3N_4 四面体组成的共价键固体。氮化硅陶瓷的摩擦系数小，具有自润滑性，耐磨性好；热膨胀系数小，抗热振性远高于其他陶瓷材料；抗氧化能力强，化学稳定性高，还有优良的绝缘性能。按生产方法可分为热压烧结和反应烧结两种氮化硅陶瓷。热烧结氮化硅陶瓷组织致密，具有更高的强度、硬度与耐磨性，用于制作形状简单、精度要求不高的零件，如切削刀具、高温轴承等。反应烧结氮化硅陶瓷强度较低，用于制作形状复杂、尺寸精度要求高的零件，如机械密封环、汽轮机叶片等。

（2）塞龙陶瓷。塞龙陶瓷可看作是 AlN 和 SiO_2 的固溶体，其高温强度、抗氧化性、抗蠕变性、抗热冲击性能均优于氮化硅陶瓷。塞龙陶瓷目前最成功的应用是切削刀具，这种刀具切削铸铁、镍基高温合金的效果非常好，比 TiN 涂层硬质合金刀具的切削速度快 5 倍，金属切除率提高 50% ~93%，切削时间减少 90%。在其他领域，凡是氮化硅陶瓷可应用的地方，塞龙陶瓷均可应用。

（3）氮化铝陶瓷。氮化铝陶瓷具有纤锌矿型结构，常压下没有熔点，2 450 ℃时升华分解，在分解温度以下不软化变形。氮化铝陶瓷的常温强度不如氧化铝陶瓷，但其高温强度比氧化铝陶瓷高，热膨胀系数比氧化铝陶瓷低，而热导率是氧化铝陶瓷的两倍，故抗热振性优于氧化铝陶瓷。氮化铝陶瓷在化学上也十分稳定。氮化铝陶瓷的电绝缘性能与氧化铝陶瓷相似。氮化铝陶瓷最吸引人的应用是做集成电路基板，其有良好的绝缘电阻和热导率，而且热膨胀系数与硅单晶的匹配很好，克服了氧化铝陶瓷作基片时与硅片不匹配和散热性能差的缺点。

（4）氮化硼陶瓷。氮化硼陶瓷的结构与碳元素相似，有六方和立方两种晶型。六方氮化硼陶瓷是层状的白色晶体，莫氏硬度仅为 2，有滑腻感，类似于石墨，俗称白石墨，是一种新的固体润滑剂，而且是绝缘体。

六方氮化硼陶瓷在高温高压下可转化为与金刚石结构相似的立方氮化硼陶瓷，其硬度仅次于金刚石，热稳定性和化学稳定性优于金刚石。

氮化硼陶瓷是一种惰性物质，对一般金属熔体、玻璃熔体、酸碱都有很好的耐腐蚀性，可做熔炼金属的坩埚和各种酸碱盛器、反应器及隔离器。立方氮化硼陶瓷由于其高硬度和其他优异性能，最大的应用前景是切削工具和切削材料，可用于加工硬而韧、易于黏结的难切削材料，还可用来加工氮化硅陶瓷等高硬材料。

3）碳化物陶瓷

（1）类金刚石薄膜。天然金刚石是世界上最硬的材料，但数量很稀少。随着科技的发展，人们用低压化学气相法制得了大面积金刚石薄膜，使金刚石合成有很大的发展。这种合成的金刚石薄膜中含有石墨碳和碳 - 氢结构，并不完全是纯金刚石，故称之为类金刚石薄膜。

类金刚石薄膜是一种非晶碳薄膜，具有高硬度、高电阻率、良好光学性能及摩擦学特性。类金刚石薄膜与金刚石相比，含有较多结构缺陷，且多处于亚稳态，是一种石墨与金刚石之间的中间状态。碳元素因碳原子和碳原子之间的不同结合方式，从而使其最终产生不同的物质，金刚石的碳 - 碳以 sp3 键的形式结合，石墨的碳 - 碳以 sp2 键的形式结合，而类金刚石的碳 - 碳则是以 sp3 和 sp2 键的形式结合，生成的无定形碳是一种亚稳定形态，它没有严格的定义，可以包括很宽性质范围的非晶碳，因此兼具了金刚石和石墨的优良特性。随着 sp3 键碳含量的增加，sp3/sp2 之比增大，则类金刚石薄膜的性质接近于金刚石体材料的性质。

（2）碳化硅陶瓷。碳化硅（SiC）陶瓷是通过键能很高的共价键结合的晶体。碳化硅陶瓷是用石英砂（SiO_2）加焦炭直接加热至高温还原而成的。碳化硅陶瓷的最大特点是高温强度高，有很好的耐磨损、耐腐蚀、抗蠕变性能，其导热能力很强（仅次于氧化铍陶瓷）。碳化硅陶瓷用于制造火箭喷嘴、浇注金属的喉管、热电偶套管、炉管、燃气轮机叶片及轴承、泵的密封圈、拉丝成形模具等。

习题与思考题

1. 基本概念与名词术语解释。

高分子材料、单体、链节、聚合度、加聚反应、缩聚反应、玻璃态、高弹态、粘流态、

塑料、陶瓷、普通陶瓷、特种陶瓷

2. 热塑性塑料和热固性塑料的特点是什么？各有哪些品种？
3. 常见的合成橡胶有哪些？其优缺点是什么？
4. 塑料的成形工艺性能有哪些？这些工艺性能对成形有何影响？
5. 工程塑料、橡胶与金属相比，在性能和应用上有哪些主要区别？
6. 陶瓷材料的性能特点是什么？其适于制作什么零件？
7. 陶瓷晶体有何特点？其显微组织中存在哪几种相？各相起什么作用？
8. 试举出 4 种陶瓷材料及其在工业中的应用实例。

第11章　其他工程材料

11.1　复合材料

11.1.1　复合材料的定义

复合材料是指在充分利用材料科学理论和材料制作工艺的基础上发展起来的一类新型材料。在不同的材料之间进行复合（金属与金属之间、非金属与非金属之间、金属与非金属之间），使复合材料既保持各组分的性能又有组合的新功能。材料复合技术充分发挥了材料的性能潜力，成为改善材料性能的新手段，也为现代尖端工业的发展提供了技术和物质基础。

工程复合材料的组分是人为选定的，通常可将其划分为基体和增强体。基体大多为连续的，其除保持自身特性外，还有黏结或连接和支承增强体的作用；增强体主要用于工程结构，有承受外载或发挥其他特定物理化学功能的作用。复合材料的性能取决于基体和增强体的性能、比例、界面的性质和增强体的几何特征，如尺寸、形状、在基体中的分布和取向等因素，如图11-1所示。

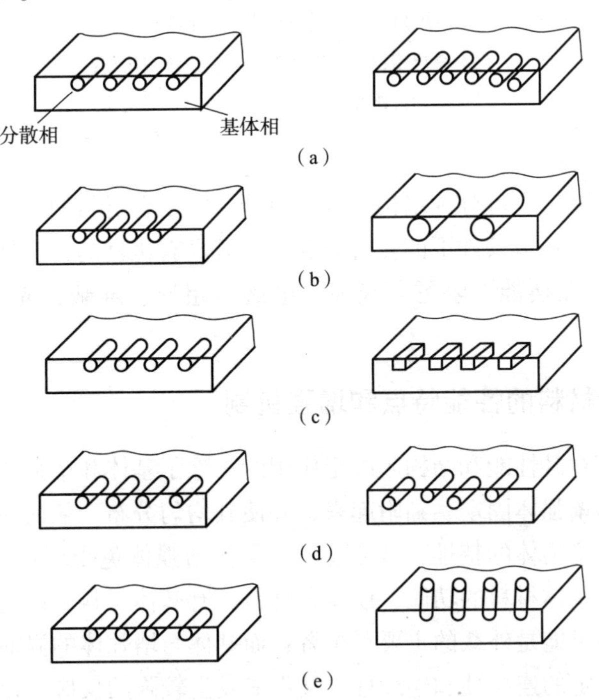

图11-1　增强体对复合材料性能的影响因素示意图

(a) 浓度；(b) 大小；(c) 形状；(d) 分布；(e) 取向

11.1.2 复合材料的分类

1. 按构成的原材料分类

复合材料按基体的种类可分为树脂基复合材料、金属基复合材料、陶瓷基复合材料及碳－碳基等复合材料。

复合材料按增强体的种类和形态可分为纤维增强复合材料、颗粒增强复合材料、层状复合材料和填充骨架型（如连续织物型、蜂窝型）复合材料，部分增强体结构如图 11－2 所示，其中纤维增强复合材料又分为长纤维、短纤维和晶须增强型等复合材料。

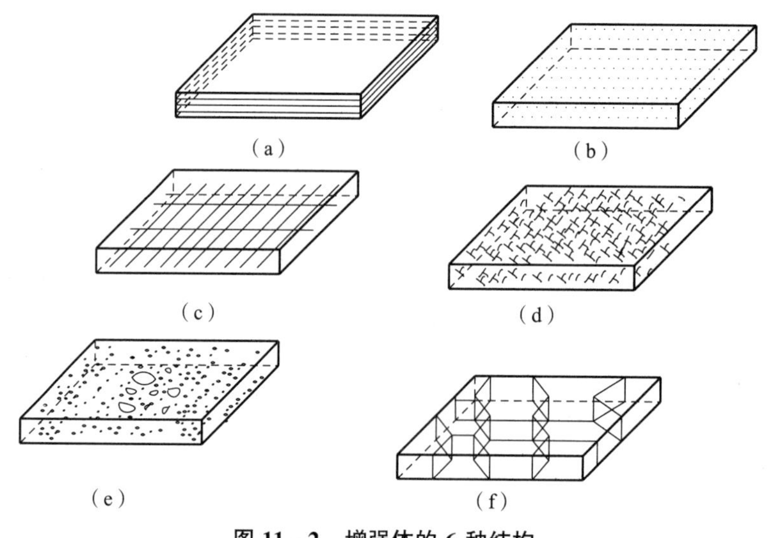

图 11－2 增强体的 6 种结构

(a) 叠层型；(b) 颗粒型；(c) 连续织物型；
(d) 短纤维型；(e) 碎屑型；(f) 蜂窝型

2. 按复合效果分类

复合材料按复合的效果可分为结构复合材料和功能复合材料两大类。前者主要用于工程结构，以承受各种不同环境条件下的复合外载荷，其具有优良的力学性能；后者具有各种独特的物理化学性质，如换能、阻尼、吸波、电磁、超导、屏蔽、光学、摩擦润滑等各种功能。

11.1.3 复合材料的性能特点和增强机制

复合材料中能够对其性能和结构起决定作用的，除了基体和增强体外，还有基体与增强体间的界面。基体将增强体固定、黏附起来，并使其均匀分布，从而在保持基体材料原有性能的基础上充分利用增强体的特性，基体还可以保护增强体免受环境造成的物理化学损伤；增强体则可大大强化基体材料的功能，使复合材料具有基体材料难以达到的特性，对于结构材料来说，增强体还可能是外载的主要承担者；而基体与增强体的界面结合既要有一定的相容性，以保证材料一定的连接性和连续性，又不能发生较强的反应，以保证不改变基体和增强体的性质。因此，基体、增强体及其界面必须互相配合、协同，才能使材料达到最好的复合效果。

1. 复合材料性能特点

1）性能的可设计性

复合材料可根据材料的基本特性、材料间的相互作用和使用性能要求来选择基体材料和增强体材料，并可人为设计增强体的数量形态、在基体材料中的分布方式以及基体和增强体的界面状态。由基体、增强体和界面的复合效应可以使复合材料获得常规材料难以提供的某一性能或综合性能，以满足更为复杂恶劣的条件和极端使用条件对材料的要求。

2）力学性能特点

复合材料没有统一的力学性能特点，其力学性能特点与复合材料的体系及加工工艺有关。但就常用的工程复合材料而言，与其相应的基体材料相比较，其主要的力学性能特点如下：

（1）比强度和比模量高，这主要是由于增强体一般为高强度、高弹性模量而密度小的材料，如碳纤维增强环氧树脂比强度是钢的 7 倍，比模量比钢高 3 倍。

（2）耐疲劳性能好，复合材料内部的增强体能大幅提高材料的屈服强度和强度极限，并具有阻碍裂纹扩展及改变裂纹扩展路径的效果，因此使复合材料的疲劳抗力高；对于脆性陶瓷基复合材料来说，这种效果还会大大提高其韧度，是陶瓷韧化的重要方法之一。

（3）高温性能好，复合材料的增强体一般在高温下仍会保持高的强度和弹性模量，从而使复合材料具有更高的高温强度和蠕变抗力。如铝合金在 400 ℃时，其强度从室温的 500 MPa 降至 350 MPa，弹性模量几乎降为 0；使用碳纤维或硼纤维增强铝合金后，400 ℃时其强度和弹性模量与室温时相差不大。

（4）良好的耐磨、耐蚀性和减摩性，使复合材料成为航空航天、生物海洋工程等领域的理想新材料。

3）物理性能特点

根据不同增强体的特性及其与基体复合工艺的多样性，复合材料还可以具有各种优异的物理性能，如密度低（增强体的密度一般较低）、膨胀系数小（甚至可接近零）、热导性好、电导性好、阻尼性好、吸波性好、耐烧蚀、抗辐射等。

4）工艺性能

复合材料的成形及加工工艺因材料种类不同而各有差别，但一般来说，其成形加工工艺并不复杂。例如，长纤维增强的树脂基、金属基和陶瓷基复合材料可整体成形，能大大减少结构件中的装配零件数，提高产品的质量和使用可靠性；而短纤维或颗粒增强的复合材料，则完全可按传统的工艺制备（如铸造法、粉末冶金法）并可进行二次加工成形，适应性强。

2. 复合材料的复合机制

1）粒子增强型复合材料的复合机制

粒子增强型复合材料按颗粒的粒径大小和数量，可分为弥散强化复合材料和颗粒增强复合材料两类。

弥散强化复合材料中加入的增强颗粒粒径一般在 0.01 ~0.1 μm 之间，加入量在总体积的 1% ~15% 之间。增强颗粒可以是一种或几种，但应均匀弥散地分布于基体材料内部。这些弥散粒子将阻碍导致基体塑性变形的位错运动（金属基）或分子链的运动（树脂基），提高材料的变形抗力。同时，由于所加入的弥散粒子大都是高熔点、高硬度且高稳定的氧化物、碳化物或氮化物等，故粒子还会大幅提高材料的高温强度和蠕变抗力；对于陶瓷基复合材料，加入的粒子则会起到细化晶粒、使裂纹转向与分叉的作用，从而提高陶瓷的强度和韧度。弥散粒子的强化效果与粒子的粒径、形态、体积分数和分布状态等直接相关。

颗粒增强复合材料是用金属或高分子聚合物把具有耐热、硬度高但不耐冲击等特性的金属氧化物、碳化物或氮化物等粒子黏结起来形成的材料。颗粒增强型复合材料具有基体材料脆性小、耐冲击的优点，又具有陶瓷硬度高、耐热性高的特点，复合效果显著；其所用粒子粒径较大，一般为 150 μm 左右，体积分数（粒子体积相对于总体积的比例）在 20% 以上。

粒子增强型复合材料的使用性能主要决定于粒子的性质，此时，粒子的强化作用并不显著，但却大幅提高了材料的耐磨性和综合力学性能，这种方式主要用作获取耐磨减摩材料（如硬质合金、黏接砂轮材料等）。

2）纤维增强复合材料的复合机制

短纤维及晶须增强复合材料的强化机制与弥散强化复合材料的强化机制类似。由于纤维具有明显方向性，因此在复合材料制作时，如果纤维或晶须在材料内的分布也具有一定方向性，则其强化效果必然是各向异性的。短纤维（或晶须）对陶瓷的强化和韧化作用比颗粒增强体的作用更有效，因为纤维增加了基体与增强体之间的界面面积，具有更为强烈的裂纹偏转和阻止裂纹扩展效果。

长纤维增强复合材料的增强效果主要取决于纤维的特性，基体只起到传递力的作用，材料的力学性能还与纤维和基体性能、纤维体积分数、纤维与基体的界面结合强度及纤维的排列分布方式和断裂形式有关。

纤维增强效果是按以下原则设计的：

（1）承受载荷的主要是纤维增强体，故所选用纤维的强度和弹性模量要远高于基体。

（2）基体与纤维应有一定的相容性和浸润性，并具有足够的界面结合强度，以保证将基体所受的力传递到纤维上；如果二者结合强度太低，纤维起不到作用，反而会导致材料变脆。

（3）纤维排列方向与构件受力方向一致。

（4）纤维与基体要有较好的物理相容性，其中较重要的是热膨胀系数要匹配，且要保证制造和使用时，二者界面上不发生使力学性能下降的化学反应。

（5）一般情况下，纤维的体积分数越高，长径比越大（L/d），强化效果越好。

11.1.4 常用复合材料

1. 颗粒增强复合材料

颗粒增强复合材料中有一类材料所含颗粒的粒径较粗，体积分数高，常用的有金属陶瓷（陶瓷颗粒增强的金属基复合材料），主要用于制造高硬度高耐磨性的工具和耐磨零件。如 WC 或 TiC 颗粒弥散在 Co 或 Ni 的基体中形成的复合材料，其广泛用于切削硬质合金。

另一类为弥散强化复合材料，增强体大都是硬质颗粒（可以是金属也可是非金属），最常用的是氧化物、碳化物等耐热性及化学稳定性好，且与基体不发生化学反应的颗粒。该类复合材料的基体材料可以是各种纯金属及合金，目前常用的有 Al、Mg、Ti、Cu 及其合金或金属间化合物。弥散强化复合材料典型的代表有 SAP 复合材料、TD - Ni 复合材料、弥散无氧铜复合材料及 SiC_p/Al 复合材料。

SAP 是烧结的铝粉末，即其是用 Al_2O_3 质点弥散强化基体 Al 或铝合金，由于弥散的 Al_2O_3 熔点高、硬而稳定，使得 SAP 的高温力学性能很好，具有较高的高温屈服强度和蠕变抗力，其在电力工业和航空航天工业有广泛的应用。

TD - Ni 是在镍基中加入 1% ~2% Th（钍），Th 在压紧烧结时与扩散至材料中的 O 形成细小弥散的 ThO_2，从而使材料的高温强度大大提高。TD - Ni 主要应用在原子能工业等部门。

弥散无氧铜材料是在粉末冶金铜粉中加入 1% 左右的 Al，Al 在烧结时形成极细小弥散的 Al_2O_3，其对材料的强化效果十分明显。弥散无氧铜在 500 ℃下长期工作时，其屈服强度仍可达 500 MPa，且对纯铜的电导性影响甚小，是高频电子仪器（如大功率行波管）中必不可少的导电结构材料。

SiC 颗粒增强铝基复合材料（SiC_p/Al）是少有的几种实现了大规模产业化生产的金属基复合材料之一。这种材料的密度与 Al 相近，而比强度、比模量与钛合金相近，还有良好的耐磨性和高温性能（使用温度可高达 300 ~350 ℃）。该材料已用于制造大功率汽车柴油机的活塞、连杆、刹车片等，还用于制造火箭、导弹、红外及激光制导系统构件。此外，超细 SiC 颗粒增强铝基复合材料还是一种理想的精密仪表用高尺寸稳定性材料，如用作精密电子封装材料。

较有应用前景的还有颗粒增强钛基或金属间化合物基的高温型金属基复合材料，如粉末冶金成形的 TiC/Ti -6Al -4V（TC4）复合材料，其弹性模量和蠕变抗力明显高于基体合金 TC4，可用于制造导弹壳体、导弹尾翼和发动机零部件等。

陶瓷材料中加入适当的颗粒也具有增强作用——提高高温强度和高温蠕变性能，同时还有一定的增韧作用。如用 SiC、TiC 颗粒增强的 Al_2O_3、Si_3N_4 陶瓷材料，当颗粒的体积分数为 5% 时，其强度和韧度都达到最大值，具有很好的强韧化效果，这种材料已被用于制作陶瓷刀具；而将具有相变特性的 ZrO_2 粒子加入普通陶瓷或各种特种陶瓷（Al_2O_3、Si_3N_4、莫莱石）中，可以利用相变减弱裂纹的应力集中而起到很好的相变强韧化效果。

在高分子材料中加入颗粒虽然也能在一定程度上强化基体，但一般来说这种颗粒主要是提高材料的其他功能（如耐磨减摩性、电导性和磁性能等）。例如在环氧塑料中加入 Ag 或 Cu_2O 或石墨颗粒后，材料具有较好的导电性，相应零部件可用于导电、防雷电或电磁屏蔽等。

2. 纤维增强复合材料

1）增强纤维材料的种类

用于复合材料的增强纤维材料的种类很多，目前已应用的纤维主要有玻璃纤维、芳纶纤维、碳纤维、硼纤维、碳化硅纤维和氧化铝纤维等，其中前三种在树脂基复合材料中用得最多，而后四种常用作金属基和陶瓷基复合材料的增强体。在同一基体材料中，作为增强体的纤维可以用一种，也可以用两种或两种以上。

（1）玻璃纤维（glass fibre），这种纤维有较高的强度、相对密度小、化学稳定性高、耐热性好、价格低，其缺点是脆性较大、耐磨性差、纤维表面光滑（不易与其他物质结合）。玻璃纤维可制成长纤维和短纤维，也可以织成布，制成无纺布，如图 11 -3 所示。

（2）碳纤维与石墨纤维，这种纤维是在惰性气体中，经高温碳化制成的：2 000 ℃以下制得碳纤维（carbon fibre），再经 2 500 ℃以上处理得石墨纤维（graphite fibre）。碳纤维的相对密度小、弹性模量高，而且其力学性能在 2 500 ℃无氧气氛中也不降低。石墨纤维的耐热性和导电性比碳纤维高，并具有自润滑性。

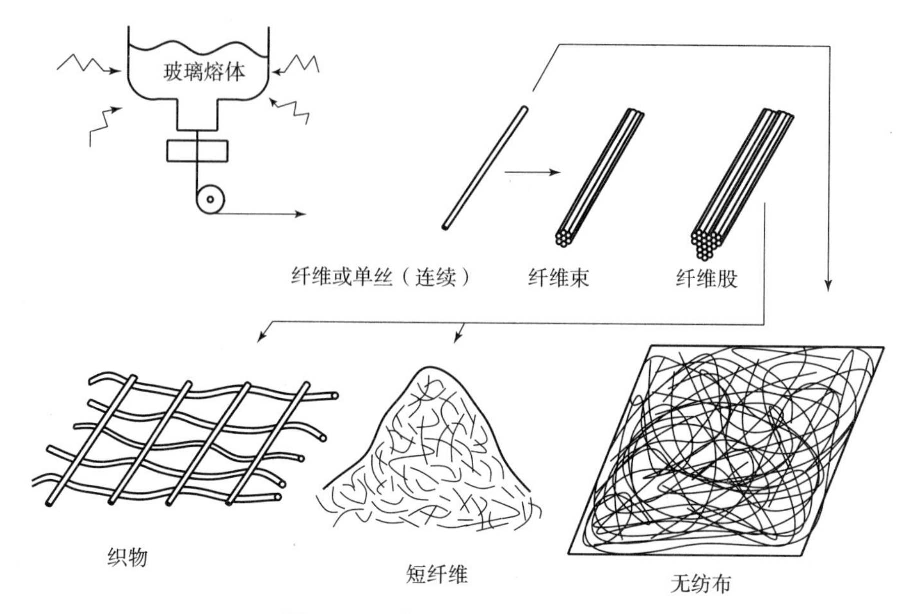

图 11-3 增强用玻璃纤维的种类

（3）硼纤维（boron fibre），这种纤维强度高、弹性模量高、耐高温，但相对密度较大、伸长率小、价格贵。

（4）晶须（whisker），这种纤维是在人工控制条件下以单晶形式生成的一种短纤维，其直径很小（约 1μm），内部缺陷极少，强度接近完整晶体的理论强度。晶须包括金属晶须和陶瓷晶须等。金属晶须中可批量生产的是铁晶须，其最大特点是可在磁场中取向，可以很容易地制取定向纤维增强复合材料。陶瓷晶须相比金属晶须而言，其强度高、相对密度低、弹性模量高，而且耐热性好。目前，晶须中具有实用价值的有石墨、SiC、Al_2O_3、Si_3N_4、TiN 和 BN 等陶瓷晶须。

2）纤维增强树脂基复合材料

一般来说，纤维增强树脂基复合材料的力学性能主要由纤维的特性决定，化学性能、耐热性等则由树脂和纤维共同决定。按所用增强纤维的不同，纤维增强树脂基复合材料主要有以下几类：

（1）玻璃纤维-树脂复合材料，即玻璃钢，其成本低、工艺简单，因而应用很广，按其所用基体又分为热塑性玻璃钢和热固性玻璃钢两类。热塑性玻璃钢由质量分数为 20% ~ 40% 的玻璃纤维和质量分数为 60% ~80% 的基体材料（如尼龙、ABS 塑料等）组成，其具有高强度、高冲击韧度、良好的低温性能及低热膨胀系数。热固性玻璃钢由质量分数为 60% ~70% 的玻璃纤维（或者玻璃布）和质量分数为 30% ~40% 的基体材料（如环氧树脂、聚酯树脂等）组成，其主要特点是密度小、强度高（比强度超过一般高强度钢、铝合金及钛合金），耐磨性、绝缘性和绝热性好，吸水性低，易于加工成形；但是其弹性模量低（只有结构钢的 1/10 ~1/5），刚度低，耐热性比热塑性玻璃钢好但仍不够高（只能在 300 ℃以下工作）。为提高热固性玻璃钢的性能，可对其基体进行化学改性，如用环氧树脂和酚醛树脂混溶后做基体的环氧-酚醛玻璃钢热稳定性好，强度更高。

（2）碳纤维-树脂复合材料，这种复合材料由碳纤维与聚酯、酚醛、环氧、聚四氟乙烯等树脂组成，其性能优于玻璃钢，具有小密度，高比强度、比模量，优良的抗疲劳、耐冲击性能以及良好的自润滑性、耐磨减摩性、耐蚀和耐热性；但碳纤维与基体的结合力低（必须经过适当的表面处理才能与基体共混成形）。这类材料主要应用于航空航天、机械制造、汽车工业及化学工业等领域中。

（3）硼纤维－树脂复合材料，这种复合材料由硼纤维和环氧、聚酰亚胺等树脂组成，具有高的比强度和比模量（比模量为铝合金或钛合金的 4 倍），良好的耐热性；其缺点是各向异性明显，加工困难，成本太高。这类材料主要用于航空航天和军事工业。

（4）碳化硅纤维－树脂复合材料，这种复合材料具有高的比强度和比模量，其抗拉强度接近碳纤维－环氧树脂复合材料，抗压强度则是碳纤维－环氧树脂复合材料的 2 倍。这种材料是一类很有发展前途的新材料，主要用于航空航天工业。

（5）聚芳酰胺有机纤维（即各种牌号的 Kevlar 纤维）－树脂复合材料，这种材料是由 Kevlar 纤维与环氧、聚乙烯、聚碳酸酯、聚酯等树脂组成的。这类材料中最常用的是 Kevlar 纤维与环氧树脂组成的复合材料，其主要性能特点是抗拉强度较高（与碳纤维－环氧树脂复合材料相近）、延展性好（与金属相当）、耐冲击性好（超过碳纤维增强塑料）并有优良的疲劳抗力和减振性（疲劳抗力高于玻璃钢和铝合金，减振能力为钢的 8 倍、玻璃钢的 4～5 倍）。这类材料用于制造飞机机身、雷达天线罩、轻型舰船等。

3）纤维增强金属（或合金）基复合材料

（1）长纤维增强金属（或合金）基复合材料，这类复合材料由高强度、高弹性模量的较脆长纤维和具有较好韧性的低屈服强度的金属（或合金）组成，与纤维增强树脂基复合材料类似，其中承载主要是由高强度、高弹性模量的纤维来完成，基体则主要起固结纤维和传递载荷的作用。这类材料的性能决定于组成材料的组元和含量、相互作用及制备工艺，其常用的纤维有硼纤维、碳（石墨）纤维、碳化硅纤维等；常用的基体有 Al 及其合金、Ti 及其合金、Cu 及其合金、Ni 合金及 Ag、Pb 等。长纤维增强金属基（或合金）复合材料的主要应用领域是航空航天、先进武器和汽车领域，同时，其在电子、纺织、体育用品等领域也具有很大的应用潜力。其中，铝基、镁基复合材料主要用作高性能的结构材料；而钛基耐热合金及金属间化合物基复合材料主要用于制造发动机零件；铜基和铅基复合材料则用作特殊导体和电极材料。目前，长纤维增强金属（或合金）基复合材料还存在着制备工艺复杂、成本高的缺点。

（2）短纤维及晶须增强金属（或合金）基复合材料，这类复合材料除具有比强度、比模量高，耐高温、耐磨及膨胀系数小的特点外，更重要的是它可以采用常规设备制备并可二次加工，可以减小甚至消除材料的各向异性。目前发展的短纤维及晶须增强金属（或合金）基复合材料主要有铝基、镁基、钛基等几类复合材料。其中，除 Al_2O_3 短纤维增强铝基复合材料外，以 SiC 晶须增强铝基（SiCw/Al）复合材料的发展为最快。短纤维及晶须增强金属（或合金）基复合材料具有力学性能、物理性能良好及可二次成形加工等特点，但其成本较高，塑性、韧度较低，因此，其一般用于航空航天、航海和军事工业等领域。晶须增强金属基复合材料已用于制造飞机的支架、加强筋、挡板和推杆，导弹上的光学仪器平台、惯导器件等。随着短纤维或晶须成本的下降，这类材料在汽车、运动器材等领域也将有着广阔的应用前景。

4）纤维增强陶瓷基复合材料

纤维－陶瓷复合材料中的纤维具有“增韧补强”的作用，这几乎可以从根本上解决陶瓷材料的脆性问题，因此，纤维－陶瓷复合材料日益受到人们的重视。

目前用于增强陶瓷材料的长纤维主要是碳纤维或石墨纤维，这类纤维能大幅度地提高陶瓷的冲击韧度和热振性，降低陶瓷的脆性，而陶瓷基体则能保证纤维在高温下不氧化烧蚀，从而使材料的综合力学性能大大提高。例如，碳纤维－Si_3N_4复合材料可在1 400 ℃下长期工作，用于制造飞机发动机叶片；碳纤维－SiO_2陶瓷的冲击韧度比烧结SiO_2陶瓷高40倍，抗弯强度则高512倍，能承受1 200～1 500 ℃的高温气流冲蚀，可用于宇航飞行器的防热部件上。

目前常用的晶须有SiCw、Si_3N_4w、Al_2O_3w、$Al_2O_3 \cdot B_2O_3$w等，陶瓷基体包括各种氧化物、氮化物及碳化物陶瓷。

3. 其他类型的复合材料

（1）叠层或夹层复合材料

这类材料是由两层或两层以上的不同材料组合而成的，其目的是充分利用各组成部分的最佳性能，这样不但可减轻结构质量、提高其刚度和强度，还可获得各种各样的特殊功能（如耐磨耐蚀、绝热隔音等）。这类材料常见的有用于控温的双金属片（利用了不同金属材料的膨胀系数差异），用于耐蚀耐热的不锈钢/普通钢的复合钢板材料。最典型的夹层复合材料是航空航天结构件中常用的蜂窝夹层结构材料，其基本结构形式是在两层面板之间夹一层蜂窝芯，面板与蜂窝芯是采用胶粘剂或钎焊连接在一起的，如图11－4所示。常用面板材料有纯铝或铝合金、钛合金、不锈钢、高温合金、高分子复合材料等；夹心材料有泡沫塑料、波纹板、Al或铝合金蜂窝、纤维增强树脂蜂窝等。

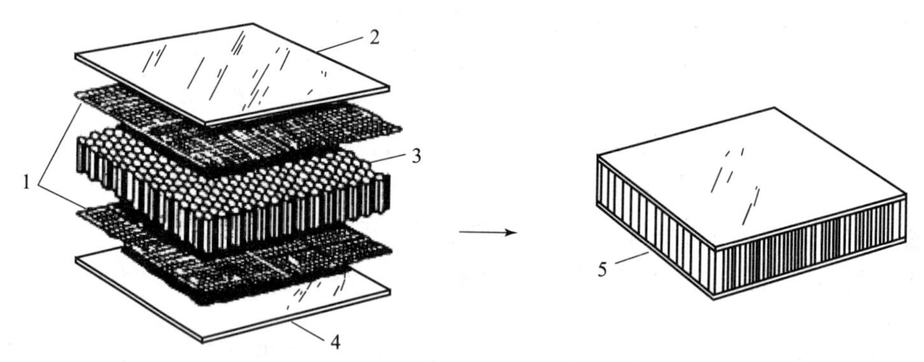

图11－4　蜂窝夹层结构板

1—胶粘剂；2，4—面板；3—蜂窝；5—夹层结构板

（2）功能复合材料

这类材料主要是对一些功能材料进行复合，使复合后的材料具有多种特殊的物理化学功能，以解决许多功能材料环境适应性差的问题。目前，人们主要发展了压电型功能复合材料、吸收屏蔽（隐身）型复合材料、自控发热功能复合材料、导电（磁）功能复合材料、密封功能复合材料等。例如，碳纤维－Cu复合材料除具有一定的力学性能外，还具有优异的电（热）导性、低膨胀系数、低摩擦系数和低磨损率等，可用作特殊电动机的电刷材料以代替Ag、Cu制造集成电路的散热板，还可用作电力机车或电气机车导电弓架上的滑块以代替金属或碳滑块材料。

11.2　纳米材料

纳米材料（nanometer material）是指尺度为1～100 nm的超微粒经压制、烧结或溅射而成的凝聚态固体。纳米材料固其异乎寻常的特性而引起材料界的广泛关注。例如，纳米铁材料的断裂应力比一般铁材料高12倍；气体通过纳米材料的扩散速度比通过一般材料的扩散速度快几千倍；纳米相的Cu比普通的Cu坚固5倍，而且硬度随颗粒尺寸的减小而增大；纳米相材料的颜色和其他特性随它们的组成颗粒的不同而不同；纳米陶瓷材料具有塑性或超塑性等。

11.2.1　纳米材料的特征

纳米材料由晶体组元和界面组元两种组元构成。晶体组元由所有超微晶粒中的原子组成，这些原子都严格位于晶格位置；界面组元由各超微晶粒之间的界面原子组成，这些原子由超微晶粒的表面原子转化而来。超微晶粒内部的有序原子与超微晶粒界面的无序原子各占薄膜总原子数的50%左右。虽然这种超微晶粒由晶态或非晶态物质组成，但其界面呈无规则分布。纳米固体中的原子排列既不同于长程有序的晶体，也不同于长程无序、短程有序的“气体状”（gas－like）固体结构。因此，一些研究人员把纳米材料称之为晶态、非晶态之外的“第三态固体材料”。

纳米粒子属于原子簇与宏观物体交界的过渡区域，其系统既非典型的微观系统亦非典型的宏观系统，具有一系列新异的特性。当小颗粒尺寸进入纳米量级时，其本身和由其构成的纳米固体主要具有如下3个方面的效应，并由此派生出传统固体不具备的许多特殊性质。

1. 尺寸效应

当超微粒子的尺寸与光波波长、德布罗意波长以及超导态的相干长度（或透射深度）等物理特征尺寸相当或更小时，其周期性的边界条件将被破坏，声、光、电、磁、热力学等特性均会呈现出新的尺寸效应。例如，粒子的蒸汽压增大、熔点降低、光吸收显著增加并产生吸收峰的等离子共振频移、磁有序态向磁无序态转变、超导相向正常相转变等。

2. 表面与界面效应

纳米微粒尺寸小、表面大，位于表面的原子占总原子数相当大的比例。随着微粒粒径减小，其表面急剧变大，引起表面原子数迅速增加。例如，微粒粒径为10 nm时，其比表面积为90 m^2/g；微粒粒径为5 nm时，其比表面积为180 m^2/g；微粒粒径小到2 nm时，其比表面积猛增到459 m^2/g。这样高的比表面积，使处于表面的原子数越来越多，大大增强了纳米粒子的活性。例如，金属的纳米粒子在空气中会燃烧，无机材料的纳米粒子暴露在大气中会吸附气体，并与气体进行反应。

3. 量子尺寸效应

量子尺寸效应在微电子学和光电子学中一直有着重要的地位，人们根据这一效应已经设计出许多具有优越特性的器件。半导体的能带结构在半导体器件设计中非常重要，随着半导体颗粒尺寸的减小，其价带和导带之间的能隙有增大的趋势，这就说明即便是同一种材料，它的光吸收或者发光带的特征波长也不同。实验发现，随着颗粒尺寸的减小，发光的颜色从红色变为绿色再变为蓝色，即发光带的波长由690 nm移向480 nm。人们把随着颗粒尺寸减小，能隙加宽发生蓝移的现象称为量子尺寸效应。一般来说，导致纳米微粒的磁、光、声、热、电及超导电性与宏观特性显著不同的效应都可以称为量子尺寸效应。

上述3个效应是纳米微粒与纳米固体的基本特性。这些效应使纳米微粒和纳米固体显现出许多奇异的物理、化学性质，甚至出现一些“反常现象”。例如，金属为导体，但纳米金属微粒在低温下由于量子尺寸效应会呈现出绝缘性；一般钛酸铅、钛酸钡和钛酸锶等是典型铁电体，当其尺寸进入纳米数量级就会变成顺电体；铁磁性物质进入纳米尺寸，由于多磁畴变成单磁畴而显示出极高的矫顽力；当粒径为十几纳米的氮化硅微粒组成纳米陶瓷时，其已不具有典型共价键特征（界面键结构出现部分极性，在交流电下电阻变小），等等。

11.2.2 纳米材料的制备

1. 惰性气体淀积法

当金属晶粒尺寸为纳米量级时，由于其具有很高的表面能，因而极容易氧化，所以制备过程中采取惰性气体（如He、Ar）对其进行保护是重要的。制备在蒸发系统中进行，将原始材料在约1 kPa的惰性气氛中蒸发，蒸发出来的原子与He原子相互碰撞而降低了动能，并在温度处于77 K的冷阱上淀积下来，形成尺寸为数纳米的疏松粉末。

2. 还原法

用金属元素的酸溶液（如柠檬酸钠）为还原剂迅速混合溶液，并还原成具有纳米尺寸的金属颗粒，形成悬浮液，加入分散剂防止纳米微粒长大，最后去除水分，就得到由超微细金属颗粒构成的纳米材料薄膜。

3. 化学气相淀积法

采用射频等离子体技术（射频场频率为1 020 MHz），以径H_2稀释的SiH_4为气源，在射频电磁场作用下，SiH_4经过离解、激发、电离以及表面反应等过程在衬底表面生长成纳米硅薄膜。

采用激光增强等离子体技术，在激光作用下分解高度稀释的SiH_4气体，产生等离子体，然后淀积生长出纳米薄膜。

11.2.3 几种纳米材料及其应用

1. 纳米陶瓷材料

传统的陶瓷材料通常是脆性材料，因而限制了其应用；纳米陶瓷材料在常温下却表现出很好的韧度和延展性能。德国萨德兰德（Saddrand）大学的研究发现，TiO_2和CaF_2纳米陶瓷材料在80～180 ℃范围内可产生约100%的塑性形变，而且其烧结温度降低，能在比大晶粒样品低600 ℃的温度下达到接近普通陶瓷的硬度。这些特性使纳米陶瓷材料在常温或次高温下进行冷加工成为可能。在次高温下将纳米陶瓷颗粒加工成形，然后经表面退火处理，就可以使纳米材料成为一种表面保持常规陶瓷材料的硬度和化学性质、而内部具有纳米材料的延展性的高性能陶瓷材料。

纳米陶瓷材料之所以具有超塑性，研究认为，这主要取决于陶瓷材料中包括的界面数量和界面本身的性质。一般来说，陶瓷材料的超塑性对界面数量的要求有一个临界范围。界面数量太少，陶瓷材料没有超塑性，这是因为此时颗粒大，大颗粒很容易引起应力集中，并为孔洞的形成提供条件；界面数量过多，陶瓷材料虽然可能出现超塑性，但其强度将下降，也不能成为超塑性材料。最近的研究表明，陶瓷材料出现超塑性的临界颗粒尺寸范围为 200 ~ 500 nm。

2. 纳米金属材料

纳米金属材料不仅具有高的强度，而且具有高的韧度，而这一直是金属材料学家追求的目标。纳米金属材料的显著特点之一是熔点极低（如纳米银粉的熔点低于 100 ℃），这不仅使得在低温条件下将纳米金属烧结成合金产品成为现实，而且有望将一般不可互溶的金属烧结成合金，制作诸如质量轻、韧度高的“超流”钢等特种合金。纳米金属材料将广泛用于制造速度快、容量高的原子开关与分子逻辑器件以及可编程分子机器等。

3. 纳米复合材料

由单相微粒构成的固体材料称为纳米相材料；若每个纳米微粒本身由两相构成（一种相弥散于另一种相中），则相应的纳米材料称为纳米复合材料。纳米复合材料大致包括 3 种类型。第一种是 0－0 型纳米复合材料，即不同成分、不同相或者不同种类的纳米粒子复合而成的纳米固体。第二种是 0－3 型纳米复合材料，即把纳米粒子分散到常规的三维固体中获得的纳米复合材料，这种材料因性能优异而成为当今纳米复合材料科学研究的热点之一。例如，将金属的纳米颗粒放入常规陶瓷中，可大幅改善材料的力学性质；将纳米氧化铝粒子放入橡胶中，可提高橡胶的介电性和耐磨性，放入金属或合金中则可使晶粒细化，从而改善其力学性质，弥散到透明的玻璃中既不影响透明度，又能提高其高温冲击韧度。第三种是 0－2型纳米复合材料，即把纳米粒子分散到二维的薄膜材料中获得的材料，其分散类型可分为均匀弥散和非均匀弥散两大类。

二元甚至多元的复合材料都可以通过把不同化学组分的超微颗粒（纳米固体）压制成多晶固体来获得，而不必考虑其组成部分是否互溶。如果把颗粒制得更小，直至尺寸仅有几个原子大小时，就可以将金属和陶瓷混合，把半导体材料和导电材料混合，制成性能独特的各种复合材料。例如，纳米复合多层膜在 7 ~ 17 GHz 频率范围内吸收电磁波的峰值高达 14 dB，在 10 dB 水平的吸收频率宽为 2 GHz；纳米合金颗粒对光的反射率一般低于 1%，粒度越小，吸收越强，利用这些特性，可以用其制造红外线检测元件、红外线吸收材料、隐形飞机上的雷达波吸收材料等。

将金属、铁氧体等纳米颗粒与聚合物复合形成 0－3 型纳米复合材料和多层结构的复合材料，能吸收、衰减电磁波和声波，减少反射和散射，这使其在电磁隐形和声隐形方面有重要的应用。此外，聚合物的超细颗粒在润滑剂、高级涂料、人工肾脏、多种传感器及多功能电极材料方面均有重要应用。在铁的超微颗粒（UFP）外面覆盖一层厚为 5 ~ 20 nm 的聚合物后，可以固定大量蛋白质或酶，以控制生物反应，这在生物技术、酶工程中大有用处。

4. 纳米磁性材料

纳米磁性材料可用作磁流体及磁记录介质材料。在强磁性纳米粒子外包裹一层长链的表面活性剂，使其稳定地弥散在基液中形成胶体，即得到磁流体。这种磁流体可以用于旋转轴的密封，其优点是完全密封、无泄漏、无磨损、不发热、轴承寿命长、不污染环境、构造简单等，主要用于防尘密封和真空密封等高精尖设备及航天器等。另外，将 Fe_3O_4 磁流体注入音圈空隙就成为磁液扬声器，具有提高扬声器效率、减少互调失真和谐波失真、提高音质等作用。

磁性纳米微粒由于尺寸小，具有单磁畴结构、矫顽力高的特性，用其制成的磁记录介质材料不仅音质、图像和信噪比好，而且记录密度比 $\gamma-Fe_2O_3$ 高 10 倍。此外，超顺磁性的强磁性纳米颗粒还可以制成磁性液体，广泛用于电声器件、阻尼器件、旋转密封、润滑、选矿等领域。

5. 纳米催化材料

纳米颗粒还是一种极好的催化剂。Ni 或 Cu－Zn 化合物的纳米颗粒对某些有机化合物的氢化反应来说是极好的催化剂，可替代昂贵的 Pt 或 Pd。纳米铂黑催化剂可以使乙烯的氧化反应温度从 600℃降到室温，而超细的 Fe－Ni－（$\gamma-Fe_2O_3$）混合轻烧结体可代替贵金属作为汽车尾气净化的催化剂。

6. 纳米半导体材料

将 Si、有机硅、GaAs 等半导体材料配制成纳米相材料，可使材料具有许多优异的性能，如纳米半导体中的量子隧道效应可使电子输送反常，使某些材料的电导率显著降低，而其热导率也随颗粒尺寸的减小而下降甚至出现负值。这些特性将在大规模集成电路器件、薄膜晶体管选择性气体传感器光电器件及其他应用领域发挥重要的作用。纳米金属颗粒以晶格形式沉积在 Si 表面可构成高效半导体电子元件或高密度信息存储材料。

11.3 梯度功能材料

11.3.1 梯度功能材料的概念

梯度功能材料（Functionally Gradient Materials，简称 FGM），也叫倾斜功能材料，它是相对均质材料的概念而言的。

一般复合材料中的分散相为均匀分布，材料整体的性能是统一的。但在有些情况下，人们常常希望同一件材料的两侧具有不同的性质或功能，又希望不同性能的两侧能结合得完美，避免材料在苛刻使用条件下因性能不匹配而发生破坏。以航天飞机推进系统中最有代表性的超声速燃烧冲压式发动机为例，燃烧气体的温度要超过 2 000 K，这会对燃烧室内壁产生强烈的热冲击；同时，燃烧室壁的另一侧又要经受作为燃料的液氢的冷却作用。这样，燃烧室内壁一侧要承受极高的温度，接触液氢的一侧又要承受极低的温度，一般的均质复合材料显然难以满足这样的要求。于是，人们想到将金属和陶瓷联合起来使用，制作陶瓷涂层或在金属表面覆合陶瓷（相应称为涂层材料和覆合材料），用陶瓷去承受高温，用金属来承受低温。然而，用传统的技术将金属和陶瓷结合起来时，由于二者的界面热力学特性匹配不好，将会在金属和陶瓷之间的界面上产生很大的热应力而导致界面处开裂或使陶瓷层剥落，以致引起重大安全事故。基于这类情形，人们提出了梯度功能材料的新设想：根据具体要求，选择使用两种具有不同性能的材料，通过连续地改变两种材料的组成和结构，使其内部界面消失，从而得到功能随着组成和结构的变化而缓变的一种非均质材料，以减小单纯覆合时结合部位的性能不匹配因素。以上述航天飞机燃烧室壁为例，在承受高温的一侧配置耐高温的陶瓷，用以耐热隔热，在液氢冷却的一侧则配置导热性和强韧性良好的金属，并使两侧间的金属、陶瓷、纤维和空隙等分散相的相对比例以及微观结构呈一定的梯度分布，从而消除传统金属陶瓷涂层或覆合之结合部位的界面。通过控制材料组成和结构的梯度使材料热膨胀系数协调一致，抑制热应力。这样，材料的力学性能和耐热性能将从材料的一侧向另一侧连续地变化，并使内部产生的热应力最小，从而同时起到耐热和缓和热应力的作用。

许多工件材料，其一侧主要要求耐磨，另一侧主要为高韧性的承载体。如果把这种材料设计为组成和性能在厚度方向呈连续缓变的材料，其使用性能也将优于均质材料或覆合材料，成为一种耐磨性和韧性协调一致的梯度功能材料。

由此可见，梯度功能材料就是针对材料两侧不同甚至相反的使用工况，调整其内部结构和性能，使其两侧与不同的工况条件相适应，并使其性能在厚度方向呈现连续的梯度变化，从而达到组织结构的合理配置、热应力最小、耐磨与强韧的协调及造价最低等目的。梯度功能材料克服了常规均质复合材料及涂层、覆合材料的局限性，在材料科学领域中具有广阔的前景。梯度功能材料与几类常规材料在结构和性能上的区别如图 11－5 所示。

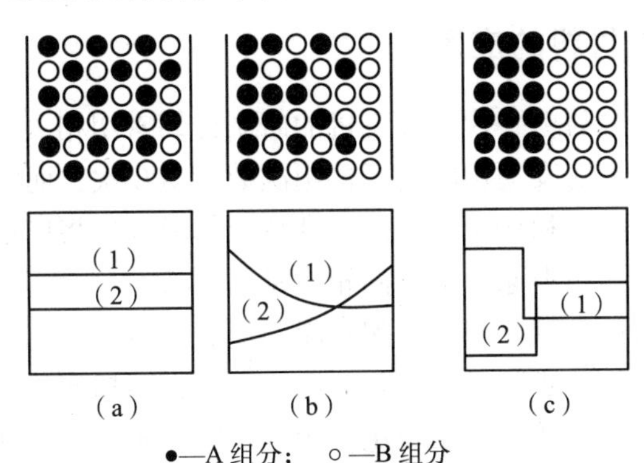

图 11－5　三种材料的结构和性能特征

(a) 均质材料；(b) 梯度功能材料；(c) 涂层或覆合材料

(1) 耐热性能或耐磨性能；(2) 力学性能或某些热物性能

11.3.2　梯度功能材料的制备

梯度功能材料的优异性能取决于体系组分的选择及内部结构的合理设计，而且必须采取有效的制备技术来保证材料的设计落实。下面介绍几种已开发的梯度材料制备方法。

1）气相合成法

气相合成法分为物理气相沉积法（PVD 法）、化学气相沉积法（CVD 法）和物理化学气相沉积法（PVD－CVD 法）。这些方法的基本特点是通过控制反应气体的组成和流量，使金属、半金属和陶瓷组成连续地变化，从而在基板上沉积出组织致密、组成倾斜变化的梯度功能材料。日本材料研究者用 PVD 法合成了 Ti－TiC、Ti－TiN 等梯度功能材料，用 CVD 法合成了 C－SiC、C－TiC 等梯度功能材料。

2）等离子喷涂法

等离子喷涂法是采用多套独立或一套可调组分的喷涂装置，精确控制等离子喷涂成分来合成梯度功能材料的方法。采用该法须对喷涂比例、喷涂压力、喷射速度及颗粒粒度等参量进行严格控制，人们现已采用该法制备出 ZrO－Ni－Cr 等梯度功能材料。

3）颗粒梯度排列法

颗粒梯度排列法又分为颗粒直接填充法及薄膜叠层法。前者是将不同混合比的颗粒在成形时呈梯度分布，再压制烧结。后者是在金属及陶瓷粉中掺入微量胶黏剂等制成浆料并脱除气泡压成薄膜，再将这些不同成分和结构的薄膜进行叠层、烧结，通过控制和调节原料粉末的粒度分布和烧结收缩的均匀性，可获得良好热应力缓和特性的梯度功能材料。

4）自蔓延高温合成法

自蔓延高温合成法（SHS）是利用粉末间化学放热反应产生的热量以及反应的自传播性使材料烧结和合成的方法。人们现已利用这种方法制备出 $Al-TiB_2$、$Cu-TiB_2$、Ni－TiC 等体系的平板及圆柱状梯度功能材料。

此外，还有离心铸造法、液膜直接合成法、薄膜浸渗成形法、共晶结合法等制备方法可用于制备梯度功能材料。

11.3.3 梯度功能材料的应用

梯度功能材料的开发是与新一代航天飞机的研制计划密切相关的。以美国现有航天飞机为例，目前唯一的再用型火箭发动机的目标再用次数为 100 次，而实际只能再用 20～30 次。因此，具有良好隔热性能的缓和热应力型的梯度功能材料今后将广泛用于新一代航天飞机的机身、再用型火箭燃烧器、超声速飞机的涡轮发动机、高效燃气轮机等的超耐热结构件中，其耐热性、再用性和可靠性是以往使用的陶瓷涂层复合材料无法比拟的。

虽然梯度功能材料最初的研制目标是获得缓和热应力型超耐热材料，但从梯度功能的概念出发，通过金属、陶瓷、塑料、金属间化合物等不同物质的巧妙梯度复合，梯度功能材料在核能、电子、光学、化学、电磁学、生物医学乃至日常生活领域也都有着巨大的潜在应用前景，如表 11－1 所示。

表 11－1　梯度功能材料的其他应用

工业领域	应用范围	预期效果
核能工程	核反应第一层壁及其周边材料、电池绝缘材料、等离子体测控用窗材	耐放射性、耐热力性、电器绝缘性、透光性
光学工程	高性能激光器组、大口径 CRON 透镜、光盘	高性能光学产品
生物医学工程	人造牙、人造骨、人工关节、人造脏器	良好的生物学相容性和可靠性
传感器	声呐、超声波诊断装置、与固定件一体化的传感器	测量精度高、适应恶劣的使用环境
电子工程	电磁体、永久磁铁、超声波振子、陶瓷振荡器、Si 化合物的半导体混合集成电路、长寿命加热器	质量轻、体积小、性能好
化工及其他民用领域	功能性高分子膜、催化剂燃料电池、纸、纤维、衣服、建材等	

11.4　形状记忆材料

11.4.1　基本概念及理论

材料在某一温度下受外力作用而变形，当外力去除后，其仍保持变形后的形状，但当温度上升到某一定值，材料会自动恢复到变形前原有的形状，似乎对以前的形状保持记忆，这种材料被称为形状记忆合金（shape memory alloy）。

形状记忆合金的变形及恢复与普通金属不同，如图 11－6 所示。对普通金属材料来说，当变形在弹性范围内时，去除载荷后，其可以恢复到原来形状；当变形超过弹性范围后，再去除载荷时，材料会发生永久变形，如在其后加热，这部分的变形并不会清除，如图 11－6（a）所示。对形状记忆合金来说，若变形超过其弹性范围，去除载荷后，材料也会发生残留变形，但这部分残留变形在其后加热到某一温度时即会消除而使材料恢复到原来形状，如图 11－6（b）所示。有的形状记忆合金，当变形超过弹性范围，去除载荷后，它能徐徐恢复原形，如图 11－6（c）所示，这种现象称为超弹性（super－elasticity）或伪弹性。铜铝镍合金就是一种超弹性合金，当其伸长率超过 20%（大于弹性极限）后，一旦去除载荷其又可恢复原形。

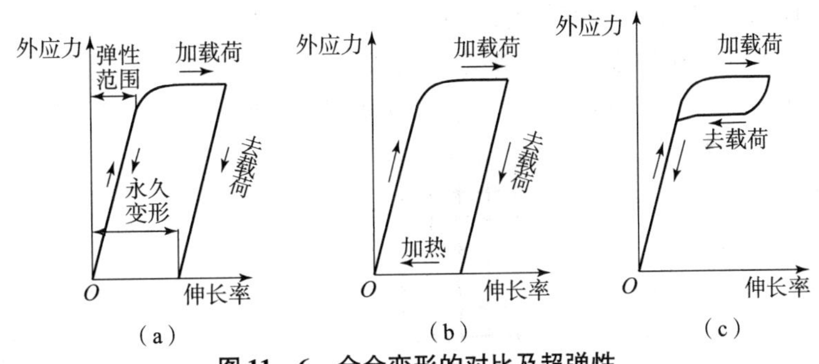

图 11－6　合金变形的对比及超弹性

（a）普通金属；（b）形状记忆合金；（c）超弹性

11.4.2　形状记忆原理简介

形状记忆效应有单相记忆（即只对高温状态形状记忆）和双相记忆（即加热恢复高温形状，冷却变为低温形状）两种。

大部分形状记忆合金的形状记忆机理是热弹性马氏体相变。马氏体相变往往具有可逆性，即把马氏体（低温相）以足够快的速度加热，其可以不经分解直接转变为母相（高温相）。母相向马氏体相转变的开始、终了温度分别称为 M_s、M_f；马氏体向母相逆转变的开始、终了温度分别称为 A_s、A_f。图 11－7 所示为马氏体（M）与母

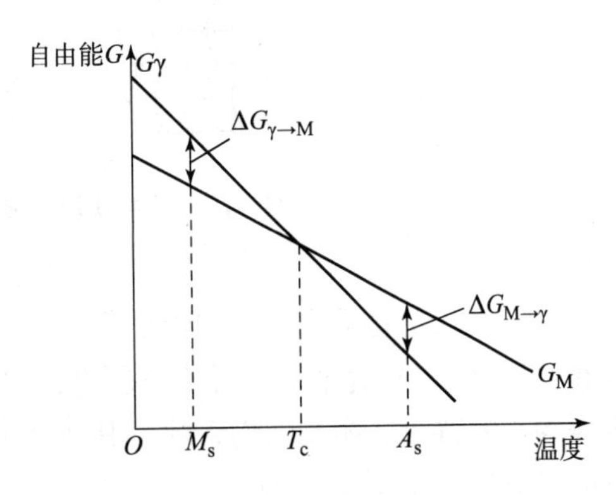

图 11－7　马氏体（M）与母相（γ）平衡的热力学条件

相（γ）平衡的热力学条件。具有马氏体逆转变、且 M_s 与 A_s 相差很小的合金，将其冷却到 M_s 点以下，马氏体晶核随温度下降逐渐长大，温度回升时，马氏体片又同步地随温度上升而缩小。这种马氏体与淬火马氏体不一样，通常它比母相还软，称之为热弹性马氏体。在 M_s 以上某一温度对合金施加外力也可引起马氏体转变，形成的马氏体称为应力诱发马氏体。有些应力诱发马氏体在应力增加时长大，反之则缩小，应力消除后马氏体消失，呈现出超弹性，这种马氏体称为应力弹性马氏体。

呈现形状记忆效应的合金通常必须具备以下条件：

（1）马氏体为热弹性或超弹性类型；

（2）马氏体的形变是通过孪生而不是滑移产生的；

（3）母相结构通常是有序结构。

形状记忆合金的记忆效应和其超弹性变化的微观机理如图 11－8 所示。由图可见，当形状记忆合金从高温母相状态［图 11－8（a）］冷却到低于 M_s 点的马氏体转变温度后，合金产生马氏体相变［图 11－8（b）］，形成热弹性马氏体。在马氏体范围内变形而成为变形马氏体［图 11－8（c）］，在此过程中，马氏体发生择优取向，处于应力方向有利取向的马氏体片长大，而处于应力方向不利取向的马氏体被有利取向者融合或吞噬，最后使马氏体成为单一有利取向的有序马氏体。将变形马氏体加热到 A_s 点的逆转变温度以上，晶体恢复到原来单一取向的高温母相，宏观形状也恢复到原始状态。经此过程处理后母相再冷却到 M_s 点以下，具有双相记忆的合金又可恢复变形马氏体形状。如果直接对母相施加变形应力，母相［图 11－8（a）］则可直接转变成应力弹性马氏体［图 11－8（c）］；去除应力后，马氏体又恢复到母相原来的形状，应变消除，这就是具有超弹性的形状记忆合金。

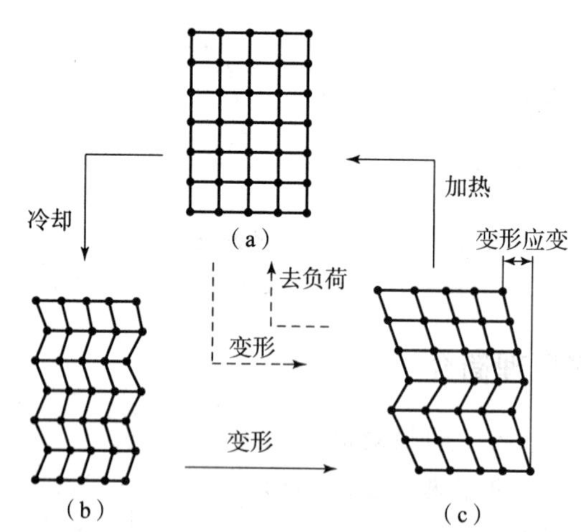

图 11－8　形状记忆效应和超弹性变化的机理示意图

（a）母相；（b）马氏体相；（c）变形马氏体相或应力弹性马氏体相

具有形状记忆效应和超弹性的合金已发现很多，但目前进入实用阶段的仅有 Ni－Ti 合金和 Cu－Zn－Al 合金，前者价格较贵，但性能优良，并与人体有生物相容性；而后者具有价廉物美的特点，颇受人们青睐。其他合金因晶体界面易断裂，只有处于单晶时才能使用，目前尚不适宜于工业应用。

11.4.3 形状记忆合金的应用

形状记忆合金的一种简单用途是用作连接件，即在 M_s点以下，将其处于母相状态且内径略小的接头插入管道连接后，升温到 A_f点以下的工作温度，这时管道内径重新收缩到母相状态，达到管道彼此间被紧箍的目的。美国已在喷气式战斗机的油压系统中使用了十多万个这类接头，至今未见有任何漏油、破损、脱落等情况的报道。这类管接头还可用于舰船管道、海底输油管道等的修补，这种连接方法可代替在海底难以进行的焊接工艺。

把形状记忆合金制成弹簧和普通弹簧材料组成自动控制件，使之互相推压，在温度为 A_f以上和低温时，形状记忆合金弹簧可向不同方向移动。这种构件可以用于暖气阀门、温室门窗自动开闭的控制，描笔式记录器的驱动等。形状记忆合金正逆变化时产生的应力很大形状变化量也很大，因而其可作为发动机进风口的连接器，当发动机温度超过一定温度时，连接器使进风口的风扇连接到旋转轴上输送冷风，达到启动控制的目的。此外，形状记忆合金还可以用来作为温度安全阀和截止阀等。

在军事和航天事业上，形状记忆合金可以做成大型抛物面天线，在马氏体状态下形变成很小的体积，当发射到卫星轨道上以后，天线在太阳照射下升温并自动张开，这样可以便于携带。

医学上使用的形状记忆合金主要是 Ni－Ti 合金，它可以埋入机体内作为移植材料，在生物体内部作固定折断骨骼的销和进行内固定接骨的接骨板。将 Ni－Ti 合金植入生物体内，由体内温度使其收缩，从而使断骨处紧紧相接或使弯曲的脊柱顺直。在内科方面，可将Ni－Ti 丝插入血管，由体温使其恢复到母相形状，从而消除血栓，使 95% 的凝血块不流向心脏。用形状记忆合金制成的肌纤维与弹性体薄膜心室相配合，可以模仿心室收缩运动，因此，形状记忆合金还可用于制造人工心脏。

11.5 非晶态合金

非晶态合金（amorphous alloy）又称为金属玻璃，其早在 1930 年已利用电解沉积技术制得，但未受重视。直到 1959 年，美国加州理工学院的杜威兹（Duvez）为了获得用一般淬火方法得不到的固溶体而将 Au－Si 二元合金在熔化状态下喷射到冷的金属板上，经 X 射线衍射测试发现得到的不是结晶体而是非晶体。这种方法的冷却速度大约在 1 000 000 ℃/s 以上。在如此高的冷却速度下，金属内部原子来不及做整齐的排列结晶，因而保持熔化状态下的无序非晶态。

杜威兹使用的方法为喷枪法，得到的材料形状不规则、厚薄不均，无实用价值。但利用喷枪法的高速冷却原理，马丁（Maddin）等人在 20 世纪 60 年代末发明了轧辊液淬技术，使用这种方法可以获得尺寸均匀的连续非晶态合金条（带），从而开创了非晶态合金大规模生产和应用的新纪元。20 世纪 70 年代，非晶态合金正式成为商品。

11.5.1 非晶态合金的特性

非晶态合金外观上和金属材料没有任何区别，其结构形态却类似于玻璃，这种无序的原子排列状态赋予其一系列特性。

1. 高强度

一些非晶态合金的抗拉强度可达 3 920 MPa，维氏硬度可大于 9 800 HV，为相应的晶态合金的 5 ~ 10 倍。特别是非晶态合金的弹性模量 E 和断裂强度 σ_f 之比（E/σ_f）很低（只有 50 左右），一般晶态合金则约为几百（表明材料抗断裂潜力未完全发挥）。

由于非晶态合金内部原子交错排列，因此其撕裂能较高。虽然非晶态合金的伸长率很低，但它在压缩变形时，压缩率可达 40%，轧制压缩率可达 50%。

2. 优良的软磁性

非晶态合金有高的磁导率和饱和磁感应强度，低的矫顽力和磁损耗。目前使用的硅钢、铁 – 镍合金或铁氧体均为晶态，具有磁性各向异性的相互干扰特征，因而导致磁导率下降，磁损耗大，而软磁合金在这些方面的表现都比较好。目前比较成熟的非晶态软磁合金主要有铁基、铁镍基和钴基三大类，其成分和特性如表 11 – 2 所示，表中同时列出了部分晶态软磁合金的数据，以资比较。

表 11 – 2　非晶态合金和晶态合金的软磁特性

合金		饱和磁力/T	矫顽力/（$A \cdot m^{-1}$）	磁致伸缩/（$\times 10^{-8}$）	电阻率/（$\mu\Omega \cdot cm$）	居里温度/℃	铁损/（$W \cdot kg^{-1}$）（60 Hz、1.4 T）
非晶态合金	$Fe_{81}B_{135}Si_{35}C_2$	1.61	3.2	30	130	370	0.3
	$Fe_{78}B_{13}Si_9$	1.56	2.4	27	130	415	0.23
	$Fe_{87}Co_8B_{14}Si$	1.8	4	35	130	415	0.55
	$Fe_{40}Ni_{33}Mo_4B_{18}$	0.88	1.2	12	160	353	—
晶态合金	硅钢	1.97	2.4	9	50	730	0.93
	$Ni_{50}Fe_{50}$	1.6	8	25	45	480	0.7
	$Ni_{80}Fe_{20}$	0.82	0.4	—	60	400	—

3. 高耐腐蚀性

在中性盐和酸性溶液中，非晶态合金的耐腐蚀性优于不锈钢。Fe – Cr 基非晶态合金在 10% $FeCl_3 \cdot 10H_2O$ 中几乎完全不受腐蚀，而各种成分不锈钢则都有不同程度斑蚀，在 Fe – Cr 基非晶态合金中，Cr 的质量分数约为 10%，并不含 Ni。

非晶态合金的结构为非晶态结构，其显微组织均匀，不含位错、晶界等缺陷，因此，腐蚀液“无缝可钻”。同时，非晶态结构合金自身的活性很高，能够在表面上迅速形成均匀的钝化膜。这些原因使得非晶态合金具有高耐腐蚀性。

4. 超导电性

目前最常见的金属超导材料为 Nb_3Ge，其超导零电阻温度为 $T_c = 23.2$ K。现有许多超导材料有一个很大的缺点，即质脆、不易加工。1975 年，杜威兹发现 La – Au 非晶态合金具有超导性，而后他又发现许多非晶态合金具有超导性，只是超导转变温度 T_c 还比较低。但与晶体材料相比较，非晶态合金有两个优点，其一，可将其制成带状，而且其韧度高、弯曲半径小，可以不用加工；其二，非晶态合金的成分变化范围大，这为寻求新的超导材料，提高 T_c 温度提供了更多的途径。

11.5.2 非晶态合金的应用

由于非晶态合金具有高强度、高韧度以及可以制成条（带）或薄片等性质，其可用来制作轮胎、传送带、水泥制品及高压管道的增强纤维，还可用来制作各种切削刀具和保安刀片。

用非晶态合金纤维代替硼纤维和碳纤维制造复合材料，可进一步提高复合材料的适应性。硼纤维和碳纤维复合材料的安装孔附近易产生裂纹，而非晶态合金具有高强度以及塑性变形能力，可以防止裂纹的产生和扩展，非晶态合金纤维正用于飞机构架和发动机元件的研制。

非晶态铁合金是极好的软磁材料，相比普通的结晶磁性材料，其具有磁导率高、损耗小、电阻率大等优点。用硅钢和非晶态合金制成的 15 kW 变压器进行对比试验，两种变压器磁芯损耗分别为 322 W 和 180 W，即非晶态合金的磁耗比硅钢减少约一半。这是由于非晶态合金具有各向同性，当交变电流变化时，其磁化强度在能量上的损耗要比晶态物质的小的缘故。如果电动机也采用非晶态合金制造磁芯，则节能效果将更为显著。易于磁化和高硬度的特点使非晶态合金也适合用于制造放大器、开关、记忆元件、换能器等部件。非晶态合金厚度一般为20 ~ 40 μm，电阻率高，非常适应录像磁头的频率范围，可作为良好的磁头材料。

含 Cr 非晶态合金由于耐蚀性（特别是在氯化物和硫酸盐中的耐蚀性）大幅超过不锈钢而获得了“超不锈钢”的名称，其可以用于海洋和生物医学方面（如制造海上军用飞机电缆、鱼雷、化学滤器、反应容器等）。

习题与思考题

1. 基本概念和名词术语解释。

复合材料、梯度功能材料、纳米材料、形状记忆合金、非晶态合金

2. 复合材料是如何分类的？复合材料和一般材料相比有哪些优点？
3. 选出下列物质中属于复合材料的物质：塑料、钢筋混凝土、生铁、玻璃。
4. 梯度材料的制备方法有哪些？简述梯度功能材料的应用前景。
5. 纳米材料是如何制取的？纳米材料的尺寸效应在什么条件下产生？
6. 具有形状记忆效应的合金通常必须具备什么条件？
7. 非晶态合金有哪些特性？非晶态合金有哪些应用？试举两个应用案例。

第 12 章　零件材料与工艺方法的选择

零件材料的选用和工艺方法的选择是零件设计与制造过程中的重要环节。如何合理地选择零件的材料及工艺方法，从而既能保证零件的使用性能，使其经久耐用，又能保证零件的工艺性、经济性，以提高生产率、降低成本，是各工程领域的技术人员必须具备的能力。零件材料和工艺方法选择的前提是进行零件的失效分析。

12.1　零件的失效分析

零件在使用过程中由于某种原因失去其原设计应有效能的现象称为失效。当零件在达到使用寿命后，其发生失效可以认为是正常的。

零件如有以下表现则可视为失效：(1）完全破坏而不能工作；(2）虽然能工作但达不到预定的功能；(3）损坏不严重，但继续工作不安全。例如，机床主轴在工作中因变形而失去精度，无法加工出合格产品；压力容器在使用中，材料内部出现了达到危险尺寸的裂纹；齿轮在工作过程中因轮齿折断而无法传递动力等。

零件的损坏往往会带来严重的后果，失效分析的目的是找出零件损伤的原因并研究失效规律、失效速度、失效周期及失效界定等，从而找出导致零件失效的关键因素，并找出提高零件寿命的措施，以预防零部件的早期失效。失效分析的结果对于零件的设计、选材、制造以及使用等都具有重要的指导意义。

12.1.1　工程材料的使用条件

1. 负荷情况

在使用过程中，工程材料负担着传递动力或承受载荷的任务，必然受到各种各样载荷的作用。一般地，按照加载速度，材料所受到的载荷可分为静载荷和动载荷。静载荷是指加载速率较为缓慢的、大小和方向不随时间变化的载荷；动载荷则是指加载速度很大的或是大小和方向随时间变化的载荷，动载荷主要有冲击载荷和交变载荷两种类型。材料所受到的各种载荷，按其作用方式又可分为拉伸、压缩、弯曲、扭转、剪切载荷等。材料所受的负荷具体体现为材料受到各种应力的作用，这些应力是拉应力、压应力、剪应力、切应力、扭矩、弯曲应力等。工程材料实际所受的应力往往是多种应力的复合。

所有的工程材料都是在各种应力组成的应力场下工作，没有不受力的工程材料，力学性能是工程材料的首要性能。如各种工程结构都至少受到重力的作用，轴和齿轮等传递动力的机件都受到压应力、剪应力、扭矩力的作用，锤头受到冲击力的作用，等等。

2. 使用环境温度

工程材料总是要在环境所决定的温度下使用。大多数材料都是在气温下工作的，但是气温也是随天气、地域和季节的变化而不断变化的。此外，也有在高温或低温下工作的材料。在实际工程中，要求材料具有适应高温或低温环境的能力。各种工业炉用材料都必须能耐高温；各种制冷设备用材料都必须能耐低温；有些时候，材料还应能耐剧烈的温度变化。

3. 使用介质

材料的使用介质也是材料的使用环境中必不可少的一部分，材料的使用介质有大气，淡水，海水，各种酸（或碱、盐）的溶液，土壤等。

绝大多数材料都是在大气环境中工作的。大气是成分复杂的混合物，除了氮气和氧气外，还含有水蒸气、二氧化碳、惰性气体、灰尘等。氧、水蒸气、二氧化碳参与材料的腐蚀过程，灰尘对高速运动的部件有一些摩擦作用。工业大气中还含有 SO_2、SO_3、Cl_2、HCl、NO、NO_2、NH_3、H_2S 等组分，这些组分对材料均有较强的腐蚀作用。

淡水是主要的工业用水，它对工程材料有一定的腐蚀作用，若淡水有含有大量的泥沙，就会对运动的材料产生强烈的磨损作用。海水中含有约 3.5% 的盐，其对材料有较强的腐蚀作用。

在化工环境下，材料往往在各种酸（或碱、盐）溶液中使用，必须考虑材料的耐腐蚀性。埋设在地下的油（或气、水）管路等都与土壤接触，土壤中常溶有 H^+、Cl^-、SO_4^{2-} 等物质，对材料有腐蚀作用，在土壤中运动的零件，土壤还会对其有很大的磨损作用。

此外，材料的使用条件还有来自环境的（如声、光、电、磁等）各种作用，它们对材料的使用性能也有影响。

12.1.2 失效的形式

零件在工作时的受力情况一般比较复杂，往往承受多种应力的复合作用，因而造成零件的不同形式失效。零件的失效形式主要有过量变形失效、断裂失效、磨损失效和腐蚀失效四种类型。

1. 过量变形失效

零件受载工作时会发生变形，当其变形程度超过允许的范围时，零件就失效了。过量变形失效主要有弹性变形失效、塑性变形失效和蠕变变形失效。

1）弹性变形失效

在一定载荷作用下，零件由于过大弹性变形而发生的失效称为弹性变形失效。这会使零件或机器不能正常工作，有时还会造成较大振动，致使零件损坏。如车床主轴在工作过程中发生过量的弹性弯曲变形，不仅加剧振动，使轴和轴承配合不良，造成加工零件质量的下降；当细长或薄壁板状零件受纵向压力时，其在弹性失稳后发生较大的侧向弯曲，进而因塑性弯曲或断裂而失效，等等。

2）塑性变形失效

当工作应力超过材料的屈服强度，使零件产生过量塑性变形而产生的失效称为塑性变形失效。这会造成零件的尺寸和形状改变，破坏零件与零件间的相互位置和配合关系，使零件或机器不能正常工作。如高压容器的紧固螺栓因发生过量塑性变形而伸长，从而导致容器渗漏；齿轮的塑性变形会使啮合不良，甚至卡死、断齿，等等。

3）蠕变变形失效

金属材料在长时间的恒温、恒应力作用下，即使应力低于屈服强度，也会缓慢地产生塑性变形，当该变形量超过允许的数值时，构件会产生蠕变变形失效。蠕变变形失效是塑性变形失效，有塑性变形特点，但不一定是过载引起的。只是载荷大时，蠕变变形失效的时间短，恒速蠕变阶段蠕变速率大。

2. 断裂失效

断裂是指金属构件在应力作用下材料呈现完全分开的状态。断裂失效是金属构件最严重的失效形式，它不但会使零件失效，有时还会导致严重的人身和设备事故。

1）韧性断裂

零件在外力作用下首先产生弹性变形，当外力引起的应力超过弹性极限时发生塑性变形；外力继续增加，应力超过抗拉强度时发生塑性变形而后造成断裂就称为韧性断裂。韧性断裂的宏观特点是断裂前有明显的塑性变形，常出现缩颈，而从断口形貌微观特征上看，断面有大量微坑（也称韧窝）覆盖。韧性断裂实际上是显微空洞形成、长大、连接以致最终导致断裂的一种破坏方式。

韧性断裂一般由超载引起，它发生前要出现较大的塑性变形，而这种变形在许多零件上已被判定为塑性变形失效，故这类断裂在工程上危害不大。韧性断裂微观断口形貌如图 12－1 所示，由图可见韧性断裂的特征，即韧窝结构。

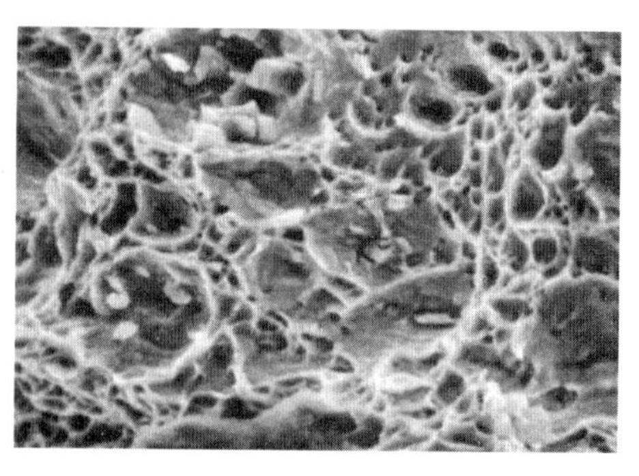

图 12－1　韧性断裂微观断口形貌

2）脆性断裂

金属零件或构件在断裂之前无明显塑性变形、发展速度极快的一类断裂叫脆性断裂，因其断裂应力低于材料的屈服强度，故又称作低应力脆断。由于脆性断裂大都没有事先预兆，具有突发性，对工程构件与设备以及人身安全常常造成极其严重的危害。因此，脆性断裂是人们力图避免的一种断裂失效模式。

低应力脆性断裂按断口的形貌可分为解理断裂和沿晶断裂。解理断裂是金属在正应力作用下，由于原子结合键被破坏而造成的沿一定晶体学平面分布的断裂。解理断裂的主要特征是其断口上存在河流状的花样，如图 12－2（a）所示。沿晶断裂又称晶间断裂，它是沿不同取向的晶粒界面发生的断裂。沿晶断裂的断口特征为冰糖状，如图 12－2（b）所示。

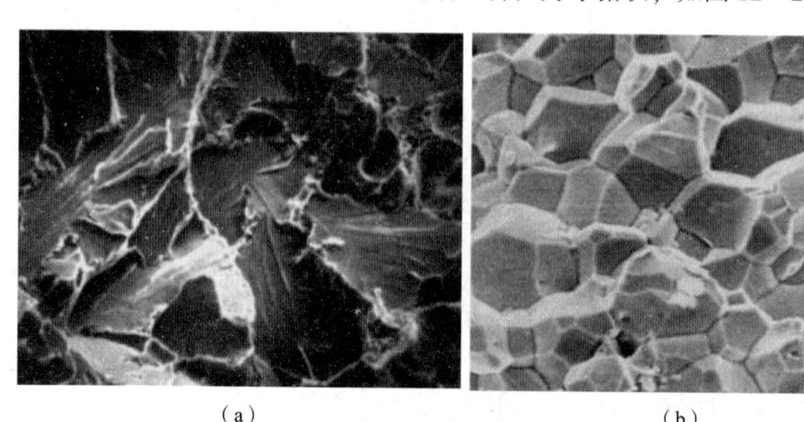

（a）　　　　　　　　（b）

图 12－2　低应力脆性断裂微观断口形貌

（a）解理断裂；（b）沿晶断裂

金属构件脆性断裂失效的表现形式主要有：①由材料性质改变而引起的脆性断裂，如兰脆、回火脆、过热与过烧致脆、不锈钢的 475℃脆和 σ 相脆性等；②由环境温度与介质引起的脆性断裂，如冷脆、氢脆、应力腐蚀致脆、液体金属致脆以及辐照致脆等；③由加载速率与缺口效应引起的脆性断裂，如高速致脆、应力集中与三应力状态致脆等。

3）疲劳断裂

工程构件在交变应力作用下，经一定循环周次后发生的断裂称作疲劳断裂。疲劳断裂失效是机器零件中最常见的失效形式。各种机器中，因疲劳失效的零件达到失效总数的 70% 以上。

疲劳断裂按疲劳寿命可分为高周疲劳断裂和低周疲劳断裂。疲劳寿命大于 10^5 周次，疲劳中所施加的循环载荷在弹性范围之内的称为高周疲劳断裂。各种发动机的曲轴、主轴、齿轮、弹簧等容易发生高周疲劳断裂。疲劳寿命小于 10^5 周次，所施加的载荷由于应力集中在局部产生塑性变形的称为低周疲劳断裂。飞机起落架、压力容器等所受应力水平较高，寿命较短。疲劳断裂前，零件无显著变形，表现为突然破坏，因此危害性严重。

图 12－3 所示为疲劳断口示意，可见裂纹源、疲劳裂纹扩展区和最后断裂区。裂纹源可位于表面，也可位于表面下。如果裂纹源位于表面的刀痕处或发源于脱碳层，说明加工有问题；如果裂纹源位于大块夹杂或其他粗大的第二相粒子处，则表明材料的冶金质量有问题。疲劳裂纹产生后，其在交变应力作用下继续扩展长大。在裂纹扩展区常常留下一条条的同心弧线，叫作前沿线（或疲劳线），这些弧线形成了像“贝壳”一样的花样。断口表面因裂纹扩展时反复挤压、摩擦，有时光亮得像细瓷断口一样。疲劳裂纹不断扩展使零件的有效承载断面不断减小，应力不断增加。当应力超过材料的断裂强度时，则发生断裂，形成最后断裂区，这部分断口和静载荷下带有尖锐缺口试样的断口相似。塑性材料的断口呈纤维状、暗灰色；而脆性材料的断口呈结晶状。由最后断裂区的相对大小可大致判断工件中应力的大小，最后断裂区的面积小，说明应力水平比较低。

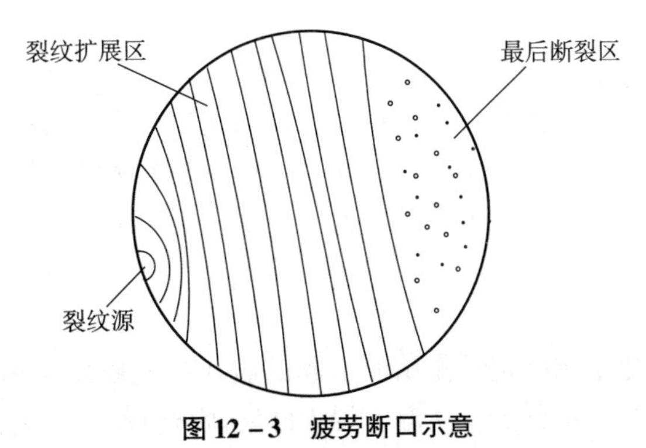

图 12－3　疲劳断口示意

按断裂前宏观塑性变形的大小分类，疲劳断裂属脆性断裂范畴。但由于疲劳断裂出现的频率高、危害性大，且其是在交变载荷作用下出现的断裂，因此国内外工程界均将其单独作为一种断裂形式加以分析。

3. 磨损失效

相互接触并做相对运动的物体由于机械、物理和化学作用造成物体表面材料的位移及分离而使物体的表面形状、尺寸、组织及性能发生变化的过程称为磨损。一般来说，有摩擦就会引起磨损。如果设计的机器质量好，在规定的使用期限内，其正常磨损的速度是相当缓慢的，此时的磨损并不影响零件的正常工作；非正常的磨损则必须设法防止。

磨损是机械构件失效的主要方式之一，资料表明，约70%的机器是由于过量磨损而失效的。随着机器向高速方向发展，磨损的问题就显得更加突出。磨损的成因和表现形式非常复杂，按照磨损的破坏机理可分为黏着磨损、磨粒磨损、表面疲劳磨损和腐蚀磨损。

1）黏着磨损

黏着磨损也称咬合磨损或摩擦磨损，其是相对运动的物体的接触表面发生了固相黏着，使材料从一个表面转移到另一个表面的现象。黏着的原因是摩擦副表面凹凸不平，当物体相互接触时，只有局部接触，接触面积很小，因此接触压应力很大（足以超过材料的屈服强度而发生塑性变形），致使这部分表面的润滑油膜、氧化膜被挤破，从而使摩擦副的两个金属面直接接触、发生黏着，黏着点随后在相对滑动时被剪断，有金属屑粒从表面被拉拽下来或零件表面被擦伤。黏着磨损普遍存在于生产实际中，机床的导轨、涡轮与蜗杆、汽车零件的缸体和缸套－活塞环、曲轴轴颈－轴瓦等摩擦副都承受黏着磨损。

2）磨粒磨损

磨粒磨损也称为磨料磨损，是指硬的磨粒或硬的凸出物在与摩擦表面相互接触运动过程中刮擦表面使材料表面损耗的一种现象或过程。硬颗粒或凸出物一般为非金属材料（如石英砂、矿石等），也可能是金属（像落入齿轮间的金属屑等）。易产生磨粒磨损的物体有球磨机的磨球和衬板、滚式破损机的滚轮等。

3）表面疲劳磨损

当摩擦副两接触表面做相对滚动或滑动时，周期性的载荷使接触区受到很大的交变接触应力，从而使金属表层产生疲劳裂纹并不断扩展、引起表层材料脱落，这一现象称为表面疲劳磨损，又称为接触疲劳。表面凹坑称为麻点或点蚀，大块剥落称为表面压碎。易产生表面疲劳磨损的物体有齿轮、凸轮、火车轮箍、铁轨、冷镦模等。

4）腐蚀磨损

腐蚀磨损是摩擦面和周围介质发生化学或电化学反应形成腐蚀产物并因腐蚀产物在摩擦过程中被剥离出来而造成的磨损。腐蚀磨损是在腐蚀现象与机械磨损、黏着磨损、磨料磨损等相结合时才能形成的一种机械化学磨损，它是一种极为复杂的磨损现象，经常发生在高温或潮湿的环境中，在有酸、碱、盐等特殊条件下最易发生。常见的腐蚀磨损是氧化腐蚀磨损和特殊介质腐蚀磨损。

4. 腐蚀失效

材料受环境介质的化学或电化学作用而引起的破坏或变质现象称为材料的腐蚀。例如，耐火砖受熔化金属的腐蚀，水分子在高温下侵入硅酸盐材料使之变质，钢铁材料的生锈等。

腐蚀是影响金属装备及其构件使用寿命及功能的主要因素之一。在化工石油、轻工、能源、交通等行业中，约60%的构件失效与腐蚀有关。

金属的腐蚀是一个十分复杂的、累积损伤的过程，按金属与介质的作用机理，腐蚀可分为两大类：化学腐蚀和电化学腐蚀。化学腐蚀是指金属表面与非电解质直接发生纯化学作用而引起的破坏，在化学腐蚀中不产生电流。如钢在高温下的氧化、脱碳和在石油、燃气或含氢气体中的腐蚀等都属于化学腐蚀。电化学腐蚀是金属与电解质物质接触时产生的腐蚀，其腐蚀过程中有电流产生。如金属在潮湿空气、海水或电解质溶液中的腐蚀等都属于电化腐蚀。大多数金属的腐蚀都属于电化学腐蚀，其涉及面广、造成的损失大，腐蚀过程比化学腐蚀强烈得多。

上文介绍了几种零件的失效形式，然而零件在实际使用过程中的失效可能是多种因素共同作用的结果，各类基本失效方式可以互相组合成更复杂的复合失效方式（如腐蚀疲劳、蠕变疲劳、腐蚀磨损等）。各类失效都有主导方式，另一种方式为辅助方式。因此，失效分析的核心问题就是要找出主要的失效方式。例如腐蚀疲劳，疲劳是其主导方式，腐蚀是起辅助作用的，因此其被归入疲劳一类进行分析。

12.1.3 失效的原因

造成零件早期失效的原因很多，通常考虑以下几个方面：零件设计因素、选材因素、材料加工因素、零件安装使用因素、环境因素等，如图 12－4 所示。

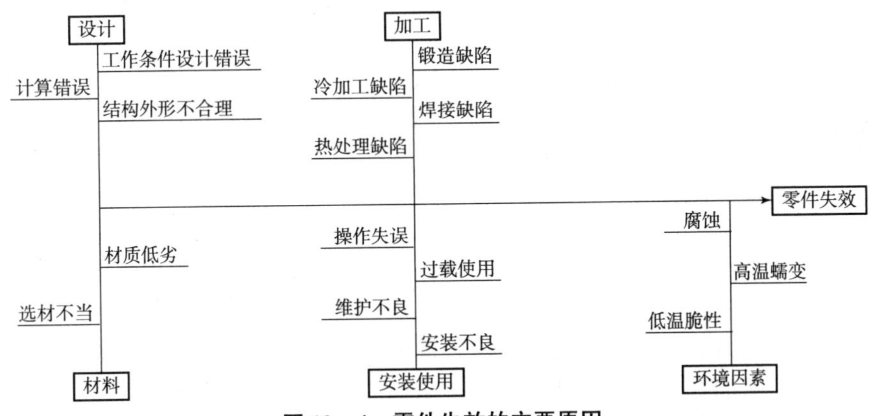

图 12－4 零件失效的主要原因

1. 设计不合理

设计不合理造成机械零件在使用过程中失效的现象时有发生。最常见的情况是零件结构和形状不合理，如零件存在缺口、过渡圆角太小、过渡区形状不同等造成较大的应力集中而引起失效。此外，还有设计时对零件工作条件估计不足而造成零件实际工作能力降低的情况，如工作中可能存在过载、忽略了温度或介质等因素的影响等。所以，机械零件的设计合理是保证零件正常工作的前提。

2. 选材不当

选材不当包括：设计中对零件失效的形式判断错误，使得所选材料的性能不能满足工作条件的要求；选材所依据的性能指标不能反映材料对实际失效形式的抗力，从而错误地选择了材料；所用材料的冶金质量太差（夹杂物多、杂质元素多、存在夹层等），造成零件在使用过程中过早失效。所以，原材料的检验很重要。

3. 加工工艺不合理

零件在加工和成形过程中，若采用的工艺方法或工艺参数不合理，可能造成种种缺陷。例如，冶炼工艺较差时会使金属材料中存在较多的氧、氢、氮等气体，并有较多的杂质和夹杂物，这不仅会使金属材料的性能变脆，甚至还会形成疲劳裂纹源。热成形中常见缺陷是成分不均匀、组织粗大、缩孔缩松、过热过烧、裂纹等。冷加工中常见缺陷是表面光洁度太低、刀痕较深、磨削裂纹等。热处理中常见缺陷为表面脱碳、淬火变形、开裂等，这些缺陷的存在往往会导致零件以及装备早期失效。

4. 安装使用不当

安装不当会使零件不能正常地工作，常见的安装不当有配合过紧或过松、对中不好、固定不紧等。使用不当或不按工艺规程操作会使机械零件失效，常见的使用不当有违章操作、超载、超速等。此外，对设备的检查、维修和更换不及时或没有采取适当的修理、防护措施等也会引起设备的早期失效。

5. 环境因素

零件在不同的环境介质和不同的工作温度下工作可能引发不同形式的失效，如在水蒸气或盐雾气氛下可能引起氧化、腐蚀失效，在热应力作用下可能引起热变形、热膨胀或热疲劳失效，在低温环境下可能引起低应力脆断，在高温环境下可能引起高温蠕变等，使用环境多样化使失效变得复杂。

以上只讨论了导致零件失效的五个方面原因，但实际的情况是很复杂的，还存在其他方面的原因。另外，失效往往不只是单一原因造成的，而可能是多种原因共同作用的结果。在这种情况下，必须逐一考查设计、材料、加工和安装使用、环境等方面的问题，排除各种可能性，找到真正的原因，特别是找到起决定作用的主要原因。

12.1.4 失效分析的方法

零件的失效分析是一项综合性的技术工作，正确的失效分析是找出零件失效原因、解决零件失效问题的基础。一般来说，失效零件的残骸上都留下了零件的各种信息，通过分析零件残骸和使用工况，就能够找出引起材料失效的原因，进而能提出推迟失效的措施以防止早期失效再度发生，从而提高产品的使用寿命。下面简单介绍大致的失效分析步骤。

（1）收集失效零件的残骸（防止碰撞和污染），观测并记录损坏部位、尺寸变化和断口宏观特征，搜集表面剥落物和腐蚀产物，必要时进行专门的分析和记录。

（2）了解零件的工作环境和失效经过，观察相邻零件的损坏情况，判断损坏的顺序。

（3）详细记录并整理失效零件的有关资料，如设计图纸和说明书、实际加工工艺、使用维修记录等。根据这些资料全面地从设计、加工、使用各方面进行具体的分析。

（4）对失效样品进行检验分析，全面收集各种必要的数据。失效分析中的检验项目主要包括以下几个方面：

①化学分析，检验材料成分与设计成分是否相符。

②断口分析，对断口做宏观及微观观察，确定裂纹的发源地、扩展区和最终断裂的断裂性质。

③宏观检查，检查零件的材料及其在加工过程中产生的缺陷，有时还要用无损探伤法检测零件内部缺陷及其分布。

④显微分析，判断显微组织是否正常，鉴别各种组织缺陷，特别注意观察失效部位与周围组织的变化。

⑤应力分析，检查失效零件的应力分布，以便判定零件几何形状与结构受力位置的设计是否合理。

⑥力学性能测试，判断零件是否能达到使用要求，并结合金相分析、断口分析、成分分析等来确定材料力学性能是在使用中发生改变的，还是在生产时其性能就不符合要求。

⑦断裂力学分析，对于某些零件，要进行断裂韧性的测定，以判断零件发生低应力脆断

的可能性。

(5) 综合各方面的分析资料做出判断，确定失效的具体原因，提出改进措施，写出相关报告。

12.2 零件材料与工艺方法的选用

12.2.1 基本原则

零件的选材和与之相宜的加工方法的选择是产品设计时首先要考虑的问题。由于所能采用的材料和加工方法很多，因而材料和成形工艺方法的选用常常是一个复杂而困难的判断、优化过程。在进行材料及成形工艺的选择时，首先要考虑零件的材料性能在使用工况下是否能达到要求，还要考虑用该材料制造零件时的成形加工过程是否容易，同时还要考虑材料或机件的生产及使用是否经济等。所以，在选择材料及成形工艺时，一是要满足性能要求；二是要满足加工制造要求；三是要经济效益高。

1. 使用性能原则

使用性能原则是指所选择的材料必须能够适应使用工况，并能达到使用要求。满足使用要求是选材的必要条件，是在进行材料选择时首先要考虑的问题。

材料的使用要求体现在对其化学成分、组织结构、力学性能、物理性能和化学性能等内部质量的要求上，它是选材的最主要依据。对于零部件使用性能的要求，是在分析零件工作条件和失效形式的基础上提出的为满足材料的使用要求，在进行材料选择时，应主要从以下几个方面进行考虑：

(1) 分析零件的工作条件，确定使用性能。

零部件的工作条件是复杂的。工作条件分析包括受力状态（拉、压、弯、剪切），载荷性质（静载、动载、交变载荷），载荷大小及分布，工作温度（低温、室温、高温、变温），环境介质（润滑剂、海水、酸、碱、盐等），对零部件的特殊性能要求（电、磁、热）等。技术人员要在对工作条件进行全面分析的基础上确定零部件的使用性能。例如，曲轴是内燃机中形状复杂而又重要的零件，它在工作时受气缸中周期性变化的气体压力、曲轴连杆机构的惯性力、扭转和弯曲应力及冲击力等。因此，要求曲轴具有高的强度，一定的冲击韧性和弯曲、扭转疲劳强度，轴颈处要有高的硬度和耐磨性。

(2) 分析零件的失效原因，确定主要使用性能。

对零部件使用性能的要求，往往是多项的。因此，需要通过对零部件失效原因的分析找出导致失效的主导因素，从而准确地确定出零部件所必需的主要使用性能。例如，曲轴在工作时承受冲击、交变载荷作用，而失效分析表明曲轴的主要失效形式是疲劳断裂（而不是冲击断裂），因此应以疲劳抗力作为主要使用性能要求来进行曲轴的设计。制造曲轴的材料也可由锻钢改为价格更便宜、工艺更简单的球墨铸铁。表12-1所示为部分常见零部件的工作条件、主要失效形式及主要力学性能指标。

(3) 将对零部件的使用性能要求转化为对材料性能指标的要求。

明确了零件的使用性能后，并不能马上进行选材，还要把使用性能的要求通过分析、计算量化为具体数值，再按这些数值从参考资料的材料性能数据的大致应用范围选材。常规的力学性能指标有硬度、强度、塑性和冲击韧性等。对于非常规的力学性能指标如断裂韧性及腐蚀介质中的力学性能指标，可通过模拟试验或查找有关资料相应的数据进行选材。

表12-1　部分常用零件的工作条件、主要失效形式及主要力学性能指标

零件名称	工作条件	主要失效方式	主要力学性能指标
螺栓	交变拉应力	过量塑性变形或疲劳而造成断裂	屈服强度、疲劳强度、硬度（HBW）
传动齿轮	交变弯曲应力、交变接触压应力、冲击载荷和齿面摩擦	齿的断裂、过度磨损或接触疲劳	抗弯强度、疲劳强度、接触疲劳强度、硬度（HRC）
轴	交变弯曲应力、扭转应力、冲击载荷和颈部摩擦	疲劳断裂	屈服强度、疲劳强度、硬度（HRC）
弹簧	交变应力、振动	弹性丧失、疲劳断裂	弹性极限、屈强比、疲劳强度
滚动轴承	点或线接触下的交变压应力、滚动摩擦	过度磨损、疲劳破坏	抗压强度、疲劳强度、硬度（HRC）

按力学性能指标选择材料时需要注意以下几个问题。

①材料的尺寸效应。

标准试样的尺寸一般是较小的、确定的，而零件的尺寸一般是较大的、各不相同的。零件的尺寸越大，则其内部可能存在的缺陷数量就越多、最大的缺陷尺寸也就越大；零件的工艺性能也随之恶化，特别是热处理性能降低，如淬透性低的钢材就不易在整个截面上得到均匀一致的性能；零件在工作时的实际应力状态也将更复杂、恶劣，如大尺寸零件的应力状态较硬。所有的这一切都将使实际零件的力学性能下降，这就是尺寸效应。

②零件的结构形状对性能的影响。

实际零件的油孔、键槽及过小的过渡圆角之处，通常存在着较大的应力集中，且其应力状态变得复杂，这也会使得零件的性能低于试样的性能。如正火45钢光滑试样的弯曲疲劳极限是280 MPa，用其制造带直角键槽的轴，其弯曲疲劳极限则为140 MPa。

③零件的加工工艺对性能的影响。

材料性能是在试样处于确定状态下测定的，而实际零件在其制造过程中所经历的各种加工工艺有可能引入内部或表面缺陷（如铸造、焊接、锻造、热处理缺陷以及磨削裂纹和切削刀痕等），这些缺陷都将导致零件的使用性能降低。

2. 工艺性能原则

材料的工艺性能表示材料加工的难易程度。任何零件都是由所选材料通过一定的加工工艺制造出来的，因此材料工艺性能的好坏将直接影响到零件的质量、生产效率和成本。所选材料应具有好的工艺性能，即工艺简单、加工成形容易、能源消耗少、材料利用率高、产品质量好。金属材料的工艺性能主要包括铸造性能、压力加工性能、焊接性能、机械加工性能、热处理工艺性能。

1）铸造性能

材料的铸造性能一般按其流动性、收缩特点和偏析倾向等综合评定。成分接近共晶点的合金的铸造性能最好，例如铝硅明、铸铁等。一些承受载荷不大、受力简单而结构复杂

(尤其是复杂内腔结构)的零部件，如机床床身、减速器机壳体、发动机气缸等应选用含有共晶体的铸铁、铸造铝合金等材料。

2）压力加工性能

压力加工的方法很多，大体上可分为两类：热加工，主要有热锻、热挤压等；冷加工，主要有冷冲压、冷镦、冷挤压等。在选材时，承受载荷较大、受力复杂的构件（如重要的轴、内燃机连杆、变速箱齿轮等）应选用中、低碳钢或合金结构钢、锻铝等具有良好可锻性的材料进行锻造成形，并进行必要的热处理，以强化组织、提高力学性能。许多轻工业产品（如自行车、家用电器上的金属零件）一般承载不大，但要求色泽美观、质量轻而且批量大，这时宜选用塑性优良的低碳钢、有色合金，以便冷压成形并进行必要的表面防护、装饰处理。

3）焊接性能

在机械工业中，焊接的主要对象是各种钢，焊接性能可大致由碳当量来评价。当碳当量超过0.44%时，钢的焊接性能极差，因此，钢的含碳量越高、合金元素含量越高，焊接性能就越差。碳当量过高的钢不宜采用焊接成形法来制造零件毛坯。许多容器、输送管道、蒸汽锅炉等产品以及某些工程结构（一般体积较大、要求气密性好、能承受一定的压力）应选择低碳钢、低合金钢等焊接性能好的材料焊接成形。铝合金、钛合金极易氧化，需要在保护气氛中焊接，而且其焊接性能不好。

4）机械加工性能

各种机械加工（主要是切削加工及磨削加工）是工业中应用最广的金属加工方法。绝大多数机器零件都要进行切削加工，应选用硬度适中（170～230 HBW）、切削性能好的材料。切削铝及其合金的切削加工性就好，而奥氏体不锈钢及高速钢的切削加工性能却很差。当材料的切削加工性差时，可采用必要的热处理以调整其硬度或改进切削加工工艺，从而保证切削质量。

5）热处理工艺性能

许多金属构件都要进行热处理（尤其是进行淬火和回火处理）才能达到所要求的力学性能。因此，选材时不能忽视热处理的工艺性能，特别是淬透性。对于要求整体淬透而截面较大的零件，应选用淬透性高的合金钢；形状比较复杂的、对热处理变形要求严格的工件，也应选用淬透性高的合金钢，并采用缓慢的冷却方式，以减小淬火变形；而对于只需要表层强化或形状简单的工件，则可以选用淬透性较低的材料。

选材时，与使用性能相比，工艺性能处于次要地位，但在某些特殊情况下，工艺性能也可能成为选材考虑的主要因素。以切削加工为例，在单件小批量生产条件下，材料切削加工性能的好坏并不重要，而在大批量生产条件下，切削加工性便会成为选材的决定性因素。例如某厂曾试制一种25SiMnWV钢作为20CrMnTi钢的代用材料，虽然它的力学性能比20CrMnTi高，但其正火后硬度高、切削加工性能差，不能适应大批量生产，故未被采用。

3. 经济性原则

除了满足使用性能与工艺性能外，选材应能使零件在其制造及使用寿命内的总费用最低，这就是选材的经济性原则。一个零件的总成本与零件寿命、零件质量、加工费用、研究费用、维护费用和材料价格有关。

从产品制造成本的构成比例看，机械产品的成本中，材料成本占很大比例，降低材料成本对制造者和使用者都有利。所以，在材料选择时应从满足使用性能要求的所有材料中选择材料价格较低的。在金属材料中，碳钢和铸铁的价格是比较低廉的，因此，在满足零件力学性能的前提下选择碳钢和铸铁（尤其是球墨铸铁），不仅具有较好的加工性能，而且可降低成本。低合金钢由于强度比碳钢高，总的经济效益比较显著，其应用范围有扩大的趋势。此外，所选材料的种类应尽量少而集中，以便于采购和管理。

从产品的寿命周期成本构成看，降低使用成本比降低制造成本更为重要，一些产品制造成本虽然较低，但使用成本较高，运行维护费用占使用成本的比例较大。所以减轻产品零部件的自重、降低运行能耗，同样是选择材料应考虑的重要因素。有时所选材料的制造成本较高，但其寿命长、运行维护费用低，反而使总成本降低。例如汽车用钢板，若将低碳优质碳素结构钢改为低碳低合金结构钢，虽然钢的成本提高，但由于钢的强度提高，钢板厚度可以减薄、用材总量减少、汽车自重减少、寿命提高、油耗减少、维修费减少，总成本反而降低。

随着工业的发展，资源和能源的问题日渐突出，选用材料时必须对此有所考虑，特别是对于大批量生产的零件，所用材料应该来源丰富并顾及我国资源状况。由于我国 Ni、Cr、Co 资源缺少，应尽量选用不含或少含这类元素的钢或合金。另外，还要注意生产所用材料的能耗，尽量选用耗能低的材料，例如为保证使用性能而选择非调质钢代替调质钢，既节省了能源，又减少了环境污染。

12.2.2　零件材料与工艺方法选择的步骤及依据

1. 选材的步骤及方法

1）选材的步骤

（1）通过分析零件的工作条件并结合同类材料失效分析的结果，确定允许材料使用的各项广义许用应力指标（如许用强度、许用变形量及使用时间等）。

（2）找出主要和次要的指标，以主要指标作为选材的主要依据。

（3）根据主要性能指标，选择符合要求的几种材料。

（4）根据材料的成形工艺性能、零件的复杂程度、零件的生产批量、现有生产条件和技术条件选择材料生产的成形工艺。

（5）综合考虑材料成本、成形工艺性能、材料性能、使用的可靠性等，利用优化方法选出最适用的材料。

（6）必要时，对于重要的零件应在投产前先进行试验，初步检验所选择材料是否满足性能要求、加工过程有无困难，试验结果基本满意后再进行投产。

上述步骤只是选材步骤的一般规律，其工作量和耗时都相当大。进行重要零件和新材料的选材时，需进行大量的基础性试验和批量试生产过程，以保证材料的使用安全性；对不太重要的、批量小的零件，通常参照相同工况下同类材料的使用经验来选择材料、确定材料的牌号和规格、安排成形工艺。若零件属于正常的损坏，则可选用原来的材料及成形工艺；若零件的损坏属于非正常的早期破坏，应找出引起失效的原因并采取相应的措施。零件的早期失效如果是材料或生产工艺问题导致的，可以考虑选用新材料或新的成形工艺。

2）选材的方法

（1）经验法。

根据以往生产相同零件时选材的成功经验，或者根据有关设计手册对此类零件的推荐用材作为依据来选材。此外，在国内外已有同类产品的情况下，可通过技术引进或进行材料成分与性能测试套用其中同类零件所用的材料。

（2）类比法。

通过参考其他种类产品中功能或使用条件类似且实际使用良好的零件的用材情况，经过合理的分析、对比后，选择与之相同或相近的材料。

（3）替代法。

在生产零件或维修机械更新零件时，如果原来所选用的材料因某种原因无法得到或不能使用，则可参照原用材料的主要性能指标另选一种性能与之近似的材料。为了确保零件的使用安全性，替代材料的品质和性能一般不能低于原用的材料。

（4）试差法。

如果是新设计的关键零件，应按照上述选材步骤的全过程进行选材，如果材料试验结果未能达到设计的性能要求，应找出差距、分析原因并对所选材料牌号或热处理方法加以改进后再进行试验直至结果满足要求，才可根据此结果确定所选材料及其热处理方法。

所选择的材料是否能够很好地满足零件的使用和加工要求，还有待在实践中做出检验，因此，选材的工作不仅贯穿于产品的开发、设计、制造等各个阶段，而且还要在使用过程中及时发现问题，不断改进材料。

2. 选材的依据

1）防止变形失效的选材依据

（1）防止弹性变形失效的选材依据。

防止弹性变形失效的主要选材指标是弹性模量，应使零件具有足够的刚度和稳定性。按照胡克定律，单向受拉（或压）的均匀截面杆件的应力－应变关系式为

$$\sigma = \frac{F}{A} = E\,\varepsilon_e \tag{12-1}$$

式中：F 为载荷；A 为杆的截面积；E 为弹性模量；ε_e 为弹性应变；σ 为弹性应力。

由式（12－1）可知弹性应变的大小取决于两个因素：一是物体的受力面积；二是材料的弹性模量。零件截面积越大、材料的弹性模量越高，越不容易发生弹性变形失效。为了防止零件弹性变形失效，从选材的角度考虑，应采用弹性模量高的材料。

表 12－2 所示为常用工程材料的弹性模量，由表中数据可见，金刚石的弹性模量最高，其次为陶瓷材料及难熔金属材料，钢铁也具有较高的弹性模量，有色金属的弹性模量低些，高分子材料的弹性模量最低。

表 12－2　常用材料的弹性模量

材料	$E/(\times 10^3\,\text{MPa})$	材料	$E/(\times 10^3\,\text{MPa})$
金刚石	1 000	Cu	124
WC	450～650	Cu 合金	120～150
硬质合金	400～530	Ti 合金	80～130
Ti，Zr，Hf 的硼化物	500		
SiC	450	石英玻璃	94
W	406	Al	69
Al_2O_3	390	Al 合金	69～79
TiC	380	钠玻璃	69

续表

材料	$E/(\times10^3 MPa)$	材料	$E/(\times10^3 MPa)$
Mo 及其合金	320 ~ 365	混凝土	45 ~ 50
Si_3N_4	289	玻璃纤维复合材料	7 ~ 45
MgO	250	木材（纵向）	9 ~ 16
Ni 合金	130 ~ 234	聚酯塑料	1 ~ 5
碳纤维复合材料	70 ~ 200	尼龙	2 ~ 4
铁及低碳钢	196	有机玻璃	3.4
铸铁	170 ~ 190	聚乙烯	0.2 ~ 0.7
低合金钢	200 ~ 207	橡胶	0.01 ~ 0.1
奥氏体不锈钢	190 ~ 200	聚氯乙烯	0.003 ~ 0.01

下面以等截面悬臂梁为例，分析它不发生弹性变形失效的选材问题。

如图 12－5 所示，臂梁的长度为 l，截面是边长为 a 的正方形，外加载荷为 F，许用挠度为［y］，其选材分析如下。

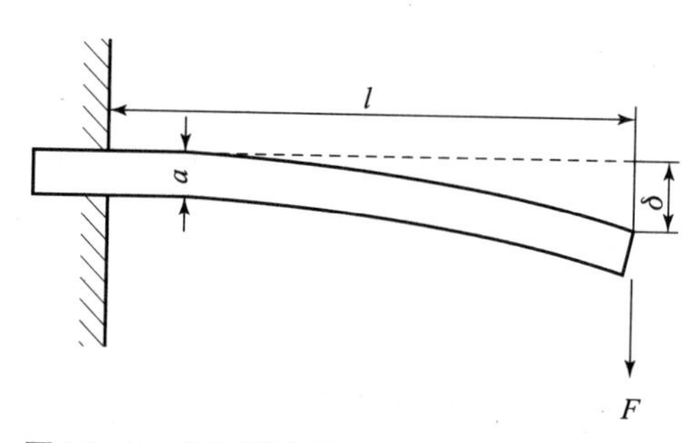

图 12－5　外加载荷为 F 时悬臂梁的弹性变形

梁的最大挠度为

$$y_{\max} = \frac{4l^3F}{Ea^4} \tag{12-2}$$

梁的刚度条件为

$$y_{\max} \leqslant [y] \tag{12-3}$$

由此可以得到

$$a \geqslant \left(\frac{4l^3F}{[y]}\right)^{\frac{1}{4}}\left(\frac{1}{E}\right)^{\frac{1}{4}} \tag{12-4}$$

可见，在其他条件不变时，为使梁的截面尺寸最小，则应选用 E 值最高的材料。

另外，梁的质量 M 为

$$M = la^2\rho \tag{12-5}$$

式中：ρ 为材料的密度。

将 a 的表达式代入，则有

$$M \geqslant \left(\frac{4l^5F}{[y]}\right)^{\frac{1}{2}}\left(\frac{\rho^2}{E}\right)^{\frac{1}{2}} \tag{12-6}$$

可见，当要求梁的质量尽可能轻时，应尽量选用$\frac{\rho^2}{E}$小的材料。

如果要求使梁的材料费用尽可能低时，则材料费 p 为

$$p=\tilde{p}M=\left(\frac{4l^5F}{[y]}\right)^{\frac{1}{2}}\cdot\tilde{p}\left(\frac{\rho^2}{E}\right)^{\frac{1}{2}} \tag{12-7}$$

式中：$\tilde{p}$ 为材料单位质量的价格。

所以应选用使 $\tilde{p}\left(\frac{\rho^2}{E}\right)^{\frac{1}{2}}$ 最小的材料，以使材料费用最低。

表 12－3 所示为几种常用材料的有关数据。由表 12－3 可见，如果要求梁的截面尺寸小，则钢是最好的材料，其次为碳纤维复合材料；如果要求梁尽可能轻，则应选碳纤维复合材料，其次为木材；如果要求梁的造价低，则应选木材，其次为混凝土。若改进设计，采用空心梁，则按梁的尺寸、质量、价格综合分析以选用钢材为优。

表 12－3　几种常用材料的有关数据

材料	弹性模量 E/MPa	密度 ρ/（$\times10^3$kg·m^{-3}）	单价 ρ/（元/吨）	$(\rho^2/E)^{1/2}$/（$\times10^{-2}$N$^{1/2}$·m^{-2}）	$\rho(\rho^2/E)^{1/2}$/（$\times10^{-4}$ $N^{-1/2}$·m^{-2}·元）
混凝土	48 000	2.5	580	11.4	66.1
木材	12 500	0.6	860	5.4	46.4
钢	210 000	7.8	900	17.1	153.9
铝合金	73 000	2.7	4 600	10.1	464.6
玻璃纤维复合材料	30 000	1.8	6 600	10.2	673.2
碳纤维复合材料	150 000	1.5	400 000	3.8	15 200
有机玻璃	3 400	1.2	10 000	20.5	2 050

应该指出，弹性模量主要取决于材料的本质，其对组织乃至成分的变化不敏感，因此在以刚度为主要指标选材时，主要应考虑廉价的低碳钢或铸铁。如桥梁等金属结构，可选用低碳钢或普通低合金钢；机架、床身等可选用各类铸铁。

（2）防止塑性变形失效的选材依据。

防止塑性变形失效的主要选材依据是屈服强度，应使零件的工作应力满足式（12－8）。

$$[\sigma]\leqslant\frac{R_{eL}}{K} \tag{12-8}$$

式中：$[\sigma]$ 为零件在使用工况下的最大应力；R_{eL} 为所选材料的屈服强度；K 为安全系数，常温静载的塑性材料一般取 $K=1.4\sim1.8$，脆性材料一般取 $K=2.0\sim3.5$。

这就是说，所选材料的屈服强度应大于材料的最大工作应力，同时必须留有一定的安全余量。根据这种方法进行选材，能满足多数情况下的强度需要，防止零件发生塑性变形失效。

表 12－4 所示为常用工程材料的屈服强度。由于金刚石及陶瓷材料的脆性极大，无法用拉伸试验测定它们的屈服强度值，表中数据是由硬度值推算出来的，虽然数值很高，但实际使用中无法发挥出其高强度的特点。从表 12－4 中数据可以看出高强合金钢的屈服强度值较高，因此其广泛应用于各种高强度结构。高分子材料的强度一般较低。

表 12－4　常用工程材料的屈服强度

材料	屈服强度/MPa	材料	屈服强度/MPa
金刚石	50 000	Cu	60
SiC	10 000	铜合金	60～960
Si_3N_4	8 000	铝	40
石英玻璃	7 200	Al 合金	120～627
WC	6 000	铁素体不锈钢	240`～400
Al_2O_3	5 000	碳纤维复合材料	640～670
TiC	4 000	钢筋混凝土	410
钠玻璃	3 600	低碳钢	220
MgO	3 000	玻璃纤维复合材料	100～300
低合金钢（淬－回火）	500～1 980	有机玻璃	60～110
压力容器钢	1 500～1 900	尼龙	52～90
奥氏体不锈钢	286～500	聚苯乙烯	34～70
Ni 合金	200～1 600	木材（纵向）	35～55
W	1 000	聚碳酸酯	55
Mo 及其合金	560～1 450	聚乙烯（高密度）	6～20
Ti 及其合金	180～1 320	天然橡胶	3
碳钢（淬－回火）	260～1 300	泡沫塑料	0.2～10
铸铁	220`～1 030		

下面以板簧为例，分析为防止塑性变形失效进行选材时对屈服强度的考虑。设板簧长为 l，宽为 b，厚为 t，如图 12－6 所示。板簧的受力相当于中间受载的支撑梁，若略去自重，其挠度为

$$y=\frac{Fl^3}{4Ebt^3} \tag{12-9}$$

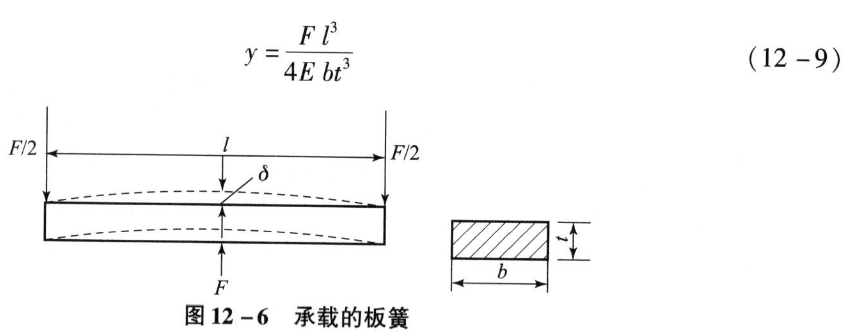

图 12－6　承载的板簧

图 12－7 所示为板簧截面的应力分布情况，中心线处的应力为 0，表面处的应力最大，其值为

$$\sigma=\frac{3Fl}{2bt^2} \tag{12-10}$$

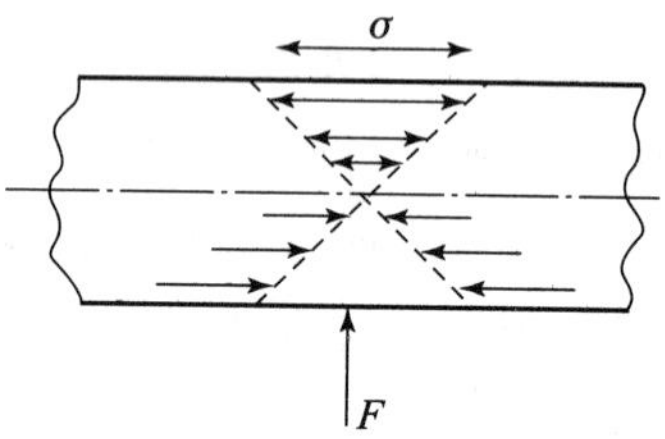

图 12－7　板簧截面的应力分布

板簧在工作中不允许发生塑性变形，所以要求其最大工作应力小于屈服强度，即

$$\sigma=\frac{3Fl}{2bt^2}<R_{eL} \tag{12-11}$$

由此可以得出

$$\frac{R_{eL}}{E}>\frac{6yt}{l^2} \tag{12-12}$$

式（12－12）中左边为与材料有关的两个量，右边为设计的要求值，显然，当所选材料满足式（12－12）要求时，可以保证板簧不发生塑性变形。

表 12－5 所示为可制造弹簧的材料的$\frac{R_{eL}}{E}$的值，从中可见最好的弹簧材料是铍青铜，其次为弹簧钢和磷青铜等。如考虑经济性原则，一般采用弹簧钢制造弹簧最为合理。

表 12－5　可制造弹簧的材料的$\frac{R_{eL}}{E}$值

材料	E/MPa	σ/MPa	σ/E （$\times10^{-3}$）
冷轧黄铜	120 000	638	5.32
冷轧青铜	120 000	640	5.33
磷青铜	120 000	770	6.43
铍青铜	120 000	1 380	11.5
弹簧钢	200 000	1 300	6.5
冷轧不锈钢	200 000	1 000	5.0
尼莫尼克高温合金	200 000	614	3.08

（3）防止蠕变变形失效的选材依据。

蠕变变形失效是由高温下的长期载荷引起的。蠕变开始温度主要取决于材料的熔点 T_m，在（0.3～0.4）T_m（金属）或（0.4～0.5）T_m（陶瓷）温度以上，材料会发生蠕变。所以熔点越高，蠕变越难。高分子材料没有固定的熔点，其在软化温度以上也会发生蠕变。

表 12－6 所示常用材料的熔点或软化温度。从抗蠕变的角度看，陶瓷材料与难熔金属的性能最好，其次为铁、镍基合金，它们是目前应用最多的耐热材料；塑料的软化温度很低，不能做高温抗蠕变的结构材料使用。

表 12－6　常用材料的熔点或软化温度

材料	T_m/K	材料	T_m/K
金刚石	4 000	Cu	1 356
W	3 680	Au	1 336
Ta	3 250	石英玻璃	1 100
SiC	3 110	Al	933
MgO	3 073	钠玻璃	700～900
Mo	2 880	Pb	600
Nb	2 740	聚酯	450～480
BeO	2 700	聚碳酸酯	400
Al_2O_3	232	聚乙烯（高密度）	300
Si_3N_4	2 173	聚乙烯（低密度）	360
Cr	2 148	聚苯乙烯	370～380
Pt	2 042	尼龙	340～380
Ti	1 943	玻璃纤维复合材料	340
Fe	1 809	碳纤维复合材料	340
Ni	1 726	聚丙烯	330

2）低应力脆性断裂失效的选材依据

低应力脆性断裂是最危险的失效形式，其可在多种条件下发生，例如在高温、室温或低温下发生；在静载或冲击载荷下发生；在光滑的、有缺口的或带裂纹的构件上发生。低应力脆性断裂受温度、加载速度、缺口形状、冶金因素等的影响，所以用单一参数来表征低应力脆性断裂存在一定的困难。为了方便，工程上常用冲击韧性作 a_K 为材料抗脆断能力的度量。常用材料的冲击韧性值如表 12－7 所示。

表 12－7　常用材料的冲击韧性值

材料	冲击功或冲击韧性	试样
退火态工业纯铝	30	Charpy V 型试样
退火态黑心可锻铸铁	15	
灰口铸铁	3	
退火态奥氏体不锈钢	217	
热轧 0.2% 碳钢	50	
高密度聚乙烯	30 kJ/m²	缺口尖端半径 0.25 mm，缺口深度 2.75 mm
聚氯乙烯	3	
尼龙 66	5	
聚苯乙烯	2	
ABS 塑料	25	

对于含裂纹的构件，材料的断裂不单与外加应力有关，也与裂纹的长度有关。断裂的发生主要取决于裂纹扩展的抗力，常采用断裂韧性 K_{IC} 作为选材的依据。常用材料的断裂韧性值如表 12－8 所示，由表可见陶瓷材料和高分子材料的断裂韧性非常低，复合材料与某些有色合金的断裂韧性相当，钢和钛合金是断裂韧性最好的材料。

表 12－8　常用材料的断裂韧性值

材料	K_{IC}/（$MPa \cdot m^{1/2}$）	材料	K_{IC}/（$MPa \cdot m^{1/2}$）
纯塑性金属	96～340	木材（纵向）	11～14
（Cu、Na、Al 等）		聚丙烯	～2.9
转子钢	192～211	聚乙烯	0.9～1.9
压力容器钢	～155	尼龙	～2.9
高强钢	47～149	聚苯乙烯	～1.9
低碳钢	～140	聚碳酸酯	0.9～2.8
钛合金（Ti_6Al_4V）	50～118	有机玻璃	0.9～1.4
玻璃纤维复合材料铝	19～56	聚酯	～0.5
合金	22～43	木材（横向）	0.5～0.9
碳纤维复合材料	31～43	Si_3N_4	3.7～4.7
中碳钢	～50	SiC	～2.8
铸铁	6～19	MgO 陶瓷	～2.8
高碳钢工具	～19	Al_2O_3 陶瓷	2.8～4.7
钢筋混凝土	9～16	水泥	～0.2
硬质合金	12～16	钠玻璃	0.6～0.8

下面以压力容器为例讨论防止断裂的选材问题。设压力容器为薄壁圆柱形，如图 12－8 所示。容器壁厚为 t，半径为 r，且 $t \ll r$，容器中的气体压力为 p，当容器壁中有长度为 $2a$ 的裂纹时，容器壁的应力为

$$\sigma = \frac{pr}{t} \tag{12-13}$$

当 $\sigma > R_{eL}$ 时，容器发生全面屈服，产生塑性变形失效；当 $K_I = \sigma\sqrt{\pi a} > K_{IC}$ 时，发生断裂失效。这两者与裂纹尺寸 $2a$ 的关系如图 12－9 所示。当裂纹半长小于 a_c 时，随着 σ 的增大，发生全面屈服；当裂纹半长大于 a_c 时，随着 σ 的增大，发生断裂。

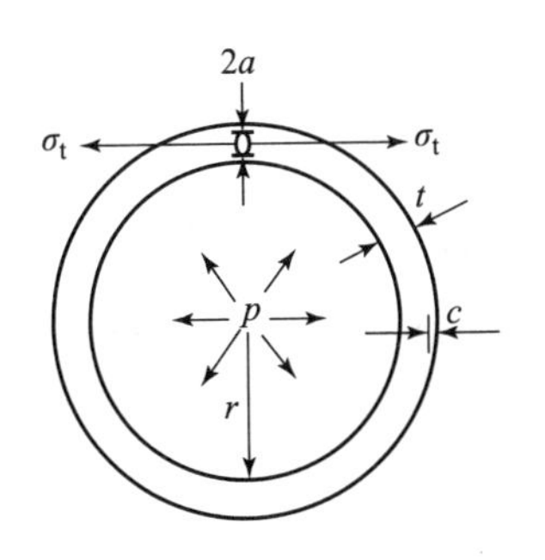

图 12－8　有裂纹的薄壁压力容器

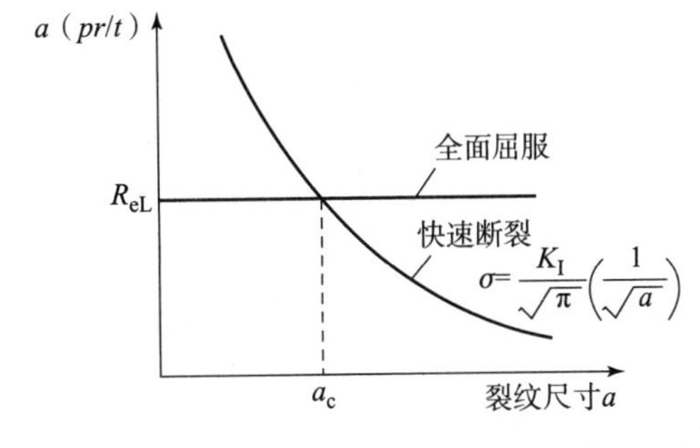

图 12－9　压力容器的屈服－断裂曲线

现有几种候选材料，它们的 R_{eL} 和 K_{IC} 的值如表 12－9 所示。根据这些数值可得到不同材料断裂与全面屈服临界点的裂纹半长。由表 12－9 中数据可见，当材料中的裂纹半长小于 1.92 mm 时，选钢最安全；当裂纹半长大于 1.92 mm 时，选钛合金最安全。

表 12－9　几种材料的屈服强度和断裂韧性值

材料	R_{eL}/MPa	K_{IC}/（MPa·m$^{1/2}$）	a_c =（$K_{IC}/R_{eL}/\pi$）^{2}/mm
钢	1 177	74.9	1.92
钛合金	965	87.9	2.64
铝合金	586	33	1.01

3）防止疲劳失效的选材依据

疲劳断裂失效是在交变循环应力多次作用下发生的，其是机器零件最常见的失效形式之一。疲劳断口由较光滑的疲劳裂纹及扩展区和较粗糙的最后断裂区组成，并且可以根据两个区域面积的相对比例和相对位置来估计承受应力的高低及应力集中的大小。应力越高，应力集中越大，则最后断裂区的面积越大，且断裂区越移向零件心部，属低周疲劳。凡是最后断裂位置在零件中心时，均是由于高应力所致，其疲劳寿命不高；而最后断裂位置在零件表面或接近表面时，其应力均不高，使用寿命很长，属高周疲劳。

（1）高周疲劳失效的选材问题。

若零件中无裂纹，受拉－缩交替循环应力的作用，应力的幅值为

$$\Delta\sigma = \sigma_{max} - \sigma_{min} \tag{12-14}$$

当 σ_{max} 或 σ_{min} 小于 R_{eL} 时，疲劳寿命 N 与外加循环应力幅值 $\Delta\sigma$ 的关系符合 Basquin 定律

$$\Delta\sigma N^a = C_1 \tag{12-15}$$

式中：a 为常数，在 1/15 ~ 1/8 之间；C_1 也是常数，约等于简单拉伸时的断裂应力。

高周疲劳时，材料疲劳抗力的指标主要为疲劳强度 σ_{-1}。一般来说，陶瓷材料和高分子材料的疲劳强度都很低，金属材料（特别是钛合金和高强钢）的疲劳强度较高。因此，抗疲劳的零件几乎都是用金属材料制造的。

材料的弯曲疲劳强度 σ_{-1} 与抗压疲劳极限 σ_{-1p} 以及扭转疲劳极限 τ_{-1} 之间大致有下列关系：

$\sigma_{-1p} = 0.85\,\sigma_{-1}$　　（对钢）

$\sigma_{-1p} = 0.65\,\sigma_{-1}$　　（对铸铁）

$\tau_{-1} = 0.55\,\sigma_{-1}$　　（对钢及轻合金）

$\tau_{-1} = 0.8\,\sigma_{-1}$　　（对铸铁）

由以上关系式可估算材料不同载荷类型下的疲劳极限。

零件上如有台阶、拐角、键槽、油孔、螺纹等应力集中部位，零件的疲劳强度将会显著降低。因此，结构复杂零件选材时还应考虑材料的缺口敏感度 q_f。当 $q_f = 0$ 时，表示材料对缺口不敏感，即缺口不降低材料的疲劳强度；当 $q_f = 1$ 时，则材料对缺口极端敏感。一般结构钢的 q_f 值为 0.6 ~ 0.8，粗晶粒钢的 q_f 值为 0.1 ~ 0.2，球墨铸铁的 q_f 值 0.11 ~ 0.25，灰铸铁的 q_f 值 0 ~ 0.05，而高强钢的 q_f 值近似为 1。

材料的疲劳强度和它的化学成分、组织状态有关。结构钢的 σ_{-1} 值一般随含碳量的增加而提高，工具钢的 σ_{-1} 值则随碳含量的增加而降低。细化晶粒可有效地提高材料的 σ_{-1} 值，但也使 q_f 值增高。组织均匀性好的回火马氏体和回火屈氏体，其 σ_{-1} 值最高，但淬火组织中的未熔铁素体和过多的残余奥氏体等非马氏体组织都将使 σ_{-1} 值下降。合金钢主要是通过提高钢的淬透性、保证获得均匀良好的组织状态来提高其 σ_{-1} 值；而对高强度钢，加入 Ni 等元素可在保证强度的前提下适当提高其塑韧性，从而进一步提高 σ_{-1} 值。

疲劳源多产生于零件表面，因此采用表面强化处理是提高零件疲劳强度的有效途径。轴类和齿轮等零件广泛应用表面淬火，使零件表层获得高强度的回火马氏体并产生很大的残余压应力，这样可同时提高零件的耐磨性和疲劳强度，在零件缺口也能获得良好硬化层时，其强化效果更为显著。氮化零件的表面具有很高的硬度和残余压应力，且在缺口处能获得良好的氮化层，因此具有很高的疲劳强度。合理选择渗碳硬化层深度可使零件表层具有良好的组织和产生较高的残余压应力，有利于提高渗碳件的疲劳强度。表面滚压和喷丸等工艺能强化表面、消除表面缺陷、产生残余压应力，因而能有效地提高疲劳强度。

（2）低周疲劳失效的选材问题。

低周疲劳破坏是 20 世纪 60 年代才引起人们注意的失效问题，其常见于飞机涡轮盘、起落架、潜艇壳体、汽轮机大转子、桥梁、压力容器等低周交变高负荷零件。在这种情况下，对疲劳破坏起主要作用的是应力产生的塑性应变幅值大小 $\Delta\varepsilon_p$，这时存在 Coffin – Manson 关系

$$\Delta\varepsilon_p N^b = C_2 \tag{12-16}$$

式中：b 为常数，在 0.5 ~ 0.7 之间；C_2 也是常数，约等于简单拉伸时的塑性断裂应变。

在低周疲劳区，材料的疲劳抗力不单与强度有关，而且与塑性有关，即材料应有较好的强韧性。因此，为防止低周疲劳失效，在满足零件强度的前提下，应优先选用高塑性的材料。另外，各种表面强化手段对提高低周疲劳寿命没有明显的效果。

4）防止磨损失效的选材依据

磨损失效主要是由受机械力作用的接触表面间发生摩擦造成的。材料的磨损程度决定于其耐磨性。为了提高零件的耐磨性，应根据不同的磨损方式，对材料提出不同的要求。同一零件可能同时存在几种磨损，但经过具体分析，总能确定某一种磨损占主要地位。

（1）磨粒磨损的选材问题。

按载荷性质和应力大小的不同，磨粒磨损分为低应力磨损和高应力磨损两类。气缸套、机床导轨、开式齿轮传动中的磨损等属于低应力磨损，摩擦副之间的压应力一般不超过磨粒的破坏强度；凿岩机钎头、碎石机锤头中的磨损等属于高应力磨损，其压应力足以使磨粒破碎。

承受低应力磨损的零件，应选用“硬度/弹性模数”比值大的材料，如高磷铸铁、含 B 或 Nb 的铸铁；当选用钢材时，应使零件表面具有高硬度。在相同硬度下，材料组织中含有碳化物、氮化物等硬质相时，其耐磨性更好。

承受高应力磨损（尤其是冲击载荷）的零件，应选用具有很高加工硬化率和较大韧性的材料，如高锰耐磨钢。

承受介于低应力和高应力之间磨损的零件，如承受泥沙磨损的零件，其耐磨性随材料硬度的增加而提高；在相同的硬度下，尤其当硬度超过 40 HRC 时，其耐磨性则随韧性的增加而提高。这类零件一般可选用中碳低合金钢，经感应加热淬火与低温回火；在冲击较小时可选用共析钢淬火与低温回火，甚至可用冷硬铸铁。表 12－10 所示为钢铁的磨损系数。

表 12－10　钢铁的磨损系数

材料或组织	布氏硬度	磨损系数*
工业纯铁	90	1.40
灰口铁	~200	1.00~1.50
0.2% 碳钢	105~110	1.00
白口铁	~400	0.90~1.00
珠光体	220~350	0.75~0.85
奥氏体（高碳高锰钢）	200	0.75~0.85
贝氏体	512	0.75
马氏体	715	0.60
马氏体铸铁	550~750	0.25~0.60

注：* 为与标准样品 0.2% 碳钢（布氏硬度 105~110）质量损失的比值。

（2）黏着磨损的选材问题。

为防止黏着磨损，要选择不易黏合的材料配对，同时要提高材料的抗剪强度。常用的配对材料有 Fe－Cu、Fe－Sn、Fe－塑料等。常用的降低表面黏合力和摩擦系数的表面处理工艺有氧化、磷化和软氮化等。渗碳、渗氮和碳氮共渗等工艺既能强化表面，又能减小与配对材料间的黏合力，可显著提高零件的耐磨性。

（3）腐蚀磨损的选材问题。

腐蚀磨损是在磨损过程中伴随有介质对磨损表面的腐蚀及腐蚀产物的剥落的磨损。一般机械中常见的腐蚀磨损有氧化磨损和微动磨损。提高基体的表面硬度，采用氧化、磷化、蒸汽处理、硫化处理，必要时可采用镀铬防护层等工艺，都能减少氧化磨损。

微动磨损又称咬蚀，主要发生在零件的嵌合部位或紧配合处，配合面不脱离接触却产生微小松动，因磨损产物不易排出而形成蚀坑。微动磨损会引起更严重的应力集中，从而导致疲劳破坏。防止微动磨损的措施主要是设计、工艺上减少紧配合处的应力集中，如轮－轴配合处开卸荷槽，锤杆－锤头紧配合处镶锰青铜衬套等。

（4）接触疲劳失效的选材问题。

当表面摩擦力较大、材料表面强度较低时，剥落裂纹常起源于接触表面。当接触应力较大、表层材质较好时，剥落裂纹往往产生于表面以下 0.786b 处（b 为接触面半宽），此处存在着最大切应力。经过表面强化的零件，剥落裂纹常产生在表面硬化层与心部交界的过渡区或热影响区，该处材料抗剪强度低而切应力较大，从而使“剪切应力/剪切强度”达到最大值。

为了防止零件接触疲劳失效，选用材料和热处理工艺时首先要保证零件表层的强度和硬度。表面高硬度一般可阻止剥落裂纹的形成，但会加速裂纹的发展，一般最佳硬度值为 58～62 HRC，对同时承受冲击的零件可取下限。为了防止次表层裂纹和表层压碎，硬化层应有一定深度，心部应有一定的硬度（以 35～40 HRC 为宜）。两滚动体之间有适当的硬度差有利于提高接触疲劳寿命。如小齿轮的硬度高于与之啮合的大齿轮硬度，不仅符合等强度设计，而且可使大齿轮冷作硬化，改善啮合条件，提高接触精度，从而提高承载能力；如某减速器齿轮，小齿轮表面淬火，大齿轮调质处理，硬度比为 1.4～1.7，可提高承载能力 30%～50%。最佳硬度匹配可通过试验找出。

为了提高接触疲劳强度，高碳钢和渗碳件的淬火温度不宜过高，回火温度不宜过低：粗大的马氏体和过多的残余奥氏体会降低材料的疲劳寿命。如果不是为了提高耐磨性，应尽量减少钢中的未溶碳化物，或者使未溶碳化物颗粒趋于小、少、匀、圆，以免降低接触疲劳强度。钢中夹杂物的影响与碳化物类似。在距表面一定深度范围内存在残余压应力时，对接触疲劳强度有益。弹性模数低的材料能使接触应力减小、点蚀减轻。因此，在可能情况下采用球墨铸铁和钢配对时，可减轻点蚀和咬合刮伤。

5）防止腐蚀失效的选材依据

在工业上，一般用腐蚀速度的高低表示材料耐蚀性的高低。腐蚀速度用单位时间内单位面积上金属材料的损失量来表示；也可用单位时间内金属材料的腐蚀深度来表示。工业上常用 6 类 10 级的耐蚀性评级标准，具体如表 12－11 所示。

表 12－11　金属材料耐蚀性的分类评级标准

耐蚀性分类		耐蚀性分级	腐蚀速度/（$mm \cdot a^{-1}$）
Ⅰ	完全耐蚀	1	<0.001
Ⅱ	相当耐蚀	2	0.001～0.005
		3	0.005～0.01
Ⅲ	耐蚀	4	0.01～0.05
		5	0.05～0.1

续表

耐蚀性分类		耐蚀性分级	腐蚀速度/（$mm \cdot a^{-1}$）
Ⅳ	尚耐蚀	6 7	0.1～0.5 0.5～1.0
Ⅴ	耐蚀性差	8 9	1.0～5.0 5.0～10.0
Ⅵ	不耐蚀	10	>10.0

绝大多数工程材料都是在大气环境中工作的，大气腐蚀是一个普遍性的现象。大气的湿度、温度、日照、雨水及腐蚀性气体含量对材料腐蚀的影响很大。在常用合金中，碳钢在工业大气中的腐蚀速度为 10～60 μm/a，在需要时常涂敷油漆等保护层后使用；含有铜、磷、镍、铬等合金组分的低合金钢，其耐大气腐蚀性能有较大提升，一般可不涂油漆直接使用；铝、铜、铅、锌等合金的耐大气腐蚀性能很好。

碳钢在淡水中的腐蚀速度与水中溶解的氧浓度有关，钢铁在含有矿物质的水中腐蚀速度较慢。控制钢铁在淡水中腐蚀速度的常用办法是添加缓蚀剂。海水中由于有氯离子的存在，铁、铸铁、低合金钢和中合金钢在海水中不能钝化，因此腐蚀作用较明显。钢铁在海水中的腐蚀速度为0.13 mm/a，铝、铜、铅、锌的腐蚀速度均在0.02 mm/a 以下。碳钢、低合金钢和铸铁在各种土壤中的腐蚀速度没有明显差别，均为0.2～0.4 mm/a。

各种材料在 20 ℃水溶液中的耐腐蚀性能如表 12－12 所示，常用陶瓷的耐腐蚀性能见表 12－13。在使用时应根据具体情况从相关参考资料中查阅材料的耐蚀性数据。

表 12－12　各种金属材料在 20℃水溶液中的耐腐蚀性能

材料	20% 的溶液				海水
	HNO_3	H_2SO_4	HCl	KOH	
铅	8～9	3～5	10	8～9	5～6
铝（99.5%）	7～8	6	9～10	10	5
锌（99.99%）	10	10	10	10	6～8
铁（99.9%）	10	8～9	9～10	1～2	6
碳钢（0.3% C）	10	8～9	9～10	1～2	6～7
铸铁（3.5% C）	10	8～9	10	1～2	6～7
3Cr13 不锈钢	6	8～9	10	1～2	6～7
2Cr17 不锈钢	4	8～9	10	1～2	5～6
Cr27 不锈钢	3	8～9	10	1～2	4～5
1Cr18Ni8 不锈钢	3	8～9	10	1～2	4～5
1Cr18Ni8Mo3 不锈钢	3	7	6～7	1～2	1～3
铜	10	4～5	9～10	2～3	5～6
10% Al 黄铜	8～9	3～4	7～8	—	4～6

续表

材料	20%的溶液				海水
	HNO_3	H_2SO_4	HCl	KOH	
锡	10	—	6~7	6	—
镍	9~10	7~8	6~7	1~2	3~4
蒙乃尔合金 (Ni-27Cu-2Fe-1.5Mn)	4~5	5~6	6~7	1~2	3~4
钛	1~2	1~2	—	—	1~2
银	10	3~4	1~3	1~2	1~2
金	1~2	1~2	1~2	1~2	1
铂	1~2	1~2	1~2	1~2	1

表 12-13 常用陶瓷的耐腐蚀性能

种类	酸液及酸性气体中	碱液及碱性气体中	熔融金属中	种类	酸液及酸性气体中	碱液及碱性气体中	熔融金属中
Al_2O_3	良好	尚可	良好	SiO_2	良好	差	可
MgO	差	良好	良好	SiC	良好	可	可
BeO	可	差	良好	Si_3N_4	良好	可	良好
ZrO_2	尚可	良好	良好	BN	可	良好	良好
ThO_2	差	良好	良好	B_4C	良好	可	—
TiO_2	良好	差	可	TiC	差	差	—
Cr_2O_3	差	差	差	TiN			—
SnO_2	可	差	差				

3. 成形工艺的选择依据

一般而言，当产品的材料确定后，其成形工艺的类型就大体确定了。例如，产品为铸铁件，则应选铸造成形；产品为薄板成形件，则应选塑性成形；产品为 ABS 塑料件，则应选注塑成形；产品为陶瓷件，则应选相应的陶瓷成形工艺等。然而，成形工艺对材料的性能也会产生一定的影响，因此在选择成形工艺时，还必须考虑材料的各种性能，如力学性能、使用性能及某些特殊性能等。

1）产品材料的性能

（1）材料的力学性能。

例如，材料为钢的齿轮零件，当其力学性能要求不高时，可采用铸造成形工艺；而力学性能要求高时，则应选用压力加工成形工艺。

（2）材料的使用性能。

例如，若选用钢材模锻成形工艺制造小轿车、汽车发动机中的飞轮零件，由于轿车转速高，要求行驶平稳，在使用中不允许飞轮锻件有纤维外露，以免产生腐蚀，影响其使用性能，故不宜采用开式模锻成形工艺，而应采用闭式模锻成形工艺。这是因为，开式模锻成形工艺只能锻造出带有飞边的飞轮锻件，在随后进行的切除飞边修整工序中，锻件的纤维组织会因被切断而外露；而闭式模锻工艺锻造的锻件没有飞边，可克服此缺点。

（3）材料的工艺性能。

材料的工艺性能包括：铸造性能、锻造性能、焊接性能、热处理性能及切削加工性能等等。例如，易氧化和吸气的非铁金属材料的焊接性差，其连接就宜采用氩弧焊接工艺，而不宜采用普通的手弧焊接工艺。又如，聚四氟乙烯材料尽管也属于热塑性塑料，但因其流动性差，故不宜采用注塑成形工艺进行制造，而只宜采用压制烧结的成形工艺进行制造。

（4）材料的特殊性能。

材料的特殊性能包括材料的耐磨性、耐腐蚀性、耐热性、导电性或绝缘性等。如耐酸泵的叶轮、壳体等，如选用不锈钢制造，则只能用铸造成形；如选用塑料制造，则可用注塑成形；如要求既耐热又耐蚀，那么就应选用陶瓷制造，并相应地选用注浆成形工艺等。

2）零件的生产批量

对于成批、大量生产的产品，可选用精度和生产率都比较高的成形工艺。虽然这些成形工艺装备的制造费用较高，但这部分投资可由每个产品材料消耗的降低来补偿。如大量生产锻件，应选用模锻、冷轧、冷拔和冷挤压等成形工艺；大量生产非铁合金铸件，应选用金属型铸造、压力铸造及低压铸造等成形工艺；大量生产 MC 尼龙制件，应选用注塑成形工艺。

而单件（小批）生产这些产品时，可选用精度和生产率均较低的成形工艺，如手工造型、自由锻造及浇注与切削加工相联合的成形工艺。

3）零件的形状复杂程度

形状复杂的金属制件，特别是内腔形状复杂件，如箱体、泵体、缸体、阀体、壳体、床身等可选用铸造成形工艺；形状复杂的工程塑料制件，多选用注塑成形工艺；形状复杂的陶瓷制件，多选用注浆成形工艺或陶瓷注塑成形工艺；而形状简单的金属制件，可选用压力加工、焊接成形工艺；形状简单的工程塑料制件，可选用吹塑、挤出成形或模压成形工艺；形状简单的陶瓷制件，多选用模压成形工艺。

若产品为铸件，尺寸要求不高的可选用普通砂型铸造；而尺寸精度要求高的，则依铸造材料和批量的不同，可分别选用熔模铸造、气化模铸造、压力铸造及低压铸造等成形工艺。若产品为锻件，尺寸精度要求低的，多采用自由锻造成形；而精度要求高的，则选用模锻成形、挤压成形等工艺。若产品为塑料制件，精度要求低的，多选用中空吹塑工艺；而精度要求高的，则选用注塑成形工艺。

4）现有生产条件

现有生产条件是指生产产品和设备能力、人员技术水平及外协可能性等。例如，生产重型机械产品时，在现场没有大容量的炼钢炉和大吨位的起重运输设备条件下，常常选用铸造和焊接联合成形的工艺，即首先将大件分成几小块来铸造后，再用焊接拼成大件。又如，车床上的油盘零件，通常是用薄钢板在压力机下冲压成形，但如果现场条件不具备，则应采用其他工艺方法：现场没有薄板，也没有大型压力机，就不得不采用铸造成形工艺生产（此时其壁厚比冲压件厚）；当现场有薄板，但没有大型压力机时，就需要选用经济可行的旋压成形工艺来代替冲压成形。

5）充分考虑利用新工艺、新技术、新材料的可能性

随着工业市场需求日益增大，用户对产品品种和品质更新的要求越来越强烈，促使生产性质由成批大量变成多品种、小批量，因而扩大了新工艺、新技术、新材料的应用范围。因此，为了缩短生产周期、更新产品类型及品质，在可能的条件下应大量采用精密铸造、精密锻造、精密冲裁、冷挤压、液态模锻、超塑成形、注塑成形、粉末冶金、陶瓷等静压成形、复合材料成形、快速成形等新工艺、新技术，或采用无余量成形使零件近净形化，从而显著提高产品品质和经济效益。

除此之外，为了能合理选用成形工艺，技术人员还必须对各类成形工艺的特点、适用范围以及成形工艺对材料性能的影响有比较清楚的了解。金属材料各种毛坯成形工艺的特点如表 12－14 所示。

表 12－14　金属材料各种毛坯成形工艺的特点

毛坯	铸件	锻件	冲压件	焊接件	轧材
成形特点	液态下成形	固态塑性变形	固态塑性变形	结晶或固态下连接	固态塑性变形
对材料工艺性能的要求	流动性好，收缩率低	塑性好，变形抗力小	塑性好，变形抗力小	强度高，塑性好，液态下化学稳定性好	塑性好，变形抗力小
常用材料	钢铁材料、铜合金、铝合金	中碳钢，合金结构钢	低碳钢，有色金属薄板	低碳钢、低合金钢、不锈钢、铝合金	低、中碳钢，合金钢，铝合金，铜合金
金属组织特征	晶粒粗大，组织疏松	晶粒细小、致密，晶粒成方向性排列	沿拉伸方向形成新的流线组织	焊缝区为铸造组织、熔合区和过热区晶粒粗大	晶粒细小、致密，晶粒成方向性排列
力学性能	稍低于锻件	比相同成分的铸件好	变形部分的强度、硬度高，结构钢度好	接头的力学性能能达到或接近母材	比相同成分的铸件好
结构特点	形状不受限制，可生产结构相当复杂的零件	形状较简单	结构轻巧，形状可稍复杂	尺寸结构一般不受限制	形状简单，横向尺寸变化较少
材料利用率	高	低	较高	较高	较低
生产周期	长	自由锻短，模锻较长	长	较短	短
生产成本	较低	较高	批量越大，成本越低	较高	较低

续表

毛坯	铸件	锻件	冲压件	焊接件	轧材
主要适用范围	各种结构零件和机械零件	传动零件，工具、模具等各种零件	以薄板成形的各种零件	各种金属结构件，部分用于零件毛坯	结构上的毛坯料
应用举例	机架、床身、底座、工作台、导轨、变速箱、泵体、曲轴、轴承座等	机床主轴、传动轴、曲轴、连杆、螺栓、弹簧、冲模等	汽车车身、机表仪壳、电器的仪壳，水箱、油箱	锅炉、压力容器、化工容器管道，厂房构架、桥梁、车身、船体等	光轴、丝杠、螺栓、螺母、销子等

12.3 典型零件的材料与工艺选择

机械设备的种类繁多，如机床、动力机械、矿山机械、农业机械、轻纺机械、石油化工机械、交通运输机械等。机械产品的用途不同、工作条件不同，在结构设计和选材上的特点也就不同。不同的机械又有共同的基本零件，如齿轮和轴类零件等，它们的功能相似但工作条件各异，因而在材料和成形方法的选择上也千变万化。本节内容主要是运用相关知识，对典型零件的材料与工艺方法的选择问题进行全面分析，以建立总体的零件选材和选用合适工艺方法的思路。

12.3.1 轴类零件

1. 轴类零件的工作条件、失效形式及性能要求

1）工作条件分析

轴类零件是机械设备中最主要的零件之一，其作用主要是支承传动零件并传递运动和动力。这类零件包括各种传动轴、机床主轴、丝杠、光杠、曲轴、偏心轴、凸轮轴等。通常来说，轴类零件的工作条件为：①传递一定的扭矩，承受交变的弯曲应力与扭转应力，其应力沿截面上的分布是不均匀的，表面受力最大，中心最小；②轴在花键、轴径等部位和与其配合的零件之间有摩擦；③有的轴还承受一定程度的冲击载荷、振动或短时过载。

2）主要失效形式

（1）疲劳断裂，由于扭转疲劳和弯曲疲劳、交变载荷长期作用下造成轴的断裂，它是轴类零件最主要的失效形式。

（2）脆性断裂，在大载荷或冲击载荷作用下轴发生的折断或扭断。

（3）磨损失效，轴径或花键等处受强烈磨损所致。

（4）过量变形失效，在载荷作用下，轴发生过量弹性变形（或塑性变形）而影响设备的正常工作。

3）性能要求

（1）有足够的强度和韧性，以承受冲击载荷，防止过量变形或过载断裂。

（2）高的疲劳强度，特别是对高速重载轴更为重要。当弯曲载荷较大、转速又很高时，主轴承受着很高的交变应力，这就要求主轴具有高的疲劳强度，以防止疲劳断裂。

（3）在相对运动的摩擦部位，应具有较高的硬度和耐磨性，以防止磨损失效。

此外，在特殊条件下工作的轴应有特殊性能要求，如在高温下工作的轴，要求有高的蠕变抗力；在腐蚀环境下工作的轴，要求有较高的耐腐蚀能力，等等。

2. 轴类零件的选材

通过前述分析可知，作为轴的材料，如选用高分子材料，其弹性模量小、刚度不足、极易变形，所以不合适；如用陶瓷材料，则其太脆、韧性差，亦不合适。因此，重要的轴几乎都选用金属材料。

轴类零件选材时主要考虑强度，同时应兼顾材料的冲击韧性和表面耐磨性。足够的强度一方面可以保证轴的承载能力，防止变形失效；另一方面由于疲劳强度与拉伸强度大致成正比关系，因此也可以保证轴的耐疲劳性能，并且还对耐磨性有利。

为了兼顾强度和韧性，同时考虑疲劳抗力，轴一般用中碳钢或中碳合金调质钢制造。主要钢种有45、40Cr、40MnB、30CrMnSi、35CrMo和40CrNiMo等，具体钢种可根据轴的载荷类型和淬透性要求来决定。

（1）承受载荷不大、转速不高的轴，主要考虑轴的刚度、耐磨性及精度。例如，一些工作应力较低、强度和韧性要求不高的传动轴和主轴，常采用低碳或中碳非合金钢（如20、35、45钢）经正火后使用。若要求轴颈处有一定耐磨性，则选用45钢并经调质处理后在轴颈处进行表面淬火和低温回火，其工艺路线为：下料→锻造→正火→机加工→调质处理→精加工→检验。对尺寸较小、精度要求较高的仪表或手表中的轴，可采用碳素工具钢（如T10钢）或含铅高碳易切削钢（如YT10Pb，其 $W_c=0.95\%\sim1.05\%$）经淬火和低温回火后使用。

（2）承受交变弯曲载荷或交变扭转载荷的轴（如卷扬机轴、齿轮变速箱轴）或同时承受上述两种载荷的轴（如机床主轴、发动机曲轴、汽轮机主轴）在载荷作用下，其截面上的应力分布是不均匀的：表面部位的应力值最大，越往中心越小。这两类轴在选材时，不一定选淬透性较好的钢种，一般只需淬透轴半径的1/2～1/3，故常选用45、40Cr钢等，先经调质处理，后在轴颈处进行高、中频感应加热表面淬火及低温回火。

（3）对于同时承受交变弯曲（或扭转）及拉、压载荷的轴（如锻锤锤杆、船舶推进器曲轴等），其整个截面上应力分布基本均匀，因此应选用淬透性较高的钢（如30CrMnSi、35CrMo或42CrMo、40CrNiMo钢等）。材料一般也经调质处理，然后在轴颈处进行表面淬火及低温回火，其工艺路线为

合金结构钢下料→锻造→退火→机加工→调质处理→半精加工→表面淬火加低温回火→精加工（磨削）→检验

（4）承受较大冲击载荷、又要求较高耐磨性的形状复杂的轴（如坦克侧减速器主动齿轮轴、侧减速器被动轴、汽车、拖拉机的变速箱轴、齿轮轴、载荷较大的组合机床主轴、齿轮铣床主轴等）可选用合金渗碳钢（20Cr2Ni4A、20CrMnTi、20MnVB、20SiMnVB或18Cr2Ni4WA等）先经渗碳，再进行淬火和低温回火，其工艺路线为

合金渗碳钢下料→锻造→正火→机加工→渗碳、淬火加低温回火→精加工（磨削）→检验

（5）高精度、高速转动的轴（如高精度磨床主轴和高精度镗床主轴及镗杆等）可选用渗氮钢（38CrMoAlA）经调质和渗氮处理后使用；精密淬硬丝杠采用9Mn2V或CrWMn钢，经淬火加低温回火后使用。采用38CrMoAlA钢制造轴类零件的工艺路线为

下料→锻造→退火→粗加工→调质处理→精加工→去应力退火→粗磨→渗氯→精磨（或研磨）→检验

制造轴的材料不限于上述钢种，还可以选用不锈钢、球墨铸铁和铜合金等。如一般载重汽车的发动机曲轴常采用球墨铸铁（如 QT700－2）制造，以降低成本。

3. 成形工艺选择

轴类零件毛坯的成形工艺一般选用铸造和锻造成形。毛坯经过锻造后，内部组织比较致密，流线分布比较合理，承载能力得以提高，因此，重要的轴应选用锻件，并进行调质处理。而对于载重汽车、发动机曲轴等常采用球墨铸铁铸造成形。此外，对于台阶轴各外圆直径相差较小时，也可直接采用圆钢。

4. 机床主轴的选材

机床主轴是机床中的重要零件，其质量的好坏直接影响机床的精度和寿命。不同类型机床（如精密机床和重型机床）的工作条件差别很大，因此主要材料的选择应考虑主轴精度及表面粗糙度、转速高低及承受载荷的大小和性质、使用滑动轴承还是滚动轴承等情况。

表 12－15 所示为机床主轴的工作条件、选材及热处理。对于中等速度和载荷、冲击不大的机床主轴，一般可选用 45 钢经调质处理并对耐磨表面进行表面淬火；对于载荷较大的主轴，要有较高的疲劳强度，可用 40Cr 或 50Mn2 钢；对于转速及精度要求高、中等载荷的精密机床主轴（如高精度磨床及精密镗床主轴），要求很高的精度和耐磨性，可选用 38CrMoAlA 钢经调质处理，再对耐磨表面进行氮化。

表 12－15　机床主轴的工作条件、选材及热处理

序号	工作条件	材料	热处理工艺	硬度要求	应用举例
1	在滚动轴承中运转；低速、低中等载荷；稍有冲击载荷；精度不高	45	正火或调质处理	220～250 HBW 一般简易机床主轴	
2	在滚动轴承中运转；转速稍高、低中等载荷；精度要求不大；交变载荷不大	45	整体淬火 正火或调质加局部淬火	40～45 HRC≤229 HBW（正火） 220～250 HBW（调质） 46～57 HRC（表面）	立式铣床、龙门铣床、小型立式车床主轴
3	在滚动轴承中运转；低速、低中等载荷；精度要求不很高；有一定的冲击、交变载荷	45	正火或调质后轴颈局部表面淬火	≤229 HBW（正火） 220～250 HBW（调质） 46～57 HRC（表面）	CA6140、CR3463、C61200 等重型车床主轴
4	在滚动轴承中运转；转数略高；中等载荷、精度要求不太高；交变、冲击载荷不大	40Cr，40MnB，40MnVB	整体淬火 调质后局部淬硬	40～45 HRC 220～225 HBW（调质） 46～51HRC（局部）	滚齿机、组合机床主轴
5	在滑动轴承内运转、转速略高；中或重载荷；精度要求高；有较高的交变冲击载荷	40Cr，40MnB，40MnVB	调质后轴颈表面淬火	220～280 HBW（调质） 46～55 HRC（表面）	铣床、M7475B 磨床砂轮主轴

续表

序号	工作条件	材料	热处理工艺	硬度要求	应用举例
6	在滚动或滑动轴承内运转，转速较低，轻中载荷	50Mn2	正火	≤241HBW	重型机床主轴
7	在滑动轴承内运转，中或重载荷；要求轴颈部分有更高的耐磨性；精度很高；交变应力较大，冲击载荷较小	65Mn	调质后轴颈和头部局部淬火	250～280HBW 调质 56～161 HRC（轴颈表面） 50～55 HRC（头部）	M1450 磨床主轴
8	工作条件同上，表面硬度要求更高	GCr15，9Mn2V	调质后轴颈和头部淬火	250～280 HBW（调质） ≥59HRC（局部）	MQ1420、MB1432A 磨床砂轮主轴
9	在滑动轴承内运转，转速很慢，重载荷，精度要求极高；有很高的突变、冲击载荷	38CrMo－－AlA	调质后渗氮	≤260 HBW（调质） ≥850 HV 渗氮表面	高精度磨床砂轮主轴，T68 杆，T4240A 坐标床主轴，C2150.6 多轴自动车床中心轴
10	在滑动轴承内运转，转速很高；重载荷；高的冲击载荷；很高的交变应力	20CrMn－－Ti	渗氮淬火	50 HRC（表面）	Y7163 齿轮磨床、CG107 车床、SG8630 精密车床主轴

以 CA6140 车床主轴为例进行分析，其结构如图 12－10 所示。该轴主要承受弯曲应力与扭转应力，载荷、转速、冲击均不大，但其大端的轴径及锥孔经常与卡盘、顶尖有相对摩擦，这些部位要求较高的硬度与耐磨性。因此，应选用 45 钢制作该轴，调质处理后其硬度为 220～250 HBW，轴径和锥孔表面淬火、低温回火后硬度为 52 HRC。

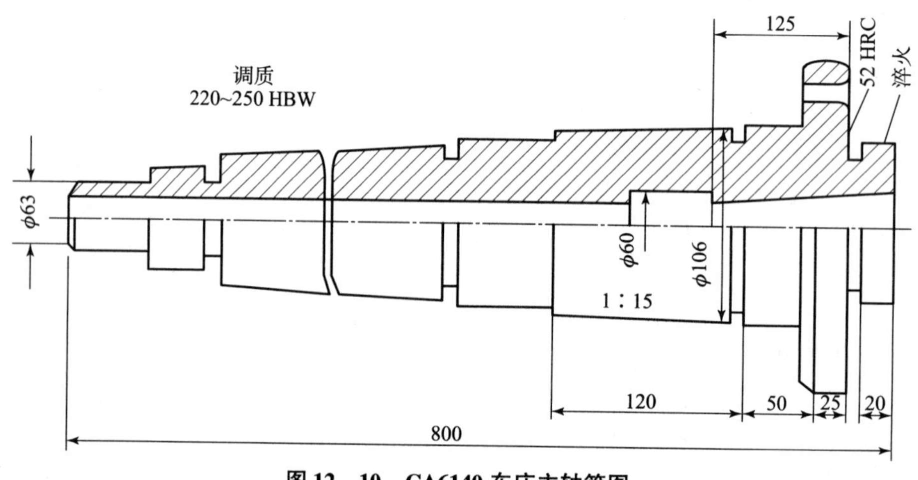

图 12－10　CA6140 车床主轴简图

CA6140 车床主轴属于载荷相对平稳且受力中等、转速中等的轴，但精度要求较高，因此主轴常选用 45 钢锻造毛坯，其加工工艺路线为

下料→锻造→正火→粗加工→调质处理→半精加工→局部表面淬火、低温回火→精磨→检验

正火可细化晶粒、调整硬度、改善切削加工性能；调质处理可得到高的综合力学性能和疲劳强度；局部表面淬火和低温回火可获得局部的高硬度和耐磨性。

12.3.2　齿轮类零件

1. 齿轮类零件的工作条件、失效形式及性能要求

1）工作条件分析

齿轮主要是用来传递扭矩，有时也用来换挡或改变传动方向，有的齿轮仅起分度定位作用。齿轮的转速可以相差很大，齿轮的直径可以从几毫米到几米，工作环境也有很大的差别，因此齿轮的工作条件是复杂的。大多数重要齿轮受力的共同特点是：

（1）由于传递扭矩，齿轮根部承受较大的交变弯曲应力；

（2）齿面相互滚动或滑动接触，承受很大的接触应力，并发生强烈的摩擦；

（3）由于换挡、启动或啮合不良，轮齿会受到冲击。

2）主要失效形式

根据齿轮的上述工作特点，其主要失效形式有以下几种：

（1）疲劳断裂，主要起源在齿根，常常一齿断裂引起数齿断裂，它是齿轮最严重的失效形式；

（2）过载断裂，主要是冲击载荷过大而造成的；

（3）齿面磨损，主要是摩擦磨损和磨粒磨损使齿厚变小、齿隙增大；

（4）麻点剥落，在接触应力作用下，齿面接触疲劳破坏，齿面产生微裂纹并逐渐发展而造成的。

3）性能要求

根据工作条件和失效方式，对齿轮的材料提出如下性能要求：

（1）高的疲劳强度，特别是齿根部要有足够的强度，使工作时所产生的弯曲应力不致造成疲劳断裂；

（2）高的接触疲劳强度和耐磨性，使齿面受到接触应力后不致发生麻点剥落。

（3）心部要有足够的韧性。

2. 齿轮的选材

显然，作为齿轮用材料，陶瓷是不合适的，因为其脆性大、不能承受冲击；绝大多数情况下，有机高分子类材料也是不合适的，其强度硬度太低；通常，齿轮可选用调质钢、渗碳钢、铸钢、铸铁、非铁金属等材料来制造。根据工作条件推荐选用的一般齿轮材料和热处理方法如表 12 – 16 所示。

传递功率大、接触应力大、运转速度高而又受较大冲击载荷的齿轮通常选择低碳钢或低碳合金钢（如 20Cr、20CrMnTi 等）制造并经渗碳及渗碳后热处理，最终表面硬度要求为 56 ~ 62 HRC。属于这类齿轮的一般有精密机床的主轴传动齿轮、走刀齿轮和变速箱的高速齿轮。

小功率齿轮通常选择中碳钢制造并经表面淬火和低温回火，最终表面硬度要求为 45 ~ 50 HRC 或 52 ~ 58 HRC。属于这类齿轮的通常是机床的变速齿轮。其中硬度较低的，用于运

转速度较低的齿轮；硬度较高的，用于运转速度较高的齿轮。

表 12-16　根据工作条件推荐选用的一般齿轮材料和热处理方法

齿轮传动方式	工作条件		小齿轮			大齿轮		
	速度	载荷	材料	热处理	硬度	材料	热处理	硬度
开式传动	低速	轻载，无冲击，不重要的转动	Q275	正火	150 ~ 180 HBW	HT200	正火	170 ~ 207HBW
						HT250		170 ~ 240HBW
		轻载，冲击小	45	正火	170 ~ 200 HBW	QT500 - 7	正火	170 ~ 207HBW
						QT600 - 3		197 ~ 269HBW
闭式转动	低速	中载	45	正火	170 ~ 200 HBW	35	正火	150 ~ 180 HBW
			ZG310 ~ 570	调质处理	200 ~ 250 HBW	ZG270 ~ 500	调质处理	190 ~ 230 HRC
		重载	45	整体淬火	38 ~ 48 HRC	35，ZG270 ~ 500	整体淬火	35 ~ 40 HRC
	中速	中载	45	调质处理	220 ~ 250 HBW	35，ZG270 ~ 500	调质处理	190 ~ 230 HBW
			45	整体淬火	38 ~ 48 HRC	35	整体淬火	35 ~ 40 HRC
			40Cr	调质处理	230 ~ 280 HBW	45，50	调质处理	220 ~ 250 HBW
			40MnB			ZG270 ~ 500	正火	180 ~ 230 HBW
			40MnVB			35，40	调质处理	190 ~ 230 HBW
		重载	45	整体淬火	38 ~ 48 HRC	35	整体淬火	35 ~ 40 HRC
				表面淬火	45 ~ 50 HRC	45	调质处理	220 ~ 250 HBW
			40Cr，40MnB，40MnBV	整体淬火	35 ~ 42 HRC	35，40	整体淬火	35 ~ 40 HRC
				表面淬火	52 ~ 56 HRC	45，50	表面淬火	45 ~ 50 HRC
	高速	中载，无猛烈冲击	40Cr，40MnB，40MnVB	整体淬火	35 ~ 42 HRC	35，40	整体淬火	35 ~ 40 HRC
					52 ~ 56 HRC			
				表面淬火	35 ~ 42 HRC	45，50	表面淬火	45 ~ 50 HRC
					52 ~ 56 HRC			
		中载，有冲击	20Cr，20Mn2B，20MnVB，20CrMnTi	渗碳淬火低温回火	52 ~ 56 HRC	ZG310 ~ 570	正火	160 ~ 210 HBW
						35	调质处理	190 ~ 230 HBW
						20Cr，20MnVB	渗碳淬火	56 ~ 62 HRC

一些在受力不大或无润滑条件下工作的齿轮，可选用塑料（如尼龙、聚碳酸酯等）制造。一些在低应力、低冲击载荷条件下工作的齿轮，可用 HT250、HT300、HT350、QT600-3、QT700-2 等材料来制造。较为重要的齿轮，一般都用合金钢制造。

具体选用哪种材料制造齿轮应根据其工作条件而定。首先要考虑齿轮所受载荷的性质和大小、传动速度、精度要求等；其次应考虑材料的成形及机加工工艺性能、生产批量、结构尺寸、齿轮质量、原料供应的难易和经济效果等因素。

3. 齿轮加工工艺的选择

1）齿轮毛坯成形工艺的选择

依据齿轮的工作条件、运转速度和结构尺寸，可以确定合适的材料，但对毛坯的制造工艺还应具体问题具体分析。如果齿轮尺寸较小、对力学性能要求不高，可直接采用热轧钢料；对于选用灰铸铁、球墨铸铁、铸钢材料生产的齿轮，则应选择铸造毛坯。除此之外，一般都采用锻造毛坯。批量较小或尺寸较大的齿轮采用自由锻工艺；大批量的可采用模锻工艺。对于直径比较大、结构又很复杂的齿轮还可采用铸钢－焊接或锻钢－焊接组合结构毛坯。

2）齿轮加工工艺路线的选择

（1）对于工作条件较好、力学性能要求不太高的齿轮（如车床的挂轮齿轮等），可选用优质碳素调质钢（如45钢），其预备热处理采用正火代替调质处理，最终热处理对齿部采用表面淬火加低温回火。

（2）对于中速、中载、工作比较平稳的重要齿轮（如机床变速箱齿轮等），可选用合金调质钢（如40Cr、40MnB等），机械粗加工后对其整体采用调质处理，经半精加工后再对其齿部进行表面淬火加低温回火。

（3）对于高速、重载、冲击较大的重要齿轮（如坦克、汽车、拖拉机变速箱齿轮或后桥大、小减速齿轮等），则选用合金渗碳钢（如18Cr2Ni4WA、20CrMnMo、20CrMnTi、20MnVB等）进行渗碳处理。

4. 汽车齿轮的选材

汽车齿轮主要分装在变速箱和差速器中，在变速箱中，通过齿轮改变发动机、曲轴和主轴齿轮的速比；在差速器中，通过齿轮增加扭矩并调节左右轮的转速。全部发动机的动力均通过齿轮传给车轴，从而推动汽车运行。

以汽车后桥从动锥齿轮为例，其受力较大、受冲击频繁，前述四种失效形式均有可能发生。因此特提出以下技术要求：渗碳层深度为1.5～1.8 mm、表面硬度为58～63 HRC、心部硬度为33～48 HRC。

根据齿轮的工作条件、传动方式、运转速度、载荷性质与大小、尺寸大小的不同进行选材，汽车后桥从动锥齿轮属于高速、重载、冲击较大的零件，若选用调质钢、铸钢、铸铁、非铁金属或非金属材料来制造，都无法满足汽车后桥从动锥齿轮性能的要求，从表12－16来看，选用渗碳钢20CrMnTi或20MnVB等制造该齿轮较为适宜。该齿轮的成形工艺若采用铸造，则组织粗大、内部缺陷多、力学性能差；而采用锻造工艺则组织致密、流线分布比较合理、力学性能好。该齿轮又是大批量生产，所以选用模锻毛坯较为合适。综上所述，该齿轮的工艺路线为

下料→锻造→正火→机械粗加工及齿形加工（不渗碳部位保护）→渗碳、淬火加低温回火→氮化或喷丸处理→机械精加工（磨齿）→检验

各热处理工序的作用如下：

（1）预备热处理的正火是为了均匀和细化晶粒组织，消除锻造内应力，获得良好的切削加工性能，并为最终热处理做好组织准备。

（2）渗碳是为了提高齿轮表面的碳质量分数，以保证淬火后得到高硬度和良好耐磨性的高碳马氏体组织。

（3）淬火除为了获得表面高硬度外，还能使心部获得足够的强度和韧性。因为20CrMnTi钢的奥氏体晶粒长大倾向小，故可以渗碳后预冷直接淬火（也可以采用马氏体分级淬火）以减少齿轮的淬火变形。

（4）低温回火是为了消除淬火内应力、降低齿轮的脆性，又是获得回火马氏体组织的必要工序。

（5）喷丸处理是一种表面强化工序，其不仅可清除齿轮表面氧化皮，而且可使齿面形成残余压应力，以提高材料的疲劳强度、延长使用寿命。

12.3.3 刃具材料选择及工艺制定

1. 刃具的工作条件、失效形式及性能要求

刃具在切削过程中受到切削力的作用，使刃具的细薄刀刃上承受最大的压力，易造成刃具的磨损和崩刃现象。此外，切削速度较大时，摩擦产生热会使刃具温度升高、硬度和耐磨性降低。因此，要求刃具具有高的硬度和耐磨性、足够的强度和韧性，为应对高速切削还应有高的热硬性。

2. 刃具材料选择

用于刃具的材料有高碳非合金钢、低合金工具钢、高速工具钢、硬质合金等。

（1）简单、低速的手用刃具（如木工工具）可采用T7、T7A、T8、T8A钢制造；手用丝锥、钳工用钢锯条及锉刀多采用T10A、T12、T12A钢制造；钳工用刮刀由于对耐磨性要求很高，一般都采用T13、T13A钢制造。碳素工具钢制造的刃具，其使用温度应低于250 ℃。

（2）形状较复杂、低速切削的机用刃具（如丝锥、小型拉刀、小型钻头、板牙、铰刀等）可选用合金工具钢9SiCr或CrWMn钢等制造，其使用温度应低于300 ℃。

（3）高速切削用的刃具（如铣刀、麻花钻头、大型拉刀等一般高速、复杂、精密的刃具）可选用高速工具钢W18Cr4V、W6Mo5Cr4V2或W9Mo3Cr4V等钢制造，其使用温度应低于600 ℃。

（4）高速强力切削用的刃具（如车刀刀片、端铣刀、三面刃铣刀等）可选用硬质合金YG6、YG8、YT6、YT15等制造；这类刃具用于难加工材料的切削时，可选用通用硬质合金YW1～YW4制造，其使用温度可达900～1 000 ℃。

（5）切削速度极高、硬度极高的刃具（如不重磨刀片等）可选用陶瓷材料制造，其可用于各种淬火钢、冷硬铸铁等高硬度、难加工材料的精加工和半精加工，使用温度可高达1 400～1 500 ℃。

3. 刃具材料选择及工艺选择举例

1）手用丝锥

手用丝锥是加工零件内螺纹孔的刃具。因是手动攻丝，丝锥受力较小，切削速度很低。

手用丝锥的主要失效形式是扭断和磨损，因此，它的主要力学性能要求是：齿刃部应有高的硬度与耐磨性以增加抗磨损能力，心部及柄部要有足够的强度和韧性以提高抗扭断能力。手用丝锥的硬度要求是：齿刃部硬度为59～63 HRC；心部及柄部硬度为30～45 HRC。

根据上述分析，手用丝锥所用材料的含碳量应较高，以使其淬火后获得高硬度并形成较多的碳化物以提高耐磨性。由于手用丝锥对热硬性、淬透性要求较低，受力较小，故可选用含碳量为1%～1.2%的碳素钢；再考虑到需要提高丝锥的韧性及减小其淬火时开裂的倾向，应选用硫、磷杂质很少的高级优质碳素工具钢，如T12A钢，其除能满足上述要求外，过热倾向也较T8为小。

为了使丝锥齿刃部具有高的硬度、心部有足够韧性并使淬火变形倾向尽可能减小，同时考虑到齿刃部很薄，故采用等温淬火或分级淬火。

使用T12钢制造M12手用丝锥的加工工艺路线为

下料→球化退火→机械加工→淬火、低温回火→柄部回火→防锈处理

淬火冷却时，采用硝盐等温冷却。淬火后，丝锥表层组织为贝氏体+马氏体+渗碳体+残余奥氏体，硬度大于60 HRC，具有高的耐磨性；心部组织为托氏体+贝氏体+马氏体+渗碳体+残余奥氏体，硬度为30～45 HRC，具有足够的韧性。丝锥等温淬火后变形量一般在允许范围以内。

采用碳素工具钢制造手用丝锥，具有原材料成本低、冷（热）加工容易并可节约较贵重的合金钢等优点，因此使用广泛。目前，有的工厂为提高用丝锥的寿命与抗扭断能力而采用GCr9钢来制造手用丝锥，也取得较好的经济效益。

2）麻花钻头

麻花钻头在高速钻削的过程中，钻头的周边和刃口受到较大的摩擦、温度升高，故要求其材料具有较高的硬度、耐磨性及高的热硬性。由于钻头在钻孔时还将受到一定的压力和进给力，故其材料还应具有较高的强度和一定的韧性。麻花钻头常用的材料为W6Mo5Cr4V2高速工具钢，该钢不仅具有较高的硬度、耐磨性及高的热硬性，且其韧性比W18Cr4V的高，工作时不易脆断。

制造麻花钻头的工艺路线为

下料→锻造→等温退火→加工成形→淬火→560℃3次回火→磨削→刃磨→检验

上述工艺中，锻造是为了获得钻头所需外形尺寸形状及致密细小的晶粒组织，打碎鱼骨状的共晶体碳化物并使其分布比较均匀，从而获得好的力学性能。

热处理工艺具体为：等温退火加热温度为850～870 ℃，等温温度为740～760 ℃，退火后硬度不超过229 HBW，组织为索氏体加粒状合金碳化物，其切削加工性能良好，并为淬火做好组织准备；淬火加热要经过2次的盐浴炉中预热（500～600 ℃一次预热和800～850 ℃二次预热），再加热到1 210～1 230 ℃进行马氏体分级淬火（分级槽温度为580～620 ℃），在分级槽中停留3～5 min，待钻头内外温度趋于一致时取出，在空气中将其冷却到室温，获得组织为隐晶马氏体加粒状合金碳化物加大量（20%～25%）残余奥氏体，硬度为62～64 HRC；然后再进行540～560 ℃三次回火，获得极细小回火马氏体加较多的粒状合金碳化物加少量的（1%～2%）残余奥氏体，钻头硬度为63～67 HRC，从而满足麻花钻

头对性能的要求。

12.3.4 模具类零件材料选择及工艺选择

模具是用于模锻、冲压、冷挤压、压铸、注射成形等成形方法的重要工具，模具的种类很多，其工作条件、失效形式及性能要求各不相同，在选择模具材料时需根据具体情况进行深入分析。模具类零件选材的基本原则为：

（1）材料要满足模具的性能要求，因模具选材范围广，不必局限于专用钢种；

（2）模具的加工成本较高，为保证模具的使用寿命，在大批量生产中应尽量选用质量好的钢材；

（3）考虑到经济性原则，对于批量较小的简单件，可选用价格便宜的钢材。

模具的毛坯成形工艺一般为锻造。模具的热处理也是模具生产的关键，制定合理的加工工艺路线及合理的热处理工艺规范，可有效防止模具生产过程中出现废品，并提高模具使用寿命。

对于表面要求高硬度或高耐蚀性的模具，还可采用适当的表面处理工艺（如渗氮、渗铬、渗硼等）来提高其使用寿命。

下面以冷作模具中的冲裁模为例介绍模具材料与工艺的选用。

冲裁模是一种带有刃口、使被加工材料沿着模具刃口的轮廓发生分离的模具，包括落料模、冲孔模、切边模、剪切模等。

冲裁模具的基本性能要求是高硬度、高耐磨性和高强度，因此，选用的钢材应具有较高的碳含量。同时，冲裁模的选材还需考虑加工件的材质、形状、尺寸及生产批量等因素。目前，常用于制造冲裁模的钢种主要有碳素工具钢、低合金冷作模具钢、Cr12 型钢、高碳中铬钢、高速工具钢等。

例如硅钢片冲裁模，其要求模具使用寿命较长，因此选用材料为 Cr12 钢。该钢是常用的冷作模具钢，高碳含量可保证模具高的硬度、强度和极高的耐磨性；铬的加入可大幅度提高钢的淬透性。

由 Cr12 钢制作冲裁模的加工工艺路线为

下料→锻造→球化退火→切削加工→去应力退火→淬火→低温回火→磨削→检验

热处理工艺说明：

（1）球化退火是为了消除锻造应力、降低硬度、方便切削加工以及为淬火做好组织准备，球化退火后的组织为索氏体加碳化物；

（2）去应力退火是为了消除应力，减小模具淬火时的变形；

（3）淬火需在盐浴炉中预热，然后进行分级淬火，用以减小模具的内应力和变形开裂倾向。

12.3.5 飞机材料选择与工艺选择

1. 航空材料国家标准

我国的航空材料标准有国家标准、部标准和企业标准三级。国家标准由国务院或主管国家标准的领导机关批准颁布，简称国标，用 GB 表示。部标准由工业部颁发，简称部标，如

YB 是冶金工业部的部标准代号。企业标准是在没有国标和部标的情况下，由企业根据使用要求制定的标准，通常用 Q 作字头，如 Q/BH 是本溪合金厂的企业标准，其中“Q”是“企”字汉语拼音的第一个字母；“BH”是“本溪合金厂”汉语拼音中的有关字母。

需要强调的是，常用优质钢材的技术标准有一般工业技术标准和航空技术标准的区别。尽管在这两个标准中钢材的牌号相同，但其质量标准不同。所以，在采购、验收、保管及使用中对不同质量标准的材料要严格区别，不得将航空材料任意用作地面设备，更不能将供地面设备使用的材料用在飞机上。

2. 发动机齿轮的材料选择与工艺选择

航空发动机中的齿轮在工作中既受到强烈的摩擦，又受到很大的交变应力和冲击载荷的作用。因此，这类零件表面应具有高的硬度和耐磨性，而其心部则应有足够的强度和韧性，选用渗碳钢进行渗碳处理后再经适当的热处理，即可满足要求。表 12 – 17 所示为航空发动机常用渗碳钢的成分、热处理工艺及性能，表中的 12CrNi3A 钢常用于制造较重要的齿轮和连接螺杆、轴类零件、油泵转子等零件。

用 12CrNi3A 制作零件时，先要对毛坯进行锻造。锻后为了改善组织、消除内应力并改善切削加工性能要进行预备热处理，目的是为随后的机械加工和渗碳工序做准备。该合金的预备热处理工艺为 870 ± 10 ℃正火或调质处理（油淬后 460 ± 30 ℃回火，水冷）。12CrNi3A 钢气体渗碳温度一般为 900 ~ 920 ℃，渗碳后空冷得到的组织是：表面为珠光体，心部为珠光体 + 铁素体。12CrNi3A 钢渗碳后的热处理工艺为淬火（780 ~ 800 ℃，油冷） + 低温回火（150 ~ 170 ℃，空冷）。12CrNi3A 钢典型热处理工艺曲线如图 12 – 11 所示。

3. 发动机涡轮轴材料选择与工艺的选择

涡轮轴工作时受到复杂、巨大的交变载荷作用，而且其形状又很复杂，容易造成应力集中。因此，制造这类零件的钢应具有高的强度和良好的韧性、塑性，即有良好的综合力学性能。选用调质钢加工成形，然后进行调质处理，就能满足上述性能要求。表 12 – 18 所示为航空工业常用调质钢的化学成分。

表 12 – 18 中，30CrMnSiA 不含有较稀缺的元素镍而力学性能很好、价格便宜并具有较好的焊接性，因此，常用于制造发动机架、机身加强隔框、接头、支座及一些重要的螺栓等，此钢在发动机上也被大量采用，如压气机叶片、压气机盘等。但这种钢的淬透性不高（在油中淬透性不超过 30 ~ 40 mm），不适于制作飞机上大截面的零件。

表 12 – 18 中，40CrNiMoA 钢是典型的镍铬系调质钢，其中主加元素铬和镍尽管含量不多，但它们的配合作用（铬量: 镍量为 1: 2）可使钢的淬透性大大提高（若在油中淬火，截面小于 80 mm 时均可淬透）。

为了改善 40CrNiMoA 钢的切削加工性，通常可采用完全退火。一般采用 860 ℃加热、缓冷，其退火后硬度不大于 229 HBW。对大尺寸的零件还可采用 860 ℃正火。

通常 40CrNiMoA 钢的最终热处理是调质处理，其淬火温度由淬火的冷却方法来决定（当用油淬时，淬火温度为 840 ~ 860 ℃）。表 12 – 19 所示为 40CrNiMoA 钢在 850 ℃油淬后回火温度与强度和硬度的关系。

表 12－17　航空发动机常用渗碳钢的成分、热处理工艺及性能

钢牌号	化学成分 w_B/%				热处理工艺		力学性能				用途
	C	Mn	Cr	Ni	淬火	回火	R_m/MPa	R_{eL}/MPa	A/%	Z/%	
12CrNi3A	0. 10 ~ 0. 17	0. 3 ~ 0. 6	0. 3 ~ 0. 6	2. 75 ~ 3. 25	860 ℃油冷	200 ℃水冷	900	700	11	50	受力较大、尺寸较大的耐磨件
12Cr2Ni4A	0. 10 ~ 0. 17	0. 3 ~ 0. 6	1. 25 ~ 1. 75	3. 25 ~ 3. 75	860 ℃油冷	200 ℃水冷	1 100	850	10	50	受力更大、尺寸更大的耐磨件
18Cr2Ni4WA ①	0. 13 ~ 0. 19	0. 3 ~ 0. 6	1. 35 ~ 1. 65	4. 0 ~ 4. 5	950 ℃空冷	200 ℃水冷	1 200	850	10	45	
20CrMn2MoBNbA ②	0. 18 ~ 0. 23	1. 6 ~ 1. 9	1. 0 ~ 1. 3	—	810 ℃油冷	170 ℃水冷	1 450	1 350	12	50	

注：①18Cr2Ni4WA 含有 W：0. 8% ~ 1. 2%；

②20CrMn2MoBNbA 含有 Mo：0. 45% ~ 0. 6%；B：0. 001% ~ 0. 004%；Nb：0. 02% ~ 0. 05%。

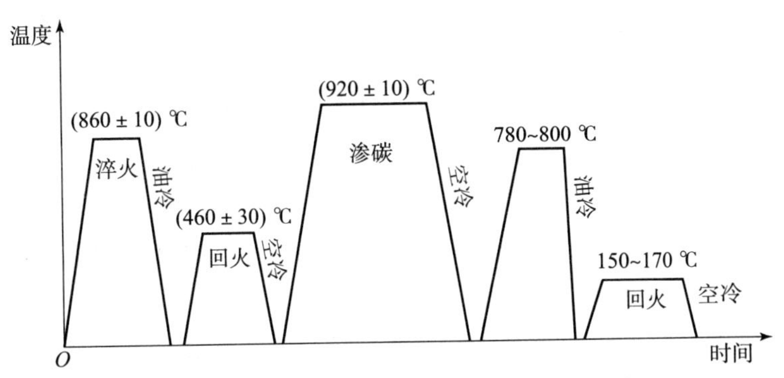

图 12-11 12CrNi3A 钢典型热处理工艺曲线

表 12-18 航空工业常用调质钢的化学成分

钢牌号	化学成分 w_B/%					
	C	Mn	Si	Cr	Ni	其他
38CrA	0.34~0.42	0.5~0.8	0.17~0.37	0.8~1.1	—	—
40CrA	0.35~0.45	0.5~0.8	0.17~0.37	0.8~1.1	—	—
37CrNi3A	0.33~0.45	0.25~0.55	0.17~0.37	1.2~1.6	3.0~3.5	—
40CrNiMoA	0.36~0.44	0.5~0.8	0.17~0.37	0.6~0.9	1.25~1.75	0.15~0.25Mo
30CrMnSiA	0.28~0.35	0.8~1.1	0.9~1.20	0.8~1.1	—	—
38CrA	0.35~0.42	0.3~0.6	0.17~0.37	1.35~1.65	—	0.15~0.25Mo 0.7~1.1Al

表 12-19 40CrNiMoA 钢在 850℃油淬后回火温度与强度和硬度的关系

回火温度/℃	400~450	460~520	520~600	550~640
R_m/MPa	—	1 274~1 470	980~1 176	882~1 078
硬度 HRC	45~50	40~45	35~40	31~37

据测定，40CrNiMoA 钢在 840~860 ℃油淬，并在 570~640 ℃回火（水或油冷）后，其力学性能为 R_m =1 000~1 100 MPa，$R_{p0.2}$ =850~950 MPa，A =12%，Z =50%~55%。

调质处理后的 40CrNiMoA 钢由于具有良好的综合力学性能，因此特别适合于制造承受冲击及交变载荷的重要零件（如航空发动机的涡轮轴、压气机轴等）。

习题与思考题

1. 基本概念与名词术语解释。

失效、弹性变形失效、塑性变形失效、蠕变变形失效、韧性断裂、脆性断裂、疲劳断裂、磨损、腐蚀

2. 影响零件弹性变形失效和塑性变形失效的主要性能指标分别是什么？弹性要求的主要性能指标又是什么？

3. 为防止零件在静载荷或冲击载荷下的断裂失效，应如何考虑材料的强度和塑性、韧性的配合问题？

4. 零件的表面损伤失效有哪几种？其影响因素各是什么？

5. 材料成形技术与材料的选择有什么关系？

6. 为什么轴杆类零件一般采用锻造成形，而机架、箱体类零件多采用铸造成形？

7. 为什么汽车、拖拉机变速箱齿轮多用渗碳钢制造？而机床变速箱齿轮为什么又多采用调质钢制造？

8. 有一根轴向尺寸很大的轴在500 ℃温度下工作，其承受交变扭转载荷和交变弯曲载荷，轴颈处承受摩擦力和接触压应力，试分析此轴的失效形式可能有哪几种？设计时需要考虑材料的哪几个力学性能指标？

9. 齿轮在下列情况下，宜选用何种材料制造？

（1）齿轮直径较大（400 ~ 600 mm），齿坯形状复杂的低速中载齿轮；

（2）能在缺乏润滑油条件下工作的低速无冲击齿轮；

（3）受力很小，要求具有一定抗腐蚀性的轻载齿轮；

（4）重载条件下工作，整体要求强韧而齿面要求耐磨的齿轮。

10. 指出下列工件各应采用所给材料中的哪一种并选择其毛坯成形方法和热处理方法。

工件：车辆缓冲弹簧、发动机排气阀门弹簧、自来水管弯头、机床床身、发动机连杆螺栓、机用大钻头、车床尾架顶尖、螺丝刀、镗床镗杆、自行车车架、车床丝杆螺母、电风扇机壳、普通机床地脚螺栓、高速粗车铸铁的车刀。

材料：38CrMoAl、40Cr、45、Q235、T7、T10、50CrVA、Q335、W18Cr4V、KTH300 - 06、60Si2Mn、ZL102、ZCuSn10P1、YG15、HT200。

11. 指出下列零件在材料选择和制定热处理技术条件过程中的错误，说明理由及改进意见。

（1）直径 ϕ30 mm、要求良好综合力学性能的传动轴，材料用40Cr钢，热处理技术条件：调质处理，40 ~ 45 HRC；

（2）转速低、表面耐磨及心部强度要求不高的齿轮，材料用45钢，热处理技术条件：渗碳 + 淬火，58 ~ 62 HRC；

（3）弹簧（直径 ϕ15 mm），材料用45钢，热处理技术条件：淬火 + 回火，55 ~ 60 HRC；

（4）机床床身，材料用QT400 - 15，采用退火热处理；

（5）拉杆（ϕ70 mm）要求截面性能均匀、心部 R_m > 900 MPa，材料用40Cr钢，热处理技术条件：调质处理，200 ~ 300 HBW。

12. 指出下列工艺路线的错误：

（1）高精度精密机床床身，选用灰铸铁：铸造→时效→粗加工→半精加工→时效→精加工；

（2）高频感应加热淬火零件，选用退火圆料：下料→粗加工→高频淬火、回火→半精加工→精加工；

(3) 渗碳零件：锻造→调质处理→精加工→半精加工→渗碳、淬火、回火。

13. 选用 38CrMnAl 钢制造某镗床镗杆，其工艺路线为

下料→锻造→退火→粗加工→调质处理→半精加工→去应力退火→粗磨→氮化→精磨→研磨

试从力学性能和成分的角度说明选择 38CrMnAl 钢的原因及各热处理工序的作用。

14. 有一根轴用 45 钢制作，使用过程中发现其摩擦部分严重磨损，经金相分析表面组织为 $M_{回}+T$，硬度为 44 ~ 45 HRC；心部组织为 F + S，硬度为 20 ~ 22 HRC，其制造工艺路线为

锻造→正火→机械加工→高频感应淬火（油冷）→低温回火

分析其磨损原因，提出改进办法。

15. 有一从动齿轮用 20CrMnTi 钢制造，使用一段时间后其发生严重磨损（齿已被磨秃），经分析得知：齿轮表面 w_C 为 1%，组织为 S + 碳化物，硬度为 30 HRC；心部 w_C 为 0.2%，组织为 F + S，硬度为 86 HRB。试分析该齿轮失效的原因，提出改进的方法并制定正确的加工工艺路线。

16. 请从下面材料中选择合适的材料用于下列用途，并给出加工工艺路线。

材料：ZG45、Q235AF、42CrMo、60Si2Mn、T8、W18Cr4V、HT200、20CrMnTi、65。

用途：

(1) 机车动力传动齿轮（高速、重载、大冲击）；

(2) 大功率柴油机曲轴（大截面、传动大扭矩、大冲击、轴颈处要耐磨）；

(3) 机车床身。

参 考 文 献

[1] 王磊. 材料的力学性能 [M]. 沈阳：东北大学出版社，2007.

[2] 郑修麟. 材料的力学性能 [M]. 西安：西北工业大学出版社，2000.

[3] 王惜宝. 材料加工物理 [M]. 天津：天津大学出版社，2011.

[4] 杨瑞成，丁旭，陈奎. 材料科学与材料世界 [M]. 北京：化学工业出版社，2005.

[5] 宋维锡. 金属学 [M]. 北京：冶金工业出版社，1989.

[6] 刘宗昌，任慧平，安胜利，等. 马氏体相变 [M]. 北京：科学出版社，2012.

[7] 钱士强. 工程材料 [M]. 北京：清华大学出版社，2009.

[8] 艾星辉，宋海武，王燕，等. 金属学 [M]. 北京：冶金工业出版社，2009.

[9] 祖方遒. 铸件成形原理 [M]. 北京：机械工业出版社，2013.

[10] 钟家湘，郑秀华，刘颖. 金属学教程 [M]. 北京：北京理工大学出版社，1995.

[11] 张鲁阳. 工程材料 [M]. 武汉：华中理工大学出版社，1990.

[12] 朱张校，姚可夫. 工程材料 [M]. 北京：清华大学出版社，2011.

[13] 王磊，涂善东. 材料强韧学基础 [M]. 上海：上海交通大学出版社，2012.

[14] 高红霞. 工程材料 [M]. 北京：中国轻工业出版社，2009.

[15] 王正品. 工程材料 [M]. 北京：机械工业出版社，2012.

[16] 朱兴元，刘亿. 金属学与热处理 [M]. 北京：中国林业出版社，2006.

[17] 胡光立，谢希文. 钢的热处理 [M]. 西安：西北工业大学出版社，2010.

[18] 陈全明. 金属材料及强化技术 [M]. 上海：同济大学出版社，1992.

[19] 李天培. 工程材料及热处理 [M]. 哈尔滨：哈尔滨工程大学出版社，2011.

[20] 李云江. 特种塑性成形 [M]. 北京：机械工业出版社，2008.

[21] 王建民. 工程材料 [M]. 成都：电子科技大学出版社，2009.

[22] 庞国星. 工程材料与成形技术基础 [M]. 北京：机械工业出版社，2014.

[23] 崔明铎，刘河洲. 工程材料及其成形基础 [M]. 北京：机械工业出版社，2014.

[24] 王有铭，李曼云，韦光. 钢材的控制轧制和控制冷却 [M]. 北京：冶金工业出版社，2009.

[25] 李志，贺自强，金建军，等. 航空超高强度钢的发展 [M]. 北京：国防工业出版社，2012.

[26] 马康民，白冰如，汪宏武. 航空材料及应用 [M]. 西安：西北大学出版社，2008.

[27] 王立军，原梅妮. 航空工程材料与成形工艺基础 [M]. 北京：北京航空航天大学出版社，2015.

[28] 刘全坤. 材料成形基本原理 [M]. 北京: 机械工业出版社, 2010.

[29] 夏巨谌, 张启勋. 材料成形工艺 [M]. 北京: 机械工业出版社, 2005.

[30] 徐自立. 工程材料 [M]. 武汉: 华中科技大学出版社, 2003.

[31] 王忠. 机械工程材料 [M]. 北京: 清华大学出版社, 2005.

[32] 黄乾尧, 李汉康. 高温合金 [M]. 北京: 冶金工业出版社, 2000.

[33] 郝建民. 机械工程材料 [M]. 西安: 西北工业大学出版社, 2003.

[34] 董志国, 王鸣, 李晓欣, 等. 航空发动机涡轮叶片材料的应用与发展 [J]. 钢铁研究学报, 2011, 23 (增刊2): 455-457.

[35] H T Pang, R A Hobbs, H J Stone, et al. A study of the effects of alloying additions on TCP phase formation in 4th generation nickel-base single-crystal superalloys. Advanced Materials Research [J], 2011, 278: 54-59.